Werner Buselmaier
Gholamali Tariverdian

Humangenetik

4., neu bearbeitete Auflage

Mit 251 Abbildungen und 162 Tabellen

Springer

Professor Dr. rer. nat. habil. Werner Buselmaier
Universität Heidelberg
Institut für Humangenetik
Im Neuenheimer Feld 366
69120 Heidelberg

Professor Dr. med. Gholamali Tariverdian
Universität Heidelberg
Institut für Humangenetik
Im Neuenheimer Feld 366
69120 Heidelberg

Bibliografische Information Der Deutschen Bibliothek
Die Deutsche Bibliothek verzeichnet diese Publikation in der Deutschen Nationalbibliografie; detaillierte bibliografische Daten sind im Internet über http://dnb.ddb.de abrufbar.

ISBN 10 3-540-32677-4
ISBN 13 978-3-540-32677-9

Springer Medizin Verlag
ISBN 3-540-00873-X

Springer Medizin Verlag
Ein Unternehmen von Springer Science + Business Media
springer.com

Printed in Germany

Planung: Kathrin Nühse, Heidelberg
Projektmanagement: Rose-Marie Doyon, Heidelberg
Umschlaggestaltung & Design: deblik Berlin
SPIN 11392545
Satz: Fotosatz-Service Köhler GmbH, Würzburg
Druck- und Bindearbeiten: Stürtz, Würzburg

Gedruckt auf säurefreiem Papier 15/2117 rd – 5 4 3 2 1 0

Vorwort

Die 4. Auflage dieses Lehrbuches orientiert sich inhaltlich, wie bereits die Erstauflage von 1991, eng am Gegenstandskatalog „Humangenetik" für den Ersten Abschnitt der ärztlichen Prüfung. Dabei ist der unglaublich dynamischen Entwicklung, in der sich die molekulare Humangenetik gegenwärtig befindet, in der aktuellen Auflage durch Modernisierung des Textes Rechnung getragen.

Durch die rasanten Fortschritte der molekularen Medizin und Biologie bis hin zum Human Genom Project wurde der Humangenetik ein Erkenntniszuwachs zuteil, wie er wohl kaum in einer anderen Teildisziplin der Lebenswissenschaften erfolgte. Damit hat sich die Humangenetik zu der am schnellsten fortschreitenden Teildisziplin der Medizin und zu ihrer führenden theoretischen Grundlagenwissenschaft entwickelt.

Der vorliegende Text versucht, diesem Aktualitätsanspruch gerecht zu werden. Die Autoren haben daher auch den klassischen Aufbau vieler Lehrbücher, zuerst die theoretischen Grundlagen der verschiedenen Teilbereiche des Faches und dann die praktischen Anwendungen abzuhandeln, geändert, zugunsten einer zusammenfassenden Darstellung der klinischen Genetik in Theorie und Praxis im mittleren Teil des Buches. Insofern weicht die Reihenfolge auch von der des Gegenstandskataloges ab, die Lehrinhalte sind jedoch in allen Einzelheiten berücksichtigt.

Über eine Lernhilfe für Studenten hinausgehend wendet sich der klinisch-genetische Teil auch an den Gynäkologen, Pädiater etc. Für die praktische ärztliche Tätigkeit sollen hier Hinweise gegeben werden, die umgekehrt den studentischen Lesern Probleme aus der Praxis des Faches aufzeigen können.

Dem Text wurde ein Glossarium der verwendeten Fachausdrücke angegliedert.

Autoren und Verlag erhoffen sich Hinweise, Empfehlungen und kritische Beurteilungen des Textes von studentischer Seite und von Seiten der Fachkollegen, die entscheidend zu Verbesserungen in künftigen Auflagen beitragen können. Für positive Kollegenkritik der ersten Auflagen möchten wir uns ausdrücklich bedanken.

Herzlich danken möchten die Autoren ihren wissenschaftlichen Lehrern und hier vor allem Herrn Prof. Dr. med. Dr. h. c. F. Vogel für viele Diskussionsbeiträge und für die Überlassung zahlreicher Abbildungen. Unser ganz besonderer Dank gilt dem Verlag mit Frau K. Nühse und Frau R.-M. Doyon im Lektorat. Unser Dank gilt auch den Kolleginnen und Kollegen des Instituts für Humangenetik der Universität Heidelberg und hier besonders Herrn Dr. D. Hager und Frau Prof. Dr. A. Jauch für ihre wissenschaftliche Unterstützung. Ebenso danken möchten wir Herrn Dr. W. Reichert vom Institut für Rechts- und Verkehrsmedizin für seine Durchsicht des entsprechenden Kapitels. Bei der Manuskripterstellung, der schwierigen Erfassung des Textes und beim Lesen der Korrekturen war Sigrid Göhner-Buselmaier eine außerordentlich engagierte Unterstützung. Hierfür sei ihr an dieser Stelle herzlich gedankt.

Heidelberg, im Sommer 2006
Werner Buselmaier
Gholamali Tariverdian

Biographie

Werner Buselmaier
geboren 1946, studierte Biologie in Heidelberg.

Nach der Promotion Tätigkeit als Wissenschaftler, Heisenberg-Stipendiat, verschiedene Wissenschaftspreise und öffentliche Ehrungen. Habilitation 1978 und 1981 Ernennung zum Universitätsprofessor für allgemeine Humangenetik und Anthropologie in Heidelberg.

2001 Berufung zum Visiting Professor für Humanbiologie und Genetik der Universität Mostar. Leitete Projekte zur Modernisierung der Medizinischen Fakultäten in der Nachkriegssituation Bosnien Herzegowinas und zur Verbesserung der medizinischen Versorgung in der Südtürkei.

Er ist Autor zahlreicher wissenschaftlicher Publikationen und Lehrbücher in Medizin und Biologie.

Gholamali Tariverdian
geboren 1940, studierte Medizin in Freiburg.

Danach wissenschaftliche Arbeit am Institut für Humangenetik der Universitäten Freiburg und Tübingen. 1971 Wissenschaftspreis Ludwig-Heilmeyer. Ausbildung zum Facharzt für Kinderheilkunde und Humangenetik in Berlin und Heidelberg.

1976–1980 Leiter des Fachbereichs Pädiatrie und Vizepräsident für die Lehre und Forschung an der Universität Tabriz/Iran.

1980–1995 Leiter der genetischen Beratungsstelle am Institut für Humangenetik der Universität Heidelberg. Habilitation 1993 in Humangenetik und 1999 Ernennung zum Professor. Seit 1996 Oberarzt an der genetischen Poliklink der Universität Heidelberg.

Er ist Autor zahlreicher wissenschaftlicher Publikationen und Lehrbücher.

Humangenetik: Das neue Layout

Leitsystem: Orientierung über die Kapitel und Anhang

Inhaltliche Struktur: klare Gliederung durch alle Kapitel

Schlüsselbegriffe: sind fett hervorgehoben

Tabelle: klare Übersicht der wichtigsten Fakten

1.1 Grundlagen zum Genom

1.1.1 Universalität der genetischen Grundlagen

Das Vorhandensein von **Nukleinsäure** ist ein universelles Charakteristikum der belebten Natur. Ohne Nukleinsäure gibt es auf unserem Planeten kein Leben, ja man kann das Nukleinsäuremolekül als die Grundsubstanz bezeichnen, die Leben definiert. Von einigen Virusfamilien abgesehen, die **Ribonukleinsäure (RNA)** enthalten, ist es immer die **Desoxyribonukleinsäure (DNA)**, die die genetische Information eines Organismus beinhaltet. Dies gilt sowohl für die niederen Protisten, wie Bakterien und Blaualgen, die aus prokaryontischen Zellen aufgebaut sind, als auch – ausgehend von den höheren Protisten – für alle höheren Pflanzen und Tiere bis zum Menschen. Wissenschaftliche Erkenntnisse, die auf der Ebene der Nukleinsäure von Mikroorganismen (zu Mikroorganismen zählt man niedrige und höhere Protisten sowie Viren und Viroide) gewonnen wurden, haben daher in der Regel auch Gültigkeit für den Menschen. Die Molekularbiologie hat uns in den letzten Jahrzehnten einen revolutionären Erkenntniszuwachs beschert. Ihr Verdienst ist es, dass überwiegend an Mikroorganismen erarbeitete Grundlagen heute und in naher Zukunft zu völlig neuen Diagnose- und Therapiemöglichkeiten auf DNA-Ebene geführt haben bzw. noch führen werden. Dabei zeigt sich die Universalität der DNA und des **Triplett-Raster-Codes**. Am eindrucksvollsten demonstriert dies die Gentechnologie, bei der DNA von Eukaryonten auf Prokaryonten und umgekehrt übertragen werden kann, über praktisch alle Art-, Gattungs- und Familiengrenzen hinweg.

Universalität des genetischen Codes

Sucht man nach Erklärungen für die Universalität des genetischen Codes, so ist wohl am einleuchtendsten, dass jede Spezies immer Proteine bilden muss, unabhängig vom Ausmaß der Veränderungen, die sie im Laufe der Evolution durchläuft. Die **Proteinbildung**, seien es Enzyme, Hormone, Rezeptoren oder Strukturproteine, ist aber vom präzisen Einbau der 20 Aminosäuren an der richtigen Stelle abhängig. Jede Mutation, die eine neue Kodierung für eine bestimmte Aminosäure schaffen würde, würde unmittelbar alle Proteine betreffen, in denen die Aminosäure vorkommt. Würde der Code für eine Aminosäure (z. B. Valin) zufällig in den einer anderen geändert (z. B. Leucin), so würde die entsprechende t-RNA diese Aminosäure in der Polypeptidkette falsch positionieren, bzw. sie würde mit der t-RNA für die richtige Aminosäure um die Position konkurrieren. Dies hätte (im Beispiel Valin mit Leucin) für viele Proteine gleichzeitig drastische Konsequenzen mit *letalen Auswirkungen*. Mutationen haben also (dies zeigt uns auch die Analyse der Aminosäuresequenzen mutierter Proteine) meistens nur einzelne Aminosäuresubstitutionen in einzelnen Proteinen zur Folge. Dies lässt aber den genetischen Code unberührt.

Der starke Selektionsdruck auf Konstanz des genetischen Codes wird auch dadurch bestätigt, dass dort, wo die Universalität für das evolutionäre Überleben nicht notwendig ist, tatsächlich abgewichen werden kann. Dies ist der Fall bei einigen mitochon-

Tabelle 1.1. Unterschiede in der Translation einzelner m-RNA-Kodons zwischen dem universellen Code und Mitochondrien

m-RNA	Aminosäuren			
Kodon	Pro- und Eukaryontische Zellen	Mitochondrien		
		Hefe	Drosophila	Säuger
AUA	Isoleucin	Methionin	Methionin	Methionin
AGA, AGG	Arginin	Arginin	Serin (AGA)	Stoppkodon
CUA	Leucin	Threonin	Leucin	Leucin
UGA	Stoppkodon	Tryptophan	Tryptophan	Tryptophan

Navigation: Seitenzahl und Kapitelnummer für die schnelle Orientierung

Methoden wie diese, also der Vergleich hochkonservierter Sequenzen, bei denen Mutationen wegen ihrer wesentlichen Funktion sofort zum Totalausfall des betroffenen Individuums führen und die sich deshalb in der Evolution nur sehr langsam verändern, versprechen künftig tiefe Einblicke in das Evolutionsgeschehen. Kombiniert man diese mit Sequenzvergleichen rasch evolvierender DNA-Abschnitte, die uns Einblicke in nähere Verwandtschaftsbeziehungen erlauben, so sollte die Evolutionsgeschichte in einer Ganggenauigkeit nachvollziehbar werden, die alle bisherigen Vorstellungen übertrifft. Gleichzeitig ist dies aber auch ein Beispiel dafür, wie eng unsere eigenen Gene mit denen niedriger Organismen verwandt sind.

Das Humangenomprojekt

Am 26. Juni 2000 konnte Craig Venter, Gründer der US-Firma Celera Genomics die Sequenzierung von über 90 % der 3 Mrd. Bausteine des menschlichen Genoms bekannt geben. Die Fortschritte des Projekts, als dessen offizieller Start der 1. Oktober 1990 gilt, übertrafen damit alle bisherigen Erwartungen. Im Februar 2001 traten weltweit die Genomforscher und Wissenschaftspolitiker an die Öffentlichkeit und präsentierten in *Nature* und *Science* die Arbeitsversion der Genkarte des Menschen. Zugegebenermaßen hatte diese Sequenzierung noch größere Ungenauigkeiten und Lücken. In Abständen folgte die genauere, nahezu vollständige Sequenzierung einzelner Chromosomen mit Abschlussqualität. Die genaue Sequenzierung von 99,99 % des gesamten menschlichen Genoms mit 3,2 Milliarden Basen wurde zum 50. Jahrestag der Entdeckung der Doppelhelixstruktur der DNA am 14. April 2003 bekannt gegeben. Zu diesem Zeitpunkt schätzte man, dass das Genom des Menschen ca. 30.000 bis 35.000 Gene umfasst. Am 21. Oktober 2004 wurde die Zahl der proteinkodierenden Gene sowie die Zahl der Basen herunterkorrigiert.

! Nach dem gegenwärtigen Stand unseres Wissens enthält das menschliche Genom 3,08 Milliarden Basen und 20.000 bis 25.000 proteinkodierende Gene.

Neben der Tatsache, dass bereits jetzt eine große Anzahl von Genen identifiziert werden konnte, deren Funktionsstörung zu menschlichen Krankheiten führt die nicht Genen angehören und nicht transkribiert werden, sind durch einzelne Wiederholungseinheiten oder Tandemwiederholungen gekennzeichnet, die verstreut zwischen anderen DNA-Sequenzen liegen. Man unterteilt hier in **Satelliten-DNA, Minisatelliten-DNA** und **Mikrosatelliten-DNA.** Neben diesen Familien gibt es noch verstreute repetitive DNA (► Kap. 1.4).

Aufbau eines Chromosoms

Bisher wurde die Organisation der DNA im Genom einführend behandelt, nun wollen wir sehen, wie die DNA in **Chromosomen** verpackt ist. Zwei gegenläufige DNA-Moleküle bilden eine Doppelhelix. Das **Chromatin** besteht aus einer speziesspezifischen Anzahl solcher DNA-Doppelstränge und wird während der Mitose im Lichtmikroskop in verdichteter Form als Chromosomen sichtbar (◻ Abb. 1.3).

Einzelne eukaryontische Chromosomen sind im Interphasekern nicht sichtbar. Die DNA-Fäden besitzen einen Durchmesser von 2 nm und eine durchschnittliche Länge von 5 cm in einem menschlichen Chromosom. Würde man alle menschlichen Chromosomen aneinanderreihen und lang ausgestreckt messen, so ergäbe dies einen Faden von ca. 2 m Länge. Bei einem Kerndurchmesser von ca. 5 µm muss also ein starkes Ordnungsprinzip existieren.

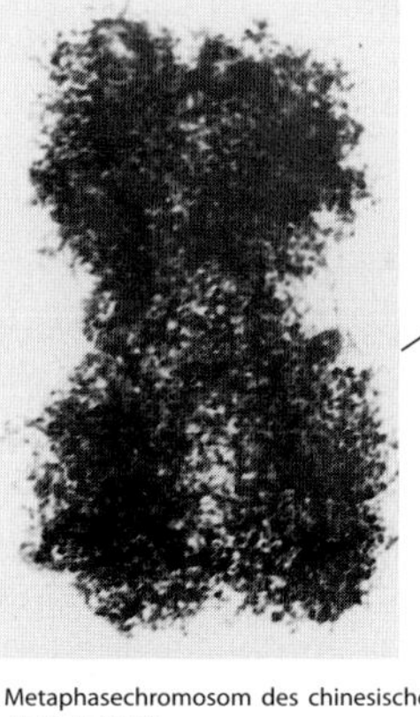

◻ **Abb. 1.3.** Metaphasechromosom des chinesischen Hamsters (nach Stubblfield 1973)

Verweis auf Abbildungen und Tabellen: deutlich herausgestellt und leicht zu finden

Über 251 Abbildungen: veranschaulichen komplizierte und komplexe Sachverhalte

Merke: das Wichtigste auf den Punkt gebracht, zum Repetieren

Inhaltsverzeichnis

1 Molekulare Grundlagen der Humangenetik

1.1 Grundlagen zum Genom

1.1.1 Universalität der genetischen Grundlagen

Das Vorhandensein von **Nukleinsäure** ist ein universelles Charakteristikum der belebten Natur. Ohne Nukleinsäure gibt es auf unserem Planeten kein Leben, ja man kann das Nukleinsäuremolekül als die Grundsubstanz bezeichnen, die Leben definiert. Von einigen Virusfamilien abgesehen, die **Ribonukleinsäure (RNA)** enthalten, ist es immer die **Desoxyribonukleinsäure (DNA)**, die die genetische Information eines Organismus beinhaltet. Dies gilt sowohl für die niederen Protisten, wie Bakterien und Blaualgen, die aus prokaryontischen Zellen aufgebaut sind, als auch – ausgehend von den höheren Protisten – für alle höheren Pflanzen und Tiere bis zum Menschen. Wissenschaftliche Erkenntnisse, die auf der Ebene der Nukleinsäure von Mikroorganismen (zu Mikroorganismen zählt man niedrige und höhere Protisten sowie Viren und Viroide) gewonnen wurden, haben daher in der Regel auch Gültigkeit für den Menschen. Die Molekularbiologie hat uns in den letzten Jahrzehnten einen revolutionären Erkenntniszuwachs beschert. Ihr Verdienst ist es, dass überwiegend an Mikroorganismen erarbeitete Grundlagen heute und in naher Zukunft zu völlig neuen Diagnose- und Therapiemöglichkeiten auf DNA-Ebene geführt haben bzw. noch führen werden. Dabei zeigt sich die Universalität der DNA und des **Triplett-Raster-Codes**. Am eindrucksvollsten demonstriert dies die Gentechnologie, bei der DNA von Eukaryonten auf Prokaryonten und umgekehrt übertragen werden kann, über praktisch alle Art-, Gattungs- und Familiengrenzen hinweg.

Universalität des genetischen Codes

Sucht man nach Erklärungen für die Universalität des genetischen Codes, so ist wohl am einleuchtendsten, dass jede Spezies immer Proteine bilden muss, unabhängig vom Ausmaß der Veränderungen, die sie im Laufe der Evolution durchläuft. Die **Proteinbildung**, seien es Enzyme, Hormone, Rezeptoren oder Strukturproteine, ist aber vom präzisen Einbau der 20 Aminosäuren an der richtigen Stelle abhängig. Jede Mutation, die eine neue Kodierung für eine bestimmte Aminosäure schaffen würde, würde unmittelbar alle Proteine betreffen, in denen die Aminosäure vorkommt. Würde der Code für eine Aminosäure (z. B. Valin) zufällig in den einer anderen geändert (z. B. Leucin), so würde die entsprechende t-RNA diese Aminosäure in der Polypeptidkette falsch positionieren, bzw. sie würde mit der t-RNA für die richtige Aminosäure um die Position konkurrieren. Dies hätte (im Beispiel Valin mit Leucin) für viele Proteine gleichzeitig drastische Konsequenzen mit *letalen Auswirkungen*. Mutationen haben also (dies zeigt uns auch die Analyse der Aminosäuresequenzen mutierter Proteine) meistens nur einzelne Aminosäuresubstitutionen in einzelnen Proteinen zur Folge. Dies lässt aber den genetischen Code unberührt.

Der starke Selektionsdruck auf Konstanz des genetischen Codes wird auch dadurch bestätigt, dass dort, wo die Universalität für das evolutionäre Überleben nicht notwendig ist, tatsächlich abgewichen werden kann. Dies ist der Fall bei einigen mitochon-

Tabelle 1.1. Unterschiede in der Translation einzelner m-RNA-Kodons zwischen dem universellen Code und Mitochondrien

m-RNA	Aminosäuren			
Kodon	Pro- und Eukaryontische Zellen	Mitochondrien		
		Hefe	Drosophila	Säuger
AUA	Isoleucin	Methionin	Methionin	Methionin
AGA, AGG	Arginin	Arginin	Serin (AGA)	Stoppkodon
CUA	Leucin	Threonin	Leucin	Leucin
UGA	Stoppkodon	Tryptophan	Tryptophan	Tryptophan

drialen m-RNA-Kodons (■ Tabelle 1.1). Da der Proteinsyntheseapparat der Mitochondrien nur einige wenige Proteine herstellt, ist die Veränderung des Codes tolerabel. Ja es scheint sogar eine ausgesprochene Ökonomie im Wechsel einzelner Kodons zu liegen, da in einigen Fällen zwei Kodons, die unterschiedliche Bedeutung haben, so verändert werden, dass sie für dieselbe Aminosäure kodieren.

Das Beispiel der Mitochondrien zeigt auch, dass biologisch *mehr als ein* genetischer Code möglich ist. Wurde aber quasi im »Evolutionsstamm« ein Code »eingeführt«, so muss dieser zwangsläufig »eingefroren« werden und erhält damit Universalität.

Diese Aussage wird auch dadurch nicht geschmälert, dass man in jüngster Zeit Abweichungen vom universellen Code sogar in der Kern-DNA von Ziliaten und im Genom einer Gruppe von Prokaryonten, den Mykoplasmen, gefunden hat. Sie stellen eine Ausnahme dar in einer Regel, die sich sonst bisher überall bestätigt hat.

Einblick in die Evolution

Es ist heute unstrittig, dass alle lebenden Organismen von einer einzigen lebenden Zelle abstammen, die vor mehreren Milliarden Jahren entstanden sein muss. Ihre Konzeption war so erfolgreich, dass sie im Kampf um die Vermehrung alle anderen frühen Entwicklungen besiegte und die Führung in der Evolution übernahm. Andere Schlüsse können aus der Ähnlichkeit aller lebenden Organismen nicht gezogen werden. Der entscheidende zweite Schub für die Evolution kam dann mit der Entwicklung der eukaryonten Zellen aus ihren prokaryontischen Vorläufern. Sie erst machte den entscheidenden Schritt von kleinen, relativ einfach strukturierten Zellen bis zu hochkomplexen Organismen möglich.

Dieser Weg ist heute durch neu entwickelte Techniken, die es erlauben, DNA-Sequenzen in großer Menge zu bestimmen und artübergreifend zu vergleichen, nachvollziehbar. So hat man Beziehungen zwischen den Organismen aus den Nukleotidsequenzen der Gene für die ribosomale RNA der kleinen Ribosomenuntereinheit ableiten können, die in eindrucksvoller Weise den Gang der Evolution aufzeigen. Es handelt sich bei diesen Genen um **hochkonservierte Sequenzen**, die so stabil sind, dass man phylogenetische Beziehungen messen kann, die sich über das ganze Spektrum der heute lebenden Organismen erstrecken. Danach sind Tiere, Pflanzen und Pilze relativ spät in der Geschichte der Eukaryontenzelle aus einem gemeinsamen Vorfahren entstanden (■ Abb. 1.1).

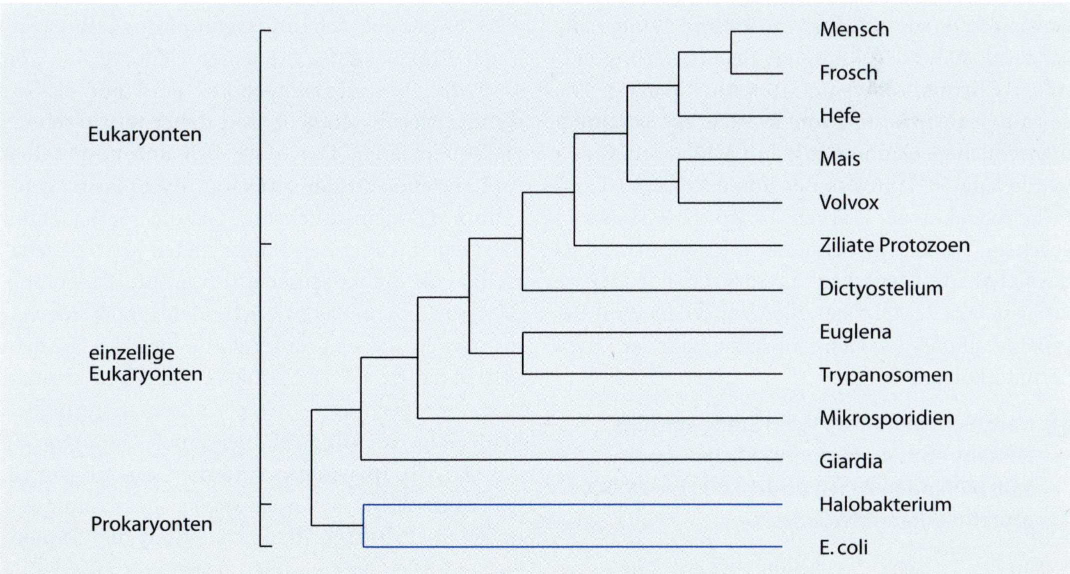

■ **Abb. 1.1.** Die Evolution der Organismen, abgeleitet aus den Nukleotidsequenzen der Gene für die ribosomale RNA der kleinen Ribosomenuntereinheit

Methoden wie diese, also der Vergleich hochkonservierter Sequenzen, bei denen Mutationen wegen ihrer wesentlichen Funktion sofort zum Totalausfall des betroffenen Individuums führen und die sich deshalb in der Evolution nur sehr langsam verändern, versprechen künftig tiefe Einblicke in das Evolutionsgeschehen. Kombiniert man diese mit Sequenzvergleichen rasch evolvierender DNA-Abschnitte, die uns Einblicke in nähere Verwandtschaftsbeziehungen erlauben, so sollte die Evolutionsgeschichte in einer Ganggenauigkeit nachvollziehbar werden, die alle bisherigen Vorstellungen übertrifft. Gleichzeitig ist dies aber auch ein Beispiel dafür, wie eng unsere eigenen Gene mit denen niedriger Organismen verwandt sind.

Das Humangenomprojekt

Am 26. Juni 2000 konnte Craig Venter, Gründer der US-Firma Celera Genomics die Sequenzierung von über 90 % der 3 Mrd. Bausteine des menschlichen Genoms bekannt geben. Die Fortschritte des Projekts, als dessen offizieller Start der 1. Oktober 1990 gilt, übertrafen damit alle bisherigen Erwartungen. Im Februar 2001 traten weltweit die Genomforscher und Wissenschaftspolitiker an die Öffentlichkeit und präsentierten in *Nature* und *Science* die Arbeitsversion der Genkarte des Menschen. Zugegebenermaßen hatte diese Sequenzierung noch größere Ungenauigkeiten und Lücken. In Abständen folgte die genauere, nahezu vollständige Sequenzierung einzelner Chromosomen mit Abschlussqualität. Die genaue Sequenzierung von 99,99 % des gesamten menschlichen Genoms mit 3,2 Milliarden Basen wurde zum 50. Jahrestag der Entdeckung der Doppelhelixstruktur der DNA am 14. April 2003 bekannt gegeben. Zu diesem Zeitpunkt schätzte man, dass das Genom des Menschen ca. 30.000 bis 35.000 Gene umfasst. Am 21. Oktober 2004 wurde die Zahl der proteinkodierenden Gene sowie die Zahl der Basen herunterkorrigiert.

! Nach dem gegenwärtigen Stand unseres Wissens enthält das menschliche Genom 3,08 Milliarden Basen und 20.000 bis 25.000 proteinkodierende Gene.

Neben der Tatsache, dass bereits jetzt eine große Anzahl von Genen identifiziert werden konnte, deren Funktionsstörung zu menschlichen Krankheiten führt und dass deren Zahl täglich zunimmt, war es eine wichtige Entscheidung, von vornherein nicht nur **menschliche Genome** in das **Humangenomprojekt** mit einzubeziehen, sondern auch die Genome von fünf Modellorganismen der klassischen experimentellen Genetik. Es sind dies **Escherichia coli, Saccharomyces cerevisiae, Caenorhabditis elegans, Drosophila melanogaster** und **Mus musculus.**

Der Sequenzvergleich über alle **taxonomischen Gruppen** hinweg ergibt bereits jetzt einen überraschenden Erkenntniszuwachs. Dabei ist die vielleicht revolutionärste Erkenntnis, dass **evolutionäre Höherentwicklung**, entgegen allen früheren Annahmen, nicht in direktem Zusammenhang steht mit der Vermehrung von Genen – eine Hypothese, die über Jahrzehnte Gültigkeit hatte. Auch erkannten wir, dass sich die Menschen untereinander zu 99,9 % gleichen. Man kann unter den Angehörigen einer Volksgruppe größere genetische Differenzen finden als zu Menschen, die einer ganz anderen Volksgruppe angehören und einen völlig anderen Lebensraum besitzen. Damit verschwinden sämtliche **Rasseideen** in den Orkus der Geschichte. Das Genom des **Schimpansen** unterscheidet sich nur in 2 % von dem des Menschen, das der **Maus** in weniger als 5 %.

Doch beschreiben wir die bisherigen Daten der Reihe nach anhand ausgewählter Organismen. Der erste **freilebende Organismus** wurde 1995 sequenziert. Es handelt sich um **Haemophilus influenzae**, einen Prokaryonten mit einer Genomgröße von 1,83 Mb. Prokaryontengenome sind nur ein bis wenige Megabasen groß und daher relativ schnell zu sequenzieren. Der erste **sich autonom selbst replizierende Organismus** war **Mycoplasma genitalium**, das kleinste bekannte Genom überhaupt mit 470 Genen. Unter den Prokaryonten besitzt **Escherichia coli** die wissenschaftlich größte Bedeutung, da wir an diesem Bakterium fundamentalste Mechanismen des Lebens molekularbiologisch verstehen gelernt haben, wie DNA-Replikation, Transkription und Proteinsynthese. Hier wurden ursprünglich 4288 Gene identifiziert, bei einer Genomgröße von 4,6 Mb. Inzwischen sind die Genome von ca. 500 Bakterienstämmen sequenziert oder zumindest in einem fortgeschrittenen Stadium der Sequenzierung. Die Genomgrößen liegen hier zwischen 1 und ca. 4,5 Mb. Das komplette Hefegenom **Saccharomyces cerevisiae** wurde 1996 unter dem Titel

»Life with 6000 Genes« publiziert. Es war das erste Genom eines Eukaryonten. Die Sequenzierung der 16 Chromosomen ergab die Zahl von 6340 Genen bei diesem Modellorganismus der Zellbiologie für Untersuchungen der Zellzykluskontrolle, der transkriptionellen Kontrolle und anderer wichtiger biologischer Funktionen. Gerade die Sequenzierung von **E. coli** und **S. cerevisiae** zeigten aber auch, dass nach der Erstpublikation der Sequenzergebnisse bei 40–60 % der Gene keine funktionelle Bedeutung bekannt war. Durch Sequenzhomologien zu Säugergenen konnte dieser Prozentsatz zwischenzeitlich verringert werden. Auch konnten durch die Sequenzierung verschiedener Hefespezies beachtliche Unterschiede in der Zahl der Gene, der Zahl der Introns und in Transposons nachgewiesen werden.

Bei **Protozoen** fand man Genomgrößen in der Größenordnung von 30–90 Mb. Im Gegensatz dazu besitzt das Experimentalmodell der Entwicklungsbiologie **Caenorhabditis elegans**, ein ca. 1 mm langer Wurm, ein großes Genom von annähernd 100 Mb. **C. elegans** war der erste sequenzierte Metazoe, und man konnte das Vorhandensein von 19.099 proteinkodierenden und über 1000 RNA-Genen nachweisen. Bei vielen **Invertebraten** findet man Genome mit zwischen 14.000 und 20.000 Genen. Bei der Durchführung des **Drosophila melanogaster**-Genomprojekts wies man in dem 165-Mb-Genom 13.601 polypeptidkodierende Gene nach, eine vergleichsweise zu **C. elegans** geringere Genzahl bei umgekehrter Proportion der Größe und Zellzahl (**C. elegans** besitzt nur 959 somatische Zellen).

Bei der Sequenzierung verschiedener Labormäusestämme kam es zu einem Wettlauf zwischen den Laboratorien, die im Mouse Genome Sequencing Consortium (MGSC) zusammengeschlossen waren, und der Firma Celera von Craig Venter. Während Celera im April 2001 die Sequenzierung von 3 Mäusestämmen verkündete, deren Sequenz allerdings nicht frei zur Verfügung stand, sondern nur gegen Bezahlung, meldete das MGSC im Mai 2002 die 96%ige Komplettierung des Genoms des C57BL/6J-Laborstammes und veröffentlichte die Daten unmittelbar im Internet. Das Genom hat eine Größe von 2500 Mb mit 30.000 oder etwas weniger Genen. Die **Genzahl der Maus** entspricht also in der Größenordnung der des Menschen. Dabei sei nochmals erwähnt, dass nach neuesten Daten die Zahl der menschlichen Gene nach unten korrigiert wurde. Auf noch exaktere Ergebnisse der Maus muss man noch warten, bevor ein genauer Vergleich möglich wird. Gerade die Sequenzierung des Mausgenoms ist von außerordentlicher Bedeutung für die vergleichende Genomforschung und die Erforschung der Genomevolution. Vergleiche zwischen Maus und Mensch erlauben z. B. das Erkennen hochkonservierter Sequenzen in der Säugerevolution.

Die hier erwähnten Sequenzierungen anderer Spezies können nur einen Ausschnitt aller Sequenzierungsprogramme – sozusagen Modellorganismen als Eckpfeiler – darstellen. Es gibt zwischenzeitlich publizierte Sequenzierungen aus allen Stämmen des Tierreiches, von Insekten über Fische, Reptilien, Vögel bis zu den Säugetieren. So wurde im Dezember 2004 beispielsweise die Sequenzierung des **Huhnes (Gallus gallus)** publiziert. Die Genomgröße beträgt ca. 1/3 der Säugetiergenome, die Genzahl wurde auf 20.000 bis 23.000 geschätzt. Ausschlaggebend für die Auswahl der Spezies sind in der Regel wissenschaftliche, medizinische oder auch wirtschaftliche Aspekte, z. B. bei Nutztieren (◘ Tabelle 1.2).

Gerade die spannenden Befunde des Genomprojekts zeigen eindringlich, wie tief der Mensch selbst in dem biologischen Gefüge verwurzelt ist, und dass Erkenntnisse, die an völlig anderen Organismen gewonnen werden, oft überraschende Relevanz für uns selbst und unser Krankheitsgeschehen besitzen.

Vom Phänotyp zum Genotyp – vom Genotyp zum Phänotyp

Das Fachgebiet der Humangenetik hat sich zu einer Schlüsseldisziplin für die gesamte Medizin entwickelt. Viele Erkrankungen, bei denen eine genetische Beteiligung oder gar Auslösung vor Jahren noch nicht einmal zu erahnen war, haben ihr verursachendes Prinzip in Genen. Denken wir nur als Beispiel an das vor wenigen Jahren entdeckte **Brustkrebsgen BRCA1**. Dabei war und ist teilweise auch heute noch der klassische Weg der Erforschung von Krankheiten, die ihre Ursachen in Genen haben, der der phänotypischen Erfassung, Beschreibung und der Verifikation einer genetischen Ursache über Stammbaum- oder Chromosomenanalyse. Der nächste Schritt ist die Suche nach kausalen Erklä-

Tabelle 1.2. Genomgröße und Anzahl der Gene bei Modellorganismen

Spezies	Genomgröße	Anzahl der Gene (Stand 2004)
Haemophilus influenzae	1,83 Mb	1740
Mycoplasma genitalium	580 kb	470
Escherichia coli	4,6 Mb	4288
Saccharomyces cerevisiae	12 Mb	6340
Caenorhabditis elegans	100 Mb	19099
Drosophila melanogaster	165 Mb	13601
Gallus gallus	1000 Mb	20.000–23.000
Mus musculus[a]	2500 Mb	ca. 30000
Zum Vergleich Homo sapiens[a]	3080 Mb	20000–25000

[a] Ein erneuter exakter Vergleich von Maus und Mensch steht noch aus.

rungsmöglichkeiten auf Genproduktebene. Der letztendlich letzte Schritt einer kausalen Beziehung ist die Auffindung der molekularen Ursache auf Genebene.

Heute ist dieser Weg auch umgekehrt gangbar. Man verzeichnet mit der Methode der positionellen Klonierung und Folgetechniken (▶ Kap. 1.3.3) mit unglaublicher Geschwindigkeit Erfolge, nämlich über die Identifikation und Sequenzierung von Genen Näheres über das Krankheitsgeschehen zu erfahren. Dies alles verdeutlicht uns die Humangenetik als angewandte Wissenschaft und als Bereich der Grundlagenforschung. Sie analysiert die gesamte genetische Information auf der Ebene der DNA genauso wie auf Patientenebene.

1.1.2 Das Eukaryontengenom

Bei der Besprechung des Eukaryontengenoms setzen die Autoren Kenntnisse über die Struktur der DNA voraus. Weiterhin sollte die Replikation und der genetische Code verstanden sein. Die Tabelle 1.3 soll noch einmal die grundsätzlichen biologischen Aufgaben des Erbmaterials ins Gedächtnis rufen, die Tabelle 1.4 den strukturellen Aufbau der DNA. Der eigentliche Ablauf der Replikation mit den beteiligten Polymerasen ist in Tabelle 1.5 dargestellt. Schließlich kann zur Wiederholung der Aufbau des genetischen Codes der Tabelle 1.6 entnommen werden.

Aufbau der Gene – Gendefinition

Vergleicht man die Nukleotidsequenz eines Gens bei Prokaryonten mit der Aminosäuresequenz eines Proteins, so stellt man fest, dass die Reihenfolge der Nukleotide des Gens genau mit der Aminosäurefolge im Protein korrespondiert.

Die Länge der DNA-Sequenz des Gens hängt also direkt von der Länge des Proteins ab, für das es kodiert. Besitzt ein Protein n Aminosäuren, so müssen 3n Basenpaare dafür kodieren. Tatsächlich hielt man diesen Aufbau, der aus der Analyse von Prokaryontengenen hergeleitet war, lange Zeit für den allgemein gültigen. Eine Generation von Medizin- und Biologiestudenten lernte als schlagwortartige Definition: **ein Gen – ein Enzym** oder später erweitert: **ein Gen – ein Protein**.

1977 wurde jedoch, als man technisch durch die Entdeckung der Restriktionsenzyme soweit war, auch Eukaryontengene zu untersuchen, dieses einfache Genkonzept erschüttert.

Das β-**Globin** war das erste Gen von Eukaryonten, das ausführlich untersucht wurde. Überraschenderweise entdeckte man durch elektronenmikroskopische Aufnahmen von Hybridmolekülen zwischen β-Globin, genomischer DNA und copy-DNA (c-DNA), die mit Hilfe des Enzyms reverse Transkriptase aus m-DNA erstellt wurde, Schleifenbildungen. Diese wurden durch DNA-Regionen verursacht, die offensichtlich in der c-DNA nicht vorhanden waren (vorausgesetzt die c-DNA stellt tatsächlich eine identische Kopie der m-RNA dar). Beim β-Globin-

Tabelle 1.3. Biologische Aufgaben des Erbmaterials

Replikation	Präzise Replikation während der Zellverdoppelung
Speicherung	Speicherung der gesamten notwendigen biologischen Funktion
Weitergabe	Weitergabe der Information an die Zelle
Stabilität	Aufrechterhaltung der Strukturstabilität, um Erbänderungen (Mutationen) zu minimieren

Tabelle 1.4. Struktureller Aufbau der DNA

Doppelhelix	2 Polynukleotidstränge sind zu einer Doppelschraube (Doppelhelix) umeinandergewunden
Polarität	Die Stränge besitzen eine gegenläufige Polarität. Die 5'- → 3'-Richtung des einen Stranges verläuft entgegengesetzt zu der seines Partners
Basenpaarung	Es besteht eine spezifische Basenpaarung. A = T und G ≡ C
Drehsinn	Die Doppelhelix ist rechts gewendelt, mit etwa 10 Nukleotidpaaren je Windung
Stabilität	Hydrophobe Bindungen beieinanderliegender Basen schaffen den Zusammenhalt

Tabelle 1.5. Ablauf der Replikation mit den beteiligten Polymerasen

Enzym/Protein	Biologischer Schritt
Helikase	Entwindung der Doppelhelix
Topoisomerasen	Entspannung der verdrillten Doppelhelix und Setzung von Einzelstrangbrüchen, als die Rotation weiterleitende Gelenke
DNA-Bindungsprotein	Stabilisierung der einzelsträngigen DNA
Primase	Synthese einer kleinen Primer-RNA
DNA-Polymerase α	Primase, Synthese kurzer DNA-Stücke zur Einleitung der Replikation, Synthese des Folgestrangs
DNA-Polymerase β	Reparatur
DNA-Polymerase δ	Synthese des Leitstrangs
DNA-Polymerase ε	Kettenverlängerung Reparatur
	Replikation mitochondrialer DNA
DNA-Polymerase γ	Durchführung der Replikation ausschließlich in Mitochondrien

Tabelle 1.6. Aufbau des genetischen Codes (► hierzu auch Abb. 1.13)

Art des Codes	Triplett-Raster-Code mit 4 Basen, die 64 Möglichkeiten für 20 Aminosäuren ergeben
Degeneration	Überwiegend logisch; schafft durch Variabilität in der Kodierung eines Tripletts Toleranz für spontane Mutationen
Stoppkodons	UAA, UAG und UGA
Startkodons	AUG und GUG

gen fand man zwei solche Regionen, die innerhalb der kodierenden Regionen lagen und drei Sequenzen des zugehörigen Proteins bzw. der entsprechenden m-RNA unterbrachen. Dies war die Entdeckung der **unterbrochenen Gene** bei Eukaryonten.

In der Zwischenzeit hat man in vielen Genen von Eukaryonten solche Unterbrechungen entdeckt, die man jedoch bisher nie bei typischen Prokaryonten fand. Allerdings konnte man vor kurzem bei einem T_4-Phagen unterbrochene Gene nachweisen. Es ist daher nicht unwahrscheinlich, dass auch ihre prokaryontischen Wirte solche Gene enthalten, die man bisher nur noch nicht entdeckt hat.

Jedenfalls ist dieser Genaufbau für den Menschen die Regel. Nur sehr wenige menschliche Gene haben keine Unterbrechungen und diese sind in der Regel sehr klein. Insgesamt gibt es bei menschlichen Genen erhebliche Größenunterschiede (◘ Tabellen 1.7 und 1.8).

Man hat die Sequenzen, die in der m-RNA vorhanden sind, als **Exons** definiert und solche, die dort fehlen, als **Introns**, wobei Exon- und Intronlängen sehr unterschiedlich sind. In menschlichen Genen sind Exons durchschnittlich 122 bp lang. Dabei ist die Exonlänge unabhängig von der Länge des Gens. Man kennt auch einige sehr große Exons. In der Regel übertrifft die Länge der Introns die der Exons um ein Vielfaches. Bei großen Genen ist der Exongehalt sehr gering. Auf dem Weg zwischen Information auf DNA-Ebene und Genexpression muss also noch ein Prozess dazwischengeschaltet sein, den wir mindestens bisher bei Prokaryonten nicht beobachten. Von der DNA wird eine Kopie in Form von RNA abgelesen, die genau die Sequenz im Genom wiedergibt. Man hat diese RNA auch als **heterogene**

◘ Tabelle 1.7. Größenunterschiede und durchschnittliche Exon- und Introngrößen einiger menschlicher Gene (Nukleotide x 1000)

Genprodukt	Gengröße	m-RNA Größe	Anzahl der Exons	Anzahl der Introns	Durchschnittliche Größe	
					Exons (bp)	Introns (kb)
β-Globin	1,6	0,6	3	2	150	0,49
Insulin	1,4	0,4	3	2	155	0,48
Faktor VIII	186	9	26	25	375	7,10
Dystrophin	2400	17	79	> 500	180	30,00

◘ Tabelle 1.8. Menschliche Gene (Auswahl), die nicht durch Introns unterbrochen sind

Alle 37 Mitochondriengene	
Histongene	
Viele Gene für kleine RNA, so die meisten t-RNA-Gene	
Hormonrezeptorgene:	S-HT_{1B}-Serotoninrezeptor
	Dopaminrezeptoren D1 und D5
	Angiotensin-II-Typ-1-Rezeptor
	α_2-adrenerger Rezeptor
	Formylpeptidrezeptor
Hodenspezifische Expressionsmuster, wie:	Phosphoglyzeratkinase (PGK2)
	Glyzerinkinase (GK)
	Gen der myc-Familie (MYCL2),
	Pyruvatdehydrogenase E1a (PDHA2)
	Glutamatdehydrogenase (GLUD2)

nukleäre RNA (hn-RNA) bezeichnet. Diese hn-RNA kann allerdings nicht direkt für die Proteinproduktion herangezogen werden; sie ist ein Rohling, der erst noch durch die Exzision der Introns zurechtgeschnitten werden muss. Man hat diesen Vorgang als *splicing* (deutsch: Spleißen) bezeichnet. Das Ergebnis des Spleißens ist dann eine m-RNA, die aus einer Reihenfolge von Exons zusammengesetzt ist. Dabei werden die Exons immer in derselben Reihenfolge hintereinander geordnet, in der sie in der DNA auftreten (► Kap. 1.2.1).

Die ursprüngliche Gendefinition wurde aber nicht nur durch den komplizierteren Aufbau der Eukaryontengene erschüttert. Man fand auch bei Pro- und Eukaryonten, bei diesen allerdings selten, einige Gene, die überlappen und sogar Gene in Genen, die bei der Translation die Synthese mehrerer Polypeptide steuern. Auch hat man in den letzten Jahren einige große menschliche Introns gefunden, in denen komplette kleine Gene enthalten sind. Allerdings werden diese meist von den beiden verschiedenen Strängen transkribiert.

Nicht jedes Gen wird an Ribosomen translatiert. Translatiert werden nur Gene, von denen eine m-RNA gebildet wird. Ausschließlich transkribiert werden dagegen Gene für t-RNA und für r-RNA.

Man könnte zusammenfassend ein Gen als den Abschnitt der DNA definieren, der zwischen einem Transkriptionsstart **(Promotor)** und einem Transkriptionsende **(Terminator)** liegt. Diese Definition auf der Basis der Transkriptionseinheit stimmt tatsächlich für viele Gene. Sie wird jedoch dann mangelhaft, wenn mehrere Gene in einer Transkriptionseinheit, gesteuert durch einen Promotor, abgelesen werden. Wir sehen also, dass man heute auf eine klare und griffige Gendefinition verzichten muss. Man kann letztlich ein Gen nur folgendermaßen definieren:

! Ein Gen ist ein Abschnitt der DNA, der ein funktionelles Produkt kodiert.

In den meisten Fällen ist dies eine Polypeptidkette (■ Abb. 1.2).

Bedeutung der Introns

Kommen wir noch einmal zu den »unterbrochenen« Genen der Eukaryonten zurück und fragen nach dem Sinn dieser in Exons fragmentarisch angeordneten Information.

Leider ist man auf Spekulationen angewiesen, da experimentelle Belege, ja sogar Hinweise, fehlen. Möglicherweise könnten unterbrochene Gene Vorteile für evolutionäre Veränderungen bieten. Wir wissen, dass die DNA aufgrund verschiedener Mechanismen erstaunlich flexibel ist. So können DNA-Bereiche von einem chromosomalen Ort ausgeschnitten und in einen anderen eingesetzt werden, oder sie können zwischen homologen Genen ausgetauscht werden. Solche Prozesse könnten dann gefährlich werden, wenn sie Gene zerstören. Kommt jedoch der Austausch von DNA innerhalb der Introns vor, so ist die potenzielle Zerstörung von

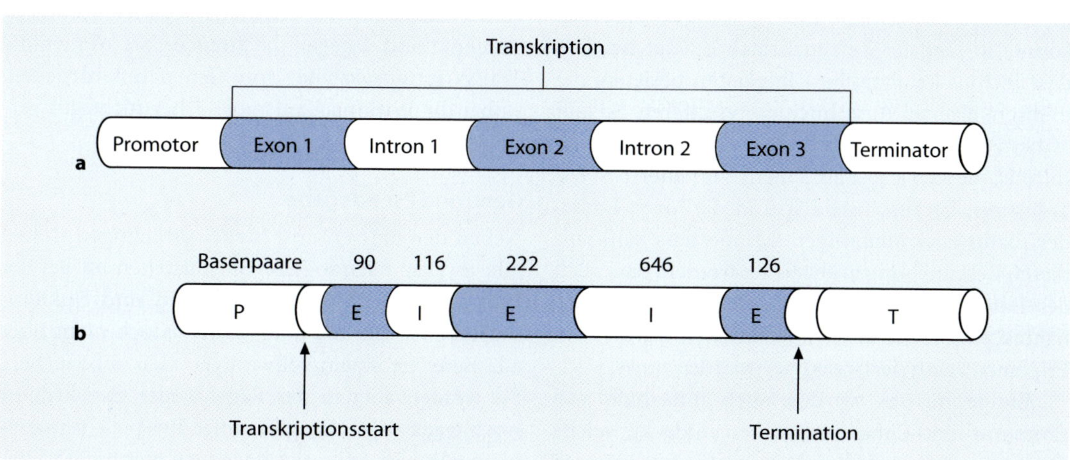

■ **Abb. 1.2.** **a** Modellvorstellung zum Aufbau eines Eukaryontengens; **b** β-Globingen des Menschen mit 3 Exons und 2 Introns

Informationen limitiert. Eine andere Möglichkeit ist, dass der Austausch von Introns und ihre Rearrangierung im Laufe der Zeit dem Aufbau neuer Gene dient.

Diese Überlegungen schreiben den Introns nur eine indirekte Funktion zu. Es gibt viele Molekularbiologen, die der Meinung sind, dass Introns einfach Nukleotidsequenzen ohne jegliche Funktion sind. Diese Meinung beruht auf folgenden Tatsachen:

- Alle bisher untersuchten Introns beginnen mit derselben Sequenz von zwei Basen, nämlich G-T und enden mit A-G. Damit sind Beginn und Ende klar für das Ausschneiden markiert.
- Mutationen in Basensequenzen nahe oder innerhalb der Intron-Exon-Grenzen führen zu m-RNAs, die kein funktionsfähiges Protein bilden.
- Minigene, künstlich konstruiert aus den Exons mit einem Promotor, werden häufig genauso effizient exprimiert wie natürliche Gene aus dem Zellkern. Letztere Aussage muss jedoch insofern relativiert werden, als sich bei der experimentellen Übertragung von Genen in sog. transgene Mäuse herausgestellt hat, dass eine Intron-Exon-Sequenz bessere Chancen hat, tatsächlich auch exprimiert zu werden. Die Gründe hierfür sind allerdings unbekannt.

Es sieht aber bisher dennoch so aus, als ob die Funktion der Introns für die Genexpression weitgehend irrelevant ist. Andererseits wurden aber in wenigen Fällen regulatorische DNA-Sequenzen beschrieben, die innerhalb eines Introns eines Gens liegen. Auch konnte in jüngster Zeit mehrfach gezeigt werden, dass Introns katalytische Fähigkeiten besitzen, die in ihrem eigenen Ausschneiden resultieren. So gibt es bei Pilzen, aber auch bei anderen Organismen Introns, die sich selbst aus einem Vorläufer-r-RNA-Transkript herausschneiden und die losen Enden der Exons zusammenfügen. Mindestens kann aus diesen Beschreibungen abgeleitet werden, dass nach der Entdeckung von **katalytischer RNA** die Annahme, alle biochemischen Reaktionen würden von Proteinen katalysiert, relativiert werden muss.

Einige Introns wurden auch innerhalb von Promotor- und Enhancerregionen entdeckt, welche Gene ein- und abschalten. So könnten Introns auch als Rezeptoren für bestimmte Hormone dienen, die einzelne Gene während bestimmter Entwicklungsphasen aktivieren und in anderen Phasen deaktivieren. Durch die Separierung der Exons für viele verschiedene Proteine in Antikörpergenen schaffen die Introns Flexibilität und ermöglichen Rearrangements von multipel-kodierenden Regionen, die zur Produktion von mehr als 18 Millionen verschiedener Antikörpermoleküle notwendig sind.

Kontrollelemente menschlicher Gene

Die riesige Anzahl miteinander agierender Gene erfordert in höheren eukaryontischen Genomen bzw. beim Menschen ein ausgeklügeltes Kontrollsystem. Das wesentlichste Kontrollsystem, das ein Gen sozusagen einschaltet, ist sein **Promotor**. Promotoren sind die Initiatoren der Transkription. Sie liegen in der Regel strangaufwärts vom Gen, oft wenig vom Transkriptionsstart entfernt. Ihr Charakteristikum ist eine Kombination kurzer Sequenzen, die von **Transkriptionsfaktoren** (► Kap. 1.2.1) erkannt werden. Weiterhin findet man bei bestimmten Genen häufig etwas strangaufwärts von den Promotoren (ca. 1 kb von der Transkriptionsstartstelle entfernt) sog. **Response-Elemente (RE)**. Es handelt sich dabei um Gene, deren Expression von externen Faktoren, wie Hormonen, Wachstumsfaktoren oder internen Signalmolekülen wie dem cAMP, gesteuert werden. Bindet der entsprechende Signalfaktor an ein solches RE-Element, so kann eine starke Genexpression ausgelöst werden. Die Transkription eukaryontischer Gene kann durch positive Kontrollelemente, die **Enhancer**, verstärkt werden. Man findet sie bei vielen menschlichen Genen. Negative Kontrollelemente sind dagegen die **Silencer**. Sie können die Transkriptionsaktivität von Genen unterdrücken, wobei ihr Wirkmechanismus bisher nicht gut verstanden ist.

Gene und Pseudogene

Neben den aktiven und funktionstüchtigen Genen gibt es viele **Pseudogene**. Sie entstehen oft bei der Entwicklung von Genfamilien und sind Nukleinsäuresequenzen, die über weite, jedoch nicht über alle Bereiche einem vollwertigen Gen entsprechen. Sie werden aber in der Regel weder transkribiert noch translatiert. (Es gibt einige Beispiele transkribierter Pseudogene, auf die jedoch hier nicht weiter eingegangen werden soll.)

! Pseudogene sind nicht mehr funktionierende Gene, die ursprünglich durch Genduplikation entstanden sind und anschließend durch Mutationen (z. B. Deletionen) modifiziert wurden.

Sie bilden sozusagen den »Mülleimer der Evolution«. Aber so wie manche Schriftsteller Fragmente sammeln, auch dann, wenn sie nicht sofort sinnvoll verwendbar sind, so entledigt sich auch das Genom dieser Gene nicht. Vermutlich erwies sich im Laufe der Evolution das Sammeln der Pseudogene als nützlicher als eine »Müllbeseitigung«. Denn sie können im Sinne einer Weiterentwicklung modifiziert werden, um wieder transkribiert und zu einem neuen veränderten Protein translatiert zu werden.

Single-copy-Sequenzen

Gene für die Produktion von Strukturproteinen, Transportproteinen, Hormonen, Rezeptoren, Enzymen, regulatorischen Proteinen, usw. liegen – von Pseudogenen, die ja nicht translatiert werden, einmal abgesehen – in der Regel als sog. **Single-copy-Sequenzen** vor. Der Mensch besitzt 20.000 bis 25.000 dieser Single-copy-Sequenzen. Von einfach mendelnden Erbgängen mutierter Gene, die von Variationen im Bereich des normalen bis zu schweren Erbkrankheiten reichen, kennen wir zumindest die Defektzustände von über 15.000 Genen. Jährlich wird von Victor McKusick von der Johns Hopkins School of Medicine ein aktualisierter Katalog dieser Gene herausgegeben. Davon wurden bereits viele chromosomal lokalisiert.

Repetitive DNA-Sequenzen

Repetitive DNA-Sequenzen sind solche, bei denen multiple identische oder nahezu identische Kopien von DNA-Basensequenzen vorliegen. DNA-Restriktionsfragmentanalysen zeigen die Existenz von repetitiver DNA in allen Eukaryonten.

Unter den repetitiven DNA-Sequenzen im Genom finden sich solche Sequenzfamilien, die funktionstüchtige Gene umfassen, und andererseits gibt es viele repetitive Sequenzen, die nicht Genen angehören. Familien für repetitive DNA-Sequenzen, die nicht Genen angehören und nicht transkribiert werden, sind durch einzelne Wiederholungseinheiten oder Tandemwiederholungen gekennzeichnet, die verstreut zwischen anderen DNA-Sequenzen liegen. Man unterteilt hier in **Satelliten-DNA, Minisatelliten-DNA** und **Mikrosatelliten-DNA.** Neben diesen Familien gibt es noch verstreute repetitive DNA (▶ Kap. 1.4).

Aufbau eines Chromosoms

Bisher wurde die Organisation der DNA im Genom einführend behandelt, nun wollen wir sehen, wie die DNA in **Chromosomen** verpackt ist. Zwei gegenläufige DNA-Moleküle bilden eine Doppelhelix. Das **Chromatin** besteht aus einer speziesspezifischen Anzahl solcher DNA-Doppelstränge und wird während der Mitose im Lichtmikroskop in verdichteter Form als Chromosomen sichtbar (◼ Abb. 1.3).

Einzelne eukaryontische Chromosomen sind im Interphasekern nicht sichtbar. Die DNA-Fäden besitzen einen Durchmesser von 2 nm und eine durchschnittliche Länge von 5 cm in einem menschlichen Chromosom. Würde man alle menschlichen Chromosomen aneinanderreihen und lang ausgestreckt messen, so ergäbe dies einen Faden von ca. 2 m Länge. Bei einem Kerndurchmesser von ca. 5 µm muss also ein starkes Ordnungsprinzip existieren.

Isoliert man das Chromatin aus Zellkernen und untersucht es chemisch, so findet man neben DNA

◼ **Abb. 1.3.** Metaphasechromosom des chinesischen Hamsters (nach Stubblfield 1973)

(und einer kleinen Menge RNA) zwei Hauptklassen von Proteinen:

- fünf verschiedene Typen von basischen Histonen (H1, H2A, H2B, H3, und H4) und
- eine heterogene Gruppe von Nichthistonproteinen,

die z. B. eine Anzahl von Enzymen enthält. Die Histone sind für die strukturelle Organisation der Chromosomen offenbar die wichtigere Gruppe von Proteinen. Sie enthalten viele basische Aminosäuren und haben daher durch ihre positive Ladung eine hohe Affinität zur negativen Ladung der DNA. Dabei bilden die Histone H2A, H2B, H3 und H4 an den Polen abgeflachte Proteinkugeln, Oktamere aus den Dimeren der vier verschiedenen Histone. Jede Proteinkugel ist von dem DNA-Faden mit 1,75 Linkswindungen, was 146 Basenpaaren entspricht, umwickelt. Man bezeichnet einen solchen Komplex als **Nukleosomencore**. Der fünfte Typ von Histon, H1, ist außerhalb dieser Nukleosomencoren gelagert und mit DNA variierender Länge (15–100 Basenpaare) assoziiert. Diese DNA (*spacer*) verbindet ein **Nukleosom** mit dem anderen und wird somit als **Linker-DNA** bezeichnet. Fortlaufende Einheiten von ca. 200 Basenpaaren bilden einen Faden mit einem Durchmesser von 10 nm.

Auch die H1-Histone verkürzen den DNA-Faden weiter, indem mit ihrer Hilfe mehrere Nukleosomen helikal aufgedreht werden. Dies führt zu einer Chromatinfaser von etwa 30 nm Durchmesser. Diese Chromatinfaser wird wiederum in Schlaufen gelegt, wobei jede Schlaufe etwa 75 kb DNA enthält. Die Schlaufen sind an ein zentrales Gerüst aus sauren Nichthistonproteinen geheftet. Das Gerüst enthält das Enzym Topoisomerase II, das in der Lage ist, die beiden DNA-Stränge des DNA-Doppelstranges wieder zu entwinden. Die Topoisomerase II und andere Proteine des Chromatins bindet an AT-reiche Sequenzen. Man nennt diese Bereiche von mehreren hundert Basenpaaren mit einem AT-Anteil von über 65 % auch Gerüstkopplungsbereiche (*scaffold attachment regions*, SAR) und sie sind, was noch nicht letztlich geklärt ist, möglicherweise auch die Elemente, an denen die Chromatinschlaufen aufgehängt sind. Die so in Schlaufen aufgehängte Chromatinfaser wird durch Schleifenbildung weiter verkürzt. Diese weitere Aufwindung zu den Chromatiden eines Metaphasechromosoms führt schließlich zu etwa 10^{-5} der ursprünglichen Länge des DNA-Fadens (◘ Abb. 1.4, Abb. 1.5).

Zusammenfassend lässt sich also festhalten, dass die DNA-Doppelhelix in den Chromosomen in mehrfach verdrillter Form vorliegt. Die genetische Information eines Organismus ist also auf verschiedene Verpackungseinheiten verteilt. Jede Verpackungseinheit enthält eine große Zahl von funktionellen Informationseinheiten, welche als **Gene** bezeichnet werden. Die Gene liegen in einer linearen Anordnung im Chromosom vor. Jedes Chromosom ist die Kopplungsgruppe für die in ihm befindlichen Gene. Gene, die auf großen Chromosomen weit voneinander entfernt liegen, werden so vererbt, als ob sie nicht gekoppelt wären, da sie normalerweise immer durch **Crossing-over-Prozesse** getrennt werden. Man spricht dann von **Syntänie**.

Prinzipien der Genlokalisation und physikalische Kartierung

Die Genlokalisation ist durch das Humangenomprojekt, das erste wissenschaftliche Großprojekt der Biologie, auf einem wissenschaftlich sehr hohen Niveau angelangt, und es ist schier unmöglich, im Rahmen dieses Buches einen auch nur annähernd vollständigen Methodenüberblick zu geben. Dies wäre Gegenstand eines eigenen Buches. Es sollen aber einige wichtige Methoden exemplarisch angesprochen werden.

Grundsätzlich kann man zwischen der **physikalischen** und der **genetischen Kartierung** unterscheiden (◘ Tabelle 1.9). Ein substanzieller Anteil des Humangenomprojektes beschäftigte und beschäftigt sich mit der Lokalisation von DNA-Sequenzen auf bestimmte »physikalische« Stücke von Chromosomen.

Physikalische Kartierung. Eine physikalische Karte des Menschen besteht natürlich, genauso wie die genetische Karte, aus den 24 Einheiten, die sich aus 22 Autosomen und den Geschlechtschromosomen X und Y ergeben. Allerdings existieren völlig verschiedene Grundprinzipien der Kartierung, die auf den sehr unterschiedlichen Zugangswegen beruhen, wobei das Ziel immer die Lokalisierung von DNA-Sequenzen auf bestimmte »physikalische« Bereiche von Chromosomen ist.

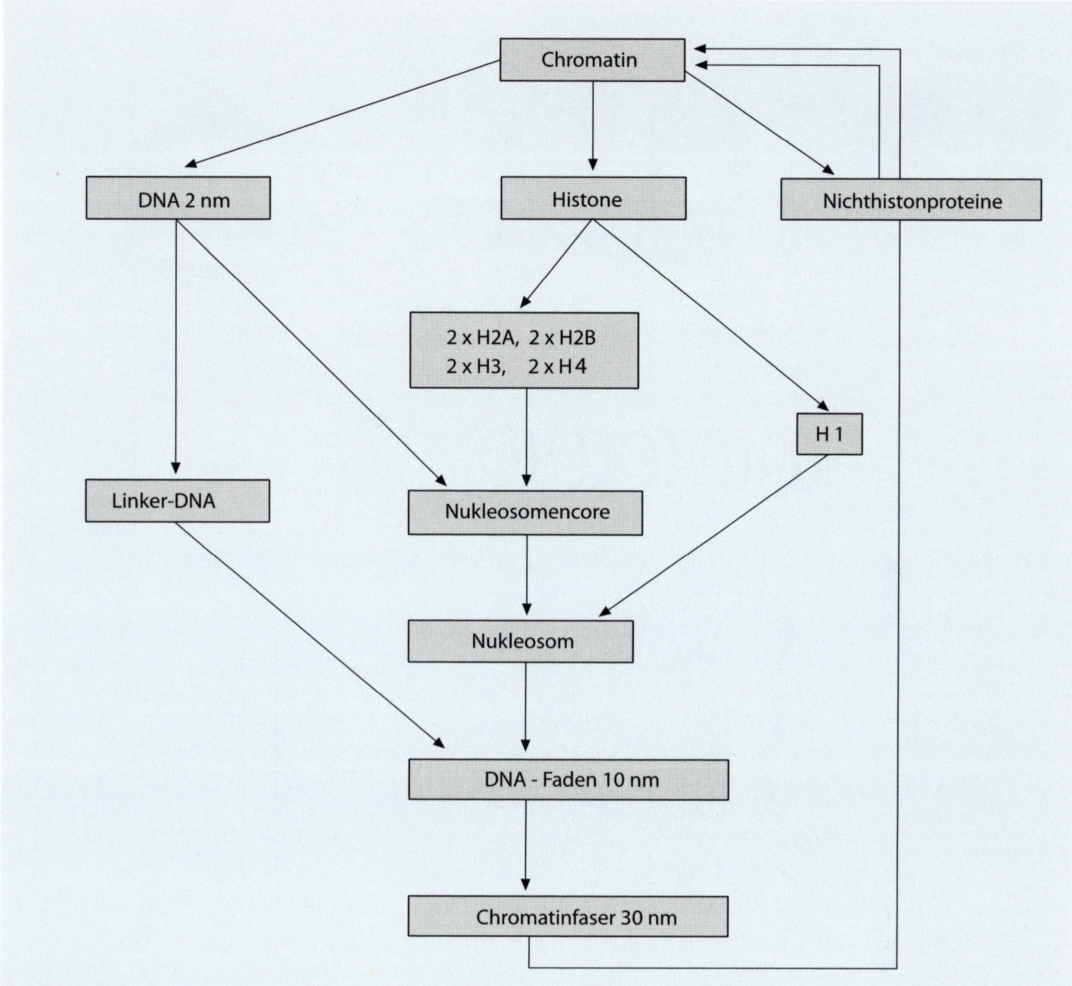

Abb. 1.4. Struktur des Chromatins

Tabelle 1.9. Methoden der Genlokalisation (Genlokalisation mit Hilfe der Kopplungsanalyse ► ausführlich Kap. 1.3.2)

Physikalische Kartierung	
Zellhybridisierungstechniken	Vorwiegend Maus-Mensch-Zellhybride. In den letzten Jahren sehr verfeinerte Methoden zur Kartierung
In-situ-Hybridisierung (konventionell)	Radioaktiv markierte DNAs werden an Metaphasechromosomen hybridisiert. Häufigkeitsverteilungen nach Autoradiographie führen zur Lokalisation von Single-copy-Sequenzen
Fluoreszenz-in-situ-Hybridisierung	In-situ-Hybridisierung mit wesentlich gesteigertem Auflösungsvermögen zur Lokalisation von Single-copy-Sequenzen. Neue Anwendung der Methode beim »chromosome painting« zur Erkennung komplexer Strukturveränderungen, vorwiegend auch zur exakten Tumordiagnostik
Hochauflösende physikalische Kartierung	YAC-, STS-Karten und direkte Sequenzierung
Genetische Kartierung	Familiäre Kopplungsuntersuchungen

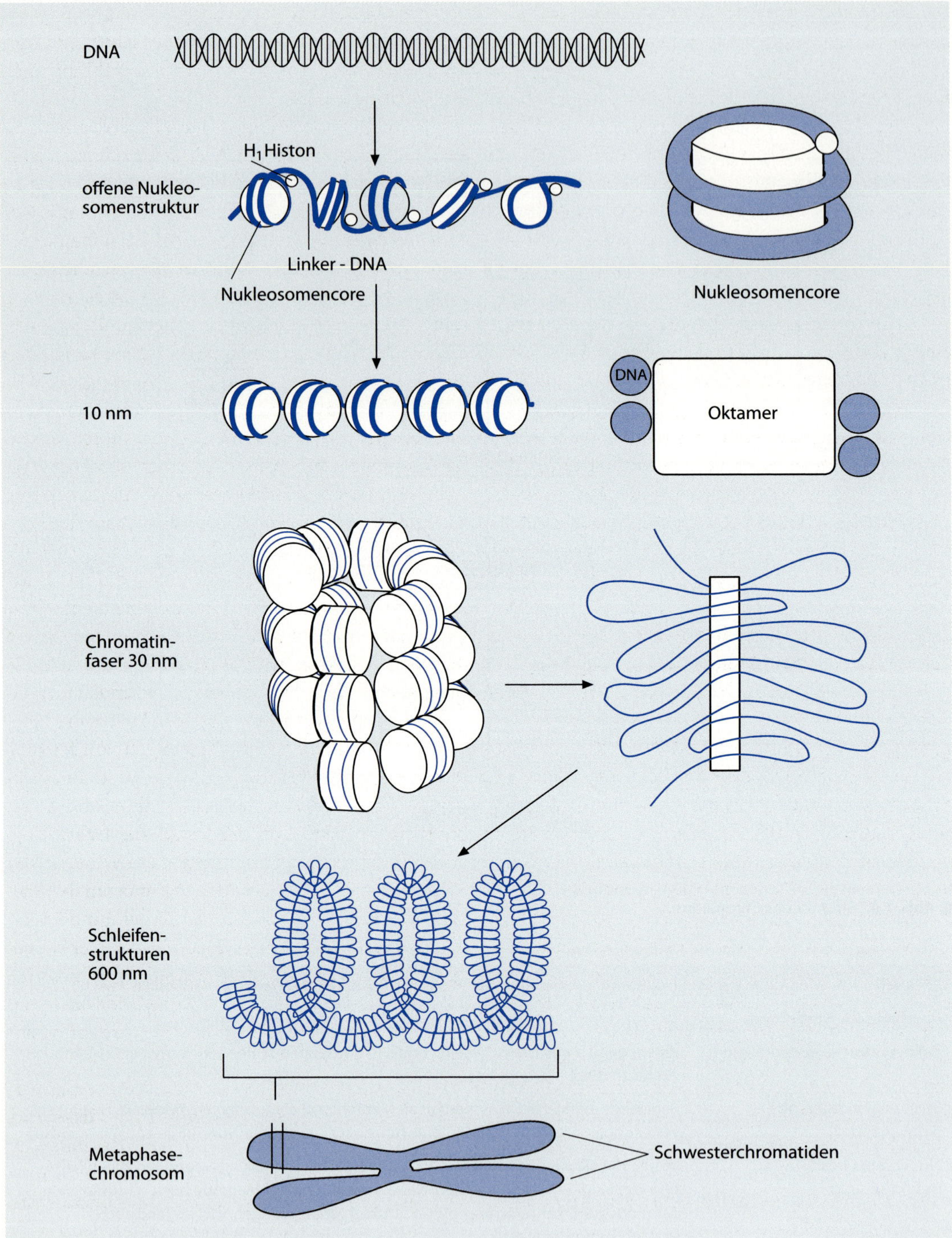

Abb. 1.5. Organisation der DNA im Metaphasechromosom

Die ältesten Methoden der physikalischen Lokalisation von Genen entstammen der klassischen medizinischen Zytogenetik. An erster Stelle wären hier Chromosomenzuordnungen von Genen zu nennen, die auf mikroskopisch erkennbaren Chromosomenstrukturveränderungen beruhen. Durch Untersuchung von Gen-Dosis-Effekten kann man Rückschlüsse auf die **Lage eines Gens** ziehen, wenn ein Verlust oder eine Vermehrung eines bestimmten Chromosoms oder Chromosomsegments vorliegt.

Auch X-chromosomale Gene lassen sich nach einem ähnlichen Muster auffinden. Tritt ein Gendefekt oder eine Genvariante nur im männlichen Geschlecht auf, so ist eine Lage des dazugehörigen Genortes auf dem X-Chromosom wahrscheinlich, da im weiblichen Geschlecht der Effekt durch das intakte zweite X-Chromosom überlagert wird. Männlichen Individuen fehlt aber ein entsprechender Genort, da statt des homologen X-Chromosoms ein Y-Chromosom vorhanden ist.

Es ist seit langem bekannt, dass Zellen in der Zellkultur miteinander **fusionieren** können. Die Zellen verschmelzen miteinander über die Zellmembran, und es entstehen zunächst Zellen mit zwei Kernen. Bei der nächsten Mitose kommt es zur Mischung der Chromosomen beider Ursprungszellen. Es entsteht ein tetraploider Zellkern, der allerdings bei der nächsten Mitose nach und nach überschüssige Chromosomen abgibt.

Vor ca. 30 Jahren konnte man diese Beobachtung experimentell systematisieren. Man stellte fest, dass bestimmte Viren die Rate der Zellfusion erheblich steigern können. Am häufigsten benutzt man dazu das **Sendaivirus** aus der Gruppe der Paramyxoviren, dessen Virusnukleinsäure vorher zerstört wird, um eine tödliche Infektion der Zelle zu verhindern. Die Fusionsaktivität wird hierdurch nicht wesentlich beeinflusst. Zur Lokalisation von menschlichen Genen benutzt man Fusionsprodukte menschlicher Fibroblasten oder Lymphozyten mit bestimmten Mauszelllinien. Wir haben bereits erwähnt, dass bei fusionierten Zellen Chromosomen verlorengehen. Bei den Maus-Mensch-Zellhybriden bleibt der Mauschromosomensatz mit $2n = 40$ Chromosomen immer vollständig erhalten. Die menschlichen Chromosomen gehen nach und nach verloren, sodass man in Hybridzellen nie 86 (40 + 46) Chromosomen findet, sondern meist 41–55 Chromosomen. Die übrigbleibenden menschlichen Chromosomen sind eine statistische Auswahl aus dem Chromosomensatz.

Dabei gibt es Methoden, den Verlust der menschlichen Chromosomen auch spezifisch zu selektionieren. Die menschlichen Chromosomen lassen sich nun durch PCR-Reihenanalyse (▶ Kap. 1.3.1) mit chromosomenspezifischen Primern identifizieren. Isoliert man **Hybridzellen** mit verschiedenen menschlichen Chromosomensätzen, ist es möglich, ein Set von Hybridzellen zu erzeugen, mit dem man jede DNA-Sequenz spezifisch zuordnen kann. Dies kann wiederum mit der PCR-Methode geschehen oder mit radioaktiv markierten Hybridisierungssonden. Es gibt mehrere Abwandlungen dieser Methode, mit denen man entweder chromosomenspezifische Hybridzellen herstellen kann oder nicht ganze Chromosomen in den Hybridzellen vorfindet, sondern eine subchromosomale Kartierung mit Hilfe von Hybridzellen vornehmen kann, die nur Fragmente von menschlichen Chromosomen enthalten. Aber auch mit den subtilen Methoden aus diesem Bereich braucht man 100–200 Hybridzellen, um eine Karte für ein menschliches Chromosom zu erstellen, was in der Praxis für die Kartierung eines ganzen Genoms mit riesigen Mengen von Hybridzellen nicht durchführbar ist. Die neueste Entwicklung auf diesem Gebiet sind bestrahlungsinduzierte Hybride, die man auch als **Bestrahlungshybride** bezeichnet. Bei diesen Verfahren werden bei letaler Bestrahlung der Donatorzelle chromosomale Fragmente erzeugt, die anschließend auf Empfängerzellen übertragen werden. Eine Variante verwendet menschliche Fibroblasten als Ausgangsmaterial. Hiermit gelingt es mit 100–200 Hybridzellen vom ganzen Genom eine Karte mit ausreichender Auflösung zu erstellen.

Eine andere Methode zur Lokalisation menschlicher Gene ist die **In-situ-DNA-Hybridisierung**. Bei dieser Technik wird radioaktive DNA unter bestimmten Bedingungen Metaphasechromosomen beigegeben. Die DNA bindet an Chromosomenabschnitte, an denen die komplementären Sequenzen vorkommen. Zum Nachweis der am Chromosom gebundenen radioaktiven DNA verwendet man autoradiographische Methoden und wertet die Signale statistisch aus. In jüngster Zeit ist es gelungen, die

Auflösung der In-situ-Hybridisierung mit Fluoreszenzfarbstoffen **(FISH, Fluoreszenz-in-situ-Hybridisierung)** erheblich zu steigern. Man verwendet DNA-Sonden, die durch modifizierte Nukleotide mit Reportermolekülen charakterisiert sind. An diese Reportermoleküle lassen sich fluoreszenzmarkierte Affinitätsmoleküle binden. Über Reportermoleküle mit verschiedenen Fluorophoren und mit technisch hochentwickelten Bildverarbeitungssystemen ist es möglich geworden, mehrere DNA-Klone gleichzeitig zuzuordnen. Die maximale Auflösung des Systems liegt bei Klonen von ungefähr 2 kb.

Die FISH-Technik hat in einer besonderen Form der Anwendung zum sog. *chromosome painting* geführt. Hier besteht die Sonden-DNA aus vielen verschiedenen DNA-Fragmenten, die von einem einzigen Chromosomentyp stammen. Man erhält solche Sonden durch eine Kombination aller DNA-Insertionsfragmente einer chromosomenspezifischen DNA-Bank. Nach Hybridisierung wird das Signal von vielen einzelnen Loki über das ganze Chromosom gebildet, und es fluoresziert das ganze Chromosom. Durch verschiedene Fluoreszenzmarker kann man alle Chromosomen und sogar Teilbereiche von ihnen in unterschiedlichen Farben markieren (► Kap. 3.1 und ◘ Abb. 3.4).

Chromosome Painting findet einen weiten Anwendungsbereich bei komplizierten chromosomalen Umlagerungen, die teilweise bei neu entstandenen Strukturveränderungen oder sehr häufig bei Tumoren vorzufinden sind.

Auch bei der FISH-Kartierung lässt sich die Auflösung durch Hybridisierung von DNA-Sonden an ausgestreckte Chromosomen, künstlich entspiralisierte DNA-Fasern oder an Interphasechromosomen, die entspiralisiert vorliegen, noch steigern.

Die bis jetzt beschriebenen Methoden zur physikalischen Kartierung haben Grenzen im Auflösungsvermögen im Bereich einiger Megabasen. Auch die besten Ansätze über Bestrahlungshybriden-Kartierung erreichen keine Auflösung höher als 0,5 Mb. Deshalb wurden sie im Human Genom Project durch molekulare Kartierungsmethoden ergänzt. Um die Kartierung menschlicher DNA-Klone zu verbessern, wurden zusätzliche Technologien entwickelt. Anstatt das ganze Genom zu benutzen, hat man Chromosomensortierungsmethoden entwickelt. Über **Durchflusszytometrie** auf der Basis der Zellfraktionierung in FACS-Zellsortern wurden die einzelnen Chromosomen des Menschen sortiert, sodass man chromosomenspezifische DNA-Bibliotheken aufbauen konnte. Eine andere Methode, die **Chromosomenmikrodissektion**, mechanisch oder über Laserschnitt, ermöglichte die Gewinnung einzelner chromosomaler Teilbereiche.

Hochauflösende physikalische Kartierung. Zur Erstellung der endgültigen physikalischen Karte, also zur Beschreibung der vollständigen Nukleotidsequenz, ist es bei der Moleküllänge beispielsweise eines ganzen Chromosoms notwendig, dieses in ein System sich ergänzender Klone mit DNA-Fragmenten, die die gewünschte Sequenz völlig abdecken, aufzulösen. Dabei müssen sich die Klone **überlappen,** damit keine Lücken auftreten. Man bezeichnet dies als ein **Klon-Contig** (◘ Abb. 1.6). Durch die Klonierung werden die DNA-Fragmente natürlich auf verschiedene Zellen verteilt, sodass die ursprüngliche Anordnung der Fragmente im Chromosom verloren geht. Mit geeigneten Methoden muss man dann diese Information über die Überlappung der Insertionsfragmente wiedergewinnen. Hier stieß man auf das Problem, dass man zu Beginn der 1990er Jahre nur genomische DNA-Bibliotheken mit Cosmid-Klonen besaß, die eine Insertlänge von bis zu 40 kb hatten, meist anonym waren und überwiegend unkartiert. Hieraus, also aus Hunderttausenden von unterschiedlichen Klonen einer menschlichen kompletten DNA-Bibliothek, eine Erstellung von Klon-Contigs zu versuchen, ist ein frustrierendes Unterfangen. Die Lösung, die Reduzierung der Klonzahl durch Erhöhung der Insertgröße, erforderte die Entwicklung eines neuen Klonierungssystems in künstlichen Eukaryontenchromosomen. Gelöst wurde die Aufgabe über **künstliche Hefechromosomen (YACs)**, da Hefechromosomen nur kleine originäre Sequenzen benötigen, um die Chromosomenfunktion zu erhalten. Eine Isolierung dieser Sequenzen und ihre Verbindung mit langen menschlichen DNA-Inserts im Megabasenbereich reduzierte die Klonanzahl einer kompletten menschlichen DNA-Bibliothek auf 12.000–15.000 Klone. Eine YAC-Karte von ca. 75 % des menschlichen Genoms wurde 1995 mit 225 Contigs einer durchschnittlichen Länge von 10 Mb erreicht.

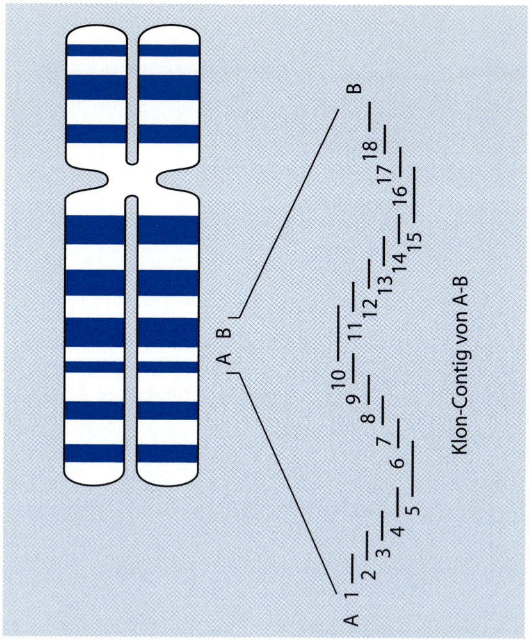

Abb. 1.6. Schematische Darstellung eines Klon-Contigs aus sich überlappenden DNA-Fragmenten (18 Klone)

Allerdings sind YACs strukturell sehr instabil. Bei 50 % von ihnen fanden sich Veränderungen, sodass sie oft keine verlässliche Repräsentation der genomischen DNA darstellten. Es waren entweder Teile deletiert oder es kam zu Rearrangements, also zu einer Umorientierung innerhalb der Sequenz. Ein weiteres Problem war der **Chimärismus**. Einzelne transformierte Zellen enthielten zwei oder mehr Stücke menschlicher DNA, oft von unterschiedlichen Chromosomen. Man löste dieses Problem durch die Erstellung von Karten mit Markern aus kurzen sequenzierten Bereichen (**sequence tagged sites, STSs**). STSs sind einige Dutzend Basenpaare lang und müssen in der gesamten DNA einmalig sein. Außerdem sollen ihre Abstände voneinander gering sein. Dann ist es möglich, jedes physikalisch erfasste Gebiet einer jeglichen Problemregion zu korrigieren, durch STS-Typisierung anderer Arten von Klonen und damit 40–100 kb lange Bruchstücke in die richtige Position zu bringen. Als **Vektoren** dienen hierbei Cosmide. Bereits 1995 konnte eine menschliche STS-Karte mit mehr als 15.000 STSs und einem durchschnittlichen Abstand von weniger als 200 kb publiziert werden. Neben STSs von genomischer DNA wurden solche von c-DNA entwickelt, die man als **ETSs (expressed sequence tags)** bezeichnet.

Damit war ein detaillierter physikalischer Rahmen für das menschliche Genom geschaffen. Nun wurde es notwendig, eine weitere Generation von Klon-Contigs zu schaffen, um DNA-Stücke zu erhalten, die klein genug für eine direkte Sequenzierung waren. Als Klonierungssystem wurden hierfür **BACs (bacterial artificial chromosomes)** und in einem kleineren Ausmaß **PACs (P_1 artificial chromosomes** = künstliche Chromosomen des Bakteriophagen P_1) verwendet, die Insertgrößen zwischen 100 und 250 kb aufnehmen können. Die dafür eingesetzte **Schrotschussklonierung** schaffte DNA-Sequenzen mit statistisch gestreuten Spaltstellen und allen denkbaren Überlappungen. Dabei basierte die Human-Genom-Projekt-Sequenzierungsstrategie auf einer **hierarchischen Schrotschussklonierung**. Dies bedeutet, dass die für die Sequenzierung ausgewählte DNA aus Inserts von individuellen BAC-Klonen bestand, die akkurat auf der physikalischen Karte platziert waren. Craig Venter (Gründer der U.S. Firma Celera Genomics, ► 1.1.1) benutzte die **ganze Genom-Schrotschuss-Sequenzierungsstrategie** (Abb. 1.7), also die Sequenzierung direkt von isolierter genomischer DNA.

Im Gegensatz zu physikalischen Karten entstehen genetische Karten mit Hilfe von **Familienuntersuchungen** (► Kap. 1.3.2). Es wird die Segregation von Merkmalen in Familien über die Segregation von Allelen an zwei oder mehr Loki in der Meiose verfolgt. Dabei müssen die Merkmale auf Einzelgenmutationen zurückzuführen sein. Man bezeichnet solche Familienuntersuchungen als **Kopplungsanalysen**. Bei der herkömmlichen genetischen Kopplungsanalyse nutzt man die Befunde aus der Stammbaumanalyse, um die genetische Kopplung zweier Loki zu untersuchen. Dies geschieht über die Ermittlung der Rekombinationshäufigkeit unter der Vorausgabe, dass zwei Loki um so wahrscheinlicher in der Meiose voneinander durch Crossing- over getrennt werden, je weiter sie auf einem Chromosom voneinander entfernt sind. Je seltener sie getrennt werden, desto näher liegen sie beisammen. In den letzten 20 Jahren verwendet man für solche Kopplungsuntersuchungen häufig **Restriktionsendonukleasen** zur **Restriktionsmarkierung** sowie **Mikrosatelliten** oder **Einzelnukleotid-Polymorphismen**

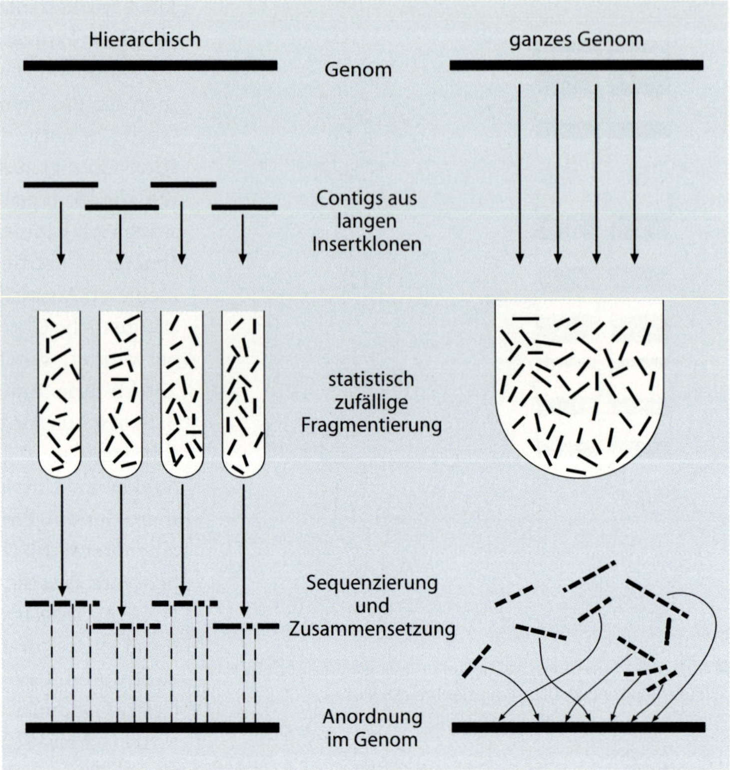

Abb. 1.7. Strategien der hierarchischen und der ganzen Genom-Schrotschuss-Sequenzierung

(**SNPs**) als Marker. Früher dienten in Kopplungsuntersuchungen vor allem Proteinpolymorphismen als Marker.

Im Vergleich von physikalischer und genetischer Karte gibt es Abweichungen im Kartenabstand. Dies hängt mit der nicht zufälligen Verteilung von Crossing-over-Prozessen zusammen.

1.1.3 Variabilität des Genoms

Sowohl bei translatierten Genen als auch in nicht translatierten Bereichen des Genoms findet man durch **Mutationen** entstandene Unterschiede in der Nukleotidsequenz.

Bei translatierten Genen spricht man dann von verschiedenen **Allelen**. Enzymvarianten, die auf verschiedenen Allelen desselben Genortes basieren, nennt man **Alloenzyme**. Existieren bezüglich eines Merkmals mit monogener Vererbung mindestens zwei Phänotypen, welche auf mindestens zwei Genotypen zurückzuführen sind, von denen keiner selten ist, d. h. mindestens mit einer Frequenz von 1–2 % vorkommt, so spricht man von einem **genetischen Polymorphismus**. Oft findet man mehr als zwei Allele und mehr als zwei Phänotypen für einen einzigen Lokus. Allerdings sollten Polymorphismen nicht mit **seltenen genetischen Varianten** verwechselt werden.

Seltene genetische Varianten sind dadurch definiert, dass sie mit geringerer, meist weit geringerer Häufigkeit als 1–2 % vorkommen. Der erste genetische Polymorphismus, der überhaupt entdeckt wurde, war der der AB0-Blutgruppen durch Landsteiner (1900). Mit Methoden der Elektrophorese entdeckte man dann ab den 1950er Jahren weitere Polymorphismen vor allem für Serumproteine und später für Enzyme. Die meisten Polymorphismen basieren auf einem 2-Allelsystem, welches 2 Varianten desselben Proteins kodiert. Andere dagegen sind hoch kompliziert, wie das System des **Major Histocompatibility Complex** (**MHC**, deutsch: **Haupthistokompatibilitätskomplex**) mit multiplen Loki in einem komplexen System auf dem menschlichen Chromosom 6. Die Tabelle 1.10 zeigt einige der

Tabelle 1.10. Einige wichtige menschliche Polymorphismen (gekürzt nach Vogel u. Motulsky 1996)

Name	Hauptallele	Bemerkungen
Erythrozytenoberflächenantigene (Blutgruppen)		
ABO	A_1, A_2, B, O	
Diego	Di^a, Di^b	Allel Di^a nur bei Indianern und Mongoliden
Duffy	Fy^a, Fy^b, $Fy^x Fy$	Fy ist häufig bei Negriden
Kell	K, k	
Kidd	Jk^a, Jk^b	
Lewis	Le^a, Le^b	
Lutheran	Lu^a, Lu^b	
MNSs	MS, Ms, NS, Ns	
Rhesus	C, c, Cw, D, d, E, e	
Xg	Xg^a, Xg	X-gekoppelt
Serumproteingruppen		
α_1-Antitrypsin	PI^{M1}, PI^{M2}, PI^{M3}, PI^S, PI^Z	Viele seltene Allele
Komplementkomponente C3	C3F, C3S	Viele seltene Allele
Gruppenspezifische Komponenten	GC^{1F}, GC^{1S}, GC^2	Spezielle Varianten bei verschiedenen Populationen
Haptoglobin	HP^{1S}, HP^{1F}, HP^2	Viele seltene Allele
Immunglobuline	$G1m^3$, $G3m^5$, $G1m^1$, $G1m^{1,2}$	Kompliziertes System mit vielen seltenen Haplotypen
IGKC (Km)	Km^1, Km^3	Weitere Allele bekannt
Transferin	TF^{C1}, TF^{C2}, TF^{C3}, TF^B, TF^D	D-Varianten häufig bei Negriden
Enzyme der Erythrozyten		
Saure Erythrozytenphosphatase	$ACP1^A$, $ACB1^B$, $ACP1^C$	
Adenosindesaminase	ADA^1, ADA^2	
Adenylatkinase	$AK1^1$, $Ak1^2$	Einige andere seltene Allele bekannt
Esterase D	ESD^1, ESD^2	Seltene Varianten bekannt
Peptidase A	$PEPA^1$, $PEPA^2$	$PEPA^1$ vorwiegend bei Weißen $PEPA^2$ teilweise bei Negriden
Peptidase D	$PEPD^1$, $PEPD^2$, $PEPD^3$	$PEPD^3$ besonders bei Negriden
Phosphoglukomutase PGM1	$PGM1^{a1}$, $PGM1^{a2}$, $PGM1^{a3}$, $PGM1^{a4}$	Seltene Allele sind bekannt
PGM2	$PGM2^1$, $PGM2^2$	$PGM2^2$ nur bei Negriden
PGM3	$PGM3^1$, $PGM3^2$	Gekoppelt mit dem MHC-Lokus
Phosphoglukonatdehydrogenase	PGD^A, PGD^B	Seltene Allel bekannt
Andere Enzympolymorphismen		
Alkoholdehydrogenase	$ADH3^1$, $ADH3^2$	
Cholinesterase-1	$CHE1^U$,$CHE1^D$, $CHE1^S$	

wichtigsten Polymorphismen. Einige Polymorphismen sind auch spezifisch für ethnische Gruppen, d. h. sie existieren ausschließlich oder überwiegend in einer der drei ethnischen Hauptgruppen des Menschen.

Verschiedene Abschätzungen der auf Polymorphismen beruhenden genetischen Heterogenität wurden vorwiegend mit elektrophoretischen Methoden unternommen. Daraus wurde eine durchschnittliche Heterozygotierate pro Lokus von ca. 20 % errechnet. Dies ist ein beachtliches Ausmaß an Polymorphismus für translatierte Gene. Untersucht man jedoch Polymorphismen nicht auf der Genproduktebene, sondern direkt auf Ebene der DNA, was mit Methoden der **DNA-Sequenzanalyse**, durch den Einsatz von **Restriktionsenzymen** und anderer molekularbiologischer Methoden möglich ist, so findet man ein noch weit größeres Ausmaß an Polymorphismus. Dies beruht auf der Tatsache, dass – wie weiter oben und in ► Kap. 1.4 beschrieben – der größte Teil des Genoms nicht in die direkte Regulation oder Spezifikation von Genprodukten involviert ist. Mutationen in diesen nicht kodierenden Regionen der sog. Gendateien DNA haben folglich keinen phänotypischen Effekt und sind selektionsneutral.

Diese genetischen Polymorphismen in nicht kodierenden Regionen können als **DNA-Marker** eingesetzt werden, wenn sie sich auf der DNA in der Nähe eines Genlokus befinden, der in mutiertem Zustand zu einer genetischen Erkrankung mit einfach mendelndem Erbgang führt. Über **Kopplungsanalysen** ist es dann möglich, präklinisch und pränatal monogene Erkrankungen zu erkennen. Voraussetzung ist allerdings eine enge genetische Distanz zwischen Genlokus und DNA-Marker, um ein Crossing-over und damit Fehlinterpretationen auszuschließen (► Kap. 1.3.2).

Die Anwendung dieser DNA-Marker zur Lokalisation eines Defektgens macht jedoch **Familienuntersuchungen** nicht überflüssig. Als Ergänzung der Kopplungsanalyse ist es notwendig, die Segregationsverhältnisse des Gens innerhalb der Familie zu untersuchen, um die geringe genetische Distanz zwischen Genlokus und DNA-Marker zu bestätigen und Heterogenität auszuschließen. Zum Ausschluss der Möglichkeit eines Crossing-overs werden häufig auch mehrere Polymorphismen benötigt, um das Gen entsprechend einzugrenzen. Heute stehen sehr viele über das ganze Genom verteilte DNA-Marker zur Verfügung. Sie tragen dazu bei, dass immer mehr genetische Erkrankungen mit einfach mendelndem Erbgang früh diagnostiziert werden können. Auch bei der Kartierung neuer Gene werden Polymorphismen erfolgreich verwendet.

In der forensischen Medizin haben sich durch den Einsatz von DNA-Markern ebenfalls neue Möglichkeiten ergeben, vor allem in Fällen ungeklärter Paternität (► Kap. 13), aber auch bei der Identifizierung von Blut und Sperma. In der Kriminalistik ermöglicht der »genetische Fingerabdruck« eine zweifelsfreie Identifikation von Personen. Mögliche Datenschutzprobleme müssen bei der Erstellung bedacht und berücksichtigt werden.

Auf der Basis der hohen Frequenz genetischer Polymorphismen vor allem in Enzymen und der nicht kodierenden DNA könnte man annehmen, dass die meisten Gene hoch polymorph sind. Dies ist jedoch nicht der Fall, wenn man **Strukturproteine** betrachtet. Es mag daran liegen, dass Strukturproteine mit vielen anderen Proteinen interagieren. Dies könnte einen Selektionsdruck gegen Mutationen zur Folge haben, da Konformationsänderungen nicht toleriert werden können.

! Die Evolution erlaubt dort genetische Variabilität, wo sie nicht schadet oder sogar das evolutionäre Potenzial erhöht. Andere Bereiche, welche essenziell für das Überleben einer Art sind, werden konserviert.

DNA-Polymorphismen gibt es nicht nur im Zellkern, es gibt sie auch in den Mitochondrien. Mitochondrien werden bekanntlich ausschließlich über die Mutter vererbt. Sie sind nicht diploid, bei ihnen gibt es keine Meiose und folglich auch keine Rekombination. Daher sind mitochondriale Polymorphismen in der Populationsgenetik (► Kap. 12) besonders nützlich. Sie können zur Untersuchung der Beziehung zwischen Populationen und zur Erforschung der Geschichte von Populationen, aber auch von Einzelpersonen (► Kap. 13) herangezogen werden.

Zusammenfassend eröffnen genetische Polymorphismen (◘ Tabelle 1.11) einerseits ein weites Feld diagnostischer Möglichkeiten, andererseits sind sie von großer Bedeutung sowohl für die weitere Aufklärung des menschlichen Genoms als auch der genetischen Herkunft des Menschen. Außerhalb der

Tabelle 1.11. Genetische Polymorphismen

Definition:	Durch Mutationen entstandene Unterschiede in der Nukleotidsequenz homologer DNA-Bereiche
Folge:	Bei translatierten Genen Allele, bei Enzymen Alloenzyme
Frequenz:	Bei translatierten Genen mindestens 1–2 %, andernfalls handelt es sich um seltene genetische Varianten
Nachweis:	Biochemisch, vorwiegend mit Elektrophorese, oder mit molekularbiologischen Methoden
Klinisch-genetische Bedeutung:	Es können mit DNA-Markern über Kopplungsanalysen präklinisch und pränatal einfach mendelnde Erkrankungen nachgewiesen werden
Sonstige Bedeutung:	Bei der Analyse des menschlichen Genoms, aber auch in der forensischen Medizin und Kriminalistik

Medizin ließen sich noch viele Möglichkeiten nennen, bei denen genetische Polymorphismen unseren Wissensstand bereichern können, z. B. in der zoologischen und botanischen Systematik (▶ Kap. 1.1.1). Abschließend sei bezüglich der technischen Ausführung von Polymorphismusuntersuchungen auf das Kapitel 1.3 verwiesen.

1.2 Transkription und Translation der genetischen Information

1.2.1 Übertragung der genetischen Information von DNA auf RNA

Ribonukleinsäure unterscheidet sich von Desoxyribonukleinsäure grundsätzlich durch

- den Besitz von Ribose anstelle von Desoxyribose,
- den Einbau der Base Uracil anstelle von Thymin und
- Einsträngigkeit (RNA liegt niemals als zweisträngiges Molekül vor wie die DNA, wenn man von der Struktur der t-RNA einmal absieht).

In der Zelle gibt es jedoch nicht eine einzige einheitliche RNA, sondern verschiedene Typen von RNA, die völlig verschiedene Funktionen übernehmen. Man unterscheidet

- Messenger-RNA (m-RNA),
- Transfer-RNA (t-RNA) und
- ribosomale RNA (r-RNA).

Allen diesen RNA-Typen ist jedoch gemeinsam:

- Sie werden alle im Kern an der DNA gebildet, die Matrizenfunktion besitzt.
- Sie dienen alle der Umsetzung der genetischen Information in Polypeptidketten.
- Die DNA bestimmt die Synthese der RNA, die RNA die der Polypeptide. Hieraus entstehen letztlich die Proteine.
- Der Fluss der genetischen Information von der DNA über die RNA zum Polypeptid wird als das zentrale Dogma der Molekularbiologie bezeichnet. Kürzlich entdeckte man, dass eukaryontische Zellen, einschließlich Säuger und Mensch, nichtvirale DNA-Sequenzen besitzen, die für reverse Transkriptase kodieren (ein Enzym, das RNA in DNA umschreiben kann). Da somit einige RNA-Sequenzen als Matrize für die DNA-Synthese fungieren können, was bewiesen ist, gilt dieses Dogma nicht mehr uneingeschränkt, da hier der Informationsfluss umgekehrt verläuft.

Messenger-RNA und Transkription

Die Messenger-RNA trägt, wie der übersetzte Name »Boten-RNA« bereits sagt, die genetische Information der DNA ins Plasma. Man nennt den Vorgang der Informationsübertragung von DNA auf m-RNA **Transkription**. Allerdings wird nur ein geringer Teil der gesamten DNA jemals transkribiert. Der Anteil der m-RNA an der gesamten RNA der Zelle beträgt etwa 3 %. Ihr Molekulargewicht ist sehr unterschiedlich und liegt in der Größenordnung von 100.000 bis einige Millionen (Tabelle 1.12).

Betrachten wir nun den Vorgang der Transkription etwas genauer. Die Biosynthese von Proteinen erfolgt im Zellplasma. Die Information über den Bau der Proteine, sozusagen die Konstruktionspläne, liegen jedoch in der DNA im Zellkern, ohne diesen jemals zu verlassen. Von diesen Originalplänen

Tabelle 1.12. Vorteile der Transkription

Informationsübertragung	Die DNA verbleibt im Zellkern, die m-RNA überträgt die Information zum Bau der Proteine ins Zellplasma
Informationsselektion	Es werden, je nach Bedarf, nur bestimmte DNA-Abschnitte transkribiert
Informationsmultiplikation	Durch mehrfaches Kopieren kann ein in größerer Menge benötigtes Enzym rasch ausreichend zur Verfügung gestellt werden

macht nun die Zelle eine Negativkopie in Form einer m-RNA. Dabei wird nur einer der beiden DNA-Stränge, der **Coding-Strang**, in RNA übersetzt. Die RNA-Polymerase unterscheidet, welcher der »sinnvolle« Matrizenstrang ist. Da die wachsende Kette komplementär zum Matrizenstrang ist, hat das Transkript dieselbe 5' → 3'-Orientierung wie der zur Matrize komplementäre Strang. Daher wird der Coding-Strang auch oft als **Gegensinnstrang** bezeichnet, der Nicht-Matrizenstrang oft als **Sinnstrang.**

Bei eukaryontischen Zellen ist die Transkriptionsgeschwindigkeit 1,8 kb/min. Es werden insgesamt drei unterschiedliche RNA-Polymerasen benötigt, um die unterschiedlichen RNA-Klassen zu synthetisieren. Gene, die für Polypeptide kodieren, werden zum überwiegenden Teil von der Polymerase II transkribiert. Allerdings können eukaryontische Polymerasen die Transkription nicht initiieren. Hierzu sind **Transkriptionsfaktoren** notwendig, die an die DNA binden und zwar an mehrere kurze Sequenzelemente in der direkten Nähe eines Gens. Sie sind die Erkennungsstellen für die Transkriptionsfaktoren, die dann der Polymerase den Weg weisen. Diese Erkennungssequenzen, die sich häufig stromaufwärts (oft weniger als 200 bp) von den kodierenden Sequenzen eines Gens befinden, also am Anfang des Gens und dort eine zusammenhängende Gruppe bilden, werden als **Promotoren** bezeichnet (▶ hierzu auch Kap. 1.1.2). Weitere regulatorische Elemente sind die **Enhancer**. Während der Abstand der Promotoren von der Transkriptionsstartstelle relativ konstant ist, sind die Enhancer oft mehre Kilobasen davon entfernt. Promotoren werden niemals transkribiert, Enhancer dagegen können, wie z. B. bei den Immunglobulinen auch in Introns liegen. Sie binden regulatorische Proteine. Danach findet zwischen Promotor und Enhancer eine DNA-Schlaufenbildung statt, und die regulatorischen Proteine können mit dem an den Promotor gebundenen Transkriptionsfaktor und der RNA-Polymerase interagieren und die Transkription verstärken. Weiterhin gibt es **Silencer** mit der umgekehrten Funktion. Sie befinden sich sowohl in der Nähe der Promotoren als auch innerhalb des 1. Introns.

Bei einigen Genen, die nur in bestimmten Zelltypen oder zu bestimmten Zellstadien exprimiert werden, enthält der Promotor immer eine **TATA-Box**, die auch etwas abgewandelt sein kann, ca. 25 bp stromaufwärts der Transkriptionsstartstelle. Promotoren für **Haushaltsgene**, Gene, die in der Mehrzahl aller Zellen exprimiert werden, sowie zahlreiche andere Genpromotoren besitzen keine TATA-Box. Hier findet man häufig eine **GC-Box**. Sie enthält Variationen der Konsensussequenz GGGCGG. Die **CAAT-Box** (etwa an der Position –80 vom Transkriptionsstartpunkt aus) ist ebenfalls bei Promotoren weit verbreitet und in der Regel der für die Wirksamkeit des Promotors bestimmende Faktor.

Die RNA-Polymerase wird durch die Bindung an die Transkriptionsfaktoren aktiviert und beginnt an einer bestimmten Stelle mit der RNA-Synthese. Häufig ist dies ein G- oder A-Nukleotid in definierter Entfernung vom Startkodon eines Gens.

Oft sind Gene, die transkribiert werden, durch sog. **CpG-Inseln** gekennzeichnet. Dies ist eine Abkürzung für die Kopplung von C mit G über eine 3'–5'-Phosphodiesterbindung. Es handelt sich hierbei um DNA-Bereiche von 1–2 kb Länge, in denen das Dinukleotid häufig vertreten ist, während es in der restlichen DNA wesentlich weniger oft zu finden ist. Die Cytosinreste in den CpG-Dinukleotiden können am Kohlenstoffatom 5 methyliert werden. Die Methylierung wird in der Regel als Transkriptionsverbot angesehen. Ist bei einem Promotor eine CpG-Insel methyliert, so ist normalerweise die Genexpression des dazugehörenden Gens unterdrückt (Abb. 1.8, Tabelle 1.13 und 1.14).

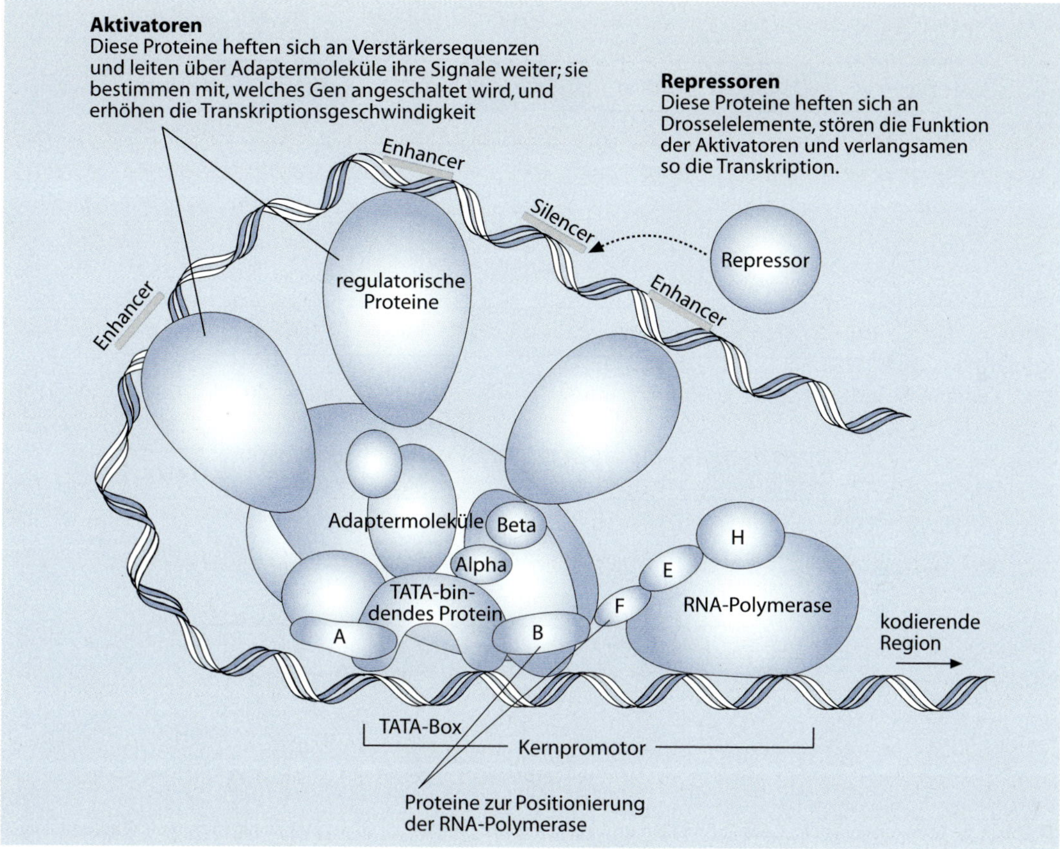

Abb. 1.8. Transkriptionsstart: Mehrere Transkriptionsfaktoren binden am Promotor direkt neben einem Gen und bringen die RNA-Polymerase in Startposition zur Transkribierung eines Gens

Tabelle 1.13. Ablauf der Transkription

Transkriptionsgeschwindigkeit	1,8 kb/min
RNA-Polymerasen	Für die Transkription der verschiedenen RNA-Klassen: RNA-Polymerase I-III Für die überwiegende Mehrheit der zellulären Gene: RNA-Polymerase II
Transkriptionsregulatoren	Promotor, Enhancer, Silencer und Transkriptionsfaktoren
Charakteristika von Promotoren	TATA-Box GC-Box CAAT-Box
Transkriptionsunterdrückung	Methylierung der DNA besonders 5-Methylcytosin

Tabelle 1.14. Konsensussequenz ausgewählter Promotorboxen, die von Transkriptionsfaktoren erkannt werden

Box	Konsensussequenz der DNA
TATA	TATAAA
GC	GGGCGG
CAAT	CCAAT

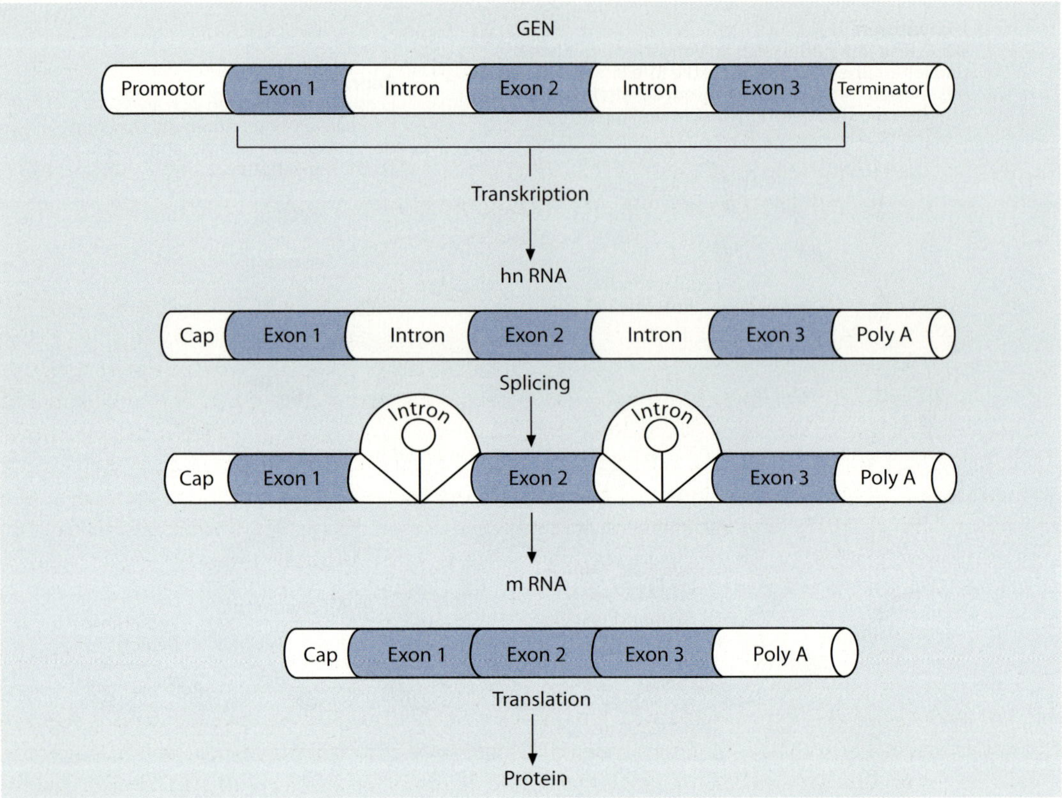

Abb. 1.9. Transkription eines Gens auf hn-RNA und »splicing« der hn-RNA zur translationsfähigen m-RNA. (Cap und Poly-A-Schwanz werden nicht translatiert)

Die im Zellkern synthetisierte RNA ist wesentlich größer als die, die man im Zytoplasma an den Ribosomen findet. Es wird also eine sehr viel größere **Prekursorform** produziert, die dann durch das sog. **Processing** im Verlauf des Transports vom Zellkern zum Zytoplasma, noch im Kern, zur endgültigen m-RNA zurechtgeschnitten wird (Abb. 1.9).

Processing der RNA

Man bezeichnet die Prekursorform in den verschiedenen Processingstadien als **heterogene nukleäre RNA (hn-RNA)**, weil die RNA-Moleküle in der Länge variieren. Von der hn-RNA stammt auch eine kleine nukleäre RNA, die **sn-RNA** (s = *small*), ab, die mit der Durchführung des **Splicing**, das wir weiter unten kennen lernen werden, zu tun hat. Beim Menschen wurde man auf diese RNA durch **Autoantikörper** aufmerksam, die man bei Trägern von systemischem Lupus erythematodes nachweisen kann.

Das Processing (Tabelle 1.15) beinhaltet sowohl ein Wegschneiden als auch ein Anheften von Gruppen, die im primären Transkript nicht vorhanden waren. Bereits Sekunden nach Transkriptionsbeginn wird ein spezielles Nukleotid, das **7-Methylguanosin** über eine Triphosphatbrücke an das 5'-Ende als **Cap** einer neuen m-RNA angefügt. Das Cap dient der Anheftung der m-RNA ans Ribosom. Danach folgt die weitere Anheftung von Nukleotiden an das 3'-Ende der Kette mit einer Geschwindigkeit von 30–50 Nukleotiden pro Sekunde. Direkt nach Beendigung dieser Kette wird eine Sequenz von Nukleotiden abgespalten und 100–200 AMP werden an das 3'-OH-Ende angeheftet. Dieser Vorgang, den man als **Polyadenylierung** bezeichnet, dient dem Schutz des primären Transkripts vor zytoplasmatischen Enzymen. Nach allen Untersuchungen fand man bis heute nur eine einzige m-RNA, die im Kern nicht polyadenyliert und ohne Poly-A-Schwanz

Tabelle 1.15. Processing der m-RNA

Capping	Anheftung von 7-Methyl-Guanosin an das 5'-Ende, was für die spätere Fixierung der m-RNA an das Ribosom wichtig ist
Polyadenylierung	Anheftung eines Poly-A-Schwanzes
Splicing	Die Exons mit ihrer übersetzbaren Information werden von den dazwischen liegenden Introns, die nicht übersetzt werden, getrennt und zusammengeklebt

ins Zytoplasma entlassen wird. Es handelt sich um die m-RNA für Histonproteine, die nur eine kurze Überlebenszeit im Zytoplasma haben.

Die Modifikation des primären Transkripts dient offenbar dem längeren Überleben der mRNA im Zytoplasma. Nach genauer Betrachtung des Prekursormoleküls ließ sich zeigen, dass dieses im Zellkern im Durchschnitt ca. 5000 Nukleotide lang ist, während die m-RNA im Zytoplasma nur ungefähr 1000 Nukleotide umfasst. Damit war klar, dass im Gegensatz zu Prokaryonten keine direkte Abhängigkeit zwischen der Länge der DNA-Sequenz des Gens und der Länge des Proteins, für das es kodiert, besteht. Die Verkürzung des Primärtranskripts bedingt ein Zurechtschneiden der m-RNA vor der Translation. Diesen Vorgang, der der Entfernung der Introns dient, haben wir bereits als Splicing angesprochen (Abb. 1.10).

Splicing der RNA

Introns beginnen immer mit einem GT und enden mit AG. Dies sind die beiden Stellen, an denen das Intron herausgeschnitten wird. Offenbar zeigen sie jedoch nicht allein ein Intron an, bzw. sie reichen zur Intronerkennung nicht aus. Es wurde noch eine dritte wesentliche konservierte Intronsequenz entdeckt, die für das Splicing wichtig ist, die sog. **branch site**. Sie befindet sich nahe am Ende des Introns, ungefähr maximal 40 Nukleotide vom terminalen AG-Ende entfernt. Das Splicing läuft in 3 Schritten ab:

- Der 1. Schritt ist die Spaltung der 5'-gelegenen Exon-Intron-Grenze. (Donatorstelle).
- In einem 2. Schritt greift das G-Nukleotid an der Donatorstelle nukleolytisch ein A an der **branch site** an und es folgt eine Lassobildung.
- Der 3. Schritt ist die Spaltung der 3'-gelegenen Exon-Intron-Grenze (Akzeptorstelle), das Intron wird als Lasso freigesetzt und die Exonanteile werden zusammengespleißt.

Mehrere sn-RNA-Komplexe sind dabei die das Splicing ausführenden Partikel. Sie bestehen aus an Proteine gebundene sn-RNA Molekülen und bilden die **Spliceosomen**. Diese binden an die Donatorstelle,

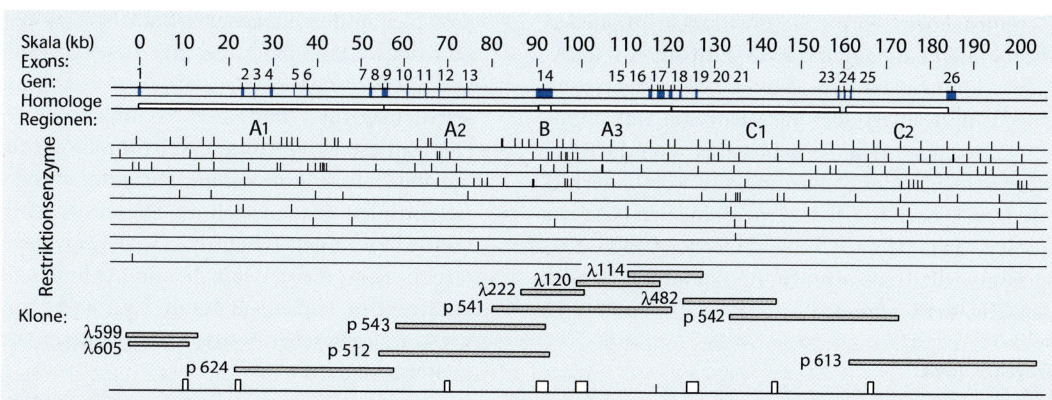

Abb. 1.10. Das Faktor-VIII-Gen. *Offener Balken* stellt das Gen dar, die *ausgefüllten Teile* entsprechen den 26 Exons. Weiterhin sind 10 Restriktionsenzyme mit Schnittstellen aufgetragen, die zur Identifikation des Gens führten. Die *grauen Balken* repräsentieren die DNA-Abschnitte in λ-Phagen (λ) und Cosmidklonen (p) (nach Gitschier et al. 1984)

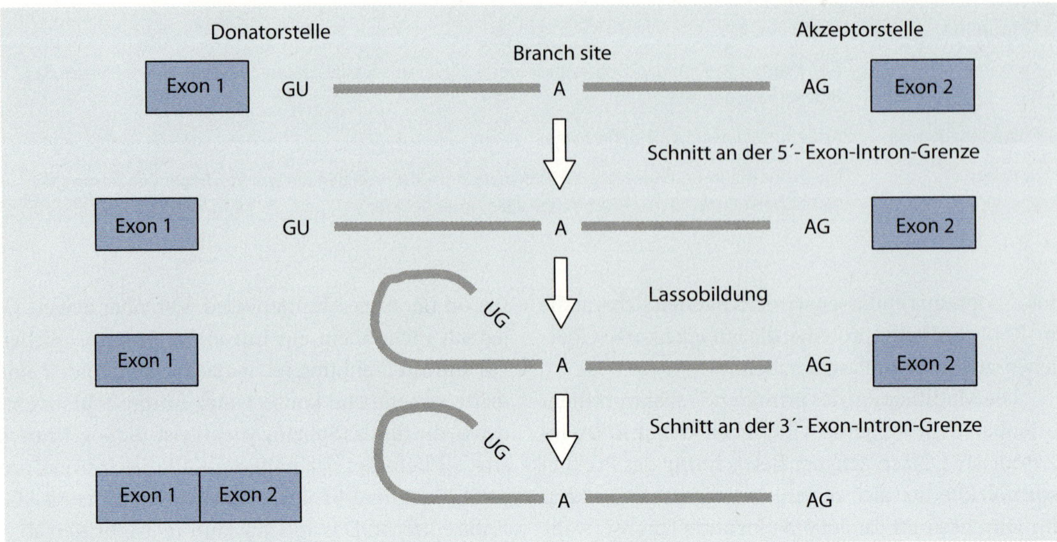

Abb. 1.11. Splicing der hn-RNA

die **branch site** und die Akzeptorstelle und führen das Splicing durch (Abb. 1.11).

Bei vielen menschlichen Genen beobachtet man **alternatives Splicing**. So entstehen verschiedene m-RNA-Sequenzen, die teilweise gewebsspezifisch Proteinisoformen kodieren. In einigen Fällen werden auch Proteine unterschiedlicher Funktion gebildet. Das alternative Spleißen wird heute als bedeutender Prozess der evolutionären Entwicklung zum Menschen angesehen, nachdem sich die Zahl der Gene des Menschen als geringer erwiesen hat als ursprünglich angenommen

Eine andere Form der posttranskriptionellen Weiterverarbeitung ist das **RNA-Editing**. Auf RNA-Ebene können mehrere Nukleotide enzymatisch eingebaut, deletiert oder auch einzelne Nukleotide ausgetauscht werden. So beobachtet man das Umschreiben einzelner Nukleotide, z. B. von C nach U oder von U nach C, bei dem menschlichen Gen, das für den Wilms-Tumor anfällig macht. Andere Beispiele sind die Transkripte für Apolipoprotein B oder den Glutamatrezeptor.

Transfer-RNA

Die Transfer-RNA macht etwa 10 % der gesamten RNA der Zelle aus. Ihre Aufgabe besteht darin, aus dem Zellraum Aminosäuren aufzunehmen und an den Syntheseort der Polypeptidketten zu bringen, wo sie dann entsprechend der Matrizenvorschrift der m-RNA zusammengebaut werden.

t-RNA-Moleküle besitzen etwa die Form eines Kleeblatts (Abb. 1.12), sind aus 75–90 Nukleotiden aufgebaut und haben ein Molekulargewicht von etwa 30.000. Betrachtet man t-RNA verschiedener Organismen und verschiedener Aminosäurespezifität, so fällt bei allen bisher bekannten t-RNA-Spezies eine Reihe von Gemeinsamkeiten auf:

- Der Stiel des Kleeblattes hat am 3'-Ende der Nukleotidkette stets die Basensequenz 5' ... XCCA3'. Dabei bedeutet X an 4. Position vor dem Ende, dass hier in den einzelnen t-RNA-Spezies verschiedene Basen auftreten. An dieses 3'-Ende wird die für jede t-RNA spezifische Aminosäure angeheftet. Am 5'-Ende steht immer ein pG.
- Die mittlere Kleeblattschleife ist durch ein für die angeheftete Aminosäure charakteristisches Basentriplett gekennzeichnet. Dieses als **Antikodon** bezeichnete Basentriplett ist komplementär zu dem die entsprechende Aminosäure kodierenden Triplett auf der m-RNA und dient, wie wir später sehen werden, zum Ablesen der m-RNA-Matrize.
- Eine weitere Gemeinsamkeit aller t-RNA-Moleküle ist die Existenz einer großen Anzahl **seltener Basen** neben den vier Standardbasen. Da diese seltenen Basen keinen komplementären Partner

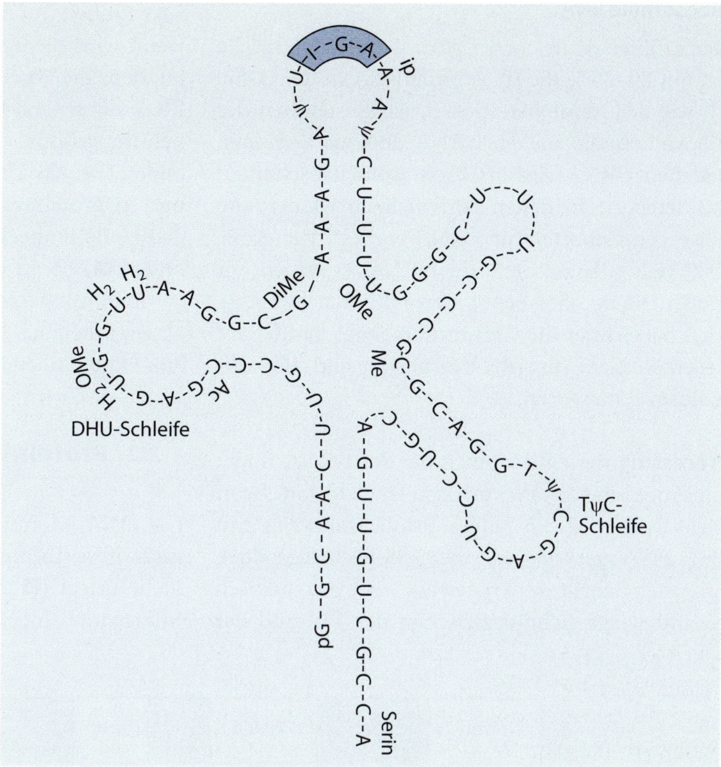

Abb. 1.12. t-RNA der Aminosäure Serin

finden können, garantieren sie die Einzelsträngigkeit der entsprechenden Regionen. Eine seltene Base, nämlich ψ, liegt in der TψC-Schleife, die eine wichtige Rolle bei der Anheftung der t-RNA an das Ribosom spielt. An der DHU-Schleife finden wir die seltene Base Dihydroxyuridin. Diese Schleife ist hauptsächlich für die Anlagerung der t-RNA an die Synthetasen verantwortlich.

Processing der t-RNA. Ein ähnliches Processing, wie oben bei der m-RNA beschrieben, findet auch bei t-RNA-Molekülen statt. Das primäre Transkriptionsprodukt ist auch hier größer. Es werden zunächst mehrere t-RNA in einem Molekül synthetisiert. Dieses wird dann in die einzelnen t-RNA gespalten und die 5'- und 3'-terminalen Sequenzen werden durch Processingenzyme entfernt. Beim Menschen wird die t-RNA von 497 t-RNA-Genen transkribiert. Die seltenen oder modifizierten Basen sind nicht im ursprünglichen Transkriptionsprodukt vorhanden, sie werden im Zuge des Processing durch Umwandlung der gängigen Basen gebildet.

Kopplung der Aminosäuren an t-RNA. Wie erkennt eine bestimmte Aminosäure ihre t-RNA? Der erste Schritt ist die Aktivierung der Aminosäure mit Hilfe von Adenosintriphosphat (ATP), vermittelt durch das Enzym Aminoacyl-t-RNA-Synthetase. Für jede t-RNA existiert mindestens ein solches Enzym. Nun lagern sich die Aminosäuren und ATP zusammen. Es entsteht Aminoacyl-AMP, in dem der Aminosäurerest aktiviert ist, sowie Pyrophosphat. Als nächstes erkennt die Aminoacyl-t-RNA-Synthetase an der spezifischen Tertiärstruktur die Dihydroxyuridin-Schleife der zu ihr gehörenden t-RNA. Das Enzym richtet die t-RNA so aus, dass eine freie Hydroxygruppe der Ribose des endständigen Adenosins in den Bereich des Aminoacyl-AMP gelangt. Schließlich wird der Aminosäurerest auf die Ribose des Adenosins der t-RNA unter Freisetzung von AMP übertragen, und die Synthetase löst sich für neue Reaktionsvermittlungen. Die Aminosäure ist an ihre t-RNA gekoppelt und kann mit Hilfe des Antikodons richtig in ein Polypeptid eingebaut werden.

Ribosomale RNA

Den größten Anteil an der gesamten RNA der Zelle hat mit 80–85 % die ribosomale RNA (r-RNA). Sie ist, wie der Name bereits sagt, ein Bestandteil der Ribosomen, die aus der r-RNA und aus Proteinen bestehen. r-RNA wird an Chromosomenabschnitten synthetisiert, an denen eine vielfach wiederholte Folge von Genorten für r-RNA vorliegt. Die große Zahl redundanter Gene für r-RNA ist wegen der großen Menge der benötigten r-RNA notwendig. Man bezeichnet die Chromosomenabschnitte, auf denen die Gene für r-RNA lokalisiert sind, als **Nukleolusorganisatoren.**

Processing der r-RNA. Auch bei der r-RNA findet ein Processing aus Prekursormolekülen statt. Beim Menschen wird ein langes Primärtranskript mit einer 28S- einer 18S- und einer 5,8S-Einheit gebildet. Im ersten Schritt des Processing wird, enzymatisch vermittelt, ein Schnitt zwischen der 18S-und der 5,8S-Einheit durchgeführt und das Intron entfernt. Dann wird die 5,8S-r-RNA an die 28S-Einheit gebunden, die zusammen mit ihr, sowie einer 5S-r-RNA, die separat transkribiert wird, und 49 Proteinen die größere 60S-Untereinheit eines Ribosoms bildet. Die 40S-Untereinheit ist nur aus 18S-r-RNA und 33 Proteinen aufgebaut. Zusammengefügt bilden beide Einheiten das 80S-Ribosom der Eukaryonten (◻ Abb. 1.13 und ◻ Tabelle 1.16).

Bei Prokaryonten besteht die r-RNA in der 50S-Untereinheit aus 23S-r-RNA und 5S-r-RNA. In der 30S-Untereinheit kommt nur die 16S-r-RNA vor.

1.2.2 Proteinbiosynthese – Translation

Die DNA ist Träger der genetischen Information, und diese Information ist in Nukleotidtripletts niedergelegt (◻ Abb. 1.14). Da sich die genetische Information im Zellkern befindet, die Proteinbio-

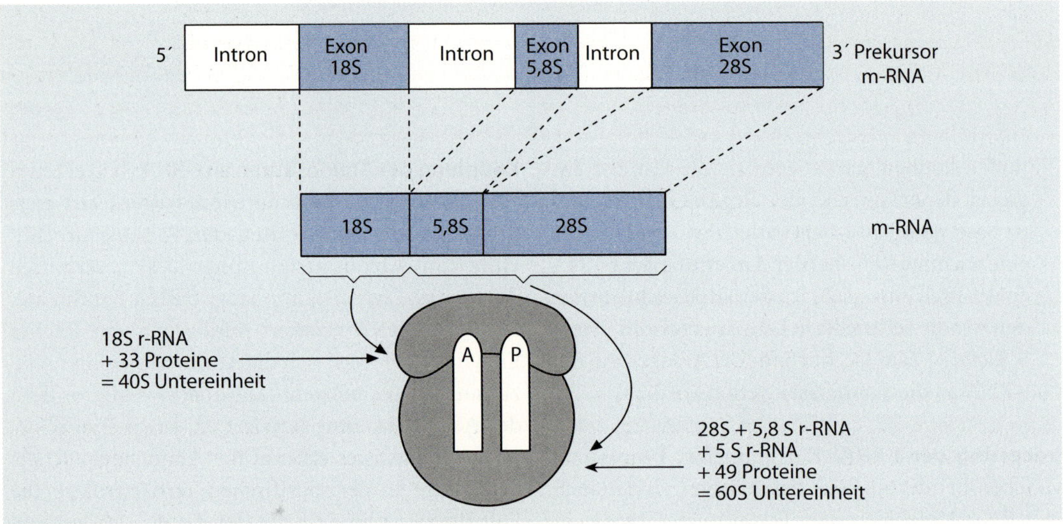

◻ **Abb. 1.13.** Processing der r-RNA für Ribosomen von Eukaryonten

◻ **Tabelle 1.16.** Entstehung der verschiedenen RNA-Arten

	Messenger-RNA	Transfer-RNA	Ribosomale RNA
Genebene	Produktion einer größeren Prekursorform	Produktion mehrerer t-RNA in einem Molekül	Produktion einer 28S-r-RNA, einer 18S-r-RNA, einer 5,8S-r-RNA und einer 5S-r-RNA
Processing	Capping und Polyadenylierung, Splicing von Introns und Exons	Spaltung in einzelne t-RNA, Entfernung der terminalen Sequenzen und Bildung der seltenen Basen	Zusammenfügen zur 60S- und 40S-Untereinheit

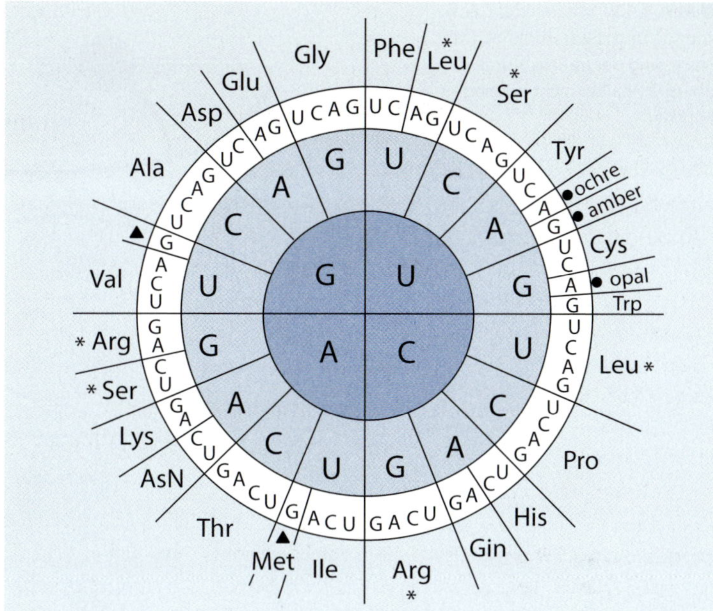

Abb. 1.14. Code-Sonne (nach Bresch u. Hausmann 1972)

synthese aber im Plasma stattfindet, wird ein Mittler in Form der Messenger-RNA benötigt. Die Übertragung der Nachricht von der DNA auf die m-RNA haben wir als Transkription bezeichnet. Wir wollen nun beschreiben, wie die Information der m-RNA im Zellplasma in Proteine umgesetzt wird. Man bezeichnet diesen Vorgang im Gegensatz zur Transkription als **Translation** (Abb. 1.15).

Eine wesentliche Rolle bei der Translation spielen die Ribosomen. Sie sind das bindende Glied zwischen der m-RNA und der mit Aminosäuren beladenen t-RNA. Man kann sie als die »universellen Druckmaschinen« der Zelle bezeichnen.

Der Vorgang beginnt mit der Bildung des **Initiationskomplexes**. Die ribosomale 40S-Untereinheit erkennt das 5'-Cap unter Beteiligung von Proteinen. Sie sucht die m-RNA ab, bis sie auf das Startkodon AUG stößt, das für Methionin kodiert. AUG muss aber in die richtige Sequenz eingelagert sein, um als »Start« erkannt werden zu können. Die häufigste Erkennungssequenz ist GCC**A**/**G**CC<u>AUG</u>**G**. Dabei ist offenbar das letzte G und das 3 Nukleotide vor AUG liegende G für die Kennung entscheidend. Anschließend werden die Aminosäuren nacheinander in die sich verlängernde Polypeptidkette eingebaut. Über eine Peptidbindung wird jeweils die Aminogruppe der neu an den Translationskomplex herangebrachten Aminosäure mit der Carboxylgruppe der zuletzt eingebauten Aminosäure verknüpft. Dies wird katalysiert durch die große Untereinheit des Ribosoms mit Hilfe des Enzyms Peptidyltransferase, das integraler Bestandteil der großen Untereinheit ist. (Abb. 1.16) Dieser Vorgang wird solange fortgesetzt, bis die Polypeptidkette fertiggestellt ist und sich vom Ribosom trennt (Abb. 1.17).

Als Peptidbindung bezeichnet man eine Reaktion zwischen Carboxylgruppe und Aminogruppe zweier Aminosäuren unter Wasserabspaltung.

Es gibt 64 Kodons, aber nur 20 verschiedene Aminosäuren. Der genetische Code ist also **degeneriert**. Auch gibt es nur etwas mehr als 30 t-RNA-Moleküle im Zytoplasma und 22 in den Mitochondrien. Beide können die 64 Kodons erkennen. Die ersten beiden Positionen sind dabei bei der Paarung von Kodon-Antikodon entscheidend. In der 3. Position kann es zu Schwankungen kommen. Nach der **Wobble-Hypothese** sind auch G-U-Paarungen gestattet. (Tabelle 1.17) und es wird von der A-U- und G-C-Regel abgewichen.

Wie erkennt nun die Zelle, dass ein Polypeptid fertiggestellt ist? Das Ende der Polypeptidkette (**Termination**) wird durch **Nonsenskodonen**, also

Abb. 1.15. Schema der Transkription und der Translation. Das Processing der m-RNA wurde der Übersicht halber nicht miteingezeichnet

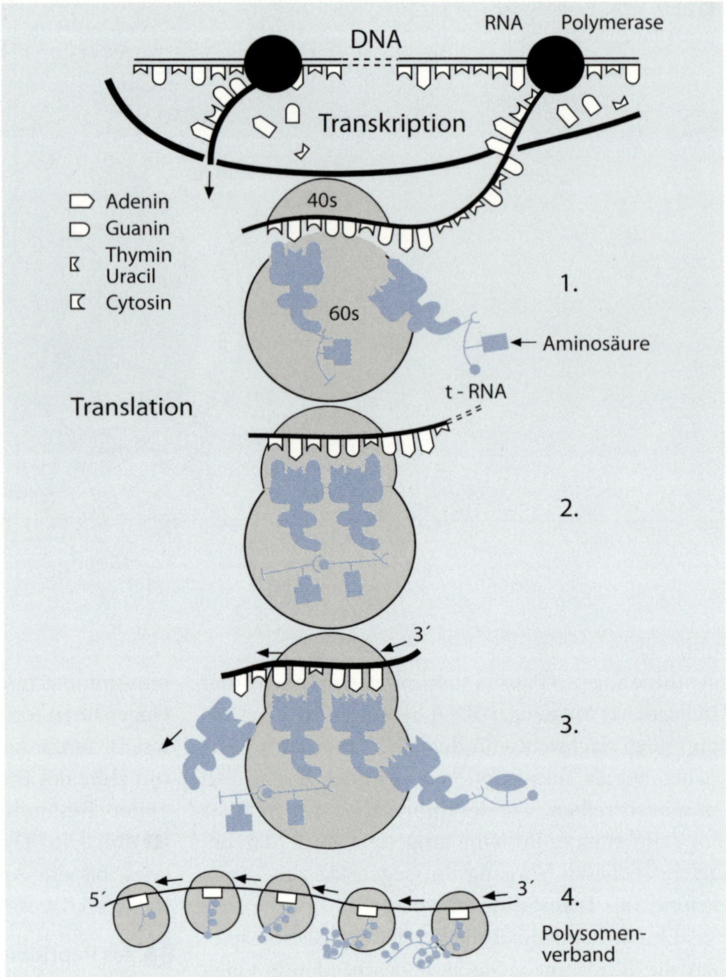

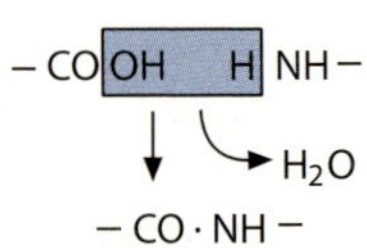

Abb. 1.16. Peptidbindung zwischen Carboxylgruppe und Aminogruppe zweier Aminosäuren

solche, die Stopp bedeuten, angezeigt. Für im Kern kodierte m-RNA sind dies **UAA, UAG** und **UGA** (► Code-Sonne Abb. 1.14), für in den Mitochondrien kodierte **UAA, UAG, AGA** oder **AGG** (Tabelle 1.1).

Die Stoppkodonen der Kern-m-RNA werden als **amber, ochre** und **opal** bezeichnet. Den Bereich zwischen Start- und Stoppkodon bezeichnet man als offenes Leseraster (**open reading frame**).

Es gibt sowohl am 5'- als auch am 3'-Ende der m-RNA zwar transkribierte, aber **untranslatierte Sequenzen** (5'-UTS und 3'-UTS). Dabei sind die 5'-UTS in der Regel kürzer als 100 bp, die 3'-UTS normalerweise viel länger. Neben dem 5'-Cap spielen sie offenbar für die Auswahl der m-RNA zur Translation eine entscheidende Rolle. Es gibt Hinweise dafür, dass sie als Translationsbeschleuniger wirken und eine hohe Effizienz der Translation bewirken (Tabelle 1.18).

Wie der Abb. 1.15 zu entnehmen ist, wird die m-RNA bei der Translation meist nicht nur durch ein einziges Ribosom »gezogen«, sondern aus »öko-

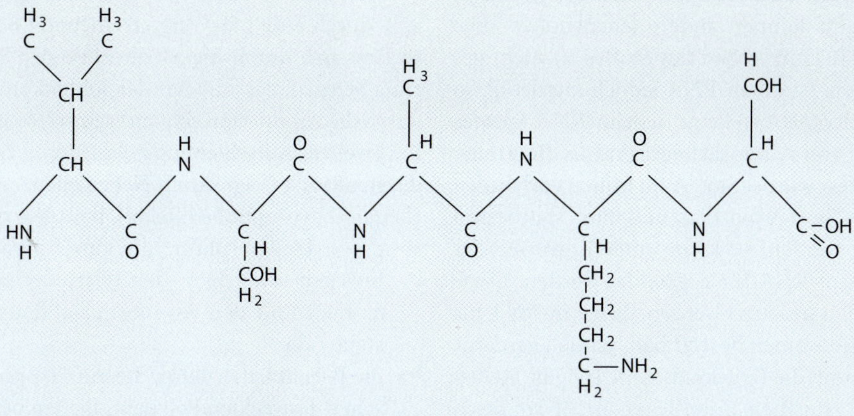

Abb. 1.17. Ausschnitt aus einer Polypeptidkette (nach Bresch u. Hausmann 1972)

Tabelle 1.17. Wobble-Hypothese

Base 5'-Ende t-RNA-Antikodon	Erkannte Base 3'-Ende Kodon m-RNA
A	nur U
C	nur G
G	C oder U
U	A oder G

nomischen« Gründen durch mehrere nebeneinanderliegende Ribosomen, sodass an einem m-RNA-Strang gleichzeitig mehrere Polypeptidketten entstehen. Man bezeichnet den Verband zwischen m-RNA und mehreren Ribosomen als **Polysomenverband**. Wird die Polypeptidsynthese an einer m-RNA beendet, so lösen sich die Ribosomen wieder von dieser und stehen im Plasma für die Ablesung eines anderen Messengers und damit für die Produktion einer anderen Polypeptidkette zur Verfügung. Die Ribosomen sind also wirklich universelle Druckmaschinen der Zellen, in die eine beliebige m-RNA als Druckstock eingelegt werden kann (Tabelle 1.18).

Aus Untersuchungen an Bakterien weiß man, dass die m-RNA sehr kurzlebig ist. Ihre **Halbwertszeit** liegt etwa bei 100 s. Die Halbwertszeit der m-RNA höherer Organismen ist ebenfalls relativ kurz, wenn sie auch mehrere Stunden beträgt. Was ist der biologische Sinn dieser kurzen Halbwertszeiten? Sie sind eine sehr ökonomische Einrichtung der Zelle. Eine Bakterienzelle z. B. unterliegt häufig Milieuveränderungen, die eine schnelle Adaption der Zelle erfordern. Eine schnelle Adaption erfordert aber einen schnellen Wechsel der Syntheseleistungen. Wäre die m-RNA langlebig, so würden über einen langen Zeitraum immer dieselben Enzyme gebildet (z. B. zum Abbau des Stoffes A), die vielleicht

Tabelle 1.18. Ablauf der Translation

Bildung des Initiationskomplexes	40S-Untereinheit des Ribosoms erkennt 5'-Cap und sucht Startkodon AUG, welches in richtige Sequenz eingelagert ist (GCC**A**/**G**CC<u>AUG</u>**G**). Ribosom wird durch die große Untereinheit vervollständigt. Initiationsfaktoren (kleine Proteine) und Energie sind beteiligt.
Elongation	Wachstum der Polypeptidkette durch Verknüpfung der von t-RNA antransportierten richtigen Aminosäuren durch Peptidbindung unter Katalyse von Peptidyltransferase.
Termination	Ende der Polypeptidkette wird bei Kern-m-RNA durch die Stoppkodonen UAA, UAG und UGA; bei mitochondrialer m-RNA durch UAA, UAG, AGA und AGG angezeigt. Die Nicht-Sinn-Kodonen führen zum Kettenabbruch.

aufgrund eines Milieuwechsels nicht mehr gebraucht werden. Dafür können andere lebensnotwendige Enzyme (z. B. zum Abbau des Stoffes B) nicht gebildet werden. Ist die m-RNA jedoch kurzlebig, so werden an der DNA so lange neue m-RNA-Spezies zum Abbau von A transkribiert und in die Translation gegeben, wie der Stoff A im Milieu vorhanden ist. Fehlt der Stoff A plötzlich und muss stattdessen B abgebaut werden, so kann unter Kontrolle der DNA sofort m-RNA für B gebildet werden. Diese kann schnell translatiert werden, da die m-RNA für A, die die Ribosomen besetzt hält, schnell verdämmert und damit die Druckmaschine freigibt. Zellen höherer Organismen unterliegen nicht so rasch Milieuveränderungen wie Bakterien, somit ist es günstiger, dass die m-RNA höherer Organismen etwas langlebiger ist.

1.2.3 Biologisch aktive Proteine

Proteine sind makromolekulare Polypeptidketten, die aus 20 verschiedenen Aminosäuren aufgebaut sind. Sie sind zweifellos die vielseitigsten molekularen Komponenten der Zellstruktur. Die Aminosäuren sind fast alle α-Aminosäuren, d. h. die Aminogruppe befindet sich an dem der Carboxylgruppe benachbarten α-C-Atom, welches noch ein Wasserstoffatom trägt und den für jede Aminosäure spezifischen Rest (R). Mit Ausnahme von Glycin ist das α-C-Atom asymmetrisch substituiert, sodass die Aminosäuren optisch aktiv sind. Sie gehören der L-Reihe an. Die Reihenfolge in der Polypeptidkette ist, wie wir wissen, genau festgelegt, und damit wird eine feste Sequenz der Reste als spezifische Funktionsträger festgelegt. Sie stehen seitlich der Hauptvalenzkette ab, die eine unspezifische ständige Wiederholung der Atome N–C–C–N ... –C–C–N–C–C–N–C–C beinhaltet (▫ Abb. 1.18). Mehrere Polypeptidketten können durch Disulfidbrücken zweier Zysteinmoleküle, die je eine SH-Gruppe (Sulfhydrylgruppe) tragen, kovalent aneinander gebunden werden. Eine Verzweigung von Polypeptidketten ist allerdings durch die Art der Synthese ausgeschlossen. Die genetische Information legt die Gestalt, die **Primärstruktur,** der Proteinmoleküle fest, die sich bereits bei der Synthese der Polypeptidkette bildet.

Denaturiert man diese Kettenkonfiguration, z. B. durch eine pH-Wertverschiebung oder Hitze, so lässt sich durch die Möglichkeit der Renaturierung belegen, dass die Art der Kettenkonfiguration durch die Aminosäuresequenz selbst festgelegt wird. Eine weitere Aufschiebung oder Faltung zur **Sekundärstruktur** erfolgt durch Nebenvalenzen (H-Brücken und hydrophobe Effekte). Beispiele sind

- die α-Helixstruktur, die durch Wasserstoffbrücken zwischen den Carboxylsauerstoffatomen und den Aminostickstoffatomen entsteht, oder
- die β-Faltblattstruktur, die auf H-Brücken zwischen gestreckten Polypeptidketten beruht.

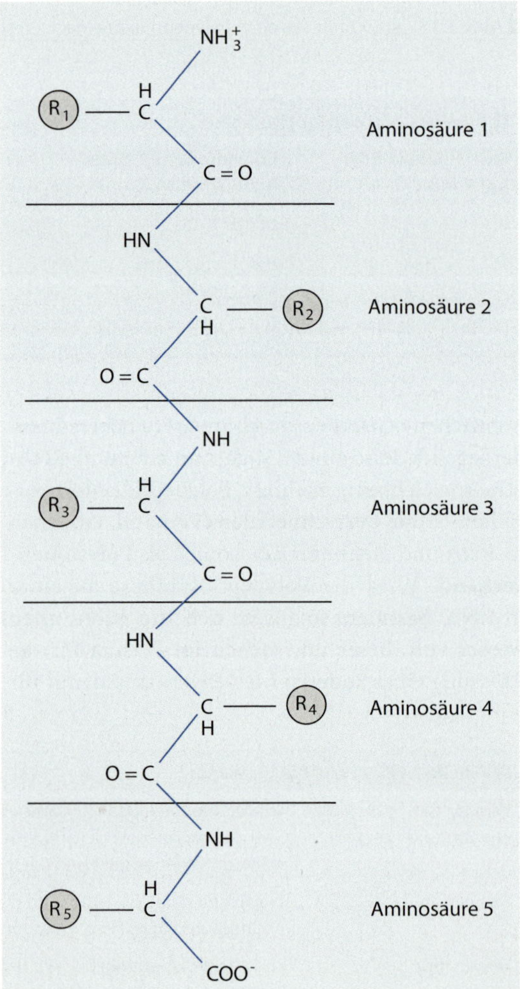

▫ **Abb. 1.18.** Oligopeptid

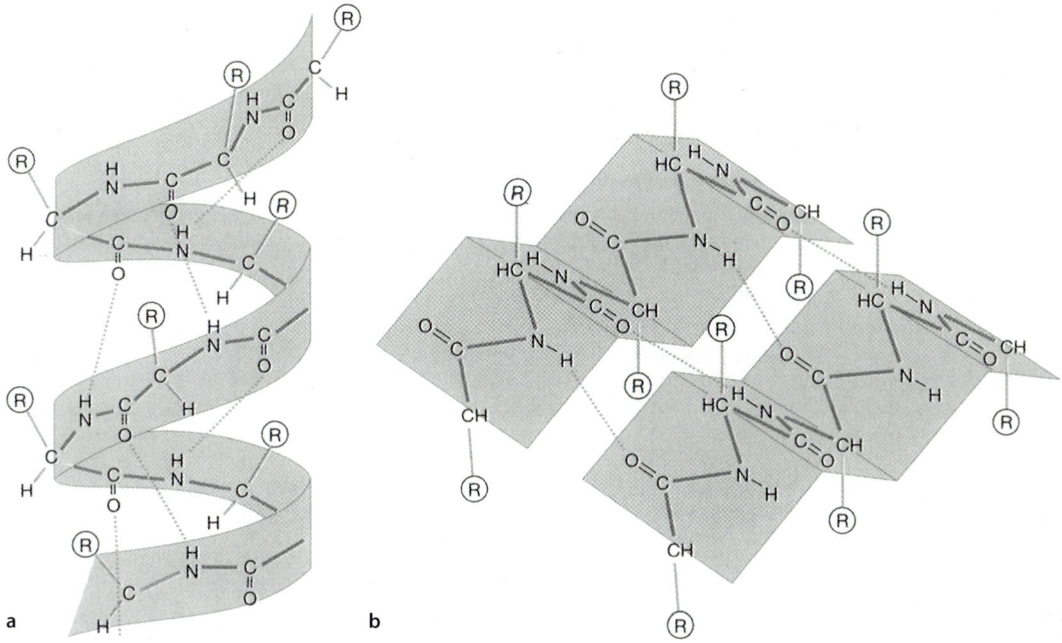

Abb. 1.19a,b. Grundstrukturen von Polypeptiden. **a** α-Helix; **b** β-Faltblattstruktur (nach Hennig 1995)

Häufig wechselt auch die Sekundärstruktur entlang der Polypeptidkette eines Proteinmoleküls, oder es lässt sich kein festes Ordnungsprinzip erkennen. Durch diese verschiedenen Konfigurationsmöglichkeiten werden **Domänen** im Proteinmolekül erzeugt, die unterschiedliche Funktionen erfüllen können (Abb. 1.19).

Als **Tertiärstruktur** bezeichnet man die dreidimensionale Struktur des kompletten Proteinmoleküls.

Besteht ein Protein (dies ist häufig der Fall) aus mehreren Polypeptidketten in einer räumlich komplizierten Anordnung, so spricht man von der **Quartärstruktur** eines Proteins. Als Beispiel sei hier an die 4 Ketten des allgemein bekannten Hämoglobinmoleküls erinnert. Ein anderes Beispiel sind die Multienzymkomplexe von Enzymproteinen. Die Polypeptidketten einer Quartärstruktur werden durch Nebenvalenzen gebunden und können in Untereinheiten (Protomeren) zerfallen. Dabei kann die Protomerenzahl genau festgelegt sein, wie z. B. in den oben erwähnten Multienzymkomplexen oder in Kapsiden von Viren oder Phagen. In Strukturproteinen finden wir dagegen nichtlimitierte Quartärstrukturen, die entsprechend wachsen können. Beispiele hierfür sind

- die Muskelproteine Aktin und Myosin, aber auch
- Fibrinfasern,
- Kollagenfibrillen,
- Mikrotubuli oder
- Keratine.

Eine wichtige Gruppe von Proteinen, die Enzyme, besitzen ein aktives Zentrum zur Bindung und Veränderung des Substrats. Es ist die räumliche Gestaltung der Substratbindungsstelle, die den Enzymen ihre Spezifität verleiht.

Ein anderes Beispiel für durch ihre Konfiguration auf hochspezifische Aufgaben spezialisierte Proteine sind Proteine für zelluläre Transportmechanismen. So können Ionenporen und Tunnelproteine (die uns von den Antibiotika her bekannt sind und die auch als Transportvehikel für Zellmembranen diskutiert werden) durch Konfigurationsänderung aktiv Ionen einfangen und wieder entlassen bzw. durch Öffnen und Schließen Transporttunnel bilden (Tabelle 1.19).

Tabelle 1.19. Aufbau von Proteinen

Primärstruktur:	Wird durch die genetische Information festgelegt
Sekundärstruktur:	Entsteht durch Absättigung von Nebenvalenzen (vor allem H-Brücken und hydrophobe Effekte)
	Beispiele: α-Helix, β-Faltblattstruktur, Entstehung von Domänen
Tertiärstruktur:	Dreidimensionale Struktur eines ganzen Proteinmoleküls
Quartärstruktur:	Aufbau aus mehreren Polypeptidketten in oft räumlich komplizierter Anordnung. Bindung erfolgt durch Nebenvalenzen oder Disulfidbrücken, die in Untereinheiten (Protomeren) = einzelne Polypeptidketten zerfallen können. Die Protomerenzahl kann festgelegt oder unlimitiert sein.
	Beispiele: Hämoglobinmolekül, Multienzymkomplexe, Kapside, Aktin, Myosin, Fibrinfasern, Kollagenfibrillen, Mikrotubuli, Keratine
Funktion:	Wird allein durch die Struktur festgelegt

Wir sehen also, dass bei Proteinen – beginnend bei der Primärstruktur bis hin zur Quartärstruktur – die Gestaltung der Struktur ein vielfältiges Funktionsprogramm festlegt, das allein auf der Struktur beruht und keine weiteren genetischen Steuerungsmechanismen benötigt (Abb. 1.20). Dabei ist es bis jetzt noch außerordentlich schwierig, die dreidimensionale Struktur theoretisch vorauszusagen. Bereits einfache Polypeptide zeigen oft eine äußerst komplexe Gestalt. Da viele Proteine aus zahlreichen Polypeptidketten zusammengesetzt sind, werden Strukturprognosen noch schwieriger.

1.3 DNA-Untersuchungen – diagnostische Anwendung beim Menschen

DNA-Untersuchungen haben breiteste Anwendungsgebiete in Forschung und Diagnose gefunden. Neben dem bereits erwähnten Humangenomprojekt werden DNA-Methoden in fast allen modernen Gebieten der Biologie und der Medizin eingesetzt. So ist beispielsweise die **PCR-Methode** zu einem wichtigen Hilfsmittel zur Identifizierung von Krankheitserregern geworden. Rechtsmediziner nutzen sie, um aus biologischen Spuren geringsten Ausmaßes **Personenidentifikationen** durchführen zu können. In der Onkologie dienen DNA-Methoden der Tumordiagnostik. In der Biologie werden uns DNA-Methoden bisher kaum für möglich gehaltene Einblicke in die Systematik von Pflanzen und Tieren und in das Evolutionsgeschehen und damit in unsere eigene Abkunft erlauben. Ja selbst Historiker können, wie am Ende dieses Buches zu lesen ist, Zusammenhänge aufklären, bei denen man sonst wohl für immer auf Spekulationen angewiesen wäre.

DNA-Methoden erlauben uns auf biologischer Grundlage die Herstellung von **Arzneimitteln**, die sonst überhaupt nicht oder nur mit unvergleichlich höherem Aufwand erzeugt werden können. Es gibt wohl kaum mehr einen größeren Pharmahersteller, der nicht auf diese neuen Technologien setzen würde, und ein ansehnliches Pharmakaspektrum befindet sich bereits auf dem Markt. In der **Tumortherapie** wird es in den nächsten Jahren über DNA-Ansätze zu erheblichen Fortschritten kommen. Bei modernen Erkrankungen wie AIDS versprechen allein solche Ansätze, wenn überhaupt, zum Durchbruch zu führen. DNA-Methoden werden es in Zukunft, zumindest für eine Reihe von Erkrankungen, die ihre Ursache in Genen haben, erlauben, lebenslange Therapien unnötig zu machen und Menschen auf dem Wege der **somatischen Gentherapie** zu heilen. Seit 1990 werden bei einzelnen Erkrankungen solche Verfahren bereits eingesetzt (▶ Kap. 10), wenn auch zugegebenermaßen hier eine Reihe von Problemen nicht gelöst sind (Tabelle 1.20). In der Humangenetik können in der diagnostischen Anwendung von DNA-Untersuchungen Genotypen und vor allem monogen bedingte Erkrankungen nachgewiesen werden, was vorwiegend für die **Pränataldiagnostik** von erheblicher Bedeutung ist.

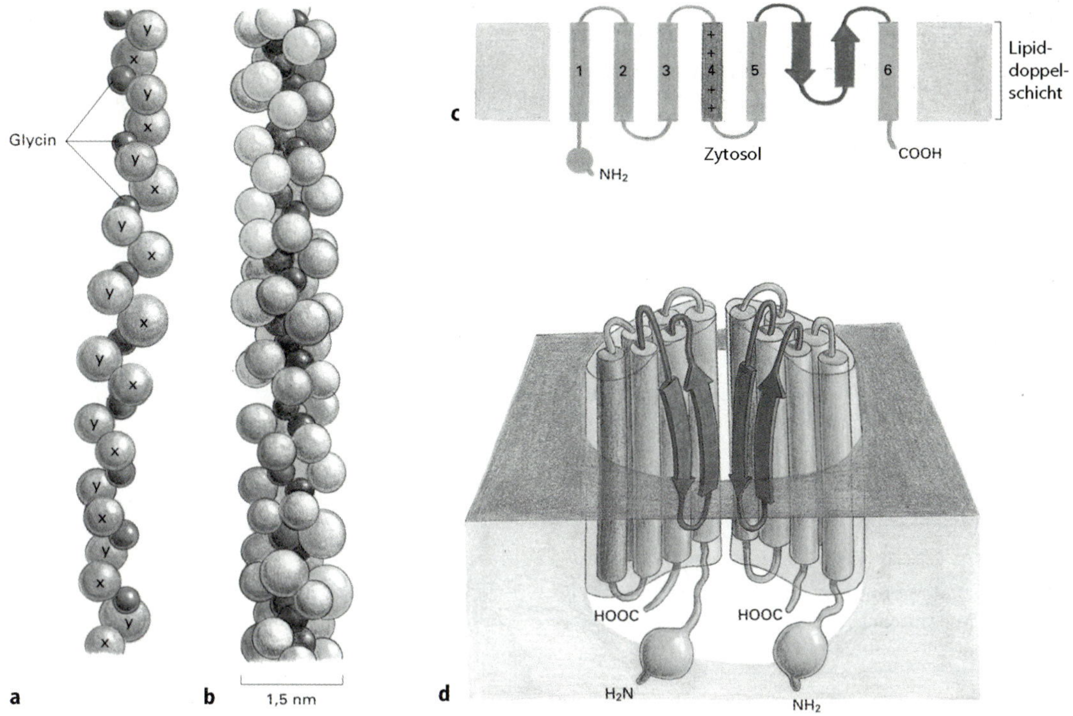

Abb. 1.20a,b. Strukturbeispiele von Proteinen. Die Struktur eines typischen Kollagenmoleküls. **a** Ein Modell einer einzelnen α-Kette des Kollagens; jede Aminosäure ist durch eine Kugel dargestellt. Die Kette besteht aus etwa 1000 Aminosäuren und hat die Form einer linksgängigen Helix mit drei Aminosäuren je Windung, wobei Glycin an jeder dritten Position steht. Die α-Kette besteht also aus hintereinanderliegenden Tripeptiden mit der Sequenz Gly-X-Y, wobei X und Y für jede beliebige Aminosäure stehen (X ist allerdings häufig Prolin und Y Hydroxyprolin). **b** Ein Modell von einem Ausschnitt eines Kollagenmoleküls, in dem drei α-Ketten umeinander gewunden sind und einen dreisträngigen, helikalen Faden bilden. Als einzige Aminosäure ist das Glycin klein genug, um im Innern der dreisträngigen Helix Platz zu finden. Gezeigt ist nur ein kurzer Molekülabschnitt. Das ganze Molekül ist 300 nm lang. **c,d.** Ein Modell für die Struktur eines spannungskontrollierten K^+-Kanals. **c** Übersichtsbild, das die funktionellen Hauptdomänen der Polypeptidkette einer Untereinheit zeigt. Die sechs mutmaßlichen membranüberspannenden α-Helices sind mit 1 bis 6 numeriert. Vier solcher Untereinheiten, jede mit etwa 600 Aminosäuren, sind wahrscheinlich zur transmembranalen Pore zusammengesetzt; nur zwei davon sind in **d** gezeigt. Bei den spannungskontrollierten Na^+ und Ca^{2+}-Kanälen sind die vier Untereinheiten Abschnitte einer einzigen, sehr langen Polypeptidkette, aber sonst ist ihre Gesamtstruktur vermutlich sehr ähnlich. Die 20 Aminosäuren in der Region, die die Helices 5 und 6 miteinander verbindet, überspannen die Membran wahrscheinlich als zwei antiparallele β-Faltblätter und kleiden die Pore in der gezeigten Weise aus. Die vierte α-Helix besitzt an jeder dritten Position positiv geladene Reste, die diese α-Helix vermutlich zum *Spannungssensor* machen (nach Alberts et al. 1995)

1.3.1 Prinzipien der DNA-Analyse und Genotypendiagnostik

Restriktionsendonukleasen, DNA-Ligasen und Polymerasen

Zuerst sollen nun die entscheidenden Enzyme beschrieben werden, die die molekularbiologischen Fortschritte überhaupt erst möglich gemacht haben bzw. möglich machen. Anschließend ist es wichtig, Kenntnisse von den in diesem Zusammenhang wichtigsten Methoden zu übermitteln und schließlich soll die Anwendung in der medizinischen Genetik veranschaulicht werden.

Restriktionsendonukleasen wurden bei Bakterien entdeckt und aus diesen isoliert. Sie sind dort Bestandteile eines Systems zum Abbau fremder DNA. Die DNA von Bakterienstämmen ist im Durchschnitt etwa alle tausend Basenpaare methyliert. Dabei erfolgt die Methylierung innerhalb ganz bestimmter Nukleotidsequenzen, die durch Spiegel-

Tabelle 1.20. Beispiele für die Anwendung molekularbiologischer Methoden in der Medizin

Therapeutischer Bereich	**Produktion von Medikamenten und Wirkstoffen** Humaninsulin, Somatotropin, Interferone, TPA, Erythropoetin, G-CSF, GM-CSF, Interleukin 2, Faktor VIII, Glukagon
	Produktion von Impfstoffen Hepatitis-B-Impfstoff, Hämophilius-B-Impfstoff
	Somatische Gentherapie z. B. Gentransfer von ADA, TNF, Faktor IX, Interleukin 2, Gentransfer bei zystischer Fibrose
Diagnostischer Bereich	**Genotypendiagnostik** Genetische Beratung und pränatale Diagnostik
	Diagnostik bei Infektionskrankheiten

symmetrie gekennzeichnet sind. Die Sequenz, die beispielsweise von dem E.-coli-Enzym Eco RI – das in der Molekularbiologie häufig verwendet wird – erkannt wird, weist in jeder Richtung (5′→ 3′ oder 3′→ 5′) zur Mittelachse hin die gleiche Nukleotidsequenz auf:

5′-GAA*TTC-3′
3′-CTT A*AG-5′
(* = Methylierung)

Fehlt diese Methylierung, so wird die DNA als fremd angesehen und geschnitten, in unserem Beispiel wie folgt:

5′-GAATTC-3′ ➡ –G.......▼.......AATTC–
3′-CTTAAG-5′ –CTTAA..........▲....G–

Die Enzyme, die solche spezifischen Schnitte wie »molekulare Scheren« durchführen können, bezeichnet man als Restriktionsendonukleasen oder kürzer Restriktionsenzyme. Es gelang, viele solcher Restriktionsenzyme mit verschiedener Sequenzspezifität zu isolieren. Das liegt daran, dass fast jeder Bakterienstamm sein eigenes sequenzspezifisches Restriktionssystem besitzt. Bei manchen Restriktionsenzymen liegen die Schnittstellen in beiden Strängen an der selben Stelle, die von ihnen gebildeten Fragmente enden **stumpf** oder sie sind, wie in unserem Beispiel**, kohäsive** Einzelstränge, d. h. ein bis fünf Nukleotide gegeneinander versetzt. Man bezeichnet diese einsträngigen komplementären Enden auch als **sticky ends**. Die komplementäre Sequenz, die erkannt wird, ist in der Regel eine spezifische Sequenz von 4–8 Nukleotiden. Mit Hilfe der Restriktionsenzyme ist es also möglich, die hochmolekulare menschliche DNA in reproduzierbare Restriktionsfragmente (10^5–10^7) zu zerlegen.

DNA-Ligasen sind Enzyme, die Moleküle in einem Energie benötigenden Vorgang zusammenbinden (ligieren). Sie verknüpfen zwei DNA-Moleküle über eine Phosphodiesterbindung. Damit ermöglichen diese Enzyme also die Neukombination. Man kann nun DNA anderer Herkunft, z. B. solche von Plasmiden, die die gleichen Erkennungsstellen für das Restriktionsenzym tragen, in gleicher Weise schneiden. Nach den Regeln der Basenpaarung lagern sich die sticky ends dann aneinander, wenn sie nur die richtige Basensequenz aufweisen, und die Ligasen legen die Verbindung zwischen den jeweils endständigen Nukleotiden. (Auch stumpfe Enden kann man ligieren, allerdings in einem etwas aufwendigeren Prozess, auf den hier nicht eingegangen werden soll.) Es resultiert ein neues DNA-System, z. B. ein Plasmid mit menschlicher DNA. Auf diese Weise lässt sich ein interessierendes DNA-Fragment in pro- und eukaryontischen Vektoren in beliebig hoher Kopienzahl vermehren. Man bezeichnet dies als **Klonierung**. Damit ist es möglich, beliebige Genbanken (z. B. des gesamten menschlichen Genoms, gewebe- oder entwicklungsspezifische Banken, chromosomenspezifische Banken usw.) zu erstellen.

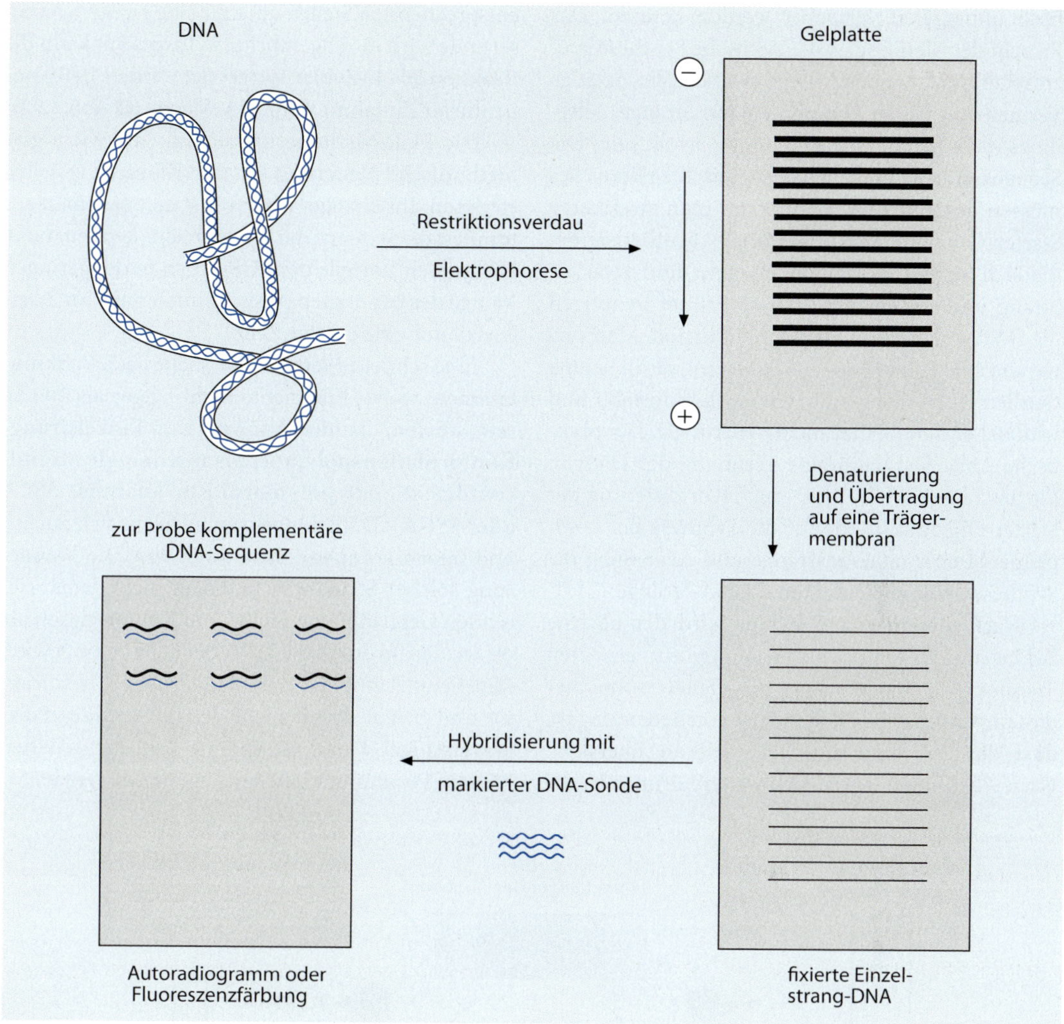

Abb. 1.21. Southern-blot-Hybridisierung

Polymerasen wurden in vorgehenden Abschnitten bereits angesprochen. Diese Enzyme können sowohl einsträngige DNA als auch RNA kopieren. Sie sind in dem gegebenen Zusammenhang vor allem wichtig für die Polymerasekettenreaktion (PCR).

Wichtige Verfahren der medizinischen Genetik

Bei der **Southern-blot-Hybridisierung** erkennt man die gesuchten DNA-Sequenzen in einer Mischung von Fragmenten (nach Gewinnung durch Restriktionsverdau), die über eine Elektrophorese der Länge nach aufgetrennt wurden. Nach Denaturierung der DNA im Gel zur Einzelsträngigkeit, wird diese durch eine Kapillarmethode auf eine Trägermembran übertragen. Anschließend erfolgt die Hybridisierung mit einer Sonden-DNA und die Identifizierung der komplementären Bande(n) mittels Autoradiogramm oder durch Fluoreszenz (Abb. 1.21).

Eine seit gut 20 Jahren existierende Methode zur Amplifikation (Vermehrung) eines definierten DNA-Bereiches ist die **Polymerasekettenreaktion (polymerase chain reaction, PCR)**. Diese DNA-Vermehrungstechnik kommt ohne Klonierung aus, sodass geringe Mengen einer Ziel-DNA (aus einer heterogenen Kollektion von DNA-Sequenzen) praktisch unbegrenzt vermehrt werden können. Das Prinzip der Methode ist die zyklische Synthese spezifischer DNA-Sequenzen und zwar die gleichzeitige Vermehrung beider komplimentärer Stränge. Allerdings muss hierzu eine Bedingung erfüllt sein: Die Sequenzen an den Enden des gewünschten Bereiches müssen bekannt sein. Dann kann man zwei kurze Starter-Oligonukleotide (**Primer**) synthetisieren, die sich an die Ziel-DNA anlagern und zwar an Strang und Gegenstrang. Diese Primer benötigen die DNA-Polymerase I zur Amplifikation. Man verwendet eine Polymerase aus Bakterien, die in heißen Quellen leben. Dieses Enzym ist thermostabil und wird daher durch Hitze nicht denaturiert. Der praktische Ablauf ist dann eine Trennung der DNA in Einzelstränge durch Erhitzung, Hybridisierung der Starter-Oligonukleotide für die Synthese der komplementären Nukleotidstränge und schließlich die Synthese der komplementären DNA-Stränge.

Nach diesem ersten Zyklus wird der nächste Zyklus durch Temperaturerhöhung zur erneuten Trennung der Einzelstränge eingeleitet, wobei hier die temperaturstabile Polymerase von Bedeutung ist, da sie diese Prozedur ohne Denaturierung übersteht. Nach Abkühlung lagern sich weitere Primer an die entsprechenden Stellen an, und eine zweite Syntheserunde wird durchgeführt usw. Insgesamt kann die Reaktion 30–40 Zyklen fortgesetzt werden, bei exponentieller Zunahme der DNA-Menge (◘ Abb. 1.22).

Die PCR-Methode hat sich als die wichtigste methodische Neuerung seit der Klonierung selbst erwiesen. Ihr einziger Nachteil ist der, dass man zumindest die Sequenz der Startbereiche kennen muss. Die großen Vorteile der PCR liegen in der geringen Menge des benötigten Ausgangsmaterials (im Zweifelsfall nur eine einzige Zelle).

Eine schnelle Methode zur Suche nach Punkmutationen, wobei Fragmente nicht länger als 200 bp sein dürfen, ist die Analyse von **Einzelstrang-Konformationspolymorphismen (single-strand-conformational polymorphism analysis, SSCP oder SSCA)**. DNA-Einzelstränge falten sich zurück und bilden komplexe Strukturen aus. Die Wanderung solcher Strukturen in einem nicht denaturierenden Gel hängt von Länge und Konformation ab, die wiederum durch die DNA-Sequenz bedingt wird. Man benutzt amplifizierte DNA-Proben, denaturiert sie und belädt damit nicht denaturierendes Polyacrylamidgel. Durch veränderte Laufeigenschaften können Punktmutationen nachgewiesen werden.

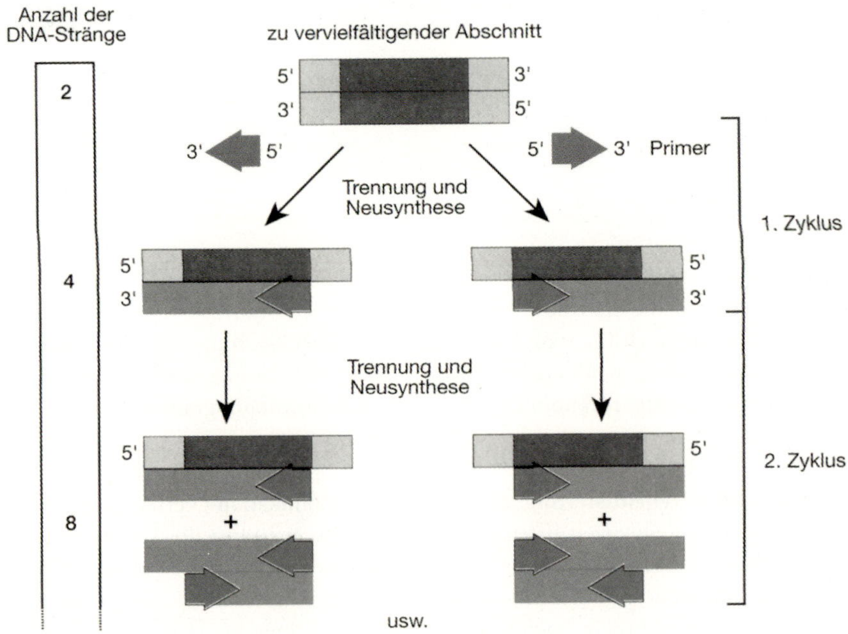

◘ **Abb. 1.22.** Das Prinzip der Polymerasekettenreaktion (PCR) (nach Buselmaier 1998)

Bei der **Gelelektrophorese mit Denaturierungsgradienten (denaturing gradient gel electrophoresis, DGGE)** wird Doppelstrang-DNA nach Amplifizierung auf Polyamidgelen aufgetrennt. Über einen Denaturierungsschritt der Doppelstrang-DNA durch Temperatur- oder chemischen Gradienten, der zeitlich abhängig ist von der Basenzusammensetzung, kommt es zur Auftrennung. Der Vorteil der Methode ist ihre hohe Empfindlichkeit, ein Nachteil von SSCP und DGGE ist, dass die Position der Mutation nicht angezeigt wird. Es gibt, neben diesen beiden exemplarisch aufgezeigten, noch weitere Verfahren für die Suche nach Punktmutationen in einem Gen einschließlich der direkten **Sequenzierung**, die natürlich die vollständige Mutation charakterisiert.

Genotypendiagnostik

Durch die Gentoypendiagnostik können monogene Erkrankungen sowohl prä- als auch postnatal auf DNA-Ebene nachgewiesen oder ausgeschlossen werden.

Durch Restriktionsenzyme wird die DNA in Fragmente zerlegt. Nach Auftrennung über die Agarosegelelektrophorese und der Denaturierung zu Einzelsträngen lassen sich mit Hilfe von **DNA-Sonden** diskrete Fragmente sichtbar machen. Dabei kann man die Länge eines DNA-Fragmentes mittels DNA-Fragmenten bekannter Länge ermitteln.

Für die Genotypendiagnostik werden DNA-Sonden benutzt, die mit Restriktionsfragmenten hybridisieren, deren Länge individuell variieren kann. Für die Längenvariabilität hat man den Begriff **Restriktionsfragmentlängen-Polymorphismus (RFLP)** geprägt. RFLPs entstehen durch die Nukleotidsequenzvariabilität in der DNA des Menschen. Durch Veränderungen auf DNA-Ebene, z. B. einzelne Basenpaarsubstitutionen, kleinere Deletionen oder Insertionen, kann eine primär vorhandene Schnittstelle für ein Restriktionsenzym verändert werden (◘ Abb. 1.23). Zurzeit sind mehrere Hundert RFLPs der humanen DNA bekannt.

Direkte Genotypendiagnostik. Man unterscheidet zwischen direkter und indirekter Genotypendiagnostik. Bei ersterer erfolgt der Nachweis eines defekten Gens direkt durch einen intragenen RFLP. Ein RFLP kann immer dann zur Diagnostik benutzt werden, wenn er innerhalb eines Gens liegt, das bei einer genetisch bedingten Erkrankung mutiert ist, wobei der RFLP nicht notwendigerweise in ursächlichem Zu-

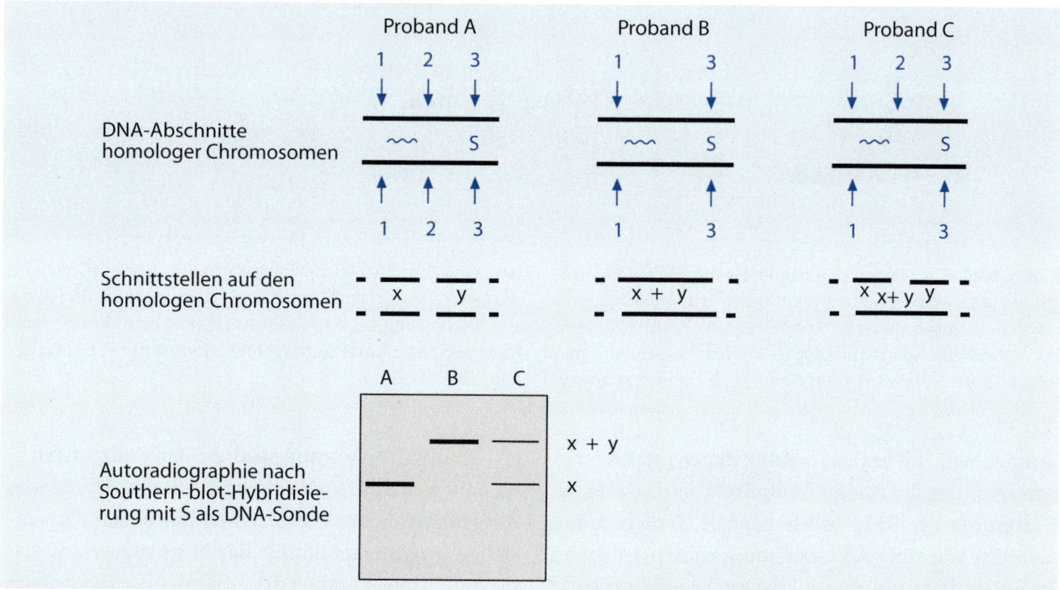

◘ Abb. 1.23. Die Entstehung eines Restriktionsfragmentlängen-Polymorphismus (S = Sonde, X, Y = Fragmente). Bei Proband A sind bei einem gegebenen Restriktionsenzym 3 Schnittstellen vorhanden, gleichzeitig ist er für die Schnittstellen homozygot; Proband B hat nur 2 Schnittstellen und ist ebenfalls homozygot, Proband C ist heterozygot

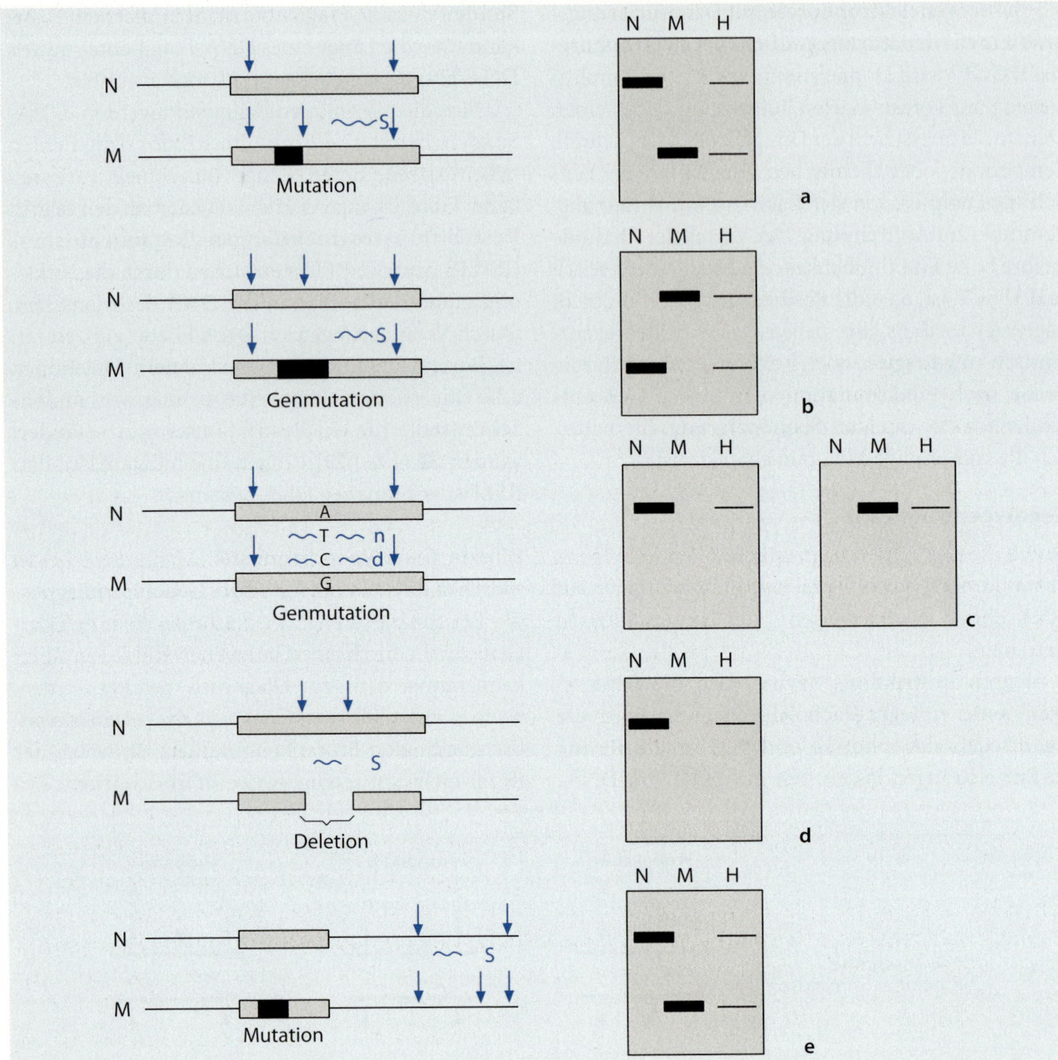

Abb. 1.24 a–e. Genotypendiagnostik mit Hilfe von DNA-Sonden. **a** Normalgen (*N*) und mutiertes Gen (*M*), S = Sonde, ↓ = Schnittstellen des Restriktionsenzyms; *rechts:* Southern-blot-Hybridisierung mit Genotypen *N* = Normalgen, *M* = mutiertes Gen, *H* = heterozygoter Genotyp; **b** Genmutation zerstört eine Schnittstelle; **c** Oligonukleotidsonden mit Sonde für das Normalgen (*n*) und Sonde für das Defektgen (*d*) und deren spezifische Bindung; **d** Deletion mit Verlust eines Restriktionsfragments; **e** indirekte Genotypendiagnostik mit RFLP und gekoppeltem Gen

sammenhang mit der Erkrankung stehen muss. Durch Untersuchung der Familienmitglieder muss daher die Segregation der RFLP-Allele geprüft werden. (Man kann hier von einer Allelsituation sprechen, weil man die unterschiedlich großen Fragmente entsprechend den verschiedenen Allelen eines Genortes auffassen kann.) Die RFLP-Allele markieren direkt das normale bzw. das mutierte Gen (Abb. 1.24a).

Man kann **Genmutationen** dann direkt nachweisen, wenn die Mutation eine Schnittstelle für das Restriktionsenzym zerstört oder neu schafft. So entstehen Fragmente, die für das Normalgen bzw. das mutierte Gen charakteristisch sind. Eine zweifelfreie Diagnostik ist dann möglich, wenn die Genmutation bei allen Trägern immer an exakt der gleichen Position des Gens vorhanden ist (Abb. 1.24b).

Synthetische **Oligonukleotidsonden** sind eine weitere Möglichkeit, Genmutationen direkt nachzuweisen, wobei man üblicherweise mit zwei verschiedenen Oligonukleotiden arbeitet. Das eine hybridisiert mit dem entsprechenden Bereich des Normalgens, das andere mit dem des mutierten Gens. Dabei reicht unter stringenten Bedingungen die Basenveränderung zwischen beiden Genen aus, um eine Hybridisierung mit der jeweils anderen Sonde zu verhindern. Voraussetzung ist allerdings, dass im kritischen Bereich kein genetischer Polymorphismus vorhanden ist (◘ Abb. 1.24c). Deletionen können dann nachgewiesen werden, wenn sie zu einem Verlust des Restriktionsfragments führen (◘ Abb. 1.24d).

Indirekte Genotypendiagnostik. Die indirekte Genotypendiagnostik muss man dann anwenden, wenn das Gen für eine Erbkrankheit nicht direkt untersucht werden kann, die chromosomale Lokalisation aber bekannt ist. Man sucht Sonden, die einen RFLP erkennen, der mit dem interessierenden Gen gekoppelt ist (▶ Kap. 1.3.2). Allerdings muss die Möglichkeit eines Crossing-over berücksichtigt werden, das in seltenen Fällen auch bei enger Kopplung vorkommen kann, sodass die indirekte Genotypendiagnostik immer eine Wahrscheinlichkeitsrechnung ist (◘ Abb. 1.24e).

Diagnostik mittels PCR

Die PCR-Methode bietet die Möglichkeit, ein eine Mutation enthaltendes DNA-Fragment schnell zu vervielfältigen. An die PCR schließen sich dann verschiedene Varianten der Mutationsbestimmung an, eine Auswahl davon wurde im methodischen Teil dieses Abschnittes bereits beschrieben. Auch bietet die PCR-Methode eine Alternative zu den zeitaufwendigen RFLP-Untersuchungen. Man kann RFLPs leicht durch PCR charakterisieren. Hierzu kann man z. B. Primer verwenden, die zu den Sequenzen passen, die sich neben einer Restriktionsschnittstelle befinden, deren Veränderung das mutierte Allel charakterisiert. Nach Amplifikation und Schneiden mit Restriktionsenzym kann man die Fragmente elektrophoretisch auftrennen und so mutiertes und Normalallel leicht unterscheiden.

1.3.2 Prinzipien der Kopplungsanalyse

Kopplungsanalyse auf Genproduktebene

Zur Risikoberechnung für eine bestimmte Erbkrankheit kann man in manchen Fällen Studien über **Genkopplung** heranziehen. Gene sind auf »Verpackungseinheiten«, den Chromosomen, zusammengefasst. Befinden sich zwei Gene auf verschiedenen, nicht homologen Chromosomen, beobachtet man freie **Rekombination**. Liegen sie jedoch auf dem gleichen Chromosom, so werden sie häufiger gemeinsam vererbt, als dies bei Unabhängigkeit zu erwarten ist. Man spricht dann von Genkopplung. Je weiter jedoch zwei Gene auf einem Chromosom voneinander entfernt liegen, desto unabhängiger werden sie vererbt, weil mit der Entfernung die Wahrscheinlichkeit von Crossing-over-Prozessen zunimmt. Die Rekombination ist dann die sichtbare Folge von Crossing-over zwischen daran beteiligten Genen. Je enger zwei Gene auf einem Chromosom nebeneinander liegen, desto häufiger werden sie gekoppelt vererbt.

Bei vollständiger Kopplung ist die Rekombinationshäufigkeit 0. Wenn keine Kopplung vorliegt, also freie Rekombination möglich ist, kann sie maximal 0,5 betragen. Die Abstände von Genen werden in **Centi-Morgan (cM)** gemessen (die Einheit Morgan wurde ursprünglich bei Riesenchromosomen der Fruchtfliege Drosophila melanogaster eingeführt). Eine Rekombinationshäufigkeit von 1 % entspricht etwa einem Abstand von 1 cM oder etwa 1000 Kilobasen (kb) auf der DNA.

Die Bewertung von Kopplungsanalysen erfolgt statistisch. Man berechnet sog. **LOD-Scores** (*log. of the odds*), indem man das Wahrscheinlichkeitsverhältnis aufstellt:

$$\frac{\text{Wahrscheinlichkeit, dass die beiden Loki gekoppelt sind Rekombinationsmöglichkeit 0}}{\text{Wahrscheinlichkeit, dass die beiden Loki nicht gekoppelt sind Rekombinationsmöglichkeit 0,5}}$$

Man drückt dieses Verhältnis meist als Logarithmus mit der Basis 10 aus. Dies ist dann der LOD-Wert. Eine Kopplung wird als signifikant betrachtet, wenn der LOD-Wert über 3,0 liegt, also das Verhältnis der

Wahrscheinlichkeiten den Wert 1000 übersteigt. Ein LOD-Wert von -2 oder weniger spricht dafür, dass keine Kopplung vorliegt.

In manchen Fällen ist nicht direkt festzustellen, ob ein Mensch für ein pathologisches Gen heterozygot ist. Oft ist aufgrund vieler Kopplungsstudien, die auch zur Lokalisation zahlreicher Gene geführt haben, jedoch bekannt, dass zwei Gene nahe beieinander liegen. Kann nun das Markergen durch pränatale Diagnostik erkannt werden, so lässt sich mit hoher Wahrscheinlichkeit schließen, dass das Kind auch das für die Erbkrankheit kodierende Gen besitzt. Ein Beispiel möge dies verdeutlichen: Es ist möglich, an Amnionzellen eine Bestimmung der HLA-Typen durchzuführen. In Risikofamilien kann so eine Form des adrenogenitalen Syndroms (AGS) nachgewiesen werden, da die HLA-Gene mit dem Gen für 21-Hydroxylase eng gekoppelt und auf dem kurzen Arm von Chromosom 6 lokalisiert sind.

Kopplungsanalyse auf DNA-Ebene und genetische Kartierung über Restriktionsfragmentlängen-Polymorphismen

Dieser Weg der Risikobestimmung war Jahrzehnte auf einige wenige und zudem seltene Erbkrankheiten beschränkt. Durch den Einsatz von DNA-Markern ergab sich jedoch eine bedeutende Erweiterung des Diagnosespektrums.

Die Wirkungsweise von **Restriktionsendonukleasen** und ihre Verwendung zur Genotypendiagnostik wurde im ► Kap. 1.3.1 ausführlich besprochen. Restriktionsendonukleasen können auch zur **Restriktionskartierung** benutzt werden, und eine erste Karte wurde bereits 1987 erstellt. Auf einer solchen Karte sind die Reihenfolgen und Abstände der Erkennungsstellen für mehrere Restriktionsendonukleasen eingetragen. Ihre Abstände umfassen durchschnittlich etwa 0,1 kb bis über 1 Mb, sodass es sich um eine etwas gröbere Einteilung des Genoms handelt. Anfangs war die Methode über Hybridisierungs-Assays materialaufwändig und teuer. Sie wurde jedoch durch die RFLP-Typisierung über PCR wesentlich vereinfacht. Die Methode beschreibt die erste Generation von DNA-Markern und hängt für klinisch-genetische Untersuchungen von einer informativen Meiose ab.

Beim Menschen ist durchschnittlich etwa eine von 210 Basen mutiert. Die meisten dieser Mutationen sind neutral und bleiben unbemerkt. Gelegentlich befindet sich jedoch eine solche Mutation an der Schnittstelle für ein Restriktionsenzym, und das eingesetzte Restriktionsenzym kann nicht schneiden. Das resultierende DNA-Fragment ist folglich länger als eines ohne diese Mutation. Da jedoch beide Fragmente viele Basensequenzen gemeinsam haben, werden sie von der gleichen DNA-Sonde erkannt. Jede Fragmentlänge definiert einen **Haplotyp**.

RFLP-Haplotypen werden wie alle anderen Allele vererbt. Jede Person erhält einen vom Vater und einen von der Mutter. Ist nun eine Person heterozygot für einen RFLP, so zeigen die DNA-Fragmente, an die die Sonde hybridisiert, bei homologen Chromosomen Längenunterschiede. Aber nicht jeder Heterozygote ist informativ. Um ein Gen zu markieren, muss der RFLP auf demselben Chromosom liegen, wie das interessierende Gen, da er sonst in der Meiose von diesem Gen wegsegregiert. Bei einem dominanten Erbleiden, wie beispielsweise der Chorea Huntington, bei der die Vererbung eines einzigen Allels ausreicht, um die Symptomatik auszulösen, ist ein RFLP ein klarer Marker, wenn er sich bei allen erkrankten Verwandten nachweisen lässt, nicht aber bei den Gesunden.

Da sich dominante Erkrankungen manchmal erst spät manifestieren, klärt eine Anwesenheit des Markers bei fraglichen Anlageträgern oder bei Feten die genotypische Situation und damit das Übertragungs- bzw. Erkrankungsrisiko.

Bei autosomal-rezessiven Erkrankungen lässt sich in dem betroffenen Kind ein Marker von jedem Elternteil nachweisen. X-chromosomale Erbgänge werden durch einen RFLP auf dem X-Chromosom des Mannes und durch zwei RFLPs bei der Frau markiert.

In der Praxis bedeutet dies, dass Kopplungsanalysen mit RFLPs nur innerhalb von Familienuntersuchungen durchgeführt werden können, in die neben dem Patienten auch seine Eltern und häufig noch andere Angehörige einbezogen sind. Bei X-chromosomal-rezessivem Erbgang sind insbesondere die männlichen Familienmitglieder (z. B. Vater und Großvater einer ratsuchenden Frau) informativ.

Bei autosomal-dominanten Erkrankungen sollte ein möglichst großer Stammbaum mit gesicherten Merkmalsträgern und Nicht-Merkmalsträgern vorhanden sein, wobei die Merkmalsträger heterozygot für die RFLPs sein sollten. Bei autosomal-rezessiven

Tabelle 1.21. Kopplungsanalysen bei fraglichen Anlageträgern von monogenen Erkrankungen mit Hilfe von Restriktionsfragmentlängen-Polymorphismen

Erbgang	Diagnostische Ausgangssituation in der Familie
Autosomal-dominant	Möglichst großer Stammbaum mit gesicherten und für die RFLPs heterozygoten Merkmalsträgern
Autosomal-rezessiv	Patient, Eltern und möglicherweise Geschwister Die günstigste Situation ist bei Heterozygotie der Eltern für die RFLP-Allele und Homozygotie der Patienten gegeben
X-chromosomal-rezessiv	Männliche Verwandte (wie Vater oder Großvater)
Generelle Voraussetzung:	Indexpatienten sind zur Diagnostik fraglicher Anlageträger obligat

Erkrankungen genügen neben dem Patienten die Eltern und möglicherweise Geschwister, wobei in der günstigsten Situation die Eltern heterozygot und der Erkrankte homozygot für die RFLP-Allele ist. Andere Konstellationen lassen nur in begrenztem Umfang Aussagen zu.

Die Möglichkeit der Anwendung in der Pränataldiagnostik hängt in jedem Einzelfall immer vom Ergebnis einer individuellen Familienuntersuchung ab (Tabelle 1.21).

Eine aufsehenerregende, nun jedoch bereits historische Kopplungsanalyse aus dem Jahre 1983, von Gusella et al. in *Nature* publiziert, zeigt die Abb. 1.25. Es handelt sich um den polymorphen DNA-Marker G8, der mit dem Genort für Chorea Huntington gekoppelt ist. Genau 10 Jahre später wurde der exakte Genort im Telomerbereich von Chromosom 4 lokalisiert.

Insgesamt betrachtet ist diese Methode mit einem grundsätzlichen Nachteil behaftet. Sie ist nämlich zur

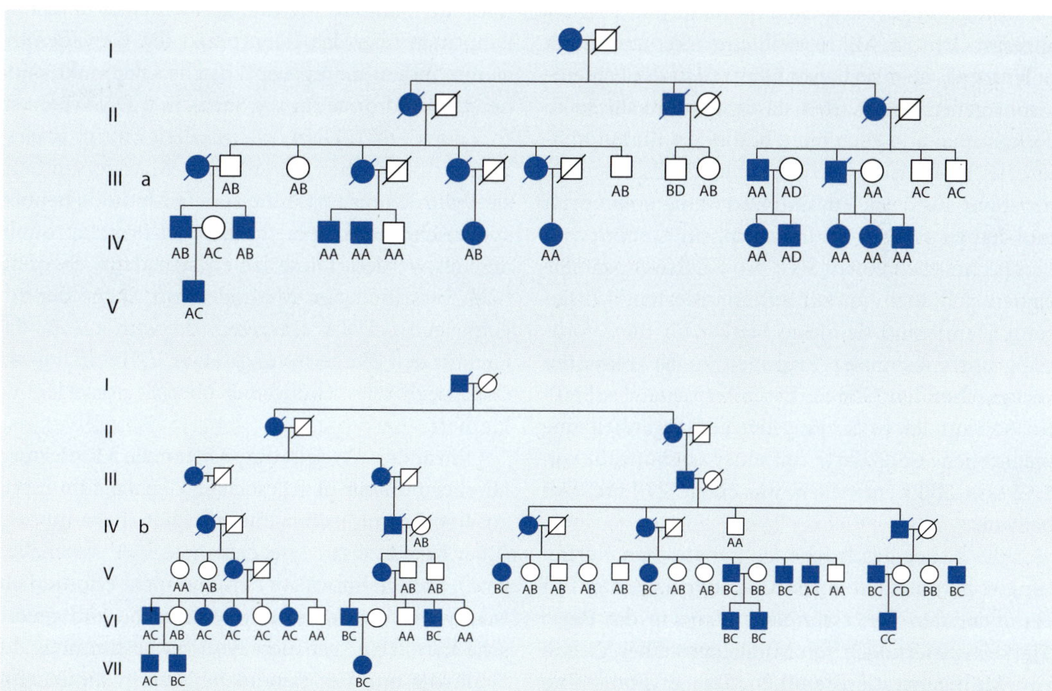

Abb. 1.25a,b. Originalstammbäume von **a** der amerikanischen Familie und **b** der Familie aus Venezuela. A, B, C und D repräsentieren verschiedene Allele eines DNA-Polymorphismus. Das Chorea-Huntington-Gen segregiert in **a** mit dem A Haplotyp von G8 und in **b** mit dem C Haplotyp. Ein Mitglied der Sippe b, VI, 5 war zum Untersuchungszeitpunkt nicht betroffen (aus Guselle et al. 1983)

Kartierung wenig informativ. RFLPs haben nur zwei Allele. Eine Restriktionsschnittstelle ist anwesend oder abwesend. Die maximale Heterozygotie ist 0,5. Die Kartierung einer erblichen Krankheit über RFLPs ist häufig frustrierend, da sich zu oft herausstellt, dass eine Schlüsselmeiose uninformativ ist.

In ▶ Kapitel 1.1.2 und 1.4 werden die Mikrosatelliten als **polymorphe Marker** im menschlichen Genom angesprochen. Sie erlauben eine Kopplungskarte des menschlichen Genoms hoher Dichte von ungefähr einem Marker pro Centi-Morgan cM. Hiermit war ab 1994 ein Gerüst geschaffen zur Entwicklung einer detaillierten **Karte aller Chromosomen.** Die weitere Verfeinerung führte zur bisher detailliertesten Mikrosatellitenkarte, die 5136 Mikrosatellitenmarker umfasst in 146 Familien mit einer Gesamtzahl von 1257 meiotischen Ereignissen.

Einzelnukleotid-Polymorphismen (SNPs) sollten nochmals eine Verfeinerung der genetischen Kartierung ermöglichen, womit die bisher höchste Auflösungsmöglichkeit über polymorphe Marker angesprochen ist. Mikrosatellitenmarker sind **hoch polymorph**, aber sie haben Grenzen in der Feinauflösung genetischer Karten, da sie nur etwa alle 30 kb vorkommen und auch nicht besonders für automatisierte Typisierung geeignet sind. SNPs bestehen meist nur aus 2 Allelen, sind also wenig polymorph und haben eine hohe Frequenz im Genom von durchschnittlich einem SNP pro Kilobasenpaar. Sie eignen sich auch gut zur automatisierten Typisierung. Damit sind sie ideale Marker für die Zuordnung chromosomaler Regionen zu **Krankheiten verursachenden Genen**. Ein internationales SNP-Konsortium hat in der jüngsten Vergangenheit eine menschliche SNP-Karte mit einer Gesamtzahl von 1,42 Mio. SNPs entwickelt, was einen SNP pro 2 kb bedeutet.

Alle bisher beschriebenen genetischen Kartierungen beruhen auf einem Grundprinzip, nämlich Familiendaten. Die Grundlagen sind in der Regel Markertypisierungen von Mitgliedern einer Vielfalt von Multigenerationsfamilien. Das Ergebnis sind immer Sätze von gekoppelten Markern (Kopplungsgruppen), die aus 24 Einheiten bestehen, die den verschiedenen menschlichen Chromosomen entsprechen.

1.3.3 Klonierungsverfahren

Es soll nun ausführlicher beschrieben werden, wie Gene zu identifizieren sind, die Mutationen tragen, die zu menschlichen Krankheiten führen. Bis 1980 war wenig über die Lokalisation solcher Gene bekannt. Dann allerdings ging die Entwicklung durch die Entdeckung polymorpher DNA-Marker und die Entwicklung der PCR-Methoden für Kopplungsanalysen sehr rasch. Dabei kann man vier Hauptstrategien für die Klonierung und Kartierung ausmachen. Es sind dies

- die funktionsspezifische Klonierung,
- die positionelle Klonierung,
- positionsunabhängige Kandidatengenverfahren und
- positionelle Kandidatengenverfahren (◘ Abb. 1.26).

Klonierung von Genen

Bei der **funktionsspezifischen Klonierung** wird versucht, ein Gen aufgrund der Funktionsinformation, die man darüber besitzt, zu identifizieren. So kann man über das Genprodukt das Gen identifizieren, indem man genspezifische Oligonukleotide herstellt und diese für die Suche in c-DNA-Banken (c = copy-DNA; DNA, die mit dem Enzym reverse Transkriptase über eine m-RNA-Matrize synthetisiert wurde) einsetzt. Eine andere Methode benutzt spezifische Antikörper, die über das Proteinprodukt erzeugt werden. Diese lassen sich dann ebenfalls nach verschiedenen Methoden zur Suche der zugehörigen c-DNA einsetzen. So wurde z. B. das Gen für den Blutgerinnungsfaktor VIII durch funktionsspezifische Klonierung über Oligonukleotide kloniert.

Ein anderer Weg ist die **positionelle Klonierung**. Hierbei muss von dem gesuchten Gen die Zuordnung zu einer chromosomalen Teilregion bekannt sein (über Kopplungsanalyse, chromosomale Anomalien usw.), weitere Informationen sind nicht erforderlich. Man versucht dann über physikalische und genetische Karten eine genauere Positionsbestimmung des Genlokus und der Kandidatengene in diesem Bereich. Da allerdings über das Humangenomprojekt immer mehr Daten vorhanden sind, wird dieses Verfahren mehr und mehr durch das positionelle Kandidatengenverfahren abgelöst. Über positionelle

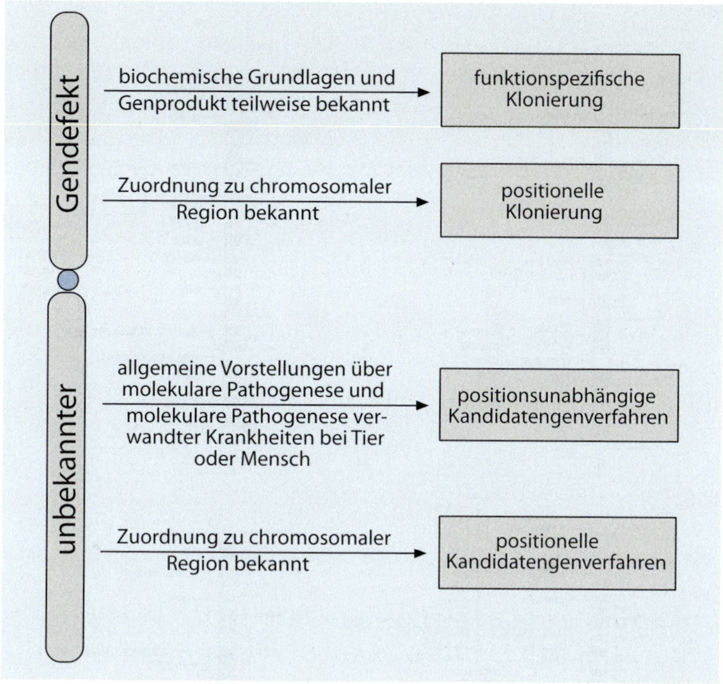

Abb. 1.26. Methoden zur Identifikation von Krankheiten, die einfach mendelnd vererbt werden

Klonierung wurden Gene für wichtige genetische Erkrankungen isoliert, wie das Gen für Duchenne-Muskeldystrophie, Mukoviszidose, zystische Fibrose, Chorea Huntington, die adulte Form der polyzystischen Niere, Darmkrebs und Brustkrebs.

Kandidatengenverfahren

Das **positionsunabhängige Kandidatengenverfahren** geht von Vermutungen über Kandidatengene aus, ohne dass man eine chromosomale Zuordnung kennt. Man arbeitet hier mit möglichen Homologien zu Phänotypen bei Tieren oder auch beim Menschen, für die ein entsprechendes Gen bereits bekannt ist, oder man prüft, inwieweit das Gen zu einer bereits bekannten Genfamilie aufgrund diagnostischer Befunde gehören könnte. Allerdings war dieser Ansatz bisher selten erfolgreich.

Die gegenwärtig mit Abstand erfolgreichste Methode ist das **positionelle Kandidatengenverfahren**. Hierzu ist notwendig, dass die chromosomale Teilregion für einen Krankheitslokus bekannt ist. Man kann dann über Datenbanken nach Kandidatengenen suchen. Da wir durch das Humangenomprojekt zunehmend mehr über die Zuordnung von menschlichen Genen zu bestimmten Chromosomenbereichen erfahren haben, gewinnt diese Methode immer mehr an Treffsicherheit. So wurde mit dieser Methode das Gen β-Amyloid-Vorläufer-Protein, das bei der Alzheimer-Krankheit eine wesentliche Rolle spielt, genauso entdeckt wie Gene für Marfan-Syndrom, Charcot-Marie-Tooth-Hoffmann-Krankheit, familiäres Melanom Typ 1A und B, erblicher nichtpolypöser Dickdarmkrebs, maligne Hypothermie, multiple endokrine Neoplasie Typ 2A, Retinopathia pigmentosa und Waardenburg-Syndrom Typ 1. Es sollte jedoch bei allen Erfolgen der molekularen Methoden – es sind heute die meisten polymorphen Genorte bestimmten Chromosomenteilbereichen zugeordnet (Abb. 1.27) – auch erwähnt werden, dass die meisten Krankheiten des Menschen, die durch Gene bedingt sind, eben nicht monogen vererbt, sondern durch Mutationen in mehreren Genen verursacht werden, also polygener Natur sind und multifaktorelle Ursachen (genetische und Umweltparameter) krankheitsauslösend wirken. Hier gilt es in der Zukunft nach Anfälligkeitsgenen zu suchen, wobei hier der Nachweis sich als wesentlich

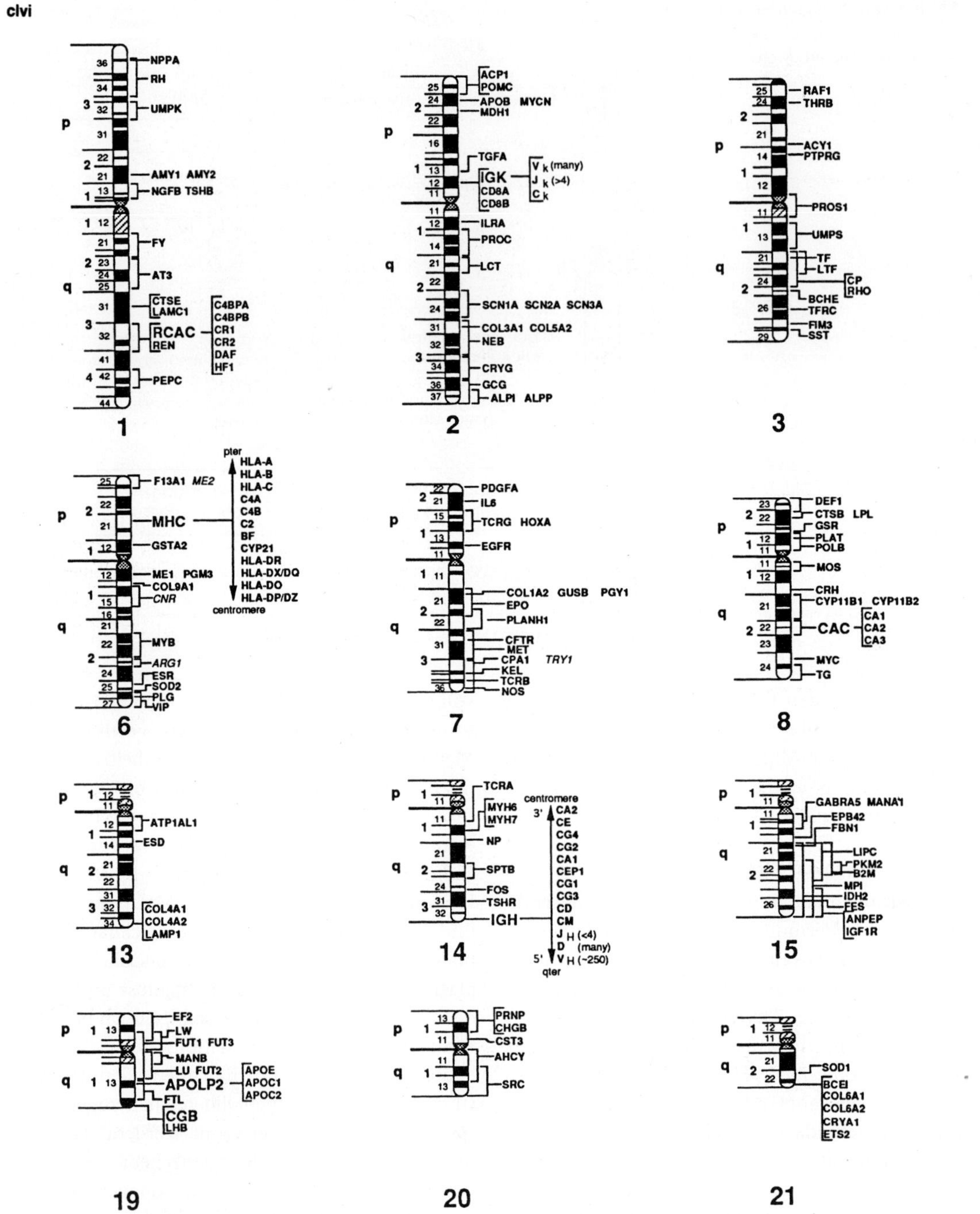

Abb. 1.27. Beispiel einer Genkarte des Menschen. Die Loki sind nach der internationalen Nomenklatur gekennzeichnet, provisorische Zuordnungen sind kursiv gedruckt, Gencluster in größeren Buchstaben. *Links* ist die Standard-Bandennomenklatur angegeben (aus McKusick 1997)

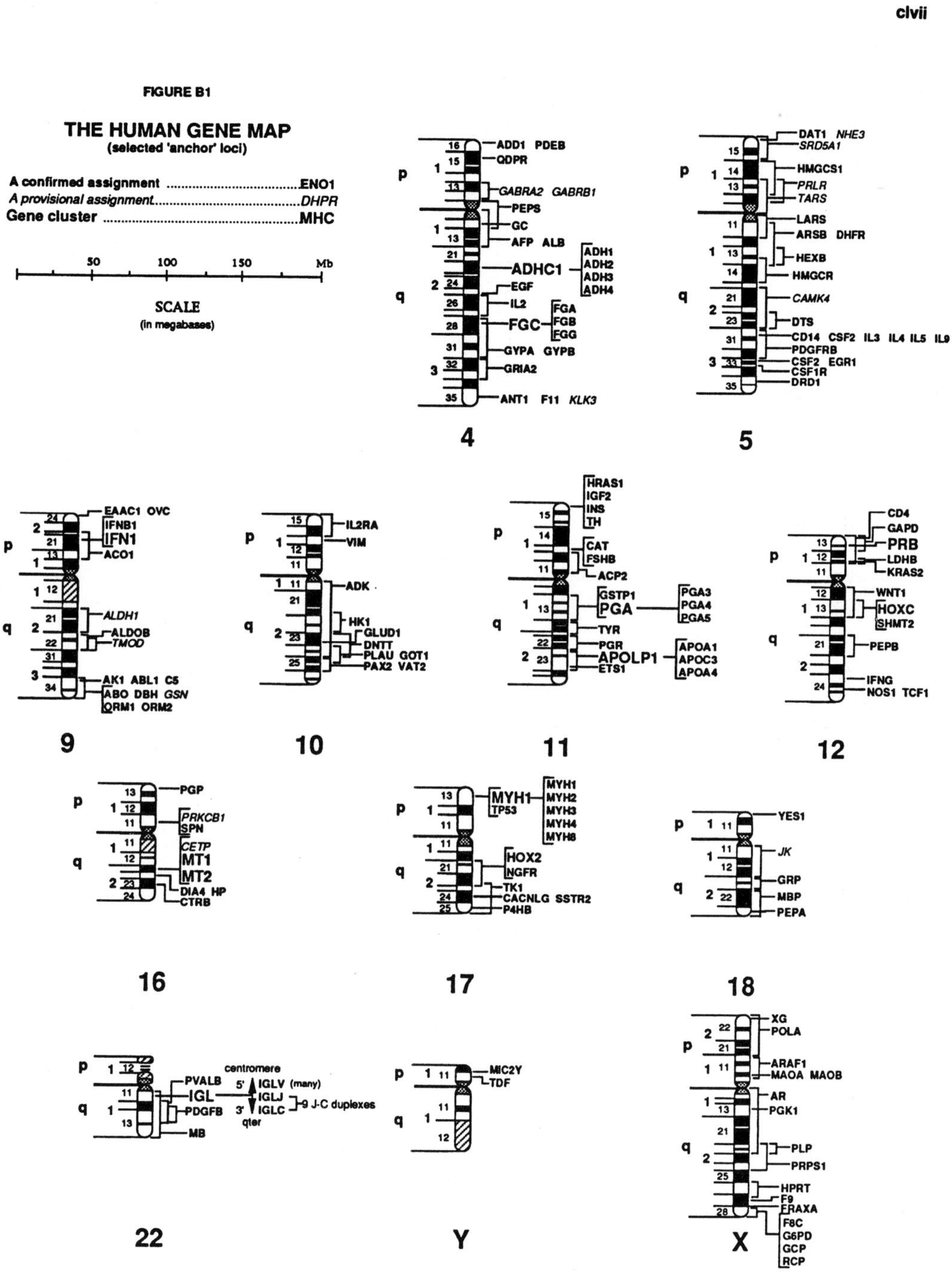

■ **Abb. 1.27** (Fortsetzung)

schwieriger herausstellt als bei einfach mendelnden Erkrankungen.

Erweiterte Methoden der Genanalyse

Durch die Informationen und Materialien, die durch die Genomanalyse in immer größerem Maße bereitgestellt wurden, bietet sich zunehmend die Möglichkeit der gleichzeitigen Analyse vieler, ja letztlich aller Gene eines Organismus. Um eine große Zahl von Nukleinsäurehybridisierungsexperimenten, z. B. zur Analyse von Expressionsprofilen zu bewältigen, werden sog. **Makro-** oder **Mikroarrays** entwickelt. Hierbei werden viele Gensequenzen in Form von kurzen DNA-Olinukleotiden oder als längere c-DNA-Proben, welche auf einer soliden Unterlage immobilisiert wurden, mit individuellen oder gepoolten c-DNA-Proben hybridisiert. Handelt es sich bei diesen Unterlagen um Membranfilter, so spricht man von Makroarrays, die Miniaturisierung dieses Verfahrens, bei der sehr viele (gegenwärtig bis zu 40.000) Nukleinsäurefragmente mittels Spottingroboter aufgebracht werden können, wird als Mikroarray oder **DNA-Chip** bezeichnet (◘ Abb. 1.28). Die Sequenzen werden in der Regel mit Fluorochromen markiert. Die Markierung erlaubt die simultane Verwendung von mehr als einem Fluoreszenzfarbstoff, sodass man gleichzeitig z. B. zwei verschiedene Zellpopulationen untersuchen kann. Die Auswertung ist in der Regel über Fluoreszenzscanner automatisiert.

Auf diese Weise ist es beispielsweise möglich, Genome auf Genexprimierungsmuster, auf multiple Mutationen in verschiedenen Genen oder auf Polymorphismus in krankheitsassoziierten Genen zu untersuchen. Auch in der Tumortypisierung besitzt diese Methode große Bedeutung, da man Genexprimierungsmuster normaler und proliferierender Zellen vergleichen kann. In Zukunft wird es wohl möglich sein, das gesamte Genom des Menschen sozusagen in einer Untersuchung nach Defektzuständen zu untersuchen. Natürlich ergeben sich hieraus eine große Zahl ethischer Probleme, die einer künftigen Lösung bedürfen.

1.3.4 Prinzipien der molekularzytogenetischen Analyse

Eine andere Methode zur Untersuchung von Genexprimierungsmustern, die mit dem Beginn oder dem Verlauf einer genetischen Erkrankung assoziiert sind und die pathophysiologische Veränderungen in erkrankten Zellen hervorrufen, ist die **DNA-Zytometrie**. Sie erlaubt sowohl die Quantifizierung von Änderungen in der Genexpression als auch die Isolation von unterschiedlich exprimierten Gensequenzen bis zur Analyse von Einzelnukleotidpolymorphismen. Eine andere Anwendung ist die Messung des DNA-Gehalts von tumorassoziierten Zellen.

Ursprünglich wurde die Methode etabliert zur automatischen Messung von optischen oder Fluoreszenzcharakteristika von Zellen oder Zellbestandteilen in Suspensionen über Durchflusszytometrie und, soweit durch die Fragestellung erwünscht, auch deren Sortierung. Es würde den Rahmen dieses Textes sprengen, hier alle methodischen Varianten zu beschreiben. Von Bedeutung ist aber, dass es im Vergleich und in der Erweiterung der Mikroarraytechnik z. B. gelingt, seltene Splicevarianten zu entdecken oder menschliche Diversivität auf der Ebene einzelner Basenpaare zu untersuchen, indem Einzelnukleotidpolymorphismen, welche im menschlichen Genom ungefähr alle tausend Basenpaare vorkommen, kartiert werden können. Damit kann nach der Sequenzierung des menschlichen Genoms, sozusagen im »nachgenomischen Zeitalter«, nach den häufigsten Typen genetischer Variation gesucht werden. Bis heute wurden bereits ca. 1,42 Mio. solcher Einzelnukleotidpolymorphismen gefunden. Die Auffindung solcher Polymorphismen ist weit über die Erklärung der menschlichen Diversivität und die nähere Charakterisierung von Krankheiten hinaus auch von praktischer Bedeutung. So wird man damit eines Tages unterschiedliche Reaktionsmuster auf Pharmaka verstehen und zu individuell besser adaptierten Medikamenten gelangen, um nur eine Anwendung zu erwähnen.

Neben den rein molekularbiologischen Methoden zur DNA-Untersuchung unter diagnostischen Aspekten wurde bereits bei der physikalischen Genkartierung (▶ Kap. 1.1) die **Fluoreszenz-in-situ-Hybridisierung** behandelt, welche auch bei der

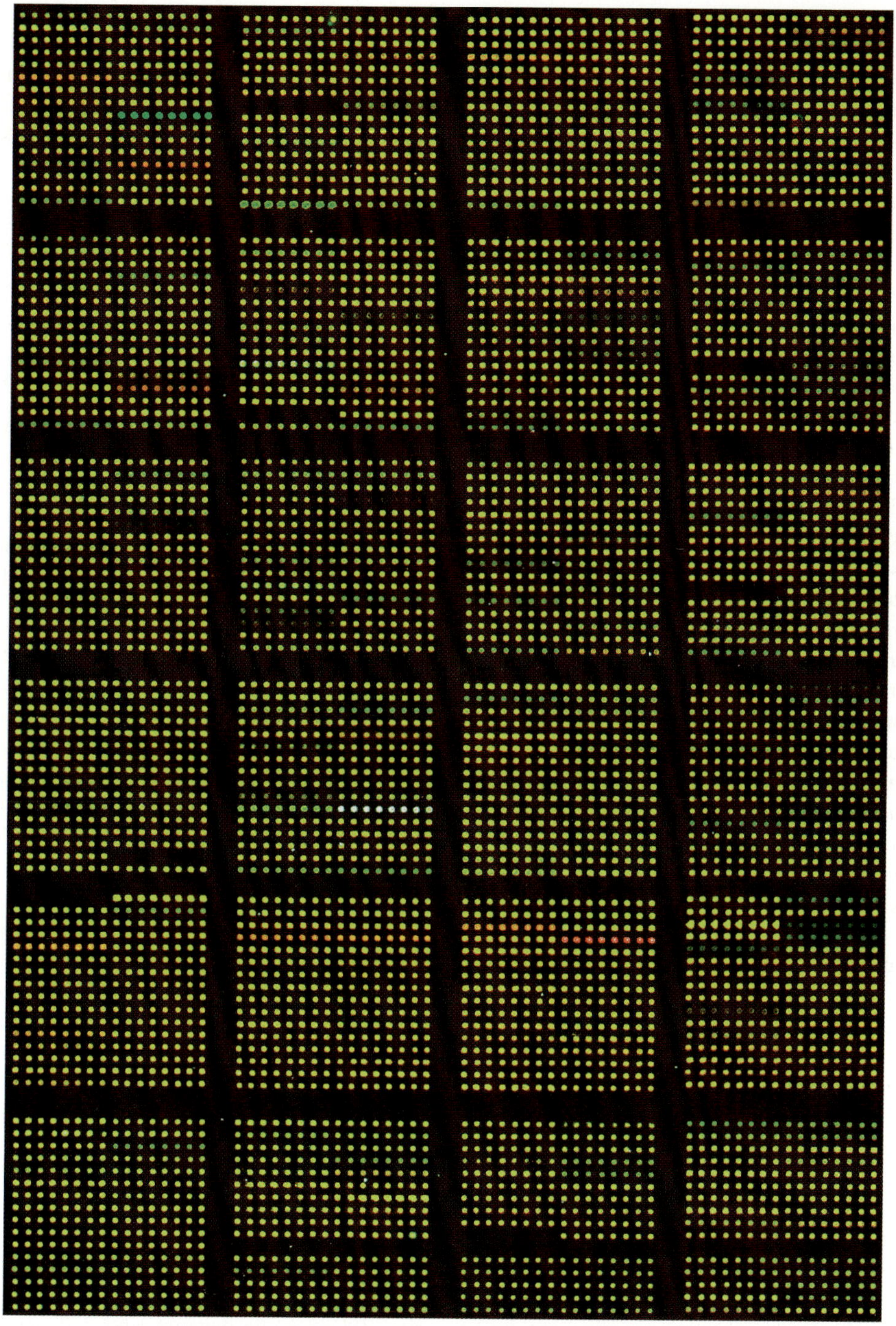

Abb. 1.28. DNA-Chip-Technologie. Analyse der DNA-Kopienzahländerung in einem Glioblastom durch Matrix-CGH (»comparative genomic hybridization«). Die genomische Tumor- und die Referenz-DNA sind unterschiedlich markiert und auf einem Array von genomischen DNA-Fragmenten rehybridisiert, die bekanntermaßen krebsrelevante Gene enthalten. Die roten und grünen Spots bedeuten Verlust und Gewinn von Chromosomenmaterial in der Gioblastom-DNA (mit freundlicher Genehmigung von M. Nessling, B. Radlwimmer und P. Lichter, Deutsches Krebsforschungszentrum Heidelberg)

Darstellung von menschlichen Chromosomen von Bedeutung ist (▶ Kap. 3.1). Diese Methode eignet sich außerordentlich gut zur Darstellung kleinerer Chromosomenumlagerungen oder zum Nachweis von Mikrodeletionen, die den herkömmlichen Techniken der Analyse entgehen.

Ein weiterer Ansatz zu Analyse genetischer Inbalancen ist die *comparative genetic hybridisation* (CGH). Genomische DNA zu untersuchender Zellen (z. B. Tumorzellen) und normaler Kontrollzellen wird isoliert, mit Fluorochromen unterschiedlich markiert und 1:1 gemischt. Anschließend erfolgt eine Hybridisierung auf normale menschliche Metaphaseplatten. Da die beiden DNA-Anteile unterschiedlich markiert sind, repräsentiert die Fluoreszenzintensität entlang der Chromosomen der Referenzmetaphase die relative Konzentration von DNA-Sequenzen. Falls Chromosomen oder chromosomale Subregionen in identischen Kopien in sowohl Tumor- als auch Kontroll-DNA vorhanden sind, findet sich eine gleichmäßige Verteilung der beiden Fluoreszenzfarbstoffe. Beim Verlust von Chromosomenmaterial in der Tumorzelle überwiegt die Markierung der Normalzelle und umgekehrt. Auf diese Weise ist es beispielsweise möglich, amplifizierte DNA oder auch Mikrodeletionen zu entdecken. Auch diese Methode hat sich vor allem in der Tumordiagnostik als hilfreich erwiesen (◘ Abb. 3.5).

1.4 Die Organisation des menschlichen Genoms

Am 1. Oktober 1990 war der Start des Human Genom Projekts, des wohl bisher ehrgeizigsten wissenschaftlichen Großprojektes der Menschheitsgeschichte, das uns heute einen sehr detaillierten Einblick in den allgemeinen Aufbau des menschlichen Genoms erlaubt. Bereits nach 10 Jahren am 16. Juni 2000 konnte **Craig Venter,** Gründer der U.S. Firma Celera Genomics, die Sequenzierung von über 90 % der 3 Mrd. Bausteine des menschlichen Genoms bekannt geben. Der Fortschritt des Projekts übertraf damit alle bisherigen Erwartungen. Im Februar 2001 traten weltweit die Genomforscher und Wissenschaftspolitiker an die Öffentlichkeit und präsentierten in *Nature* und *Science* die Arbeitsversion der **Genkarte des Menschen**. Zugegebenermaßen hatte diese Sequenzierung noch größere Ungenauigkeiten und Lücken. In Abständen folgte die genauere, nahezu vollständige Sequenzierung einzelner Chromosomen mit Abschlussqualität. Die genaue Sequenzierung von 99,99 % des gesamten menschlichen Genoms mit 3,2 Mrd. Basen wurde zum 50. Jahrestag der Entdeckung der Doppelhelixstruktur der DNA am 14. April 2003 bekannt gegeben. Zu diesem Zeitpunkt schätzte man, dass das Genom des Menschen ca. 30.000 bis 35.000 Gene umfasst . Am 21. Oktober 2004 wurde die Zahl der proteinkodierenden Gene herunterkorrigiert, sodass unser gegenwärtiger Wissensstand der folgende ist:

! Das Kerngenom hat einen DNA-Gehalt von ca. 3080 Mb, das mitochondriale Genom von 16,6 kb. Etwa 20.000–25.000 proteinkodierende Gene und ca. 3000 RNA-Gene koordinieren ihre Funktion mit 37 Mitochondriengenen zur Organisationsstruktur der humanen Zelle.

Das Kerngenom

Im Kerngenom sind knapp 5 % der Sequenzen **hoch konserviert**, wie vor allem der Vergleich mit dem Mausgenom zeigt. Diese 5 % gliedern sich in 1,5 % kodierende DNA und konservierte Sequenzen innerhalb nichttranslatierter Bereiche. Der größte Teil (90–95 %) der kodierenden DNA wird in Proteine übersetzt, der Rest sind Gene für untranslatierte RNA. Dabei muss man sich zum gegenwärtigen Zeitpunkt noch über gewisse Unsicherheitsfaktoren im Klaren sein. Das Internationale Human-Genom-Sequenzierungskonsortium hat 2001 die Genzahl auf 30.000–40.000 hochgerechnet, Craig Venter auf 26.000–38.000 mit eher einer Tendenz nach unten. Das liegt daran, dass man zu diesem Zeitpunkt ein Drittel bis die Hälfte aller Gene klar identifiziert hatte, der Rest war eine Angabe von Computervorhersagen, die bei translatierten Genen eher genau sind als bei RNA-Genen. Dieser Wert wurde, wie erwähnt, 2004 durch das Internationale Human-Genom-Sequenzierungskonsortium für proteinkodierende Gene auf 20.000–25.000 korrigiert. Davon sind 19.599 Gene bekannt und 2188 zusätzliche Gene vorhergesagt, von denen man annimmt, dass sich weniger als 2000 bestätigen lassen. Der Rest könnten Fragmentationen und falsch eingeordnete Pseudogene sein. Selbst wenn man davon ausgeht, dass Gene mit kurzem offenen Leseraster der Entdeckung bisher entgangen sind und diese mit einem oberen Wert von 10 % annimmt, bleibt die Zahl **unter 25.000** (dem oberen Wert der Abschätzung). Transkripte wurden bisher etwas über 34.000 beschrieben, was 1,54 Transkripten pro Lokus entspricht. Bisher enthält die Sequenzierung noch 341 Gaps, die meisten davon (308) im euchromatischen Bereich, 33 im heterochromatischen. Bei dieser Abschätzung der Genzahl muss natürlich beachtet werden, dass sie **nur proteinkodierende Gene** und keine Gene für t-RNA, r-RNA, sn-RNA, sno-RNA und Mikro-RNA beinhaltet. Man nimmt hier gegenwärtig weitere bis zu 3000 Gene an.

Etwa 95 % des nukleären Genoms sind nichtkodierende DNA. Hiervon sind wieder ca. 45 % repetitive Sequenzelemente, die ursprünglich RNA-Transkripte einer Retrotransposition darstellen, also durch **reverse Transkriptase** umgeschriebene RNA in natürliche c-DNA, die ins Genom integriert wurde. Weitere ca. 44% sind tandemförmige Sequenzwiederholungen. Der Rest besteht aus Heterochromatin.

Die kodierenden Sequenzen beinhalten häufig Familien verwandter Sequenzen, die teilweise in Clustern auf einem oder mehreren Chromosomen vorliegen. Sie sind durch **Genduplikationen in der Evolution** entstanden. Unter ihnen ist ein signifikanter Teil **Primaten-spezifisch**. Der Mechanismus der Genduplikation ist auch verantwortlich für viele nichttranslatierte Defektsequenzen, die zu Genfragmenten und Pseudogenen geführt haben und im Genom verstreut liegen, genauso wie defekte Kopien von RNA. Man schätzt die Zahl der **Pseudogene** im Genom auf **etwa 20.000.** Der Anteil von konstitutivem Heterochromatin umfasst ca. 200 Mb, der Rest des Humangenoms ist Euchromatin (◘ Abb. 1.29)

Die Verteilung des Chromatins und der Gene im Genom

Die durchschnittliche Größe eines menschlichen Chromosoms beträgt ungefähr 140 Mb mit einer erheblichen Varianzbreite innerhalb der Chromosomen und einer unterschiedlichen Menge von **konstitutivem Heterochromatin**. Das Heterochromatin verteilt sich auf ungefähr 3 Mb-Segmente um jedes Zentromer plus einem großen Anteil auf verschiedenen Chromosomen. Hier sind vor allem die kurzen Arme der akrozentrischen Chromosomen 13, 14, 15, 21 und 22 zu nennen und der lange Arm des Y-Chromosoms. Weiterhin findet sich Heterochromatin im Bereich der Sekundärkonstriktionen der langen Arme der Chromosomen 1, 9 und 16. Im **Euchromatin** beträgt der durchschnittliche CG-Gehalt 41%. Auch hier gibt es chromosomale Variabilität zwischen 38% CG und 49%. Auch die innerchromosomalen Unterschiede sind erheblich. In den Giemsa-Banden der Chromosomen gibt es hierzu eine klare Korrelation derart, dass helle Banden eher CG-reich und dunkle eher CG-arm sind. Dies wiederum reflektiert die **unterschiedliche Gen-Dichte**, da CG-reiche Regionen ebenfalls relativ reich an Genen sind. Dabei variiert die Gen-

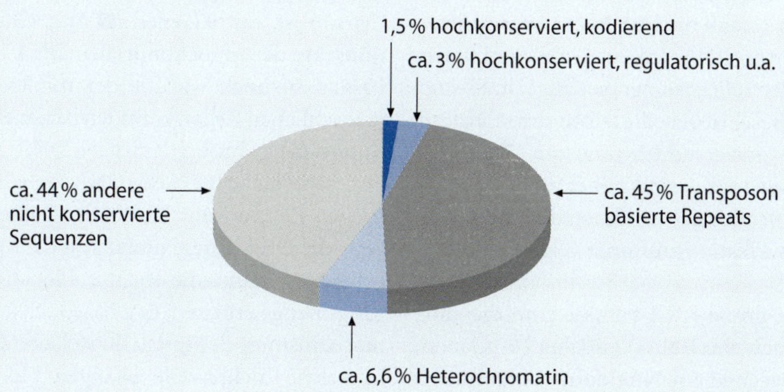

◘ **Abb. 1.29.** Das Kerngenom

dichte substanziell zwischen verschiedenen Chromosomenregionen und zwischen verschiedenen Chromosomen.

Menschliche RNA-Gene

RNA-Gene produzieren zum größten Teil Moleküle, die bei dem allgemeinen Prozess der Genexpression assistieren. Andere RNA-Familien sind an der RNA-Reifung, einschließlich Spaltung und basenspezifischer Modifikation von anderen RNAs (m-RNA, r-RNA, t-RNA) beteiligt. Wieder andere, die erst kürzlich identifiziert wurden, haben offenbar regulatorische Funktionen.

Die Zelle benötigt eine große Menge r-RNA für die **Ribosomen als Orte der Proteinbiosynthese**. Folglich kodiert die nukleäre DNA wahrscheinlich 700–800 r-RNA-Gene, in **tandemförmig wiederholten Clustern**, sowie viele Pseudogene. Von den vier Typen von r-RNA sind die 28-S, die 5,8-S und die 18-S-r-RNA in einer einzigen Transkriptionseinheit kodiert. Es gibt 5 Cluster mit 30–40 Tandemrepeats, die in den kurzen Armen der Chromosomen 13, 14, 15, 21 und 22 angesiedelt sind. Die 200–300 5-S-r-RNA-Gene liegen ebenfalls in Tandemanordnung vor, wobei die größte Ansammlung nahe dem Telomerbereich auf Chromosom 1q41-42 lokalisiert ist. Es existieren ebenfalls viele verstreute Pseudogene.

Für die t-RNA wurden 497 Gene und 324 Pseudogene beschrieben. Die 497 Gene gehören entsprechend ihrer Antikodon-Spezifität zu 49 Familien. Sie liegen verstreut in Clustern auf allen Chromosomen mit Ausnahme von Chromosom 22 und Y. 280 der 497 Gene liegen auf den Chromosomen 6 (140) und 1, ein weiteres Cluster findet sich auf Chromosom 7.

Die **sn-RNA (small nuclear RNA)** *ist* eine heterogene Gruppe von RNAs, die u. a. am Funktionsmechanismus der Spliceosomen beteiligt ist. Es sind annähernd 100 beschrieben, die teilweise in Clustern vorliegen. Zwei Cluster auf Chromosom 17q21-q22 und Chromosom 1p36.1 sind näher analysiert. Da viele sn-RNAs uridinreich sind, werden sie mit U und einer Klassifikationsnummer abgekürzt, z. B. U1–U6.

Eine andere große RNA-Familie sind die **sno-RNAs (small nucleolar RNAs)** mit über 100 Genen. Sie sind überwiegend im **Nukleolus** vorzufinden und verantwortlich für Basenmodifikationen in r-RNA beim Prozessieren. Sie bewerkstelligen aber auch Basenmodifikationen an anderen RNAs. Es sind zwei Superfamilien beschrieben, die C/D-Box-sno-RNAs und die H/ACA-sno-RNAs. Erstere ist in die 2'-O-Ribosemethylierung und Letztere in die Pseudouridylierung zu Pseudouridin, eine häufig modifizierte Base, involviert. Man findet sno-RNA-Gene häufig in Introns anderer Gene sowie meist als Einzelkopie und verstreut, obwohl auch einige große Cluster bekannt sind.

Neben den bisher beschriebenen RNA-Typen gibt es noch eine ganze Anzahl weiterer **regulatorischer RNAs**. Sie haben teilweise katalytische Funktion als Ribozyme, sind am Export von Proteinen durch die Zellmembran beteiligt, sind involviert in die X-Inaktivierung, assoziiert im Imprinting oder Antisense-RNA und möglicherweise vieles mehr. Für einige dieser teilweise langen, teilweise kleinen RNA-Sequenzen gibt es Hinweise auf eine Clusterung, andere sind auf viele Chromsomen verstreut. Sie sollen hier nur pauschal erwähnt, aber nicht weiter beschrieben werden, zumal über ihre Lokalisation noch relativ wenig bekannt ist (◘ Tabelle 1.22).

Mitochondriale Gene

Mitochondrien sind **intrazelluläre Organellen** mit eigenen genetischen Systemen. Menschliche **mitochondriale DNA (mt-DNA)** ist doppelsträngig, zirkulär und 16.569 Basenpaare lang und besitzt zu 44 % (G+C). Ein kleiner Bereich ist dreifachsträngig (D-Loop) zur repetitiven Synthese eines kurzen Segments. Die insgesamt 37 eng angeordneten Gene besitzen keine Introns und nur 3 Promotoren. Sie verteilen sich auf einen schweren, guaninreichen Strang mit 28 Genen und einen leichten, der reich an Cytosin ist, mit 9 Genen (◘ Abb. 1.30). Die **Mutationsrate** der mitochondrialen DNA ist etwa 5- bis 10-mal so hoch wie die der nukleären DNA. In menschlichen Zellen befinden sich mehrere tausend Kopien dieses mitochondrialen DNA-Moleküls, was insgesamt bis zu 0,5 % des DNA-Gehalts einer somatischen Zelle ausmacht. Bei der Zellteilung werden zwar die DNA-Ringe und damit die Mitochondrien verdoppelt, damit die Tochterzellen die gleiche Ausgangsmenge erhalten, es gibt jedoch keinen Sortiermechanismus, der feststellt, welche Mitochondrien in welche Tochterzelle gelangen. Sie verteilen sich also rein zufällig. Man bezeichnet dieses Phänomen als Heteroplasmie (◘ Tab. 1.23).

Tabelle 1.22. Menschliche RNA kodiert im Zellkern

RNA Klasse	RNA-Typen	Funktion
r-RNA	28S, 5,8S, 5S, 18S	Bestandteil der großen ribosomalen Untereinheit
		Bestandteil der kleinen ribosomalen Untereinheit
t-RNA	49 verschiedene Typen	Bindet an die Kodons der m-RNA
sn-RNA	annähernd 100, viele mit U bezeichnet und Klassifikations-Nr.	Hauptsächlich Komponenten der Spliceosomen
sno-RNA	über 100 verschiedene Typen	Methylierung der 2'-OH-Gruppe von r-RNA
		r-RNA-Modifikation bei der Bildung von Pseudouridin
		r-RNA-Prozessierung
Weitere regulatorische RNAs		
Mikro-RNA XIST-RNA TSIX-RNA	ca. 200 Klassen	Kleine regulatorische Moleküle assoziiert in die Inaktivierung des X-Chromosoms
Antisense-RNA weitere RNAs	ca. 1500 Typen	Regulation des Imprintings z. B. Komponenten der Telomerase, Komponenten des Proteinexports, Transkriptionsregulatoren der RNA-Polymerase II, Aktivatoren von Steroidrezeptoren, spezifische Organkomponenten

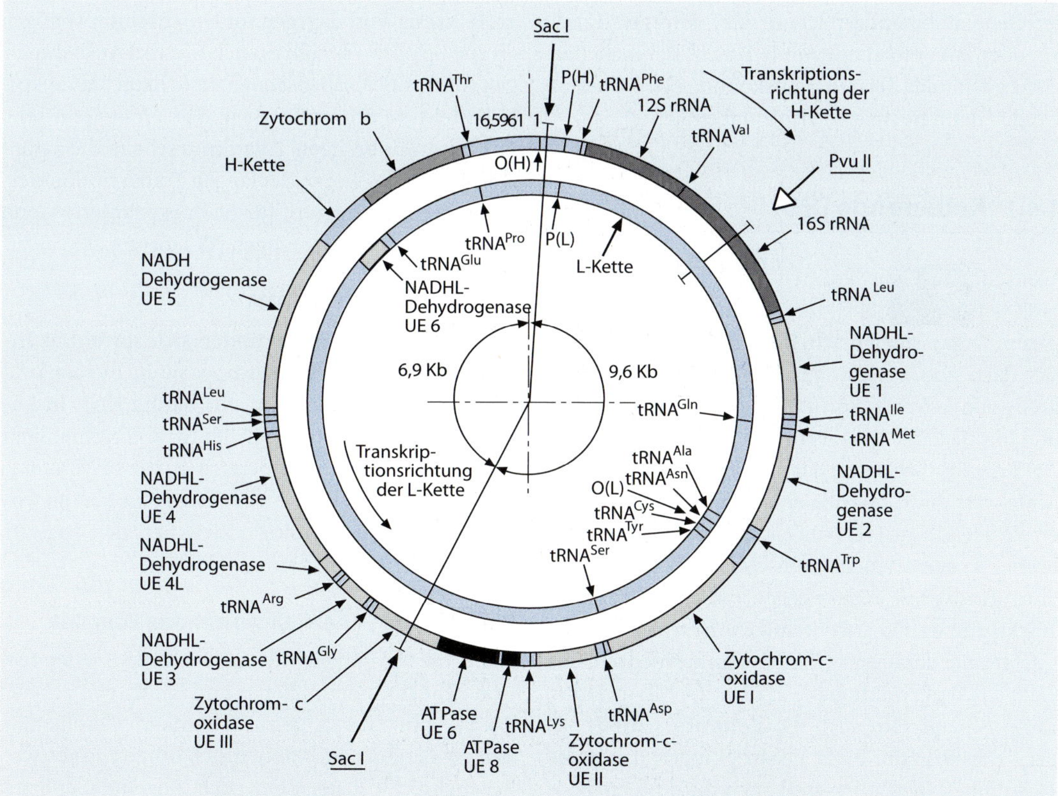

Abb. 1.30. Struktur der mitochondrialen DNA und ihrer Gene mit den Schnittstellen für die Restriktionsendonukleasen Pvu II und Sac I. (D-Loop nicht eingezeichnet) (nach Wilichowiski 1990)

Tabelle 1.23. Kern- und Mitochondriengenom des Menschen im Vergleich

	Kerngenom	Mitochondriengenom
Größe	3080 Mb	16,6 kb
DNA-Moleküle Gesamt/Zelle	46	Mehrere tausend
Gen-Anzahl (proteinkodierend)	ca.20.000-25.000	37
Gendichte	1 Gen pro 100 kb	1 Gen pro 0,45 kb
Repetitive DNA	Über 50% des Genoms	Sehr wenig
Introns	In den meisten Genen	Nicht vorhanden
Rekombination	Ja	Nein
Vererbung	Mendelnd	Maternal

Der mitochondriale genetische Code

Der mitochondriale genetische Code unterscheidet sich leicht vom nukleären (Tabelle 1.1).

93 % der DNA des mitochondrialen Genoms sind kodierend. Die kodierenden Sequenzen einiger Gene zeigen etwas **Überlappung**. In den meisten Fällen sind die kodierenden Sequenzen benachbarter Gene aufeinanderfolgend oder getrennt durch ein oder zwei nichtkodierende Basen. Bei manchen Genen fehlt das Terminationskodon. UAA-Kodons werden dann **posttranskriptional** eingefügt.

1.4.1 Kodierende DNA

Menschliche Gene können sehr unterschiedlich groß sein, eine Beobachtung, die man bei allen komplexen Organismen macht (Abb. 1.31). Im Gegensatz dazu sind, entsprechend der geringen Genomgröße von Mikroorganismen, deren Gene sehr kurz und, da sie keine Introns besitzen, hängt die Länge des Proteins direkt von der Länge des Gens ab. Der Mittelwert der Gengröße eines menschlichen Gens errechnet sich zu 27 kb mit einer **enormen Varianzbreite**. So sind manche menschliche Gene deutlich unter 10 kb groß, andere liegen zwischen 10 kb und 100 kb und wieder andere sind enorm groß. Als Beispiel sei hier das bisher größte bekannte menschliche Gen, das **Dystrophingen** mit über 2,4 Mb genannt. Entsprechend sind auch die **Zeitunterschiede** bei der Transkription. Beim Dystrophingen dauert sie 16 Stunden. Beachtlich sind auch die Unterschiede beim Intron-Exon-Verhältnis und damit bezüglich des kodierenden Anteils eines Gens. Generell kann man feststellen, dass eine inverse Korrelation zwischen Gengröße und kodierendem Anteil besteht. Die erheblichen Größenunterschiede von Genen beruhen also vorwiegend auf der erheblichen Längenvariabilität der Introns. So sind die kleinsten menschlichen Introns im Bereich von zweistelligen Basenpaaren, die größten dagegen sind Hunderte von kb groß. Exons sind dagegen im Durchschnitt weniger als 200 bp groß, obwohl es auch hiervon Ausnahmen gibt (das größte bisher sequenzierte Exon hat 7,6 kb). Es besteht die strenge Tendenz, dass große Gene sehr große Introns besitzen. Allerdings scheint die natürliche Selektion, wegen der langen Transkriptionszeiten bei großen Introns, für hoch exprimierte Gene kurze Introns zu bevorzugen (Tabelle 1.24).

Anteile an repetitiver DNA

Repetitive DNA-Anteile finden sich sowohl in **Introns** als auch in **Exons**, wobei sie in Introns und flankierenden Sequenzen sehr häufig sind, in kodierender DNA ist ihr Umfang unterschiedlich. **Tandem-Sequenzen** in Bereichen, die für Proteindomänen kodieren, sind ebenfalls recht häufig, wobei die Sequenzhomologie zwischen den Repeats unterschiedlich sein kann.

Die Lage von Genen mit verwandter Funktion

Gene, die für Polypeptide mit identischer oder verwandter Funktion kodieren und häufig evolutionär durch nicht allzu lange zurückliegende Duplikationen entstanden sind, finden sich oft geclustert, wobei mehrere Cluster oder auch einzelne Gene auf unterschiedlichen Chromosomen liegen können. Ein Beispiel für enge Lagebeziehung sind die dupli-

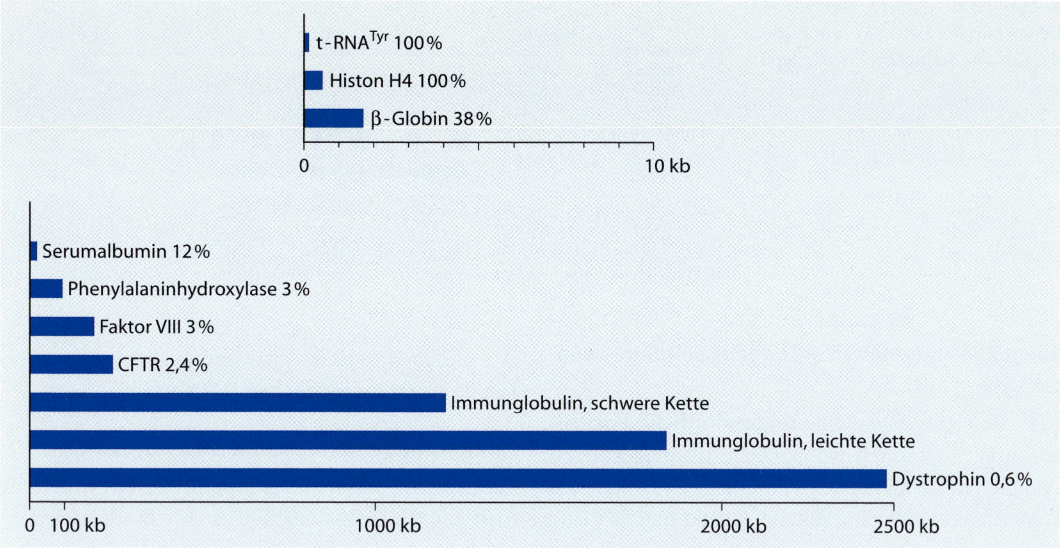

Abb. 1.31. Vergleich von Gengröße und Exonanteilen (in %) bei ausgewählten menschlichen Genen

Tabelle 1.24. Das menschliche Genom im Überblick

Größe des Genoms	ca. 3080 Mb
Größe des Mitochondriengenoms	16,6 kb
Hochkonservierter Anteil	ca. 150 Mb (4,5%)
Kodierend	ca. 50 Mb (1,5%)
Regulatorische u. andere Anteile	ca. 100 Mb (3%)
Zahl der proteinkodierenden Gene	ca. 20.000-25.000
Zahl der Mitochondrien-Gene	37
RNA-Gene	ca. 3000 (mit gewissen Unsicherheiten)
Pseudogene	ca. 20.000
Gengröße	Durchschnittlich 27 kb mit enormer Varianz
Exonzahl	Variierend von 1 bis 363
Exongröße	Variierend von <10bp bis viele kb, durchschnittlich 122 bp
Introngröße	Variierend von einigen 10bp bis hunderte kb

zierten α-Globingene. Die 86 verschiedenen Histongene liegen dagegen auf 10 unterschiedlichen Chromosomen. Ähnlich ist dies bei den Ubiquitingenen. Tandemduplizierte Gene, wie die α-Globin- und β-Globingene, kodieren klar für verwandte Produkte und liegen beide für sich in Clustern auf den Chromosomen 16 und 11. Dies zeigt, dass **näher verwandte Gene** eher in **einem Cluster** liegen, **entferntere Verwandte** eher auf **unterschiedlichen Chromosomen**. Allerdings gibt es auch hierzu Gegenbeispiele, wie die HOX-Homeobox-Gen-Familie. Hier liegen ca. 10 Gene auf 4 verschiedenen Chromosomen, wobei Gene in verschiedenen Clustern mehr verwandt sind als solche im gleichen. Gene für funktionell verwandte Produkte ohne Sequenzhomologien sind oft über das Genom verstreut. Auch Genfamilien mit hochkonservierten Anteilen finden sich oft über das Genom verteilt.

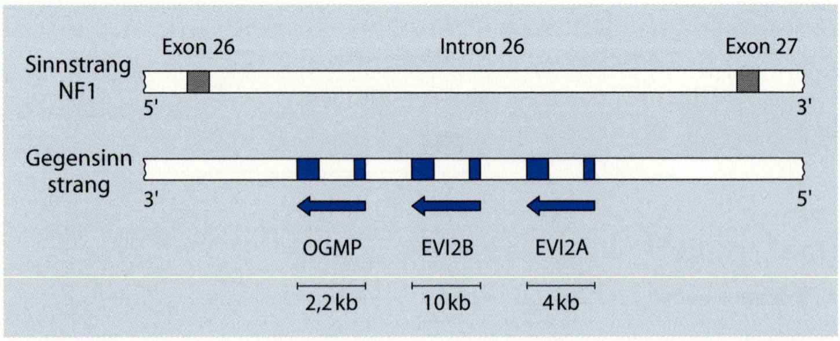

Abb. 1.32. Lage von 3 kleinen Genen (mit je 2 Exons) im Intron 26 des Gens für Neurofibromatose Typ I

Einige Besonderheiten bei Lagebeziehungen von Genen

Manche Gene zeigen eine **ungewöhnliche Positionierung**. So kennen wir partielle Überlagerungen von Genen bei einfachen Genomen. In komplexen Genomen ist dies eine seltene Ausnahme, da Gene in der Regel weit voneinander entfernt liegen (1 Gen pro 100 kb). Ein Beispiel ist jedoch die Klasse-III-Region des HLA-Komplexes auf Chromosom 6p21.3. Hier finden sich verschiedene Beispiele überlappender Gene.

Auch haben wir bereits ein Beispiel von der Lokalisation von Genen in Genen kennen gelernt, nämlich die **Gene für sno-RNAs**. Dies ist ungewöhnlich, da die meisten der sno-RNA-Gene in anderen Genen lokalisieren. Oft sind es solche, die für ribosomenassoziierte Proteine oder Nukleolusproteine kodieren. Möglicherweise besitzt diese Anordnung Vorteile für die **koordinierte Produktion** der Genprodukte. Aber auch andere Beispiele sind bekannt. So besitzt das Neurofibromatose-Typ-I-Gen 3 kleine interne Gene, die vom Gegenstrang transkribiert werden (Abb. 1.32).

Auch das Gen für den Blutgerinnungsfaktor VIII besitzt 2 interne Gene. Sie werden in umgekehrter Richtung transkribiert. Ein drittes Beispiel ist das Retinoblastom-Anfälligkeitsgen RB1 mit einem internen Gen, das vom Gegenstrang transkribiert wird.

1.4.2 Nichtkodierende DNA

Bei der nichtkodierenden DNA im Genom sollte man zwischen hoch repetitiver, oft in Tandemwiederholungen vorliegender DNA und DNA, die von Transposons abstammt, unterscheiden. Beide Anteile sind fast gleich groß und machen zusammen fast 90 % der menschlichen DNA aus.

Tandemwiederholte nichtkodierende DNA

Tandemwiederholte hoch repetitive DNA unterteilt man je nach Größe der Blöcke von Tandemwiederholungen und nach Größe der Wiederholungseinheit in **Satelliten-DNA, Minisatelliten-DNA und Mikrosatelliten-DNA** ein. Satelliten-DNA und der größte Teil der Minisatelliten-DNA werden nicht transkribiert. Von den Mikrosatelliten befindet sich ein kleiner Anteil innerhalb kodierender DNA.

Satelliten-DNA. Die Satelliten-DNA stellt den größten Anteil der **heterochromatischen Regionen** dar und bildet auch das **perizentrische Heterochromatin**. Sie kommt in großen Blöcken von 100 kb bis mehrere Mb vor und besitzt Wiederholungseinheiten zwischen 5 bp und 171 bp. Ein Teil dieser Satelliten-DNA konnte durch Zentrifugation im Dichtegradienten schon vor Jahrzehnten von der Haupt-DNA sozusagen als Satelliten abgetrennt werden. Daher kommt auch ihr Name. Man kann sie in Satelliten-DNA I, II und III unterscheiden. Die Satelliten-DNA I ist AT-reich und besitzt Wiederholungseinheiten von 25–48 bp. Sie findet sich im zentromernahen Heterochromatin der meisten Chromosomen und in anderen heterochromatischen Regionen. Satelliten-DNA II und III dagegen haben in der Regel Wiederholungseinheiten von 5 bp und finden sich wahrscheinlich in allen Chromosomen.

Ein anderer Teil der Satelliten-DNA wurde erst über die Restriktionsendonukleasen gefunden. Es ist die **α-Satelliten-** oder **Alphoid-DNA**. Es handelt sich hier um eine interessante repetitive Familie mit Wiederholungseinheiten von 171 bp, die in mehrere

Tabelle 1.25. Tandemwiederholungen in menschlicher DNA

DNA-Klasse	Größe der Wiederholungseinheit (bp)	Chromosomales Vorkommen
Satelliten-DNA	5-171	Zentromere
α-Satelliten	171	Zentromeres Heterochromatin
Satelliten I	25-48	Zentromeres Heterochromatin und andere heterochromatische Regionen
Satelliten II und III	5	In allen Chromosomen
Minisatelliten-DNA	9-64	Telomernaher Bereich aller Chromosomen und andere Chromosomenregionen
Mikrosatelliten-DNA	12	Verstreut auch innerhalb kodierender Bereiche

Subfamilien aufgeteilt werden kann mit hoher Divergenz in der Sequenz. Sie bildet den Hauptbestandteil des zentromerischen Heterochromatins jedes Chromosoms, und man findet spezifische Subfamilien für jedes Chromosom. Die Repeateinheiten der α-Satelliten-DNA enthalten häufig eine Bindungsstelle für das Zentromerprotein CENP-B. Man nimmt an, dass diese DNA eine bedeutende Rolle bei der Zentromerfunktion spielt, da man an klonierter α-Satelliten-DNA zeigen konnte, dass sie **de novo** Zentromere in der Zelle bildet.

Minisatelliten-DNA. Minisatelliten-DNA bildet mittelgroße Blöcke von 0,1–20 kb mit kürzeren Tandemrepeats. Man kann zwei Familien unterscheiden, die **hypervariable Familie** und die **Telomerfamilie**. Die hypervariable Familie ist hoch **polymorph** und in über 1000 Blöcken von Tandemwiederholungen zwischen 9 bp und 64 bp zu finden. Häufig findet man trotz der Hypervariabilität eine Konsensussequenz GGGCAGGAXG, wobei X irgendein Nukleotid sein kann. Da diese Sequenz Ähnlichkeiten mit einer Signalfrequenz für Rekombination bei **E. coli** besitzt, hat man darüber spekuliert, ob die Familie ein Hotspot für homologe Rekombination darstellt. Viele der Wiederholungsblöcke liegen im telomernahen Bereich, kommen aber auch in anderen Chromosomenregionen vor. Die Bedeutung dieser DNA in der forensischen Medizin wird in ▶ Kap. 13.2 angesprochen.

Die **Telomere** bestehen aus 3–20 kb von Tandem-Hexanukleotiden vorwiegend der Sequenz TTAGGG. Die Telomerfamilie ist daher verantwortlich für die Telomerfunktion. Sie schützt die Enden der Chromosomen vor Degradation und stellt den Mechanismus zur Replikation der Chromosomenenden dar.

Mikrosatelliten-DNA. Mikrosatelliten haben Wiederholungseinheiten von maximal 12 bp, meist von weniger als 10 bp. Sie sind sehr weit verbreitet (Blöcke haben weniger als 100 bp) und machen ca. 2 % des Genoms aus. Es handelt sich sehr häufig um **Dinukleotide** (0,5 % des Genoms), wobei CA/TG- und AC/CT-Repeats in absteigender Reihenfolge sehr häufig sind. Unter den mononukleotiden Repeats sind A und T sehr häufig, G und C sind wesentlich seltener. **Tri- und Tetranukleotide** beobachtet man ebenfalls seltener, sie werden aber, da sie häufig hoch polymorph sind, als **polymorphe Marker** eingesetzt. Mikrosatelliten findet man auch häufig in Introns von Genen, wenige Bespiele wurden auch innerhalb kodierender Bereiche berichtet. Sie gelten als Hotspots für Mutationen, weil sie zu **Replikations-Slippage** neigen (Tabelle 1.25).

Verstreute repetitive DNA

Nahezu 45 % des menschlichen Genoms bestehen aus verstreuten **nichtkodierenden** beweglichen Elementen (**Transposons**), die man auch als **springende Gene** bezeichnet hat. Man hat sie in der Vergangenheit oft als evolutionären Schrott oder zumindest als Sequenzen bezeichnet, deren Existenz reiner Selbstzweck zu sein scheint, deren potenzielle Schädlichkeit jedoch hoch sei. Erst in jüngster Zeit gibt es vermehrte Hinweise dafür, dass auch sie einen wichtigen Beitrag im Gesamtkonzept der Funktion und Integrität unseres Genoms darstellen könnten.

Der Sinn **»mobiler DNA«** in unserem Genom ist im Gegensatz zur stabilen Lage von Genen in ihrer Exon-Intron-Struktur nicht so ohne weiteres verständlich. Die Existenz solcher Sequenzen, die nicht immer auf einem bestimmten Platz im Chromosom bleiben, sondern von einem zum anderen Ort springen können, wurde bereits in den 1940er Jahren von Barbara McClintok gezeigt, also längst vor der Aufklärung der DNA-Struktur durch Watson und Crick. Sie erhielt dafür 1983 den Nobelpreis für Physiologie und Medizin. Es fiel nämlich bereits Anfang des letzten Jahrhunderts einigen Forschern auf, dass der indianische Mais ein so verschieden geflecktes und gestreiftes Muster zeigt, dass von einem einheitlichen Phänotyp kaum gesprochen werden konnte. Damals vermutete man, dass häufige Mutationen in den betreffenden Loki die Ursache sein könnten. McClintok untersuchte **Chromosomenbrüche** bei diesem Mais und fand zytologisch chaotische Strukturen; sie fand auch, dass solche Pflanzen überdurchschnittlich gescheckte Nachkommen hatten. Auch traten Chromosomenbrüche immer an bestimmten Stellen im Genom auf, an den Dissoziations(DS)-Loki, jedoch nur dann, wenn ein zweiter Aktivatorlokus (AC) vorhanden war. Für beide Elemente konnte gezeigt werden, dass sie ihren angestammten Platz im Genom verlassen können. DS allerdings nur mit Hilfe von AC, der DS ausschneidet. Es konnte schließlich nachgewiesen werden, dass die Mutation im Pigmentlokus auf der Insertion eines DS-Elements beruht. Ohne AC ist die Mutation stabil, das Maiskorn ist farblos, mit einem aktiven AC-Element kann DS springen und ein Pigmentgen wird zusammengeführt, was die gescheckte Farbe bewirkt.

Transposons kommen in allen bisher untersuchten Organismen von Bakterien bis zum Menschen vor, wobei es eine relativ starke **Korrelation** zwischen Gendichte eines Genoms und Anzahl der tolerierten Transposonkopien zu geben scheint. Dies mag daran liegen, dass sie ungerichtet im Genom einer Zelle integrieren. Die Wahrscheinlichkeit, eine Zelle durch eine Transposition in ein Gen zu schädigen, ist also in kompakten Genomen viel höher als in größeren Genomen, was einem **Selektionsdruck** gegen Transposons in kompakten Genomen gleichkommt. Aber auch beim Menschen erhöhen springende Transposons die Gefahr der Zerstörung wichtiger Gene in der Keimbahn. Insgesamt sind über 30 genetische Erkrankungen dokumentiert, deren Ursache auf der Mobilität des Retrotransposons Line1 oder des SINEs Alu (s. u.) zurückzuführen ist. So wurde durch L1-Integration in das Faktor-VIII-Gen eine Hämophilie A hervorgerufen; ähnliche Integrationen betrafen das Dystrophingen und waren für Muskeldystrophie verantwortlich oder das β-Globingen, wodurch β-Thalassämie ausgelöst wurde.

Dennoch sind beim Menschen nur eine verschwindend geringe Anzahl von Transposons aktiv transponierend. Man kann die Transposons der menschlichen DNA in vier Klassen ordnen, die wiederum entsprechend ihres Transpositionsmechanismus zwei höheren Gruppierungen zugeordnet werden können, nämlich die **Retrotransposons** und die **DNA-Transposons**.

Retrotransposons. Die Gruppe hat ihren Namen in Anlehnung an ähnliche Verhältnisse bei den Retroviren erhalten. Bei beiden beruht nämlich der **Kopiermechanismus auf reverser Transkriptase**. Daher steht auch die Verwandtschaft dieser genetischen Systeme außer Frage. In den Sequenzen von retrotransponierbaren Elementen kommen sogar den Retroviren entsprechende Gene vor. Nur das Gen **env** (env steht für *envelope*) – das Produkt dieses Gens bildet die Virushülle – ist das einzige retrovirale Gen, das in keinem Retrotransposon vorkommt. Es ist also durchaus wahrscheinlich, dass Retrotransposons **verstümmelte Retroviren-DNAs** sind, die nach Infektion einer Zielzelle ihre env-Gene verloren haben und damit sozusagen in die Zelle eingesperrt sind.

Retrotransposons machen also eine m-RNA-Übersetzung einer existierenden Sequenz des Transposons, die dann durch reverse Transkriptase in eine c-DNA zurückgeschrieben wird. Diese integriert sich dann an anderer Stelle ins Genom. Drei der vier Transposonklassen der menschlichen DNA können den Retrotransposons zugeordnet werden: Es sind dies die **LINEs** (*long interspersed nuclear elements)*, die **SINEs** (*short interspersed nuclear elements*) und eine Gruppe retrovirusähnlicher Elemente, die wegen ihrer langen terminalen Wiederholungssequenzen als **LTR-Transposons** bezeichnet werden (LTR = *long terminal repeats*).

DNA-Transposons. DNA-Transposons bilden die vierte Klasse. Sie werden nicht in c-DNA für die

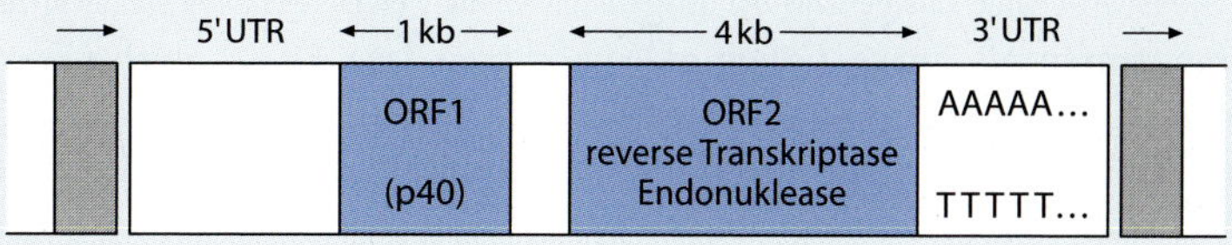

Abb. 1.33. Organisation des LINE1-Elements

Transposition umgeschrieben, sondern ihre Sequenz wird ausgeschnitten und an anderer Stelle ins Genom wieder integriert. Bewerkstelligt wird dies über eine Transponase, die sequenzspezifisch die Enden eines Transposons erkennt, schneidet und an anderer Stelle wieder integriert.

Long Interspersed Nuklear Elements (LINEs). LINEs sind autonome Transposons, die im Gegensatz zu den nachfolgend behandelnden SINEs **unabhängig transponieren** können. Man findet sie vorwiegend im Euchromatin in dunkel färbenden Giemsa-Banden von Metaphasechromosomen, die AT-reich und Gen-arm sind. Sie können also in einen DNA-Bereich integrieren, der für das Genom weniger problematisch ist, da die Wahrscheinlichkeit, funktionell wichtige konservierte Gene zu zerstören, geringer ist. Insgesamt machen LINEs ungefähr 20 % des Genoms aus. Man kann sie in drei Familien LINE1 bis LINE3 aufteilen, wovon **LINE1** mengenmäßig mit einem Anteil von 17 % des Genoms dominierend ist. Gleichzeitig ist LINE1 die einzige Familie, die noch aktiv transponiert. Man schätzt im Genom ca. 6000 LINE1-Sequenzen mit voller Länge, wovon 60–100 transponierfähig sind. Gelegentlich können – wie bereits beschrieben – LINE1-Sequenzen Genfunktionen unterbrechen und damit genetische Erkrankungen verursachen.

Das LINE1-Element ist 6,1 kb lang und hat 2 offene Leseraster ORF1 (1 kb) und ORF2 (4 kb). ORF1 kodiert ein RNA-Bindungsprotein p40 und ORF2 ein Protein mit Endonuklease- und Transkriptaseaktivität. Ein interner Promotor liegt innerhalb einer untranslatierten Region (UTR) und wird als 5'-UTR bezeichnet. Das andere Ende beschließt ein 3'-Poly(A)-Schwanz. Nach der Übersetzung assembliert die LINE1-RNA mit ihren eigenen Proteinen. Am Integrationsort schneidet die Endonuklease einen Strang der DNA-Doppelhelix bevorzugt innerhalb der Sequenz TTTT↓A, und die reverse Transkriptase initiiert die **c-DNA-Synthese**. Dabei dient die freie 3'OH-Gruppe als Primer für die reverse Transkriptase vom 3'-Ende der LINE-RNA. Oft ist die reverse Transkriptase unvollständig mit dem Ergebnis einer unvollständigen, nicht funktionalen Insertion. Nur eine von hundert Kopien besitzt die volle Länge (Abb. 1.33).

Short Interspersed Nuclear Elements (SINEs). SINEs kodieren keine Proteine und sind folglich **nicht autonom**. Sie sind molekulare »Trittbrett-Fahrer«, die die Proteine der LINEs parasitierend nutzen, um von einem Ort zum anderen zu springen. Ihre Länge beträgt 100–400 bp und ihr wichtigster Vertreter, die **Alu-Familie**, so genannt nach dem **Restriktionsenzym Alu I**, mit dem man die Sequenz zum ersten Mal geschnitten hat, findet sich nur bei **Altweltaffen einschließlich Mensch**. Andere Familien sind nicht auf Primaten begrenzt. Allen SINE-Elementen der Säugetiere ist gemeinsam, dass sie auffallend Sequenzen für t-RNA oder, wie im Falle der Alu-Familie, für SRP(7SL)-RNA ähneln. Die 7SL-RNA ist ein Bestandteil des Sequenzerkennungspartikels (SRP), das den Transport durch die Membran des endoplasmatischen Retikulums erleichtert. Gene, die für t-RNA und 7SL-RNA kodieren, sind transkribiert durch die RNA-Polymerase III und haben einen internen Promotor. Jedoch kann dieser Promotor in Alu-Wiederholungen keine aktive Transkription durchführen. Folglich kann eine neu transponierte Alu-Kopie nur exprimiert werden, wenn sie direkt neben einem funktionsfähigen Promotor in die DNA eingebaut wird.

Die Alu-Familie macht 10,7 % des Genoms aus und liegt in ungefähr 1.200.000 Kopien vor. Sie ist die **häufigste Sequenz** im Humangenom und kommt durchschnittlich häufiger als alle 3 kb vor. Es wird allgemein angenommen, dass die Alu-Sequenz durch Retrotransposition der 7-SL-RNA vermehrt wurde und somit ein weiter verarbeitetes Pseudogen der 7-SL-RNA ist. Sie ist in voller Länge 280 bp lang und besteht aus 2 Tandemrepeats von ca. 120 bp, gefolgt von einer Sequenz, die auf einem Strang reich an A, auf dem komplementären reich an T ist. Der eine Repeat enthält eine interne 32-bp-Sequenz, die dem anderen fehlt. Viele Alu-Sequenzen sind nicht vollständig. Verschiedene **Subfamilien der Alu-Familie** sind zu evolutionär unterschiedlichen Zeiten entstanden.

Im Gegensatz zu den LINEs haben Alu-Wiederholungen einen relativ **hohen GC-Anteil**, und sie sind bevorzugt in den GC- und Gen-reichen hellen R-Banden der Giemsa gefärbten Metaphasechromosomen vertreten. Innerhalb von Genen findet man sie wie die LINE1 vorwiegend in Introns. Man nimmt an, dass Alu-Sequenzen, die teilweise auch aktiv transkribiert werden, keine parasitären Sequenzen darstellen, sondern einen sinnvollen Beitrag in der Architektur des Genoms liefern, wenn auch über ihre eigentliche Funktion nur Ansätze von Erklärungen vorliegen. So werden sie verstärkt unter Stress transkribiert, und die resultierende RNA bindet eine spezifische Proteinkinase und blockt deren Fähigkeit zur Inhibierung der Proteintranslation. So könnte SINE-RNA die Proteinproduktion unter Stress ankurbeln. Eine generelle Funktion könnte also die Regulation der Proteintranslation sein. Dieses Beispiel verdeutlicht, dass repetitive Sequenzen nicht nur wie bisher als evolutionärer Müll zu betrachten sind, sondern möglicherweise bisher weitgehend unbekannte regulatorische Aufgaben haben (◘ Abb. 1.34).

LTR-Retrotransposons. Manche Retrotransposons sind von **identischen Wiederholungssequenzen** (*long terminal repeats*, **LTRs)** umschlossen, was ihnen den Namen **LTR-Retrotransposons** gegeben hat. Man findet sowohl autonome, als auch nichtautonome Formen. Die autonomen bezeichnet man als **endogene retrovirale Sequenzen (ERV)**. Sie kodieren das Gen für reverse Transkriptase pol und ein weiteres Protein, z. B. ein Kapsidprotein (gag), das das RNA-Genom des Retrotransposons in eine virusähnliche Hülle verpackt. Zudem ist eine Integrase kodiert, die Teil des pol-Gens ist und zunächst als Fusionsprotein mit der reversen Transkriptase hergestellt wird. Deshalb kodieren diese Retrotransposons eine spezifische Protease (pro), die das Fusionsprotein in funktionelle Teile spaltet. Es gibt 3 Klassen menschlicher ERVs (HERVs), die insgesamt 4,6 % des menschlichen Genoms darstellen. Viele von ihnen sind defekt und Transposition hat in den vergangenen Millionen Jahren kaum stattgefunden. Bei der sehr kleinen HERV-K-Klasse sind allerdings die intakten retroviralen Gene konserviert und auch bei einigen Mitgliedern der HERV-K10-Subfamilie konnte Transposition in der **jüngeren Evolutionsgeschichte** nachgewiesen werden.

Retroviren wie das **HI-Virus**, das AIDS verursacht, sind vom Prinzip her auch nichts anderes als infektiöse LTR-Retrotransposons. Sie besitzen nur die zusätzliche Eigenschaft, die Zelle zu verlassen und eine **benachbarte Zelle zu infizieren**. Diese Fähigkeit ist von dem Besitz eines einzigen weiteren Gens abhängig, das als Envelope-Gen (env) bezeichnet wird. Solche env-Gene kodieren Proteinliganden für Oberflächenrezeptoren auf der Zielzelle des infektiösen Viruspartikels.

Nichtautonome retrovirale Sequenzen haben durch homologe Rekombination zwischen den flankierenden LTRs das pol-Gen und auch oft das gag-Gen verloren. Zu ihnen gehören die **MaLR-Familie,** die ca. 4 % des Genoms ausmacht (◘ Abb. 1.35).

Fossile DNA-Transposons. Diese vierte Klasse von menschlichen Transposons, die **DNA-Transposons**, stellen historische Überbleibsel dar, die nicht mehr

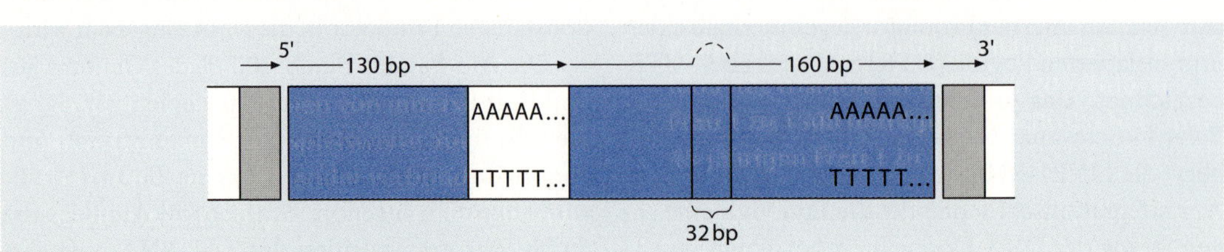

◘ **Abb. 1.34.** Die Organisation des Alu-Repeats

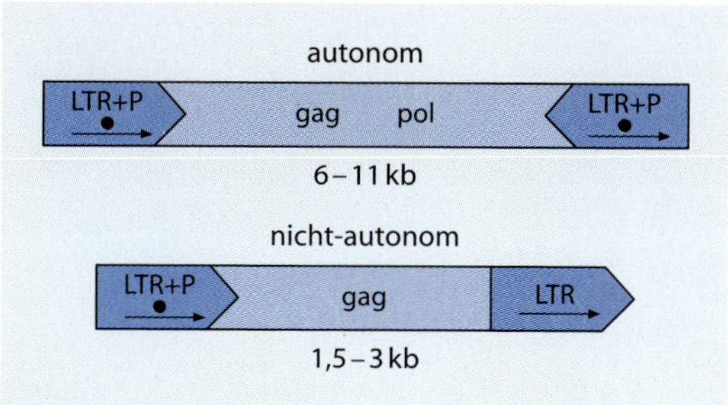

Abb. 1.35. Die Organisation der LTR-Transposons (•*P* = Promotor)

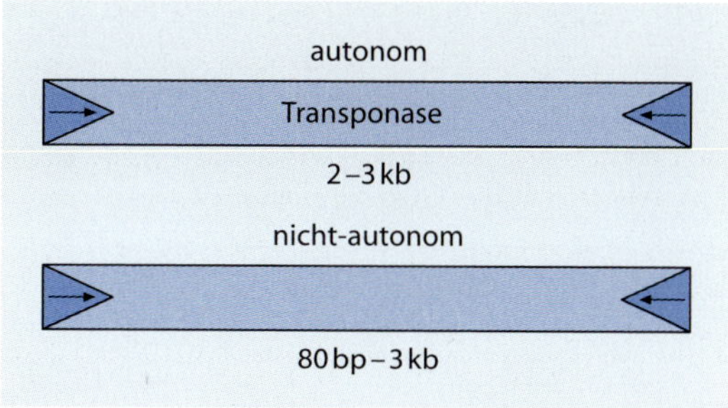

Abb. 1.36. Die Organisation der DNA-Transposons

aktiv transponieren. Allerdings scheinen einige wenige Gene von ihnen abzustammen, wie z. B. das Haupt-Zentromer-Bindungsprotein. Sie haben invertierte Repeats und kodieren Transponase; sie gliedern sich in **viele Unterklassen** und Familien.

Die Hauptfamilien des Menschen sind **MER-1** und **MER-2**, die 2,4 % des menschlichen Genoms mit ca. 281.000 Kopien ausmachen. Der Rest von ca. 60.000 Kopien ist mit 0,4 % im menschlichen Genom vertreten (Abb. 1.36, Tabelle 1.26).

Tabelle 1.26. Hauptklassen verstreuter repetitiver DNA

Gruppe	Klasse	Familie	Fähigkeit
Retrotransposons (43% Genomanteil)	SINE	Alu	nicht autonom
		kleine Familie	nicht autonom
	LINE	LINE1	autonom
		LINE2	nicht autonom
		LINE3	nicht autonom
	LTR	ERV	autonom
		MaIR	nicht autonom
DNA-Transposons (2,8% Genomanteil)	viele Klassen	MER1	nicht autonom
		MER2	nicht autonom
		kleinere Familie	nicht autonom

2 Mutationen und ihre Folgen für die Gesundheit

In der Regel werden die Chromosomen und die auf ihnen lokalisierten Gene von Generation zu Generation unverändert weitergegeben.

! Die wichtigste Eigenschaft der Gene ist die Fähigkeit zur identischen Reproduktion und damit zur unveränderten Weitergabe durch die Generationen.

In der Meiose wird über die **Rekombination** dieser stabile Bestand in jedem Elternteil neu kombiniert und über die geschlechtliche Fortpflanzung in der Zygote zu einem Individuum aggregiert.

Die Evolution hätte jedoch nie stattgefunden, wenn es von dieser Regel keine Ausnahmen gäbe. Da es gute Gründe dafür gibt, dass alles Leben auf unserem Planeten einen gemeinsamen Ursprung hat, müssen Gene auch die Fähigkeit zu gelegentlichen Änderungen besitzen.

! Eine weitere wesentliche Eigenschaft der Gene, ohne die keine evolutionäre Weiterentwicklung denkbar ist, ist also die Fähigkeit zur spontanen Änderung, zur Mutation.

Wie das Wort »spontan« bereits ausdrückt, erfolgen Mutationen meist ohne erkennbaren Grund, wenn wir auch heute eine ganze Anzahl von induzierenden Faktoren kennen, die solche Prozesse auslösen können.

Der Begriff **Mutation** wurde 1901 von de Vries nach der Beobachtung plötzlicher genetischer Veränderungen bei der Pflanze Oenothera lamakkiana eingeführt. Die ersten induzierenden Faktoren entdeckte 1927 Muller in Röntgenstrahlen bei Drosophila melanogaster. Chemische Agenzien als auslösendes Prinzip beschrieben erstmals 1942 Auerbach und Robson unabhängig voneinander nach Untersuchung von N-Lost bei Drosophila melanogaster und 1943 Oehlkers nach Untersuchung von Urethan bei Oenothera.

2.1 Arten von Mutationen

2.1.1 Klassifizierung von Mutationen

Mutationen lassen sich je nach Art der Veränderung in drei Gruppen unterteilen:

- Genommutationen
- Chromosomenmutationen
- Genmutationen

Die Auswirkungen von Mutationen beim Menschen sind in allgemeiner Form in ◻ Tabelle 2.1 zusammengefasst und spezieller für Genom- und Chromosomenmutationen in Kap. 4 und für Genmutationen in ► Kap. 5 behandelt.

2.1.2 Mechanismen der Entstehung

Genommutationen

! Genommutationen sind Veränderungen der Chromosomenzahl (Aneuploidien).

Genommutationen können durch meiotische oder mitotische Non-disjunction-Prozesse oder durch Chromosomenverlust eintreten. Sie entstehen also in der Regel durch Neumutation in einer der Keimzellen der Elterngeneration oder in frühen Furchungsstadien.

! Man bezeichnet Zellen, die ein oder mehrere Chromosomen zuviel haben, als hyperploid, Zellen, die ein oder mehrere Chromosomen zu wenig haben, als hypoploid.

Beim Menschen sind hypoploide Zellen normalerweise nicht lebensfähig. Hyperploide Zellen können durchaus lebensfähig sein, sie erzeugen jedoch beim Menschen Fehlbildungen verschiedenen Schweregrades. Beispiele hierzu werden noch im einzelnen

◻ Tabelle 2.1. Mutationen beim Menschen und ihre wichtigsten Folgen

	Genommutationen Chromosomenmutationen	Genmutationen
In Keimzellen (einschl. früher Furchungsstadien)	Aborte	Anomalien mit Mendelschem Erbgang
	Fehlbildungen	
In somatischen Zellen	Tumoren	
	Fehlbildungen durch Fruchtschädigung	

Tabelle 2.2. Entstehungsmechanismen von Genommutationen

Mechanismus	Folgen
Non-Disjunction (häufiger meiotisch seltener mitotisch)	Meiotisch: Trisomien, Monosomien
	Mitotisch: Chromosomale Mosaike
Chromosomenverlust	Monosomien (beim Menschen nur Turner-Syndrom lebensfähig; häufig Verlust des väterlichen X-Chromosoms)
Polyploidisierung	Triploidien, Tetraploidien
Uniparentale Diploidie	Blasenmole bzw. Teratome
Uniparentale Disomie	Auslöser für genetische Erkrankungen

beschrieben (► Kap. 4.2 und 4.3). Auch bei hypoploiden Zellen gibt es Ausnahmen. So ist der meist postzygotische Verlust eines X- oder Y-Chromosoms durchaus mit dem Leben vereinbar, führt aber zu Anomalien in der Entwicklung (Turner-Syndrom). Der Verlust eines Autosoms ist immer letal.

Ein anderer Mechanismus, der zur Veränderung der Chromosomenzahl führt, ist die **Polyploidisierung**. Sie ist eine Vermehrung um ganze Chromosomensätze. Beim Menschen beobachtet man nur **Triploidien** (3n = 69 Chromosomen). Sie führen zu Embryonen und Feten mit vielfältigen Fehlbildungen. **Tetraploidien** dagegen sind nicht mehr mit der Entwicklung eines Embryos vereinbar.

Es existieren aber auch Anomalien, bei denen der Karyotyp vordergründig normal erscheint. Sie sind auf unterschiedliche Verteilung der elterlichen Chromosomen zurückzuführen. So können sämtliche Chromosomen von einem Elternteil stammen (**uniparentale Diploidie**). Sie führt nicht zur Entwicklungsfähigkeit. Die **uniparentale Disomie**, bei der lediglich die beiden Homologen eines bestimmten Chromosomenpaares von einem Elternteil vererbt wurden, ist dagegen oft für Krankheiten mitverantwortlich (Tabelle 2.2).

Chromosomenmutationen

! Chromosomenmutationen sind Veränderungen der Chromosomenstruktur.

Chromosomenmutationen gibt es in vielfältiger Weise. Man bezeichnet sie je nach Strukturveränderung als
- Deletionen,
- Duplikationen,
- Insertionen,
- Inversionen oder
- Translokationen.

Grundsätzlich können Chromosomenmutationen an jeder Stelle der Chromosomen auftreten. Sie lassen sich mit Chromosomenbänderungstechniken und über FISH in der Regel problemlos unter dem Mikroskop diagnostizieren (Tabelle 2.3). Beim Menschen sind sie seltener als Genommutationen. Allerdings entgehen vermutlich viele strukturelle Aberrationen der Beobachtung, weil sie zum Absterben des Embryos führen, bevor der Abgang als Spontanabort erkennbar wird. Daher ist eine genaue Abschätzung der Häufigkeit problematisch. Auch die Phänotypen sind entsprechend der großen Variabilität in der Entstehung vielfältig.

Im Folgenden sollen die wichtigsten chromosomalen Strukturanomalien nach ihren Entstehungsmechanismen besprochen werden.

Tabelle 2.3. Einteilung der Genom- und Chromosomenmutationen

Genommutationen	Hyperploidien (Beispiel: 2n + 1 = Trisomie)
	Hypoploidien (Beispiel: 2n – 1 = Monosomie)
	Polyploidien (Beispiel: 3n = Triploidie)
Chromosomenmutationen	Deletion (Verlust eines Chromosomensegments)
	Duplikation (Verdoppelung eines Chromosomensegments)
	Insertion (Inkorporation eines Chromosomensegments)
	Inversion (Drehung eines Chromosomensegments um 180°)
	Translokation (Änderung der Position eines oder mehrerer Chromosomensegmente)

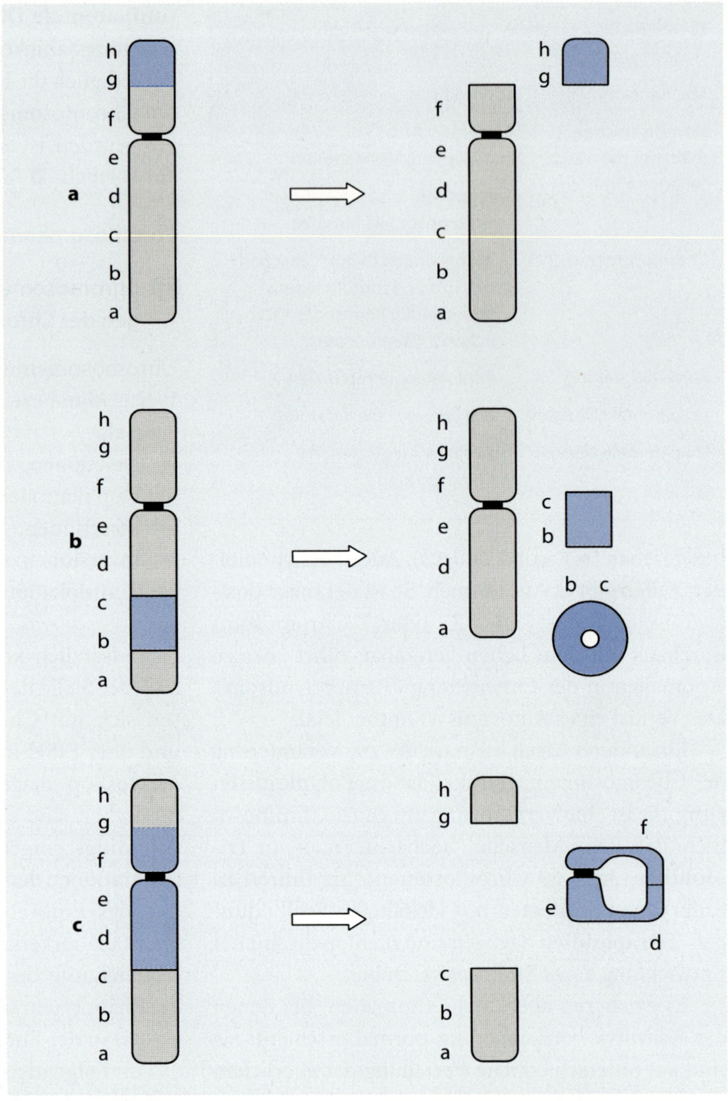

Abb. 2.1a–c. Schema zu Entstehung und Folgen von Deletionen. **a** Terminale Deletion mit Fragmentverlust; **b** interstitielle Deletion mit Fragmentverlust mit und ohne Ringbildung; **c** interstitielle Deletion mit Ringchromosombildung und Fragmentverlust

Deletionen. Von einer Deletion spricht man, wenn ein Teil eines Chromosoms verlorengegangen ist (Abb. 2.1). Dabei kann man unterscheiden zwischen **terminalen** Deletionen, bei denen Endfragmente entstehen, und **interstitiellen** Deletionen, die zwei Bruchereignisse voraussetzen und bei denen das Fragment aus einem mittleren Chromosomenbereich stammt. Ebenso kann bei interstitiellen Deletionen der Bruchbereich das Zentromer einschließen oder nicht. Durch einen solchen Vorgang entsteht in der Zelle immer ein zentrisches (mit einem Zentromer) und ein azentrisches Chromosomenfragment (ohne Zentromer). Letzteres geht im Mitose- und Meioseverlauf in der Regel verloren, da es keine Ansatzstelle für die Spindelfaser besitzt. Geht ein Telomerbereich durch die Deletion verloren, wird das betroffene Chromosom instabil und in den meisten Fällen abgebaut. Die Entstehung azentrischer Fragmente und der dadurch bedingte Verlust von genetischem Material ist die Ursache dafür, dass größere Deletionen häufig bereits im heterozygoten Zustand zu Letaleffekten sowohl teilweise in der Zygote als auch während der Embryonalentwicklung führen. Bei interstitiellen Deletionen

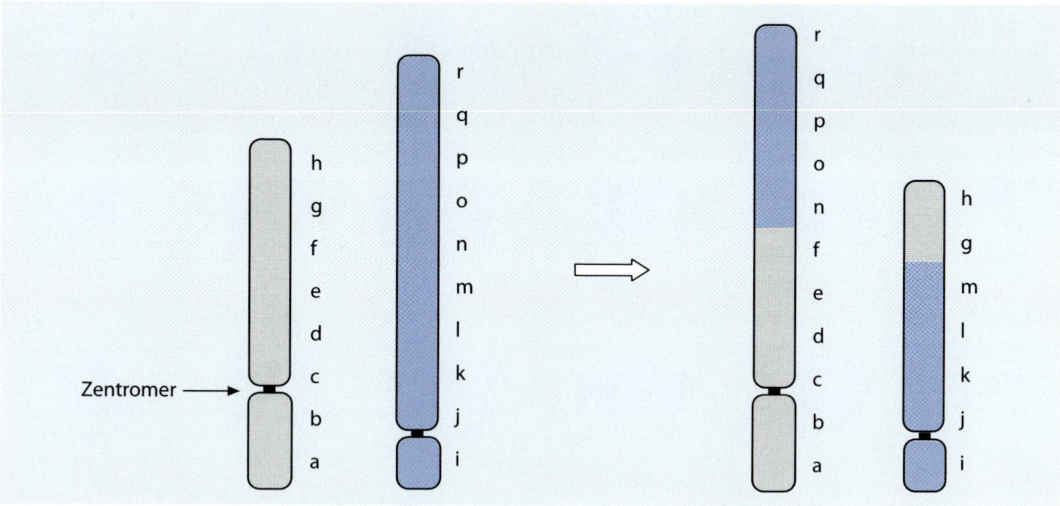

Abb. 2.2. Schema zur Entstehung einer reziproken Translokation

kann es zur Verschmelzung der Bruchenden kommen, was in zentrischen und azentrischen Ringchromosomen resultiert. Letztere gehen wegen des fehlenden Zentromers verloren. Bei mit dem Leben zu vereinbarenden Deletionen sind häufig schwere Fehlbildungen die Folge.

Translokationen. Translokationen (Abb. 2.2) sind chromosomale Strukturveränderungen, in deren Verlauf entweder ein Chromosomensegment in einer neuen Lage im gleichen Chromosom eingebaut oder auf ein anderes Chromosom übertragen wird. Auch können zwei Segmente zwischen homologen oder inhomologen Chromosomen wechselseitig ausgetauscht werden.

Im letzten Falle – häufig wird der Terminus Translokation ausschließlich in diesem Sinne verstanden – müssen zwei verschiedene Chromosomenstücke abbrechen, also zwei Bruchereignisse auftreten, die dann wechselseitig ausgetauscht werden. Man spricht hier korrekt von einer **reziproken Translokation**. Von einer **nicht-reziproken Translokation** spricht man, wenn ein Stück eines Chromosoms abbricht und auf ein anderes Chromosom übertragen wird (Abb. 2.3 und 2.4).

Bei reziproken Translokationen kann nach dem Austausch der Fragmente jedes der beiden beteiligten Chromosomen ein Zentromer besitzen. Weitere mitotische Zellteilungen können dann ungestört ablaufen. Ist aber ein Translokationschromosom aus zwei Fragmenten mit Zentromeren hervorgegangen und enthält daher das reziproke Translokationschromosom kein Zentromer, so kommt es zu einem Verlust des »azentrischen« Chromosoms, zur Brückenbildung und zum Zerreißen des dizentrischen Chromosoms im Verlauf der Mitose. Die Zelle ist also nicht stabil. Der Effekt ist gewöhnlich letal. Stabile reziproke Translokationen haben dagegen normalerweise keine Folgen für den Phänotyp, da weder chromosomales Material verlorengegangen noch hinzugekommen ist. Lediglich die Anordnung in den Kopplungsgruppen wurde verändert.

Von einer **zentrischen Fusion** (Abb. 2.5 und 2.6) oder auch **Robertson-Translokation** spricht man dagegen, wenn bei zwei akrozentrischen Chromosomen die kurzen Arme in der Nähe des Zentromers abbrechen und diese beiden Chromosomen in der Gegend des Zentromers miteinander verschmelzen. Dabei entsteht ein Translokationschromosom, das aus den langen Armen zweier akrozentrischer Chromosomen besteht. Das reziproke Translokationsprodukt, das aus den kurzen Armen besteht, ist in den Zellen nicht mehr auffindbar. Die Träger solcher Translokationen haben nur 45 Chromosomen, wobei ihnen das genetische Material der kurzen Arme zweier akrozentrischer Chromosomen fehlt. Dennoch sind sie in der Regel phänotypisch normal.

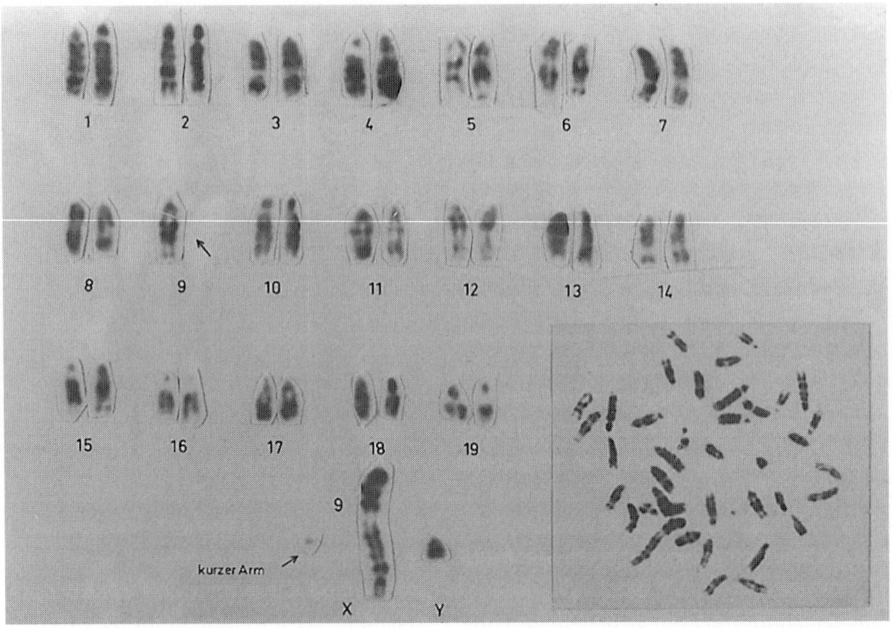

Abb. 2.3. Experimentell bei der Maus induzierter nichtreziproker Translokationsträger. Durch Behandlung der Elterngeneration mit einer mutagenen Verbindung wurde in der Oozyte der Mutter des Trägers eine Translokation des langen Arms des X-Chromosoms auf das Chromosom 9 induziert. Der Zentromerbereich des X-Chromosoms mit dem kurzen Arm blieb als eigenständiges kleines Chromosom erhalten. Die befruchtete Oozyte führte zu einer gesunden männlichen Maus, da kein genetisches Material verlorengegangen war (nach Buselmaier 1976)

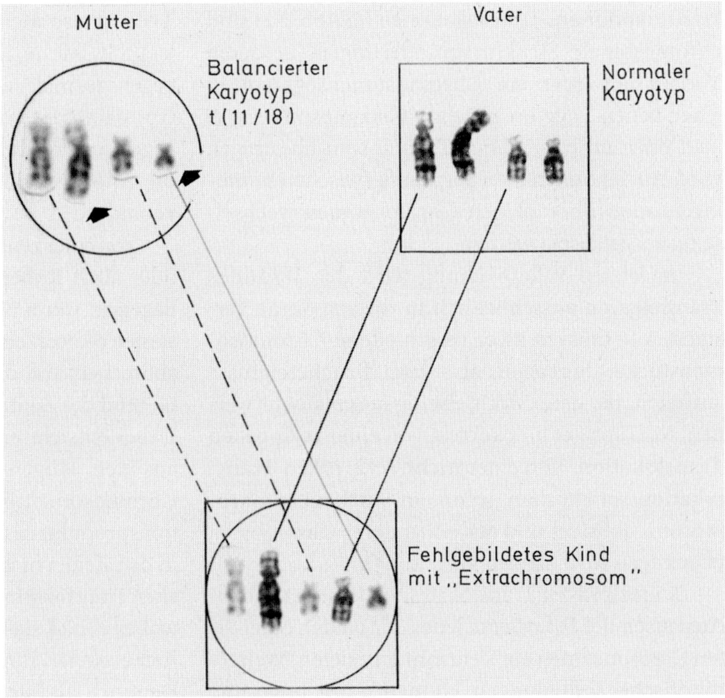

Abb. 2.4. Nichtreziproke Translokation eines Teils der langen Arme des Chromosoms 18 auf das Chromosom 11 (balanciert). Die Translokation führte bei dem Kind der Familie zu einer partiellen Trisomie 18, da das deletierte Chromosom nicht regelgerecht verteilt wurde. Von den beiden Chromosomen 11 wurde das ohne Translokation vererbt

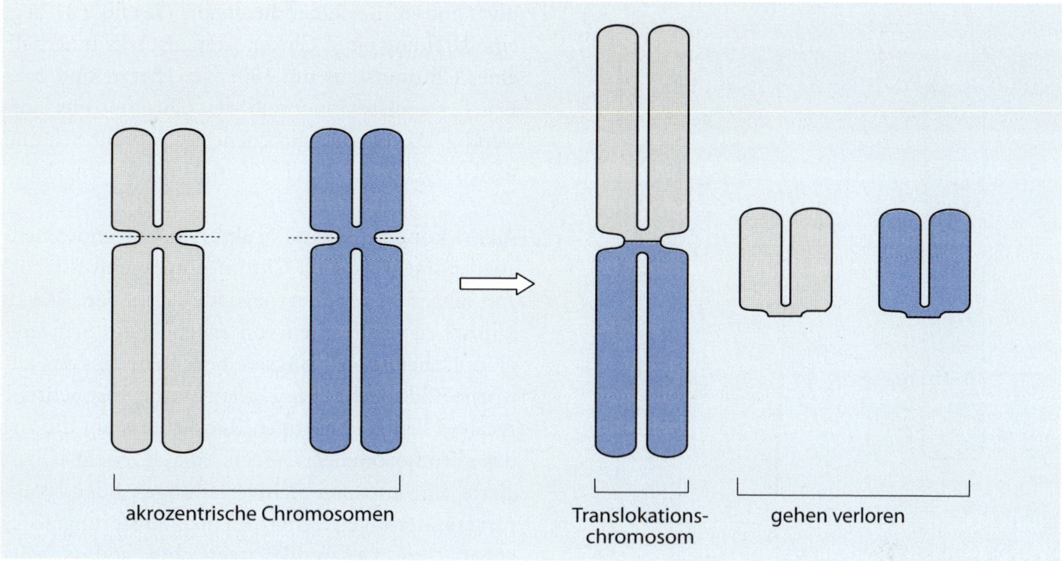

Abb. 2.5. Schema zur Entstehung einer zentrischen Fusion (die exakte Bruchstelle im Zentromerbereich ist nicht bekannt und daher in der Abbildung hypothetisch)

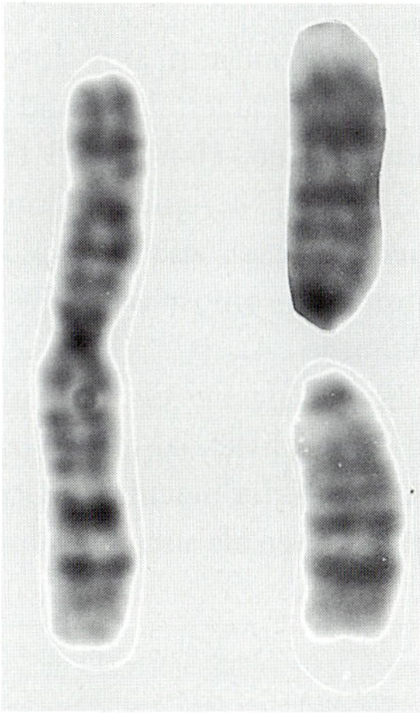

Abb. 2.6. Zentrische Fusion zwischen dem Chromosom 1 und 3 der Maus. Die Fusion ist auf dem Wege einer neuen Artabspaltung von Mus musculus musculus und Mus musculus poschiavinus evolutionär entstanden

Offenbar ist der genetische Informationsgehalt der kurzen Arme so gering, dass er für eine normale Entwicklung keine Rolle spielt.

Wie verhalten sich solche zentrischen Fusionen oder Robertson-Translokationen in der Meiose? In der ersten meiotischen Teilung paaren sich die homologen Chromosomenabschnitte. Da von jedem Chromosom zwei homologe Partner vorhanden sind, erhalten wir im Normalfall **Bivalente**. Die homologen Abschnitte der Translokationsprodukte paaren sich in der Meiose ebenfalls. So paart sich bei einer zentrischen Fusion das Translokationschromosom, das aus den beiden langen Armen zweier akrozentrischer Chromosomen besteht, mit den langen Armen der beiden homologen akrozentrischen Chromosomen. Wir erhalten also ein **Trivalent**. Bei Trivalenten ist im Gegensatz zu Bivalenten eine exakte polare Verteilung homologer Chromosomenabschnitte auf die Tochterzellen nicht mehr gewährleistet. Es können daher Gameten mit nichtbalanciertem Chromosomensatz entstehen. Ist also ein Elternteil Träger einer zentrischen Fusion, so kann diese Translokation sowohl in balancierter Form als auch in nichtbalancierter Form an die Kinder weitergegeben werden.

Duplikationen. Unter einer Duplikation (Abb. 2.7) versteht man ein zweimaliges Auftreten ein und desselben (kleineren oder größeren) Chromosomensegments im haploiden Chromosomensatz.

Als Ursache für das Entstehen von Duplikationen wird u. a. **illegitimes Crossing-over** angesehen.

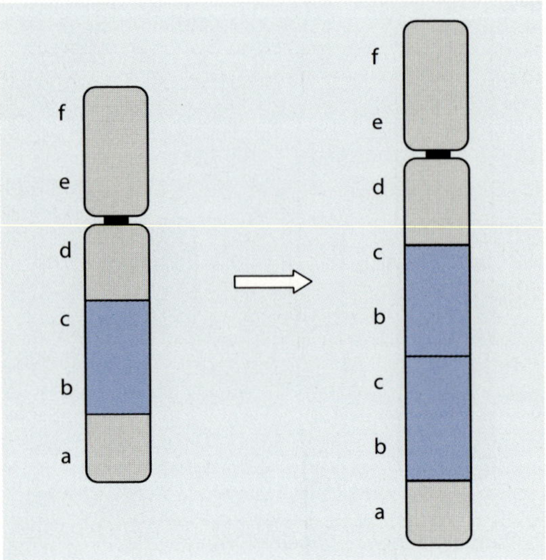

Abb. 2.7. Schema zur Entstehung von Duplikationen

Man nimmt an, dass ein Kontakt zwischen zwei homologen Chromosomen an nichthomologen Stellen eintritt und so ein Chromatidenstück des einen Chromosoms mit dem des anderen Chromosoms vereinigt wird. Gerade Duplikationen haben in der Evolution eine große Rolle bei der Entstehung neuer Gene gespielt.

Auch kann durch Chromosomenfragmentation oder Chromosomenbruch ein Teilstück eines Chromosoms oder einer Chromatide abgetrennt werden. Dieses Stück kann an eine Bruchstelle des homologen Chromosoms bzw. der Chromatide angeheftet werden.

Inversionen. Bei einer Inversion (Abb. 2.8) liegt eine Drehung eines Chromosomenstücks innerhalb eines Chromosoms um 180° vor. Hierzu sind zwei Bruchereignisse innerhalb des Chromosoms notwendig. Das herausgebrochene Stück dreht sich und wird umgekehrt in die Bruchstelle wieder eingebaut.

Auswirkungen. Sowohl strukturelle Chromosomenaberrationen als auch Chromosomenfehlverteilungen führen in der überwiegenden Zahl der Fälle zu klinischen Syndromen von erheblichem Schweregrad. Dabei ist allerdings zu beachten, dass das klinische Bild in sehr vielen Fällen ohne zytogenetische Analyse keinen sofortigen Rückschluss auf die Art des chromosomalen Defekts zulässt. Nicht balancierte Chromosomenfehlverteilungen oder Strukturveränderungen führen offenbar zu Störungen des genetischen Gesamtgleichgewichts, sodass trotz verschiedenster Ursachen häufig gleichartige morphologische Veränderungen beobachtet werden können (z. B. Gedeihstörungen, psychomotorische Retardierung, Mikrozephalie, Augenstellungsanomalien, abnorme Nasenform, zurückweichender zu kleiner Unterkiefer, fehlgestaltete und fehlsitzende Ohren, Spaltbildungen, Hand- und Fußstellungsanomalien, Herz- und Nierenfehlbildungen). Natürlich treten neben diesen auch Symptome auf, die einen bestimmten chromosomalen Defekt charakterisieren (Tabelle 2.4).

Es ist zu hoffen, dass es der humangenetischen Forschung in den nächsten Jahren gelingt, durch zunehmende Kenntnis der beteiligten Gene – sowohl bei Genommutationen als auch bei Chromosomen-

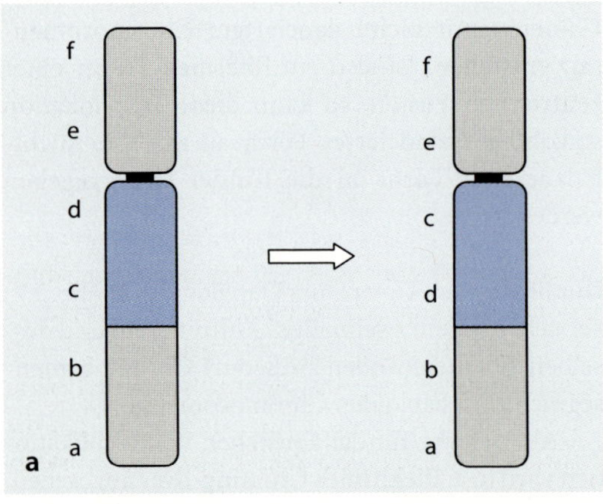

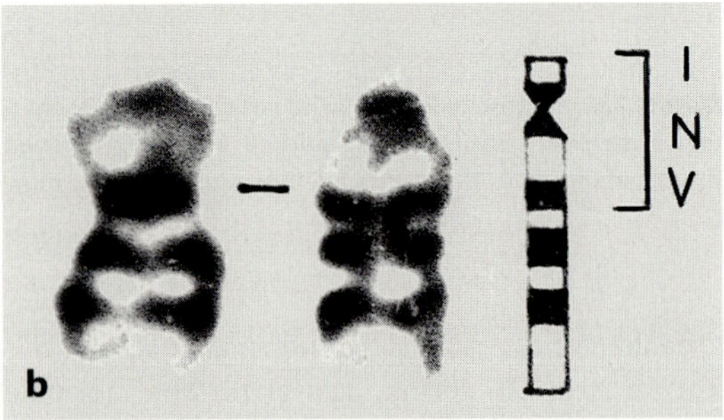

Abb. 2.8. a Schema zur Entstehung von Inversionen; **b** Inversionen am Chromosom 7 des Menschen, die das Zentromer mit einschließt (perizentrische Inversion)

Tabelle 2.4. Chromosomenmutationen und ihre Folgen

Deletion	Terminale und interstitielle Deletionen, Zentromerbereich kann mit eingeschlossen sein, führen zu Verlust von Chromosomenbereichen und in seltenen Fällen zu Ringchromosomenbildung. Folgen: Häufig schwere Fehlbildungen (Deletionssyndrome), embryonale Letalität und erhöhtes Tumorrisiko durch partielle Monosomie
Translokation	– Nichtreziproke Translokation Chromosomensegment wird in neuer Lage im gleichen oder einem anderen Chromosom eingebaut. Folgen: Vielfältig von unauffällig bis schwere Fehlbildungen – Reziproke Translokation Wechselseitiger Austausch zwischen homologen oder inhomologen Chromosomen. Als Sonderfall Robertson-Translokation oder zentrische Fusion bei akrozentrischen Chromosomen. Folgen: Stabile reziproke Translokationen haben normalerweise keine Folgen für den Phänotyp. In der Meiose können Gameten mit nichtbalanciertem Chromosomensatz entstehen. Nichtstabile reziproke Translokationen führen gewöhnlich zur Letalität.
Duplikation	Zweimaliges Auftreten desselben Chromosomensegments im haploiden Chromosomensatz. Eine Ursache für Duplikationen ist illegitimes Crossing-over zwischen homologen Chromosomen. Folgen: Abhängig von der genetischen Information des duplizierten Segments und der Änderung in der Genbalance. Es können Gameten entstehen, die zu einer partiellen Trisomie führen. Ein Spezialfall der Duplikation am X-Chromosom ist die Entstehung eines Isochromosoms. Die Folge ist partielle Trisomie und partielle Monosomie.
Inversion	Drehung eines Chromosomensegments um 180°. Ist das Zentromer eingeschlossen, so spricht man von einer perizentrischen Inversion, ist nur ein Chromosomenarm betroffen von einer parazentrischen. *Folgen:* Wegen Euploidie der Träger sind besondes bei parazentrischen Inversionen in der Regel keine klinischen Folgen zu erwarten. Perizentrische Inversionen können zu verschiedenen Anomalien, meiotischen Segregationsstörungen und Embryoletalität führen.

mutationen – die verursachenden Prinzipien über die zytogenetische Diagnostik hinaus besser zu verstehen. Einen Ansatz eröffnet ein spezielles Tiermodell, die **transgenen Mäuse**. Damit ist es möglich, einzelne bekannte Gene in das Genom der Tiere zu integrieren und beispielsweise trisome Zustände für einzelne Gene zu erzeugen. Die Exprimierung dieser Trisomien auf Genebene kann uns helfen, die Genprodukte und ihre Folgen für den Gesamtorganismus besser zu verstehen.

Genmutationen

! Genmutationen sind mikroskopisch unsichtbare, kleine molekulare Änderungen.

Punktmutationen sind Änderungen, die *nur ein* einziges Basenpaar betreffen. Sie sind tatsächlich die am häufigsten beobachteten Mutationen. Man kann folgende Einteilung treffen:

Substitutionen. Bei einer Substitution handelt es sich um den Austausch einer einzigen Base im Triplett. Ein Beispiel ist die Entstehung der Sichelzellanämie, bei der HbA in HbS umgewandelt ist (▶ Kap. 2.3.1). Auf Ebene der Aminosäuren wird in Position 6 der β-Kette des Hämoglobins Glutaminsäure durch Valin ersetzt (Abb. 2.9).

Auf der Ebene der DNA sind folgende Basensubstitutionen möglich:

CCT → CAT

CTC → CAC

Thymin wird also durch Adenin ersetzt.

! Diese Substitution einer Purinbase durch eine Pyrimidinbase (oder umgekehrt) nennt man Transversion. Die Substitution einer Purinbase durch eine Purinbase oder einer Pyrimidinbase durch eine Pyrimidinbase wird als Transition bezeichnet.

Transversion und Transition als Mutationsmechanismen zeigt Abbildung 2.10. Folge einer Substitution auf Genproduktebene ist also der Austausch einer Aminosäure in der Polypeptidkette. Dies ist immer dann der Fall, wenn der Austausch im Kodon auch zu einer anderen Aminosäure führt. Da die einzelnen Positionen im Kodon aber einem unter-

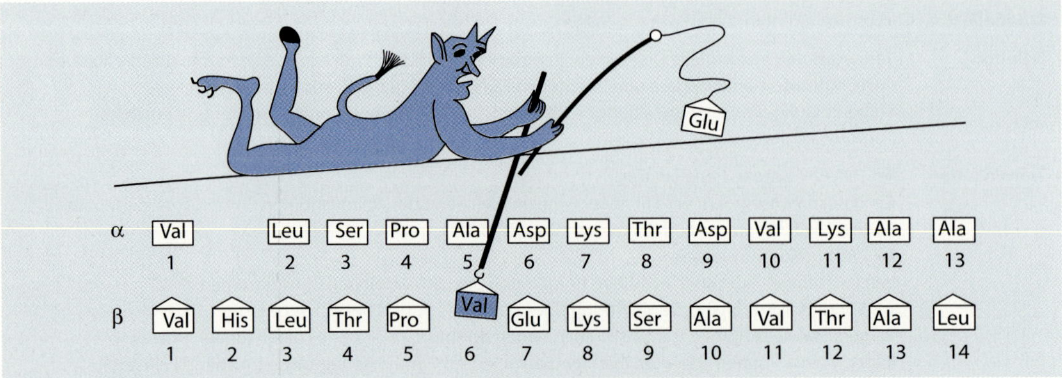

Abb. 2.9. Aminosäurenaustausch von Glutaminsäure durch Valin bei der Sichelzellanämie

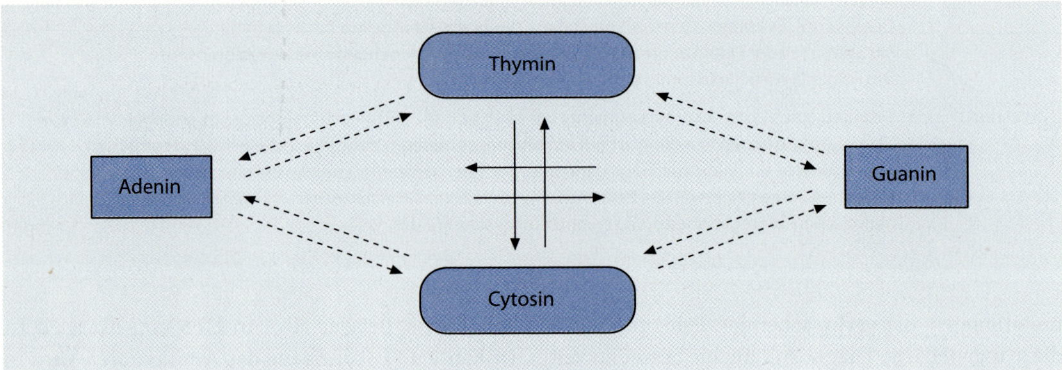

Abb. 2.10. Transitionen und Transversionen als Mutationsmechanismen auf molekularer Ebene (4 Transitionen ⇄ und 8 Transversionen ⇠⇢ sind möglich; ▭ = Purinbase, ⬭ = Pyrimidinbase)

schiedlichen Grad an Degeneration unterliegen (Wobble-Hypothese), kann es auch zu einem Nukleotidaustausch ohne Veränderung der Aminosäuresequenz kommen **(Same-sense-Mutationen)**. Die Substitutionsrate an nicht degenerierten kodierenden Bereichen ist sehr gering, da hier der Selektionsdruck konserviert.

Deletionen. Weit weniger häufig als Substitutionen sind Deletionen. Es kann sich dabei um die Deletierung eines Basenpaares oder um den Verlust eines oder mehrerer Triplettkodons handeln. Letzteres führt zum Ausfall von Aminosäuren in der Polypeptidkette. Die Deletierung eines Basenpaares hat eine Verschiebung des Leserasters zur Folge. In der Regel bedingt diese eine komplette Veränderung der Aminosäuresequenz. Man bezeichnet diesen Typ von Mutation als **Frame-shift-Mutation**. Als Beispiel sei hier das Dystrophingen erwähnt. Deletionen in seinem mittleren Abschnitt führen zu einer Becker- (also zu einer leichteren Erkrankung) oder Duchenne-Muskeldystrophie. Deletionen mit Verschiebung des Leserasters führen meist zur schweren Duchenne-Form (**Abb. 2.11**).

Insertionen. Sehr selten können auch – umgekehrt wie bei der Deletion – ein oder mehrere Basenpaare neu integriert werden. Der Effekt ist der gleiche wie bei der molekularen Deletion: es kommt zu einer Verschiebung des Leserasters.

Duplikationen. Wie bei der chromosomalen Duplikation entstehen Duplikationen auf Genebene häufig durch illegitimes oder nicht homologes Crossing-

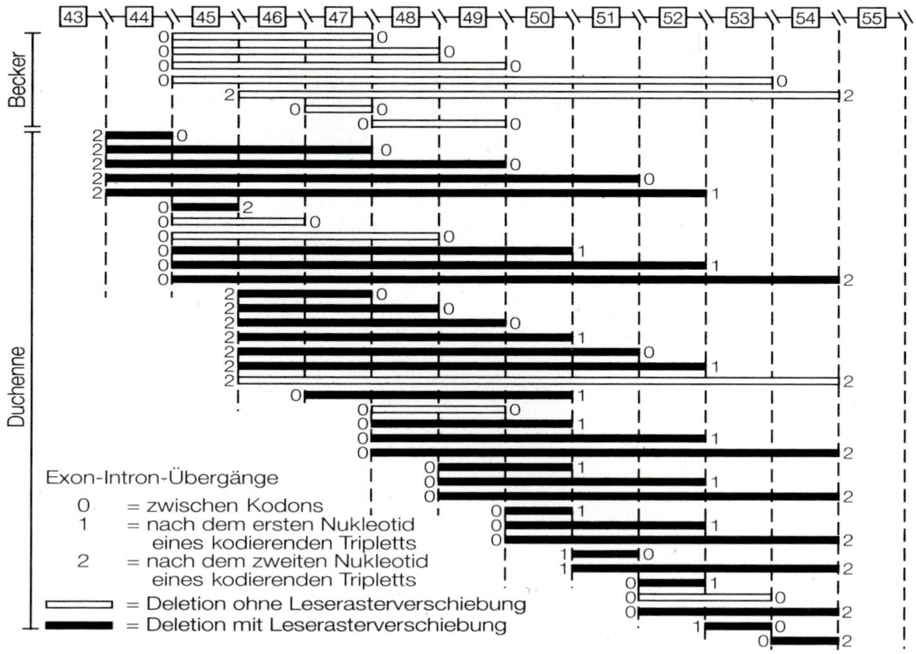

Abb. 2.11. Deletionen im mittleren Teil des Dystrophingens. Es treten sowohl Frame-shift-Mutationen auf, die in der Regel zur schwereren Duchenne-Form führen, als auch solche ohne Leserasterverschiebung, die zur leichteren Becker-Form führen. Die nummerierten Kästen symbolisieren die Exons 43–55 (nach Strachan 1994)

over. Jedoch ist das duplizierte Segment Teil eines Gens oder ein komplettes Gen. In der Evolution sind durch solche Prozesse ganze **Stoffwechselketten** schrittweise aufgebaut worden, indem nach erfolgten Genverdoppelungen Punktmutationen modifizierend einwirkten (Abb. 2.12).

Trinukleotidwiederholungen. Es handelt sich hier um einen Mutationstyp, der erst vor einigen Jahren entdeckt wurde und den man in dieser Form nicht erwartet hatte. Er besteht in einer Amplifikation eines Motivs, das aus drei Basen besteht, das instabil ist und sich zunehmend vermehrt (▶ Kap. 5.6.10). 1991 entdeckte man dieses Phänomen beim fragilen X-Syndrom und später bei der myotonischen Dystrophie und der Chorea Huntington (Tabelle 2.5). Das Lebensalter und die Schwere des Krankheitsverlaufs korrelieren mit der Anzahl der Trinukleotidwiederholungen. Auch konnte der bereits früher bestehende Verdacht, dass sich bei diesen Erkrankungen die Krankheit in aufeinander folgenden Generationen immer früher manifestiert und immer schwerer verläuft **(Antizipation)** bestätigt werden. So nimmt die Anzahl der repetitiven Sequenzen von Generation zu Generation zu.

Über die genetischen Mechanismen, die den Verlängerungen repetitiver Triplettsequenzen zugrunde liegen, ist noch wenig bekannt. Möglicherweise entstehen schwache Wiederholungen durch Fehlpaarung gegeneinander verschobener DNA-Stränge. Ist eine bestimmte Wiederholungssequenz erst einmal vorhanden, kann es über ungleiches Crossing-over von Schwesterchromatiden zu starken Verlängerungen kommen. Es kann aber auch ein bisher unbekannter, völlig anderer Mechanismus verantwortlich sein. Mehrere bisher beschriebene Gene enthalten das Wiederholungsmotiv $(CAG)_n$ im kodierenden Bereich, welches als Polyglutamin translatiert wird. In nicht pathologischen Genen finden sich ca. 5–40 Wiederholungen, in pathologischen findet man 40–100 Wiederholungsmotive. Ein anderes Wiederholungsmotiv ist $(CGG)_n$. Man findet es in nicht kodierenden Bereichen mit einer Wiederholungssequenz von ca. 6–50 Kopien. Diese können sich im pathologischen Falle auf Hunderte bis Tausende ausdehnen. Dies beeinflusst offenbar

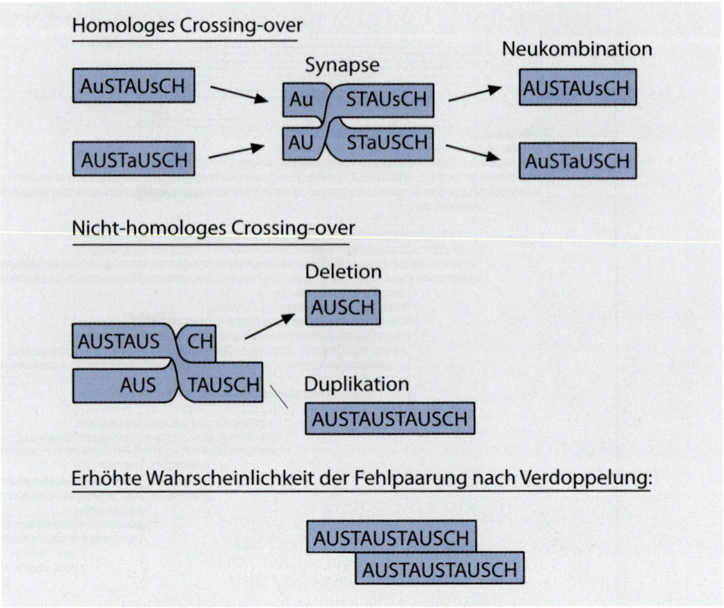

Abb. 2.12. Homologes und inhomologes Crossing-over (nach Lenz 1983)

Tabelle 2.5. Krankheiten, die auf instabile Trinukleotidsequenzen im menschlichen Genom zurückzuführen sind

Krankheit	MIM-Nummer	Position des Gens	Position der repetitiven Sequenz	Repetitive Sequenz
Huntington-Krankheit	143100	4p16.3	Kodierender Bereich	(CAG)n
Kennedy-Syndrom	313200	Xq21	Kodierender Bereich	(CAG)*n*
Spinozerebellare Ataxie 1 (*SCA1*)	164400	6p23	Kodierender Bereich	(CAG)*n*
Dentatorubropallidolysiane Atrophie (*DRPLA*)	125370	12p23	Kodierender Bereich	(CAG)*n*
Machado-Krankheit (*MJD, SCA3*)	109150	14q32.1	Kodierender Bereich	(CAG)*n*
Fragiles-X-Syndrom Position A (*FRAXA*)	309550	Xq27.3	5'UTR	(CGG)*n*
Fragiles-X-Syndrom Position E (*FRAXE*)	309548	Xq28	Promotor	(CCG)*n*
Fragiles-X-Syndrom Position F (*FRAXF*)	600226	Xq28	?	(GCC)*n*
Fragilität des Chromosoms 16 Position A (*FRA16A*)	136580	16q22	?	(CCG)*n*
Myotonische Dystrophie (*DM*)	160900	19q13	3'UTR	(CTG)*n*

(MIN = Mendelian Inheritance in Man)

die DNA- Methylierung und die Chromatinstruktur. Es entstehen bruchanfällige Bereiche an den Chromosomen (vgl. fragiles X-Syndrom). Bei der myotonischen Dystrophie ist die Wiederholungssequenz $(CTG)_n$ bisher einzigartig im untranslatierten Bereich am 3'-Ende des Gens der Dystrophia-myotonica-Kinase aufgetreten. Das Normalgen besitzt 5–35 Wiederholungseinheiten, das pathologische bis zu 4000.

Sonstige wesentliche Typen von Genmutationen. Ist die Nukleotidsequenz an ganz bestimmten kritischen Stellen, z. B. in einem Terminationskodon mutiert, so springt die DNA-Polymerase nicht herunter. Es kommt zur Überlesung der Terminationsstelle. Folgen sind eine Verlängerung der m-RNA und die Bildung einer Nicht-Sinn-Polypeptidkette auf der Grundlage der Translation. Ein Terminationskodon kann durch Mutation an einer nicht dafür vorgesehenen Stelle neu entstehen. Daraus resultiert ein zu früher Kettenabbruch (Beispiel: Neurofibromatose Typ 1).

Darüber hinaus kann die Promotorregion mutiert sein. Dies kann zu einem völligen Ausfall der Transkription für das nachfolgende Gen führen. Das Ergebnis sind die uns bereits bekannten Pseudogene (◘ Tabelle 2.6).

Fehler im Splicing können durch Punktmutationen entstehen. Beim Tay-Sachs-Syndrom sind solche Mutationen beschrieben, wenngleich der häufigste Mutationstyp hier eine Insertion darstellt, die eine Leserasterverschiebung bewirkt.

Splicingmutationen können dazu führen, dass ganze Exons nicht in die reife RNA übernommen oder Exonsequenzen ausgeschlossen werden. Auch ganz neue Exonsequenzen können entstehen. Am Weitesten verbreitet sind Punktmutationen in konservierten Sequenzen, die für das normale Splicing notwendig sind. Sie treten hauptsächlich an den GT- und AG-Dinukleotiden auf, die an der Splicingdonator- bzw. -akzeptorstelle eines Introns vorkommen.

Auch **Imprintingprozesse** können sich wie Genmutationen auswirken. So gibt es Glomustumoren, die autosomal-dominant vererbt werden, allerdings nur wenn das Gen vom Vater vererbt wurde. Auch das in einzelnen Fällen dominant vererbte Wiedemann-Beckwith-Syndrom wird nur exprimiert, wenn das Gen von der Mutter vererbt wurden.

2.2 Ursachen von Mutationen

2.2.1 Spontanmutationen

Entstehungsmechanismen

Es wurde bereits erwähnt, dass Mutationen spontan, ohne erkennbare äußere Ursachen auftreten können. Man spricht dann von **Neumutationen** (◘ Tabelle 2.7).

Ein Mechanismus der Entstehung von Neumutationen ist die **Desaminierung**. Im Zusammenhang mit Imprinting wurde die Methylierung bereits erwähnt (▶ Kap. 1.2.1). Dabei spielt 5-Methylcytosin eine wesentliche Rolle. Transkribierte Gene sind durch CpG-Inseln charakterisiert. Die Cytosinreste in den CpG-Dinukleotiden werden am Kohlenstoffatom 5 methyliert. 5-Methylcytosin kann sich durch

◘ **Tabelle 2.6.** Genmutationen und ihre Folgen

Substitution	Transition und Transversion
Deletion	Ausfall von Aminosäuren oder Frame-shift-Mutation
Insertion	Frame-shift-Mutation
Duplikation	Zweimaliges Auftreten eines Gens oder eines Teils davon
Instabile repetitive Trinukleotidsequenzen	z. B. (CAG)n, (CGG)n, (CTG)n
Stoppkodonmutationen	Zu später oder zu früher Kettenabbruch
Nukleotidaustausch ohne Veränderung der Aminosäuresequenz	Same-sense-Mutation
Promotorregionmutation	Pseudogen
Splicingmutation	Fehler im Splicing

Tabelle 2.7. Anteil von Neumutationen bei autosomal-dominant erblichen Krankheiten (nach Vogel u. Motulsky 1996)

Krankheit	Prozentsatz
Apert-Syndrom	>95
Achondroplasie	80
Tuberöse Sklerose	80
Neurofibromatose	40
Marfan-Syndrom	30
Myotone Dystrophie	25
Chorea Huntington	1
Adulte polyzystische Niere	1
Familiäre Hypercholesterinämie	<1

Desaminierung spontan in Thymin umwandeln. Durch einen allerdings wenig effizienten Reparaturmechanismus kann Thymin wieder herausgeschnitten und durch Cytosin ersetzt werden. Wegen dieser geringen Effizienz hat sich in der Evolution der Wirbeltiere der Anteil von CpG verringert und wurde durch TpG bzw. CpA auf dem komplementären Strang ersetzt. Auch unmethylierte Cytosinreste können durch den Verlust einer Aminogruppe in Uracil umgewandelt werden.

Spontanmutationen können auch, wie bereits beschrieben, durch Prozesse ungleichen Crossingovers entstehen oder es kann zum Austausch ganzer Nukleotidcluster durch **Genkonversion** kommen. Dabei bezeichnet man als Genkonversion eine Übertragung von Sequenzinformation zwischen allelen oder nichtallelen DNA-Abschnitten. Ein weiterer Mechanismus, der zu Spontanmutationen führt, ist **Polymeraseslippage**. Ein »Wegrutschen« der Polymerase bei der DNA-Replikation kann die Verlängerung von kurzen Wiederholungssequenzen bewirken, z. B. bei Triplettrepeats oder Mikrosatelliten. Dies erhöht die Instabilität der repetitiven Sequenzen.

Häufigkeit von Mutationen

Spontane Mutationen treten mit einer bestimmten statistischen Gesetzmäßigkeit als seltene Ereignisse auf, wobei die **Mutationsraten** für verschiedene menschliche Loki unterschiedlich sind. Tatsächlich sind bei der DNA-Replikation auftretende Fehler wesentlich häufiger als sich durch Mutationsraten an Hand von Defektgenen berechnen lässt. Die Zelle besitzt nämlich sehr effiziente **Reparatursysteme**, die nach jeder DNA-Replikation die duplizierte DNA auf falsch eingesetzte Basen überprüfen, diese entfernen und durch richtige ersetzen. Sichtbare oder messbare Mutationen sind also quasi biologische Unfälle, die der Reparatur entgingen. Dabei gehört diese nicht vollständige Reparatur, so gravierende Folgen sie für eine hoch entwickelte Spezies wie den Menschen auch hat, zum evolutionären Programm.

Die Häufigkeit von Mutationen kann jedoch durch äußere Einflüsse wie z. B. ionisierende Strahlen und bestimmte chemische Stoffe (chemische Mutagene) erhöht werden. Solche Einwirkungen auf die DNA überlasten die Reparatursysteme und führen zu erhöhtem Risiko von Spontanaborten und Fehlbildungen verschiedener Schweregrade. Die DNA ist auf diese zusätzlichen Belastungen nicht vorbereitet, denn ihre Reparatursysteme haben sich als Anpassung an die kosmische Strahlung entwickelt.

Nachdem wir nun die verschiedensten Möglichkeiten spontaner Mutationen und die mögliche Erhöhung der Mutationshäufigkeit durch chemische Agenzien und ionisierende Strahlen angesprochen haben, wollen wir zum besseren Verständnis der Problematik noch einige Berechnungen zur Häufigkeit spontaner mutativer Ereignisse anführen: Jedes 200. neugeborene Kind ist Träger einer numerischen oder strukturellen Chromosomenaberration, die in der Keimzelle eines seiner Eltern neu entstanden ist. Diese Zahlenangabe beruht auf mikroskopisch diagnostizierbaren Chromosomenaberrationen. Darüber hinaus dürfte ein Teil der Chromosomenaberrationen, besonders kleinere strukturelle Aberrationen, mikroskopisch nicht erkennbar sein. Besonders der Pädiater wird des öfteren fehlgebildete Kinder vorfinden, deren Phänotyp auf eine genetische Ursache deuten könnte. Jedoch nur bei einigen wird sich die Erstdiagnose mikroskopisch verifizieren lassen. Bei den übrigen können andere Ursachen vorliegen, wobei jedoch eine genetische Ursache nicht ganz auszuschließen ist.

Direkte Methode. Außer für Genom- und Chromosomenmutationen lässt sich die Mutationsrate auch für dominante und X-chromosomal-rezessive Neumutationen berechnen. Für Genom- und Chromosomenmutationen und für autosomal dominante Neumutationen kann man die direkte Methode anwenden. Die **Formel für die Mutationsrate** (μ) lautet dann:

$$\mu = \frac{\text{Zahl der Neumutationen}}{2 \times \text{Gesamtgeburtenzahl}}$$

Der Multiplikator 2 im Nenner ist notwendig, da sich die Methode auf die haploiden Keimzellen, also auf die Zahl der Allele, bezieht und nicht auf die Individuen. Allerdings beinhaltet dieses einfache Berechnungsprinzip eine Anzahl von Irrtumsmöglichkeiten. Die bedeutendste ist die einer nicht eindeutigen Paternität. Diese Möglichkeit muss besonders beachtet werden, wenn der Selektionsnachteil bei einem dominanten Leiden nicht offensichtlich ist und sporadische Fälle im Vergleich zu den familiären selten sind. Besteht jedoch ein starker Selektionsnachteil bei vielen sporadischen und wenigen familiären Fällen, so dürfte ein gelegentlicher Fall von illegitimer Paternität die Berechnung nicht zu stark beeinflussen. Eine zweite Irrtumsmöglichkeit ist gegeben, wenn phänotypisch ähnliche oder gleiche, aber nicht erbliche Fälle existieren. Dies kann, zumindest beim Vorhandensein einer größeren Zahl von Phänotypen, durch das notwendige 1:1-Verhältnis von Betroffenen und Nicht-Betroffenen unter den Nachkommen überprüft werden. Oft existieren auch verschiedene Varianten, die autosomal-dominant und phänotypisch ähnlich sind, aber auf verschiedenen Mutationen beruhen. Ebenso ist gelegentlich neben der autosomal-dominanten Erkrankung eine rezessive Variante möglich. Schließlich sollte die **Penetranz**, also der Anteil der tatsächlich Erkrankten unter den Genträgern, nicht wesentlich von 100 % abweichen.

Indirekte Methode. Eine zweite Methode, mit der man für autosomal-dominante und für X-chromosomal-rezessive Erbgänge recht präzise Schätzungen erhält, ist die **indirekte Schätzung der Mutationsrate** (indirekte Methode). Sie beruht auf der Annahme eines Gleichgewichts zwischen der verminderten Fortpflanzungsrate von Defektgenträgern und Neumutationen. Es kommt also zur Kompensation zwischen aus der Population verschwindenden und neu auftretenden Genen. Dies entspricht letztlich einem Gleichgewicht zwischen Mutation und Selektion. Auf dieser Basis gelten nach Haldane (1932) folgende Formeln:

$\mu = 1/2\,(1-f)x$ für autosomal-dominante Erbgänge

$\mu = 1/3\,(1-f)x$ für X-chromosomal-rezessive Erbgänge

$$\mu = \frac{\text{Zahl der Neumutationen}}{\text{Zahl der Allele in der Bevölkerung}}$$

f = Relative Fertilität der Merkmalsträger im Verhältnis zur Gesamtbevölkerung

$$x = \frac{\text{Zahl der Merkmalsträger}}{\text{Gesamtbevölkerung}}$$

Beim X-chromosomal-rezessiven Erbgang ist x der männlichen Gesamtbevölkerung gleichzusetzen.

Autosomal-rezessive Erbgänge können mit dieser Methode nicht abgeschätzt werden, weil die Heterozygoten um ein Vielfaches häufiger sind als die homozygot Betroffenen. Bereits ein geringer Selektionsnachteil der Heterozygoten würde eine relativ hohe Mutationsrate erforderlich machen, um eine Kompensation zu ermöglichen. Andererseits würde ein leichter selektiver Vorteil der Heterozygoten (wie wir dies z. B. bei einigen Hämoglobinopathien und der Malaria tropica kennen) Neumutationen zur Erreichung eines Gleichgewichts überflüssig machen.

Die Mutationsraten für einzelne menschliche Gene liegen nach Berechnungen in der Größenordnung zwischen 10^{-4} und 10^{-6}.

Viele Gene weisen jedoch wesentlich geringere Mutationsraten auf (Tabelle 2.8).

2.2.2 Bedeutung des väterlichen Alters bei Genmutationen

Während alle Oozyten zum Zeitpunkt der Geburt eines Mädchens gebildet sind und im Diktyotänstadium über die Pubertät hinaus oft viele Jahre, ja Jahrzehnte, verharren, bis einzelne pro Zyklus die Meiose vollenden und sich zu befruchtungsfähigen Oozyten entwickeln, ist die Spermatogenese ein kontinuierlicher Prozess. Die Anzahl von Zellteilungen, die ein

2

Tabelle 2.8. Mutationsratenschätzung für menschliche Gene (nach Vogel u. Motulsky 1996)

Erkrankung	Untersuchte Population	Mutationsrate	Anzahl der Mutanten/ 10^6 Gameten
Autosomale Mutationen			
Achondroplasie	Dänemark	1×10^{-5}	10
	Nordirland	$1{,}3 \times 10^{-5}$	13
	4 Städte	$1{,}4 \times 10^{-5}$	14
	Deutschland (Reg.-Bez. Münster)	$6–9 \times 10^{-6}$	6–9
Aniridie	Dänemark	$2{,}9–5 \times 10^{-6}$	2,9–5
	Michigan (USA)	$2{,}6 \times 10^{-6}$	2,6
Myotone Dystrophie	Nordirland	8×10^{-6}	8
	Schweiz	$1{,}1 \times 10^{-5}$	11
Retinoblastom	England, Michigan (USA), Schweiz, Deutschland	$6–7 \times 10^{-6}$	6–7
	Ungarn	6×10^{-6}	6
	Niederlande	$1{,}23 \times 10^{-5}$	12,3
	Japan	8×10^{-6}	8
	Frankreich	5×10^{-6}	5
	Neuseeland	$9{,}3–10{,}9 \times 10^{-6}$	~ 9–11
Akrozephalosyndaktylie (Apert-Syndrom)	England	3×10^{-6}	3
	Deutschland (Reg.-Bez. Münster)	4×10^{-6}	4
Osteogenesis imperfecta	Schweden	$0{,}7–1{,}3 \times 10^{-5}$	7–13
Tuberöse Sklerose	Oxford Regional Hospital Board Area (GB)	$1{,}05 \times 10^{-5}$	10,5
	China	6×10^{-6}	6
Neurofibromatose	Michigan (USA)	1×10^{-4}	100
	Moskau (UdSSR)	$4{,}4–4{,}9 \times 10^{-5}$	44–49
Polyzystische Niere	Dänemark	$6{,}5–12 \times 10^{-5}$	65–120
Multiple Exostose	Deutschland (Reg.-Bez. Münster)	$6{,}3–9{,}1 \times 10^{-6}$	6,3–9,1
Von-Hippel-Lindau-Syndrom	Deutschland	$1{,}8 \times 10^{-7}$	0,18
X-chromosomale Mutationen			
Hämophilie	Dänemark	$3{,}2 \times 10^{-5}$	32
	Schweiz	$2{,}2 \times 10^{-5}$	22
	Deutschland (Reg.-Bez. Münster)	$2{,}3 \times 10^{-5}$	23
Hämophilie A	Deutschland (Hamburg)	$5{,}7 \times 10^{-5}$	57
	Finnland	$3{,}2 \times 10^{-5}$	32
Hämophilie B	Deutschland (Hamburg)	3×10^{-6}	3
	Finnland	2×10^{-6}	2
▼	Utah (USA)	$9{,}5 \times 10^{-5}$	95

Tabelle 2.8 (Fortsetzung)

Erkrankung	Untersuchte Population	Mutationsrate	Anzahl der Mutanten/ 10^6 Gameten
Muskeldystrophie Typ Duchénne	Northumberland und Durham (GB)	$4{,}3 \times 10^{-5}$	43
	Südbaden (Deutschland)	$4{,}8 \times 10^{-5}$	48
	Nordirland	$6{,}0 \times 10^{-5}$	60
	Leeds (GB)	$4{,}7 \times 10^{-5}$	47
	Wisconsin (USA)	$9{,}2 \times 10^{-5}$	92
	Bern (Schweiz)	$7{,}3 \times 10^{-5}$	73
	Fukuoko (Japan)	$6{,}5 \times 10^{-5}$	65
	Nordostengland (GB)	$10{,}5 \times 10^{-5}$	105
	Warschau (Polen)	$4{,}6 \times 10^{-5}$	46
	Venedig (Italien)	$3{,}5\text{–}6{,}1 \times 10^{-5}$	35–61
Incontinentia pigmenti (Bloch-Sulzberger)	Deutschland (Reg.-Bez. Münster)	$0{,}6\text{–}2{,}0 \times 10^{-5}$	6–20
Orofaziodigitales Syndrom (OFD)	Deutschland (Reg.-Bez. Münster)	5×10^{-6}	5

Spermium von der frühen embryonalen Entwicklung bis zum Alter eines 28-jährigen Mannes durchmacht, ist 15-mal größer, als die Anzahl der Teilungen in der Entwicklung einer Oozyte. Legt man ein höheres Lebensalter zugrunde, würde sich eine noch höhere Zahl ergeben, wobei solche Abschätzungen wegen des Rückgangs der Spermatogenese im höheren Lebensalter problematisch sind.

Die Kenntnis dieser Unterschiede zwischen Oo- und Spermatogenese ist notwendig, um zu verstehen, dass die Genmutationsrate mit zunehmendem Alter des Vaters ansteigt. Offensichtlich hängt die Mutationsfrequenz mit der Zellteilung und der DNA-Replikation zusammen. Während der Replikation werden falsche Basen eingebaut, und eine erhöhte Zellteilungsrate führt folglich zu einer höheren Rate an Spontanmutationen.

Die Abb. 2.13 zeigt die relativen Mutationsraten im Vergleich zum Populationsdurchschnitt für die dominanten Erbkrankheiten Achondroplasie, das Apert-Syndrom, die Myositis ossificans, das Marfan-Syndrom und für die X-chromosomal-rezessive Hämophilie A (mütterlicher Großvater). Allerdings zeigen nicht alle dominanten Mutationen einen deutlichen väterlichen Alterseffekt. Es gibt auch solche mit schwachem Effekt wie das bilaterale Retinoblastom oder statistisch nicht signifikantem, wie die Neurofibromatose, die Osteogenesis imperfecta und die tuberöse Sklerose. Neben der Hämophilie A ist für andere X-chromosomal-rezessive Erkrankungen ein Alterseffekt wahrscheinlich, wobei die Mutation in den Keimzellen des mütterlichen Großvaters neu aufgetreten sein muss. Jedenfalls beobachtet man für mehrere X-chromosomal vererbte Erkrankungen, wie außer bei der Hämophilie A auch beim Lesch-Nyhan-Syndrom, eine deutlich höhere Mutationsrate im männlichen Geschlecht.

Auf die Altersabhängigkeit der Chromosomenmutationen beim weiblichen Geschlecht wird in Kapitel 4.2. näher eingegangen.

2.2.3 Induzierte Mutationen

Die spontane Häufigkeit von Mutationen kann durch ionisierende Strahlen und chemische Mutagene gesteigert werden. Auch Viren sind in diesem Zusammenhang zu erwähnen.

Ionisierende Strahlen

Ionisierende Strahlen können die Mutationsrate für alle Arten von Mutationen erhöhen. Dabei entstehen durch die Strahleneinwirkung keine prinzipiell anderen Veränderungen an der DNA als bei Spontanmutationen. Für eine Mutationsauslösung ist im Allgemeinen eine direkte Strahleneinwirkung auf

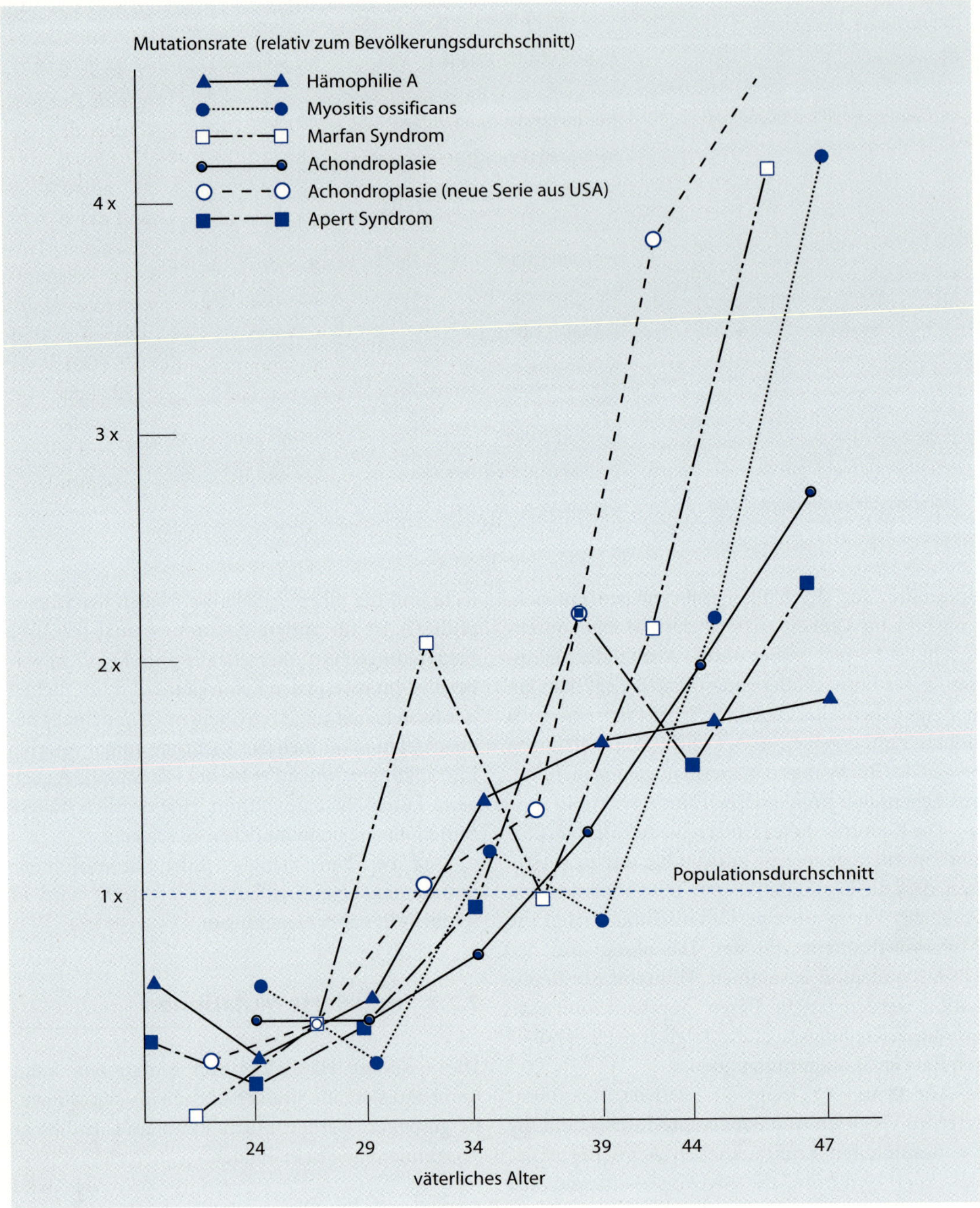

Abb. 2.13. Abhängigkeit der Genmutationen vom väterlichen Alter (aus Vogel u. Motulsky 1986)

die betroffene Zelle erforderlich. Auch sehr kleine Dosen sind nicht ungefährlich.

Schon eine einzige Ionisierung durch ein einziges Strahlungsquantum kann einen genetischen Defekt verursachen.

In Biomolekülen gebundene Atome werden ionisiert und Zellwasser wird zu hochreaktiven Wasserionen und -radikalen gespalten. Diese wiederum greifen die DNA an. Dies trifft vor allem für Strahlung mit höherer Energie als UV-Licht zu. Ultraviolette Strahlung hat dagegen eine direkte Wirkung auf die DNA. Allerdings ist hier die Energie für das Eindringen in tiefere Gewebeschichten nicht ausreichend, sodass durch UV-Strahlung Oberflächen wie z. B. die Haut betroffen sind. Besondere Wirkung zeigen sie im Bereich der höchsten Energieabsorption von Nukleinsäuren, dies ist bei einer Wellenlänge von 254 nm. Dann werden Thymidindimeren zwischen benachbarten Basen der DNA gebildet.

Zusätzlich zu der reinen Energiedosis, das ist die Dosis der auf Materie übertragenen Energie, gibt man daher als Maß für das Risiko die sog. **Äquivalentdosis** in Sievert (Sv) an. Die kosmische Strahlung, natürliche Radioaktivität, radioaktiver Fall-out, medizinische Diagnostik und der Innenraumschadstoff Radon belasten den einzelnen Menschen jährlich mit 4 mSv. Beschäftigten in kerntechnischen Anlagen werden jährlich 20 mSv zugemutet. Das genetische Risiko der Keimzellen wird über die **genetisch signifikante Dosis** (GSD) abgeschätzt. Sie liegt niedriger als die jährliche Gesamtbelastung, da nicht alle Strahlungsquellen die Gonaden erreichen. Die mittlere GSD wird gegenwärtig mit 1,7 mSv jährlich angegeben (Abb. 2.14 u. 2.15).

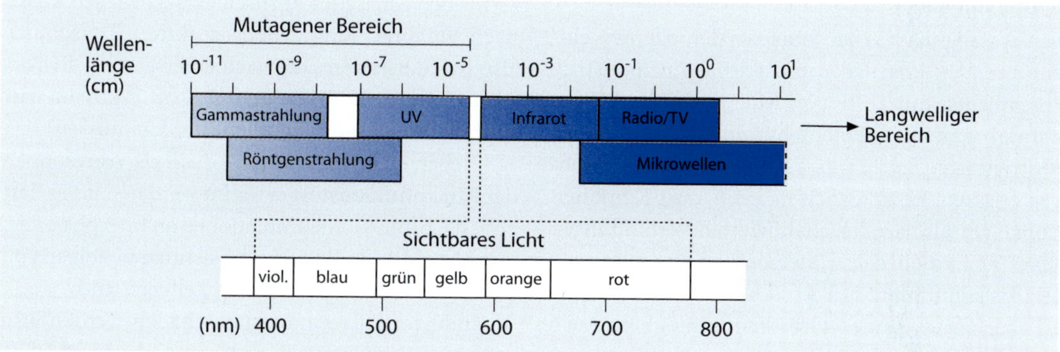

Abb. 2.14. Das Spektrum elektromagnetischer Wellen. Der mutagene Bereich liegt im kurzwelligen Gebiet und beginnt im Bereich des UV-Lichtes (nach Henning 1998)

Abb. 2.15. Experimentell durch Röntgenstrahlen bei der Maus induzierte Chromosomenmutationen in einer Metaphase-II-Oozyte. Es sind vor allem Ringchromosomen und Chromosomenfragmente zu erkennen (nach Reichert 1975)

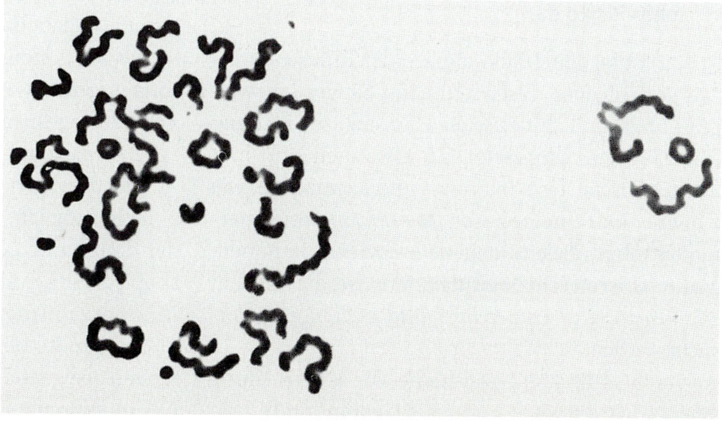

Mutagene

Chemische Mutagene erhöhen die spontane Mutationsrate für alle Arten von Mutationen sowohl in Soma- als auch in Keimzellen. Neben Gen- und Chromosomenmutationen werden nach Einwirkung von Mutagenen auch Hyper- und Hypoploidien beobachtet, die nach Strahleneinwirkung sehr selten sind. Während eine Ionisation Gen- und Chromosomenmutationen vorwiegend durch direkte und momentane Einwirkung bewirkt, verweilen chemische Noxen länger in der Zelle. Dies induziert verstärkt numerische Chromosomenveränderungen. Wegen der hohen Korrelation zwischen Mutagenese und Kanzerogenese besteht einerseits nach Mutationen in Keimzellen ein erhöhtes Risiko für die nachfolgende Generation. Andererseits ist nach Mutationen in Somazellen mit einem erhöhten Tumorrisiko zu rechnen.

Mutagenitätstest

Seit Anfang der 1970er Jahre werden alle neu einzuführenden Pharmaka und relevanten Industriechemikalien mit Hilfe von Mutagenitätstestungen auf ihre genetische Potenz hin untersucht. Alle Industriestaaten haben entsprechende Prüfverordnungen erlassen. Es ist jedoch möglich, dass Kombinationen von als harmlos qualifizierten Verbindungen über Interaktionen von Metaboliten zu unerwarteten Risiken führen. Ein Ausschluss solcher Risiken ist aber aus evidenten Gründen unmöglich. Auch mit Altlasten von lange eingeführten Verbindungen ist zu rechnen. Dabei sollte man bedenken:

! Auch sehr schwache genetische Aktivität stellt auf Populationsebene ein erhebliches genetisches Risiko dar.

In den Mutagenitätslaboratorien der Industrie werden verschiedene Testsysteme am Säuger (vorwiegend Maus und chinesischer Hamster) zur Prüfung einer Substanz eingesetzt. Zu erwähnen sind hier zytogenetische Tests in Soma- und Keimzellen, wie **Knochenmarkmetaphasen** (◘ Abb. 2.16) und **Spermatogonien**. Viele Mutagene induzieren in hohem Maße **Schwesterchromatidaustausche**, die mit dem **SCE-Test** (SCE = *sisterchromatid exchange*) untersucht werden.

Auch indirekte Testsysteme zur Überprüfung einer Induktion von vorwiegend Genom- und Chromosomenmutationen stehen zur Verfügung. Ein bekannter Versuchsansatz ist der **dominante Letaltest**. Dabei injiziert man eine Testsubstanz in männliche Mäuse und paart sie mit virginen Weibchen. Die dominant letal wirkenden Mutationen werden durch abgestorbene Embryonen nachgewiesen. Dieser Test hat den Vorteil, dass man über ein fraktioniertes Verpaarungsmuster das räumliche Nebeneinander verschiedener Spermatogenesestadien in ein zeitliches Aufeinander auflösen kann. Hiermit wird es möglich, Sensibilitätsmuster der Spermatogenes aufzustellen (◘ Abb. 2.17 und 2.18). Nach Behandlung weiblicher Tiere und anschließender Verpaarung mit unbehandelten Männchen, ist dies grundsätzlich auch für die Oogenese möglich. Allerdings müssen hier mögliche toxische (also nicht genetische) Nebenwirkungen auf die Entwicklung der Embryonen im Uterus ausgeschlossen werden. Sensibilitätsmuster sind hilfreich, um ein zeitliches Risiko für den Menschen abzuschätzen (Beispiel: Risiko nach Verabreichung genetisch aktiver Zytostatika, also für Substanzen, die nach einer Nutzen-Risiko-Abwägung trotz ihrer genetischen Aktivität zur Krebsbekämpfung verabreicht werden müssen).

Neben diesen Testsystemen soll als Vortest noch der **Mikronukleustest** erwähnt werden. Dieser Test erfasst Chromosomenmutationen an Interphasekernen über Mikronuklei, die die sichtbaren Folgen von Chromosomenfragmenten im Zellkern sind.

Induzierte Chromosomenschäden werden also vorwiegend in vivo am Säugetier untersucht (◘ Tabelle 2.9). Man tut dies, um mögliche mutagene Metabolite von an sich nicht mutagenen Verbindungen zu erfassen. Leider gelingt es bis heute noch nicht mit hinreichender Sicherheit, für eine Mutationsprophylaxe alle metabolischen Prozesse außerhalb des Tieres (ex vivo) zu simulieren. Allerdings können – nach sorgfältiger Abwägung der Fragestellung – teilweise Zellkulturen (insbesondere aus peripheren Lymphozyten) ergänzend verwendet werden.

Mit allen genannten Testsystemen am Säuger ist es nicht möglich, Genmutationen zu erfassen. Auch der dominante Letaltest erfasst vorwiegend mikroskopisch erkennbare Chromosomenschäden. An Mikroorganismen, wie Bakterien, ist es dagegen über die Induktion von Rück- und Vorwärtsmutanten mit geeigneten Selektivnährböden möglich, auch Genmutationen zu erfassen (◘ Abb. 2.19).

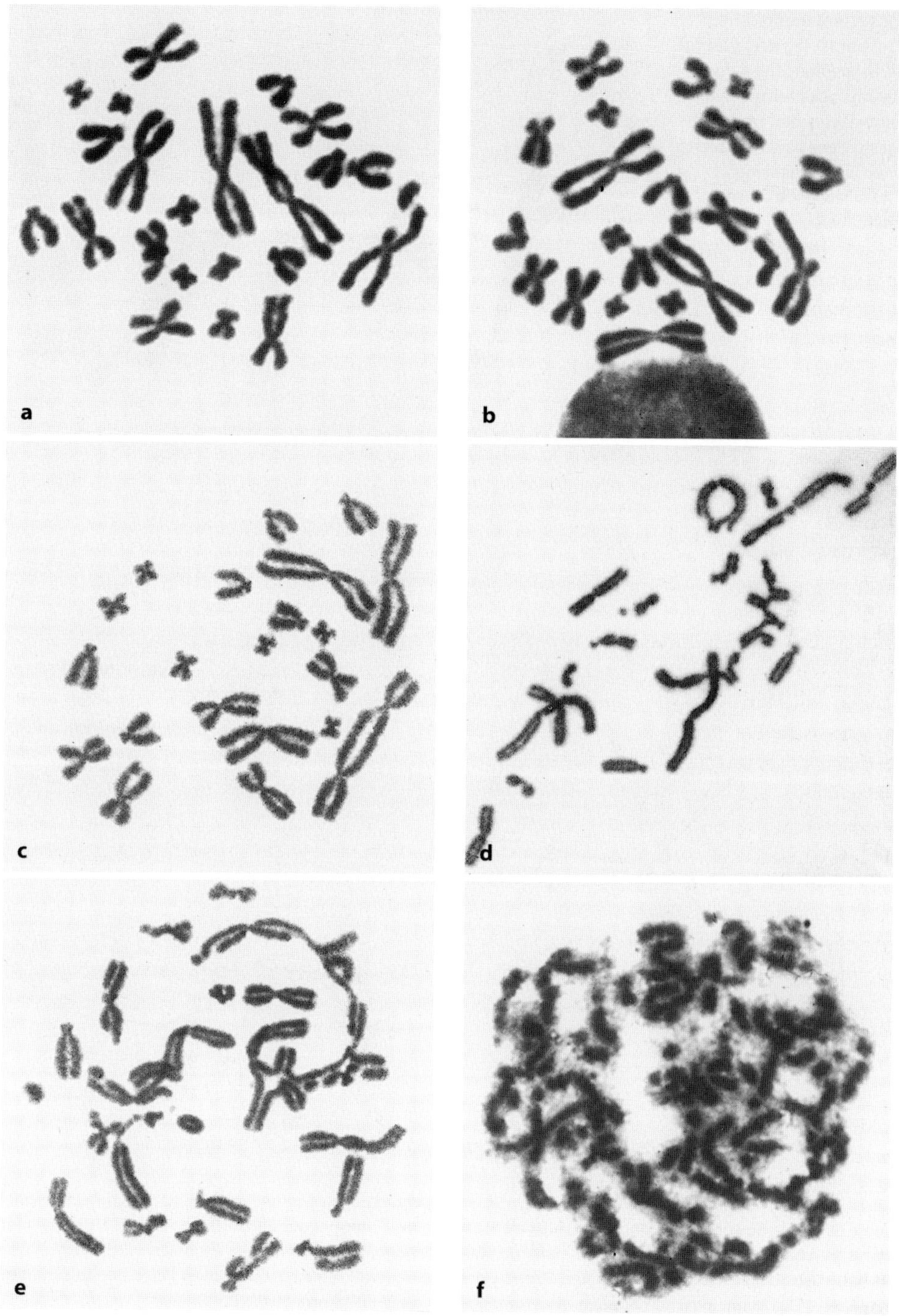

◘ **Abb. 2.16a–f.** Induktion verschiedener Chromosomenmutationen in Knochenmarkzellen des Chinesischen Hamsters nach Behandlung mit der N-Nitrosoverbindung Butylnitrosoharnstoff. **a** Chromatidbruch mit Dislokation des Bruchstückes; **b** Chromatidendeletion; **c** dizentrisches Chromosom; **d** Ringchromosom, multiple Brüche und Interchanges; **e** multiple Interchanges; **f** Chromosomenfragmentation

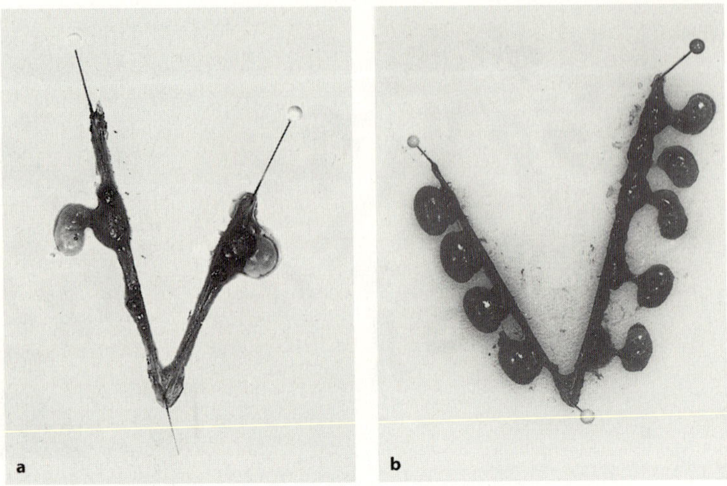

Abb. 2.17. a Uterus bicornis einer Maus am 14. Tag der Trächtigkeit nach Behandlung mit dem Zytostatikum Cyclophosphamid. Neben einem lebenden Embryo sind abgestorbene bzw. resorbierte Embryonen in verschiedenen Stadien zu erkennen; **b** Uterus eines Kontrolltieres

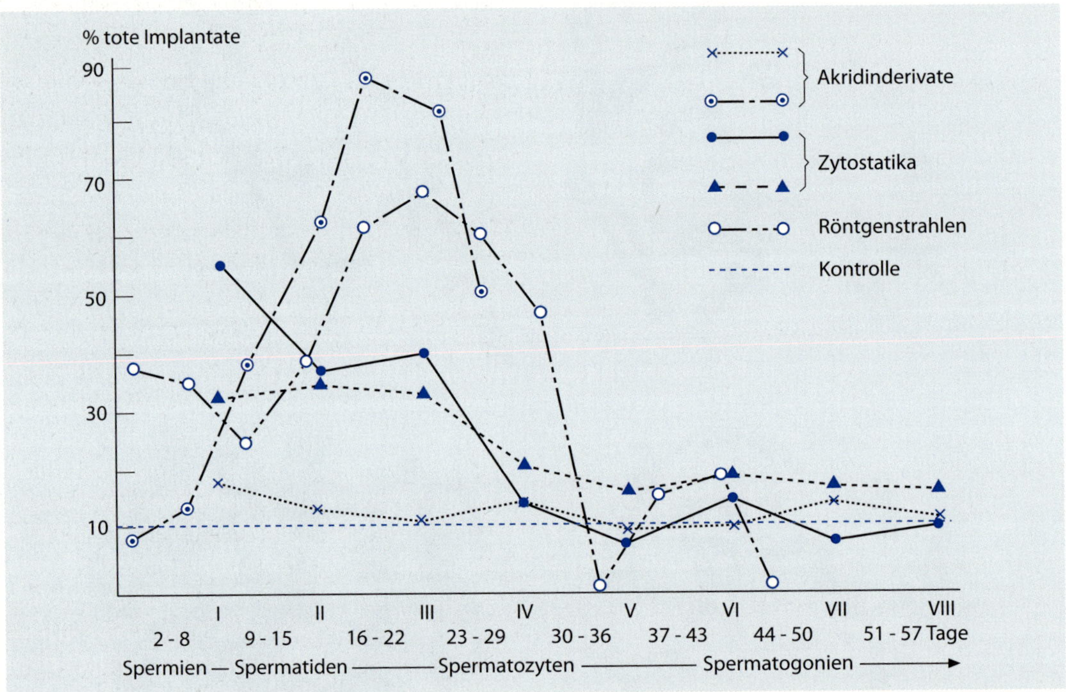

Abb. 2.18. Wirkung verschiedener Mutagene auf die Spermatogenese der Maus. Sowohl nach Röntgenstrahlen als auch nach chemischen Mutagenen zeigt sich im dominanten Letaltest eine hohe Sensibilität der postmeiotischen Stadien der Spermatogenese. Die prämeiotischen Stadien erweisen sich dagegen als weit weniger sensibel, was überwiegend daran liegt, dass ein Großteil der geschädigten Keimzellen, die sich zum Zeitpunkt der Behandlung noch nicht in der Meiose befanden, durch die Meiose eliminiert wird. Die Meiose stellt so einen wirksamen biologischen Filter dar (zusammengestellt von G. Röhrborn und W. Buselmaier)

Tabelle 2.9. Mutagenitätstestsysteme

In-vivo-Systeme	In-vivo-Systeme		Ex-vivo-Systeme
Indirekte Methoden	Zytogenetische Methoden		Bakterientests unter Einschluss des Metabolismus der Säuger
↓	↓	↓	↓
	Nachweis in Somazellen	Nachweis in Keimzellen	
	↓	↓	
Dominanter Letaltest	Knochenmarkstest, SCE-Test, Mikronukleustest	Spermatogonientest	Ames-Test

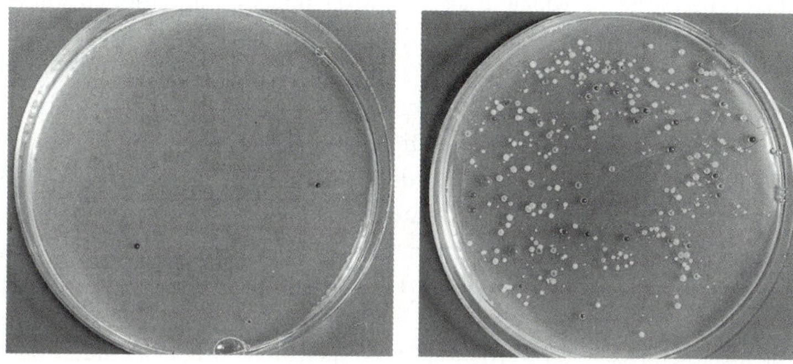

Abb. 2.19. Petrischalen mit Selektivagar und induzierten Revertanten von Serratia marcescens. Die Mutanten wurden mit dem Zytostatikum Trenimon induziert. Daneben ist eine Kontrollpetrischale abgebildet mit spontanen Revertanten zur Feststellung der spontanen Mutationsrate

Allerdings berücksichtigen Tests mit Mikroorganismen den Stoffwechsel der Säugetiere bzw. des Menschen nicht in ausreichendem und übertragbarem Maße. Daher wurde vor einigen Jahren der **Ames-Test** entwickelt (Abb. 2.20). Bei diesem Verfahren bringt man in vitro die Prüfsubstanz mit einem Gemisch aus Bakterien und Lebermikrosomen in Kontakt. Die Lebermikrosomen werden aus einem Zentrifugat meist von Rattenlebern gewonnen und stellen die Stoffwechselmaschinen des Organismus dar. Da sie durch diese Prozedur ihre biologische Aktivität nicht verlieren, kann der Säugetier-

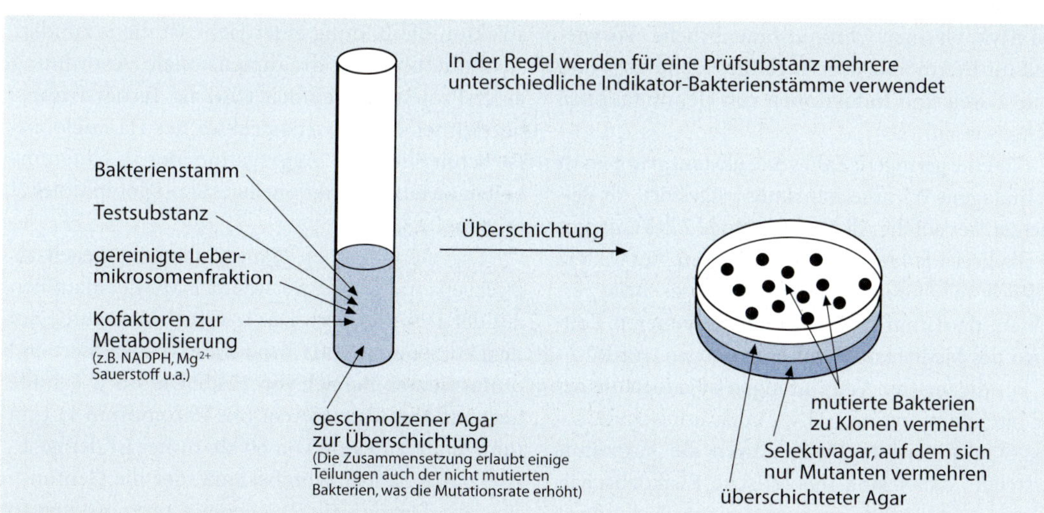

Abb. 2.20. Versuchsaufbau zum Ames-Test

stoffwechsel annähernd simuliert werden. Hiermit ist es zur Untersuchung auf induzierte Genmutationen möglich, die Vorteile mikrobieller Tests mit den Gegebenheiten des Stoffwechsels der Säuger zu verbinden. Nachgewiesen werden die induzierten Mutationen an Revertanten auf Selektivnährböden. Normalerweise setzt man bei solchen Tests mehrere Bakterienstämme ein, um bei der bekannten spezifischen Revertierbarkeit der einzelnen Stämme keine falsch negativen Befunde zu erhalten. Routinemäßig wird der Ames-Test auf einer frühen Stufe der Substanzentwicklung vorwiegend als Kanzerogenitätstest eingesetzt. Er weist aber über die Kanzerogenitätsinduktion durch Mutation die Induktion von Punktmutationen nach. Dennoch kann der Ames-Test bis heute andere notwendige Mutagenitätstests am Säuger in vivo nicht ersetzen, da er nicht alle Mutagene erfasst. Mit diesem Verfahren ist es jedoch möglich, sozusagen die »Spitze des Eisberges« zu erkennen. Diese als schädlich erkannten Verbindungen werden in der Regel von einer Weiterentwicklung ausgeschlossen. So werden viele Versuchstiere eingespart. Der Test ist also ein Beitrag, die Verantwortung des Menschen für das Tier als Mitgeschöpf wahrzunehmen. Weitere Entwicklungen von Ex-vivo-Testsystemen werden aktiv betrieben, um den Bedarf an Versuchstieren zu verringern.

Viren und andere Mutagene

Neben Strahlen und chemischen Mutagenen induzieren verschiedene Viren, aber auch Schimmelpilze und Mykoplasmen Chromosomenbrüche. Vorwiegend für Retroviren, aber auch für Adenoviren und Papovaviren sind Induktionen von Genmutationen nachgewiesen.

Für eine geringere Zahl von Substanzgruppen ist der mutagene Wirkmechanismus aufgeklärt. Als Beispiel sei hier auf die Alkylierung am N 7 des Guanins bei alkylierenden Agenzien hingewiesen. Auf weitere Beispiele möchten die Autoren an dieser Stelle verzichten, da darauf bereits zu einem früheren Zeitpunkt des Medizinstudiums eingegangen wurde.

Für die meisten Verbindungen ist jedoch die Art der Interaktion mit der DNA noch unbekannt, sodass Strukturwirkungsbeziehungen die Ausnahme darstellen; daher sind theoretische Risikoabschätzungen aus der Strukturformel einer Verbindung meist nicht möglich.

2.3 Beziehungen zwischen Genotyp und Phänotyp

2.3.1 Funktionelle Folgen von Genmutationen

Die Auswirkungen von Art und Lokalisation von Genmutationen auf die Funktion des Endprodukts lassen sich bei den verschiedenen Hämoglobinopathien besonders gut zeigen, da man hier beinahe das ganze Spektrum der theoretisch abgehandelten Genmutationen studieren kann.

Hämoglobinmolekül

Das Hämoglobin ist ein zusammengesetzter Eiweißkörper mit einer Nichtproteingruppe, einem Protoporphyrin-Eisen-Komplex (Häm, Farbstoffkomponente) und einem Eiweißanteil (Globin).

Dabei bleibt der Aufbau des Häms immer konstant. Die Hämoglobinformen unterscheiden sich in der Struktur der Polypeptidketten. Die generelle Formel lautet $\alpha 2$ $\beta 2$, d. h. von den 4 Globinketten sind 2 gleich und jede dieser Ketten existiert doppelt. Das zweiwertige Eisen, das zentrale Atom der Hämgruppe, bindet über ein Histidin mit jeder der 4 Polypeptidketten und bewerkstelligt so den Sauerstofftransport im Körper.

Eine Polypeptidkette besteht aus einem Strang von mehr als 140 Aminosäuren (α-Kette 141, β-Kette 146 Aminosäuren) und besitzt eine spezifische Struktur. Die Aminosäuresequenz ist die Primärstruktur, die Bildung einer Helix ist die Sekundärstruktur, und die dreidimensionale Anordnung einer Proteinuntereinheit wird als Tertiärstruktur bezeichnet. Die Quartärstruktur des Hämoglobins ist schließlich die Aggregation der 4 Untereinheiten zu einem funktionellen Hämoglobinmolekül (► Kap. 1.2.3).

Die menschlichen Hämoglobingene liegen als zwei separate Cluster verwandter Multigenfamilien auf der DNA kodiert. Das α-Gencluster wurde auf dem kurzen Arm von Chromosom 16 lokalisiert und umfasst einen Bereich von 25 kb. Die γ-δ-β-Familie liegt auf dem kurzen Arm von Chromosom 11 und umfasst eine Region von 60 kb. Bisher ist der genetische Mechanismus unbekannt, der die Genfunktion auf den zwei verschiedenen Chromosomen so reguliert, dass in gleicher Menge α- und Nicht-α-

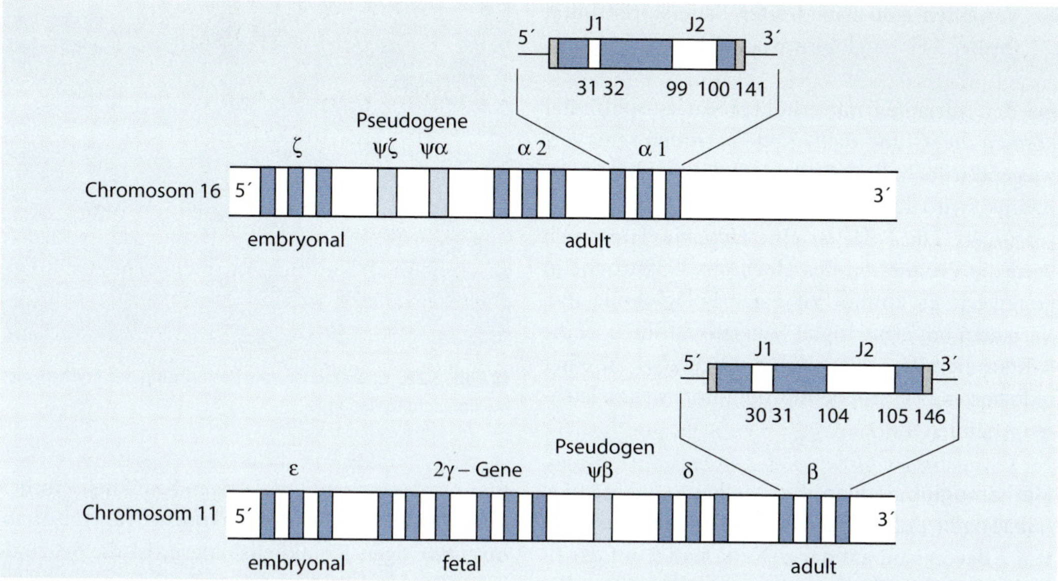

Abb. 2.21. Strukturgene des α-Komplexes auf Chromosom 16 und der β-Genfamilie auf Chromosom 11. Für das α- und β-Globingen ist die Intron-Exon-Struktur und die Kodonnummer gezeigt, bei der Introns Exons unterbrechen. Das ebenfalls bekannte Pseudogen am 3′-Ende des Genclusters ist nicht eingezeichnet

Polypeptidketten resultieren. Die Strukturgene des α-Komplexes – von 5′ (stromaufwärts) zu 3′ (stromabwärts) – schließen das embryonale ζ-Gen, ein Pseudogen für Hbζ und zwei identische α-Gene ein. Die verschiedenen Gene des β-Clusters sind das embryonale ε-Gen, 2 fetale γ-Gene, ein Hbβ-Pseudogen, ein Hbδ- und ein Hbβ-Gen (Abb. 2.21).

Hämoglobinvarianten

Von den verschiedenen Hämoglobinvarianten, die durch Genmutationen entstanden sind, sind Aminosäuresubstitutionen die häufigsten; bisher wurden etwa 350 beschrieben. Die meisten Aminosäuresubstitutionen bleiben – aus Gründen, die bereits behandelt wurden – ohne Folgen für die Hämoglobinfunktion und damit für die Gesundheit. Generell haben Substitutionen, die den Außenteil der Hämoglobinkette betreffen, geringere Auswirkungen als solche, die den Innenteil betreffen, oder solche, die sich nahe an der Insertion der Hämgruppe befinden. Man kann die Hämoglobinvarianten folgendermaßen einteilen:

- Substitutionen, die die helikale Windung betreffen, induzieren Hämoglobininstabilität und führen zu hämolytischen Anämien;
- Varianten, die die Bindung der Untereinheiten betreffen, sind oft mit einer abnormen Sauerstoffaffinität assoziiert und haben Erythrozytosen zur Folge;
- Methämoglobinämien führen zu Zyanosen;
- Varianten mit Sichelzellbildung.

Instabile Hämoglobine. Über 100 instabile Hämoglobine wurden beschrieben. Die meisten betreffen die β-Kette. Viele basieren auf Aminosäuresubstitutionen oder Deletionen, die zu einer vorzeitigen Dissoziation der Hämgruppe von der Globinkette führen. Daraus folgen eine intrazelluläre Präzipitation des denaturierten Hämoglobins in Form von Heinz-Körper-Bildung und hämolytische Anämien. Dabei variiert die Manifestation von milder – klinisch unauffälliger – Instabilität bis zu schwerer Instabilität. Sulfonamide können bei dieser Gruppe von Hämoglobinvarianten schwere Hämolysen auslösen.

Varianten mit veränderter Sauerstoffaffinität. Diese können unterteilt werden in:

- Varianten mit erhöhter Sauerstoffaffinität (etwa 30 Hämoglobinvarianten) und

- Varianten mit erniedrigter Sauerstoffaffinität (bisher 3 Hämoglobinvarianten).

Bei den Varianten mit erhöhter Sauerstoffaffinität können die α- und die β-Kette betroffen sein, vorwiegend jedoch die β-Kette. Durch die erhöhte O_2-Affinität wird der Sauerstofftransport in die Gewebe verringert. Die Folge ist eine Hypoxie. Hierdurch wird die Produktion des Hormons Erythropoetin gesteigert. Es kommt zu einer Polyglobulie. Bei Varianten mit erniedrigter Sauerstoffaffinität ist die β-Kette betroffen. Dies führt umgekehrt zu einer reduzierten Erythropoetinproduktion, was zu leichten Anämien führt.

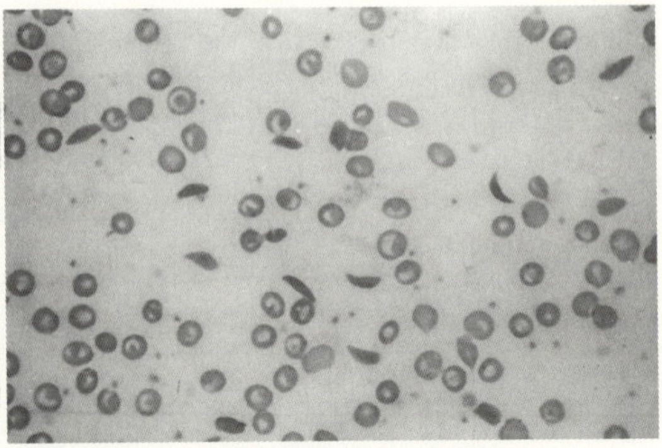

Abb. 2.22. Charakteristische Verformung der Erythrozyten bei der Sichelzellanämie

Methämoglobinämien. Bei Methämoglobinämien (HbM) gibt es 5 verschiedene Hämoglobinvarianten. 2 davon sind auf der α-Kette und 2 auf der β-Kette lokalisiert. Die 5. Variante, das Hb Milwaukee 1, ist auf molekularer Ebene noch nicht vollständig geklärt. Die 1.–4. Variante beruht auf der Substitution eines Histidins durch Tyrosin. Bei den Methämoglobinen wird die physiologisch zweiwertige Eisenverbindung der Hämgruppe durch Oxidation in dreiwertiges Eisen umgewandelt. Dies verhindert die reversible Bindung des Hämoglobins an Sauerstoff und damit die Erfüllung seiner eigentlichen Funktion. Patienten mit HbM-Mutationen der α-Kette sind von Geburt an zyanotisch. Solche mit einer HbM-Mutation der β-Kette entwickeln keine schwere Zyanose vor dem 6. Monat. Neben der klinisch auffälligen Zyanose beobachtet man bei den Patienten eine leichte hämolytische Anämie.

Sichelzellanämie. Die Sichelzellanämie (HbS) ist die am längsten bekannte Hämoglobinopathie. Die entsprechende Basenpaarsubstitution wurde bereits auf der Ebene der DNA besprochen. Im Gegensatz zu allen anderen Basenpaarsubstitutionen verändert diese die Löslichkeit und Kristallisation des Hämoglobins. Das HbS polymerisiert in Filamente von hohem molekularem Gewicht, die sich zu Faserbündeln assoziieren. Diese verformen die Erythrozytenmembran in charakteristischer Weise zu Sichelzellen (Abb. 2.22).

Die Sichelzellen erhöhen die Viskosität des Blutes mit der Folge der Verstopfung von Kapillaren. Dies führt zu abdominalen Symptomen bei Milzinfarkten und zu pleuropneumonieartigen Krankheitserscheinungen. Ein Befall der Röhrenknochen führt zu osteomyelitisartigen Krankheitsbildern, ist die Sehrinde betroffen, sind Erblindungen die Folge. Durch den beschleunigten Abbau der Sichelzellen kommt es zur hämolytischen Anämie (Tabelle 2.10). Diese Krankheitserscheinungen treten bei homozygoten Genträgern auf. Heterozygote dagegen haben zwischen 25% und 40% HbS und sind klinisch weitgehend normal. Aus der Sicht der Genprodukte liegt bei Heterozygoten eine kodominante Vererbung vor, auf der Ebene des Genotyps ein autosomal-rezessiver Erbgang, da nur Homozygote das volle Krankheitsbild ausprägen. Probleme treten nur in Höhen über 3000 m, d. h. bei niedrigem Sauerstoffpartialdruck, in Form einer schweren Hypoxie auf, da HbS weniger Sauerstoff bindet und die Tendenz hat auszukristallisieren.

Sichelzellanämie ist bei Negriden häufig. Der Grund für die hohe Frequenz des Sichelzellgens ist ein Selektionsvorteil der Heterozygoten gegen Malaria tropica.

Thalassämien. Auch andere Mutationen führen zu Hämoglobinopathien. An erster Stelle sind hier die Thalassämien zu nennen. Sie sind durch eine ungenügende oder fehlende Synthese der einen oder anderen Hämoglobinkette gekennzeichnet, also nicht durch eine qualitative Veränderung wie bei den bisher besprochenen Hämoglobinopathien. Häufig sind hier Deletionen verschiedener Länge. Man unterscheidet 2 Klassen von Thalassämien:
- Thalassämien mit Mutationen im α-Gen und
- Thalassämien mit Mutationen im β-Gen.

Tabelle 2.10. Klinische Folgen der Sichelzellanämie

β-Kette des Hämoglobins	Val-His-Leu-Thr-Pro- **Pos. 6. Val.** -Glu-Lys 146								
	↓								
Erythrozyten	Sichelform durch Kristallisation des Hämoglobins								
	↓								
	Verklumpungen der Erythrozyten in Blutgefäßen, Zellansammlungen, Zellabbau, mangelnde Blutversorgung								
	↓								
Klinische Folgen	Erythrozyten	Milz	Herz	Lunge	Darm	Niere	Muskel	Gehirn	Augen
	↓	↓	↓	↓	↓	↓	↓	↓	↓
	Anämie	Vergrößerung	Herzversagen	Pneumonie	Darmkoliken	Versagen	Rheumatismus	Paralyse	Erblindung

In beiden Fällen ist die α- oder β-Globinproduktion herabgesetzt oder nicht vorhanden. Deletionen können auch einzelne Nukleotide betreffen; die Folge sind Frame-shift-Mutationen (z. B. Hb Wayne, welches die α-Kette betrifft) mit Kettenverlängerung und Überlesung des Stoppkodons.

Die α-Thalassämien sind häufig in Thailand, Malaysia, den Philippinen und Afrika, kommen aber auch im Mittelmeerraum vor. Sporadische Fälle finden sich in allen ethnischen Gruppen. Die höchste Frequenz von β-Thalassämien wird im mediterranen Raum beobachtet. Die β-Thalassämie kann durch Verlust oder Herabsetzung der Genaktivität in einem oder beiden Allelen der β-Globingene zustande kommen. Personen mit einer Mutation in einem Gen exprimieren eine milde Form von Anämie (Thalassämia minor), solche mit einer Mutation in beiden Genen, also homozygote Träger (Thalassämia major), produzieren kein normales Hämoglobin. Homozygote kann man wiederum in zwei klinische Typen unterteilen:

- Bei der β^{+}-Thalassämie ist die Produktion von normalem Hämoglobin reduziert.
- Bei β^{0}-Thalassämien fehlt die Produktion von β-Hämoglobin.

Auch bei β-Thalassämien ist bei Heterozygoten ein Selektionsvorteil bei Malaria wahrscheinlich, wenn auch nicht so deutlich wie bei der Sichelzellanämie. Der Selektionsvorteil dürfte für die in der Evolution entstandene hohe Frequenz des Gens (Thalassämia minor in Italien 10–30 %) verantwortlich sein. Thalassämien können mit molekularbiologischen Methoden pränatal diagnostiziert werden.

Im Gegensatz zu den β-Thalassämien ist die homozygote Form der α-Thalassämie letal. Die Kinder kommen entweder als Totgeburten zur Welt, oder sie sterben kurze Zeit nach der Geburt an hämolytischen Anämien. Die heterozygote Form wird wegen der geringeren Ausprägung klinisch kaum diagnostiziert.

Weitere Hämoglobinopathien. Neben den erwähnten Hämoglobinopathien finden sich noch eine große Zahl anderer, die z. B. auf Promotor- oder Terminatormutationen, auf Duplikationen oder auf Genkonversionen beruhen. Auch illegitimes Crossing-over im β-Cluster wird beobachtet, was z. B. zu Fusionsvarianten der Loki für die β- und δ-Kette führt (Hb-Lepro-Anomalie).

Auch das epigenetische Phänomen des Imprinting, das eine gewisse Zahl von Genen betrifft, bei denen nur eines der elterlichen Allele exprimiert wird, kann zu phänotypischen Auswirkungen von Genmutationen führen, wenn genetische Defekte solche Gene betreffen. Dabei kann das Imprinting auch gewebsspezifisch sein und zu mono- und bialleler Expression in verschiedenen Geweben führen und zu **Haploinsuffizienz** in Geweben, in denen das Gen biallelisch exprimiert wird. Von Haploinsuffizienz spricht man, wenn die Expression eines Allels nicht ausreichend zur Aufrechterhaltung der Funktion ist. Hierdurch kann phänotypische Heterogenität entstehen.

Die Hämoglobinopathien stellen wegen ihrer großen Häufigkeit in den betroffenen Regionen ein großes soziales Problem dar. Man schätzt, dass jährlich etwa 200.000 homozygot betroffene Kinder geboren werden. 50 % sind Sichelzellanämien, 50 % Thalassämien. Genetische Beratung und pränatale Diagnostik, wie sie auch in einigen Gebieten im mediterranen Raum existieren, erscheinen als einzige Alternative, die vorhandenen großen sozialen Probleme zu mildern.

Zusammenfassend belegen gerade die Hämoglobinopathien die verschiedenartigen phänotypischen Auswirkungen von Genmutationen, abhängig von der Art und Lokalisation der Mutation. Sie sind aber auch ein Beispiel, das die ganze Variationsbreite der verschiedenen Mutationen beim Menschen demonstriert.

2.3.2 Multiple Allelie

Ein einzelnes Gen ist durch seine Basensequenz definiert und nimmt einen spezifischen Platz im Genom ein. Es kann allerdings in verschiedenen, meist leicht veränderten Formen vorkommen, da es im Verlauf der Evolution – wie bereits beschrieben – zu Mutationen in der DNA kommt.

! Verschiedene, in der DNA-Sequenz leicht veränderte Formen eines Gens heißen Allele (Allel = das Andere).

Die Menge der vorhandenen Allele eines Gens entspricht der Zahl der stabilen Mutationen, die sich im Verlauf der Evolution angesammelt haben. Man muss davon ausgehen, dass alle menschlichen Gene multipel allel sind. Das Konzept der multiplen Allelie muss man auf Populationen beziehen, da eine bestimmte Person nur zwei Allele eines Gens besitzen kann, jeweils eines von jedem Elternteil. Würde man also eine Population bezüglich aller Phänotypen untersuchen, die ein bestimmtes Gen repräsentieren, so könnte man alle verfügbaren Allele beschreiben. Das Allel, dessen Sequenz für einen als »normal« klassifizierten Phänotyp kodiert, bezeichnet man als **Wildtypallel**.

Das wohl bekannteste Beispiel für multiple Allelie sind die AB0 Blutgruppen des Menschen. Die Blutgruppen A^1, A^2, A^3, B^1, B^2 und 0 sind verschiedene Allele eines Gens. Die definierte Blutgruppe einer Person hängt dann davon ab, welche beiden Allele vererbt werden. Auch die verschiedenen Mutationen, z. B. in der β-Kette des Hämoglobins sind multiple Allele.

Die Laktoseunverträglichkeit wird ebenfalls als ein System multipler Allele diskutiert. Die Aktivität der Laktase zeigt nämlich in verschiedenen Teilen der Welt bezüglich ihrer vollen Expression erhebliche Altersunterschiede.

Ein weiteres bekanntes Beispiel ist die White-Serie von Drosophila melanogaster. Abhängig von der Allelsituation im Genom der Fruchtfliege werden hier phänotypisch verschiedene Augenfarben – vom Rot des Wildtyps über verschiedene Variationen von Rotabstufungen bis zum reinen Weiß der Mutante *white* – ausgebildet.

Die Begriffe **Homozygotie** und **Heterozygotie** beziehen sich auf die Vererbung identischer oder unterschiedlicher Allele. Die Begriffe **Dominanz, Rezessivität** und **Kodominanz** drücken aus, wie stark ein Allel im Phänotyp repräsentiert ist. Wenn zwei Gene nicht unabhängig voneinander vererbt werden, wie dies nach Mendel zu fordern ist, so können diese Gene komplett oder eng gekoppelt sein. Dies kann ein System multipler Allelie vortäuschen. Selten auftretende Rekombinationen durch Crossing-over-Prozesse belegen, dass die Gene zwar unabhängig, aber doch eng gekoppelt sind (Tabelle 2.11).

2.3.3 Mutationen nicht gekoppelter Loki mit verwandter Funktion

Eng gekoppelte Loki haben oft verwandte Funktionen. Beispiele sind:
- die γ-δ-β-Familie des Hämoglobins,
- die Immunglobulinregion, die eine Anzahl von Loki für die γ-Globin-Ketten enthält,
- 4 Gene, die im Stoffwechselprozess der Glykolyse eine Rolle spielen,
- Gene, die für eng verwandte Enzyme kodieren.

Zu erwähnen ist hier auch ein Cluster von Genen, das in die Immunantwort involviert ist, nämlich der Major Histocompatibility Complex, und Oberflächenantigene hauptsächlich der roten Blutzellen. Beispiele sind die Subtypen innerhalb des Rh-Systems.

Tabelle 2.11. Zustandsformen von Genen und ihre Konsequenzen für die genotypische Vererbung

Gen	DNA-Abschnitt, der für ein funktionelles Produkt mit einer spezifischen Basensequenz kodiert
Allele	Alternative Formen von Genen, die denselben Lokus im Chromosom einnehmen. Die verschiedenen Allele unterscheiden sich voneinander durch eine oder mehrere mutative Veränderung
Multiple Allelie	Existieren mehr als zwei Allele eines bestimmten Gens, so spricht man von multiplen Allelen bzw. von multipler Allelie
Homozygotie	Vorhandensein von identischen Allelen an sich entsprechenden Loki in homologen Chromosomensegmenten
Heterozygotie	Vorhandensein von verschiedenen Allelen an sich entsprechenden Loki in homologen Chromosomensegmenten

Von Bakterien kennen wir enge Kopplung von funktionell verwandten Loki; häufig sind diese sogar unter die Kontrolle eines Operons gestellt.

Es gibt auch Beispiele von nicht gekoppelten Loki mit verwandter Funktion. Bisher hat man beim Menschen keine Anzeichen gefunden, dass überhaupt bakterienähnliche Operons unter der Kontrolle eines Promotors existieren. So liegen die Gene für Galaktose-1-Phosphat-Uridyl-Transferase und Galaktokinase, die bei Bakterien gekoppelt sind, beim Menschen auf den Chromosomen 3 und 17.

Das Gen für G6PD ist auf dem X-Chromosom lokalisiert und das für das Folgeenzym 6-PGD auf Chromosom 1. Die menschlichen Gene für die α-Hämoglobinkette und die der γ-δ-β-Familie sind offensichtlich nahe verwandt; dennoch liegen sie auf verschiedenen Chromosomen. Folglich vererben sich Mutationen in Genen mit verwandter Funktion auch voneinander unabhängig, da sie genetisch nicht gekoppelt sind.

Wie kommt es nun dazu, dass in der Evolution auseinander hervorgegangene Gene auf verschiedenen Chromosomen lokalisiert sind und wie wird das Verhältnis der Genprodukte zueinander reguliert? Eine Antwort auf die letzte Frage liegt noch völlig im Dunkeln. Es ist nicht bekannt, wie beispielsweise die Produktion menschlicher α- und β-Hämoglobinketten so reguliert wird, dass immer ein Verhältnis von 1:1 entsteht. Beantworten lässt sich jedoch die Frage nach der Lokalisation auf verschiedenen Chromosomen. Im Laufe der Evolution ist es immer wieder zu erheblichen Aus- und Umbauvorgängen gekommen; auch Polyploidisierungen ganzer Chromosomensätze haben eine Rolle gespielt. Dadurch erklärt sich, dass sich Gene, die mit ziemlicher Sicherheit durch illegitimes Crossing-over auseinander hervorgegangen sind, plötzlich auf verschiedenen Chromosomen befinden. Möglicherweise wird hierdurch das Risiko weiterer illegitimer Crossing-over Prozesse vermindert, denn lange DNA-Abschnitte mit sich wiederholenden Kaskaden von Basen würden solche Prozesse begünstigen.

! Es könnte also ein evolutionärer Vorteil sein, wenn Gene verwandter Funktion auf verschiedenen Chromosomen sitzen.

Auch die funktionell abgeschalteten Pseudogene liegen häufig auf einem ganz anderen Chromosom als die entsprechenden kodierenden Gene (Tabelle 2.12).

Tabelle 2.12. Lagebeziehungen von Genen mit verwandter Funktion

- Gene mit verwandter Funktion liegen häufig eng gekoppelt
- Gene mit verwandter Funktion können auch auf völlig verschiedenen Chromosomen liegen
- Gene mit verwandter Funktion sind in der Regel durch illegitimes Crossing-over auseinander hervorgegangen
- Verantwortlich für die Trennung von Genen mit verwandter Funktion sind evolutionäre Umbauvorgänge
- Die Regulation des quantitativen Verhältnisses der Genprodukte zueinander ist bei räumlich getrennten Genen unbekannt

2.3.4 Unterschiede der Genaktivität

Die Ontogenese ist durch ständige Veränderungen des Phänotyps gekennzeichnet. Sie beginnen mit den ersten Furchungsteilungen und setzen sich über embryonale, fetale und Jugendstadien bis zu den Stadien höchster Differenzierung fort. Dabei ist ein und derselbe Genotyp in der Lage, sehr verschiedene Phänotypen in gesetzmäßiger Abfolge hervorzubringen.

Immer stehen Fortpflanzungszellen am Anfang einer solchen Entwicklung. Mit der aus ihnen resultierenden Zygote ist der Grundstock für die gesamte Entwicklung gelegt. Die erste Furchungsteilung zum 2-Zellstadium bringt zwei omnipotente Zellen hervor, von denen sich jede zu einem kompletten Individuum entwickeln könnte – und manchmal in eineiigen Zwillingen auch entwickelt. Spätestens jedoch mit der 3. Furchungsteilung, also mit dem 8-Zellstadium, wird beim Menschen die Omnipotenz aufgegeben. Es setzt ein Vorgang ein, den man als **Zelldifferenzierung** bezeichnet.

Zelldifferenzierung ist im wesentlichen ein Vorgang der **differenziellen Genaktivität**, d. h. in sich verschieden differenzierenden Zellen werden unterschiedliche Gene aktiviert bzw. inaktiviert. Dabei verfügt zwar – von Ausnahmen wie den antikörpersynthetisierenden B-Lymphozyten und Plasmazellen sowie T-Lymphozyten abgesehen, deren Differenzierung über Translokationen und Deletionen erfolgt, – weiterhin jede Zelle über die gesamte genetische Information, sie kann aber nur einen Teil dieser Information abrufen. Diesen Vorgang bezeichnet man als **differenzielle Transkription**. Sie ist der wichtigste Mechanismus in der Zelldifferenzierung. Sind die Differenzierungsprozesse eines Organismus abgeschlossen, so ist es wiederum die differenzielle Transkription, die in verschiedenen Organen zu örtlichen Unterschieden in der Genaktivität führt und damit für die organspezifische Ausprägung und Funktion von Zellen verantwortlich ist.

Zeitlich unterschiedliche Genaktivität

Wiederum ist es das Hämoglobin, das uns zum Verständnis der Genaktivitäten auf molekularer Ebene hilfreich sein kann. Es lehrt uns, dass zu verschiedenen Zeitpunkten der Entwicklung verschiedene Gene nacheinander aktiv sein können, um die Funktion eines Genprodukts den jeweiligen Entwicklungsprozessen ideal anzupassen. Das Hämoglobinmolekül von Kindern und erwachsenen Menschen (HbA) setzt sich zu 98 % aus 2α- und 2β-Polypeptidketten zusammen. Es wird als $\alpha_2\beta_2$ bezeichnet. Alle Erwachsenen besitzen darüber hinaus in kleinem Umfang etwa 2 % HbA_2. Es besteht aus je 2α-und 2δ-Ketten und wird als $\alpha_2\delta_2$ bezeichnet. Die δ-Kette unterscheidet sich nur in 10 Aminosäurepositionen von der β-Kette. Das fetale Hämoglobin (HbF) dagegen besteht aus 2α- und 2γ-Ketten ($\alpha_2\gamma_2$). Zum Zeitpunkt der Geburt hat es mit ca. 80% den Hauptanteil an der Hämoglobinmenge, wird dann aber zunehmend ersetzt, sodass es bereits nach einigen Monaten nur noch wenige Prozent ausmacht (◘ Abb. 2.23). Man kann bei HbF 2 Varianten unterscheiden; es sind dies γA (mit Alanin) und γG (mit Glycin; ◘ Tabelle 2.13). Die γ-Kette unterscheidet sich mit 43 Aminosäuren recht erheblich von der β-Kette. Die α-Kette mit 141 Aminosäuren und die γ-Kette mit 146 Aminosäuren haben 50 Aminosäuren gemeinsam.

Weiterhin kommen in den ersten Embryonalwochen noch embryonale Hämoglobine vor. Es sind dies: Hb Portland, welches durch 2ζ-Ketten charakterisiert ist ($\zeta_2\gamma_2$), Hb Gower 1 mit 2 ζ- und 2 ε-Ketten ($\zeta_2\varepsilon_2$) und Hb Gower 2 mit 2 α- und 2 ε-Ketten ($\alpha_2\varepsilon_2$). In der Aminosäurezusammensetzung gleicht die ζ-Kette, der α-Kette, und die ε-Kette hat Ähnlichkeit mit der β-Kette. Der Vorteil der embryonalen und fetalen Hämoglobine ist ihre höhere Sauerstoffaffinität, was eine vermehrte O_2-Abgabe an die Gewebe ermöglicht.

Örtlich unterschiedliche Genaktivität

Ein Beispiel für organspezifische Genaktivität ist die Expression der Phenylalaninhydroxylase. Der Defekt dieses Enzyms führt zu **Phenylketonurie** (PKU). Dabei ist die Hydroxylasereaktion ein Schritt in der Stoffwechselkette von Phenylalanin zu Tyrosin, in der eine Reihe anderer genetischer Blocks mit charakteristischen Syndromen bekannt sind. Die Hydroxylase besteht aus zwei Proteinkomponenten, einer labilen und einer stabilen. PKU ist durch einen kompletten Ausfall der Leber-Phenylalaninhydroxylase gekennzeichnet, wobei die labile Komponente des Enzymsystems betroffen ist. Die stabile Kompo-

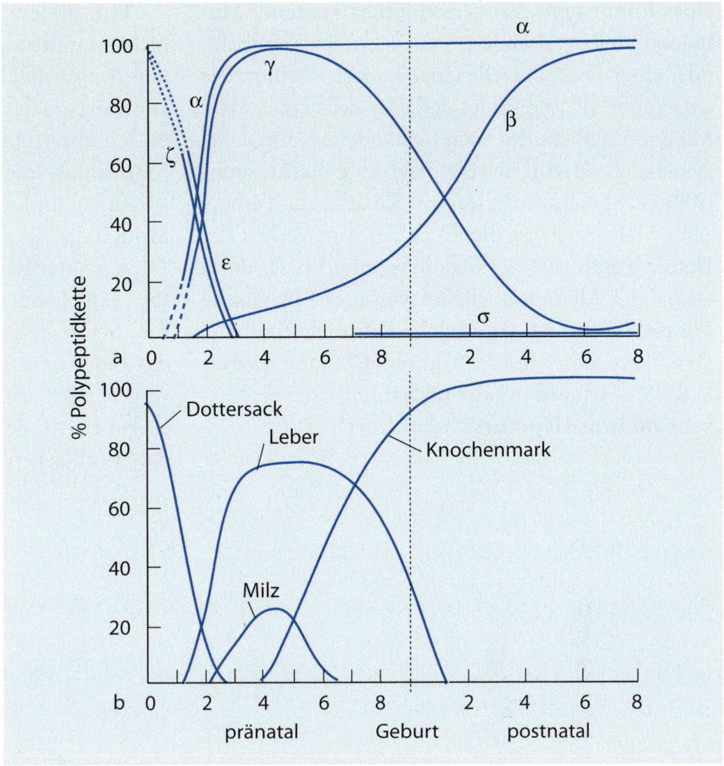

Abb. 2.23a, b. Ontogenese der menschlichen Hämoglobinketten. **a** Entwicklungsmuster der verschiedenen Globinketten; **b** charakteristische Orte der Erythropoese während der Entwicklung. Es bestehen charakteristische Ähnlichkeiten in der Zeitfolge der Entwicklungen von Dottersack und ε- und ζ-Kette, Leber und Milz und γ-Kette, Knochenmark und β-Kette. (nach Motulsky 1970)

Tabelle 2.13. Menschliche Hämoglobine von der embryonalen bis zur adulten Entwicklung

Stadium	Hämoglobin	Struktur
Embryonalphase	HbGower 1	$\zeta_2\varepsilon_2$
	HbGower 2	$\alpha_2\varepsilon_2$
	HbPortland	$\zeta_2\gamma_2$
Fetalphase	HbF	$\alpha_2G\gamma_2$
		$\alpha_2A\gamma_2$
Adultphase	A	$\alpha_2\beta_2$
	A_2	$\alpha_2\delta_2$

nente kann in vielen anderen Geweben nachgewiesen werden. Die labile Komponente wird nur in Leberzellen gefunden, wird also ausschließlich dort synthetisiert. Die PKU ist nur ein Beispiel dafür, dass sowohl »normale« als auch Defektgene nur in bestimmten Organen oder Geweben aktiviert sein können. Andere Genaktivitäten dagegen lassen sich an vielen verschiedenen Stellen des Organismus nachweisen. Hierzu zählen die sog. *house keeping genes*, also die Gene, die für die allgemeinen Aufgaben des Zellstoffwechsels verantwortlich sind.

Der aktive Teil des Genoms einer jeden Zelle setzt sich einerseits sowohl aus Genen zusammen, die in vielen Zellen aktiv und daher für einen definierten Differenzierungsgrad weniger spezifisch sind, und andererseits aus Genen, die hochspezifisch und funktionsadaptiert nur in bestimmten Organen abgelesen werden.

2.3.5 Bedeutung somatischer Mutationen für die Tumorentstehung

Spontane somatische Mutationen sind die auslösenden Faktoren der Tumorentstehung. Ausführlich wird dies in Kap. 4.8 behandelt. Einige entscheidende Mechanismen sind jedoch innerhalb dieses Kapitels erwähnenswert. Ist beispielsweise in einem Allel eines Tumorsuppressorgens eine inaktivierende Mutation bereits vorhanden, weil sie in der Keimbahn oder einer Vorläuferzelle einer späteren Tumorzelle entstanden ist, und findet in dieser Zelle eine zweite Mutation statt, die das noch vorhandene Normalallel ausschaltet, so wird sich die Zelle der Zellzykluskontrolle nicht mehr unterwerfen. Sie wird zur Tumorzelle. Man spricht in diesen Fällen vom Verlust der Heterozygotie (*loss of heterozygosity*, LoH), da ja auch das 2. Allel ausgeschaltet wurde. Das klassische Beispiel hierfür ist das erbliche Retinoblastom. Die Hypothese dieser Art der Tumorentstehung wird als 2-Treffer-Hypothese, oder nach ihrem Erstbeschreiber **Knudson-Hypothese** bezeichnet.

Eine andere Form der Krebsentstehung betrifft nicht Tumorsuppressorgene sondern Gene, bei denen der Ausfall beider Allele eine destabilisierende Wirkung auf das Genom beinhaltet. Hierbei handelt es sich um Mutator-Mutationen, die die allgemeine Mutabilität einer Zelle, auch die von Tumorsuppressorgenen und Onkogenen erhöhen (**Vogelstein-Modell** der Karzinogenese).

Auch der Verlust des Imprinting (*loss of imprinting*, LoI) kann zur Tumorentstehung prädisponieren. So ist beim Wiedemann-Beckwith-Syndrom, das nur exprimiert wird, wenn es von der Mutter vererbt wird, und das u. a. zu Krebs disponiert, in einem Drittel der Individuen ein Verlust der maternal-spezifischen Methylierung zu beobachten.

3 Chromosomen des Menschen

Bei der folgenden Beschreibung der Chromosomenmorphologie des Menschen werden Kenntnisse über den Verlauf des Intermitosezyklus, der Mitose und der Meiose als grundlegendes Basiswissen vorausgesetzt.

Menschliche Chromosomen wurden das erste Mal 1874 von Arnold und 1881 von Fleming beobachtet. Es sollte dann allerdings noch ca. 70 Jahre dauern, bis durch einen Präparationsfehler zufällig ein Zugang zu einer mikroskopisch klaren Darstellung des menschlichen Chromosomensatzes gefunden wurde. 1952 beschrieb Hsu den menschlichen Chromosomensatz mit 48 Chromosomen. Trotz der falschen Chromosomenzahl war diese Publikation von großer Bedeutung. Hsu hatte sozusagen durch einen »Unfall« entdeckt, dass **hypotone Lösung** die behandelten Zellen anschwellen und platzen ließ. Dadurch konnte man sie besser voneinander trennen und somit besser zählen und morphologisch untersuchen. Ein Jahr später postulierte wiederum Hsu die Verwendung von Zellkulturen als die effizienteste Methode zur Chromosomenpräparation, denn zuvor hatte man mit den üblichen histologischen Schnitttechniken große Probleme, die Mitosen nicht unanalysierbar zu zerstören. 1956 schließlich korrigierten Tjio und Levan die Chromosomenzahl auf den richtigen Wert von 46. Es dauerte nur 3 Jahre, bis verschiedene Gruppen die Überzahl oder das Fehlen eines Chromosoms als Ursache für einige genetische Syndrome beschrieben. Lejeune entdeckte die Trisomie des Chromosoms 21 als Ursache für das **Down-Syndrom**. Ford und Mitarbeiter beschrieben das Fehlen eines X-Chromosoms als Ursache für das **Turner-Syndrom**, und Jacobs et al. entdeckten das überzählige X-Chromosom als Ursache für das **Klinefelter-Syndrom**. 1960 folgten die Beschreibungen der **Trisomien 13** und **18** durch Pätau und Edwards et al. Das erste Deletionssyndrom, das **Cri-du-chat-Syndrom**, wurde 1963 wiederum von Lejeune und Mitarbeitern entdeckt und 1964 fanden Schroeder et al. und 1965 German und Mitarbeiter eine genetisch determinierte Chromosomeninstabilität bei der **Fanconi-Anämie** und beim **Bloom-Syndrom**.

Zwischenzeitlich konnte die Präparationstechnik weiter verbessert werden. Die Entdeckung der hypotonen Behandlung 1952 wurde bereits erwähnt. Ein weiterer wesentlicher Schritt war die erstmalige Benutzung von **Kolchizin** zur Arretierung der Metaphasen durch Ford und Hamerton 1956. 1960 erkannte Nowell die Wirkung von **Phytohämagglutinin** als Stimulanz für die Zellteilung in Lymphozytenkulturen, und 1965 wurde von Hungerford und Mitarbeitern erstmals KCI als hypotone Lösung eingesetzt.

Bis Ende der 1960er Jahre konnte man Chromosomen zur mikroskopischen Betrachtung nur konventionell und durchgängig mit Farbstoffen wie Orzein, Feulgen und Giemsa anfärben. Mit diesen Techniken war die Erkennung homologer Paare sowie eine eindeutige Chromosomensortierung nicht möglich. 1968–70 wurden schließlich die **Chromosomenbänderungstechniken** entwickelt. Casperson und Mitarbeiter entdeckten, dass Fluoreszenz nach Anfärben der Chromosomen mit Quinakrin ein distinktes Bandenmuster erzeugt, und systematisierten damit eine gelegentliche Beobachtung von spontanen horizontalen Dichteunterschieden, die bis dahin wenig Beachtung gefunden hatte. Kurz danach wurden die **Giemsa-Bänderung** und andere Bänderungsmethoden entwickelt.

Durch die Kombination von molekularbiologischen Methoden mit neuen Anfärbemöglichkeiten gelang es in den Folgejahren, das Auflösungsvermögen noch einmal zu steigern. Es entwickelte sich die molekulare Zytogenetik. Durch den Einsatz von DNA-Sonden und an sie gebundene fluoreszenzmarkierte Reportermoleküle (▶ Kap. 1.1.2) gelingt es mit den Methoden der **Chromosomen-in-situ-Suppressionshybridisierung** und der **Fluoreszenz-in-situ-Hybridisierung** kleinere Chromosomenbereiche, ja selbst einzelne Gene zu markieren und mikroskopisch analysierbar zu machen.

Die kurze Beschreibung der jüngeren historischen Entwicklung des methodischen Inventars der medizinischen Zytogenetik an dieser Stelle wurde nicht unternommen, um im Sinne einer »historischen Einleitung« einen Einstieg in das Kapitel zu ermöglichen. Sie soll vielmehr zeigen, wie innerhalb von nur gut 40 Jahren, fast vom Stande null aus, durch die Kombination von methodischen Ansätzen aus primär völlig verschiedenen wissenschaftlichen Richtungen ein wissenschaftliches Werkzeug für die prä- und postnatale Chromosomenanalyse und für die Tumorzytogenetik von faszinierender Dimension geschaffen wurde. Parallele Entwicklungen, ausgehend von der Verbesserung der optischen Auflösung über die Entwicklung von DNA-Sonden und neuen Fluoreszenzmarkierungen bis hin zur computergestützten Separation von Fluoreszenzspektren, haben hier ein weites Feld eröffnet. Über die angesprochenen Anwendungsgebiete hinaus sind die Konsequenzen weitreichend. Stellvertretend seien hier nur die physikalische Genkartierung und die Evolutionsforschung genannt.

3.1 Charakterisierung und Darstellung menschlicher Chromosomen

Zur Chromosomenanalyse beim Menschen ist grundsätzlich jedes Untersuchungsmaterial geeignet, das Mitosen enthält oder bei dem man die Mitose anregen kann. Von Bedeutung ist auch die Zugänglichkeit. In der Praxis erfolgen die meisten Chromosomenpräparationen aus

- Kurzzeit-Lymphozytenkulturen,
- Langzeit-Fibroblastenkulturen,
- Amnionzellkulturen (für pränataldiagnostische Zwecke) und
- Mitosen nach Chorionzottenbiopsie (zur Pränataldiagnostik).

Grundsätzlich ist auch die direkte Präparation aus Knochenmark möglich. Sie spielt jedoch in der Praxis kaum oder nur in begründeten Ausnahmefällen eine Rolle.

Präparation

Das Blut gesunder, nicht an Leukämie erkrankter Personen enthält keine teilungsfähigen Zellen. Die Lymphozyten können jedoch, wie erwähnt, artifiziell zur Teilung angeregt werden und vermehren sich dann in der Regel in 72-h-Kulturen zu einer für die Präparation genügenden Zelldichte. Die wesentlichen Präparationsschritte sind im Einzelnen:

- Behandlung der mitotischen Zellen mit dem Spindelgift Kolchizin (für 2 h) nach 70 h Zucht in geeignetem Nährmedium. Kolchizin arretiert die Zellen in der Prämetaphase oder Metaphase, da die Formierung der Spindel, die zur Anaphasebewegung notwendig ist, verhindert wird.
- Hypotone Behandlung der Zellen für kurze Zeit, z. B. mit 0,075 molarer KCl.
- Fixierung des Materials mit einem Gemisch aus Essigsäure und Methanol (in der Regel im Verhältnis 1:3).
- Auftropfen der Zellen auf Objektträger und deren Trocknung.
- Färbung mit geeigneten Färbemethoden.

Darstellungsmethoden

Die sog. **konventionelle Färbung** der Chromosomen erfolgt in der Regel mit Giemsa-Färbelösung oder anderen Kernfarbstoffen.

Bänderungstechniken. Die älteste **Bänderungsmethode** ist die mit **Quinakrin** (Q-Bänderung), welche distinkte fluoreszierende Banden erzeugt. Die Banden sind, wie auch bei den nachfolgend besprochenen Bänderungsmethoden, für jedes Chromosom spezifisch und reproduzierbar. Sie können nach Anzahl, Größe, Verteilung und Intensität unterschieden werden. Die Q-Bänderung hat allerdings für die Routinediagnostik heute keine Bedeutung mehr.

! Mit diesen Bänderungsmethoden lassen sich etwa 350 Banden unterscheiden.

Die in der Praxis am häufigsten angewandte Bänderungsmethode ist die **Giemsa-Bänderung** oder G-Bänderung (Abb. 3.1). Nach Inkubation der Chromosomen in Trypsinlösung (Trypsinierung) erfolgt eine Inkubation mit Giemsa-Lösung, und der Farbstoff wird nach Denaturierung des Chromatins in die DNA eingebaut.

Die Bandenstruktur basiert auf Unterschieden in der Längenstruktur der Chromatiden. Jede Bande ist von der nächsten unterschieden durch ihre Basenzusammensetzung, die Chromatinformation, die Dichte der Gene, ihre repetitiven Sequenzen und den Zeitpunkt ihrer Replikation. Die G-Banden sind spät replizierend und enthalten stark kondensiertes Chromatin. Die hellen Banden (auch **R-Banden** = reverse G-Bandenmuster genannt) werden dagegen früh in der S-Phase repliziert und enthalten weniger stark kondensiertes Protein. Die DNA in den G-Banden ist transkriptionell relativ inaktiv, und Gene sind besonders häufig in den hellen Banden zu finden. Man hat bis vor kurzem vermutet, dass die

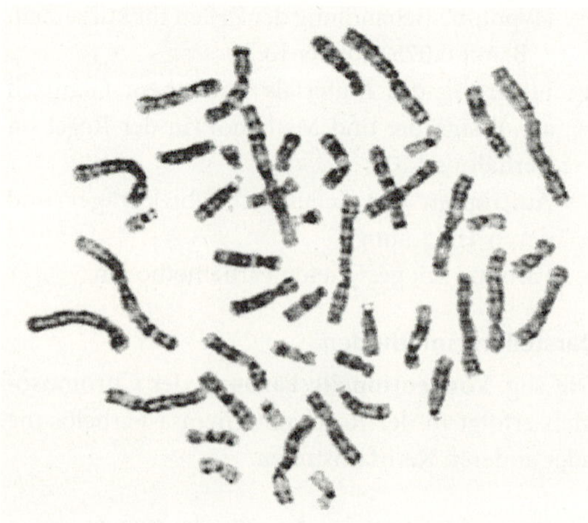

■ **Abb. 3.1.** Mikroskopisches Bild einer Metaphase nach Giemsa-Bänderung (mit freundlicher Genehmigung von H.-D. Hager, Institut für Humangenetik der Universität Heidelberg)

G-Banden besonders AT-reich, die R-Banden dagegen reich an GC wären. Jedoch hat sich inzwischen herausgestellt, dass beim Menschen in den G-Banden nur geringfügig mehr AT-reiche Sequenzen vorhanden sind als in den hellen Banden. Das weiterentwickelte Modell des Aufbaus von Metaphasechromosomen brachte hier die richtige Lösung (▶ Kap. 1.1.2). Danach werden die besonders AT-reichen Gerüstkopplungsbereiche (SAR) entlang der Längsachse der Chromatiden jeweils unterschiedlich gefaltet. Bereiche mit hoher Dichte an SAR findet man in den G-Banden, mehr entfaltete SAR in den hellen Banden. Dabei wird angenommen, dass der Giemsa-Farbstoff selektiv die Basis der DNA-Schlaufen anfärbt, während man das R-Bandenmuster (z. B. durch die nachfolgend erklärte Färbemethode) dann sieht, wenn man gezielt die Schlaufenkörper anfärbt. Die Q- und die G-Banden sind identisch.

Nach Vorbehandlung der Chromosomen mit heißem Phosphatpuffer und nachfolgender Färbung mit Giemsa kann man R-Banden erzeugen. Die **R-Bänderung** bringt helle Heterochromatin- und dunkle Euchromatinbanden hervor. Sie entspricht also quasi dem photographischen Negativ der G-Bänderung.

Das konstitutive Heterochromatin in der Region um das Zentromer und am distalen Ende des langen Armes (q) des Y-Chromosoms kann mit der **C-Bänderung** dargestellt werden. Die **T-Bänderung** schließlich markiert die Telomerregionen der Chromosomen.

Eine Variante zur Darstellung von Metaphasen mit höherer Auflösung ist die Darstellung von mittleren und späten Prophasen und von Prometaphasen (*high resolution banding*). Sie gelingt nach Synchronisation der Zellzyklen. Da die Chromosomen zu diesem Zeitpunkt noch nicht ganz so stark kondensiert sind, können einzelne Chromosomenabschnitte, die sich in der Metaphase als eine Bande darstellen, in mehrere Banden aufgelöst werden. Bei einer qualitativ einwandfreien Präparation lassen sich ca. 500–850 Banden (im haploiden Satz) erkennen (■ Abb. 3.2).

Hybridisierungstechniken. Die **Fluoreszenz-in-situ-Hybridisierung** brachte nun eine entscheidende Erweiterung dieser Darstellungsmethoden, wobei die vorangestellten Chromosomendarstellungsmöglichkeiten für die Routinezytogenetik damit nicht etwa an Bedeutung verloren haben. Wie bereits ausgeführt, verwendet man DNA-Sonden, die durch modifizierte Nukleotide mit Reportermolekülen (wie Biotin) charakterisiert sind und an die fluoreszenzmarkierte Affinitätsmoleküle gebunden sind. Dabei setzt man verschiedene Fluorophoren ein (■ Abb. 3.3). Die verwendeten DNA-Sonden stammen aus verschieden angelegten DNA-Bibliotheken:

- Phagen- und Plasmid-DNA-Bibliotheken, in die sortierte menschliche Chromosomen einkloniert sind;
- Plasmid-DNA-Bibliotheken mit chromosomenspezifischen Teilbereichen;
- Kosmide und YAC (das sind Plasmide mit Verpackungssequenzen von Lambda, einem E.-coli-Virus bzw. Yeast Artificial Chromosomes = künstliche Hefeminichromosomen mit definierten DNA-Abschnitten).

Allerdings existiert da noch das Problem der verstreuten repetitiven Sequenzen, die ja wie beschrieben über alle menschlichen Chromosomen verteilt sind. Eine direkte Hybridisierung der Sonden würde zu keinen verwertbaren Ergebnissen führen, da diese eben auch repetitive Sequenzen enthalten. Es würde zu einer Markierung aller Chromosomen kommen. Daher ist die Anwendung der **In-situ-Suppressi-**

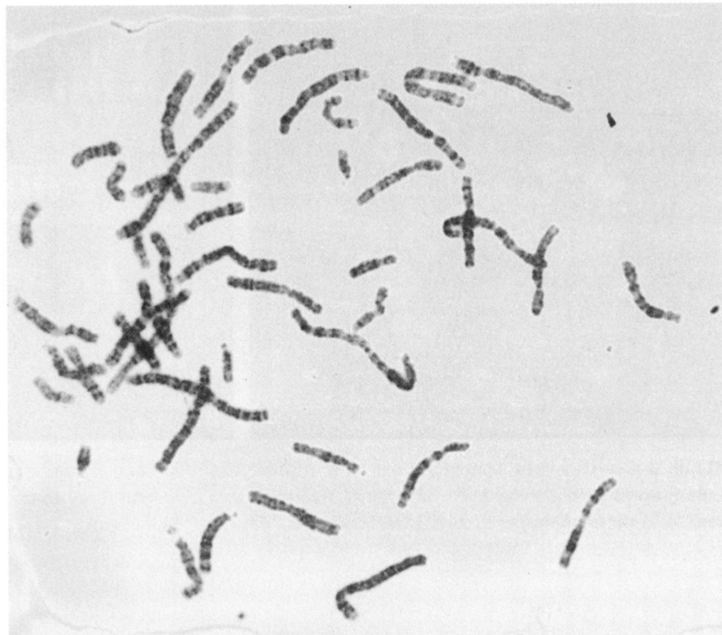

Abb. 3.2. Mikroskopisches Bild einer Prometaphase nach hochauflösender Giemsa-Bänderung (mit freundlicher Genehmigung von H.-D. Hager, Institut für Humangenetik der Universität Heidelberg)

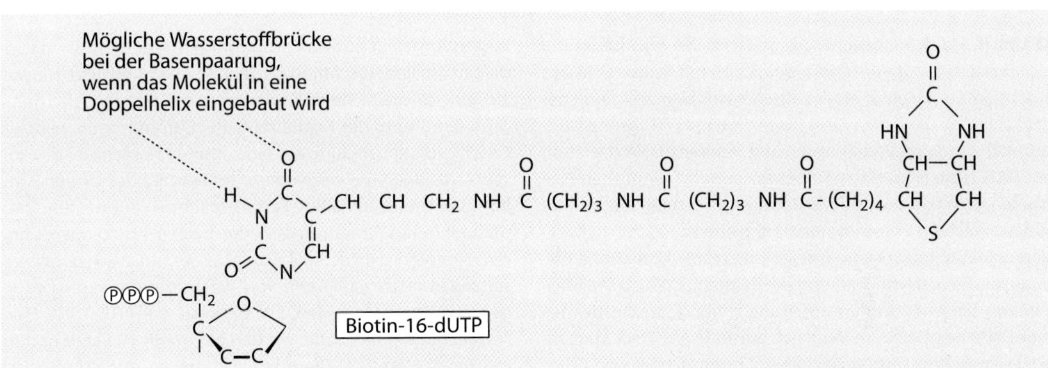

Abb. 3.3. Beispiel eines markierten Nukleotids, bei dem die Reportergruppe über ein Zwischenstück an ein Nukleotid gebunden ist

onshybridisierung sinnvoll, einer Kompetitionshybridisierung. Man versetzt vor der eigentlichen Sondenhybridisierung die Sonde mit einem großen Überschuss von unmarkierter chromosomaler Gesamt-DNA und denaturiert. Dadurch wird eine Absättigung der repetitiven Sequenzen der Sonde erreicht, und sie können somit das Signal der spezifischen Sequenz nicht mehr überlagern.

Die so vorbereitete Sonde kann nun direkt auf Metaphasechromosomen auf dem Objektträger hybridisiert werden. In einer Spezialform der FISH-Anwendung besteht die DNA der Sonden aus vielen verschiedenen Fragmenten, die von einem einzigen Chromosomentyp abstammen. Das Hybridisierungssignal setzt sich dann aus vielen Signalen vieler Loki, die über das ganze Chromosom verteilt liegen, zusammen. Dies führt zum sog. **chromosome painting**. Verwendet man noch zusätzlich verschiedenfarbige Fluoreszenzmarker, so erhält man eine Palette von Farbabstufungen für das ganze Chromosom. In Erweiterung dieser Methode ist es gelungen, eine **Multikolorspektralkaryotypisierung** aller mensch-

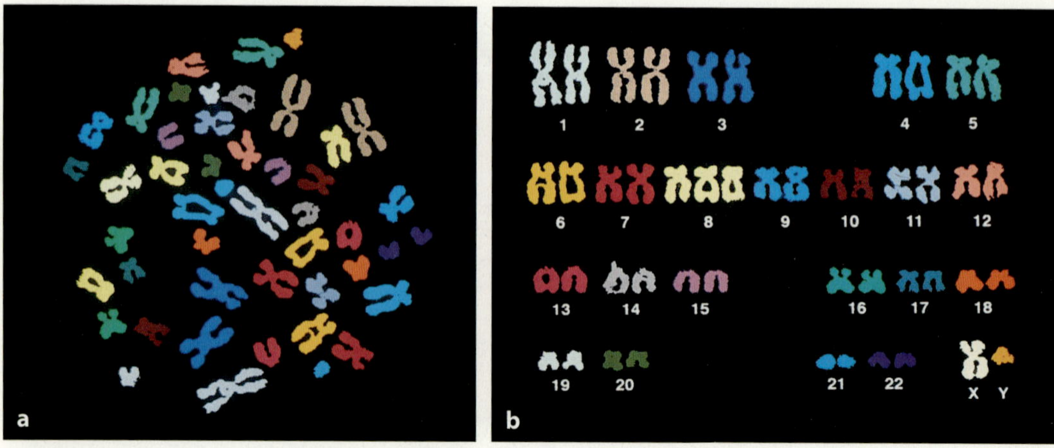

Abb. 3.4. **a** Männliche Metaphase mit einer Trisomie des Chromosoms 8; **b** Karyogramm nach einer Hybridisierung mit 24 chromosomenspezifischen DNA-Sonden als Falschfarbenbild (mit freundlicher Genehmigung von M.R. Speicher, Institut für Anthropologie und Humangenetik der Universität München)

Abb. 3.5 a–f. Vergleichende genomische Hybridisierung (*comparative genomic hybridization*; CGH) mit Tumor-DNA aus autoptischem Material einer Patientin mit kleinzelligem Lungenkarzinom. Die Tumor-DNA (Detektion mit FITC, grüne Fluoreszenz) wurde im Verhältnis 1:1 mit Referenz-DNA (Deletion mit TRITC; rote Fluoreszenz) eines gesunden, männlichen Probanden gemischt und auf Metaphasespreitungen mit normalem, weiblichem Chromosomenkomplement (46, XX) hybridisiert. **a** Metaphasespreitung zeigt eine relativ homogene Färbung mit TRITC (Hybridisierung der Referenz-DNA). **b** Die FITC-Färbung dieser Metaphasespreitung (Hybridisierung der Tumor-DNA) zeigt eine im Vergleich zur Referenz-DNA stärkere oder schwächere Färbung einzelner Chromosomen und Chromosomenabschnitte. **c** Überlagerung des FITC- und TRITC-Bildes: Chromosomenabschnitte mit signifikant erhöhten FITC/TRITC-Quotienten (Hinweis auf eine Überrepräsentation des Chromosomenabschnitts im Tumor) sind in dieser Falschfarbendarstellung *grün*, Chromosomenabschnitte mit signifikant erniedrigten FITC/TRITC-Quotienten (Hinweis auf eine Unterrepräsentation des Chromosomenabschnitts im Tumor) sind *rot* gekennzeichnet. *Blau* gefärbte Abschnitte repräsentieren unauffällige FITC/TRITC-Quotienten. Die Zahlen geben die Chromosomennummer an. **d** Fluoreszenzbänderung mit DAPI. Zur verbesserten Sichtbarmachung des Bandenmusters wurde eine inverse Darstellung gewählt. Die Aufnahmen (*a*), (*b*) und (*d*) wurden mit einer CCD-Kamera mit FITC, TRITC und DAPI-spezifischen Filterkombinationen aufgenommen. **e** Paarweise Anordnung der in c dargestellten Chromosomen. Man beachte, dass homologe Chromosomen ein weitgehend identisches Falschfarbenbild aufweisen. Beispielsweise sind die kurzen Arme auf beiden Chromosomen 3 *rot* (Verlust von 3p), die proximalen Abschnitte des langen Arms sind *blau* (Hinweis auf eine ausgeglichene Kopienzahl), die distalen Abschnitte grün (Erhöhung der Kopienzahl). Bei Chromosom 5 weist die Falschfarbendarstellung auf eine erhöhte Kopienzahl des kurzen Arms und eine verminderte Kopienzahl des langen Arms hin usw. Ungleichmäßige Farbverteilungen auf beiden Chromatiden eines Chromosoms oder beiden homologen Chromosomen sind Hinweis auf Artefakte. Für statistisch gesicherte Aussagen muss eine Serie von Referenzmetaphasespreitungen ausgewertet werden. **f** Mittelwerte der FITC/TRITC-Fluoreszenzquotientenprofile wurden für jeweils 10 Referenzchromosomen ermittelt. Die drei *Linien* neben den schematisch dargestellten Chromosomen (ISCN 1985) stellen von *links* nach *rechts* einen unteren Schwellenwert, normale Fluoreszenzquotienten und einen oberen Schwellenwert dar. Eine Unterschreitung des unteren Schwellenwerts oder eine Überschreitung des oberen Schwellenwerts weist darauf hin, dass ein Verlust oder ein Gewinn des entsprechenden Chromosoms oder Chromosomenabschnitts in mindestens 50 % der Tumorzellen eingetreten ist. Die *schraffierten Areale* kennzeichnen heterochromatische Abschnitte, die von der Bewertung ausgeschlossen wurden. Die Profile für die Chromosomen 3, 4, 5, 8, 9, 10, 13, 16, 17, 19 und 21 weisen auf pathologische Veränderungen hin, während die Profile für die übrigen Chromosomen unauffällig sind. Das nach *rechts* verschobene Profil für das X-Chromosom ist Ausdruck der höheren X-Kopienzahl in der weiblichen Tumor-DNA im Vergleich zur männlichen Referenz-DNA (mit freundlicher Genehmigung von Th. Reed, Institut für Humangenetik, Heidelberg)

►

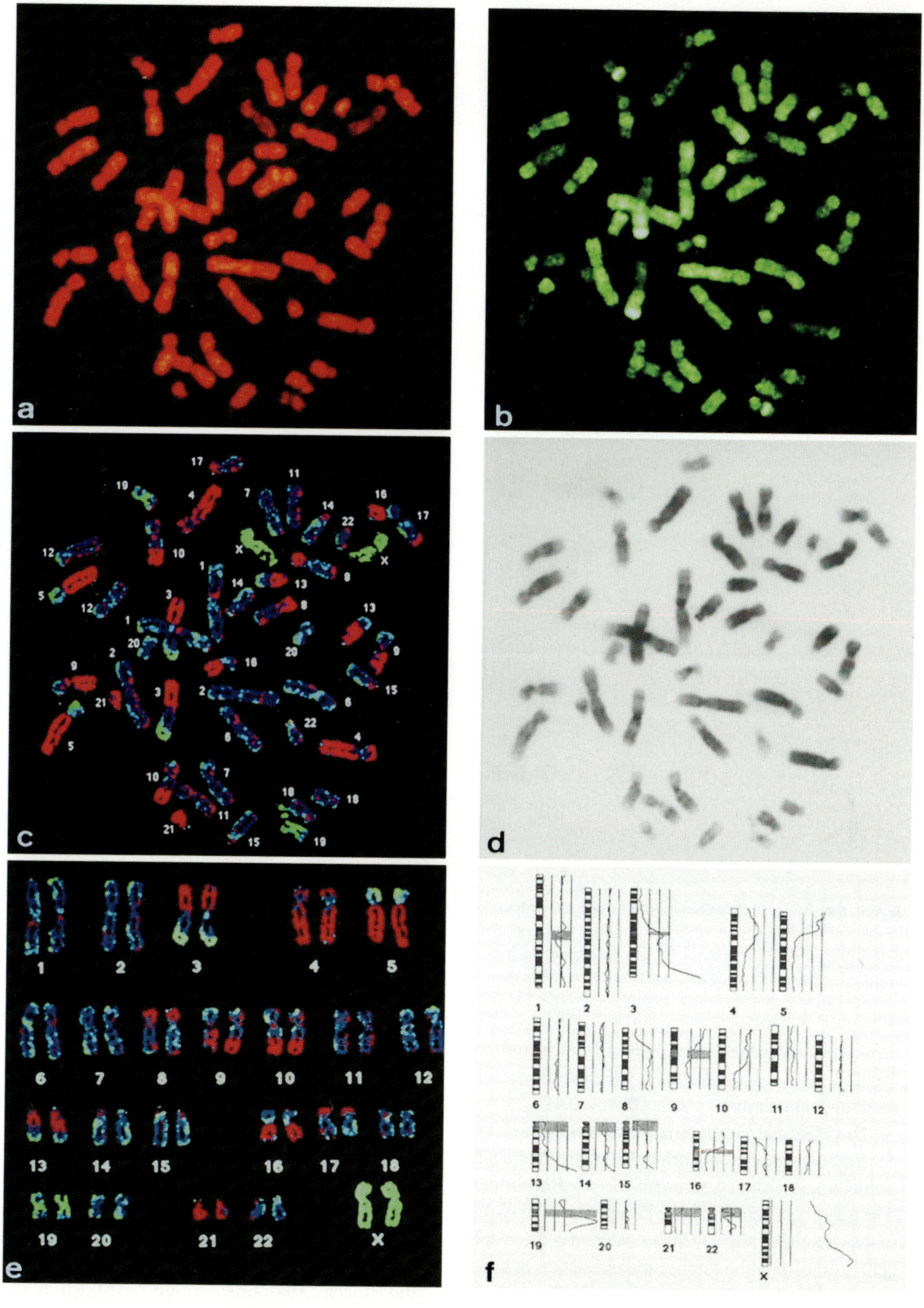
a
b
c
d
e
f

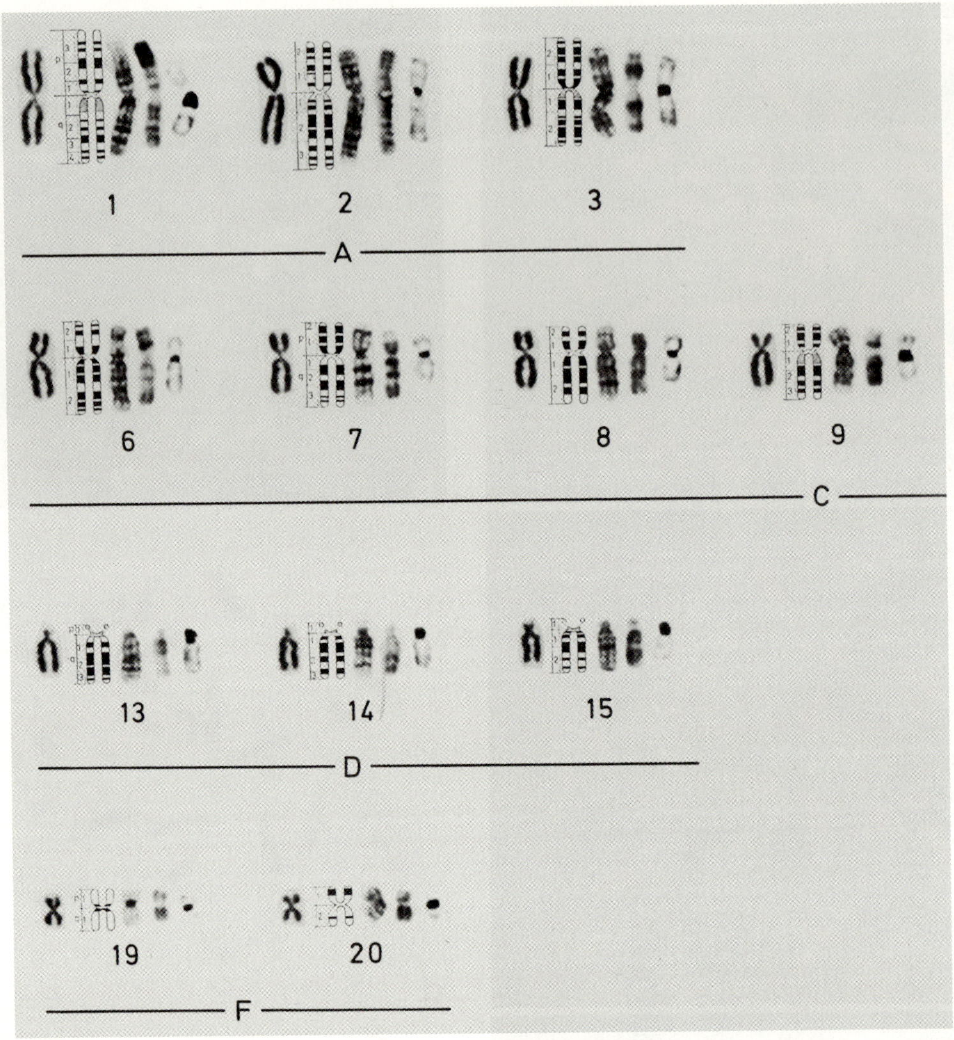

Abb. 3.6. Menschlicher Chromosomensatz (Karyogramm) im Vergleich verschiedener Färbemethoden. **1** Konventionelle Giemsa-Färbung, **2** Schema der Banden, **3** Färbung nach der Giemsa-Bandenmethode, **4** methodische Variante, die die Stellen im Chromosom anfärbt, die nach der Giemsa-Bandenmethode ungefärbt bleiben (R-Banden, *R* = reverse), **5** Zentromerfärbung (nach Vogel u. Motulsky 1996)

lichen Chromosomen vorzustellen, die die simultane Darstellung aller menschlichen Chromosomen in verschiedenen Farben erlaubt (Abb. 3.4).

Die FISH hat damit einen hohen Stellenwert in der Ergänzung der konventionellen Chromosomendarstellungstechniken erreicht. Sie wird besonders dort unentbehrlich, wo es um komplizierte Strukturumbauten menschlicher Chromosomen geht, sowohl bei chromosomal bedingten menschlichen Syndromen als auch in der Tumorzytogenetik (Abb. 3.5).

Auswertung

Nach Färben der Chromosomenpräparate mit einer – oder (auf verschiedenen Objektträgern) mehreren – der vorgestellten Färbemethoden können diese unter dem Mikroskop bei 1000facher Vergrößerung analysiert und photographiert werden. Nach Herstellung von photographischen Abzügen ist dann die Sortierung der Chromosomen möglich. Dies geschah konventionellerweise von Hand durch Ausschneiden und Aufkleben der

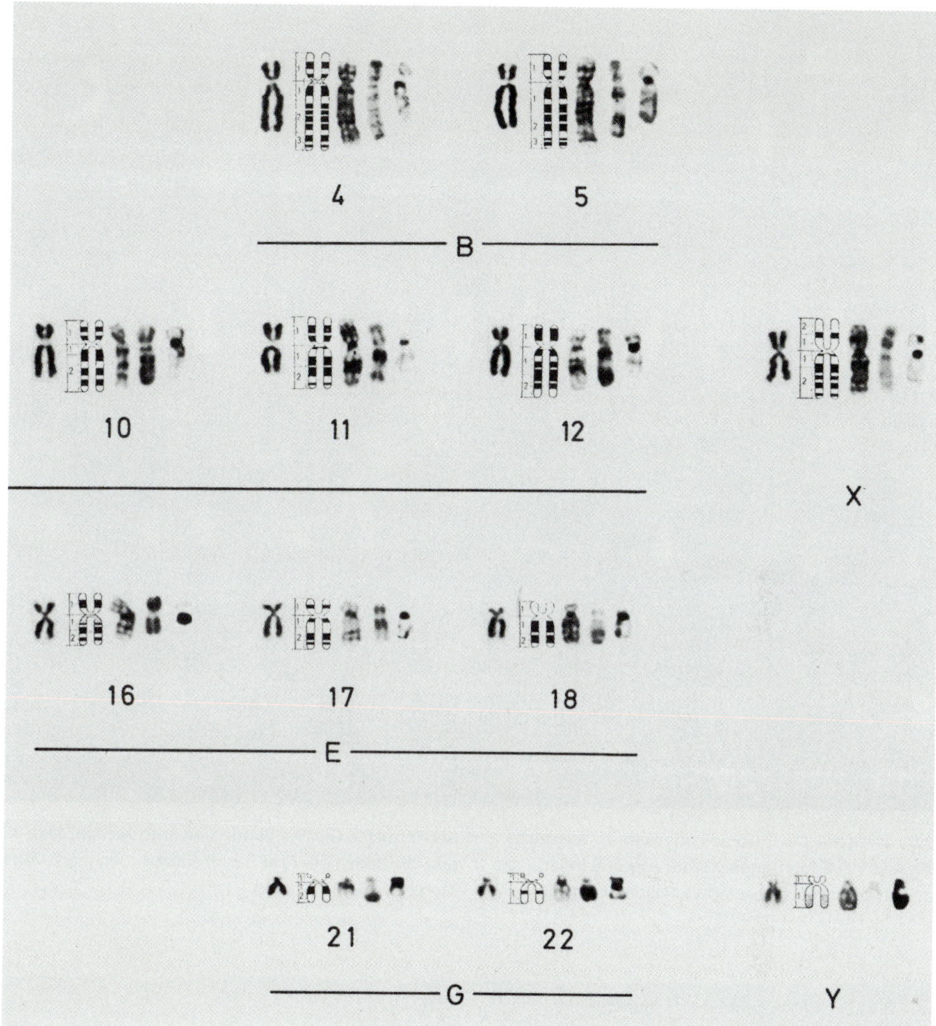

Abb. 3.6 (Fortsetzung)

Chromosomen zu einem geordneten Bild. Häufig werden die Chromosomen heute bereits über Computerprogramme in der nachfolgend beschriebenen Weise zur Auswertung geordnet und das Dokumentationsbild wird über Printer ausgedruckt.

Beschreibung der Chromosomen

Nach Beschreibung des technischen Ablaufs der Chromosomenpräparation und der Auswertung soll nun auf die Einteilung der Chromosomen (Tabelle 3.1) in einem geordneten Chromosomenbild einer Metaphase, das man als **Karyogramm** bezeichnet, eingegangen werden (Abb. 3.6 und 3.7). Nach der Denver-Konvention 1960, der Londoner Konferenz 1963, der Chicagoer Konferenz 1966 und der Pariser Konferenz von 1971 über die Standardisierung und Nomenklatur der Chromosomen werden diese nach Form, Größe, Lage des Zentromers und Bandenmuster einander zugeordnet.

Die menschlichen Körperzellen enthalten einen diploiden Satz von 2n = 46 Chromosomen (haploider Satz n = 23).

Die Chromosomen weiblicher Personen lassen sich nach Größe und Form zu 23 Paaren anordnen. Beim

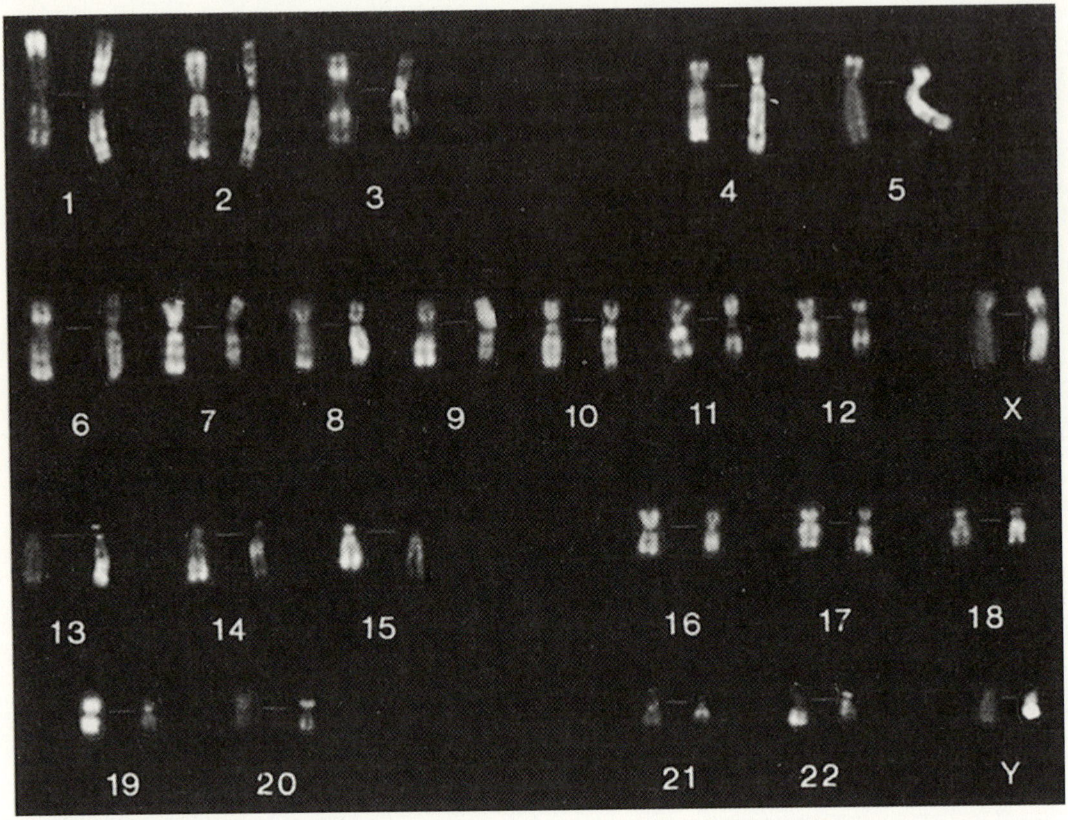

Abb. 3.7. Menschlicher Chromosomensatz im Vergleich zweier Fluoreszenzbänderungen. *Rechts:* sog. Q-Banden (benannt nach dem Fluoreszenzfarbstoff Quinakrin), die der normalen Giemsa-Bänderung entsprechen, *links:* R-Banden, die denen der Abb. 3.6 (*4*) entsprechen (nach Vogel u. Motulsky 1996)

Tabelle 3.1. Die Chromosomen des Menschen

Anzahl	2n = 46, 44 Autosomen und 2 Gonosomen
Geschlechtsunterschied	XX bei der Frau XY beim Mann
Einteilung	nach Länge und Lage des Zentromers (akrozentrisch, submetazentrisch, metazentrisch)
	7 Gruppen von A–G
	X-Chromosom metazentrisch, geordnet an C-Gruppe
	Y-Chromosom entspricht der G-Gruppe
Gebräuchliche Färbemethoden	G-, Q-, R- und C-Bänderung, FISH-Methode, konventionelle Giemsa-Färbung
Identifikation spezifischer Chromosomen und homologer Paare	Chromosomenspezifische Bandenmuster, Länge, Lage des Zentromers
Identifikation aberranter Chromosomen	Veränderungen im Bandenmuster, über FISH-Darstellung exakter Chromosomenumbauten, Veränderungen der Lage des Zentomers oder der Länge

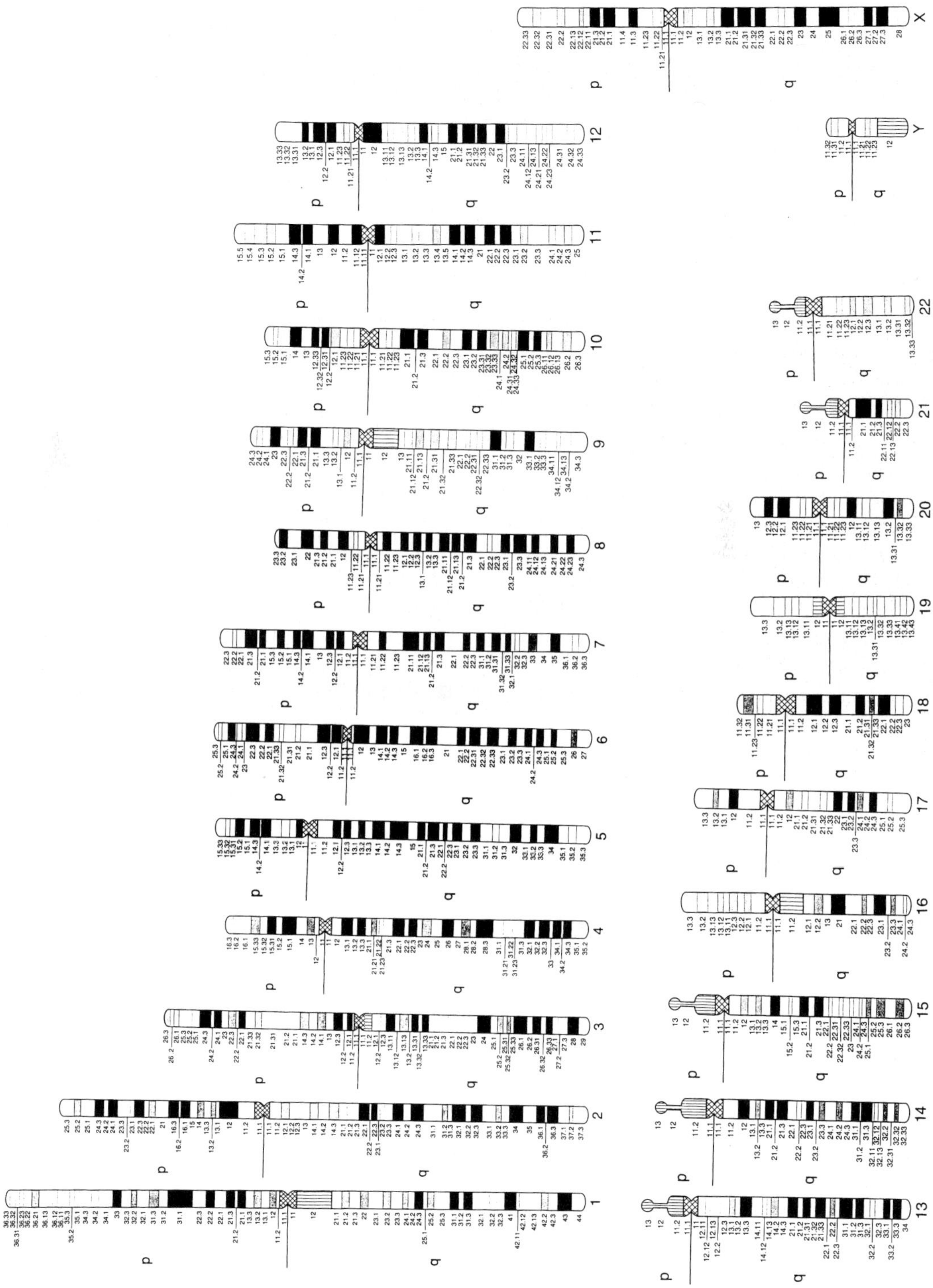

Abb. 3.8. Menschliche Chromosomen mit 850 Banden. Die relative Länge von Chromosomen und Banden basiert auf exakten Messungen (nach Vogel u. Motulsky 1996)

männlichen Geschlecht finden wir 22 von diesen 23 Paaren, daneben aber zwei unpaare Chromosomen, von denen das größere, das X-Chromosom, auch bei der Frau, hier aber doppelt vorhanden ist, während das kleinere, das Y-Chromosom, nur beim Mann vorkommt. Die 22 Paare, die beiden Geschlechtern gemeinsam sind, heißen **Autosomen**. Ihnen gegenüber stehen die beiden Geschlechtschromosomen, auch Gonosomen genannt (XX bei der Frau, XY beim Mann).

Je nach der endständigen oder mehr oder weniger mittelständigen Lage des Zentromers spricht man von **akrozentrischen, submetazentrischen** und **metazentrischen** Chromosomen. Dabei wird der kurze Arm als **p-Arm** und der lange Arm als **q-Arm** bezeichnet. Nach diesen Kriterien ist eine Unterteilung in 7 Chromosomengruppen möglich, die man mit A, B, C, D, E, F und G bezeichnet. Dies bezeichnet man als Erstellung eines Karyogramms.

Die Gruppe A enthält 3 Chromosomenpaare, B 2 Paare, C 7 Paare, D und E je 3 Paare und F und G enthalten je 2 Paare. Die beiden X-Chromosomen der Frau sind submetazentrisch. Sie sind genauso groß wie die Chromosomen der C-Gruppe und mit herkömmlichen Analysemethoden von diesen nicht zu unterscheiden. Das Y-Chromosom des Mannes sieht ähnlich aus wie die Chromosomen der G-Gruppe.

Für die Ausbildung des Geschlechts sind beim Menschen die Gonosomen verantwortlich. Eine Oozyte, die immer nur ein X-Chromosom enthält, kann mit einem Spermium verschmelzen, das entweder ein X- oder ein Y-Chromosom enthält. Treffen 2 X-Chromosomen zusammen (Gonosomen XX), so entwickelt sich aus der Zygote ein Mädchen; treffen X und Y zusammen, so entwickelt sich ein Junge.

Die Chromosomenbänderung erlaubt eine Feineinteilung jedes Chromosoms. Danach werden der p- und der q-Arm in Regionen unterteilt. Die ◘ Abbildung 3.8 zeigt dies entsprechend der Pariser Nomenklaturkonferenz. Die Regionen werden mit arabischen Ziffern bezeichnet. Das Chromosom 1 enthält z. B. im p-Arm 3 Regionen und im q-Arm 4 Regionen. Innerhalb dieser Regionen werden die einzelnen hellen und dunklen Banden wiederum mit arabischen Ziffern nummeriert. Bei der hochauflösenden Prophasebänderung wird eine entsprechende verfeinerte Einteilung getroffen.

3.1.1 Strukturelle Varianten menschlicher Chromosomen

Heteromorphismus

Betrachtet man Chromosomen auf der Ebene einer Population, so sieht man, dass einzelne Chromosomen bezüglich ihrer Struktur nicht immer identisch sind. Diese Variabilität heißt **chromosomaler Polymorphismus** oder besser **chromosomaler Heteromorphismus**. Allerdings sind chromosomale Heteromorphismen nicht gleichmäßig über ganze Chromosomen verteilt, sondern sie betreffen einzelne distinkte Regionen bestimmter Chromosomen. Überwiegend sind heterochromatische Regionen betroffen – also Regionen mit genetisch inaktiver DNA – oder Regionen mit vielfachen Kopien eines Gens, wo die Gendosis weniger relevant ist. Folglich finden wir Heteromorphismus hauptsächlich in den Satellitenregionen akrozentrischer Chromosomen (Chromosomen 13–15 und 21 und 22; ◘ Abb. 3.9), aber auch in den heterochromatischen Bereichen um das Zentromer (bei allen Chromosomen). Darüber hinaus ist das Heterochromatin der distalen Bande des q-Arms des Y-Chromosoms betroffen (◘ Abb. 3.10) und die Sekundärkonstriktionen der Chromosomen 1 und 9.

Für den Zytogenetiker ist wichtig, Variabilitäten im Bereich des Normalen von pathologischer Chromosomenmorphologie unterscheiden zu können. In Zweifelsfällen kann die Anwendung spezieller Färbemethoden (z. B. C-Bänderung zur Identifikation von heterochromatischen Bereichen oder die Q-Bänderung) Entscheidungshilfe bieten, wobei das Diagnosespektrum über die FISH-Technik in speziellen Fällen erheblich erweitert wurde. Auch die **NOR-Region** (Nukleolus-Organisator-Region) kann mit einer Silbernitratbänderung spezifisch angefärbt werden.

Ein Chromosom, das man von seinem homologen Partner unterscheiden kann, wird als **Markerchromosom** bezeichnet. Markerchromosomen sind dadurch gekennzeichnet, dass sie in allen Zellen (oder zumindest in einem signifikanten Anteil) eines Individuums vorhanden sind. Anhand eines Heteromorphismus kann man auch die Herkunft eines Chromosoms durch die Generationen verfolgen. Es hat sich gezeigt, dass solche Heteromorphismen durchaus keine Seltenheit sind. Praktisch

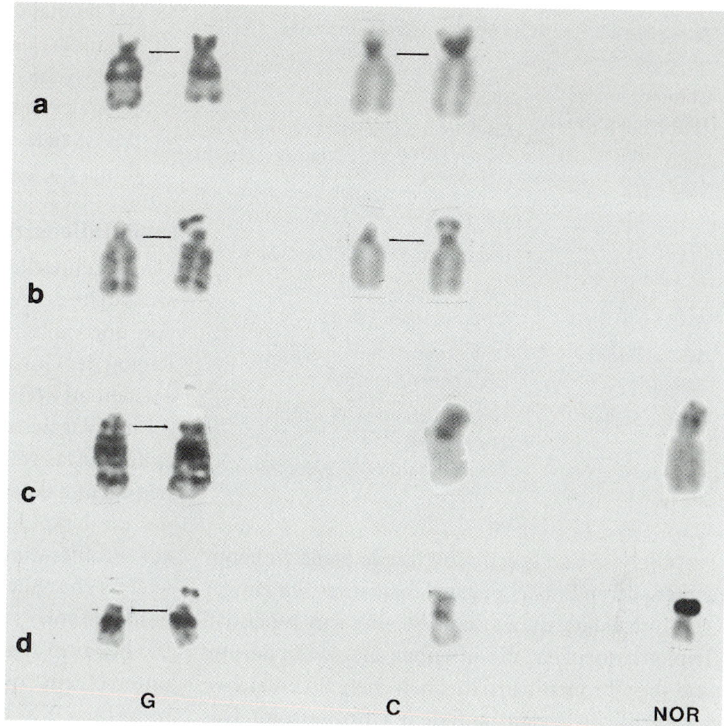

Abb. 3.9 a–d. Heteromorphismus akrozentrischer Markerchromosomen. Varianten der akrozentrischen Chromosomen: **a** Vergrößerung des heterochromatischen Bereichs im kurzen Arm von Chromosom 15; **b** Vergrößerung der Satelliten in einem Chromosom 14; **c** Doppelsatelliten in einem Chromosom 14 (nur erkennbar an der doppelten NOR-Struktur); **d** Vergrößerung der nukleolusorganisierenden Region (NOR). *Links:* normale Chromosomenstruktur, *rechts:* Variante (mit freundlicher Genehmigung von H.-D. Hager, Institut für Humangenetik der Universität Heidelberg)

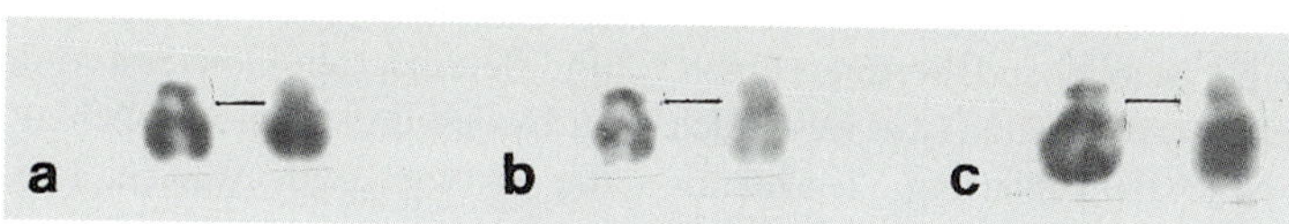

Abb. 3.10a–c. Varianten des Y-Chromosoms. **a** Normale Struktur, **b** Deletion des Heterochromatins (Yqh–), **c** Vergrößerung des Heterochromatins (Yqh+). *Links:* G-Banden, *rechts:* C-Banden (mit freundlicher Genehmigung von H.-D. Hager, Institut für Humangenetik der Universität Heidelberg)

jede Person besitzt zumindest ein Markerchromosom. Dabei ist die Wahrscheinlichkeit, dass zwei nicht verwandte Personen das gleiche Markerchromosom besitzen etwa 1:10.000. Nach detaillierter Untersuchung der Chromosomenmorphologie größerer Gruppen konnte belegt werden, dass es keine 2 Personen mit dem gleichen Typ von Chromosomenvariationen gibt. Es sieht dagegen so aus, als ob jede Person, ähnlich wie bei Fingerabdrücken, ihren individuellen Chromosomenheteromorphismus hat.

Fragile Stellen

Eine andere strukturelle Variante menschlicher Chromosomen sind »fragile« Stellen, eine Störung der Chromosomenstruktur. Dies sind Orte, an denen ein erhöhtes Risiko für Chromosomen- oder Chromatidenbrüche besteht. Fragile Stellen sind in der Regel nicht unmittelbar sichtbar, sondern sie treten bei bestimmten Präparationen wie Folsäuremangel in Kulturmedien auf. Bei Chromosomeninstabilitäten und -umbauten bei Tumoren besteht eine gewisse Homologie zwischen der Art der chromosomalen Veränderung und bestimmten fragilen Stellen (Tabelle 3.2).

Eine fragile Stelle am langen Arm des X-Chromosoms (Xq28) ist dabei besonders von Bedeutung, da sie mit einer charakteristischen Form geistiger Retardierung einhergeht. Mit einer Häufigkeit von 1:4000 findet man unter Männern das **Martin-Bell-Syndrom**. Bei 2–35 % der X-Chromosomen dieser

3

Tabelle 3.2. Strukturelle Varianten menschlicher Chromosomen

Chromosomaler Heteromorphismus	Variabilität in:
	Satellitenregionen der Chromosomen 13–15 und 21 und 22
	Heterochromatischen Bereichen um das Zentromer
	Distaler Bande des q-Arms von Y
	Sekundärkonstriktionen der Chromosomen 1 und 9
Markerchromosomen	Heteromorphismus in einem bestimmten Chromosom
Fragile Stellen	Orte mit erhöhtem Bruchrisiko im Chromosom Beispiel: Martin-Bell-Syndrom

Personen ist eine spezifische fragile Stelle zu beobachten, deren Entstehungsmechanismus seit einiger Zeit aufgeklärt ist. Es handelt sich um repetitive Triplettsequenzen, die offenbar die Methylierung und die Chromatinstruktur betreffen. So entstehen zerbrechliche Stellen auf dem Chromosom. Das Syndrom führt bei hemizygoten Männern in der Regel zu Schwachsinn. Man findet dieses Marker-X-Chromosom auch bei weiblichen Überträgerinnen, und sogar unter retardierten Frauen ist es wesentlich häufiger als in der Normalbevölkerung. Viele männliche Patienten zeigen eine Reihe charakteristischer, phänotypischer Auffälligkeiten.

3.2 Störungen der Geschlechtsentwicklung

3.2.1 Geschlechtsdifferenzierung

Geschlechtsdeterminierung

Das Geschlecht definiert die Zuordnung von Individuen zweigeschlechtlicher Spezies zu männlichen und weiblichen Vertretern. Dabei können unterschiedliche Kriterien angewendet werden. Man unterscheidet

- das chromosomale Geschlecht (XX = weiblich, XY = männlich),
- das gonadale Geschlecht (Ovarien = weiblich, Testes = männlich, gemischte Keimdrüsen = intersexuell),
- das genitale Geschlecht (äußeres Genitale und sekundäre Geschlechtsmerkmale),
- das psychische Geschlecht (sexuelle Selbstdifferenzierung),
- das soziale Geschlecht (sexuelle Einordnung durch die Umwelt).

Fetale Differenzierung

Die Urkeimzellen liegen in der Wand des Dottersacks nahe der Allantois. Im Stadium 13 wandern sie von dort mittels amöboider Zellbewegung in die Region der Gonadenleisten ein. Die Gonadenanlage entsteht im Zölomwinkel zwischen Mesenterialwurzel und Urniere aus einer Verdickung des Zölomepithels. Das verdickte Zölomepithel produziert einen chemotaktischen Faktor aus der TGF-β-Familie, der die Urkeimzellen anzieht und sie gleichzeitig zur Proliferation stimuliert. Die Gonadenanlage wölbt sich schließlich als **Gonadenleiste** in die Leibeshöhle vor.

Bis zum Stadium 18 sind keine Geschlechtsunterschiede zu erkennen. Die Geschlechtschromosomen XX und XY entscheiden, ob sich die Gonaden männlich oder weiblich differenzieren. Beim männlichen Embryo entwickeln sich die noch undifferenzierten Gonaden in der 6. bis 8. Woche zu Hoden und beim weiblichen Embryo am Ende der 8. Woche zu Ovarien. Die Entwicklung des männlichen Geschlechts erfolgt durch die Hormone des fetalen Testes, während beim weiblichen Geschlecht ähnliche Einflüsse vonseiten des fetalen Ovars fehlen. Dementsprechend verläuft die Genitalentwicklung auch bei einem männlichen Individuum weiblich, wenn sich die Hoden nicht differenzieren und nur als bindegewebige Strukturen vorliegen.

In der 6. Entwicklungswoche findet man eine neutrale Entwicklungsstufe. Das innere Genitale besteht aus den **Wolff**- und den **Müller-Kanälen**, und das äußere Genitale aus dem **Sinus urogenitalis** und dem **Genitalhöcker**. Unter Testosteroneinfluss entwickelt sich, gesteuert vom Androgenrezeptorgen, welches auf dem langen Arm des X-Chromosoms lokalisiert ist, im dritten Monat beim Knaben aus dem Wolff-Kanal der **Ductus deferens**, die **Epididymis** und die **Samenblase**, während sich der Müller-Kanal unter Einfluss von **Anti-Müllerian-Hormon** zurückbildet. Beim

Tabelle 3.3. Geschlechtsdifferenzierung

Männliche Entwicklung	Embryonalanlage	Weibliche Entwicklung
Testis	Genitalfalte der Urniere	Ovarium
Ductus epididymidis und Ductus deferens	Urnierengang (Wolff-Gang) und Urnierenreste	Gärntner-Gang und Nebeneierstock (Epoophoron)
Appendix testis und Utriculus prostaticus	Müller-Gang	Tuba uterina, Uterus, Vagina
Colliculus seminalis	Müller-Hügel	Ostium vaginae
Corpus cavernosum, Corpus spongiosum, Penis	Genitalhöcker, Genitalfalten	Clitoris, Labia minora pudendi, Vestibulum vaginae, Bulbus vestibuli
Skrotum	Genitalwülste	Labia majora pudendi

Mädchen verschwindet der Wolff-Kanal, während aus dem Müller-Kanal **Uterus, Tube** und **obere Vagina** entstehen. Diese Vorgänge laufen ohne Einfluss des Ovars ab, die endokrine aktive Gewebsformation entwickelt sich erst im 7. Fetalmonat.

Ähnliches gilt für die Gestaltung der äußeren Geschlechtsorgane. In Gegenwart des endokrinen aktiven Testosterons wächst das **Tuberculum genitale** zum **Penis** aus und durch die Fusion der **Geschlechtsfalten** und der **Geschlechtswülste** entwickeln sich **Urethra** und **Skrotum**. Bei Mädchen entstehen aus den Geschlechtsfalten die **Labia minora** und aus den Geschlechtswülsten die **Labia majora** (Tabelle 3.3).

Wie bereits erwähnt, wird die männliche Genitaldifferenzierung durch die zwei Hormone des fetalen Hodens aktiv induziert. Das eine ist das männliche Geschlechtshormon Testosteron, das von den Leydig-Zellen sezerniert wird. Das andere ist das Anti-Müllerian-Hormon, ein Polypeptid, das in den Sertoli-Zellen gebildet wird. Testosteron, das am Ende des dritten Fetalmonats im Blut eine ähnlich hohe Konzentration wie beim erwachsenen Mann aufweist, muss am Wirkungsort zuerst durch 5-Alpha-Reduktase zu Dihydrotestosteron (DHT) umgewandelt werden.

Chromosomale Grundlagen der Geschlechtsentwicklung

Die Geschlechtsentwicklung wird sowohl von gonosomalen (X und Y) als auch von autosomalen Genen determiniert. Die gonosomalen Chromosomen X und Y sowie die Autosomen enthalten eine Reihe von Genen, die für einen normalen Ablauf der Geschlechtsentwicklung und -differenzierung verantwortlich sind.

Das menschliche Y-Chromosom hat etwa 60 Mb DNA und nur sehr wenige funktionstüchtige Gene. Einige von diesen sind auch auf dem X-Chromosom lokalisiert. Die wichtigsten befinden sich in zwei homologen Bereichen und werden als **pseudoautosomale Regionen** bezeichnet. Sie sind entscheidend für die Aneinanderlagerung der Chromosomen in der männlichen Meiose. Die pseudoautosomale Hauptregion (**PAR1**) liegt am äußeren Ende des kurzen Arms und hat eine Länge von 2,6 Mb. Die pseudoautosomale Nebenregion (**PAR2**) liegt am Ende des langen Arms und hat eine Ausdehnung von 320 kb. Zwischen den pseudoautosomalen Hauptregionen von X- und Y-Chromosomen findet in der männlichen Meiose das obligate Crossing-over statt. Direkt neben PAR1 in der Bande Yp22 liegt **SRY** (*sex determing region of Y*), das Gen, das das männliche Geschlecht determiniert und die Synthese des **Testis Determining Factor (TDF)** kontrolliert, der für die Entwicklung des männlichen Geschlechts notwendig ist (Abb. 3.11). SRY besitzt zwei offene Leseraster, die für 99 und 273 Aminosäuren kodieren. Die Schlüsselsequenz involviert eine »High-Mobility Group Box« (HMG) als zentralen konservierten Abschnitt. HMG-Proteine sind Nichthistone, die jedoch wie die Histone ohne Sequenzspezifität an die DNA binden. Unter Anwendung molekularbiologischer Methoden ließen sich weitere auf dem Y-Chromosom kodierte Faktoren nachweisen, die Testes-determinierende Funktionen zeigen.

3

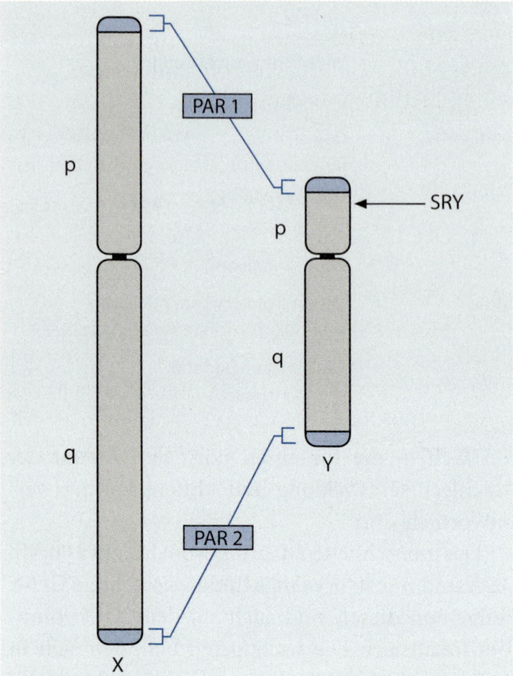

Abb. 3.11. Die Lage der pseudoautosomalen Regionen auf X- und Y-Chromosomen sowie die Lage des männlichen Determinanzgenes SRY

Neben Genen auf dem Y-Chromosom sind aber auch Loki auf dem X-Chromosom, neben solchen auf Autosomen zur testikulären Differenzierung notwendig. So enthält Xp eine Region, welche unter bestimmten Umständen die testikuläre Entwicklung trotz der Anwesenheit von SRY unterdrücken kann. Das Gen, das für dieses Phänomen verantwortlich ist, wird als *dose-dependent sex reversal*-Gen (**DDS**) bezeichnet.

Neben den pseudoautosomalen Regionen gibt es noch weitere Homologien zum X-Chromosom, jedoch in sehr unterschiedlichen Bereichen beider Chromosomen.

Wenn die Aktivierung des SRY in der **Gonadenagenesie** ausbleibt, kommt es zu einer Diskrepanz zwischen chromosomalem und somatischem Geschlecht. Dies bedeutet einen weiblichen Phänotyp bei vorhandenen XY-Chromosomen. Bei einer Translokation des SRY-Faktors auf ein X-Chromosom kann sich ein männlicher Phänotyp mit einem XX-Chromosomensatz entwickeln, wenn das SRY aktiv ist.

Inzwischen weiß man, dass X-chromosomale und autosomale Mutationen zu Störungen der testikulären Differenzierung führen. Beispielsweise ist das verantwortliche Gen für die kampomele Dysplasie (► Kap. 7.7) XY SOX 9-Gen auf 17q24 lokalisiert. SOX9 ist ähnlich wie SRY ein DNA-Protein mit HMG-Box und ist beteiligt an dieser Erkrankung. Andere autosomale Kandidatengene für die testikuläre Funktion werden auf dem kurzen Arm des Chromosoms Nr. 9 und dem langen Arm des Chromosoms Nr. 10 vermutet. Aufgrund der Assoziation von Gonadendysgenesie bei einer Reihe von Syndromen werden autosomale Gene, die die testikuläre Differenzierung beeinflussen, wahrscheinlich.

3.2.2 Störungen der Geschlechtsdifferenzierung und -entwicklung

Die primäre Gonadenstörung hat einen **hypergonadotropen** Hypogonadismus zur Folge, während die sekundäre durch einen **hypogonadotropen** Hypogonadismus gekennzeichnet ist.

Ganz undifferenzierte Gonaden, die nur aus bindegewebigen Elementen bestehen, bezeichnet man als **Streaks**. Dies sind schmale, längliche, weißliche Gebilde in Ovarstellung, die sich laparoskopisch und intraoperativ leicht von normalen Ovarien unterscheiden lassen. Ist die Differenzierung mangelhaft, sodass man histologisch keine eindeutigen Testes oder Ovarienelemente erkennen kann, so spricht man von **dysgenetischen** oder **rudimentären** Testes oder Ovarien. Die dysgenetischen Testes des Fetus sind nicht im Stande, genügend Testosteron und/oder Anti-Müllerian-Hormon zu bilden. Aus diesem Grund ist die Maskulinisierung des Genitales unvollständig. In leichteren Fällen kann das Genitale ganz männlich sein oder nur eine Hypospadie aufweisen, doch besteht meist ein mangelhafter Deszensus und ein Hypogenitalismus als Ausdruck der ungenügenden pränatalen Hodenfunktion. Die Streaks und rudimentären Testes entwickeln sich meist zu malignen Tumoren, wie Gonadoblastomen oder Dysgerminomen; deshalb sollten sie immer operativ entfernt werden.

Die Sexualdifferenzierung und -entwicklung vollzieht sich in verschiedenen Etappen, die zeitlich aufeinander folgen. Sie kann in jeder Phase unterschiedlich gestört und fehlentwickelt werden. Diese Fehlentwicklungen lassen sich daher in solche des chromosomalen, des gonosomalen und des phänotypischen Geschlechts unterteilen.

Die Krankheiten mit numerischen und strukturellen Chromosomenaberrationen der Gonosomen werden in Kap. 4.2 besprochen.

3.2.3 Monogene Erkrankungen mit Störungen der Geschlechtsentwicklung

Reine Gonadendysgenesie

Patienten mit einer reinen Gonadendysgenesie haben normale innere und äußere Genitalien, jedoch liegen anstelle der Gonaden funktionslose Streaks vor. Im Gegensatz zum Ullrich-Turner-Syndrom sind sie weder kleinwüchsig noch zeigen sie charakteristische äußere Merkmale. Der Karyotyp ist entweder 46,XX oder 46,XY. Patienten mit 46,XY werden auch als Träger eines **Swyer-Syndrom** bezeichnet, und sie zeigen gelegentlich eine leichte Klitorisvergrößerung.

Die reine Gonadendysgenesie ist ein heterogenes Krankheitsbild. Auch **Phänokopien** (nicht genetische Ursachen) sind bekannt. Die XX-Form wird meist autosomal-rezessiv und die XY-Form X-chromosomal-rezessiv vererbt. Die genaue Ursache, warum sich hier keine Ovarien (bei der XX-Form) oder keine Hoden (bei der XY-Form) entwickeln, ist noch unklar. Bei einem Teil der Patienten wurde eine Mutation im SRY-Gen gefunden. Bei der XX-Form findet man gelegentlich rudimentäres Hodengewebe, das eine hohe Malignitätstendenz zeigt.

Da diese Patienten in der Regel keine äußeren Auffälligkeiten zeigen, wird die Diagnose meist beim Ausbleiben der sekundären Geschlechtsmerkmale vermutet. Der HCG-Test zur Stimulation eventueller Leydig-Zellen zeigt keinen Testosteronanstieg und der HMG-Test zur Stimulation eventueller Follikel keinen Östradiolanstieg. Wie bei allen primären Gonadenstörungen sind die Gonadotropine erhöht. Differenzialdiagnostisch muss an ein Ullrich-Turner-Syndrom und eine gemischte Gonadendysgenesie gedacht werden.

Gemischte Gonadendysgenesie

Diese Patienten haben auf der einen Seite einen dysgenetischen bis normalen Testis, der meist intraabdominell liegt, und auf der anderen Seite eine Streak-Gonade. Das äußere Genitale kann das ganze Spektrum zwischen der männlichen und weiblichen Form aufweisen. Gewöhnlich ist der Genitalbefund intersexuell mit unterschiedlich ausgeprägter Klitorishypertrophie und leichter Hypospadie. Der einseitige Hoden liegt meist intraabdominell, gelegentlich aber auch im Leistenkanal oder im Skrotum. Die Differenzierung variiert zwischen einem rudimentären bis fast normalen Hoden. Histologisch erscheint der präpubertäre Hoden dann normal, dagegen fehlen im postpubertären Hoden die Keimzellen, während Sertoli-Zellen und Leydig-Zellen vorhanden sind. Auf der anderen Seite liegt die rudimentäre Gonade, die Streak-Charakter hat, sie kann auch ganz fehlen. Uterus, eine Vaginaanlage und mindestens ein Eileiter liegen nahezu immer vor. Zytogenetisch findet man ein Mosaik von 45,X/46,XY. Gelegentlich kommen auch 46,XX/46,XY-Mosaike vor. Wahrscheinlich ist für die Entwicklung der Streak-Gonade die 45,X-Zellinie und für die Entwicklung des Hodengewebes die XY-Linie verantwortlich.

Verschiedene Formen der Testisdysgenesie sowie eine bilaterale Anorchie sind wiederholt beobachtet worden. Wegen Geschwistererkrankung wird eine autosomal-rezessive Vererbung angenommen.

Echter Hermaphroditismus

! Bei dem echten Hermaphroditismus handelt es sich um Individuen, bei denen sowohl Hoden als auch Ovarialgewebe vorliegt.

Das äußere Genitale ist bis auf wenige Ausnahmen intersexuell, sodass die Patienten eher als Knaben angesehen werden. Die Gonaden liegen abdominal, inguinal oder im Genitalbereich. Folgende Formen sind zu unterscheiden:

- **bilaterale Form** mit sowohl Hoden als auch Ovarien, entweder als getrennte Gonaden oder als Ovotestes auf jeder Seite,
- **laterale oder alternierende Form** mit Hodengewebe auf der einen und Ovarialgewebe auf der anderen Seite,
- **unilaterale Form** mit Hoden oder Ovarien auf der einen Seite und Ovotestes auf der Kontraseite.

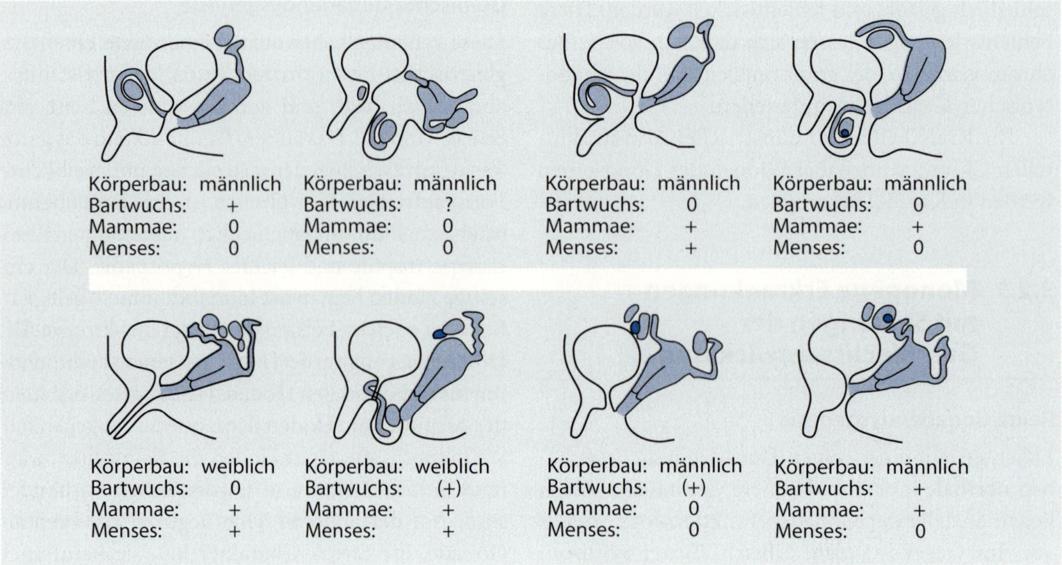

Abb. 3.12. Schematisch dargestellte Beispiele des echten Hermaphroditismus (nach Wilkins 1957)

Der Ovaranteil ist meist besser differenziert als der Testesanteil. Das innere Genitale ist ebenfalls intersexuell. Die sekundären Geschlechtsmerkmale treten rechtzeitig auf. Häufig zeigt sich eine Gynäkomastie, und die Hälfte der Patientinnen menstruieren (Abb. 3.12). Die Psychosexualität ist unterschiedlich und hängt meist von der Ausbildung der äußeren Geschlechtsmerkmale ab, ist aber überwiegend männlich.

Der genetische Hintergrund ist noch nicht klar, jedoch findet man bei etwa der Hälfte der Patienten einen 46,XX-Karyotyp. Selten liegt ein 46,XY-Karyotyp oder ein Mosaik 46,XX/46,XY vor. Die 46,XX-Formen sind gelegentlich familiär.

Bei XX-Männern (► Kap. 4.2.5) die eigentlich nicht zu den echten Hermaphroditen gehören und infertil sind, findet man eine Translokation der SRY-Region auf eines der X-Chromosomen. In solchen Situationen wäre es nach der Lyon-Hypothese vom Zufall abhängig, ob mehrheitlich das normale X oder das X mit der SRY-Region aktiv ist. Deshalb könnten Ovarien oder Testes oder Ovarien und Testes entstehen.

Pseudohermaphroditismus masculinus

Pseudohermaphroditen sind Individuen mit einem 46,XY-Karyotyp und eindeutigen Hoden, jedoch mit weiblichen oder intersexuellen äußeren Genitalien. Die Intersexformen können je nach Differenzierungsgrad der Hoden unterschiedlich sein.

Pseudohermaphroditismus masculinus kann unterschiedlich verursacht werden. Die häufigsten Ursachen werden hier besprochen.

Oviduktpersistenz. Ein fehlendes Anti-Müllerian-Hormon oder eine nicht ansprechende Peripherie auf dieses Hormon führt zur Oviduktpersistenz. Die äußere Genitalentwicklung ist normal männlich, doch es besteht meist ein ein- oder beidseitiger Kryptorchismus und eine einseitige Leistenhernie. Man findet einen kleinen Uterus mit Tuben neben mehr oder weniger normalen Hoden und einen normalen oder hypoplastischen Ductus deferens. Die Pubertätsentwicklung ist normal. Relativ häufig werden betroffene Brüder beobachtet. Aus diesem Grund nimmt man eine geschlechtsbegrenzte autosomal-rezessive Vererbung an.

Androgenresistenz. Die nicht ansprechende Peripherie auf Testosteron oder Dihydrotestosteron führt zu den Androgenresistenzsyndromen. Die klassische Form ist die **testikuläre Feminisierung**. Die Häufigkeit beträgt 1:2000 bis 1:20.000. Es handelt sich um eine X-chromosomal-rezessive Störung.

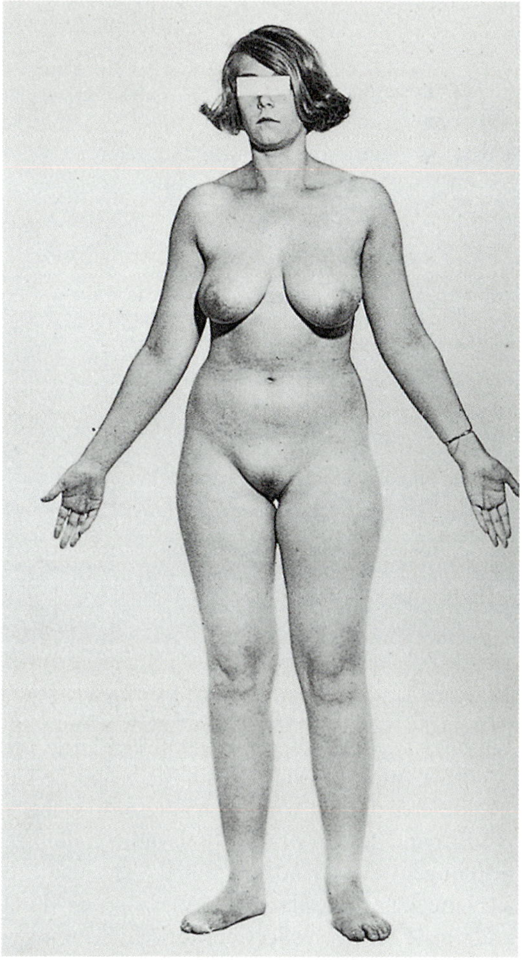

Abb. 3.13. Patientin mit testikulärer Feminisierung und einem Karyotyp 46, XY (aus Hamerton 1971)

Die Betroffenen haben einen 46,XY-Karyotyp, bilaterale Testes, weibliche äußere Genitalien, blind endende Vagina und einen fehlenden Uterus. Sie zeigen eine normale weibliche Pubertätsentwicklung und Sexualität. Phänotypische Frauen mit normaler weiblicher Brustentwicklung und fehlender oder stark reduzierter Sexualbehaarung werden als *hairless women* bezeichnet (Abb. 3.13). Im Kindesalter treten gelegentlich Inguinalhernien auf, die oft Testes enthalten. Sie zeigen histologisch infantile Tubuli ohne Spermatogenese und eine Vermehrung der Leydig-Zellen. In der Pubertät sind Testosteron und Östrogen normal oder erhöht. Der hohe LH-Wert zeigt, dass auch der Hypothalamus gegen die negative Feedbackwirkung des Testosterons resistent ist. Die eigentliche Ursache der Androgenresistenz liegt in einer Störung des intrazellulären Wirkungsmechanismus von Testosteron und Dihydrotestosteron. Die fehlende Bindung von Dihydrotestosteron an die intrazellulären Rezeptoren kann in Fibroblasten nachgewiesen werden. Bei manchen Patienten ist die Bindung normal, sodass eine postrezeptorische Störung angenomen werden muss. Seltener findet man auch eine Verminderung der Rezeptoren. Mit Hilfe der molekulargenetischen Analyse können die Mutationen beim Androgenrezeptordefekt nachgewiesen werden. Meist handelt es sich um Punktmutationen.

Neben der klassischen testikulären Feminisierung gibt es eine leichtere Form von Androgenresistenz, die als **inkomplette testikuläre Feminisierung** bezeichnet wird. Sie wird ebenfalls X-chromosomal-rezessiv vererbt. Sie zeigt eine leichte Virilisierung mit Pubes- und Axillarbehaarung sowie angedeuteter Klitorishypertrophie. Zu den inkompletten Androgenresistenzsyndromen gehören auch **Lubs-Syndrom, Gilbert-Dreyfus-Syndrom, Reifenstein-Syndrom** und **Rosewater-Syndrom**. Neben dem gemeinsamen klinischen Bild mit Gynäkomastie und unterschiedlichem männlichen oder weiblichen Erscheinungsbild ist der Testosteronspiegel im Vergleich zu phänotypischen Merkmalen hoch.

Androgensynthesestörungen. Eine weitere Störung, die zu männlichem Pseudohermaphroditismus führen kann, ist eine Störung der Androgenbildung. Verschiedene hereditäre Enzymdefekte der Testosteronsynthese, die zum Teil auch die Cortisolsynthese betreffen, führen zu männlichem Pseudohermaphroditismus. Sie werden autosomal-rezessiv vererbt. Dabei sind folgende Enzyme betroffen: 20,22-Desmolase, 3β-Hydroxysteroiddehydrogenase, 17α-Hydroxylase, 17,20-Desmolase und 17β-Hydroxysteroiddehydrogenase (Abb. 3.14). Aufgrund des Testosteronmangels zeigen die neugeborenen Knaben mit diesen Störungen ein intersexuelles oder weibliches äußeres Genitale. Mädchen haben normale äußere Genitalien, aber die sekundäre Geschlechtsentwicklung ist gestört. Die primär embryonal vorhandene Hodenanlage hat sich wegen zu geringer Testosteronproduktion nicht weiter-

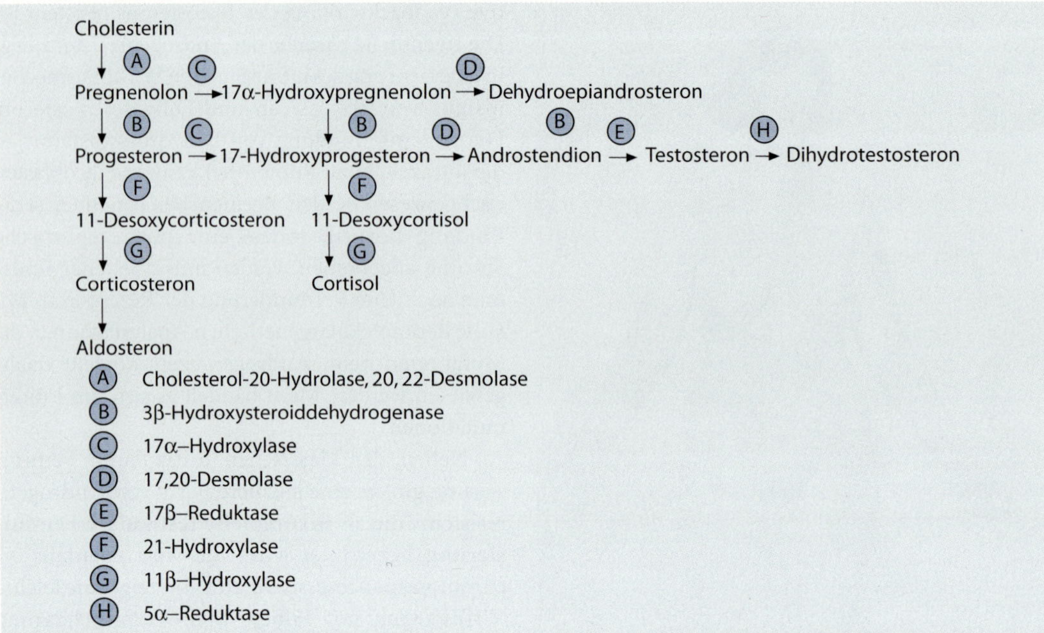

Abb. 3.14. Biosynthese des Testosterons

gebildet. Cortisolmangel äußert sich als Nebenniereninsuffizienz. Der Testosteronspiegel im Blut ist niedrig und zeigt einen mangelhaften Anstieg im HCG-Test. Da bei den betroffenen Knaben weder Tuben noch Ovarien gefunden werden, ist anzunehmen, dass die testikuläre MIH-Sekretion während der Embryogenese normal gewesen sein muss.

5α-Reduktasemangel. Die 5α-Reduktase in peripheren Zellen, vor allem im Genitalbereich, bewirkt die Umwandlung von Testosteron in Dihydrotestosteron, das für die männliche Genitaldifferenzierung erforderlich ist. Die betroffenen männlichen Patienten zeigen ein intersexuelles äußeres Genitale bei normalem inneren Genitale und normaler männlicher sekundärer Geschlechtsentwicklung. 5α-Reduktasemangel ist autosomal-rezessiv und genetisch heterogen. Das verantwortliche Gen für Typ I ist auf Chromosom 5 und Typ II auf Chromosom 2 lokalisiert.

Pseudohermaphroditismus femininus

Unter Pseudohermaphroditismus femininus versteht man eine männliche oder intersexuelle Genitalentwicklung bei Individuen mit einem 46,XX-Karyotyp und eindeutigen Ovarien. Meist liegt eine abnorme Androgenwirkung auf die weibliche Genitaldifferenzierung vor. Die häufigste Ursache ist ein Enzymdefekt in der Cortisolsynthese, die zum **adrenogenitalen Syndrom** führt. Selten kann es sich um eine transplazentare Virilisierung durch androgene Tumoren oder transitorische Schwangerschaftsluteome der Mutter oder exogene Hormone handeln.

Kongenitale Defekte der Steroidsynthese. Die häufigste Ursache für einen weiblichen Pseudohermaphroditismus ist das adrenogenitale Syndrom (AGS). Unter diesem Begriff ist eine Gruppe von autosomal-rezessiven Störungen der Steroidhormonbiosynthese der Nebenniere zu verstehen. Man unterscheidet zwischen Defekten mit gestörter Cortisolsynthese, die bis auf eine Ausnahme (17-Hydroxylasedefekt) zu einem AGS führen, und solchen mit normaler Cortisolbildung. Die verminderte Cortisolproduktion infolge des Enzymdefekts führt zu einer vermehrten ACTH-Ausschüttung, die je nach Lokalisation des Defekts zur Akkumulation verschiedener Steroide vor dem Block führt. Die klinische Manifestation entsteht einerseits durch das verminderte Cortisol

Tabelle 3.4. Verschiedene Formen der kongenitalen Adrenalhyperplasie (f = feminin, m = maskulin, i = intersexuell)

Ausfall	Syndrom	Äußeres Genitale		Postnatale Virilisierung	Metabolismus
		XX	XY		
Cholesteroldesmolase	Lipoidhyperplasie	f	f od. i	Nein	Salzverlust
3β-OH-Steroiddehydrogenase	Klassisch	f od. i	i	Ja	Salzverlust
	Nicht klassisch	f	m	Ja	Normal
17α-Hydroxylase	–	f	i	Nein	Hypertonie
17,20-Desmolase	–	f	i od. f	Nein	Normal
21-Hydroxylase	Salzverlust	i	m	Ja	Salzverlust
	Einfache Virilisierung	i	m	Ja	Normal
	Nicht klassisch	f	m	Ja	Normal
11-Hydroxylase	Klassisch	i	m	Ja	Hypertonie
	Nicht klassisch	f	m	Ja	Normal
Corticosteron-Methyl-Oxidase Typ II	Salzverlust	f	m	Nein	Salzverlust

und/oder Aldosteron, andererseits durch vermehrte Bildung von Vorstufen, vor allem von Androgenen. Das Erscheinungsbild kann sich deshalb nicht als Nebennierenunter- oder -überfunktion manifestieren, sondern stellt eine Mischung von beiden dar.

Im Rahmen der Steroidhormonbiosynthese der Nebennierenrinde sind zahlreiche Enzyme beteiligt, deren verminderte Aktivität zu Geschlechtsentwicklungsstörungen führt (Tabelle 3.4). Im Folgenden werden die klinisch relevanten Formen besprochen.

21-Hydroxylasedefekt. Der 21-Hydroxylasedefekt ist mit Abstand der häufigste angeborene Enzymdefekt der Steroidbiosynthese der Nebennierenrinde (90 %). Dabei kann **17α-Hydroxylaseprogesteron** und **Progesteron** nicht in **11-Desoxycorticosteron** und **11-Desoxycortisol** umgewandelt werden. Dementsprechend kommt es zu einer erhöhten Konzentration von 17α-Hydroxyprogesteron, Progesteron sowie Androstendion. Klinisch führt das zur Virilisierung des äußeren Genitale bei Mädchen, das innere Genitale bleibt unbeeinflusst (Abb. 3.15). Uterus, Eileiter und Tuben sind vorhanden. Bei einer leicht erhöhten Androgenkonzentration kommt es zur Vergrößerung der Klitoris und zur Fusion der Labien. Bei höheren Androgenkonzentrationen kann eine vollständige Maskulinisierung des äußeren Genitale vorliegen. Darüber hinaus kommt es durch die

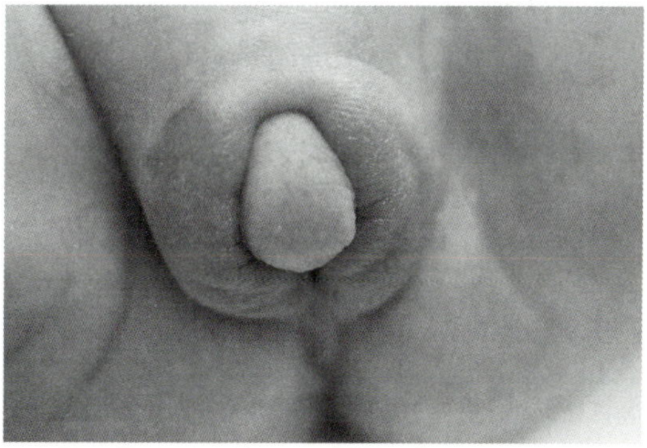

Abb. 3.15. Virilisierung des äußeren Genitale bei einem Mädchen mit 21-Hydroxylasedefekt

Androgenüberproduktion zu raschem Körperwachstum, schnellerer Epiphysenreifung und zu frühzeitigem Auftreten der Pubertät. Als Folge des frühzeitigen Epiphysenschlusses kommt es nach einer Phase übermäßigen Wachstums zu Kleinwuchs.

AGS kann mit oder ohne **Salzverlust** auftreten. Bei AGS mit Salzverlust findet man neben der Virilisierungserscheinung durch die verminderte Aldosteronsekretion eine ausgeprägte Elektrolytstörung mit erniedrigtem Natrium- und erhöhtem Kaliumserumspiegel. Das Salzverlustsyndrom tritt in der Neugeborenenperiode meist erst jenseits der ersten Lebenswochen in Erscheinung. Da bei Knaben die äußeren Genitalien unauffällig sind, kann es dabei häufig zu lebensbedrohenden Salzverlustkrisen und Exsikkose kommen. Bei ca. 70 % der Patienten ist die Mineralcorticoidbiosynthese nicht oder nur gering vermindert. Dieses Krankheitsbild wird als **Simple-Virilisierungs-Form** des 21-Hydroxylasedefekts bezeichnet.

Die verantwortlichen Gene für die 21-Hydroxylase und die HLA-Gewebstypen liegen nahe beieinander auf Chromosom Nr. 6. Somit ist es möglich durch HLA-Typisierung innerhalb einer Familie mit einem klassischen 21-Hydroxylasedefekt die heterozygoten Anlageträger zu identifizieren. Das verantwortliche Gen für 21-Hydroxylase ist inzwischen sequenziert und eine Reihe von Mutationen sind identifiziert worden. Heute wird mit Hilfe der molekular-genetischen Analyse die Diagnose oder Heterozygotenanlageträgerschaft bestimmt. Die klinische Manifestation ist sehr heterogen. Es sind leichte Fälle beschrieben, die klinisch als Hirsutismus und primäre Amenorrhö oder Oligomenorrhö oder als prämature Adrenarche, Großwuchs und Knochenaltervorsprung imponieren. Hierbei handelt es sich meist um »Compound-Heterozygote« mit verschiedenen Allelen. Die 21-Hydroxylase-Mutation kann heute molekulargenetisch direkt identifiziert werden. Wenn eine Risikoschwangerschaft diagnostiziert wird, kann eine pränatale Therapie mit Cortison durchgeführt werden. Damit können die Virilisierungserscheinungen bei weiblichen Feten vermieden werden (▶ Kap. 10.3).

11β-Hydroxylasedefekt. Der 11β-Hydroxylasedefekt ist mit ca. 5 % der Fälle der zweithäufigste Enzymdefekt der Steroidhormonbiosynthese der Nebennierenrinde. Dabei ist die Umwandlung von 11-Desoxycortisol zum Cortisol und von 11-Desoxycorticosteron zum Corticosteron blockiert. Die klinischen Zeichen sind die Virilisierung des äußeren Genitale wie beim 21-Hydroxylasedefekt. Durch die erhöhte Sekretion von Mineralcorticoiden findet man bei den meisten Patienten eine arterielle Hypertonie. Auch hier kann das klinische Bild unterschiedliche Variationen zeigen, jedoch ohne Salzverlustsyndrom. Bei Knaben kommt es gelegentlich zur Gynäkomastie.

3β-Hydroxysteroiddehydrogenasemangel. Bei diesem Krankheitsbild ist die Umwandlung von Pregnenolon zum Progesteron, von 17α-Hydroxypregnenolon zum 17α-Hydroxyprogesteron und von Dehydroepiandrosteron (DHEA) zum Androstendion aufgrund des 3β-Hydroxysteroiddehydrogenase-Defekts blockiert. Auch hier besteht eine Virilisierung, zurückzuführen auf das in großen Mengen vorhandene DHEA, welche jedoch nur schwach ausgeprägt ist. Knaben zeigen eine schwere Hypospadie. Wie beim 21-Hydroxylasedefekt kann es hier zu einem Salzverlustsyndrom kommen. Die Manifestation des klinischen Erscheinungsbildes ist heterogen.

3.2.4 Kriterien für Geschlechtszuordnung und standesamtliche Eintragung des Geschlechts

In Kapitel 3.2.1 wurden 5 verschiedene Kriterien zur Geschlechtsdeterminierung herangezogen. Für die **Geschlechtszuordnung** der Neugeborenen im juristischen Sinne ist überwiegend das genitale Geschlecht, also die Ausprägung des äußeren Genitale maßgeblich. Die Zuordnung geschieht durch die Hebamme oder den Arzt.

Nach dem Personenstandsgesetz muss das Geschlecht eines Kindes in das standesamtliche Geburtsregister eingetragen werden (Personenstandgesetz § 21, Abs. 1, Nr. 3). Dabei ist die Entscheidung männlich oder weiblich zu treffen; eine andere Entscheidung ist nicht vorgesehen. Zweifelsfälle können bis zur medizinischen Abklärung zurückgestellt werden.

Diese Entscheidung richtet sich nach der voraussichtlichen sexuellen Einordnung eines Individuums durch die Umwelt, also nach dem **sozialen Geschlecht**, das wiederum in diesem Falle praktisch ausschließlich durch das genitale Geschlecht bestimmt wird. Unabhängig vom chromosomalen und gonadalen Geschlecht sind z. B. Kinder mit testikulärer Feminisierung immer als Mädchen zu behandeln. Eine spätere Änderung des eingetragenen Geschlechts sollte nach dem Kleinkindalter möglichst nicht mehr vorgenommen werden.

In diesem Zusammenhang muss das **Transsexuellengesetz** Erwähnung finden, nach dem es möglich ist, über die Umtragung des Vornamens und die Feststellung der Geschlechtszugehörigkeit in gegebenen Fällen eine Umänderung des standesamtlichen Geschlechts zu erwirken.

In dem Gesetzestext heißt es in § 1: »Die Vornamen einer Person, die sich aufgrund ihrer transsexuellen Prägung nicht mehr dem in ihrem Geburtseintrag angegebenen, sondern dem anderen Geschlecht als zugehörig empfindet und seit mindestens drei Jahren unter dem Zwang steht, ihren Vorstellungen entsprechend zu leben, sind auf ihren Antrag vor Gericht zu ändern, wenn [...] mit hoher Wahrscheinlichkeit anzunehmen ist, dass sich ihr Zugehörigkeitsempfinden zum anderen Geschlecht nicht mehr ändern wird und sie mindestens fünfundzwanzig Jahre alt ist.«

Dem Antrag nach § 1 darf das Gericht nur stattgeben, nachdem es die Gutachten von zwei Sachverständigen eingeholt hat. Weiter führt der Gesetzestext zur Feststellung der Geschlechtszugehörigkeit als Voraussetzung aus: »[...] ist vom Gericht festzustellen, dass sie als dem anderen Geschlecht zugehörig anzusehen ist, wenn sie [...] nicht verheiratet ist, dauernd fortpflanzungsunfähig ist und sich einem ihre äußeren Geschlechtsmerkmale verändernden operativen Eingriff unterzogen hat, durch den eine deutliche Annäherung an das Erscheinungsbild des anderen Geschlechts erreicht worden ist.«

3.3 Die Inaktivierung des X-Chromosoms

3.3.1 Lyon-Hypothese

Vor 100 Jahren wurde das X-Chromosom erstmals bei Insekten beschrieben. Nachdem man verstanden hatte, dass 2 X-Chromosomen die Ausprägung des weiblichen und ein X- und ein Y-Chromosom die des männlichen Geschlechts bedingen, war man mit der Frage der genetischen Inbalance konfrontiert. Weibliche Individuen haben doppelt so viele X-chromosomal gekoppelte Gene wie männliche. Wie wird dieses Ungleichgewicht ausgeglichen? Es musste ein **Dosiskompensationsmechanismus** existieren. 1949 entdeckten Barr und Bertram das **Sexchromatin** (auch **Barr-Body** genannt) in den Zellkernen weiblicher Katzen. Sie fanden es jedoch nicht in Zellen männlicher Tiere. Nach verschiedenen Spekulationen über die Natur dieses Körperchens, das in Somazellen randständig kondensiert und dunkel anfärbbar aufgefunden wurde, wurde bewiesen, dass es sich um ein einzelnes X-Chromosom handelt. M. Lyon gelang schließlich der Schritt von der morphologischen Beobachtung zur funktionellen Erklärung der Dosiskompensation mit folgender **Hypothese**:

- In weiblichen Zellen ist eines der beiden X-Chromosomen inaktiviert.
- Das inaktivierte X-Chromosom ist entweder väterlicher oder mütterlicher Herkunft.
- In verschiedenen Zellen des gleichen Individuums kann entweder das eine oder das andere inaktiv sein.
- Die Inaktivierung erfolgt in der frühen Embryogenese.
- In allen Tochterzellen wird immer das gleiche X-Chromosom inaktiviert wie in der Zelle, von der diese abstammen.

Inaktivierungsmechanismus. Im menschlichen Trophoblasten erfolgt die **Inaktivierung** am 12. Tag der Entwicklung; im Embryo am 16. Tag. In Präparaten kann man Barr-Bodies bzw. **Drumsticks**, wie man sie in Leukozyten bezeichnet, in etwa 40 % der Zellen nachweisen (Abb. 3.16a und b). Bei der Entwicklung der Säugetiere gibt es zwei Formen der Inaktivierung:

- Beginnend mit frühen Embryonalstadien, in denen beide X-Chromosomen aktiv sind, wird in embryonalem Versorgungsgewebe und bei bestimmten frühen Säugetierspezies das väterliche X-Chromosom im *frühen* Blastozystenstadium nicht zufällig inaktiviert.
- Eine zufällige Inaktivierung beim Menschen scheint in der *späten* Blastozyste zu erfolgen. Dabei wird entweder das mütterliche oder das väterliche X-Chromosom inaktiviert. Dies geschieht nach dem Zufallsprinzip und bleibt stabil, sodass dieses Inaktivierungsmuster an alle Tochterzellen weitergegeben wird. Etwa 10–15 % der Frauen zeigen eine Verschiebung des Gleichgewichts der statistischen Verteilung von 1:1. Dabei kann es zu einer überwiegenden Inaktivierung des väterlichen oder mütterlichen X-Chromosoms kommen (**skewed inactivation**). Die Inaktivierung geht von einem als XIST bezeich-

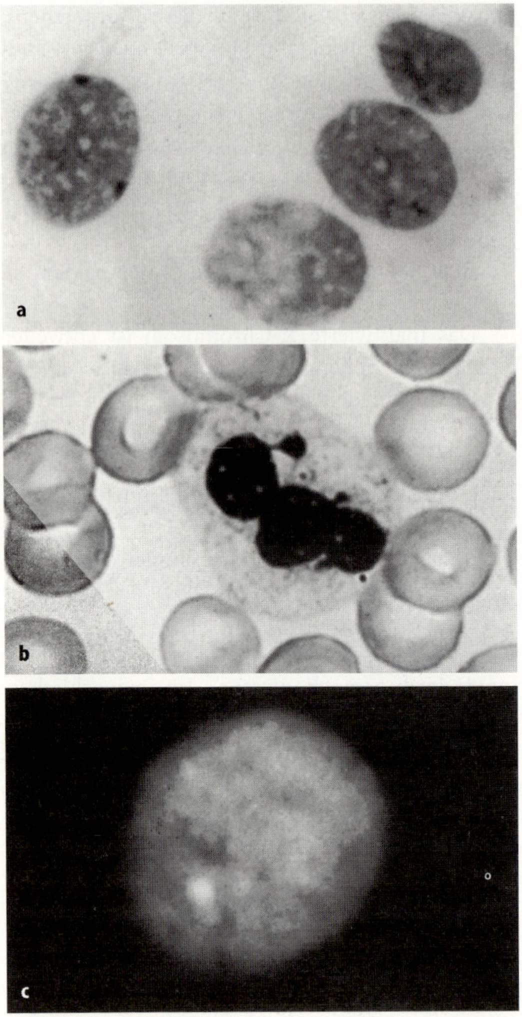

Abb. 3.16. **a** Barr-Bodies in den Zellkernen einer Patientin mit XXX; **b** Drumstick einer normalen Frau mit XX (analoge Chromatinverdichtung in den segmentkernigen Leukozyten weiblicher Personen); **c** F-Body eines Mannes

neten Gen aus, das für eine lange nicht in Proteine transkribierte RNA kodiert. Sie geht immer vom Allel des inaktiven X-Chromosoms aus.

In der Oogenese weiblicher Individuen wird vor Beginn der Meiose das inaktive X-Chromosom wieder reaktiviert. Es lässt sich nachweisen, dass nicht das ganze X-Chromosom inaktiviert wird. Wie man an einem menschlichen Blutgruppensystem, dem Xg-System, das X-gekoppelt vererbt wird, und an einem eng damit gekoppelten Genlokus für Steroidsulfatase nachweisen kann, entgeht der distale Teil des kurzen und des langen Arms des menschlichen X-Chromosoms der Inaktivierung (pseudoautosomale Region, ▶ Kap. 3.2.1). Auch außerhalb der PAR-Regionen sind auf dem X- und Y-Chromosom homologe Gene, die der X-Inaktivierung entgehen.

Ganz allgemein ist nicht davon auszugehen, dass die Inaktivierung immer und in jeder Zelle besteht. Der Unterschied zwischen normalen Männern (XY) und Klinefelter-Patienten (▶ Kap. 4.2.3) mit XXY sowie zwischen normalen Frauen und solchen mit dem Ullrich-Turner-Syndrom (X0) kann nicht allein durch die volle Genaktivität beider X-Chromosomen in den ersten Embryonalstadien erklärt werden. Dennoch kann man an dem späten Zeitpunkt der Replikation und durch die andere Kondensation in der Prophase der Mitose erkennen, dass das 2. X-Chromosom offenbar über weite Strecken des Zellzyklus inaktiviert ist, wobei der Mechanismus auf einer weitgehenden Methylierung der DNA beruht. Der genaue Mechanismus ist noch nicht völlig aufgeklärt.

Bei pathologischen Veränderungen an X-Chromosomen wird häufig beobachtet, dass das pathologisch veränderte X-Chromosom – z. B. Isochromosom der langen Arme, Ringchromosom oder deletiertes X-Chromosom – inaktiviert wird und das normale X-Chromosom aktiv bleibt. Es handelt sich um eine Ausnahme von der randomisierten Inaktivierung. Dafür gibt es 2 Hypothesen:

- Hypothese 1 nimmt einen Selektionsvorteil der Zellen mit aktivem normalem X-Chromosom an. Denn die Zellen, in denen das normale X-Chromosom inaktiviert ist, sind genetisch unbalanciert und haben dadurch möglicherweise eine geringere Teilungsrate.
- Hypothese 2 nimmt an, dass das abnorme X-Chromosom gezielt inaktiviert wird.

Andererseits werden auch Fälle beobachtet, bei denen bei Translokationsträgern das normale X-Chromosom inaktiviert wird. Hier kann man unterscheiden in

- balancierte reziproke Translokationen mit 46 Chromosomen, die praktisch alle vom X-autosomalen Typ sind,

- Translokationen mit 46 Chromosomen und einer unbalancierten X-autosomalen oder X/X-Translokation und
- Translokationen mit 45 Chromosomen und einer unbalancierten X-autosomalen Translokation.

3.3.2 Konsequenz für die Genwirkung

Die Inaktivierung des einen X-Chromosoms hat auch Konsequenzen bei X-chromosomal-rezessiven Erkrankungen. So konnte für die **Muskeldystrophie (Typ Duchenne)** nachgewiesen werden, dass Überträgerinnen neben dystrophischen Muskelbezirken solche mit völlig normal ausgebildeter Struktur besitzen. Es hängt davon ab, welches X-Chromosom in den Zellen inaktiviert ist. Durch Verschiebung der Inaktivierungsmuster kann es zu einer Manifestation der X-chromosomal-rezessiven Erkrankung bei Mädchen kommen (*skewed inactivation*). Ein anderes Beispiel sind menschliche **G6PD-Varianten**. Hier konnte man zeigen, dass Frauen und Männer etwa den gleichen Level an G6PD-Enzymaktivität haben, obwohl Männer 1 und Frauen 2 Gene besitzen. Bei heterozygoten Frauen für eine elektrophoretische G6PD-Variante liegt ein genetisches Mosaik vor. In einer einzigen Zelle ist immer nur eine der beiden Enzymvarianten messbar. Untersucht man mehrere Zellen, so ist in einem Teil das Normalallel, in einem anderen das Allel mit der Variante aktiv. Bei **chronischer Granulomatose** ist die bakterizide Aktivität der Granulozyten stark reduziert. Bei heterozygoten Frauen liegen normale und abnormale Leukozytenpopulationen vor.

Bei gonosomalen Aneuploidien lässt sich die relativ schwache klinische Ausprägung im Vergleich zu autosomalen Syndromen dadurch erklären, dass durch die Inaktivierung eine bessere Genbalance gegeben ist. Es werden nämlich immer alle X-Chromosomen bis auf eines inaktiviert. Allerdings sieht man auch hier einen Gendosiseffekt. Je mehr X-Chromosomen im pathologischen Fall vorhanden sind, desto niedriger ist der Intelligenzquotient.

Dies belegt, dass die Lyon-Hypothese mit den tatsächlich aufgefundenen Sachverhalten übereinstimmt (◘ Tabelle 3.5).

3.3.3 Molekularbiologische Befunde zur Lyon-Hypothese

Die beschriebenen klinisch-genetischen Befunde haben auf molekularbiologischer Ebene inzwischen teilweise eine Erklärung gefunden. Die Inaktivierung muss auf Ebene der Transkription vonstatten gehen. Man hat ein Gen isoliert, das hierfür wohl direkt verantwortlich ist, das **XIST-Gen**, wobei das Allel des inaktiven X-Chromosoms in weiblichen Zellen exprimiert wird. Es kodiert für eine RNA mit verschiedenen repetitiven Sequenzen. Dabei scheint das XIST-Gen die Inaktivierung einzuleiten, ist aber wohl nicht für deren Aufrechterhaltung verantwortlich. Man geht davon aus, dass zu Beginn der X-Inaktivierung wohl das ganze Chromosom inaktiviert wird und später lokusspezifisch die Inaktivierung aufrechterhalten wird.

Weiterhin ist inzwischen bekannt, dass nicht das ganze 165 Mb lange X-Chromosom inaktiviert

◘ Tabelle 3.5. Lyon-Hypothese (erweitert durch molekularbiologische Befunde)

In jeder weiblichen Zelle wird eines der beiden X-Chromosomen inaktiviert. Dabei entgeht die pseudoautosomale Hauptregion (PAR1) der Inaktivierung.
Die Inaktivierung geht vom XiST-Gen aus, wobei das Allel des inaktivierten X-Chromosoms exprimiert wird.
Die Inaktivierung findet um den 12.–16. Tag der Embryonalentwicklung statt.
Die Wahl des inaktivierten X-Chromosoms ist zufällig, wird aber in allen Folgezellen dieser Stammzelle beibehalten.
Die chromosomale Konstitution im weiblichen Organismus kann als genetisches Mosaik betrachtet werden, wenn Heterogenie bei Allelen des X-Chromosoms besteht.
Das inaktive X-Chromosom kann als Sexchromatin dargestellt werden.
Das inaktivierte X-Chromosom ist in der Mitose spät replizierend.

wird. So entgeht die pseudoautosomale Hauptregion PAR1, die beim X-Chromosom genauso wie beim Y am äußeren Ende des kurzen Arms liegt, immer der Inaktivierung, gleich welches X-Chromosom inaktiviert wird. Im Grenzbereich zwischen PAR1 und dem übrigen X-chromosomalen Bereich liegt das XG-Blutgruppen-Gen, weswegen auch dieses, genauso wie der Genlokus für Steroidsulfatase, der X-Inaktivierung entgeht. (◘ Abb. 3.11).

Inzwischen nimmt man an, dass die Geschlechtschromosomen sich aus einem Autosomenpaar entwickelt haben, von denen eines das geschlechtsdeterminierende Allel erhielt, was dann in der Folge die Verhinderung der Rekombination notwendig machte und die Auseinanderdifferenzierung der beiden Chromosomen einleitete.

3.3.4 Darstellung von X- und Y-Chromosomen in Interphasekernen

In Interphasekernen lässt sich das inaktivierte X-Chromosom (oder auch im pathologischen Falle die inaktivierten X-Chromosomen) in Form von Barr-Bodies darstellen. Dies kann dazu benutzt werden, das genetische Geschlecht eines Menschen sehr schnell an leicht zugänglichen Zellen (Haarwurzelzellen) festzustellen.

Der Vollständigkeit halber sollte noch erwähnt werden – auch wenn dies mit der Lyon-Hypothese nichts zu tun hat – dass das Y-Chromosom auf ähnliche Weise nachgewiesen werden kann. Färbt man Zellen in der Mundschleimhaut, in Haarwurzeln, in Leukozyten sowie in Spermien mit fluoreszierenden Kernfarbstoffen an, kann man das Y-Chromosom am intensiven Leuchten seiner langen Arme erkennen (**F-Body**). Mit dieser Methode findet man das Y-Chromosom als leuchtenden Punkt im Zellkern, und zwar auch im Interphasekern. Die fluoreszierenden Teile stellen das bereits erwähnte Heterochromatin dar (◘ Abb. 3.16c).

4 Chromosomenstörungen

Chromosomenstörungen sind beim Menschen keine Seltenheit. Etwa 20 % aller Konzeptionen haben Chromosomenanomalien, jedoch wird der größte Teil dieser Embryonen bzw. Feten spontan abortiert. Etwa 60 % der Spontanaborte des 1. Trimenons und 5 % der späteren Spontanaborte haben eine Chromosomenstörung. Von allen lebend geborenen Kindern weisen ca. 0,5 % Chromosomenaberrationen auf (◘ Tabelle 4.1).

Chromosomenstörungen können numerisch oder strukturell sein, in seltenen Fällen können numerische und strukturelle Aberrationen gemeinsam auftreten. In der ◘ Tabelle 4.2 sind die häufigsten Chromosomenstörungen bei Neugeborenen zusammengefasst.

◘ Tabelle 4.1. Häufigkeit[a] von Chromosomenaberrationen bei Spontanaborten, verschiedenen Patientengruppen und bei Neugeborenen (nach Müller 1989)

Spontane Aborte im 1. Trimenon	50--60 %
Abnorme Geschlechtsentwicklung	ca. 30 %
Primäre Amenorrhö	ca. 25 %
Totgeburten	5--10 %
Kinder mit geistiger Retardierung und Fehlbildungen	ca. 10 %
Infertile Männer	ca. 2 %
Neugeborene	ca. 0,5 %

[a] Durchschnittszahlen aus verschiedenen Untersuchungen

◘ Tabelle 4.2. Häufigkeit der verschiedenen Chromosomenstörungen bei Neugeborenen (nach Connor u. Ferguson-Smith 1987)

Chromosomenstörung	Häufigkeit bei der Geburt
Balancierte Translokation	1/500
Nicht-balancierte Translokation	1/2000
Perizentrische Inversion	1/100
Trisomie 21	1/700
Trisomie 18	1/3000
Trisomie 13	1/5000
47,XXY	1/1000 ♂
47,XYY	1/1000 ♂
47,XXX	1/1000 ♀
45,X	1/2000–5000 ♀

4.1 Entstehungsmechanismus numerischer Chromosomenstörungen (Non-disjunction)

Unterschiedliche Mechanismen können zu numerischen Chromosomenstörungen führen; der häufigste und wichtigste Mechanismus ist das **Non-disjunction**.

Normalerweise trennen sich die homologen Chromosomen in der Meiose, und die Gameten enthalten einen haploiden Chromosomensatz mit 23 Chromosomen. Bleiben zwei homologe Chromosomen zusammen und gelangen in eine Keimzelle, so entstehen aneuploide Keimzellen mit 24 bzw. nur 22 Chromosomen. Nach der Befruchtung mit einer normalen Keimzelle entsteht entweder eine Zygote mit einer Trisomie oder einer Monosomie. Eine monosome Zygote ist letal. Non-disjunction kann sowohl in der Meiose (◘ Abb. 4.1 a,b u. 4.5 a,b) als auch in der Mitose (◘ Abb. 4.1 c,d u. 4.5c) stattfinden (► Kap. 4.1.2 und 4.7).

Ein weiterer Mechanismus zur Entstehung numerischer Chromosomenstörungen ist die **Polyploidisierung**. Dabei werden nicht einzelne Chromosomen, sondern der ganze Chromosomensatz vervielfacht. Als Beispiel ist hier die Triploidie (3 n = 69 Chromosomen) beim Mensch zu nennen (► Kap. 4.3.5).

Folgende Einteilung kann getroffen werden:

Diploidie: Besitz von zweifachem Chromosomensatz in einer somatischen Zelle mit 22 autosomalen Paaren und den Geschlechtschromosomen XX bzw. XY.

Haploidie: Besitz von einfachem Chromosomensatz in einer Zelle (Gamet), in dem jedes Chromosom einmal vorhanden ist.

Euploidie: Eine Zelle mit normalem Chromosomensatz.

Aneuploidie: Eine Zelle mit Abweichung vom euploiden Chromosomensatz.

Trisomie: Wenn ein Chromosom im diploiden Chromosomensatz 3fach statt 2fach vorhanden ist.

Monosomie: Wenn eines der beiden homologen Chromosomen in einer diploiden Zellen verloren gegangen ist.

▼

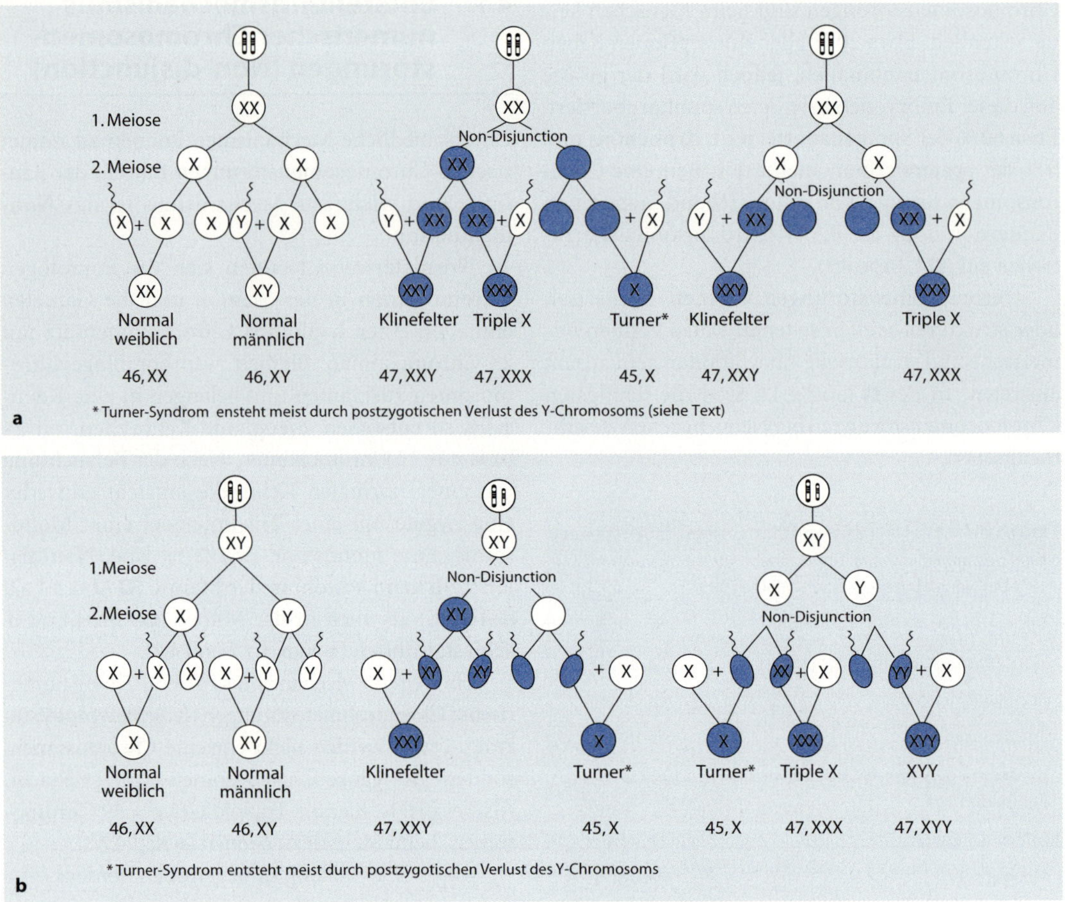

Abb. 4.1a,b. Mögliche Entstehungsmechanismen einer gonosomalen Aneuploidie. **a** Non-disjunction in der 1. bzw. 2. Meiose der Oogenese. **b** Non-disjunction in der 1. bzw. 2. Meiose der Spermatogenese

Polyploidie: Besitz von mehrfachem kompletten Chromosomensatz in einer Zelle.

Mosaik: Bei einem Mosaik findet man zwei oder mehr Zelllinien mit unterschiedlichem Karyotyp, beispielsweise neben Zellen mit einem normalen Chromosomensatz aneuploide Zelllinien. Die unterschiedlichen Zelllinien stammen von einer Zygote.

Chimäre: Bei einer Chimäre stammen die verschiedenen Zelllinien von unterschiedlichen Zygoten ab, beispielsweise durch Befruchtung von miteinander verbundenen Eizellen oder postzygotische Verschmelzung.

4.1.1 Faktoren, die die Häufigkeit des meiotischen Non-disjunctions beeinflussen

Das Risiko für das Auftreten einer numerischen Chromosomenstörung aufgrund einer Fehlverteilung von homologen Chromosomen steigt mit zunehmendem Alter der Mutter an.

! Während das Risiko für ein lebend geborenes Kind mit Trisomie 21 bei einer 20-jährigen Frau 1 zu 1500 beträgt, ist das Risiko bei einer 45-jährigen Frau 1 zu 30.

Möglicherweise beruht diese Zunahme darauf, dass sich der Zusammenhalt der homologen Chromosomen durch Chiasmata, der schon vor der Geburt

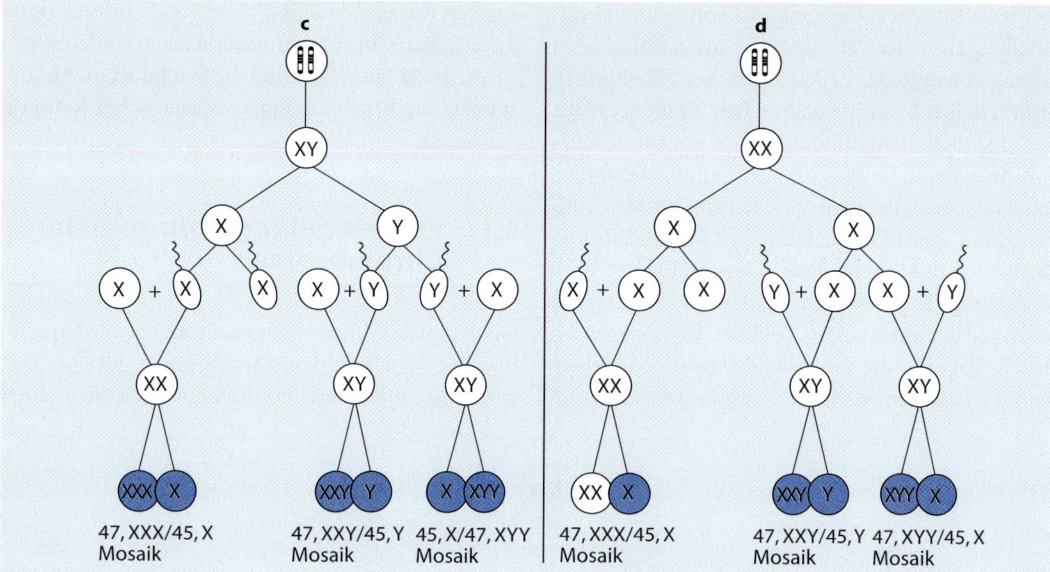

Abb. 4.1c,d. Mögliche Entstehungsmechanismen eines gonosomalen Mosaiks durch mitotisches postzygotisches Non-disjunctions

während der ersten meiotischen Teilung entsteht, mit zunehmendem Alter lockern kann. Dies könnte zu einem schlechteren Erkennen der homologen Paare führen und damit eine Fehlverteilung ermöglichen. Als weitere Faktoren werden der Einfluss von radioaktiven Strahlen sowie ein verlängertes Intervall zwischen der Ovulation und der Fertilisierung diskutiert.

Die Herkunft des überzähligen Chromosoms 21 beim Down-Syndrom kann heute durch molekulargenetische Untersuchungen genau festgestellt werden. So kann abgeklärt werden, ob Non-disjunction in der ersten oder zweiten meiotischen Teilung der Oogenese oder der Spermatogenese stattgefunden hat (Tabelle 4.3).

Wenn Non-disjunction in der ersten Meiose stattfindet, dann sind beide homologen Chromosomen in dem Gameten enthalten; findet aber Non-disjunction in der zweiten Meiose statt, dann sind zwei Kopien eines der homologen Chromosomen vorhanden.

Bei Fällen mit mütterlichem Non-disjunction in der meiotischen Teilung ist das mütterliche Alter deutlich erhöht. Eine Abhängigkeit vom väterlichen Alter konnte bis jetzt nicht mit Sicherheit bestätigt werden. Falls das väterliche Alter Einfluss haben sollte, ist dieses offenbar so unbedeutend, dass es bei der Indikation für eine pränatale Chromosomendiagnostik nicht berücksichtigt zu werden braucht.

4.1.2 Mitotisches Non-disjunction und dessen Folgen

In der Prophase der Mitose erfolgt die Verdichtung der Chromosomen durch Spiralisation. In der Metaphase werden die beiden Chromatiden sichtbar, die durch das Zentromer zusammengehalten werden. In der Anaphase werden die beiden homologen Chromatiden durch den Spindelapparat auf die beiden

Tabelle 4.3. Herkunft der Fehlverteilung in der Meiose bei einigen numerischen Chromosomenstörungen (nach Mueller u. Young 1995)

Chromosomenstörung	Mütterlich (%)	Väterlich (%)
Trisomie 13	85	15
Trisomie 18	95	5
Trisomie 21	95	5
45,X	20	80
47,XXX	95	5
47,XXY	45	55
47,XYY	0	100

Tochterzellen verteilt. Gelegentlich können durch Fehlverteilung einzelner Chromosomen in der mitotischen Teilung aneuploide Zellen entstehen (◘ Abb. 4.1). Grundsätzlich kann in somatischen Zellen jederzeit Non-disjunction stattfinden. Wenn ein mitotisches Non-disjunction im Blastozystenstadium stattfindet, findet man neben normalen Zellen aneuploide Zelllinien. Man spricht dann von einer **Mosaikbildung** (◘ Abb. 4.1c,d, 4.5c). Je später Non-disjunction nach der Bildung der Zygote stattfindet, um so niedriger ist der Anteil der aneuploiden Zelllinie. Überwiegen im Mosaik dagegen die zahlenmäßig trisomen Zellen, kann man annehmen, dass die Zygote primär trisom angelegt war, und dass die diploiden Zellen durch postmeiotischen Chromosomenverlust entstanden sind.

In der ◘ Tabelle 4.4 sind die Symbole und Abkürzungen zur Beschreibung zytogenetischer Befunde dargestellt.

4.2 Fehlverteilung gonosomaler Chromosomen

Gonosomale Chromosomenstörungen wurden erstmals 1959 von Jacobs und Strang und zu gleicher Zeit von Ford und Mitarbeitern beschrieben. Sie fanden

◘ Tabelle 4.4. Symbole und Abkürzungen für die Beschreibung zytogenetischer Befunde (Nomenklatur 1995)

ace	Azentrisches Fragment	Ph	Philadelphia-Chromosom
Add	Zusätzliches Material unbekannter Herkunft	(+)	Zugewinn
b	Bruch	prx	Proximal
cen	Zentromer	psu	Pseudo-
chr	Chromosom	q	Langer Arm eines Chromosoms
cht	Chromatide	qr	Quadriradial
(::)	Bruch und Reunion	r	Ringchromosom
(,)	Trennt Chromosomennummern, Geschlecht und Chromosomenaberrationen	rcp	Reziprok
del	Deletion	rea	Rearrangement
de novo	Bezeichnung einer Chromosomenanomalie, die nicht vererbt ist	rec	Rekombinantes Chromosom
der	Derivatives Chromosom	rob	Robertson-Translokation
dic	Dizentrisch	s	Satellit
dis	Distal	sce	Schwesterchromatidenaustausch
dmin	Double minute	sct	Sekundärkonstruktion
dup	Duplikation	(;)	Trennt verändertes Chromosom und Bruchpunkt in strukturellen Rearrangements, wenn mehr als ein Chromosom involviert ist
fra	Fragile Stelle	t	Translokation
g	Gap	tan	Tandem
h	Heterochromatin	tas	Telomerische Assoziation
i	Isochromosom	tel	Telomer
idic	Isodizentrisches Chromosom	ter	Terminales Ende des Chromosoms
ins	Insertion	tr	Triradial
Inv/mar, mat	Inversion oder Markerchromosom maternaler Herkunft	upd	Uniparentale Disomie
mos	Mosaik	updh	Uniparentale Heterodisomie
p/pat	Kurzer Arm eines Chromosoms paternaler Herkunft	v	Variant oder variable Region

heraus, dass die Geschlechtschromosomen nicht immer den phänotypisch männlichen oder weiblichen Geschlechtsmerkmalen entsprechen. Die gonosomalen Chromosomenaberrationen führen im Vergleich zu den autosomalen Chromosomenstörungen nicht zu schwerwiegenden Erkrankungen. Fehlbildungen liegen in der Regel nicht vor, schwere geistige Entwicklungsverzögerungen sind seltene Ausnahmen. Sie entstehen durch eine gonosomale meiotische bzw. mitotische Non-disjunction (▣ Abb. 4.1 a–d).

4.2.1 Ullrich-Turner-Syndrom

Als klinische Diagnose war das Krankheitsbild des Ullrich-Turner-Syndroms mit seinen typischen Merkmalen schon von früheren Beschreibungen bekannt (Ullrich 1929; Turner 1938). 1959 konnten Ford und Mitarbeiter nachweisen, dass die Patienten mit Ullrich-Turner-Syndrom nur ein X-Chromosom besitzen. Jeder 10. Spontanabort im ersten Trimenon beruht auf dieser Chromosomenstörung. 99 % der Feten mit 45,X sterben intrauterin ab. Bei den lebend geborenen Mädchen ist die Häufigkeit des Ullrich-Turner-Syndroms etwa 1:2000–5000.

Symptome

Das Ullrich-Turner-Syndrom wird meist bei einer diagnostischen Abklärung von Minderwuchs oder primärer Amenorrhö festgestellt. Im Neugeborenenalter sind Lymphödeme der Hand- und Fußrücken, Pterygium colli (Flügelfellbildung am Hals), Nackenfalte und tiefe Haaransatzlinie charakteristisch. Weitere Auffälligkeiten sind sexueller Infantilismus, Minderwuchs, Gonadendysgenesie (die Ovarien sind als bindegewebige Streaks ausgebildet), primäre Amenorrhö, erhöhte Gonadotropinausscheidung im Urin, Cubitus valgus, Verkürzung des vierten Mittelhandknochens, hypoplastische Nägel und multiple Pigmentnävi (▣ Tabelle 4.7; ▣ Abb. 4.2). Als Fehlbildungen der inneren Organe sind Aortenisthmusstenose bzw. andere Gefäßanomalien, Vorhofseptumdefekt und Fehlbildungen der Nieren und harnleitenden Organe zu nennen. Jedoch sind schwere Fehlbildungen selten.

Die geistige Entwicklung der Mädchen mit Ullrich-Turner-Syndrom ist normal und entspricht im Wesentlichen der Verteilung der Durchschnittsbevölkerung. Die Beeinträchtigung im Bereich der Raumorientierung und Wahrnehmung trifft nicht auf alle Frauen mit 45,X-Karyotyp zu. Im Erwachsenenalter besteht ein erhöhtes Risiko für Hypertension, frühzeitige Osteoporose, Hashimoto-Thyroiditis sowie gastrointestinale Blutungen. Patientinnen mit einem durchgehenden 45,X-Karyotyp sind wegen der fehlenden Funktion der Ovarien infertil. Die Gonadendysgenesie kann gelegentlich jedoch inkomplett sein; diese Patientinnen zeigen eine abgeschwächte Manifestation ihrer sekundären Geschlechtsmerkmale mit unregelmäßigen Menstruationsblutungen. Hier liegt meist ein 45,X/46,XX-Mosaik vor, auch wenn in den peripheren Lymphozyten eine durchgehende Monosomie nachgewiesen wird. Ist bei einer Patientin mit Turner-Syndrom Y-Chromosomenmaterial vorhanden (beispielsweise 45,X/45,XY; gemischte Gonadendysgenesie), besteht ein hohes Risiko für eine maligne Gonadoblastomentstehung. Frauen mit 45,X-Karyotyp erreichen eine Erwachsenengröße von ca. 148 cm. Durch eine rechtzeitige Therapie mit Wachstumshormon kann die Endgröße um einige Zentimeter angehoben werden. Eine multidisziplinäre Betreuung der Patientinnen ist dringend erforderlich.

Es liegt sehr nahe, dass das Ullrich-Turner-Syndrom durch X-chromosomale Gene, die ihre Homologen auf dem Y-Chromosom haben und der X-Inaktivierung entgehen, verursacht wird. So ist bekannt, dass Minderwuchs beim Turner-Syndrom sowie beim idiopathischen Minderwuchs durch eine SHOX-Mutation verursacht wird.

Zytogenetik

Neben der klassischen Form mit einem durchgehenden 45,X-Karyotyp kennt man bei einem Teil der Patientinnen mit Ullrich-Turner-Syndrom eine große Variabilität von numerischen und strukturellen Anomalien des X-Chromosoms (▣ Tabelle 4.5). Entsprechend dem zytogenetischen Befund können die klinischen Symptome ein breites Spektrum zeigen. So ist z. B. beim Mosaik mit normalen Zelllinien (45,X/46,XX) das Erscheinungsbild der Krankheit je nach dem zahlenmäßigen Verhältnis der beiden Zelllinien unterschiedlich ausgeprägt. Von den strukturellen Anomalien sind hier Xp^-, Ringchromosom X und ein Isochromosom, das aus dem

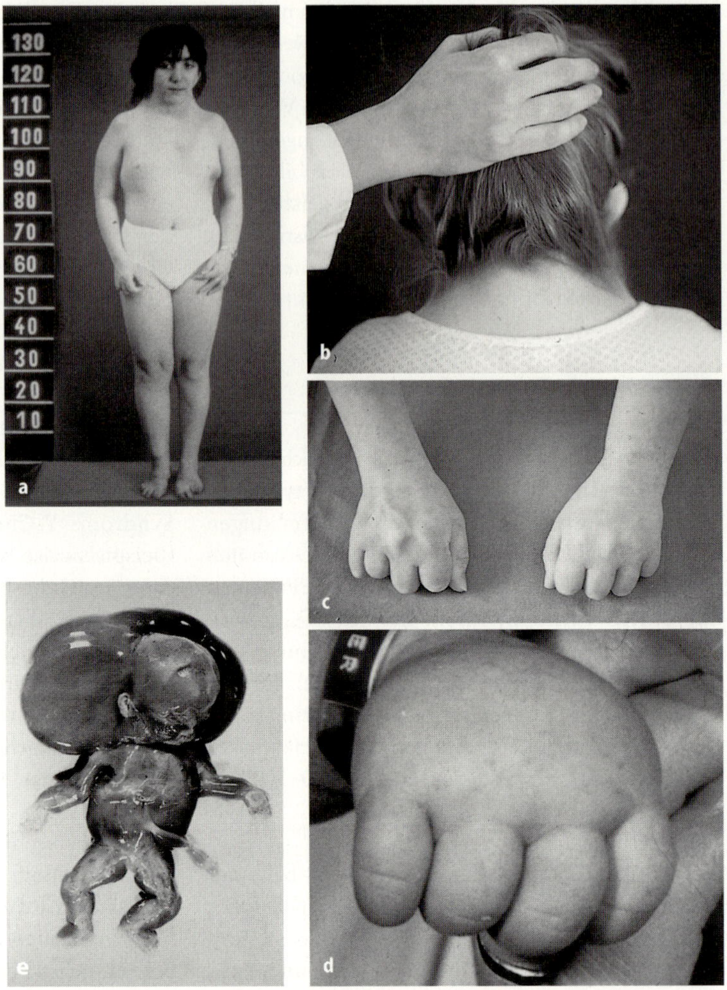

Abb. 4.2a–e. Ullrich-Turner-Syndrom. **a** Turner-Phänotyp mit Pterygium colli. **b** Tiefer Haaransatz. **c** Verkürzte Metakarpalknochen. **d** Handrückenödem. **e** Hygroma colli bei einem Fötus mit Turner-Syndrom

Tabelle 4.5. Beobachtete Karyotypen beim Ullrich-Turner-Syndrom[a]

Karyotyp	Häufigkeit in %
Monosomie 45,X	50
Mosaik z. B. 45,X/46,XX	24
Isochromosom X = 46,X,i(Xq)	17
Deletion X = 46,X,del(Xp)	2
Ring X = 46,X,r(X)	7

[a] Diese Daten beruhen auf Chromosomenanalysen von peripheren Lymphozyten. Neuere Daten aus Fibroblasten zeigen, dass die Mosaike den größten Teil der Fälle ausmachen.

Tabelle 4.6. Beobachtete Karyotypen beim Klinfelter-Syndrom. (Nach Murken, Cleve 1988)

Karyotyp	Häufigkeit
47,XXY	80%
48,XXXY	
48,XXYY	
49,XXXXY	
Mosaike:	20%
47,XXY/46,XY	
47,XXY/46,XX	
47,XXY/46,XY/45,X	
47,XXY/46,XY/46,XX	

langen Arm des X-Chromosoms (i(Xq)) besteht, zu nennen. Neuere Untersuchungen zeigen, dass bei den strukturellen Anomalien die Ausprägung der klinischen Merkmale vom Ausmaß der Deletion des kurzen Arms abhängt.

Patientinnen mit Deletion des kurzen Arms des X-Chromosoms zeigen die typischen Merkmale des Ullrich-Turner-Syndroms, während bei den Mädchen mit der Deletion des langen Arms des X-Chromosoms nur rudimentäre Ovarien vorliegen und sich phänotypisch keine typischen Merkmale des Turner-Syndroms zeigen. In etwa 78 % der Fälle von Monosomie X ist nur das mütterliche Chromosom vorhanden. Wahrscheinlich entsteht dies durch eine Non-disjunction in der Spermatogenese oder durch den postzygotischen Verlust eines X- bzw. eines Y-Chromosoms (◘ Abb. 4.1 a–d). Das Wiederholungsrisiko nach Geburt eines Kindes mit Ullrich-Turner-Syndrom ist im Vergleich zur Durchschnittsbevölkerung nicht erhöht. Das mütterliche Alter spielt dabei keine Rolle.

Ähnliche phänotypischen Merkmale wie beim Turner-Syndrom findet man auch ohne zytogenetische Auffälligkeiten. Dieses Krankheitsbild wurde zunächst nur bei Knaben beobachtet. Deshalb hat man fälschlicherweise dieses Krankheitsbild als »männliches Turner-Syndrom« bezeichnet. Heute wird diese Konstellation nach der Erstbeschreiberin als **Noonan-Syndrom** benannt. Die klinischen Merkmale zeigen eine breite Variabilität mit typischen Dysmorphiezeichen im Gesichtsbereich, einer Pulmonalstenose und/oder anderen angeborenen Herzfehlern, Pterygium colli und Kleinwüchsigkeit. Bei diesem Syndrom handelt es sich um eine heterogene Erkrankung. Die häufigste Form (Noonan-Syndrom Typ 1) wird autosomal dominant vererbt. Das Gen für das Noonan-Syndrom Typ 1 liegt auf dem langen Arm des Chromosoms 12q24.1 (*PTpN11*) und kodiert einen nicht rezeptorischen Typ der Proteintyrosinphosphatase SHP^{-}-2.

4.2.2 Triple-X-Syndrom

Die Trisomie X- bzw. das Triple-X-Syndrom ist die häufigste Chromosomenaberration im weiblichen Geschlecht. Auf 1000 neugeborene Mädchen kommt eines mit einem zusätzlichen X-Chromosom.

Symptome

Bei Geburt sind die Mädchen unauffällig. Ihre körperliche Entwicklung verläuft altersentsprechend normal. Auch später zeigen sie in der Regel keine typischen Merkmale. Einzelne Beobachtungen mit diskreten Stigmata im Sinne von *minor malformations* sind nicht spezifisch für das Triple-X-Syndrom (◘ Tabelle 4.7). Bei einem Teil der Patientinnen besteht eine sekundäre Amenorrhö; etwa 3/4 der XXX-Frauen sind fertil. Gonosomale Chromosomenstörungen sind bei den Kindern von Triple-X-Frauen nicht häufiger als bei Frauen mit einem normalen Chromosomensatz, obwohl dies nach theoretischen Segregationsmöglichkeiten zu erwarten wäre.

Prospektive- und Longitudinalstudien haben gezeigt, dass ein Teil der Triple-X-Patientinnen Sprachstörungen, leichte motorische Ungeschicktheiten und Anpassungsschwierigkeiten aufweist. Der Intelligenzquotient liegt im allgemeinen 10–15 Punkte unter dem der gesunden Geschwister.

Zytogenetik

Neben den reinen 47,XXX-Patientinnen wurden zytogenetisch auch Mosaike beobachtet. Gelegentlich wurden über die Trisomie X hinaus Chromosomensätze mit 4 oder mehr X-Chromosomen gefunden. Je höher die Zahl der X-Chromosomen, um so größer sind die klinischen Auffälligkeiten. Die Schwere der geistigen Retardierung nimmt mit der Zahl der X-Chromosomen zu.

Etwa 90 % der 47,XXX-Fälle entstehen durch Non-disjunction in der ersten (65 %) bzw. zweiten (24 %) meiotischen Teilung der Mutter, die übrigen (8 %) in der zweiten meiotischen Teilung des Vaters. Rund 3 % der Fälle entstehen in der postzygotischen Mitose (◘ Abb. 4.1 a–d). Mit zunehmendem Alter der Mutter steigt das Risiko an.

4.2.3 Klinefelter-Syndrom

Die ersten Patienten wurden 1942 von Klinefelter und Mitarbeitern beobachtet. Die Häufigkeit beträgt 1 zu 1000 männlichen Neugeborenen. Unter Knaben mit leichter mentaler Retardierung findet man bei 1 von 100 und bei infertilen Männern etwa bei 1 von 10 ein Klinefelter-Syndrom.

Tabelle 4.7. Wesentliche Symptome gonosomaler Chromosomenfehlverteilungen

Syndrom	Symptome
Turner-Syndrom 45,X	Häufigkeit: 1-2/5000
	– Intelligenz normal bis leichte Abweichungen
	– Primäre Amenorrhö
	– Kleinwuchs (ca. 148 cm)
	– Rudimentäre Gonaden mit Infertilität
	– Schwach ausgebildeter Orientierungssinn
	– Sphinx-Gesicht, Pterygium colli
	– Fuß- und Handrückenödeme bei Neugeborenen
	– Aortenisthmusstenose
	– Frühzeitige Osteoporose
Triple-X-Syndrom XXX	Häufigkeit: 1/1000
	– Körperlich in der Regel unauffällig
	– ¾ der Frauen fertil, jedoch teilweise Zyklusstörungen, sekundäre Amenorrhö und frühe Menopause
	– Teilweise geistige Abweichungen unterschiedlichen Schweregrades
Klinefelter-Syndrom XXY	Häufigkeit: 1/1000
	– Unproportionierter Hochwuchs
	– Azoopermie, Hypogonadismus
	– Verminderter Gesichts- und Körperhaarwuchs
	– Leicht verminderte Intelligenz, etwa 10–15 Punkte im IQ, jedoch nicht obligat
	– Frühzeitige Osteoporose
XYY-Syndrom	Häufigkeit: 1/1000
	– Überdurchschnittliche Körpergröße (über 180 cm), sonst körperlich unauffällig
	– Psychisch disharmonische Persönlichkeitsentwicklung möglich
	– Intelligenz normal bis subnormal

Symptome

Meist fallen die Patienten im Pubertätsalter wegen Ausbleiben der sekundären Geschlechtsmerkmale auf (Abb. 4.3). Im Erwachsenenalter wird die Erkrankung aufgrund einer Fertilitätsstörung und/oder Hypogonadismus diagnostiziert. Charakteristisch sind ein unproportionierter Hochwuchs mit einer größeren Beinlänge, fehlende bzw. spärliche Körperbehaarung, weiblicher Typ der Schambehaarung, Gynäkomastie, Hodenatrophie, Azoospermie, verminderter Testosteronspiegel im Serum und hypergonadotroper Hypogonadismus (erhöhte FSH-Produktion). Die Erwachsenengröße liegt im oberen Normbereich (Tabelle 4.7). Später kann sich eine Skoliose sowie eine Osteoporose entwickeln. Sehr häufig wird bei Klinefelter-Patienten ein Diabetes mellitus beobachtet.

Die geistige Entwicklung zeigt eine breite Variabilität. Die Intelligenzquote kann um 10–15 % niedriger als die gesunder Geschwister sein. Kontaktarmut und Integrationsschwierigkeiten können unter sozial schwierigen Umweltbedingungen auftreten.

Zytogenetik

Neben dem reinen 47,XXY-Karyotyp, wie er in etwa 80 % der Fälle gefunden wird, liegt bei manchen

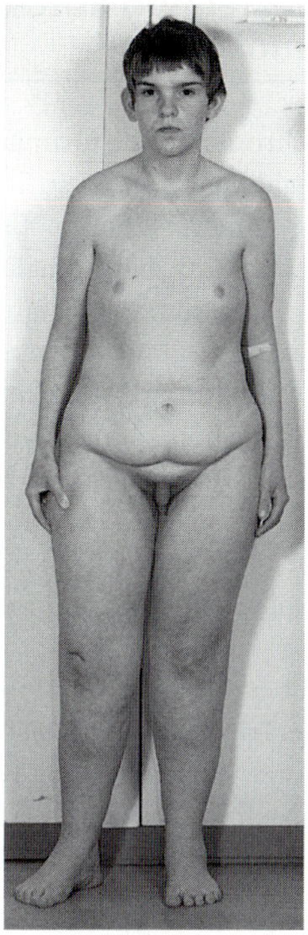

Abb. 4.3. Phänotyp eines Patienten mit Klinefelter-Syndrom

Patienten 48,XXXY oder ein Mosaik von 46,XY/ 47,XXY vor. Patienten, die mehr als zwei X besitzen, sind schwerer betroffen (Tabelle 4.6).

In 2/3 der Fälle stammt das überzählige X-Chromosom von der Mutter. In diesen Fällen ist meist das Alter der Mutter erhöht. Dagegen ist in den Fällen mit väterlicher Herkunft kein Zusammenhang mit dem väterlichen Alter beobachtet worden. Die Ursache der Entstehung von 47,XXY-Karyotypen ist eine Non-disjunction in einer der meiotischen Teilungen der Oogenese oder in der ersten meiotischen Teilung der Spermatogenese (Abb. 4.1 a–d). Ein erhöhtes Wiederholungsrisiko besteht nicht.

4.2.4 XYY-Syndrom

Das XYY-Syndrom wurde 1961 erstmals von Sandberg beschrieben. Bei normalen männlichen Neugeborenen kommt es mit einer Häufigkeit von etwa 1 zu 1000 vor. Bei Knaben mit einer geistigen Retardierung beträgt die Häufigkeit bis zu 2 %.

Symptome

XYY-Männer zeigen keine charakteristischen Merkmale. Meist sind sie überdurchschnittlich groß (etwa 10 cm über der Größe von Männern mit dem Karyotyp 46,XY) und können Verhaltensauffälligkeiten wie Depression, Aggression oder Anpassungsschwierigkeiten zeigen. Der IQ dieser Patienten liegt in der Regel im Normbereich, kann aber Abweichungen aufweisen. Die Testosteronproduktion ist normal und zeigt eine Schwankungsbreite wie bei der Durchschnittsbevölkerung. Die Entwicklung hängt sehr vom sozialen Hintergrund ab (Tabelle 4.7).

Zytogenetik

Ein durchgehender 47,XYY-Karyotyp ist der häufigste zytogenetische Befund bei diesen Patienten. Daneben können X- und Y-Polysomien zusammen auftreten, wobei das klinische Bild dann eher dem Klinefelter-Syndrom entspricht. Das XYY-Syndrom entsteht durch Non-disjunction in der zweiten meiotischen Teilung der Spermatogenese oder durch postzygotisches Non-disjunction des Y-Chromosoms (Abb. 4.1 b–d). Die Häufigkeit ist unabhängig vom väterlichen Alter. Das Wiederholungsrisiko ist nach Geburt eines Kindes mit 47,XYY-Karyotyp nicht erhöht. Die XYY-Männer können normal fertil sein, ihre Nachkommen haben im Gegensatz zur erwarteten Segregation einen normalen Chromosomensatz.

4.2.5 XX-Männer

Phänotypisch männliche Individuen mit einem weiblichen Chromosomensatz kommen etwa im Verhältnis von 1 zu 20.000 phänotypisch männlicher Neugeborener vor. Die Patienten sind infertil und haben eine endokrine Störung mit einem hypergonadotropen Hypogonadismus (Abb. 4.4). Ansonsten zeigen sie keine auffälligen äußeren Merkmale, die geistige Entwicklung ist normal. Die Diagnose wird in der Regel aufgrund einer Infertilität festgestellt.

Die Ursache ist die Translokation einer bestimmten Region vom Y-Chromosom auf das X-Chromosom (Yq11.2 auf Xp), die als **Sex-determinierende Region des Y-Chromosoms (SRY)** bezeichnet wird. Das translozierte Stück des Y-Chromosoms enthält den Azoospermiefaktor (AZF). Diese Translokation

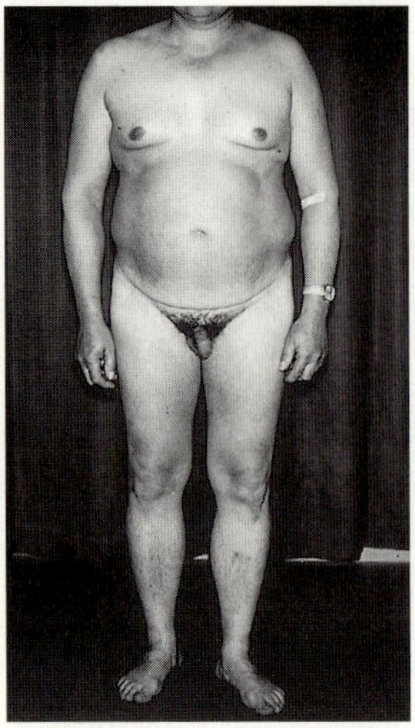

Abb. 4.4. Phänotyp eines XX-Mannes

kann bei etwa 2/3 der Patienten durch hochauflösende Bandentechnik nachgewiesen werden, in den anderen Fällen ist der Nachweis mit Hilfe von DNA-Analyse oder In-situ-Hybridisierung möglich. Die Translokation zwischen dem Y- und dem X-Chromosom findet in der väterlichen Meiose statt. Das Wiederholungsrisiko scheint nicht erhöht zu sein.

4.3 Fehlverteilung autosomaler Chromosomen

Autosomale Chromosomenstörungen führen zu schweren Fehlbildungen, die meist intrauterin zum Absterben des Embryos führen. Bei den lebend geborenen Kindern mit autosomalen Chromosomenstörungen liegen multiple Fehlbildungen, kraniofaziale Dysmorphie und schwere geistige und motorische Entwicklungsstörungen vor. Bei einer numerischen Aberration kann entweder ein einzelnes Chromosom **(Trisomie, Monosomie)** oder ein ganzer Chromosomensatz **(Polyploidie)** von der Norm abweichen. Sie entsteht durch Non-disjunction in den meiotischen oder mitotischen Teilungen (Abb. 4.5).

Bei einem überzähligen Chromosom liegt in der Regel eine **freie Trisomie** vor. Eine Translokationstrisomie, die durch Verschmelzung von 2 Chromosomen oder Abschnitten davon zustande kommt, ist selten. Sie kann de novo entstehen, aber auch familiär sein.

Wenn nicht das ganze Chromosom sondern nur ein Teil zusätzlich vorhanden ist, spricht man von einer **partiellen Trisomie**. Sie stammt häufig von

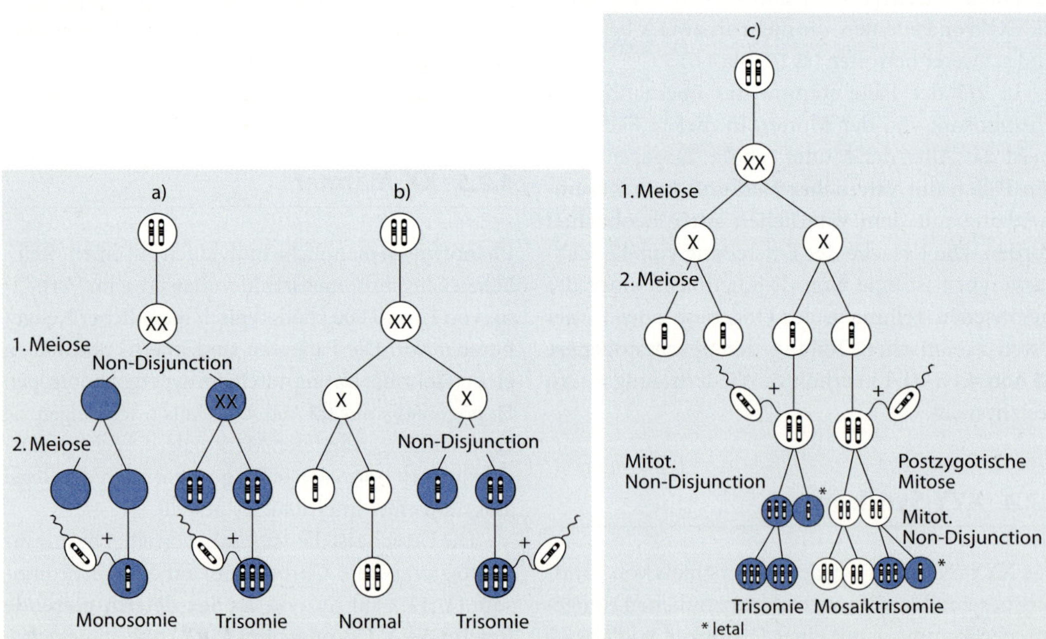

Abb. 4.5a–c. Mögliche Entstehungsmechanismen einer autosomalen Trisomie. **a** Non-disjunction in der 1. Meiose. **b** Non-disjunction in der 2. Meiose. **c** Mitotisches Non-disjunction

einer balancierten Translokation eines Elternteils. Bei den partiellen Trisomien sind, je nachdem welcher Chromosomenabschnitt trisom vorliegt, die klinischen Merkmale und der Grad der geistigen Retardierung unterschiedlich ausgeprägt.

Eine **Monosomie** liegt dann vor, wenn ein ganzes Chromosom oder ein Chromosomenabschnitt fehlt. Die Monosomie eines ganzen autosomalen Chromosoms ist beim Menschen letal. Partielle Monosomien sind je nach Art und Größe des fehlenden Chromosomenstückes mit bestimmten klinischen Merkmalen und einer mehr oder weniger schwerwiegenden psychomotorischen Retardierung verbunden.

4.3.1 Trisomie 21 (Down-Syndrom)

Als Krankheitsbild und spezifische Form der geistigen Behinderung wurde das Down-Syndrom erstmals 1828 von dem englischen Arzt John Langdon Heydon Down beschrieben. Mit einer Durchschnittshäufigkeit von 1 zu 700 Lebendgeborenen ist es die häufigste Ursache der geistigen Retardierung. Als erste nachgewiesene Chromosomenstörung beim Menschen wurde 1959 von Lejeune und Mitarbeitern die Trisomie 21 bei dieser Erkrankung festgestellt. Die Wahrscheinlichkeit für die Geburt eines Kindes mit Trisomie 21 steigt mit zunehmendem Alter der Mutter an. Etwa 60 % der Zygoten mit Trisomie 21 werden spontan abortiert und mindestens 20 % der Kinder tot geboren.

Symptome

Neben der geistigen Retardierung ist das Down-Syndrom klinisch durch ein breites Spektrum von **phänotypischen Auffälligkeiten** charakterisiert (◘ Tabelle 4.8).

Der Kopf ist brachyzephal mit abgeflachtem Hinterkopf, kurzem Hals und überflüssiger Nackenhaut. Das Gesicht ist rund mit flachem Profil, schräg nach oben außen gerichteten Augenlidachsen, Hypertelorismus, Epikanthus, spärlichen Augenwimpern, Brushfield-Flecken auf der Iris, flacher Nasenwurzel, kleinem, offen gehaltenem Mund, evertierter Unterlippe, stark gefurchter und großer

◘ Tabelle 4.8. Wesentliche Symptome der Trisomie 13, 18 und 21 (verändert nach Lenz 1983)

	Trisomie 13 Pätau-Syndrom	**Trisomie 18** Edwards-Syndrom	**Trisomie 21** Down-Syndrom
Häufigkeit	1:5000	1:3000	1:700
50% verstorben	Bis Ende des 1. Monats	Bis Ende des 2. Monats	Bis zum 20. Lebensjahr
Durchschnittliches Geburtsgewicht	2600 g	2200 g	2900 g
Äußere morphologische Symptome	Mikro-, Anophthalmie, Kolobom, Hypo- oder Hypertelorismus, mongoloide Lidachsenstellung, dysplastische Ohren, Kopfhautdefekt, Lippen-Kiefer-Gaumen-Spalte, postaxiale Polydaktylie, hypoplastische Nägel, Omphalozele (selten), Kryptorchismus	Schmaler, langer Schädel, mit prominentem Okziput, dysplastische Ohren, kleiner Mund, Mikrogenie, flektierte, übereinandergeschlagene Finger, kurzer Großzeh, prominenter Kalkaneus, Schaukelfüße, Omphalozele	Kurzer Schädel, kleine dysplastische Ohren, schmale Lidspalten, Epikanthus, Brushfield-Flecken, mongoloide Lidachsenstellung, Hypertelorismus, Makroglossie, flache Nasenwurzel, überstreckbare Gelenke, Cutis laxa, kurzer Hals, kurze Finger, plumpe Hände
Fehlbildungen	Arhinenzephalie, Holoprosenzephalie, Hypoplasie des Kleinhirnwurms, Herzfehler, meist Ventrikelseptumdefekt, polyzystische Nieren, urogenitale Fehlbildungen	Herzfehler, meist Ventrikelseptumdefekt, ZNS-Fehlbildungen, Fehlbildungen des Urogenitalsystems	Herzfehler bei etwa 50%, Duodenalatresie bzw. -stenose, hypoplastisches Becken, Megakolon
Funktionelle Symptome	Taubheit, Krämpfe, Hypotonie der Muskeln, schwere psychomotorische Entwicklungsstörung	Schwere psychomotorische Entwicklungsverzögerung	Geistige Retardierung, Intelligenzquotient meist zwischen 20 und 50, schlaffe Muskulatur, häufige Infekte

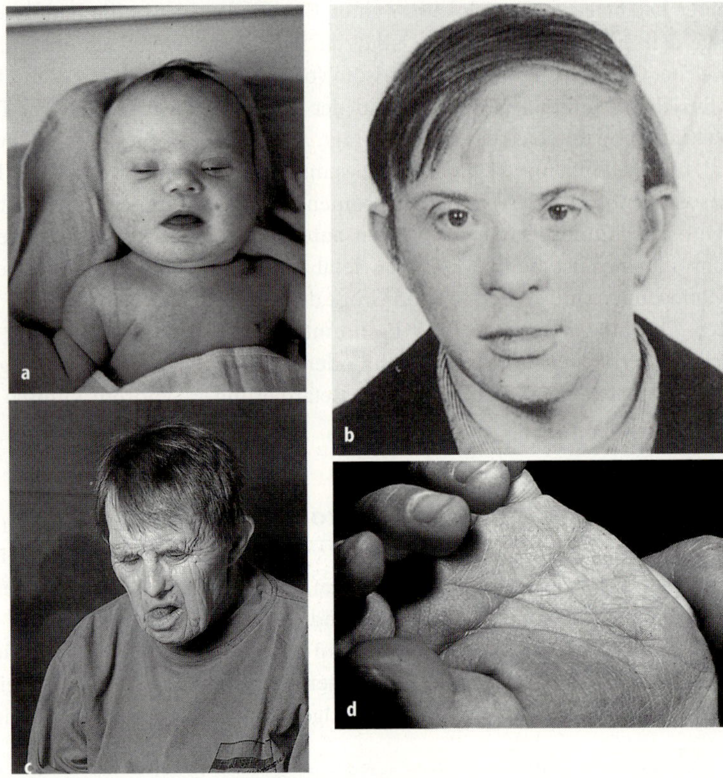

Abb. 4.6a–d. Patienten mit Down-Syndrom. **a** Säugling, **b** Jugendlicher, **c** 57-jähriger Patient, **d** Vierfingerfurche

Zunge und kleinen, dysplastischen, tiefsitzenden Ohren. Besonders im Neugeborenenalter liegen generalisierte Muskelhypotonie und überstreckbare Gelenke vor (Abb. 4.6).

Die Hände und Füße sind klein und plump mit kurzen Fingern und Zehen. Häufig liegt eine doppelseitige Verkürzung der Mittelphalangen des 5. Fingers mit Klinodaktylie vor. Der Abstand zwischen der ersten und zweiten Zehe ist vergrößert (Sandalenlücke). Als charakteristische Hautleistenveränderungen sind Vierfingerfurche, distal verlagerter axialer Triradius, große Hypothenarmuster und Tibialbogen oder kleine Distalschleifen auf dem Großzehenballen zu nennen (Abb. 4.33). Im Skelettsystem findet man Abnormitäten an Rippen, Wirbelkörpern und Becken, Azetabulum- und Iliumwinkel sind abgeflacht.

Im Vordergrund der inneren **Organfehlbildungen** stehen die angeborenen Herzfehler mit 40 % (AV-Kanal, VSD). Die häufigsten Fehlbildungen im Bereich des Magen-Darm-Traktes sind Duodenalstenosen bzw. -atresien, Ösophagusatresien, Pylorusstenosen und Analatresien. Down-Syndrom-Patienten mit Megakolon (Morbus Hirschsprung) wurden wiederholt beobachtet.

Down-Syndrom-Patienten erkranken – besonders im Säuglings- und Kindesalter – relativ häufig an Leukämien und sind sehr infektanfällig. 2–3 % der Patienten zeigen eine atlantoaxiale Instabilität, ca. 3 % haben Hypothyreose und etwa 10 % epileptische Anfälle.

Die Entwicklung der sekundären Geschlechtsmerkmale ist normal. Frauen mit Down-Syndrom sind fertil, das Risiko für ihre Kinder, wiederum ein Down-Syndrom zu haben, liegt bei ca. 50 %. Männliche Patienten mit Trisomie 21 sind trotz normaler Pubertätszeichen infertil.

Die geistige Entwicklung ist erheblich retardiert. Der Grad der **Retardierung** liegt bei einem IQ von 35 bis 50, nur selten über 50. Durch eine frühzeitige und intensive Förderung kann die psychomotorische Entwicklung dieser Kinder verbessert werden. Heilpädagogische Maßnahmen sowie Unterricht in Sonderschulen sind erforderlich, um eine begrenzte Berufsfähigkeit in beschützenden Werkstätten zu erreichen. In manchen Fällen kann die schwächere Einstufung einer Lernbehinderung mit sonderpädagogischer Betreuung für die Entwicklung förderlich sein. Entscheidend ist es, die betreute Integration in das Sozialleben zu ermöglichen.

Zytogenetik

Etwa 95 % der Patienten zeigen eine durchgehende freie Trisomie 21, die durch Non-disjunction in der ersten oder auch in der zweiten meiotischen Teilung entsteht. Etwa 71 % dieser Fälle mit durchgehender freier Trisomie 21 entstehen durch Non-disjunction in der ersten, 22 % in der zweiten meiotischen Teilung der Eizelle und 5 % in der ersten bzw. zweiten meiotischen Teilung der Spermatogenese (◘ Tabelle 4.3). Bei ca. 2 % liegt eine mitotische Non-disjunction vor (◘ Abb. 4.5 a–c).

Bei den Fällen mit mütterlicher Non-disjunction in der meiotischen Teilung ist das mütterliche Alter deutlich erhöht. Eine Abhängigkeit vom väterlichen Alter konnte bis jetzt nicht mit Sicherheit bestätigt werden. Falls das väterliche Alter Einfluss haben sollte, ist dieses offenbar so unbedeutend, dass es bei der Indikation für eine pränatale Chromosomendiagnostik nicht berücksichtigt zu werden braucht.

Bei etwa 4 % der Down-Syndrom-Patienten liegt eine Translokationstrisomie vor (◘ Abb. 4.7a,b). **Translokationstrisomien** sind im Gegensatz zu freien Trisomien nicht vom mütterlichen Alter abhängig. Sie können familiär bedingt sein, wenn bei einem Elternteil eine balancierte Translokation vorliegt, aber auch de novo entstehen. Bei der familiären D-/G-Translokation ist das Wiederholungsrisiko erhöht und beträgt nach verschiedenen Segregationsmöglichkeiten theoretisch 33 % (◘ Abb. 4.8). Das tatsächliche empirische Risiko ist jedoch niedriger und ist abhängig vom translokationstragenden Elternteil (► Kap. 9.10, ◘ Abb. 9.18).

Bei etwa 1–2 % aller Patienten findet man nach zytogenetischer Analyse einen Mosaikbefund mit trisomen und normalen Zellen. Dieser kann aus einer trisomen sowie aus einer normalen Zygote durch mitotisches Non-disjunction entstehen.

Sehr selten kann auch bei einem Down-Syndrom eine partielle Trisomie vorliegen. Das zusätzliche Stück eines Chromosoms 21 kann auch an einem anderen Chromosom angeheftet sein (◘ Abb. 4.9). Eine partielle Trisomie kann gelegentlich so klein sein – vor allem, wenn sie in einer Translokationsform vorliegt –, dass sie bei der konventionellen Bandendarstellung nicht erkannt wird. Aus diesem Grund soll bei klinischem Verdacht auf eine Trisomie mit einem unauffälligen zytogenetischen Befund zur Sicherheit eine FISH-Analyse durchgeführt werden. Das Wiederholungsrisiko nach Geburt eines Kindes mit freier Trisomie 21 beträgt bei der jungen Mutter ca. 1 %, bei einer Frau über 35 Lebensjahren kann das Altersrisiko leicht erhöht sein.

Das Chromosom 21 ist kartiert, und einige der Gene sind inzwischen sequenziert. Offenbar ist die Region 21q22 für die meisten Symptome des Down-Syndroms verantwortlich (◘ Abb. 4.10). In diesem Bereich liegt auch das Gen für die Superoxyddismutase (SOD), einem Enzym mit Schutzfunktion vor freien Radikalen, die bei der Oxidation entstehen und möglicherweise am natürlichen Alterungsvorgang beteiligt sind. Die Patienten mit Trisomie 21 besitzen von diesem Gen drei statt zwei Exemplare. Entsprechend dem Gendosiseffekt werden bestimmte Genprodukte in höherer Dosis als normal hergestellt. Die SOD-Konzentration ist bei Patienten mit Trisomie 21 um das 1,5fache erhöht. Es ist bekannt, dass das **Amyloid-Prekursor-Protein-Gen (APP)** an die Region 21q22 lokalisiert und für einen Teil der erblichen Form der Alzheimer Erkrankung verantwortlich ist. Der Alterungsprozess setzt bei den Patienten mit Trisomie 21 frühzeitig ein (◘ Abb. 4.6c). Im Gehirn dieser Patienten finden sich identische Amyloidplaques wie bei Alzheimer-Patienten.

4.3.2 Trisomie 18 (Edwards-Syndrom)

Die Trisomie 18 wurde 1960 von Edwards und Mitarbeitern beschrieben. Die Häufigkeit beträgt ca. 1:3000 Neugeborenen. Etwa 95 % der betroffenen Feten werden spontan abortiert. Bei den Lebendgeborenen besteht ein Geschlechtsverhältnis von 4 zu 1 zugunsten des weiblichen Geschlechts, wahrscheinlich durch eine erhöhte Abortrate männlicher Feten bedingt.

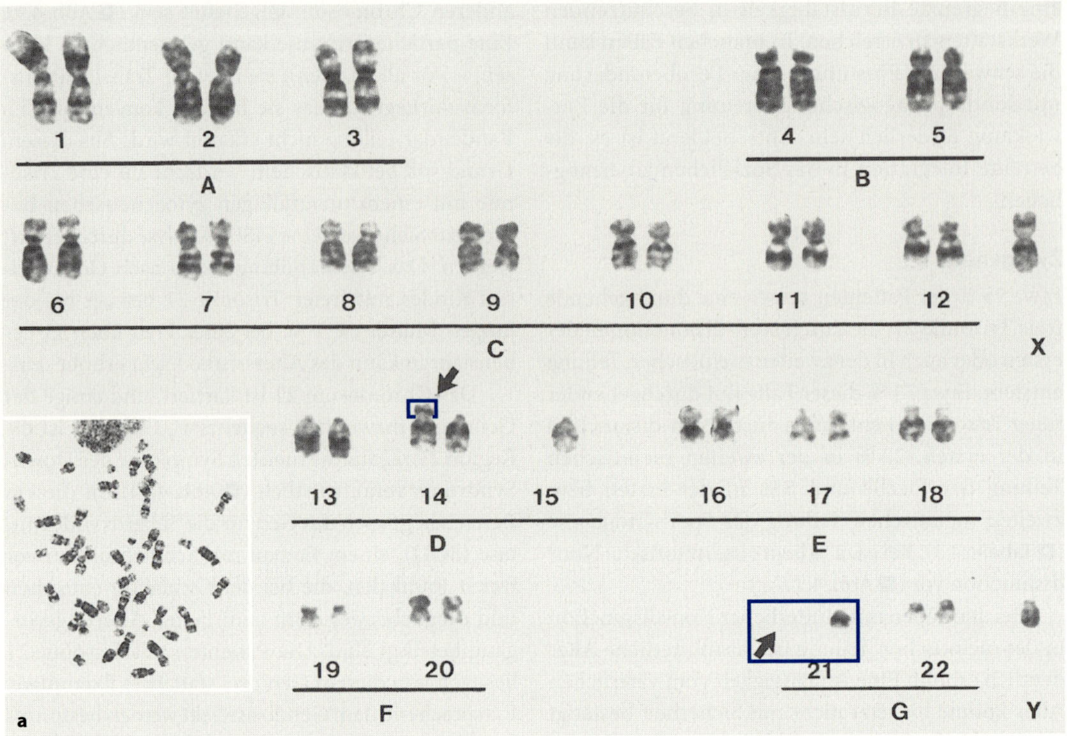

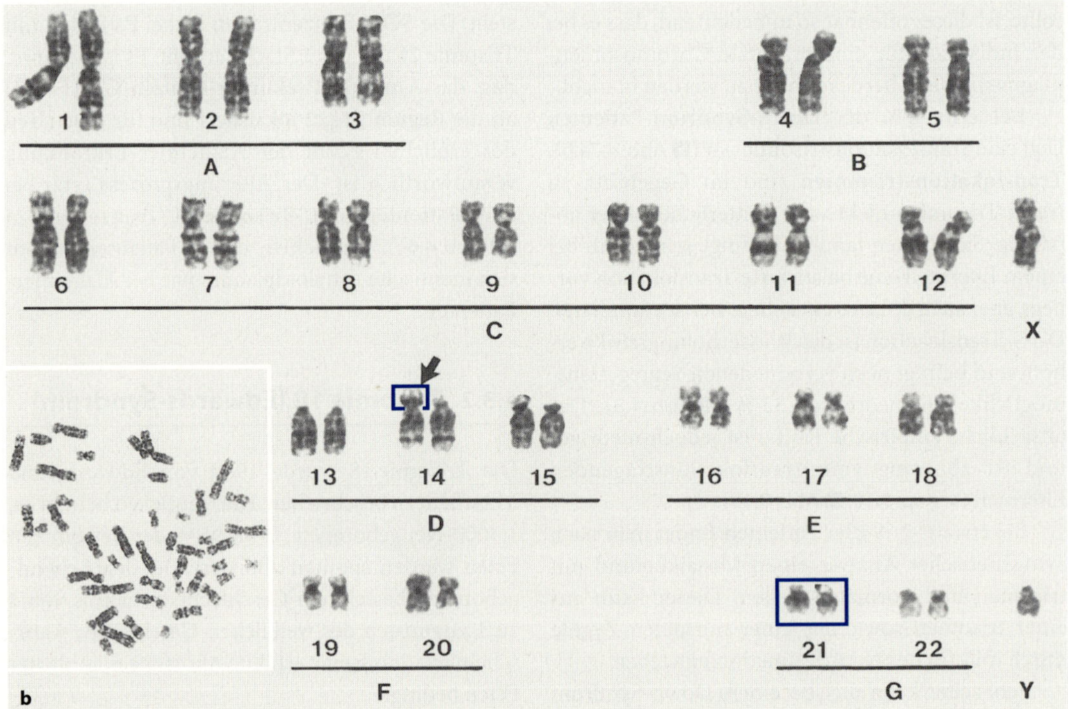

Abb. 4.7a,b. Karyotyp bei Robertson-Translokation. **a** Balancierte Translokation 14/21, **b** Translokationstrisomie 21

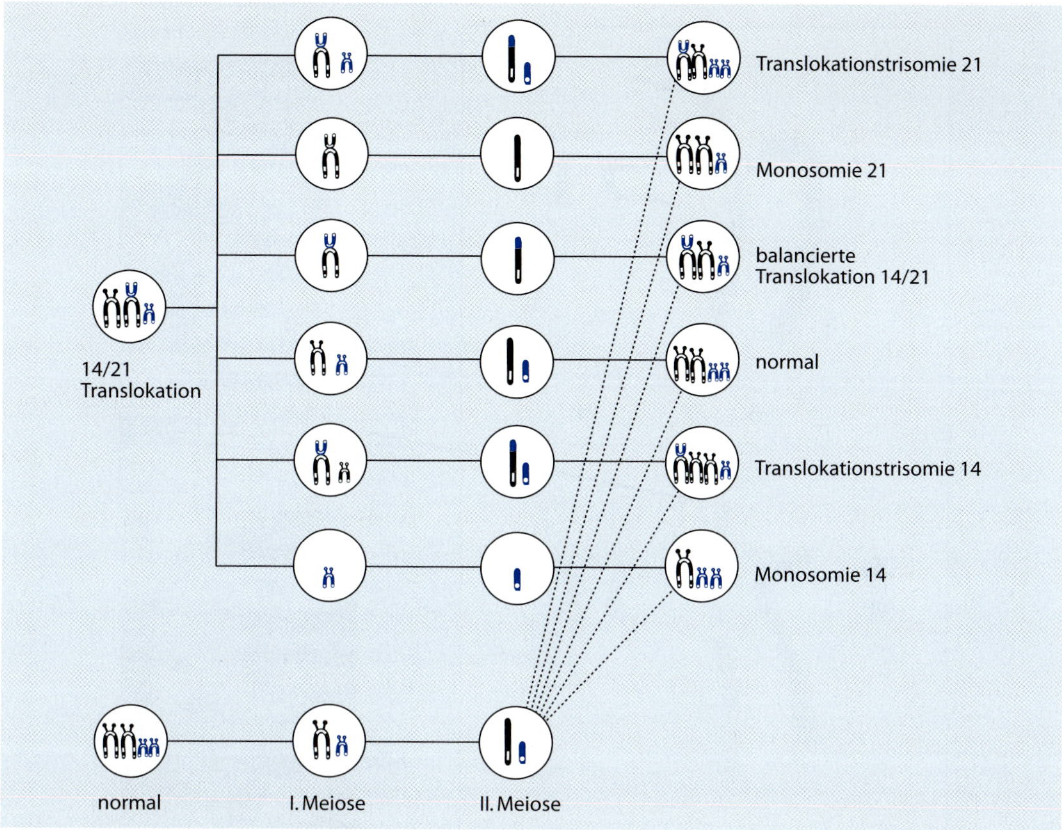

Abb. 4.8. Theoretische Möglichkeiten für die Entstehung einer aneuploiden Zygote, wenn ein Elternteil Träger einer zentrischen Fusion von Chromosom 14 und 21 ist

Symptome

Kinder mit Trisomie 18 sind, bezogen auf die Schwangerschaftsdauer, hypotrophe Neugeborene. Charakteristische Merkmale sind Dolichozephalie mit prominentem Hinterkopf, Mikrogenie, schmale Nasenwurzel, kleine Mundöffnung, gelegentlich auch Lippen-Kiefer-Gaumen-Spalte, hoher, spitzer Gaumen, tief sitzende und dysplastische Ohren, kurzes Sternum mit Ossifikationsanomalien, Beugekontraktur und Überlagerung des Zeigefingers über den 3. bzw. 4. Finger, Muskelhypertonie mit Abduktionshemmung der Hüftgelenke, Pes equinovarus, prominenter Kalkaneus, große, dorsal flektierte Großzehen und häufig ein Beugemuster auf den Finger- und Zehenbeeren. Die häufigsten Organfehlbildungen sind Herzfehler, Zwerchfelldefekte, Nierenfehlbildungen, Omphalozele und Meningomyelozele (Abb. 4.11, Tabelle 4.8). Patienten mit Edward-Syndrom sind geistig schwer retardiert. 10 % der Fälle überleben das erste Lebensjahr und etwa 1 % werden über 10 Jahre alt.

Zytogenetik

Neben den 80 % durchgehenden freien Trisomien 18 gibt es 20 % Translokationstrisomien und Mosaike von normalen und trisomen Zelllinien. Patienten mit Mosaikbefunden sind leichter betroffen. Die freien Trisomien entstehen bei ca. 95 % der Fälle durch Non-disjunction in der ersten oder zweiten meiotischen Teilung der Mutter (Tabelle 4.3). Im Gegensatz zum Down-Syndrom entsteht das Non-disjunction hier meist in der zweiten meiotischen Teilung. Es besteht eine Abhängigkeit vom mütterlichen Alter. Das Wiederholungsrisiko ist erhöht und beträgt ca. 1 % zur Zeit der Amniozentese.

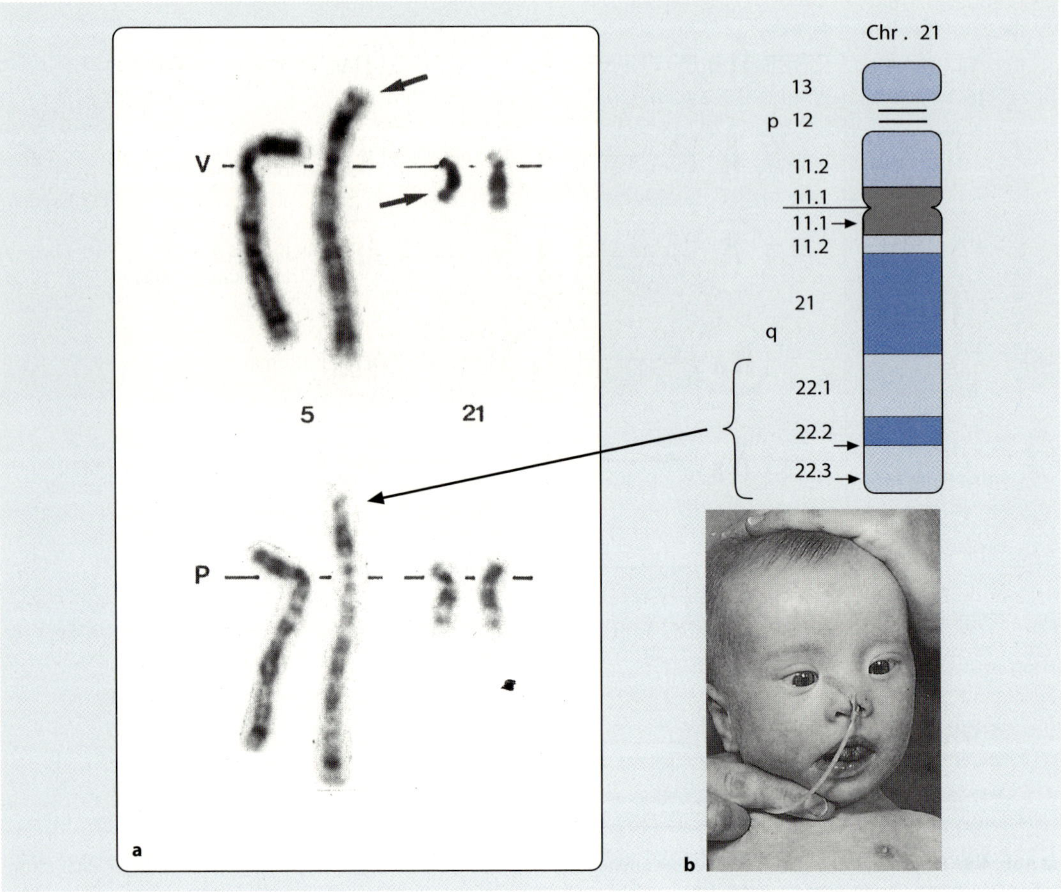

Abb. 4.9a,b. Patient mit partieller Translokationstrisomie 21. **a** (*Unten*) Unbalancierte Translokation (46,–5,+der(5)t(5;21) (p15.1;q22.1), (*oben*) balancierte reziproke Translokation (5/21) vom Vater des Patienten. **b** Phänotyp des Patienten

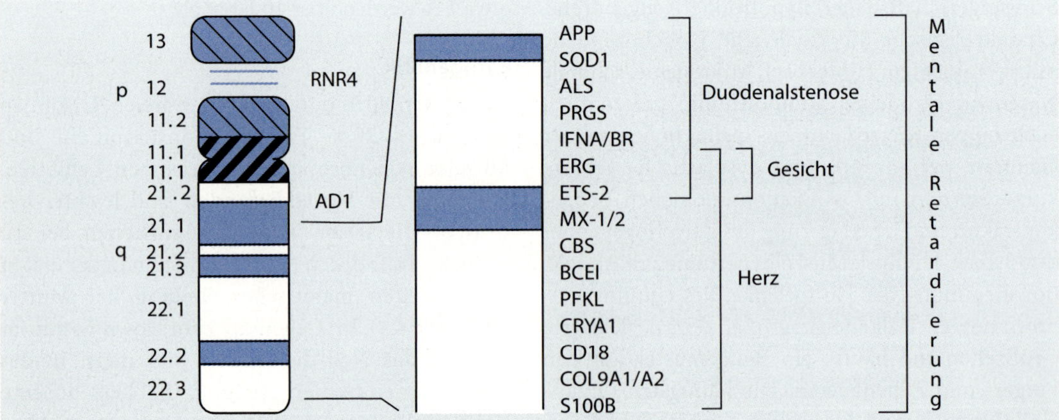

Abb. 4.10. Kartierung des distalen Teils des langen Arms von Chromosom 21 und Zuordnung zu bestimmten Symptomen. Die Zuordnung erfolgte über Patienten mit partieller Trisomie (nach Vogel u. Motulsky 1996)

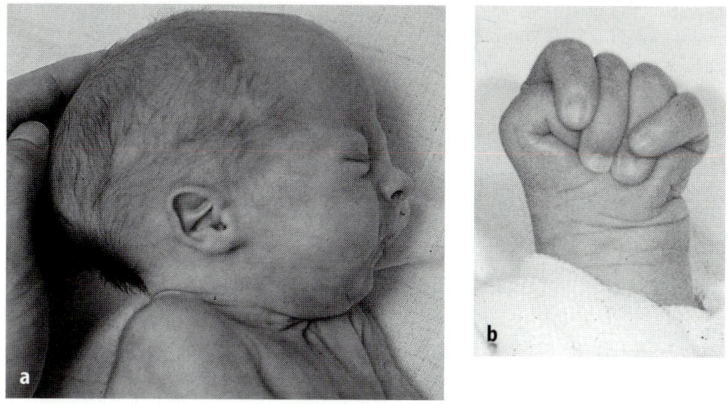

Abb. 4.11a,b. Patient mit Edwards-Syndrom. **a** Gesicht. **b** Typische Fingerstellung.

4.3.3 Trisomie 13 (Pätau-Syndrom)

Die Trisomie 13 wurde 1960 von Pätau und Mitarbeitern beschrieben. Die Häufigkeit liegt bei etwa 1 zu 5000 Neugeborenen. Die meisten Patienten sterben im ersten Lebensjahr, nur 10 % werden älter. Das mütterliche Alter ist erhöht. Die mittlere Lebensdauer beträgt meistens wenige Monate.

Symptome

Die Hauptmerkmale der Trisomie 13 sind Mikro- oder Anophthalmie, Hypotelorismus, ein- bzw. doppelseitige Lippen-Kiefer-Gaumen-Spalte, Holoprosenzephalie, Kopfhautdefekte, tiefsitzende und deformierte Ohren, postaxiale Polydaktylie, Herzfehler und Fehlbildungen des Urogenitalsystems (Abb. 4.12, Tabelle 4.8).

Zytogenetik

In der Mehrzahl der Fälle (80 %) liegt eine freie Trisomie 13 vor. Das überzählige Chromosom Nr. 13 ist bei 85 % der Trisomie-13-Fälle mütterlicher Herkunft (Tabelle 4.3). Bei ca. 20 % handelt es sich um eine Translokationstrisomie und bei 5 % liegt ein Mosaikbefund vor. Das Wiederholungsrisiko liegt unter 1 %.

4.3.4 Trisomie 8

Die Trisomie 8 wurde erstmals 1971 von De Grouchy und Mitarbeitern mittels Bandentechnik nachgewiesen. Die durchgehende freie Trisomie 8 ohne Mosaik ist eine der häufigsten Trisomien der C-Gruppe in spontan abortierten Feten. Bei den Lebendgeborenen liegt in der Regel ein Mosaik vor.

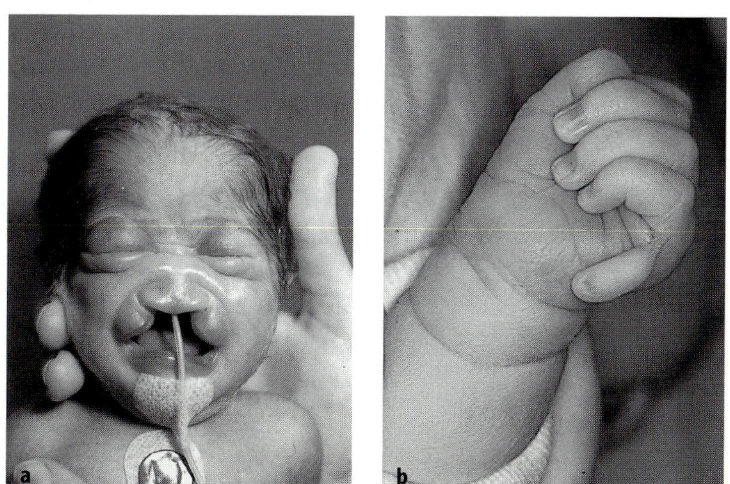

Abb. 4.12a,b. Patient mit Pätau-Syndrom. **a** Typisches Gesicht mit medianer LKG-Spalte; **b** Hexadaktylie (mit freundlicher Genehmigung der Univ. Kinderklinik Heidelberg)

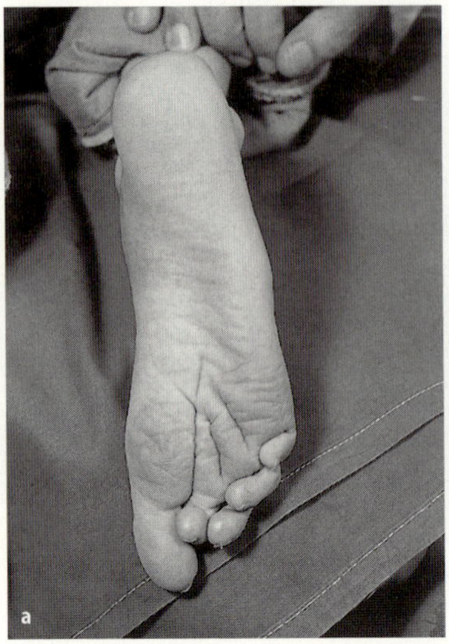
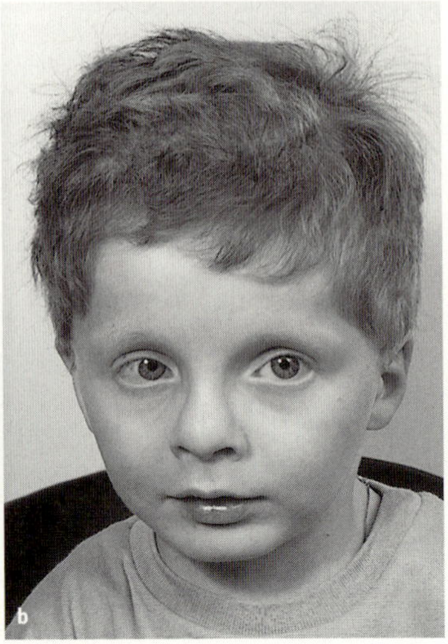

Abb. 4.13a,b. Patient mit Trisomie-8-Mosaik. **a** Tiefe Fußsohlenfurchen; **b** typische Gesichtsmerkmale

Symptome

Die charakteristischen Merkmale der Trisomie 8, wie große quadratische Kopfform mit prominenter Stirn, tiefliegende Augen, Hypertelorismus, breiter Nasenrücken, antevertierte Nasenlöcher, umgestülpte Lippen, Mikrogenie, hoher spitzer Gaumen, große Ohren mit verdickter Helix, schmale Schultern und Rumpf, tabakbeutelähnliches Gesäß, Kryptorchismus und Inguinalhernien, lange und schmale Finger mit Beugekontrakturen, geben die wichtigsten diagnostischen Hinweise. Die Fußsohlen und Handinnenflächen zeigen tiefe Hautfurchen (Abb. 4.13). Gelegentlich findet man eine Aplasie der Patellae, Wirbelanomalien, Spina bifida und Balkenagenesie. Die Patienten zeigen eine mittelschwere geistige Retardierung, der Intelligenzquotient liegt bei 70–80 Punkten. Sprachentwicklungsstörungen können durch logopädische Betreuung vor allem bei Patienten mit höherem IQ gebessert werden.

Zytogenetik

Bei den lebend geborenen Kindern liegt meist ein Mosaik von trisomen und normalen Zellen vor. Bei den sehr seltenen Patienten mit einer durchgehenden Trisomie, die klinisch kaum von den Patienten mit Mosaikbefund zu unterscheiden sind, liegt sehr wahrscheinlich auch ein Mosaik vor, das in den peripheren Lymphozyten nicht nachzuweisen ist. Kinder mit durchgehender Trisomie 8 sind nicht lebensfähig.

4.3.5 Polyploidien

Bei ca. 20 % aller Spontanaborte findet man eine Polyploidie, etwa 2/3 davon sind triploid. Unter Neugeborenen wird diese Chromosomopathie selten beobachtet. Bei den Lebendgeborenen handelt es sich meist um Mosaike von normalen und triploiden Zelllinien.

Symptome

Neugeborene mit Triploidie haben in der Regel ein niedriges Geburtsgewicht, einen disproportionierten kleinen Rumpf im Verhältnis zur Kopfgröße und multiple angeborene Abnormitäten, die nicht für diese Chromosomenaberration charakteristisch sind. Gelegentlich können Neuralrohrdefekte, Hydrozephalus, Iriskolobome, Syndaktylien und intersexuelle Genitalien vorliegen.

Die phänotypischen Merkmale der Feten bzw. Embryonen mit triploidem Chromosomensatz können, je nach Art der Herkunft des zusätzlichen Chromosomensatzes, gravierend unterschiedlich sein. Ein triploider Fet mit zweifachem mütterlichen Chromosomensatz (gynoid) ist im Wachstum retardiert und hat einen relativ großen Kopf (Abb. 4.14a). Ist der väterliche Chromosomensatz zweifach vorhanden (android), dann liegt eine Mikrozephalie bei altersentsprechender intrauteriner Wachstumsentwicklung vor (Abb. 4.14b). Besonders charakteristisch sind die Plazentabefunde: androide Feten

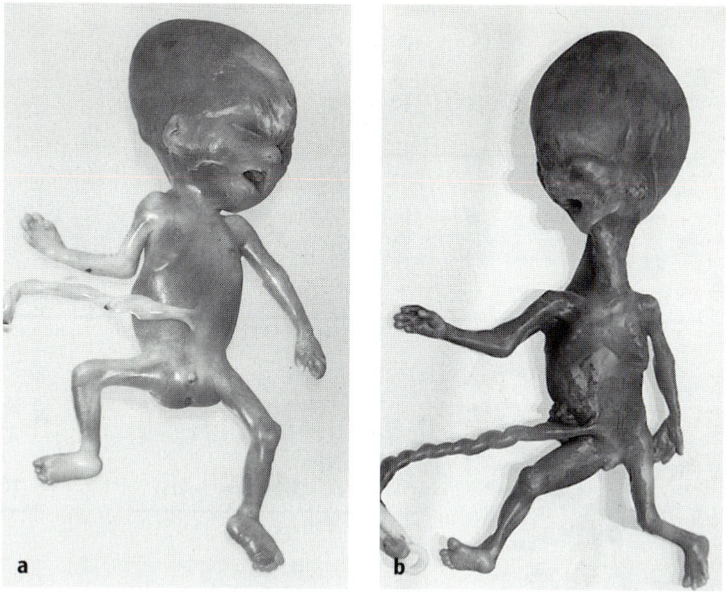

Abb. 4.14a,b. Feten in der 20. SSW mit Triploidie. **a** gynoid; **b** android

haben eine große, hydatiforme und die gynoiden Feten eine kleine, fibrotische Plazenta.

Zytogenetik

Bei etwa 60 % findet man einen 69,XXY-Karyotyp (Abb. 4.15), etwa 30 % haben einen 69,XXX-Karyotyp. In den übrigen Fällen liegt entweder 69,XYY oder ein Mosaik vor. Bei 3/4 aller Fälle ist der zusätzliche Chromosomensatz väterlicher Herkunft, beispielsweise durch Doppelfertilisierung, bzw. zu 66 % durch ein diploides Spermatoid und bei 10 % durch eine diploide Eizelle (Abb. 4.16). Das Wiederholungsrisiko ist nicht erhöht.

Mosaike und Chimären. Durch ein mitotisches Non-disjunction etwa im Blastozystenstadium können neben aneuploiden Zelllinien auch normale Zellen entstehen. Hierbei handelt es sich um eine Mosaikbildung (Abb. 4.1c,d, Abb. 4.5 c). Die unterschiedlichen Zelllinien stammen aus einer einzigen Zygote. Die verschiedenen Zelllinien bei **Chimären** stammen dagegen von unterschiedlichen Zygoten ab, beispielsweise durch Befruchtung von zwei miteinander verbundenen Eizellen.

4.4 Strukturelle Chromosomenaberrationen

Strukturelle chromosomale Aberrationen entstehen durch Brüche an einem oder mehreren Chromosomen.

Nach einem Bruchereignis werden zwei instabile Chromosomenstücke frei, die in der Regel durch Reperaturmechanismen ohne Verlust wieder zusammengefügt und repariert werden. Finden jedoch mehrere Bruchereignisse statt, so entstehen mehr als zwei Chromosomenbruchstücke. Der Reparaturmechanismus kann dann die einzelnen Bruchenden nicht mehr unterscheiden, und es kann daraufhin zu Bruchstückverlusten oder falschen Wiederverbindungen kommen. Die lichtmikroskopisch erfassbaren strukturellen Aberrationen, wie z. B. Deletionen oder Duplikationen, haben eine Länge von etwa 4 Mb. Dies ist im Vergleich zu der haploiden DNA-Länge relativ groß. Aufgrund dieser Größe sind bei jeder sichtbaren Aberration mehrere sog. *contiguous genes* mit involviert.

Die spontane Bruchrate kann durch Belastung mit ionisierenden Strahlen oder chemischen Mutagenen zunehmen (► Kap. 2.2.3). Auch bei manchen genetischen Krankheiten (► Kap. 4.7.4) ist die Bruchrate erhöht.

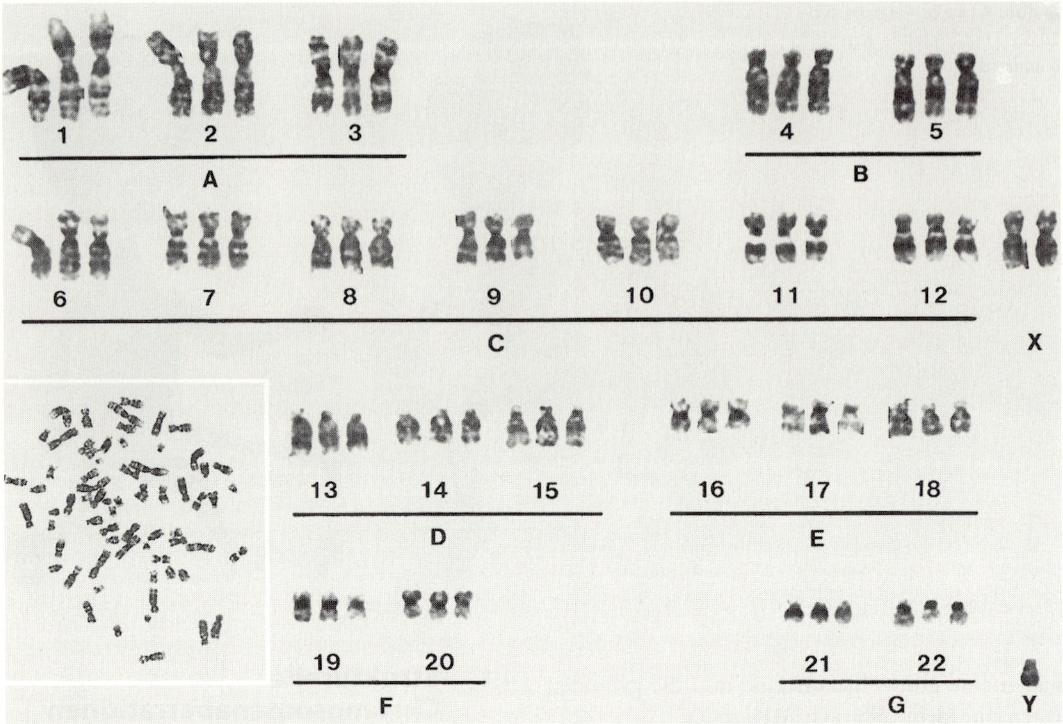

Abb. 4.15. Karyotyp eines Feten mit Triploidie

Im Prinzip unterscheidet man balancierte und unbalancierte Strukturaberrationen. Von **balancierten Strukturaberrationen** spricht man, wenn kein Verlust oder Zugewinn von Chromosomensegmenten stattfindet. **Unbalancierte Strukturaberrationen** sind mit Verlust oder Zugewinn von Chromosomensegmenten verbunden.

Die verschiedenen strukturellen Chromosomenaberrationen sowie deren Entstehungsmechanismen sind in ▶ Kap. 2.1.2 ausführlich besprochen. Hier werden einzelne klinisch relevante Beispiele ergänzend dargestellt.

4.4.1 Translokation

Eine Translokation ist ein Austausch oder eine Übertragung von einem Chromosom oder Chromosomensegment an eine andere Stelle. Dieser Prozess setzt mindestens zwei Bruchereignisse voraus. Normalerweise geht dies ohne Verlust von Genmaterial vonstatten und ist klinisch in der Regel nicht relevant. Man spricht dann von einer **balancierten Translokation**. Eine balancierte Translokation ist aber für die nachfolgende Generation von Bedeutung, weil es in der Meiose zu einer unbalancierten Chromosomenkonstellation kommen kann, die dann im Falle einer Befruchtung schwerwiegende Folgen für das Kind hat.

Man kennt drei Typen von Translokationen:
- reziproke Translokation,
- Robertson-Translokation,
- insertionale Translokation.

Reziproke Translokation

Eine reziproke Translokation ist ein Austausch von zwei durch zwei Bruchereignisse entstandenen Chromosomensegmenten. Zwar wird die Anordnung des genetischen Materials verändert, aber es ist weder Chromosomenmaterial verlorengegangen noch dazugekommen. Die Translokation ist balanciert. Obwohl die Träger der balancierten Translokation in der Regel klinisch unauffällig sind, werden jedoch hin und wieder bei Kindern mit mentaler Retardie-

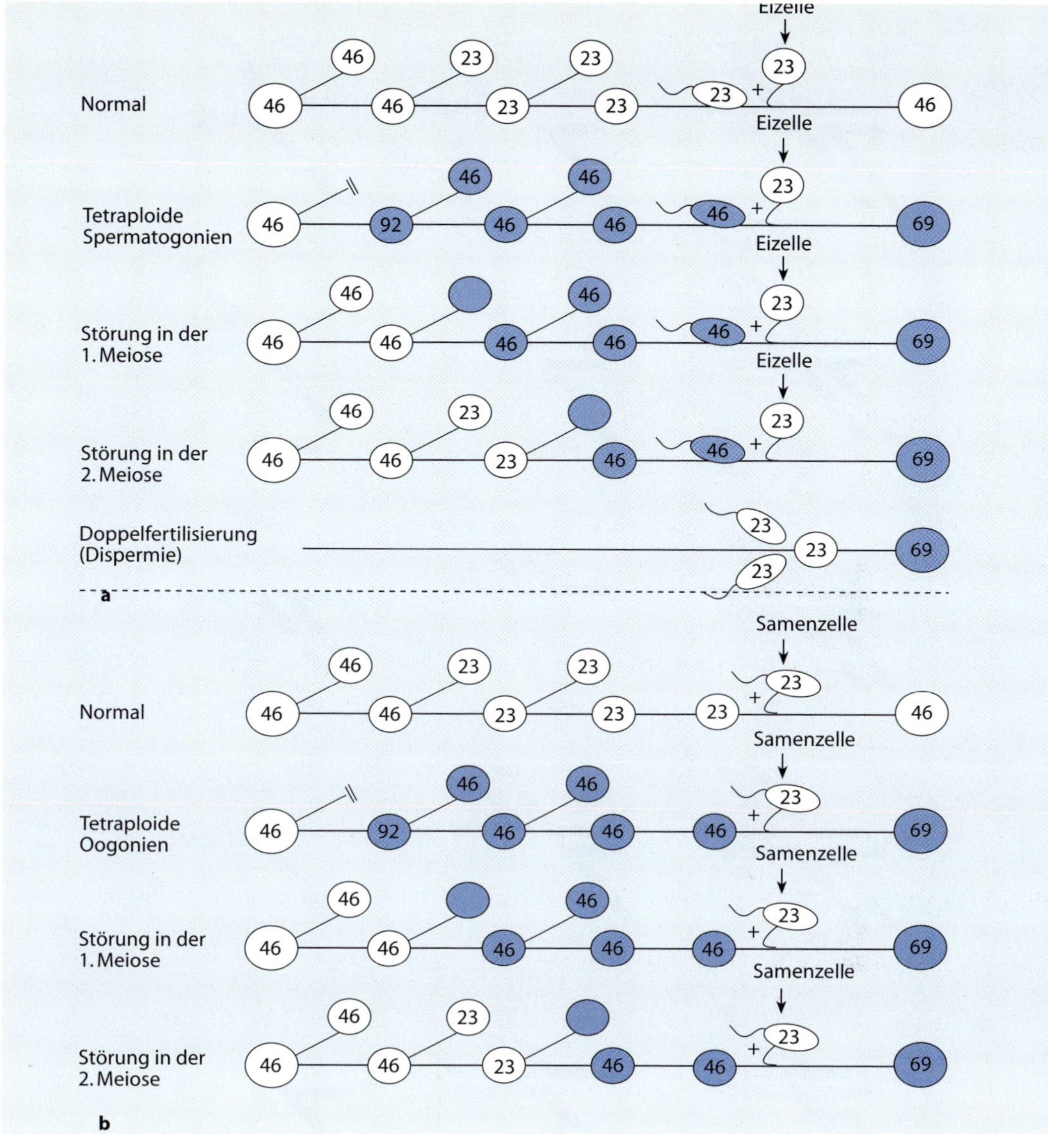

Abb. 4.16a,b. Mögliche Entstehungsmechanismen einer Triploidie. **a** Störung in der Spermatogenese. **b** Störung in der Oogenese

rung mit oder ohne Dysmorphiezeichen reziproke Chromosomentranslokationen gefunden. Möglicherweise liegt hier doch ein mikroskopisch nicht erkennbarer unbalancierter Stückaustausch vor.

Während der meiotischen Teilung bilden die Chromosomen mit reziproker Translokation **Quadrivalente** (Abb. 4.17), welche die Paarung von homologen Chromosomensegmenten ermöglichen. Nach Vollendung der meiotischen Teilung enthalten die Gameten unterschiedliche Kombinationen von Teilen der Quadrivalente.

Die Segregationsmöglichkeiten, die von Bedeutung sind, werden hier geschildert. Gelangen bei der 2:2 Segregation im Quadrivalent gegenüberliegende Chromosomen in dieselbe Tochterzelle, nennt man dies **alternierende Teilung**. Die entstandenen Gameten haben entweder normale Chromosomen oder eine balancierte Translokation. Daraus ent-

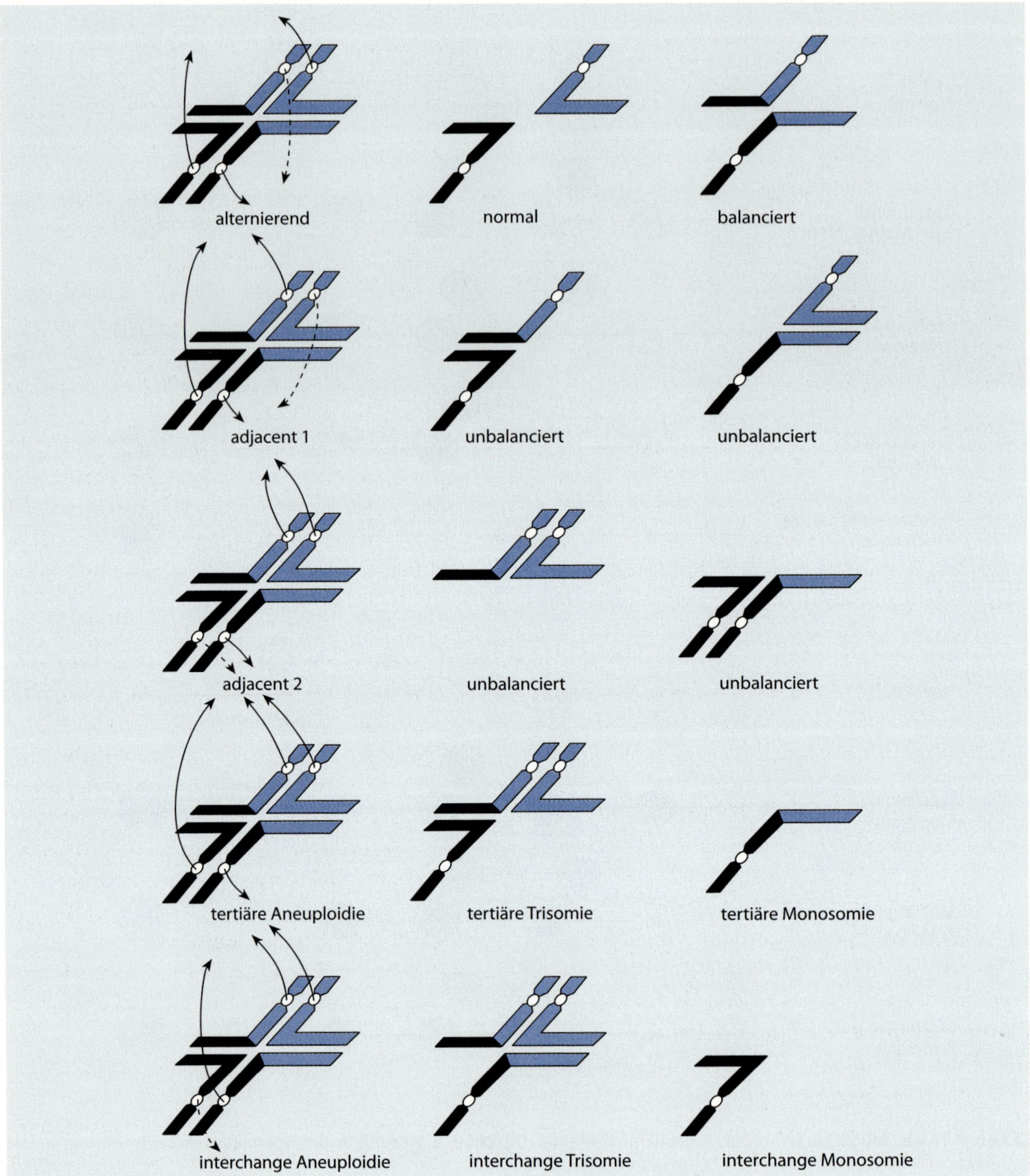

Abb. 4.17. Segregationsmöglichkeiten bei reziproker Translokation. (Nach Vogel, Motulsky 1996)

standene Nachkommen sind in der Regel klinisch gesund. Gelangen benachbarte Chromosomen zusammen in eine Zelle, wobei die homologen Zentromere getrennt werden, d. h., dass die nicht homologen Chromosomen in eine Tochterzelle gelangen, bezeichnet man dies als **Adjacent-1-Teilung**. Trennen sich benachbarte Chromosomen von homologen Zentromeren nicht, liegt eine **Adjacent-2-Teilung** vor. Die entstandenen Gameten aus Adjacent-1- und Adjacent-2-Teilungen sind nicht balanciert. Wenn einer von diesen vier Gametentypen zur Zygote beiträgt, liegt entweder eine

Abb. 4.18. Zwei Geschwisterkinder mit unbalancierter 7/10-Translokation

partielle Trisomie oder Monosomie des betroffenen Segments vor. Meist sterben diese Kinder intrauterin ab, die Lebendgeborenen zeigen multiple Fehlbildungen und schwere geistige Entwicklungsstörungen.

Bei der Teilung von Quadrivalenten kann es auch durch eine diskordante Orientierung zu einer 3:1-Segregation kommen. Dies bedeutet, dass nur zwei von vier Zentromeren orientiert sind und dass sich entweder die beiden normalen oder die beiden Translokationschromosomen trennen und in die beiden Tochterzellen gelangen. Die Folgen sind acht verschiedene Möglichkeiten. Gelangen zwei normale Chromosomen des Quadrivalents zusammen mit einem Translokationschromosom in eine Zelle, so bezeichnet man dies als **Tertiärtrisomie**. Wenn zwei Translokationschromosomen mit einem normalen Chromosom in eine Zelle gelangen entsteht eine **Interchange-Trisomie**. Entsprechend entstehen auch **tertiäre Monosomien** und **Interchange-Monosomien**, die gewöhnlich letal sind.

Eine 3:1-Segregation tritt normalerweise nur auf, wenn die Mutter Trägerin einer balancierten Translokation ist. Eine 2:2-Segregation dagegen ist sowohl in der väterlichen als auch in der mütterlichen Meiose gleich häufig.

Abbildung 4.18 zeigt beispielsweise zwei Geschwisterkinder mit einer unbalancierten Translokation von Chromosom 7/10, die durch Adjacent-1-Teilung bei der Mutter mit einer balancierten Translokation 7/10 entstanden ist. Beide Kinder zeigen eine schwere psychomotorische Retardierung, epileptische Anfälle, Mikrozephalie, ZNS-Fehlbildungen, Gesichtsdysmorphien und Kontraktur der großen Gelenke mit Klumpfußstellung beidseits.

Robertson-Translokation

Eine zentromere bzw. zentromernahe Verschmelzung zweier akrozentrischer Chromosomen wird als Robertson-Translokation bzw. als **zentrische Fusion** bezeichnet. Die Bruchpunkte liegen unmittelbar im Zentromerbereich, sodass das Translokationsprodukt die beiden langen Arme enthält und zwei Fragmente aus den beiden kurzen Armen ohne zentromeren Bereich verlorengehen. Die zentromere Fusion von Chromosom 13 und 14 sowie 14 und 21 ist die häufigste Robertson-Translokation beim Menschen. Die Chromosomen 13–15 sowie 21 und 22 enthalten die NOR-Regionen. Das Fehlen eines Teils dieser Gene in diesem Bereich hat offenbar keine klinische Auswirkung. Durch zentrische Fusion zweier akrozentrischer Chromosomen reduziert sich die Chromosomenzahl auf 45. Robertson-Translokationen können familiär vorkommen, aber auch de novo entstehen.

Träger einer Robertson-Translokation sind klinisch unauffällig. Bei meiotischen Teilungen paaren sich homologe Segmente, so entstehen **Trivalente** (Abb. 4.19), die wiederum unterschiedliche Segregationsweisen ermöglichen. Die entstandenen Gameten können normal, balanciert oder unbalanciert sein. Träger einer balancierten Robertson-Translokation haben aus diesem Grund ein erhöhtes Risiko für Translokationstrisomien bei ihren Nachkommen (► hierzu auch Abb. 4.7).

Insertionale Translokation

Voraussetzung für eine insertionale Translokation sind drei Brüche in einem oder zwei Chromosomen, wobei ein durch zwei Brüche entstandenes Bruchstück des einen Chromosoms in die Bruchstelle des anderen eingebaut wird. Die balancierten Träger sind gesund. Es besteht aber wiederum das Risiko, Nachkommen mit einer Deletion oder ein Duplikation zu bekommen.

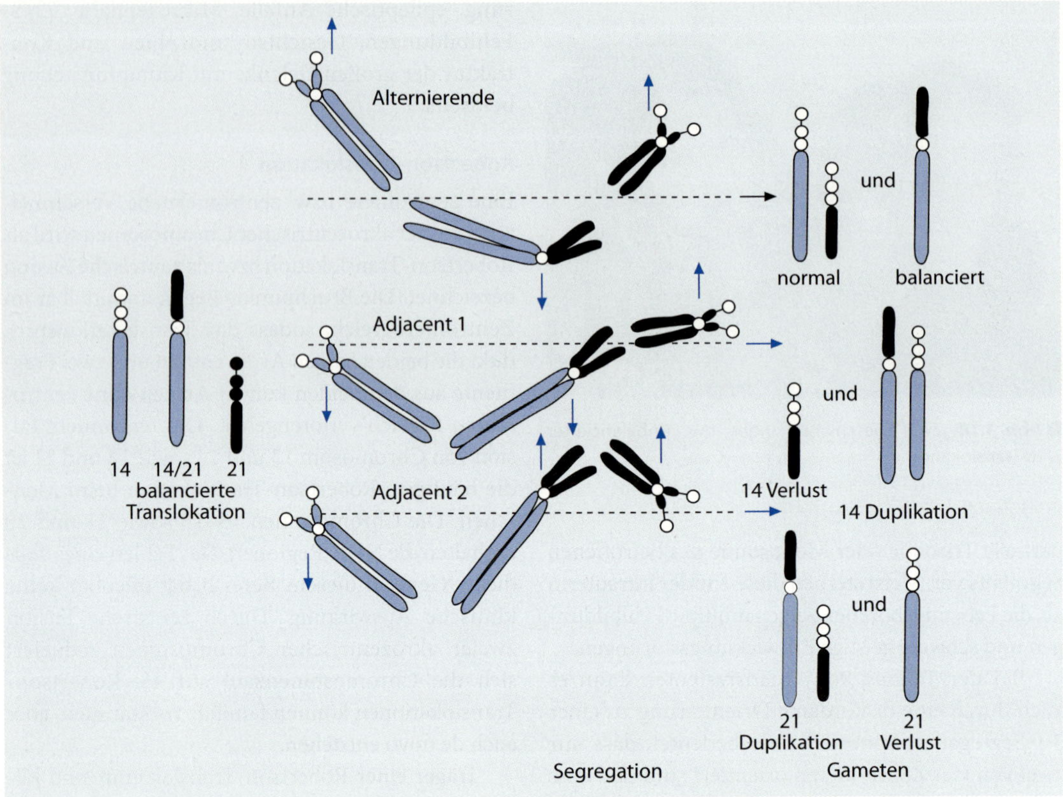

Abb. 4.19. Segregationsmöglichkeiten bei Robertson-Translokation (nach Connors u. Ferguson-Smith 1989)

4.4.2 Sonstige Strukturaberrationen

Inversion

Eine Inversion entsteht, wenn das Segment zwischen zwei Brüchen an einem Chromosom um 180° gedreht wird. Wenn beide Bruchpunkte auf einem Arm des Chromosoms liegen und das Zentromer nicht mit eingeschlossen ist, spricht man von einer **parazentrischen Inversion**. Liegen die Bruchstücke zu beiden Seiten des Zentromers und die Inversion schließt das Zentromer ein, entsteht eine **perizentrische Inversion**. In der Regel verursacht eine Inversion keine klinischen Auffälligkeiten. Bei der Meiose können aber unbalancierte Keimzellen entstehen.

Bei der Paarung während der Meiose muss in der Inversionsregion eine Schleife gebildet werden. Diese führt zu einem ungleichen Crossing-over. Findet das Crossing-over innerhalb der Schleife statt, entsteht bei der parazentrischen Inversion eine dizentrische Chromatide und ein azentrisches Fragment (Abb. 4.20). Beide sind instabil und kommen in der Regel nicht zur Befruchtung. Bei der perizentrischen Inversion können durch ungleiches Crossing-over bei der homologen Paarung Chromosomen mit einer Duplikation oder einer Deletion entstehen. Aus diesem Grund ist das Risiko für Nachkommen mit einer nicht balancierten Strukturaberration erhöht.

Isochromosom

Ein Isochromosom ist meist Folge einer transversalen Teilung des Zentromers während der Meiose. Nach der Duplikation ist das Zentromer wieder vollständig, aber beide Chromosomenarme sind homolog und beinhalten identisches Genmaterial. Bei Lebendgeborenen ist das Isochromosom des langen Arms des X-Chromosoms mit einem Turner-Phänotyp bekannt, weil dabei eine Monosomie des kurzen Arms des X-Chromosoms vorliegt. Auch das

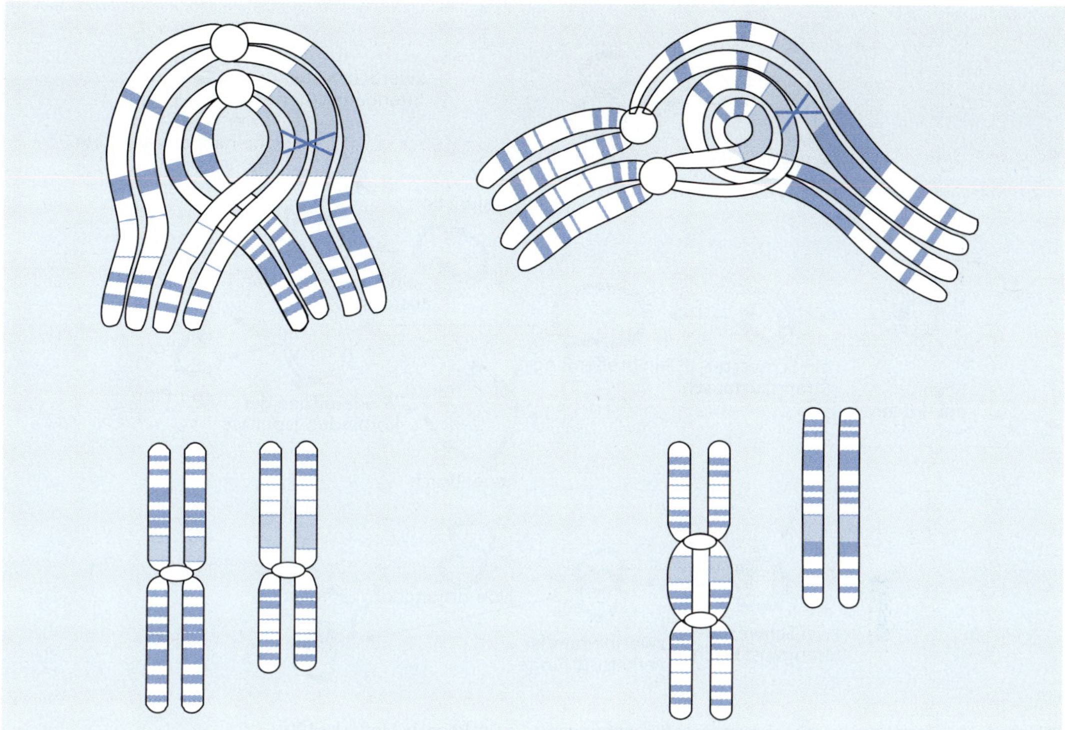

Abb. 4.20. Crossing-over in einer Paarungsschlinge und daraus entstehende aberrante Chromosomen; *links* perizentrische, *rechts* parazentrische Inversion (nach Vogel u. Motulsky 1986)

Isochromosom des Y-Chromosoms ist beobachtet worden. Isochromosomen der anderen Chromosomen hat man nur in Abortmaterial gefunden.

Dizentrische Chromosomen

Dizentrische Chromosomen entstehen nach einfachen Chromatidenbrüchen und Reunion der jeweils ein Zentromer tragenden Segmente der beiden Chromatiden.

Zentrisches Fragment

Ein zentrisches Fragment ist ein zusätzliches, meist metazentrisches Fragment. Oft ist es familiär und entsteht durch zentrische Fusion in der Meiose der Eltern. In der Regel beinhaltet die zentrische Fusion keine genetische Information und hat deshalb keine klinische Konsequenz.

Duplikation

Bei einer Duplikation liegt ein Chromosomensegment mit zwei Kopien vor. Sie kann durch ungleiches Crossing-over oder über Schleifenbildung bei der meiotischen Teilung der elterlichen Translokation, Inversion oder des Isochromosoms entstehen.

Deletion

Der Verlust eines Chromosomensegmentes wird als Deletion bezeichnet. Sie entsteht, wenn ein Stück von einem Chromosom zwischen zwei Bruchpunkten verlorengeht (**interstitielle Deletion**), bei einem ungleichen Crossing-over in der Meiose bzw. als Folge einer balancierten elterlichen Translokation oder als ein terminaler Strukturverlust durch ein Bruchereignis. Das deletierte Stück ohne Zentromer geht meist bei der weiteren Teilung verloren. Mikroskopisch sichtbare Deletionen verursachen multiple Fehlbildungen und mentale Retardierung. Kleinere Deletionen, die mikroskopisch bei einer Routinediagnostik nicht entdeckt werden können, werden als **Mikrodeletionen** bezeichnet (▶ Kap. 4.4.6).

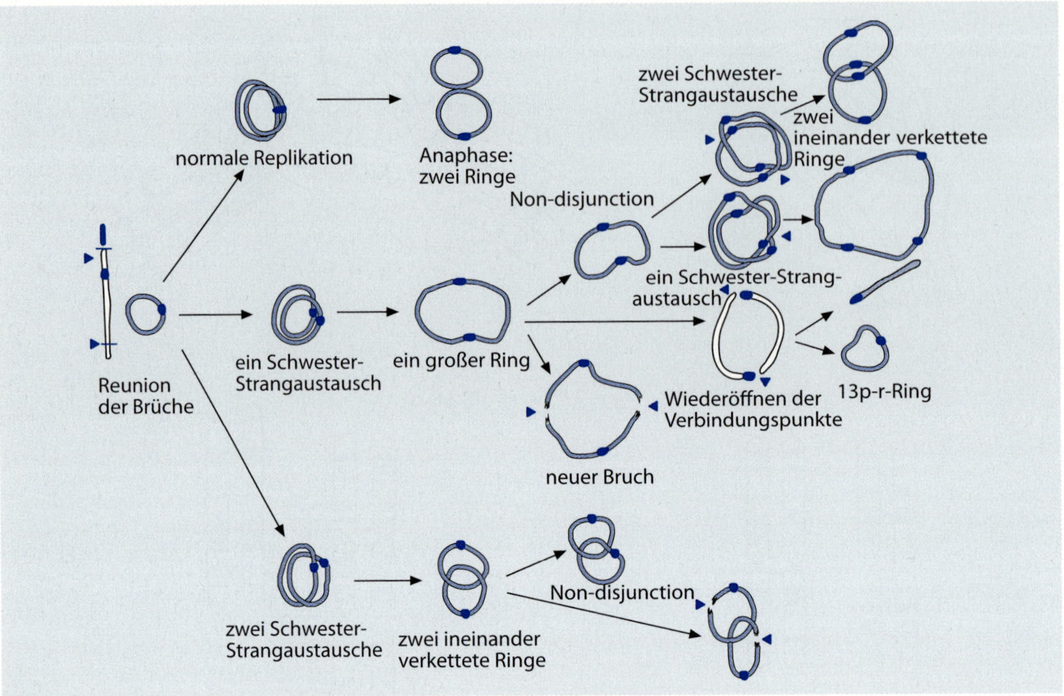

Abb. 4.21. Entstehungsmechanismus eines Ringchromosoms (nach Vogel u. Motulsky 1996)

Ringchromosom

Ein Ringchromosom entsteht durch zwei Brüche in beiden Chromatiden eines Chromosoms, indem die Bruchflächen der terminalen Enden miteinander verschmelzen und so zur Bildung eines geschlossenen Ringes führen. Solche Ringchromosomen sind klinisch relevant und können infolge Verlustes von Chromosomenmaterial zu schweren, sehr unterschiedlichen Krankheitsbildern führen. Wenn ein Ringchromosom ein Zentromer beinhaltet, kann es repliziert werden und bei den weiteren Zellteilungen bestehen bleiben. Es kann aber auch weitere Unregelmäßigkeiten, wie Verdopplung, Entstehung eines größeren Ringes mit zwei Zentromeren oder Verlust des Ringes nach sich ziehen (Abb. 4.21).

4.4.3 Klinische Beispiele struktureller autosomaler Aberrationen

Strukturelle autosomale Chromosomenaberrationen führen dann zu einer bestimmten klinischen Erkrankung bzw. Fehlbildung, wenn eine Aneuploidie (z. B. partielle Monosomie oder Trisomie) vorliegt. Durch eine balancierte, strukturelle Chromosomenaberration wird in der Regel keine Erkrankung hervorgerufen.

In seltenen Fällen kann durch Zerstörung eines Gens am Bruchpunkt eine monogene Erkrankung verursacht werden. So konnte in manchen Fällen bei gemeinsamem Auftreten von monogenen Erkrankungen und balancierter Translokation die chromosomale Lokalisation eines verantwortlichen Gens bestimmt werden. In seltenen Fällen kann eine balancierte Translokation Infertilität verursachen. Unter Anwendung von hochauflösender Bandentechnik werden auch kleine strukturelle Aberrationen in zunehmendem Maße erkannt.

Partielle Monosomie 4p (Wolf-Hirschhorn-Syndrom)

Das Wolf-Hirschhorn-Syndrom wurde 1965 von U. Wolf und Mitarbeitern durch autoradiographische Untersuchung dargestellt. Die Häufigkeit beträgt ca. 1 zu 50.000. Mädchen werden etwa doppelt so häufig betroffen wie Knaben.

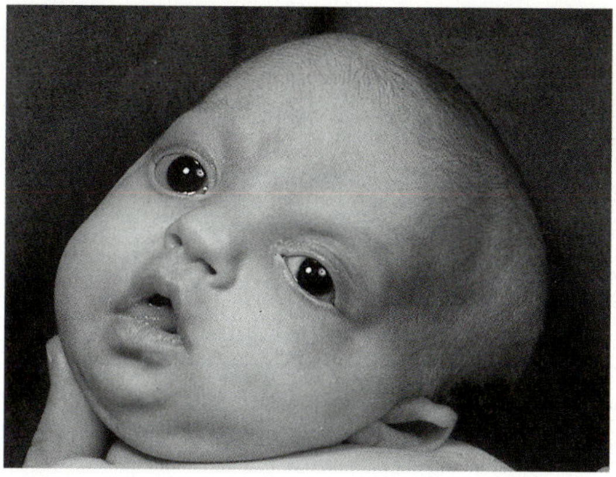

Abb. 4.22. Patient mit Wolf-Hirschhorn-Syndrom

Symptome. Charakteristisch für das Wolf-Hirschhorn-Syndrom sind prä- und postnatale Wachstumsretardierung, Mikrozephalie, hohe Stirn, Hypertelorismus, antimongoloide Lidachsen, Iriskolobome, Rieger-Anomalie, Lippen-Kiefer-Gaumen-Spalte, breite gebogene Nase, kurzes Philtrum, Mikrogenie, dysplastische Ohren, Daumenhypoplasie, angeborene Herzfehler, Fehlbildungen des ZNS sowie des Urogenitalsystems (Abb. 4.22 u. Tabelle 4.9). Meist leiden diese Kinder an epileptischen Anfällen. Aufgrund der schweren Fehlbildungen sterben sie meist im Kleinkindesalter.

Zytogenetik. Die Deletion findet sich auf dem kurzen Arm von Chromosom Nr. 4 (Abb. 4.23). Bei ca. 20 % der Fälle ist diese durch eine familiäre Translokation entstanden. Auch Fälle mit einem Ringchromosom 4 sind beobachtet worden. Ein Teil der Fälle ist zytogenetisch unauffällig. Hier kann eine molekulargenetische Analyse weiter helfen. Der klinische Phänotyp variiert entsprechend der Größe des deletierten Stücks. Bei den meisten untersuchten Fällen handelt es sich um eine Deletion väterlicher Herkunft. Die kritische Region, die die Erkrankung verursacht, ist 4p16. Eine Variante des Phänotyps wird als **Pitt-Rogers-Danks-Syndrom** bezeichnet. Eine proximale Deletion 4p15 verursacht das **Fryns-Syndrom.**

Partielle Monosomie 5p (Katzenschrei- bzw. Cri-du-chat-Syndrom)

Dieses Syndrom wurde erstmals 1953 von Lejeune und Mitarbeitern beschrieben. Die Häufigkeit wird auf etwa 1 zu 50.000 geschätzt.

Tabelle 4.9. Phänotyp bei verschiedenen Deletionen (nach Lenz 1983)

Chromosomensymbol	4p-	5p-	18p-	18q-
Katzenschrei	–	+	–	–
Geistige Retardierung	+	+	+	+
ZNS-Fehlbildungen	+	–	–	–
Mikrozephalus	+	(+)	–	+
Iriskolobom	+	–	–	–
Hypertelorismus	+	+	(+)	+
Epikanthus	(+)	(+)	(+)	–
Ptosis	+	–	(+)	–
Strabismus	(+)	(+)	(+)	–
Hypoplastisches Mittelgesicht	–	–	–	+
Dysplastische Ohren	+	(+)	(+)	(+)
Gehörgangsatresie	–	–	–	(+)
Mirogenie	+	(+)	(+)	–
Gaumenspalte	+	–	–	–
Herzfehler	(+)	–	–	(+)
Fehlbildungen des Urogenitalsystems	+	–	–	–

Symptome. Das charakteristische Merkmal ist ein eigentümliches Wimmern und schrilles Schreien des Kindes. Wegen der Ähnlichkeit mit dem Miauen junger Katzen haben die Autoren das Krankheitsbild als Cri-du-chat-(Katzenschrei-)Syndrom bezeichnet. Weitere Merkmale sind **kraniofaziale Dysmorphiezeichen** mit Mikrozephalie, rundes Gesicht, Hypertelorismus, angedeutete antimongoloide Lidachsen, Epikanthus, breite und flache Nasenwurzel, Mikrogenie, Zahnstellungsanomalien, hoher, spitzer Gaumen, tiefsitzende, dysplastische Ohren und dermatologische Veränderungen (Abb. 4.24, Tabelle 4.9). Angeborene Herzfehler sowie Hirn- und Nierenfehlbildungen können als Begleitsymptome vorliegen. Die psychomotorische und geistige Entwicklung ist stark zurückgeblieben. Die phänotypischen Merkmale, die in der Neugeborenenperiode sehr stark ausgeprägt sind, werden mit zunehmendem Alter abgeschwächt (Abb. 4.24b).

Zytogenetik. Bei etwa 88 % der Fälle liegt eine De-novo-Deletion des kurzen Arms des Chromosoms Nr. 5 (5p15-pter) vor (Abb. 4.25). In ca. 80 %

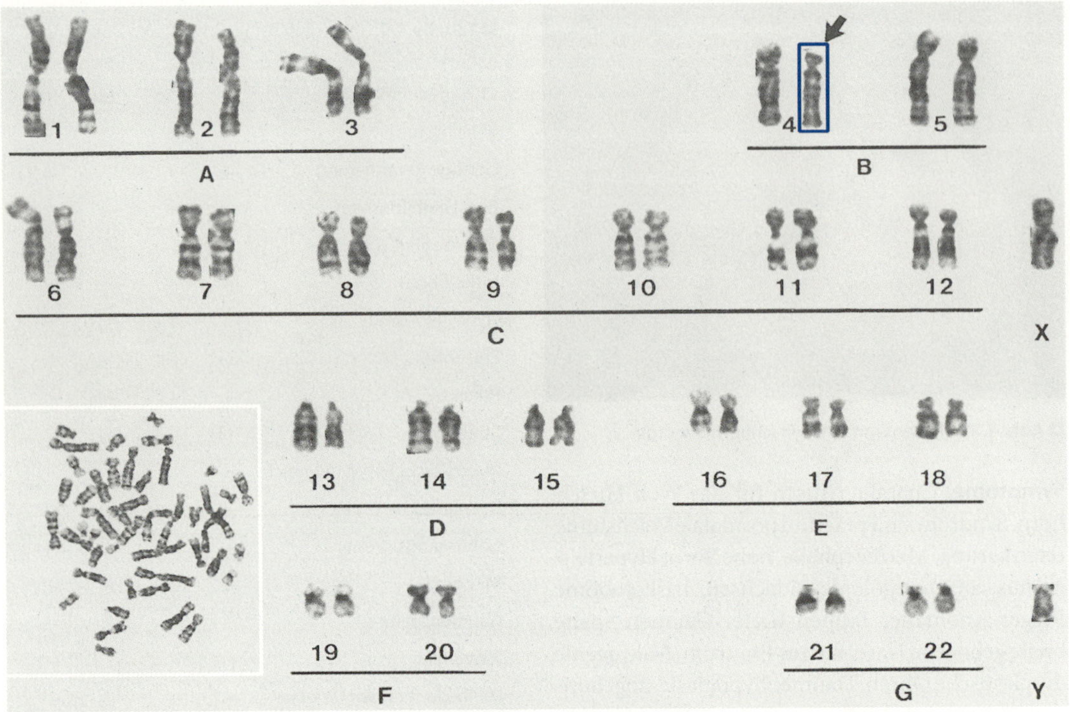

Abb. 4.23. Karyotyp eines Patienten mit Wolf-Hirschhorn-Syndrom: 46,XY,4p–

Abb. 4.24a,b. Gesichtsmerkmale von 2 Patienten unterschiedlichen Alters mit Cri-du-Chat-Syndrom

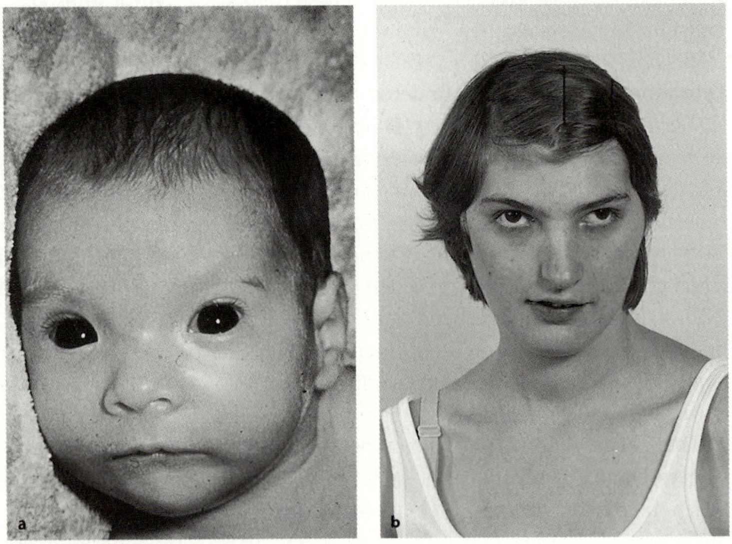

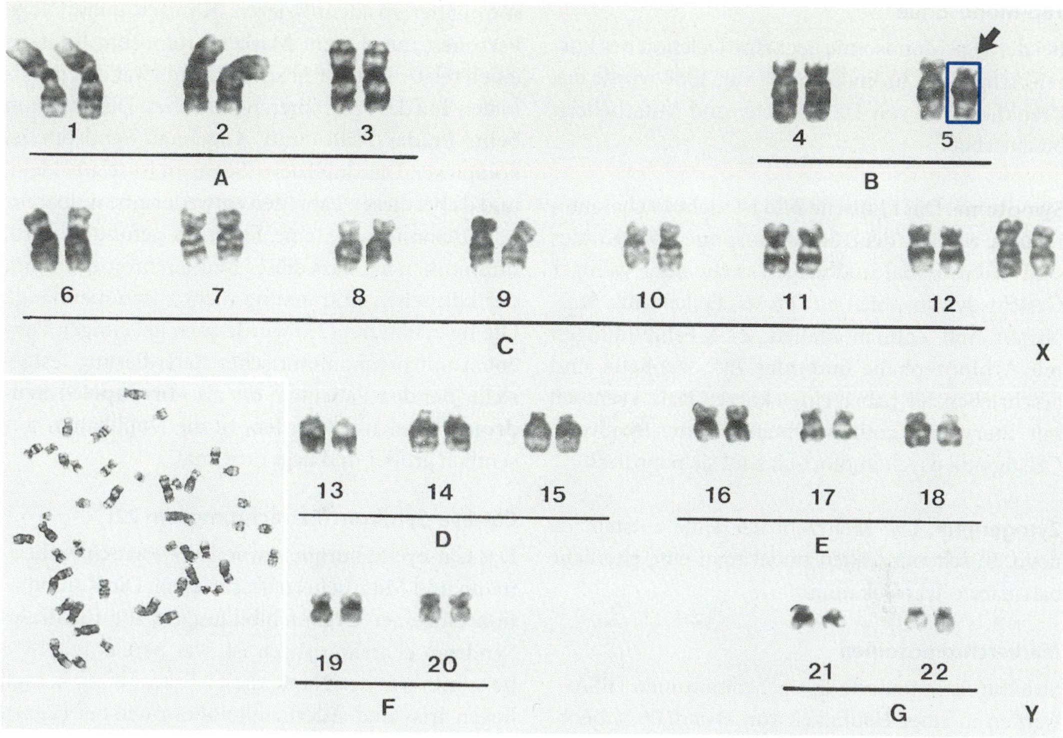

Abb. 4.25. Karyotyp eines Patienten mit Cri-du-Chat-Syndrom: 46,XX,5p–

der De-novo-Fälle ist die Deletion im väterlichen Chromosom 5 erfolgt. Die kritische Region ist p15.3. In etwa 12 % der Fälle liegt eine elterliche balancierte reziproke Translokation oder eine perizentrische Inversion vor. In sehr seltenen Fällen sind auch komplizierte Rearrangements beobachtet worden. Obwohl die Bruchpunkte sehr unterschiedlich sein können, scheint das Krankheitsbild durch Verlust der Bande 5p15 verursacht zu sein.

18q-Monosomie

Die partielle Deletion des langen Arms des Chromosoms 18 ist zum ersten Mal 1964 von De Grouchy und Mitarbeitern beschrieben worden.

Symptome. Eine schwere generalisierte **Muskelhypotonie** ist eines der konstanten Merkmale dieses Syndroms. Die Kinder liegen mit gebeugten und nach außen verdrehten Beinen wie in einer froschähnlichen Position. Eine Gesichtsdysmorphie mit Hypoplasie von Nase und Oberkiefer, tiefliegende Augen, Ptose, Epikanthus, Hypertelorismus, kurzes und flaches Philtrum, invertierte Oberlippenschleimhaut sowie Augenfehlbildungen sind charakteristisch. Hypoplastische Ohren mit Gehörgangsatresie, weiter Mamillenabstand, Hautgrübchen über den Schulter-, Hüft- und Kniegelenken, lange, schmale, spitz zulaufende Finger, Hypospadie und Hypoplasie der Labia minora sind weitere Merkmale. Relativ häufig liegen angeborene Herzfehler und Skelettfehlbildungen vor. Die geistige und psychomotorische Entwicklung ist stark retardiert.

Zytogenetik. Bei der Mehrzahl der Fälle ist die Deletion des langen Arms des Chromosoms 18 de novo entstanden. Das wichtigste Segment, das mit den klinischen Merkmalen in Verbindung steht, scheint 18q21.3 zu sein. Der Bruchpunkt ist oft 18q21.2. Eine Reihe von Mosaikfällen ist beobachtet worden. In 10 % der Fälle wird die Deletion durch eine elterliche balancierte Translokation verursacht, weshalb dieses Syndrom mit einer partiellen Monosomie bzw. Trisomie anderer Chromosomen assoziiert sein kann.

18p-Monosomie

Bei der 18p-Monosomie liegt eine Deletion des kurzen Arms des Chromosoms 18 vor. 1963 wurde das Krankheitsbild von De Grouchy und Mitarbeitern beschrieben.

Symptome. Das klinische Bild ist nicht so charakteristisch wie bei der 18q-Monosomie. Die Kinder sind mikrozephal und zeigen mehr oder weniger Gesichtsdysmorphien mit Ptosis, Epikanthus, Strabismus und Zahnanomalien. ZNS-Fehlbildungen mit Arhinozephalie und/oder Zyklozephalie sind beschrieben. Sie haben einen kurzen Hals, eventuell mit Pterygium colli wie beim Turner-Syndrom. Geistig und psychomotorisch sind sie retardiert.

Zytogenetik. Die Mehrzahl der Fälle entsteht de novo. In seltenen Fällen findet man eine elterliche balancierte Translokation.

Markerchromosomen

Strukturell veränderte Extrachromosomen (ESAC) werden in einer Häufigkeit von etwa 0,06 % beobachtet. Sie werden oft als Markerchromosomen bezeichnet und sind abnormale kleine Chromosomen, die bei der Routinezytogenetik nicht genau identifiziert werden können. Sie sind unterschiedlicher Herkunft und können manchmal zu geistigen Entwicklungsstörungen oder klinischen Auffälligkeiten führen. Durch fluoreszierende In-situ-Hybridisierung ist es heute möglich, die Herkunft dieser Chromosomen zu identifizieren.

Invertierte Duplikation 15

Invertierte Duplikationen von Chromosom 15 wurden bei klinisch unauffälligen Personen gefunden, aber auch bei einigen Patienten mit Prader-Willi- oder Angelman-Syndrom sowie bei Patienten mit mentaler Retardierung beobachtet. Wahrscheinlich besteht jedoch kein Zusammenhang zwischen diesem Chromosomenbefund und dem Prader-Willi-/Angelman-Syndrom.

Invertierte Duplikationen von Chromosom 15 sind dizentrisch und haben zwei Satelliten, bestehen also aus zwei Kopien des kurzen Arms, des Zentromerbereichs und des proximalen Teils des langen Arms des Chromosoms 15. Durch In-situ-Hybridisierung wurde es möglich, dieses Markerchromosom näher zu identifizieren. Klinisch unauffällige Personen mit diesem Markerchromosom besitzen einen relativ kleinen Abschnitt, und zwar den proximalen Teil des zentromeren Bereiches. Die Situation beim Prader-Willi- und Angelman-Syndrom ist komplexer. Das duplizierte Segment ist relativ klein, und da bei diesen Patienten entweder eine uniparentale Disomie oder eine Deletion gefunden wird, nimmt man an, dass dieses Markerchromosom mit der klinischen Erkrankung nicht zusammenhängt. Die Inversion dup(15) wurde auch bei einigen Patienten mit psychomotorischer Retardierung festgestellt. Bei den Patienten, die als **»Invdup(15)-Syndrom«** bezeichnet werden, ist die Duplikation wesentlich größer und liegt proximal.

Cat-eye-Syndrom (Extrachromosom 22)

Das Cat-eye-Syndrom wurde 1969 von Schwachenmann und Mitarbeitern beschrieben. Die Kombination einzelner Organfehlbildungen, die für dieses Syndrom charakteristisch ist, war bereits seit 1878 bekannt. Wie der Name dieser Erkrankung besagt, liegen Iris- und Aderhautkolobom wie bei Katzen vor. Weitere charakteristische Merkmale sind Analatresie bzw. -stenose, retrovaginale, ureterale oder perineale Fistel, Atresie des äußeren Gehörgangs, präaurikuläre Anhängsel und/oder Fisteln, Gaumenspalte, angeborene Herzfehler, Nierenfehlbildungen und psychomotorische Retardierung. Gelegentlich zeigen die Patienten eine normale Intelligenz.

Zytogenetik. Es wurde ein kleines akrozentrisches Markerchromosom gefunden, das von Chromosom 22 stammt. Unter Anwendung von DNA-Proben und In-situ-Hybridisierung konnte gezeigt werden, dass diese Patienten drei oder vier Kopien von 22q11 besitzen.

Isochromosom 18p

Isochromosom 18p wurde 1983 von Rivera und Mitarbeitern beschrieben. Die Patienten zeigen neben einer geistigen Retardierung eine intrauterine Wachstumsretardierung, Mikrozephalie, Hypotonie, Kamptodaktylie oder eingeschlagene Daumen und Gesichtsdysmorphie mit Dolichozephalie, rundes Gesicht, kleine und tiefsitzende Ohren, schmale Lidspalten, kleine Mundöffnung. Im Säuglingsalter liegen wegen einer schweren Hypotonie Fütterungsprobleme vor. Später entwickelt sich eine Prognathie, etwa 50 % der Patienten leiden an epileptischen Anfällen.

Zytogenetik. Das kleine metazentrische Markerchromosom wurde als Isochromosom 18p identifiziert. Eine 18p11.3-Probe konnte in beiden Armen des Markerchromosoms nachgewiesen werden.

Pallister-Killian-Syndrom

Das Pallister-Killian-Syndrom ist ein **gewebsspezifisches Mosaik**. Die zytogenetische Aberration kann nicht in Lymphozyten nachgewiesen werden. Aus diesem Grund muss bei einem klinischen Verdacht die Chromosomenanalyse in Fibroblasten durchgeführt werden.

Patienten mit Pallister-Killian-Syndrom haben eine ausgeprägte Muskelhypotonie und Gesichtsdysmorphie mit prominenter und hoher Stirn, Hypertelorismus, Epikanthus, tiefe und breite Nasenwurzel, großen Mund mit hängenden Mundwinkeln, dysplastische Ohren, Pigmentanomalien, schütteres Haar bzw. arealen Haarausfall und Zwerchfelldefekt. Im Erwachsenenalter stehen schwere geistige Retardierung, Anfallsleiden und grobe Gesichtszüge mit Makroglossie im Vordergrund.

Zytogenetik. In Fibroblastenkulturen der Patienten findet man ein kleines metazentrisches Extrachromosom. Es handelt sich hierbei um ein Isochromosom des kurzen Arms des Chromosoms 12 (Mosaiktetrasomie 12p). Der Anteil der Markerchromosomen nimmt mit zunehmendem Alter ab. In Lymphozytenkulturen findet man keinen oder einen sehr geringen Anteil (0–2 %) Mosaiktetrasomien 12p.

4.4.4 Klinische Beispiele X-chromosomaler Strukturanomalien

46,X,i(Xq), Isochromosom Xq

Dies ist das häufigste strukturelle Rearrangement des X-Chromosoms. Es besteht in der Regel aus zwei Kopien des langen Armes. Durch Bandenfärbetechnik konnte gezeigt werden, dass auch komplizierte Zusammensetzungen vorliegen können. Patienten mit i(Xq) zeigen ähnliche phänotypische Merkmale wie Turner-Syndrom-Patienten.

46,X,i(Xp), Isochromosom Xp

Das IsoXp-Chromosom besteht aus zwei kurzen Armen des X-Chromosoms. Bis jetzt sind nur wenige Fälle bekannt. Die klinischen Merkmale dieser Patienten unterscheiden sich von denen mit einer Deletion des langen Armes des X-Chromosoms.

46,X,del/(Xq), Deletion Xq

Hier liegt eine Deletion des langen Arms des X-Chromosoms vor. Die Patientinnen haben eine primäre Amenorrhö. Aber auch normale Menstruationsblutungen wurden beobachtet. Sie sind etwas größer als die Turner-Mädchen, jedoch kleiner als ihre Schwestern mit normalem Chromosomensatz.

Ringchromosom X

Das Ringchromosom X entsteht, wenn an beiden Enden des X-Chromosoms ein Bruchereignis stattfindet und die proximalen Enden miteinander verschmelzen. Die übriggebliebenen Fragmente gehen in der Regel verloren. Dadurch ergibt sich eine partielle Monosomie des X-Chromosoms. Entsprechend der Größe der verlorengegangenen Stücke und der Bruchpunkte sind die klinischen Symptome variabel.

Weitere strukturelle Veränderungen des X-Chromosoms sind selten.

Fragiles X-Chromosom

Lubs hat 1969 bei vier Männern mit X-chromosomal-rezessivem Schwachsinn am terminalen Ende des X-Chromosoms eine fragile Stelle festgestellt, was zunächst keine Beachtung fand. Erst später wurde dieser Befund bei familiär geistig behinderten Männern wiederholt bestätigt. Es konnte nachgewiesen werden, dass die fragile Stelle nur in einem bestimmten Medium mit wenig Folsäure oder durch Zusatz des Folsäureantagonisten Methotrexat darzustellen ist.

Inzwischen sind weitere fragile Stellen am X-Chromosom sowie an autosomalen Chromosomen gefunden worden. Autosomale fragile Stellen haben nach bisherigen Kenntnissen keine klinische Bedeutung. Bei der fragilen X-Stelle liegt eine sekundäre

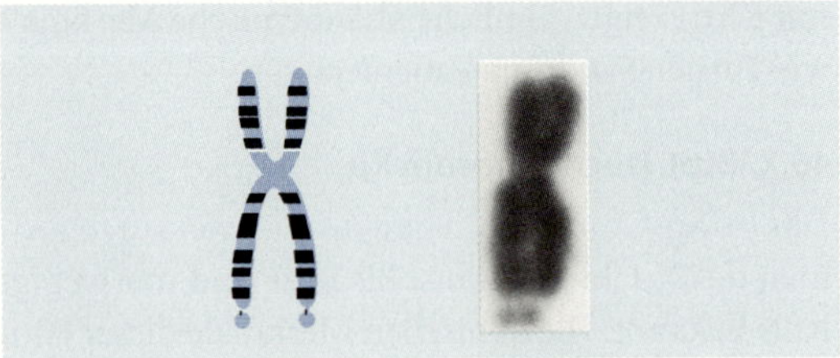

Abb. 4.26. Fragiles X-Chromosom

Konstriktion am distalen Teil des langen Arms des X-Chromosoms vor (Abb. 4.26). Sie kann nicht in allen Zellen nachgewiesen werden. Das fragile X an Xq28 ist ein phänotypisches Merkmal auf zellulärer Ebene für das **Martin-Bell-Syndrom**. Dieses Krankheitsbild ist heute molekulargenetisch abgeklärt (die klinischen und molekulargenetischen Aspekte werden ausführlich in ► Kapitel 5.4.1 behandelt).

4.4.5 Strukturelle Y-Chromosomenaberrationen

Die Länge des Y-Chromosoms ist variabel, wird aber in der Regel konstant vom Vater auf den Sohn übertragen. Diese polymorphen Veränderungen, die meist den distalen Teil des langen Arms (Yq12) betreffen, haben keinen klinischen Einfluss. Dagegen ist die Deletion des kurzen Arms oder des proximalen Teils des langen Arms (Yq11) von großer Bedeutung. Heute weiß man, dass auf dieser Region das Gen SRY lokalisiert ist. Die Deletion des proximalen Abschnitts des langen Arms führt je nach Größe des verlorengegangenen Stücks und je nach Bruchpunkt zu Minderwuchs, Hypogonadismus und Störungen der Spermatogenese. Diese Beobachtungen sowie moderne molekulargenetische Untersuchungen lassen vermuten, dass die Gene, die die Spermatogenese, das Wachstum und wahrscheinlich auch andere Faktoren der testikulären Differenzierung kontrollieren, im Bereich Yq11 lokalisiert sind.

Auf dem kurzen Arm des Y-Chromosoms, etwa zwischen SRY und dem Telomer, liegt ein Bereich, der dem terminalen Bereich des kurzen Arms des X-Chromosoms homolog ist, und als **pseudoautosomale Region** (PAR1) bezeichnet wird (Abb. 3.11). In der männlichen Meiose kommt es zu einer Endpaarung der kurzen Arme des X- und Y-Chromosoms, Crossing-over ist dort möglich. X- und Y-Translokationen führen zu Störungen der Geschlechtsentwicklung des Mannes (► Kap. 3.2.1). Weitere bekannte strukturelle Y-chromosomale Aberrationen sind dicYp, dicYq und Ring Y. Die klinischen Merkmale dieser strukturellen Aberrationen sind sehr variabel.

4.4.6 Kleinere strukturelle Chromosomenaberrationen

Eine strukturelle Chromosomenaberration kann so klein sein, dass sie mikroskopisch nicht oder schwer erkannt wird. Durch die Entwicklung von hochauflösender Bandentechnik und Fluoreszenz-in-situ-Hybridisierung (FISH; ► Kap. 1.1.2 und 3.1) ist es möglich, eine Reihe von submikroskopischen strukturellen Chromosomenanomalien zu entdecken. Häufig handelt es sich um interstitielle Mikrodeletionen, es können aber auch Duplikationen, Translokationen und/oder komplizierte Chromosomenrearrangements vorliegen. Sie haben aufgrund einer Inbalance im normalen Gendosiseffekt oft klinische Auswirkungen mit entsprechenden charakteristischen Merkmalen. Meist umfassen sie eine Größe von unter 3 Mb und können je nach Größe und Bruchpunkt zum Verlust oder zur Veränderung eines einzelnen oder mehrerer eng gekoppelter Gene führen. Dementsprechend wird klinisch eine oder gleichzeitig eine Anzahl von monogenen Krankheiten manifest.

Klinisch unterscheidet man drei Klassen von submikroskopischen strukturellen Anomalien:

1. **Single-Gene-Syndrome:** Hierbei handelt es sich um Krankheitsbilder, die durch Deletion bzw. durch Duplikation von Einzelgenen hervorgerufen werden, beispielsweise das Alagille-Syndrom mit einer Mikrodeletion am Chromosom 20p11. Allerdings zeigen über 90 % der Patienten mit einem Alagille-Syndrom keine molekularzytogenetisch nachweisbare Deletion, sondern eine Punktmutation im *JAG1*-Gen. Die phänotypischen Merkmale werden durch Haploinsuffizienz des Gens verursacht. Charakteristisch sind Gesichtsdysmorphien, Pulmonalarterienstenose, Cholestase durch eine intrahepatische Gallengangshypoplasie, okuläres Embryotoxin, gelegentlich multiple Nierendegeneration und Wirbelanomalien (Tabelle 4.10).

Tabelle 4.10. Autosomale Contiguous-Gene- bzw. Mikrodeletionssyndrome

Syndrom	Lokalisation	Symptome
Alagille	del(20p11–p12)	Periphere Pulmonalstenose, Herzfehler, chronische Cholestase, okuläres Embryotoxin, Wirbelanomalie, Gesichtsdysmorphie und multizystische Nierendegeneration
Angelman (Abb. 5.41)	del(15q11–q13)	Mentale Retardierung, Epilepsie, ataktischer Gang, ruckartige Extremitätenbewegungen, unmotivierte Lachepisoden, Hypopigmentierung, Mikrobrachycephalie, abnormes EEG, Gesichtsdysmorphie mit Makrostomie, Progenie und Mittelgesichtshypoplasie
DiGeorge/Shprintzen (VCF) (Abb. 4.27a,b,c)	del(22q11.21–q11.23)	Aplasie oder Hypoplasie des Thymus und Parathyreoidea, zellulärer Immundefekt, Hypothyreose, Herzfehler, Lippen-, Gaumen-Uvula-Spalte, dysmorphes Gesicht, mentale Retardierung
Zephalosyndaktylie Typ Greig (Abb. 7.9)	del(7p13)	Polysyndaktylie der Hände und Füße, Makrobrachyzephalie, Gesichtsdysmorphie
Langer-Giedion (trichophalangeales Syndrom Typ II)	del(8q24.11–q24.13)	Minderwuchs, multiple Exostosen, spärliches Kopfhaar, zapfenartige Epiphyse der Hände, Gesichtsdysmorphie, typische Nase, mentale Retardierung
Miller-Dieker	del(17p13.3)	Mikrozephalie mit bitemporalen Schädeleindellungen, Lissenzephalie, mentale Retardierung, dysmorphes Gesicht mit vertikalen Stirnfurchen, hoher Stirn, Hypertelorismus, schräger Lidachse und langem Philtrum
Prader-Willi (Abb. 5.39)	del(15q11–q13)	Muskelhypotonie, Adipositas, Hypogonadismus, Hypopigmentierung, mentale Retardierung, Gesichtsdysmorphie mit umgekehrter V-Stellung der Oberlippe
Retinoblastom (Abb. 4.39)	del(13q14)	Maligne Tumoren der Netzhaut
Rubinstein-Taybi (Abb. 7.21)	del(16p13.3)	Breite Endphalangen, vor allem der Daumen und der großen Zehen, Herzfehler, dysmorphes Gesicht, schnabelförmige Nase, mentale Retardierung, Mikrozephalie und Minderwuchs
Smith-Magenis	del(17p11.2)	Hyperaktivität, Autoaggressivität, verminderte Schmerz- und Temperaturempfindung, reduzierter Schlaf, mentale Retardierung, Gesichtsdysmorphie und gelegentlich Organfehlbildungen sowie Innenohrschwerhörigkeit
WAGR	del(11p13)	Wilms-Tumor, Aniridie, Genitalanomalien, mentale Retardierung
Williams-Beuren (Abb. 4.28a,b)	del(7q11.2)	Supravalvuläre Aortenstenose, periphere Pulmonalstenose, Herzfehler, mentale Retardierung, Kleinwuchs, dysmorphes Gesicht mit breiter Stirn, kurzer Lidspalte, antevertierten Nasenlöchern, evertierten, vollen Lippen und hypoplastischen Zähnen

2. **Contiguous-gene-Syndrom:** Durch eine Mikrodeletion kann eine Anzahl von mehreren monogenen Erkrankungen gleichzeitig verursacht werden. Ein klassisches Beispiel dafür war ein Patient (»BB«) mit einer Mikrodeletion am Chromosom Xp21, der an einer Muskeldystrophie Typ Duchenne (DMD), septischer Granulomatose, Retinitis pigmentosa und psychomotorischer Retardierung litt. Mit Hilfe von molekularbiologischen Methoden wurde seinerzeit das Gen für DMD und für septische Granulomatose kloniert. Inzwischen sind eine Reihe weiterer Contiguous-gene-Syndrome als Folge einer Mikrodeletion an Xp22.2 und Xq21 beschrieben (Abb. 4.29).
3. **Segmentale Aneuploidie-Syndrome:** Wenn die Reduzierung der Aktivität eines Gens um 50 % eine phänotypische Auswirkung zeigt, besteht eine Gendosisempfindlichkeit. Aus diesem Grund kann eine autosomale De-novo-

Mikrodeletion zur funktionellen Monosomie führen, die in manchen Fällen eine dominante Wirkung hat und zu spezifischen Krankheitsbildern führen kann. Beim Williams-Beuren-Syndrom (Abb. 4.28) mit charakteristischen Gesichtsmerkmalen, supravalvulärer Aortenstenose sowie Wachstums- und psychomotorischer Retardierung liegt eine Deletion von ca. 1,6 Mb Größe am langen Arm des Chromosoms 7q11 vor. Etwas 20 Gene sind in dieser deletierten Region identifiziert. Das relevante Gen innerhalb der kritischen Region für das Williams-Beuren-Syndrom ist das Elastingen. Durch eine Mikrodeletion geht eine Kopie des Elastingens verloren, was zur Auswirkung der o. g. klinischen Merkmale führt.

Autosomale Mikrodeletionssyndrome

Autosomale Deletionen führen durch die Reduzierung der Gendosis zu strukturellen und funktionellen Monosomien, die in manchen Fällen dominante Wirkung haben und zu spezifischen Krankheitsbildern führen können, wie z. B. beim **Miller-Dieker-Syndrom** durch Deletion am kurzen Arm des Chromosoms 17 (17p13.3) oder beim **Langer-Giedion-Syndrom** durch Deletion am langen Arm des Chromosoms 8(q24.11-q24.13). Einige autosomale Mikrodeletionssyndrome sind in Tabelle 4.10 zusammengefasst (Abb. 4.27, 4.28).

Normalerweise sind die beiden Allele eines Gens gleichermaßen an der Ausprägung des entsprechenden Phänotyps beteiligt. Das heißt, dass beide Allele in bestimmten Zellen und zu einem bestimmten Zeitpunkt aktiv oder inaktiv sind, je nachdem, ob das Genprodukt benötigt wird. In der letzten Zeit sind bestimmte Gene identifiziert worden, die diesem Muster nicht folgen. Hier ist für die Ausprägung eines normalen Phänotyps nur die Expression eines Allels notwendig. Das andere homologe Allel wird nicht exprimiert, was bedeutet, dass die Aktivität einzelner Gene in Abhängigkeit von der elterlichen Herkunft unterschiedlich reguliert wird. Dieses Phänomen wird als *genomic imprinting* bezeichnet (► Kap. 5.6.8).

Wenn nun die Deletion ein genomisch geprägtes Gen betrifft, und dabei das aktive Allel verloren geht, so entsteht strukturell zwar eine Monosomie, aber funktionell liegt eine Nullosomie vor, womit die Expression dieses Gens komplett ausgeschaltet ist. Dies geschieht beim Prader-Willi-Syndrom durch die Deletion des paternalen Chromosoms 15 (15q11-q13) und beim Angelman-Syndrom durch die Deletion der Region des maternalen Chromosoms 15 in der gleichen Region. Bei einer uniparentalen Diso-

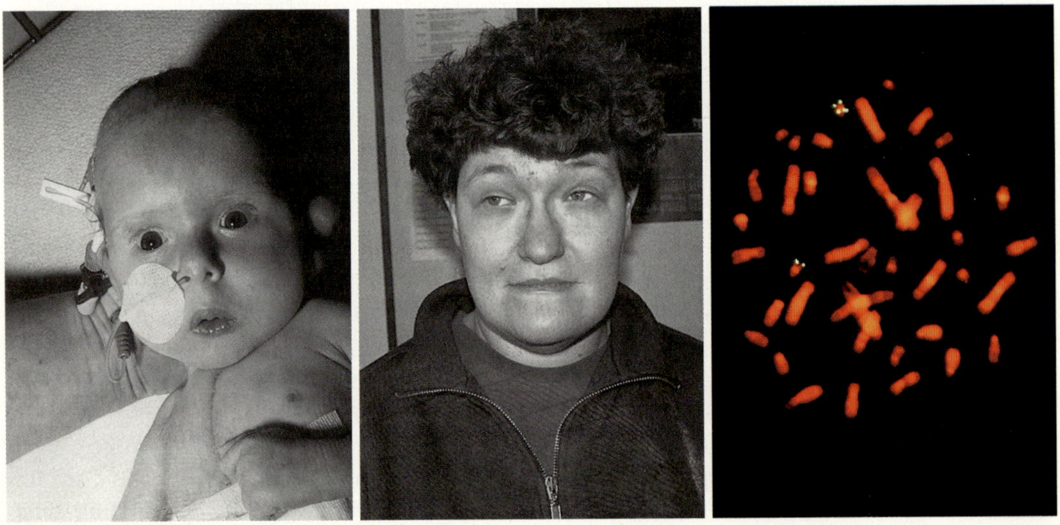

Abb. 4.27. a,b Neugeborenes Kind und dessen Mutter mit Di-George-Syndrom; **c** zytogenetische Darstellung der Deletion 22q11.21–q11.23 durch FISH

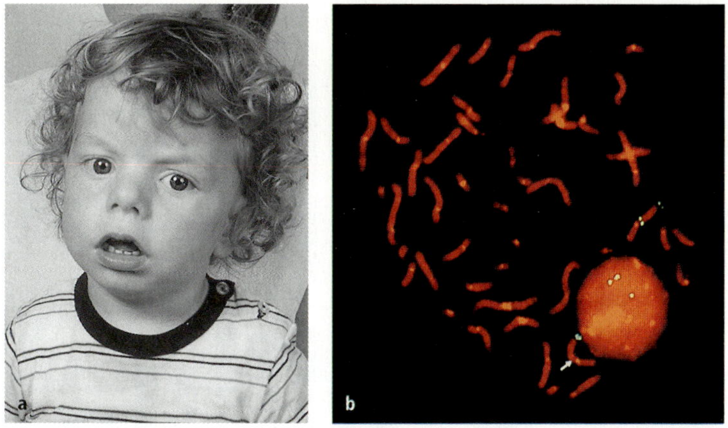

Abb. 4.28. **a** Kind mit Williams-Beuren-Syndrom; **b** zytogenetische Darstellung der Deletion 7q11.2 durch FISH

mie des inaktiven Allels eines genomisch geprägten Gens liegt zwar eine Disomie vor, funktionell besteht aber eine Nullosomie, wie ebenso bei einem Teil der Fälle mit Prader-Willi- und Angelman-Syndrom nachgewiesen wurde. Betrifft die Deletion ein nicht geprägtes Allel, so hat sie in der Regel keine klinische Auswirkung, da das verbliebene Allel aktiv ist und die notwendige Funktion allein ausüben kann.

Eine Mikrodeletion kann auch ein somatisches Ereignis sein, das dann in entsprechenden Geweben zu einer funktionellen Nullosomie führt. Dies ist bei der Entstehung von manchen Tumoren der Fall, beispielsweise beim **Wilms-Tumor** oder beim **Retinoblastom**. Durch Deletion des normalen Allels in dem entsprechenden Gewebe verursacht das mutierte Allel als zweiten Schritt die Umwandlung einer normalen Zelle in eine Tumorzelle (▶ Kap. 4.8).

X-chromosomale Mikrodeletionssyndrome

Deletionen auf dem X-Chromosom kommen gehäuft in bestimmten Regionen vor, die dann entsprechend zu Contiguous-Gene-Syndromen führen. Diese sind in der ◘ Abb. 4.29a aufgezeichnet. Bei Männern führt eine solche Deletion zur Nullosomie, und entsprechend der Genotyp-Phänotyp-Korrelation hat sie klinische Auswirkungen. Frauen mit einer solchen Deletion sind klinisch in der Regel unauffällig, jedoch können in seltenen Fällen durch gleichzeitigen Verlust des normalen Allels auf dem anderen X-Chromosom oder als Folge der X-Inaktivierung und schließlich bei X-chromosomal-dominanten Erkrankungen phänotypische Merkmale bei Frauen vorliegen.

Inzwischen sind die Mutationen einer Reihe von X-chromosomalen Erkrankungen durch molekulargenetische Analyse bei Patienten mit einer Mikrodeletion des kurzen Arms des X-Chromosoms identifiziert worden (▶ oben). Eine Deletion in Xp22.3 kann je nach Größe X-chromosomale Ichthyosis, Kallmann-Syndrom, Minderwuchs, Chondrodystrophia punctata, X-gekoppelte mentale Retardierung, okuläreren Albinismus, Bicardie, MIDAS (Mikrophthalmus, dermale Aplasie, Sklerokornea; ◘ Abb. 4.30) und Goltz-Gorlin-Syndrom umfassen. Die drei letztgenannten Krankheitsbilder sind X-chromosomal dominante Krankheitsbilder und verursachen bei männlichen Hemizygoten Letalität. In der ◘ Abb. 4.29b sind die X-chromosomalen Mikrodeletionssyndrome zusammengestellt.

Mikrodeletionen können auch auf dem langen Arm des X-Chromosoms vorkommen, die prädisponierte Stelle ist Xq21. Durch die Deletion von Xq21 werden Choroidermie, mentale Retardierung, X-gekoppelte Schwerhörigkeit, eine Form der Lippen- und Gaumenspalte und hypergonadotropher Hypogonadismus verursacht (◘ Abb. 4.29b).

Molekulare Duplikationen

Nicht nur der Verlust, sondern auch der zusätzliche Gewinn von genetischen Funktionen kann infolge der Gendosisinbalance Contiguous-Gene-Syndrome verursachen. Duplikationen führen zu einer strukturellen Trisomie von Genen, die in dem entsprechenden Bereich lokalisiert sind. Dadurch kann entweder eine funktionelle Disomie oder Trisomie entstehen,

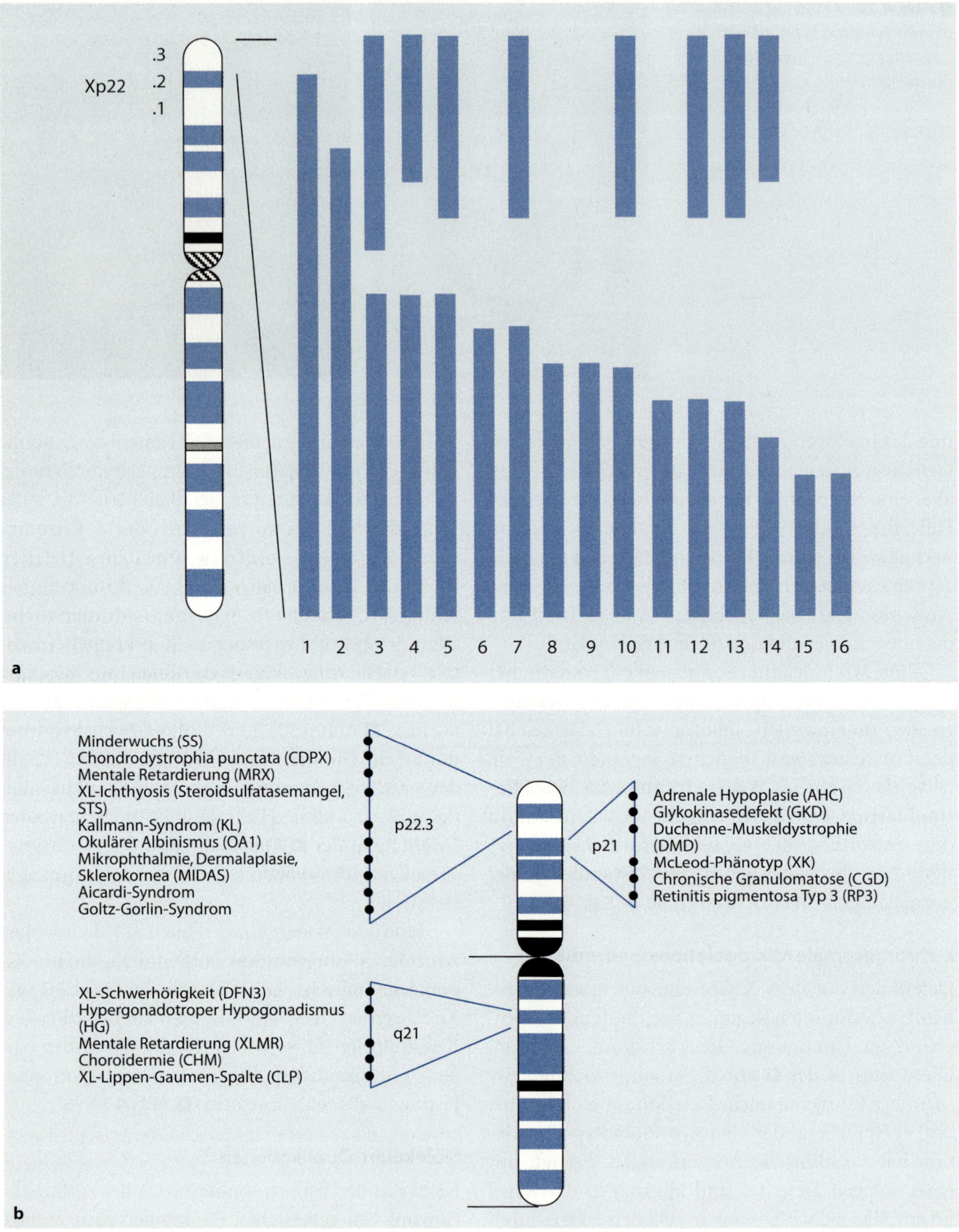

Abb. 4.29. a Graphische Darstellung der Xp22-pter Deletionen mit unterschiedlichen Bruchpunkten (nach Balabio et al. 1995). **B** Schematische Darstellung des X-Chromosoms mit Chromosomenregionen Xp22.3, Xp21 und Xq.21 mit der Reihenfolge der darin lokalisierten X-gekoppelten Krankheiten

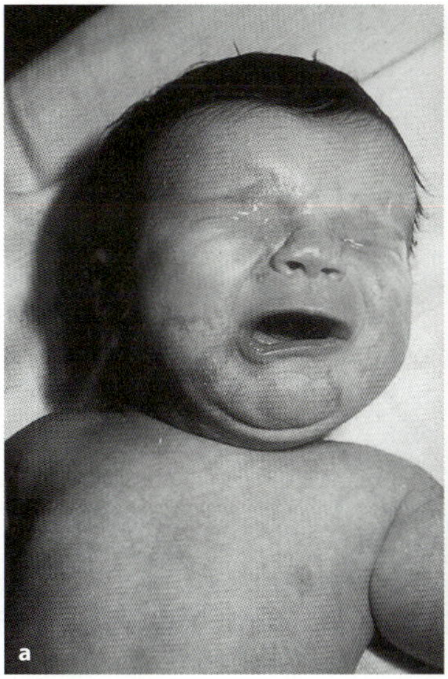

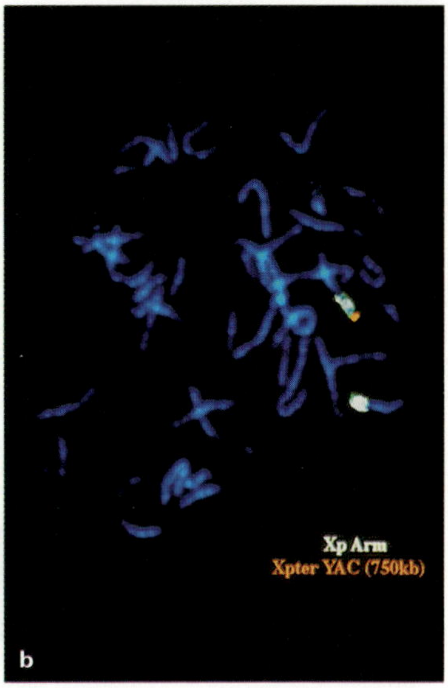

Abb. 4.30a,b. MIDAS-Syndrom. **a** Eine Woche alte Patientin mit bilateraler Mikrophthalmie und linearen Hautdefekten. **b** Zytogenetische Darstellung (FISH) der Mikrodeletion Xpter-Xp22.33

je nachdem, ob ein imprintiertes oder nichtimprintiertes Gen vorliegt. Dieser Mechanismus ist bei einigen Krankheiten beschrieben.

Wiedemann-Beckwith-Syndrom (WBS; 11p15-Duplikation). Charakteristische Merkmale dieser Erkrankung sind Exomphalos, Makroglossie und Gigantismus (EMG) sowie Teleangiektasien im Stirnbereich, Kerbenohren und Hemihypertrophie (Abb. 4.31). Oft findet man bei diesen Patienten eine Viszeromegalie, die meist Leber, Pankreas und Nieren betrifft. Es besteht ein hohes Risiko für Malignität, einschließlich Wilms-Tumor, Nebennierenkarzinom, Hepatoblastom und Rhabdomyosarkom. Im Neugeborenenalter haben die Patienten eine Hypoglykämie mit erhöhtem Insulinspiegel.

Über 80 % der Fälle sind sporadisch, die familiären Fälle haben eine autosomal-dominante Vererbung mit unterschiedlicher Expressivität und reduzierter Penetranz als Grundlage. Die Ursache des WBS ist eine genetische Störung in der chromosomalen 11p15-Region, ein Bereich der mehrere Gene mit elterlicher Prägung beinhaltet. So ist IGF2 paternal aktiv und maternal imprintiert, H19 umgekehrt.

Bei einem Teil dieser Patienten findet man eine Duplikation des Chromosoms 11p15.5, bedingt durch eine nicht balancierte Translokation oder eine andere Chromosomenabnormalität. Die Duplikation von 11p15.5 ist ausschließlich paternaler Herkunft. Es wurden aber auch balancierte Translokationen oder Inversionen des Chromosoms 11 beobachtet, wobei die gleiche Region (11p15) involviert ist. Balancierte Translokationen und Inversionen betreffen nur das mütterliche Chromosom 11.

Rund 15 % der Fälle sind familiär und werden autosomal-dominant mit inkompletter Penetranz vererbt. Etwa 2 % zeigen einen abnormen Karyotyp. Dagegen sind 85 % sporadische Fälle, die entweder durch De-novo-Keimzellmutationen oder durch somatische Mutationen entstehen. 5 % zeigen eine Mutation im p57-Gen.

Mittlerweile weiß man, dass bei den meisten WBS-Patienten mit einem normalen Karyotyp eine **uniparentale paternale Disomie** (UPD) vorliegt. Im Gegensatz zum Prader-Willi- und Angelman-Syndrom betrifft hier die UPD nicht das ganze Chromosom 11, sondern die Region 11p15, und zwar als eine **Isodisomie**. Diese Befunde sprechen für ein somatisches Ereignis. Die somatische Mutation erklärt auch die Hemihypertrophie bei einem Teil der WBS-Patienten. Etwa die Hälfte der sporadischen Fälle zeigt eine biallelische Expression des IGF2. Das hohe Risiko für Malignität bei den sporadischen Fällen ist mit großer Wahrscheinlichkeit in dieser Biallelität von IGF2 und auch H19 begründet. Das Malignitätsrisiko ist bei den Patienten mit uniparentaler Disomie höher. Die Duplikation des

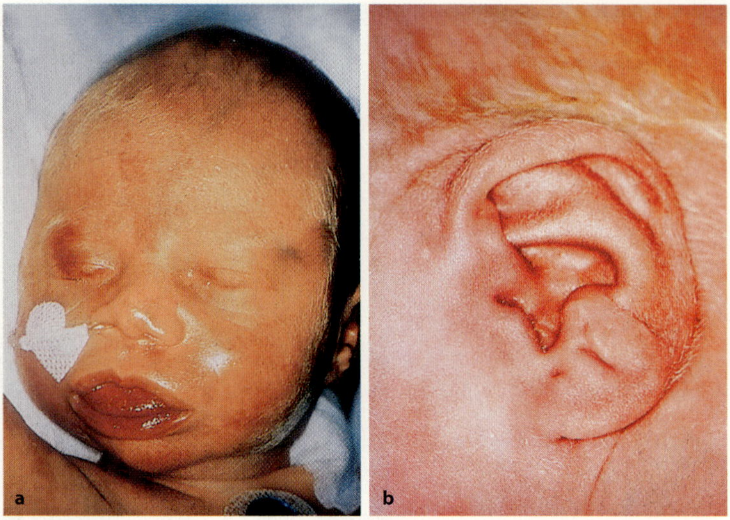

Abb. 4.31a,b. Neugeborenes mit Wiedemann-Beckwith-Syndrom. **a** Dysmorphes Gesicht mit Makroglossie. **b** Dysplastisches Ohr mit typischen Kerben im Ohrläppchen

paternalen Chromosoms 11p15 oder die paternale UPD führt hier zu einer funktionellen Disomie, weil es sich bei dem BWS-Gen um ein genomisch geprägtes Gen handelt. Bei der mütterlichen balancierten Translokation oder Inversion wird wahrscheinlich das Imprinting-Muster verändert, sodass das mütterliche Allel exprimiert werden kann und dadurch das Genprodukt aufgrund des Dosiseffekts zunimmt.

17p11.2-Duplikation Charcot-Marie-Tooth-Typ IA

Bei dem Charcot-Marie-Tooth-Typ IA handelt es sich um eine hereditäre motorisch-sensorische Neuropathie (HMSN). Charakteristisch ist eine progressive Atrophie der distalen Muskeln, vor allem derjenigen, die vom Nervus peronaeus innerviert werden. Manifestationsalter, Schwere und Progredienz der Störung ist intra- und interfamiliär sehr variabel. Charcot-Marie-Tooth Typ IA wird autosomal-dominant vererbt. Das verantwortliche Gen ist *PMP22* (peripheres Myelinoprotein 22) und ist auf Chromosom 17p12 lokalisiert. Ein erhöhter Dosiseffekt, beispielsweise bei einer Duplikation der chromosomalen Region 17p12 (Trisomie des PMP22-Gens) oder eine Punktmutation innerhalb des Gens kann die Erkrankung verursachen. Interessanterweise wird durch die Deletion der gleichen Region eine hereditäre rekurrierende Neuropathie (HNPP = *hereditary neuropathy with liability to pressure palsies*) hervorgerufen.

4.5 Chromosomenaberrationen bei Spontanaborten

Zytogenetische Untersuchungen an Abortmaterial haben ergeben, dass in etwa 60 % der Fälle eine Chromosomenstörung vorliegt. Am häufigsten wurde ein zusätzliches Autosom nachgewiesen. An erster Stelle steht die unabhängig vom Alter der Mutter auftretende Trisomie 16, die unter Lebendgeborenen nicht beobachtet wird. Die 45,X-Konstitution ist die zweithäufigste Chromosomenstörung, die zum Spontanabort führt. Etwa 99 % aller 45,X-Zygoten sterben intrauterin ab. Andere Chromosomenaberrationen sind seltener. Bei etwa 15 % aller Fälle findet man eine Triploidie. Die Trisomie als Abortursache nimmt mit steigendem Alter der Mutter zu, jedoch nicht für alle Chromosomen. Chromosomenaberrationen als Abortursache kommen überwiegend sporadisch vor, sie können aber auch durch eine familiäre balancierte Translokation bedingt sein. Aus diesem Grund ist bei habituellen Aborten eine Chromosomenanalyse der Eltern dringend indiziert. Die Häufigkeit der Chromosomenaberrationen ist in Tabelle 4.11 zusammengestellt.

Tabelle 4.11. Chromosomenbefunde bei Frühaborten

Normaler Karyotyp	**40%**
Pathologischer Karyotyp	**60%**
Autosomale Trisomie	50%
Autosomale Monosomie	0,5%
Gonosomale Trisomie	0,5%
Gonosomale Monosomie	20%
Triploidie	16%
Tetraploidie	6%
Unbalancierte strukturelle Anomalie	3%
Balancierte strukturelle Anomalie	0,5%
Sonstige	3,5%

4.6 Häufige Symptome bei autosomalen Chromosomenaberrationen

Trotz des breiten Spektrums der Merkmale bei autosomalen Chromosomenaberrationen gibt es Symptome, die als charakteristisch für die eine oder andere Chromosomenstörung gelten. Eine Chromosomenanalyse ist indiziert, wenn folgende Kriterien bei einem Patienten vorliegen und andere pathogenetische Ursachen ausgeschlossen sind:

1. Bei Neugeborenen und im Kindesalter:
   - Prä- und postnatale Wachstumsstörung,
   - geistige Retardierung,
   - multiple Fehlbildungen,
   - mindestens 3 Dysmorphiezeichen.
2. Bei Jugendlichen und im Erwachsenenalter:
   - Ausbleiben der sekundären Geschlechtsmerkmale,
   - Infertilität,
   - wiederholte Spontanaborte,
   - bei bestimmten malignen Erkrankungen,
   - bei Verdacht auf eine Erkrankung mit chromosomaler Instabilität,
   - Nachweis von Spender- und Empfängerzellen nach Knochenmarktransplantation,
   - Dosisermittlung bei Strahlentherapie.

4.6.1 Wachstumsretardierung

Heute kann die intrauterine Wachstumsentwicklung eines Feten durch Ultraschallkontrolle präzise registriert werden. Etwa 50 % der Kinder mit einer autosomalen Chromosomenaberration zeigen eine **pränatale Wachstumsretardierung**. Mindestens die Hälfte der übrigen Kinder mit einer altersentsprechenden pränatalen Entwicklung sind bei einer Chromosomenstörung in ihrer postnatalen Entwicklung retardiert. Jedoch sind weder Minderwuchs noch Retardierung des Skelettalters obligat für eine Chromosomenaberration.

4.6.2 Geistige Retardierung

Der Grad der geistigen Retardierung ist nicht bei allen autosomalen Chromosomenstörungen konstant, obwohl die Retardierung das deutlichste Merkmal ist. Die meisten Chromosomenstörungen, wie z. B. die Trisomie 21, kommen nicht ohne geistige Entwicklungsstörung vor. Allerdings können z. B. Patienten mit Trisomie-8-Mosaik normale Intelligenz aufweisen.

Die geistige Retardierung kann schwer sein oder in einem Bereich liegen, dass das betroffene Kind eine Sonderschule besuchen kann. Neben geistiger Entwicklungsverzögerung findet sich bei den Patienten eine charakteristische **Persönlichkeitsstruktur** mit fehlender oder verzögerter Sprachentwicklung, fehlender Raumorientierung, Konzentrationsstörung und Schwäche in Ausdauer und abstraktem Denken.

4.6.3 Dysmorphiezeichen

Dysmorphiezeichen sind minimale Abweichungen von der Norm, die durch eine Wachstumsstörung in der Embryonal- bzw. Fetalperiode verursacht werden können.

! Nicht ein einziges, sondern die Kombination bestimmter Dysmorphiezeichen können charakteristisch für eine bestimmte Chromosomenstörung sein.

Dysmorphiezeichen können auch bei der Normalbevölkerung vorkommen. Sie gelten aber als Hinweis auf eine Chromosomenstörung, wenn sie zusammen mit geistigen und körperlichen Entwicklungsstörungen auftreten. Bei der Beurteilung dieser Merkmale im Gesichts- und Hirnschädelbereich (kraniofaziale Dysmorphiezeichen) muss unbedingt das Alter des Patienten sowie die ethnische Herkunft berücksichtigt werden.

Bei der Untersuchung werden die einzelnen Körperregionen gemessen und beurteilt. Am Schädel achtet man auf Kopfform, Kopfgröße, Schädelnähte, Fontanellen und Stirn. In der Augenregion werden Bulbusgröße, Orbitatiefe, Abstand des inneren und äußeren Augenwinkels, Intrapupillarabstand, Lidspaltachse sowie der innere Lidwinkel beurteilt (▪ Abb. 4.32). In der Nasenregion beurteilt man Nasenwurzel, Nasenrücken, Nasenspitze, Nasenboden und Nasenflügel. Die Untersuchung der Mundregion umfasst die Beurteilung von Lippen, Philtrum, Mundöffnung, Mundwinkel, Zähnen, Zunge, Gaumen, Uvula sowie die Entwicklung des Unterkiefers. Von großer Bedeutung sind auch Größe, Gestalt, Stellung und Sitz des Ohres. Ferner müssen Thoraxform, Sternumgröße, Mamillenabstand, Extremitätenlänge, Gelenkstellung, Finger und Zehen sowie die Form und Struktur der Knochen beurteilt werden.

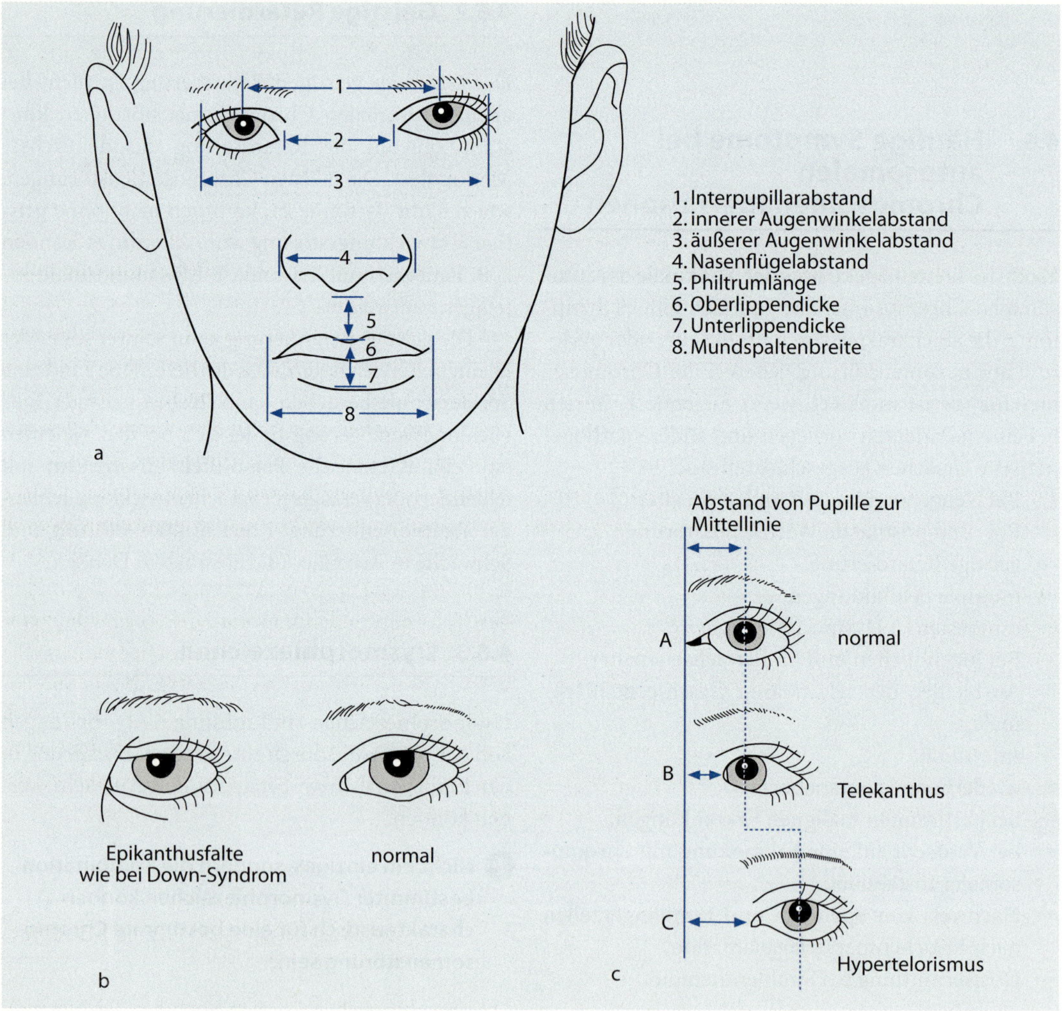

▪ Abb. 4.32. a Gesichtsanthropometrie, **b** epikanthale Variante, **c** Abstand von Pupille zu Mittellinie (nach Smith 1982)

◘ Tabelle 4.12. Typische Fehlbildungen bei Chromosomenaberrationen (nach Schinzel 1980)
Wolfsrachen ± Hasenscharte
Ösophagusatresie mit Fistel; Analatresie
Malrotation, Omphalozele
Herzfehler und Fehlentwicklung der großen Arterien
Nieren- und Harnwegsmissbildungen
Bestimmte Hirnmissbildungen, insb. Balkenmangel und Holoprosenzephalie
Fehlen von Radius und/oder Daumen
Postaxiale Hexadaktylie
Mikrophthalmie, Kolobome (Iris, Choroidea, Retina)
Spina bifida (lumbal oder okzipital)

4.6.4 Fehlbildungen

Fehlbildungen treten bei autosomalen Chromosomenstörungen häufig auf, sind jedoch nicht pathognomonisch. Bestimmte Kombinationen von Organfehlbildungen sind für manche Chromosomenstörungen spezifisch. So sind etwa ein angeborener Herzfehler, meist ein Ventrikelseptumdefekt und eine Duodenalatresie, die typischen Fehlbildungen bei der Trisomie 21 oder, die Kombination von Iriskolobom und Analatresie ist typisch für die partielle Trisomie des kurzen Armes des Chromosoms 22 und für die partielle Monosomie des distalen Segments von Chromosom 13. Die häufigsten Organfehlbildungen bei Chromosomenaberrationen sind in ◘ Tabelle 4.12 zusammengestellt.

4.6.5 Veränderungen der Papillarmuster und Hautleisten

Patienten mit Chromosomenstörungen zeigen eine abweichende Musterkombination von Dermatoglyphen, die neben den oben erwähnten Kardinalsymptomen bei der klinischen Untersuchung ebenfalls berücksichtigt werden können (◘ Abb. 4.33). In der ◘ Tabelle 4.13 sind die Indikationen für eine Chromosomenanalyse zusammengestellt.

◘ Tabelle 4.13. Indikationen für eine Chromosomenuntersuchung
Postnatal
Multiple Fehlbildungen
Minderwuchs
Kraniofaziale Dysmorphiezeichen
Mentale Retardierung unbekannter Genese
Primäre und sekundäre Geschlechtsentwicklungsstörungen
Primäre oder sekundäre Amenorrhö
Infertilität
Wiederholte Fehlgeburten
Totgeburt unbekannter Ursache
Pränatal
Bei erhöhtem Risiko für eine Chromosomenstörung

4.7 Somatische Chromosomenaberrationen

Wie bereits in ► Kap. 4.1.2 erwähnt, kann eine mitotische Non-disjunction nach der ersten Teilung der Zygote nur in einem Teil der Körperzellen auftreten. Dadurch kommt es zu einer Mosaikbildung (◘ Abb. 4.1 c–d, 4.5 c). Tritt sie nach der Embryonalzeit auf, so gehen nur wenige aberrante Zellen aus der Mutation hervor, die für die weitere Entwicklung geringe Bedeutung haben. Jedoch können sich die aberranten Zellkolonien entsprechend eines zweiten Mutationsereignisses, beispielsweise wie beim Retinoblastom, maligne vermehren. In fast allen malignen Tumoren findet man mit Hilfe der neuen zytogenetischen Methoden strukturelle oder numerische Chromosomenstörungen. Somatische Chromosomenaberrationen können durch Einwirkung von Umweltfaktoren, wie z. B. ionisierende Strahlen, chemische Substanzen oder biologische Noxen verursacht werden.

4.7.1 Chromosomenaberrationen nach Einwirkung ionisierender Strahlen

Erstmals machten 1960 Tough und Mitarbeiter auf Chromosomenaberrationen in peripheren Lym-

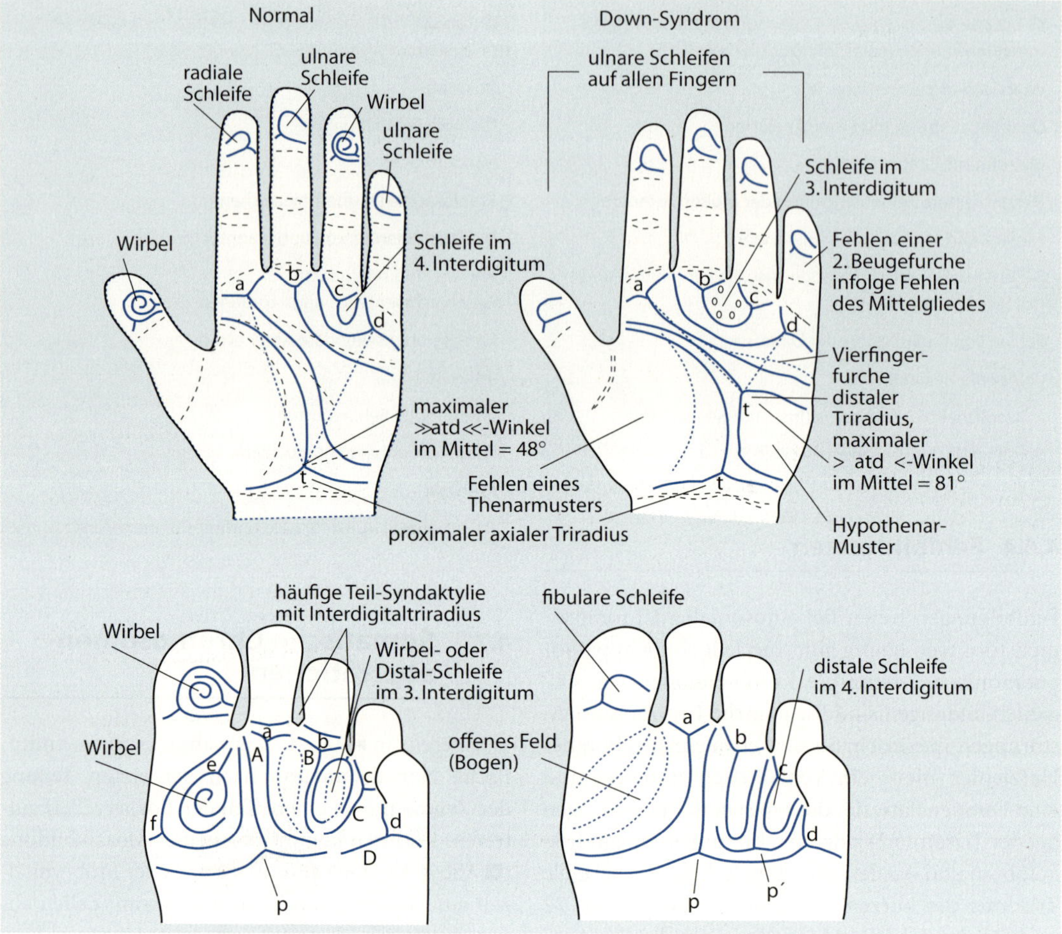

Abb. 4.33. Hautleistenmuster. Die *ausgezogenen* und *punktierten* Linien entsprechen der Hautleistenkonfiguration. Die *gestrichelten* Linien bezeichnen die Beugefurchen (nach Smith 1983)

phozyten von Patienten, die wegen einer Bechterew-Erkrankung mit Röntgenstrahlen behandelt worden waren, aufmerksam. Ebenso ließen sich noch nach 20 Jahren in Lymphozyten von Überlebenden von Hiroshima und Nagasaki strukturelle Chromosomenaberrationen nachweisen. Weitere Befunde liegen von Personengruppen mit Strahlenexpositionen vor. Die Strahlenexposition der Weltbevölkerung wird durch natürliche Strahlenquellen (kosmische und terrestrische Strahlung), industrielle Strahlenquellen (Atombombenversuche), Unfälle (z. B. Reaktor) und medizinische Strahlenquellen verursacht (► Kap. 2.2.3). Die Chromosomenaberrationen nach Strahlenexposition umfassen verschiedene strukturelle Anomalien, darunter auch »instabile«, die bei Zellteilungen den Zelltod bedingen können oder die bei der Zellteilung verloren gehen. Ein sicherer Rückschluss auf die Wahrscheinlichkeit einer Keimzellmutation und damit eine prognostische Aussage über das Auftreten genetischer Schäden bei den Nachkommen ist nicht möglich. Das Auftreten maligner Erkrankungen nach einer Strahlenschädigung ist eine Folge der Chromosomenstörung. Das Schilddrüsenkarzinom bei der Bevölkerung der nahe liegenden Umgebung von Tschernobyl ist nach dem Reaktorunfall von 1986 vervielfacht.

4.7.2 Chromosomenaberrationen nach Einwirkung chemischer Substanzen

Die Zahl der chemischen Substanzen, die Chromosomenstörungen verursachen können, ist groß. Es entstehen strukturelle Veränderungen sowie aneuploide und polyploide Zellen. Von besonderer Bedeutung sind alkylierende Substanzen, die bei der Krebstherapie verwendet werden, verschiedene Alkaloide und industrielle Chemikalien. In ► Kap. 7.9. sind die mutagenen Wirkungen von Chemikalien besprochen.

4.7.3 Chromosomenaberrationen nach Einwirkung biologischer Noxen

Die gleichen Chromosomenstörungen, wie sie nach physikalischen und chemischen Einflüssen beobachtet werden, sind auch nach Infektionen mit Viren gefunden worden. Virusinfektionen, z. B. Masern, Windpocken, Röteln und Herpes simplex, verursachen Chromosomenbrüche in Lymphozytenkulturen. Beim **Burkitt-Lymphom**, das Folge einer Infektion mit dem Epstein-Barr-Virus ist, findet man in den malignen Zellen meist eine Translokation zwischen Chromosom 8 und einem der drei Chromosomen, die Gene für Immunglobuline tragen (2p, 14p, 22q).

4.7.4 Chromosomeninstabilität bei bestimmten genetisch bedingten Krankheiten (Chromosomenbruchsyndrome)

Chromosomeninstabilität bzw. **Chromosomenbruchsyndrome** sind Krankheiten, denen ein defekter DNA-Repair-Mechanismus zugrunde liegt. Sie werden auch Mutagen-hypersensitive Syndrome genannt. Klassische Chromosomeninstabilitätssyndrome sind **Fanconi-Anämie, Bloom-Syndrom** und **Ataxia-Telangiektasia**. Sie werden autosomal-rezessiv vererbt, und bei den Heterozygoten besteht für eine Mutation zu diesen Krankheitsbildern ein erhöhtes Risiko. Zwei weitere seltene Mutagen-hypersensitive-Syndrome sind **Nijmegen-Breakage** und **ICF-Syndrome**.

Erhöhte Bruchraten sind auch bei einigen weiteren Krankheitsbildern wie **Werner-Syndrom, Rothmund-Thomson-Syndrom, Cockayne-Syndrom, Schwachmann-Syndrom** sowie bei **Xeroderma pigmentosum, Sklerodermie** und **Incontinentia pigmenti** beobachtet worden. Bei dem **Roberts-Syndrom** liegt kein DNA-Repair-Defekt vor, sondern eine vorzeitige Trennung der Zentromere.

Fanconi-Anämie

Bei der Fanconi-Anämie (▪ Abb. 4.34) liegen eine Panzytopenie und eine vollständige Knochenmarkdepression vor. Weitere Merkmale sind prä- und postnataler Minderwuchs und Fehlbildungen, die eine breite Variabilität zeigen: Skelettanomalien, insbesondere fehlende Daumen (auch Verdopplung oder Triphalangie), Radiusaplasie, angeborene Herzfehler oder Fehlbildungen des Urogenitaltrakts und des gastrointestinalen Systems. Hypogonadismus, Mikrozephalie und Café-au-lait-Flecken sind für diese Erkrankung charakteristisch. Häufig entwickelt sich eine Leukämie, die zum Tode führt. Die Häufigkeit wird auf etwa 1:40.000 geschätzt.

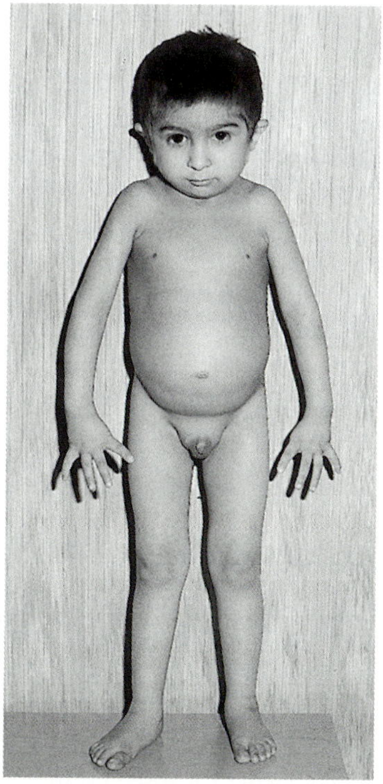

▪ **Abb. 4.34.** Patient mit Fanconi-Anämie

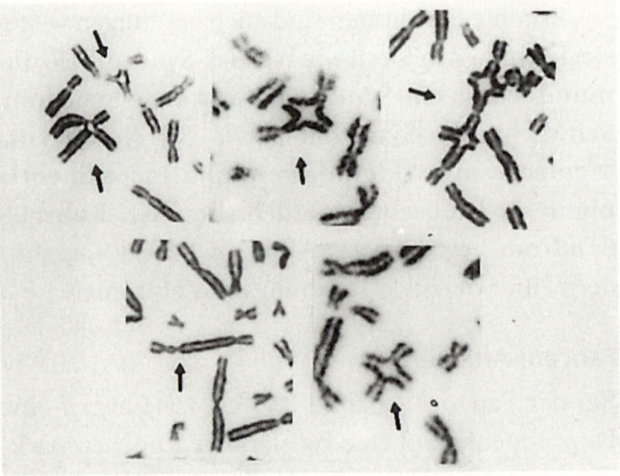

Abb. 4.35. Metaphasen bei Patient mit Fanconi-Anämie. Gut zu erkennen sind multiple komplexe Reunionsfiguren (aus der Sammlung von Prof. T. Schroeder-Kurth)

Zytogenetisch findet man erhöhte Chromosomenbrüchigkeit und Chromatidenumbauten wie Triradial- und Quadriradialfiguren und dizentrische Chromosomen (Abb. 4.35). Die Chromosomenbrüchigkeit ist bei Exposition der Zellen mit Dipoxibutan besonders erhöht. Die Fanconi-Anämie wird autosomal rezessiv vererbt und ist sowohl klinisch als auch genetisch eine heterogene Erkrankung. Mutationen in einigen Genen, die für die Aufrechterhaltung der DNA-Stabilität verantwortlich sind, führen zur Manifestation der Fanconi-Anämie. Bis jetzt sind mindestens sieben komplementäre Gruppen der Fanconi-Anämie bekannt. Die Genlokalisationen sind: A: 16q24.3; C: 9q22.3; D_1: 13q12; O_2: 3p25.3; E: 6q21.3; F: 11p15; G: 9p13. Etwa 70 % aller Fanconi-Anämie-Fälle gehören zu der Gruppe A. Unterschiedliche Mutationen verursachen die heterogenen phänotypischen Merkmale. Die Proteine dieser Gene spielen möglicherweise bei der Beseitigung von Doppelstrangbrüchen und Quervernetzungen auf dem Wege der Rekombinationsreparatur eine wichtige Rolle.

Bloom-Syndrom

Charakteristisch für das Bloom-Syndrom sind prä- und postnataler Minderwuchs, teleangiektatische Erytheme u. a. schmetterlingsförmig im Gesicht und auf der Dorsalseite der Unterarme, Photosensibilität, schmales Gesicht mit prominentem Jochbein, Café-au-lait-Flecken, Hypertrichose und Immundefekte. Zusätzlich besteht eine Disposition zur Entstehung maligner Erkrankungen. Die Häufigkeit beträgt 1:90.000.

Zytogenetisch findet man beim Bloom-Syndrom im Gegensatz zur Fanconi-Anämie überwiegend symmetrische Quadriradiale, die anscheinend durch Chromatidenaustausch zwischen homologen Chromosomen nach Brüchen an entsprechenden Stellen entstanden sind. Normalerweise beträgt ein spontaner Schwesterchromatidaustausch 6–10 %, beim Bloom-Syndrom ist dieser bis auf 50 % erhöht. Das Gen ist auf Chromosom 15q26.1 lokalisiert. Das Bloom-Syndrom wird autosomal rezessiv vererbt.

Ataxia-Teleangiektasia

Ataxia-Teleangiektasia bzw. Louis-Bar-Syndrom ist ein seltenes autosomal-rezessiv vererbtes Krankheitsbild mit okulokutanen Teleangiektasien, vor allem im Bereich des Gesichts, der Ohrmuscheln und auf den Konjunktiven (Abb. 4.36) mit Immundefekt und einer progredienten zerebellären Ataxie. Die Ataxien treten meist ab dem 2. Lebensjahr, die Teleangiektasien zwischen dem 3. und 5. Lebensjahr auf. Gelegentlich zeigen die Patienten eine geistige Beeinträchtigung, die meist in fortgeschritteneren Krankheitsstadien manifest wird. Die Häufigkeit beträgt 1:60.000.

Zytogenetisch findet man eine erhöhte Bruchrate und häufige Rearrangements von Chromosom 7, 11 und 14. Die Fibroblasten zeigen eine erhöhte Sensibilität auf Belomycin und ionisierende Strahlen. Patienten mit Ataxia-Teleangiektasia haben eine starke Prädisposition für maligne Erkrankungen. Heterozygote haben 5-mal häufiger maligne Erkrankungen. Das verantwortliche Gen ist auf dem Chromosom 11q22-q23 lokalisiert (ATM-Gen).

Roberts-Syndrom (Pseudothalidomid-Syndrom)

Bei dem Roberts-Syndrom handelt es sich um eine seltene autosomal-rezessive Erkrankung mit schweren Extremitätenfehlbildungen im Sinne einer Tetrafokomelie, Strahlenanomalien mit variabler Expressivität und kraniofazialen Auffälligkeiten mit Lippen-Kiefer-Gaumen-Spalte. Das Krankheitsbild erinnert an eine Thalidomidembryopathie, weshalb es als Pseudothalidomid-Syndrom bezeichnet wird.

Zytogenetisch findet man hier keine erhöhte Bruchrate, sondern eine vorzeitige Trennung der Zentromere in Fibroblasten und Lymphozyten.

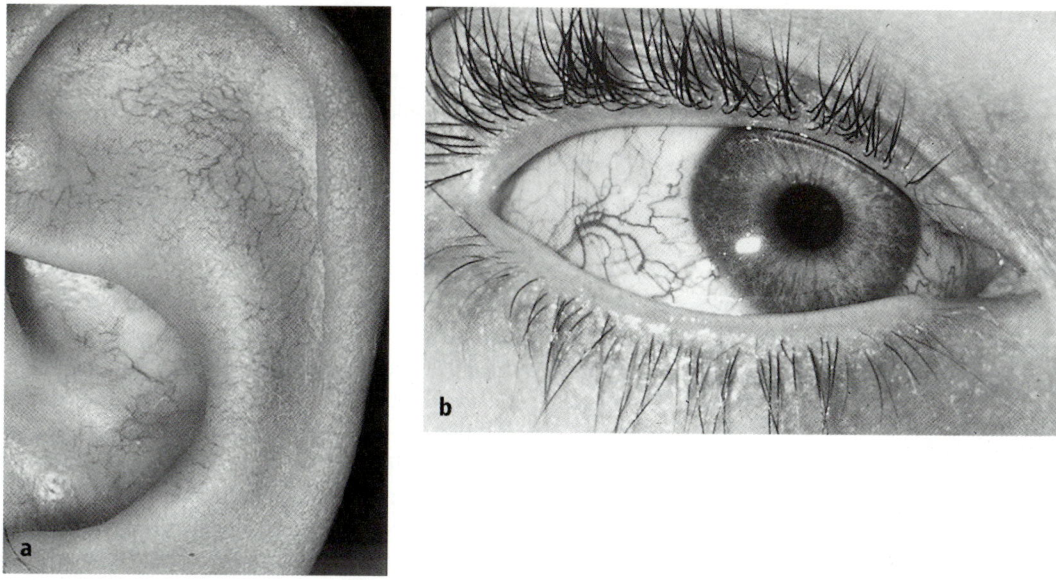

Abb. 4.36a, b. Teleangiektasien an der Ohrmuschel (**a**) und im Auge (**b**) (mit freundlicher Genehmigung aus der Sammlung von Prof. F. Vogel)

Bei den Patienten mit klinisch ähnlichen Merkmalen, die zytogenetisch keine Zentromertrennung zeigen, handelt es sich um eine andere Komplementärgruppe.

Nijmegen-Breakage-Syndrom

Hierbei handelt es sich um eine autosomal-rezessive Erkrankung mit prä- und postnataler Wachstumsretardierung, Mikrozephalie, kraniofazialer Dysmorphie, mentaler Retardierung und Immundefekten. Gelegentlich zeigen die Patienten angeborene Fehlbildungen. Zytogenetisch bestehen ein geringer Mitoseindex der T-Lymphozyten sowie Strukturanomalien. Das Gen ist auf Chromosom 3q21 lokalisiert (NBS1). Das Protein (Nibrin) ist Teil eines Proteinkomplexes, der an der Reparatur von Doppelstrangbrüchen beteiligt ist.

4.8 Chromosomenanomalien und Tumorgenese

Wie in ► Kap. 4.7 erwähnt, zeigen eine Reihe von Krebserkrankungen beim Menschen zytogenetische Veränderungen (Tabelle 4.14).

Bei **chronischer myeloischer Leukämie** findet man in den malignen Zellen des Knochenmarks sowie in den Leukosezellen der Peripherie ein Markerchromosom. Dieses Markerchromosom wurde 1963 in Philadelphia entdeckt und **Philadelphia-Chromosom** genannt. Durch Feinstrukturanalyse konnte gezeigt werden, dass es sich hierbei um eine reziproke Translokation zwischen Chromosom 9 und 22 handelt: t(9;22)(q34;q11). Diese Translokation verbindet große Teile des c-abl-Onkogens von Chromosom 9 mit einer sog. **Breakpoint-cluster-Region** (ber) auf Chromosom 22. So entsteht ein Hybridgen, welches Tyrosinkinase mit transformierenden Eigenschaften produziert.

Beim **Burkitt-Lymphom**, einem äußerst schnell wachsenden, hauptsächlich in Gesichtsknochen auftretenden Tumor, findet man eine Translokation des langen Arms des Chromosoms 8 auf Chromosom 14,2 oder 22: t(8;14)(q24;q32), t(2;8)(p12:q24) oder t(8;22)(q24;q11) (Abb. 4.37). Hierdurch wird das MYC-Onkogen in die Nähe des Ig-Lokus transloziert und damit in eine Umgebung, die antikörperproduzierende B-Zellen transkribiert. Das Exon 1 des MYC-Onkogens wird dabei nicht mit transloziert. Damit wird das MYC-Gen ohne seine eigentlichen Kontrollelemente in eine aktiv transkribierte Domäne versetzt und beginnt in hohem Maße zu exprimieren.

4

Tabelle 4.14. Häufige Chromosomenbefunde bei einigen malignen Erkrankungen

Art der Erkrankung	Chromosomenanomalie
Akute Lymphozytenleukämie, malignes Lymphom, multiples Myelom	14q+, t(9;22)
Akute Monozytenleukämie	11q–, –5, 5q⁻(q13–q31)
Akute Myeloblastenleukämie	t(8;21)
Akute Promyelozytenleukämie	t(15;17)
Blasenkarzinom	del(11p), +7, –9, i(5p)
Burkitt-Lymphom	t(8;14)
Chronische Myelozytenleukämie	t(9;22)
Kolonkarzinom	del(5q21–22)
Ewing-Sarkom	t(11;22) (q24;q12)
Hepatoblastom	del(11p13)
Kleinzelliges Lungenkarzinom	del(3) (p14p23)
Meningeom	–22, 22q–
Nierenkarzinom	del(3) (p11–21)
Neuroblastom	del(1) (q13–14;p11)
Ovarialkarzinom	6p–, t(6;14)
Retinoblastom	del(13) (q14)
Rhabdomyosarkom	t(2;13) (q37;q14)
Speicheldrüsentumor	t(3;8)
Wilms-Tumor	del(11) (p13)

4.8.1 Tumorgenese

Der menschliche Körper enthält ungefähr 10^{14} Zellen, jede Zelle etwa 28.000 Gene. Die mittlere Mutationsrate pro Gen und Generation liegt bei 10^6. Daraus wird klar, dass jeder Mensch ein Mosaik für viele genetische Erkrankungen darstellt. Dennoch hat dies normalerweise keine Folgen, da eben nur einzelne Zellen betroffen sind. Dies ändert sich jedoch, wenn eine Mutation eine Zelle zur pathologischen Proliferation befähigt. Sie erhält dadurch einen Selektionsvorteil, wenn es nicht gelingt, durch höhere Kontrollmechanismen im Gesamtorganismus den entstehenden Zellklon zu bremsen. Wahrscheinlich findet dieser Kampf um Selektionsvorteile in jedem vielzelligen und besonders länger lebenden Organismus ständig statt. Dass wir nicht alle an Krebs sterben, liegt nur daran, dass es hoch entwickelte Organismen, wie der Mensch es ist, über viele komplexe Kontrollmechanismen schaffen, entartete Zellen normalerweise durch **programmierten Zelltod (Apoptose)** im Interesse des Gesamtorganismus zu eliminieren. Es müssten also gleich mehrere Mechanismen, über die die Unterordnung einer Zelle in das Ganze gesteuert wird, verändert werden – und dies geschieht genetisch über Mutationen –, um eine bösartige Proliferation zu ermöglichen. Dies ist jedoch für eine einzige Zelle bei einer Mutationsrate, wie oben angegeben, schon rechnerisch unmöglich.

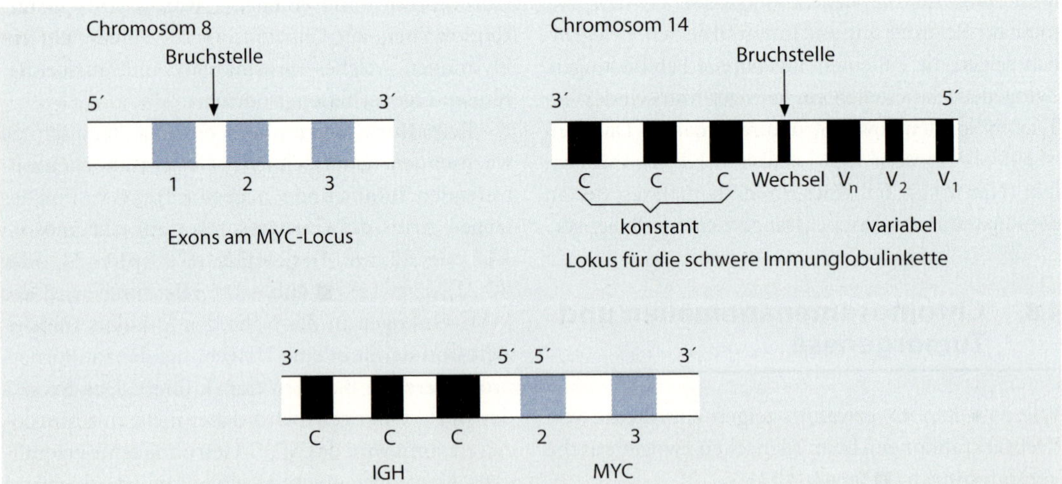

Abb. 4.37. Die häufigste chromosomale Translokation beim Burkitt-Lymphom zwischen dem MYC-Lokus auf Chromosom 8 und dem Lokus für die schwere Immunglobulinkette auf Chromosom 14

Die Entstehung von Krebs muss also durch die Kombination mehrerer Mechanismen erfolgen. Dabei nimmt man heute allgemein zwei Wege an:

- Es gibt einige Mutationstypen, die die Zellproliferation steigern, um eine vergrößerte Zielpopulation von Zellen für weitere Mutationen zu schaffen.
- Bestimmte Mutationstypen destabilisieren das gesamte Genom und steigern damit die Gesamtmutationsrate.

Drei Gruppen von Genen sind dazu in der Lage:

- Onkogene,
- Tumorsuppressorgene,
- Mutatorgene.

Onkogene erhöhen die Proliferation. Solange diese Gene für eine normale Funktion kodieren, also für ein für die Zelle wichtiges Protein, bezeichnet man sie als **Protoonkogene**. Zu eigentlichen Onkogenen werden sie durch eine Mutation, die sie aktiv werden lässt. Dabei reicht bereits ein einziges mutiertes Allel.

Tumorsuppressorgene hemmen normalerweise durch ihr Genprodukt die Zellproliferation. Fallen jedoch beide Allele durch eine inaktivierende Mutation aus, so geht die Suppression verloren.

Mutatorgene haben übergeordnete Funktion für ein geordnetes Zusammenspiel im Gesamtgenom. Ein Ausfall beider Allele eines solchen Gens erhöht die allgemeine Mutabilität, eben auch die von Onkogenen und Tumorsuppressorgenen.

Allerdings werden auch exogene Noxen diskutiert, die zu einer Tumorentwicklung führen. Dies sind Chemikalien, Strahlen oder Viren. Welche Tumorgene davon betroffen sind und welche Defekte durch derartige kanzerogene Noxen im Einzelfall ausgelöst werden, ist nur in wenigen Fällen bekannt. Man weiß beispielsweise, dass beim Reaktorunfall in Tschernobyl freigesetzte, radioaktive Jodisotope zur Entwicklung von papillären Schilddrüsenkarzinomen führten, ausgelöst durch strukturelle Defekte im *RET*-Gen, oder man findet bei der Entstehung von Leberkarzinomen durch Alphatoxin spezifische Mutationen im *P53*-Gen. Die Papillomviren (HP5 Typ 16 und 18) verursachen Zervixkarzinome, die auf eine Inaktivierung und Degradierung des zellulären Tumorsuppressorgens P53 zurückzuführen sind.

Protoonkogene

Typische Protoonkogene sind solche, die etwa mit Zellwachstum und Zellzyklus zu tun haben. Unter den Genprodukten finden sich Wachstumsfaktoren, Zelloberflächenrezeptoren, Teile des intrazellulären Signaltransfersystems oder Enzyme, die bei der Steuerung des Fortgangs des Zellzyklus beteiligt sind. Ursprünglich entdeckt und charakterisiert hat man solche Gene bei Viren, die neoplastische Transformation bewirken können. Zwischenzeitlich fand man auch beim Menschen zelleigene Gene, die entsprechend den Virusonkogenen als Protoonkogene das Zellwachstum regulieren.

Die Mutationen, die Protoonkogene zu Onkogenen werden lassen, können vielfältig sein. Neben Punktmutationen in der kodierenden Sequenz kommen Insertionen außerhalb des Gens in Betracht, aber auch Genamplifikationen und Chromosomentranslokationen (Tabelle 4.14). So sind Punktmutationen beim Dickdarmkrebs, Lungenkrebs und Blasenkrebs der auslösende Faktor. In vielen Krebszellen findet man multiple Kopien von Onkogenen, so bei Brustkrebsformen und Neuroblastomen.

Tumorsuppressorgene

Die meisten erblichen Krebserkrankungen beruhen auf Funktionsverlust von Tumorsuppressorgenen. Zur Krebsentstehung müssen hier beide Allele des Tumorsuppressorgens inaktiviert werden. Wird nur ein Allel inaktiviert, so reicht die Basis des anderen aus, um den normalen Phänotyp zu erhalten. Für die Entstehung eines Tumors sind also zwei aufeinander folgende Mutationen nötig (Two-Hit-Theorie von Knudson).

Eine sehr häufige Ursache von Tumorerkrankungen ist die Defektsituation oder der Verlust eines Gens mit dem Namen TP53. Das Genprodukt hiervon ist ein **Transkriptionsfaktor** mit dem Namen **p53**, welcher seine Tumorsuppressorwirkung bei mutierter Form des Gens verliert. Das Gen kartiert auf 17p12.

p53 soll nach heutiger Auffassung aber eine noch bedeutendere Rolle spielen. Es ist im Interphasezyklus an der Kontrolle zwischen G_1- und S-Phase beteiligt. Zellen mit einem DNA-Schaden werden normalerweise in der G_1-Phase aufgehalten, bis der Schaden repariert ist. Ist p53 mutiert oder fehlt es, so

Tabelle 4.15. Monogene Krankheiten, die eine hohe Inzidenz für maligne Erkrankungen haben

Krankheiten	Erbgang	Häufigere Tumorarten
Ataxia-Teleangiektasia	AR	Leukämie, Mamma-/Ovarialkarzinome, Hirntumor
Bloom-Syndrom	AR	Leukämie, Ösophagus-/Kolon- und Zungenkarzinome
Chédiak-Higashi-Syndrom	AR	Lymphome
Fanconi-Anämie	AR	Leukämie, Ösophaguskarzinom, Hepatom, Hautkrebs
Dyskeratosis congenita	XR	Pharynx-/Ösophaguskarzinome
Xeroderma pigmentosum	AR	Hautkrebs, Melanome, Leukämien
Tuberöse Sklerose	AD	ZNS-Tumoren, Rhabdomyosarkome
Werner-Syndrom	AR	Hepatom, Thyreoid-/Mammakarzinome, Leukämie
Neurofibromatose	AD	Verschiedene ZNS-Tumoren, Rhabdomyom, Nephroblastom
Familiäre Polyposis coli	AD	Kolorektale, duodenale und Schilddrüsenkarzinome
v.-Hippel-Lindau	AD	ZNS-/Nieren-/Pankreas- und Lebertumoren
Peutz-Jeghers-Syndrom	AD	Gastrointestinale, Mamma-/Ovarialkarzinome, Hodentumor
Gardner-Syndrom	AD	Gastrointestinale und ZNS-Tumoren
Wiskott-Aldrich	XR	Leukämie, Lymphome

gehen die Zellen in die S-Phase und ihre DNA wird repliziert. Die nicht reparierten DNA-Schäden können dann zu onkogenen Veränderungen führen. Eine weitere wichtige Funktion scheint p53 bei der Apoptose, also dem programmierten Zelltod, zu spielen. Zellen ohne p53 machen keine Apoptose, ein wohl häufiger Weg zur Karzinogenese. Sowohl Onkogene als auch mutierte Suppressorgene vergrößern Zellpopulationen, an die Folgemutationen ansetzen, indem sie mehr oder weniger direkt auf den Zellzyklus einwirken. Die Existenz von Tumorsuppressorgenen ist durch Verlust von Heterozygotie (LOH = *loss of heterozygosity*) in verschiedenen Tumorgeweben nachgewiesen.

Mutatorgene

Mutatorgene sind dagegen solche, die zu Veränderungen in der Replikation oder der Reparatur der DNA führen. So konnten z. B. Mutationen in einem Fehlerkorrektursystem, die zu einer Steigerung um das 100–1000fache der spontanen Mutationsrate führen, für eine Form des **Nichtpolyposis-Dickdarmkrebses**, bei der ein Gen auf 2p15-p22 mutiert ist, nachgewiesen werden. Mutatorgenmutationen sind rezessiv erblich, und es besteht ebenfalls ein Zwei-Treffer-Mechanismus, wobei im Tumor des genannten Beispiels die zweite Kopie des Allels verlorengeht.

Ein weiteres Beispiel ist das verantwortliche Gen für **Ataxia-Teleangiektasia**, das auf Chromosom 11q22-q23 lokalisiert ist und Sequenzhomologien zu einem Signalübertragungsenzym zeigt, das bei der Kontrolle von Zellzyklus und meiotischer Regulation beteiligt ist. Die genauen Funktionszusammenhänge sind allerdings noch nicht letztlich geklärt. In Tabelle 4.15 sind einige monogene Krankheiten zusammengestellt, die eine hohe Inzidenz für maligne Erkrankungen zeigen.

In der Tabelle 4.16 ist eine Auswahl von genetisch bedingten malignen Erkrankungen zusammengestellt. Einige Beispiele werden hier besprochen.

Mammakarzinom (Brustkrebs)

Etwa 5 % aller Mammakarzinome haben eine genetische Ursache. Mutationen von 5 Genen (BRCA1, BRCA2, P53, Ataxia-Teleangiektasia-Gen und HRAS1) mit unterschiedlicher Penetranz können zur Entwicklung von Mamma- und Ovarialkarzinomen führen. BRCA1 auf Chromosom 17q21 und BRCA2 auf Chromosom 13q21 sind die Hauptursache für das genetisch bedingte Mamma- und Ovarialkarzinom. Sie kodieren für Transkriptionsfaktoren, die bei der Zellzykluskontrolle beteiligt sind. In etwa 45 % aller Familien mit häufigerem Auftreten von sog. Early-onset-Mammakarzinomen und in mindestens 75 % aller Familien mit signifikant häu-

Tabelle 4.16. Einige Beispiele von malignen Krankheiten, die nach den Mendelschen Regeln vererbt werden

Krankheiten	Gen/Lokalisation	Erbgang
Retinoblastom	RB1/13q14	AD
Wilms-Tumor	WT1/11q13	AD
Basalzellnävus-Syndrom	PTCH/9q22	AD
Maligne Melanome	CDKN2A/9q21	AD
Li-Fraumeni	TP53/17p13	AD
MEN 1	MEN1/11q13	AD
MEN 2	RET/10q11	AD
Mamma- und/oder Ovarialkarzinom	BRCA1/17q21	AD
Mammakarzinom	BRCA2/13q12	AD
Familiäre adenomatöse Polyposis (FAP)	APC/5q21	AD
Heriditary Non-Polyposis Colorectal Cancer (HNPCC)	MLH1/3p21–23 MSH2/2p16	AD

figem Auftreten von Mamma- und/oder Ovarialkarzinomen ist eine Mutation des BRCA1-Gens verantwortlich. Es induziert etwa 2,5 % aller Mammakarzinome. Statistisch beträgt das Risiko für Trägerinnen des BRCA1-Gendefekts, bis zum 70. Lebensjahr an einem Mammakarzinom zu erkranken, etwa 82 % und an einem Ovarialkarzinom zu erkranken, ca. 60 %. Die Mutationen im BRCA2-Gen sind mit einem etwa ähnlichen Risiko für Mammakarzinom verbunden; das Risiko für Ovarialkarzinom liegt bei etwa 10–20 %. Auch männliche Träger der BRCA2-Genmutation zeigen ein höheres Risiko Brustkrebs zu entwickeln (etwa 5 % bis zum 70. Lebensjahr). Darüber hinaus besteht bei den Mutationsträgern ein erhöhtes Risiko für weitere maligne Erkrankungen wie Prostata-, Kolon-, Pankreas- und Endometriumkarzinom. Die Keimbahnmutation des BRCA1 wird autosomal-dominant vererbt. Dieses vererbte mutierte Allel fungiert wie eine rezessive Mutation, erst durch Verlust bzw. Inaktivierung des normalen Allels in der somatischen Zelle kommt es zur Manifestation der malignen Erkrankung.

Verschiedene Mutationen an den BRCA1- und BRCA2-Genen führen zu Mamma- und/oder Ovarialkarzinomen. Entsprechend der Genotyp-Phänotyp-Korrelation scheinen die Mutationen im 3′-Bereich des BRCA1-Gens mit einer geringeren Anzahl von Ovarialkarzinomen verbunden zu sein. Bei den sporadischen Fällen sind zwar in sehr geringeren Zahlen BRCA1-Mutationen, jedoch keine BRCA2-Mutationen gefunden worden. Bei BRCA1-Mutationsträgerinnen zeigte sich in allen untersuchten Tumoren in Übereinstimmung mit der **Kundson-Hypothese** ein Verlust der Heterozygotie in der BRCA1-Region. Im Rahmen eines interdisziplinären Programms wurde Risikopersonen nach einer ausführlichen genetischen Beratung und Einschätzung des Erkrankungsrisikos sowie nach Erläuterung der Möglichkeiten und Grenzen der genetischen Diagnostik, der Früherkennung und therapeutischen Maßnahmen und der psychologischen Implikation eine molekulargenetische Untersuchung angeboten. Das Mammakarzinom kann in Assoziation mit einer Reihe anderer genetisch bedingter Krebserkrankungen auftreten.

Genetisch bedingte kolorektale Karzinome ohne Polyposis

Hereditary Non-Polyposis Colorectal Cancer (HNPCC) ist eine autosomal-dominante Erkrankung mit früh auftretenden kolorektalen Karzinomen und anderen Neoplasien. Die klinische Diagnose der HNPCC wird wahrscheinlich, wenn die in der Tabelle 4.17 zusammengestellten Kriterien erfüllt sind. HNPCC wird durch Keimbahnmutationen in einem von mehreren verschiedenen DNA-mismatch-repair-Genen verursacht. Bei HNPCC findet man Sequenzlängendifferenzen zwischen Tumor und gesundem Gewebe als Zeichen für eine fehlerhafte Replikation der DNA. Dieses Phänomen wird als Mikrosatelliteninstabilität (MSI) und der Tumor als *replication error* (RER) positiv bezeichnet. Die Tumordisposition basiert hier auf einer Störung im DNA-mismatch-Repairsystem, an der mehrere Gene beteiligt sind. Bis jetzt sind sechs DNA-mismatch-repair-Gene beim Menschen identifiziert worden. Etwa 92 % der Tumoren von familiären HNPCC-Patienten weisen MSI auf, während bei den sporadischen kolorektalen Karzinomen nur 15 % MSI-positive sind. Die Disposition für HNPCC wird durch Keimbahnmutationen in einem der DNA-mismatch-Reperaturgene verursacht. Keimbahnmutationen im *MLH1*- und *MSH2*-Gen sind für 80 % der HNPCC-

Tabelle 4.17. Diagnostische Kriterien für Hereditary Non-Polyposis Colorectal Cancer (HNPCC)

Amsterdam-Kriterien I
Mindestens drei Familienangehörige mit histologisch gesichertem kolorektalem Karzinom und Erfüllung aller folgenden Kriterien:
a) Einer der 3 Patienten ist ein Verwandter 1. Grades der beiden anderen Erkrankten
b) Mindestens 2 aufeinander folgende Generationen betroffen
c) Mindestens 1 Betroffener ist jünger als 50 Jahre bei Karzinommanifestation
d) Familiäre adenomatöse Polyposis muss ausgeschlossen sein
Amsterdam-Kriterien II
Mindestens drei Familienangehörige mit histologisch gesichertem kolorektalem Karzinom oder einem Karzinom des Endometriums, Dünndarms oder der ableitenden Harnwege/Nierenbecken und Erfüllung aller folgenden Kriterien:
a) Einer der 3 Patienten ist ein Verwandter 1. Grades der beiden anderen Erkrankten
b) Mindestens 2 aufeinander folgende Generationen betroffen
c) Mindestens 1 Betroffener ist jünger als 50 Jahre bei Karzinommanifestation
d) Familiäre adenomatöse Polyposis muss ausgeschlossen sein
Bethesda-Kriterien
1. Personen mit positiver Familienanamnese entsprechen den Amsterdam-Kriterien I oder II
2. Personen mit synchronen oder metachronen kolorektalen Karzinomen oder HNPCC-assoziierten Tumorerkrankungen (Endometrium, Ovar, Magen, Gallengang, Dünndarm, Urothel)
3. Personen mit kolorektalem Karzinom und einem erstgradigen Verwandten mit kolorektalem Karzinom und/oder HNPCC-assoziierten Tumorerkrankungen (einer davon vor dem 45. Lebensjahr) und/oder kolorektalem Adenom vor dem 40. Lebensjahr
4. Patienten mit Kolon- oder Endometriumkarzinom vor dem 45. Lebensjahr
5. Personen mit rechtsseitigem, histologisch undifferenziertem kolorektalem Karzinom vor dem 45. Lebensjahr
6. Personen mit kolorektalem Karzinom vom Siegelringzelltyp vor dem 45. Lebensjahr
7. Person mit Adenom vor dem 40. Lebensjahr

Fälle verantwortlich. Die Mutation in *MSH6*, *PMS1* und *PMS2* sind bis jetzt in einem kleineren Teil der Patienten identifiziert worden. Vorwiegend handelt es sich um Punktmutationen, die in hoch konservierten Bereichen des Gens zu Stoppkodonen oder zu einem Aminosäureaustausch führen. Es sind aber auch Deletionen beobachtet worden.

Familiäre adenomatöse Polyposis (FAP)

Charakteristisch für FAP-Patienten ist das Auftreten von zahlreichen kolorektalen adenomatösen Polypen, die sich bereits im Kindesalter oder später im Erwachsenenalter manifestieren (Abb. 4.38). Das disponierte Erkrankungsalter liegt bei 15–25 Jahren. Bei den Polypen handelt es sich um Adenome verschiedener Größe, die zu Beginn der Erkrankung nur vereinzelt und sehr klein sind und keine klinischen Symptome verursachen. Erst im weiteren Verlauf entarten die Polypen maligne. Bei einem Teil der Patienten können auch andere Tumoren vorkommen. Dies sind Adenome bzw. Karzinome im Magen-Darm-Bereich, Epidermoidzysten, Osteome, Desmoidtumoren sowie Netzhautveränderungen, die als **CHRPE** (kongenitale Hypertrophie des retinalen Pigmentepithels) bezeichnet werden. Die Sehfähigkeit ist dadurch nicht beeinträchtigt.

Das *FAP-Gen* ist auf dem langen Arm des Chromosoms 5 (5q21) lokalisiert und wird autosomal-dominant vererbt. Die Penetranz dieses dominanten Gens liegt bei 95 %. Das Gen wird als *APC-Gen* (Adenomatosis Polyposis coli) bezeichnet. Das APC-Gen besteht aus 15 Exons und die kodierende Sequenz enthält 8535 Nukleotide. Exon 15 mit 6575 Nukleotiden macht etwa 77 % der gesamten kodie-

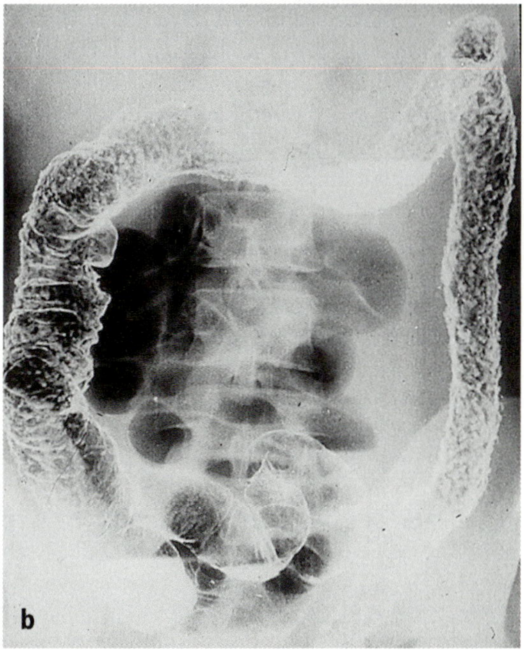

Abb. 4.38a,b. Polyposis coli (mit freundlicher Genehmigung von F. Vogel, Heidelberg)

renden Sequenzen aus, während die anderen 14 Exons relativ klein sind. APC sorgt in verschiedenen Geweben für den Abbau von β-Katenin. Verschiedene Mutationen am APC-Gen führen zu hyperproliferativen Epithelveränderungen, die im Laufe des Lebens durch weitere genetische Veränderung maligne entarten. Allelverlust des langen Arms des Chromosoms 5 wird bei 60 % der Karzinome und bei etwa 30 % der Adenome beobachtet. Heute kann mit Hilfe direkter und indirekter DNA-Analysen bei den Risikofamilien die Erkrankung präsymptomatisch diagnostiziert und durch prophylaktische Kolektomie das maligne Entartungsrisiko deutlich reduziert werden.

Li-Fraumeni-Syndrom

Beim Li-Fraumeni-Syndrom handelt es sich um früh einsetzende multiple maligne Tumoren. Im Kindesalter treten Leukämien und Hirn- bzw. Nebennierentumoren auf. Später sind Mamma-, Lungen-, Pankreas- und Prostata-Karzinome sowie Gonadentumoren und Melanome häufig. Die Kombination ist sehr variabel. Das Li-Fraumeni-Syndrom wird autosomal-dominant vererbt, und bei den meisten Fällen findet man eine Keimzellmutation des Gens für p53 am kurzen Arm des Chromosoms 10, und die Tumoranalyse zeigt den Verlust des normalen Allels.

Multiple endokrine Neoplasien

Die multiplen endokrinen Neoplasien (MEN) sind gekennzeichnet durch das zeitlich unabhängige Auftreten endokriner, zum Teil maligner Tumoren. Je nach Kombination unterscheidet man verschiedene Typen. Bei dem **MEN 1 (Werner-Syndrom)** liegen ein Hypophysenadenom, ein primärer Hyperparathyreoidismus und ein Pankreastumor vor. Bei **MEN 2a (Sipple-Syndrom)** erkranken alle Patienten an medullärem Schilddrüsenkarzinom und bei etwa 75 % liegen ein Phäochromozytom und Hyperparathyreoidismus vor. Charakteristisch für **MEN 2b** sind neben dem familiären medullären Schilddrüsenkarzinom und Phäochromozytom neurokutane Veränderungen wie eine Neurogangliomatose sowie ein marfanoider Habitus.

Die verantwortlichen Gene für beide Typen sind identifiziert. Das *MEN-1*-Gen liegt auf dem Chromosom 11q13, *MEN 2* auf Chromosom 10. Bisher bekannte Mutationen bei MEN 2a betreffen den extrazellulären zysteinreichen Anteil des Ret-Protoonkogens. Es handelt sich hier um eine Punktmutation mit Austausch eines einzelnen Nukleotids. Beim MEN-2b-Syndrom wird eine Punktmutation in der intrazellulären Tyrosinkinase-Domäne des RET-

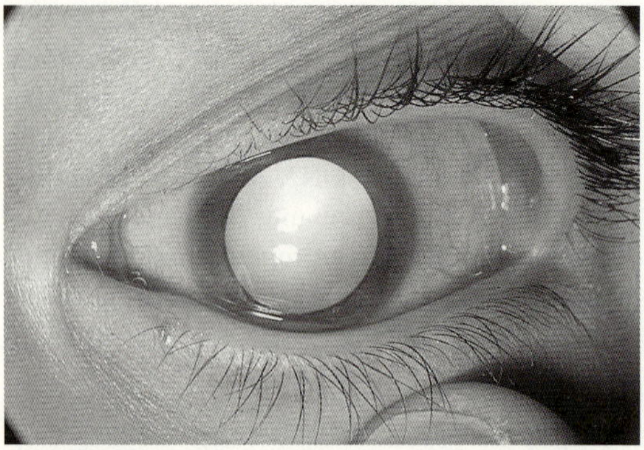

Abb. 4.39. Patient mit Retinoblastom (mit freundlicher Genehmigung von F. Vogel, Heidelberg)

Protoonkogens beobachtet. Alle drei Formen werden autosomal-dominant vererbt.

Retinoblastom

Das Retinoblastom ist eine maligne Erkrankung der Netzhaut bei Kindern, die mit einer Häufigkeit von 1:20.000 Neugeborenen auftritt (Abb. 4.39). Es ist ein klassisches Beispiel für das »Zwei-Treffer-Modell«. 60 % der Fälle sind sporadisch, dabei ist nur ein Auge betroffen. Die restlichen 40 % werden autosomal-dominant vererbt, wobei beim **erblichen Retinoblastom** beidseitige oder multifokale Tumoren gehäuft auftreten. Es konnte gezeigt werden, dass zwei aufeinander folgende Mutationen an einem Gen in der Region 13q14 notwendig sind, um den Tumor auszulösen. Der erste »Treffer« ist häufig eine kleinere Mutation in der Keimbahn oder einer Vorläuferzelle der späteren Zelle, aus der sich der Tumor entwickelt. Der zweite »Treffer« findet in der somatischen Zelle statt und ist häufig eine größere Mutation (Knudson-Hypothese; Abb. 4.40). Bei den erblichen Fällen des Retinoblastoms hat sich der erste Treffer bereits in der Keimbahn der Vorfahren entwickelt, es besteht also 50 % Wahrscheinlichkeit, das inaktive Allel zu vererben. Damit entspricht der Erbgang autosomal-dominanter Vererbung. Dagegen liegen bei den sporadischen Formen zwei somatische Mutationen in dem betroffenen Gewebe vor. Deshalb sind bei diesen Patienten die Tumoren einseitig. Etwa 5 % der Patienten mit Retinoblastom können andere zusätzliche Merkmale zeigen. Das Retinoblastomgen ist auf Chromosom 13q14 lokalisiert (*RB*).

Wilms-Tumor

Der Wilms-Tumor bzw. ein **Nephroblastom** tritt bei etwa 5–10 % beidseitig auf und etwa bei der Hälfte vor dem 3. Lebensjahr. Die Häufigkeit beträgt 1:10.000. Meist handelt es sich um sporadische Fälle, ca. 1 % sind familiär. Die familiären Formen werden autosomal-dominant vererbt und sind in der Regel beidseitig. Gelegentlich kann eine Assoziation mit Aniridie, Fehlbildungen des Urogenitalsystems und mentaler Retardierung auftreten, was als **WAGR-Syndrom** bezeichnet wird. Bei diesen Patienten findet man eine Mikrodeletion des Chromosoms 11p13. Etwa 30 % aller Tumoren zeigen einen Verlust von Heterozygotie für 11p, meist aufgrund des Verlusts des maternalen Allels. Bei Patienten mit Wiedemann-Beckwith-Syndrom ist das Risiko für einen Wilms-Tumor groß.

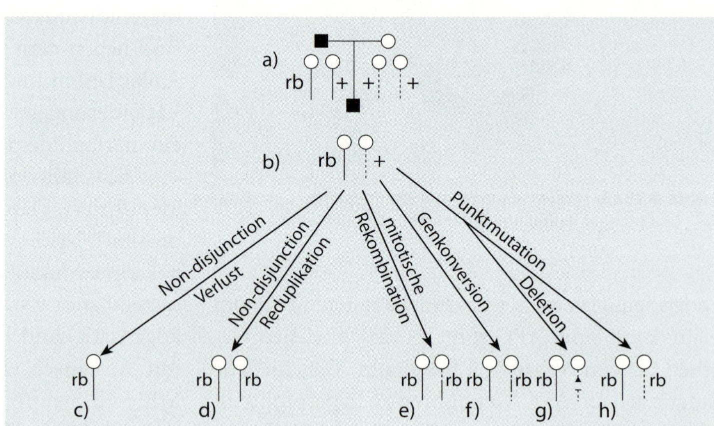

Abb. 4.40. Zwei-Treffer-Modell zum Retinoblastom

5 Formale Genetik

In der Praxis wird man immer wieder mit Krankheiten konfrontiert, die entweder direkt nach den Mendelschen Gesetzen vererbt werden oder zumindest eine erbliche Disposition voraussetzen.

Vermutet der Arzt ein erbliches Leiden, so kann er durch eine **Stammbaumanalyse** feststellen, ob sich seine Vermutung bestätigt oder nicht. Der Stammbaum liefert gleichzeitig die Grundinformationen für alle weiteren Überlegungen.

Die bei der Stammbaumerstellung gebräuchliche Terminologie und die verwendeten Symbole werden in ► Kap. 9.5.1 dargelegt.

5.1 Kodominante Vererbung

Rufen wir uns das 1. Mendelsche Gesetz (◘ Tabelle 5.1) und den klassischen Kreuzungsfall der Wunderblume (Mirabilis japala) ins Gedächtnis, so unterscheiden sich die beiden homozygoten Elterntypen und die heterozygote Filialgeneration phänotypisch voneinander. (Für die Definition der Begriffe homozygot und heterozygot ◘ Tabelle 2.11.)

Wir haben es bei der Wunderblume mit einem Spezialfall der kodominanten Vererbung, nämlich mit einem **intermediären Erbgang**, zu tun. Man spricht von einem intermediären Erbgang, wenn der heterozygote Zustand phänotypisch in der Mitte zwischen beiden homozygoten Zuständen liegt, wenn also jedes Allel zu 50 % an der Ausprägung eines Merkmals beteiligt ist.

Der Begriff **kodominant** umschreibt dagegen in allgemeinerer Form die Möglichkeit, dass die beiden Formen, die für ein Allelpaar homozygot sind, vom heterozygoten Zustand im Phänotyp unterschiedlich sind. Betrachtet man die Nachweisbarkeit phänischer Wirkung alleler Gene nebeneinander *nicht* auf der Ebene einer bestimmten Person, die nur 2 Allele eines Gens besitzen kann, sondern auf der Ebene einer *Population*, so existieren so viele Allele eines Gens wie sich im Verlauf der Evolution stabile Mutationen angesammelt haben. Diese Zusammenhänge wurden in ► Kapitel 2.3.2 ausführlich besprochen.

Beispiele für kodominante Vererbung finden sich bei Blutgruppen, Enzym- und anderen Proteinpolymorphismen. Historisch wurden beim Menschen die ersten Beispiele für Kodominanz an der Genetik von Blutgruppen entdeckt. So spielten früher die Blutgruppen des **MN-Systems** bei Fällen ungeklärter Paternität eine Rolle (◘ Abb. 5.1). Es existieren 2 Allele M und N. Die Phänotypen M und N repräsentieren die Homozygoten. MN ist der heterozygote Geno- und Phänotyp.

Auch bei den **AB0-Blutgruppen** liegt Kodominanz vor. Treffen nämlich die Allele A und B heterozygot zusammen, dann prägen beide ihre spezifischen Erythrozytenantigene aus. Der Träger dieser Erythrozyten hat die Blutgruppe AB. Phänotypisch werden also beide Merkmale ausgeprägt.

Ein anderes Beispiel sind die **Haptoglobine,** Serumproteine, die als Transportproteine für das Hämoglobin abgebauter Erythrozyten dienen. Durch die Stärkegelelektrophorese ist es möglich, die drei wichtigsten Haptoglobintypen zu unterscheiden. Familienuntersuchungen zeigen, dass den drei Phänotypen Hp 1–1, 2–1 und 2–2 zwei Allele Hp^1 und Hp^2 zu Grunde liegen. Dabei entsprechen die Typen 1–1 und 2–2 den Homozygoten, 2–1 entspricht den Heterozygoten. In unserer Bevölkerung hat das Gen Hp^1 etwa eine Häufigkeit von 0,4. Dies führt zu einer Phänotypenhäufigkeit von 16 % des Phänotyps 1–1, 36 % 2–2 und 48 % 2–1. Auch Haptoglobine hatten in der forensischen Medizin bei der serologischen Vaterschaftsbegutachtung Bedeutung.

In Erythrozyten befindet sich die **saure Erythrozytenphosphatase**. Von diesem Enzym gibt es drei

◘ Tabelle 5.1. Die Mendelschen Gesetze

1. Mendelsches Gesetz (Uniformitätsgesetz)	Kreuzt man zwei homozygote Linien, die sich in einem oder mehreren Allelpaaren unterscheiden, so sind alle F_1-Hybriden uniform.
2. Mendelsches Gesetz (Spaltungsgesetz)	Kreuzt man F_1-Hybride, die in einem Allelpaar heterozygot sind, so ist die F_2-Generation nicht uniform.
3. Mendelsches Gesetz (Unabhängigkeitsregel)	Kreuzt man zwei homozygote Linien untereinander, die sich in zwei oder mehreren Allelpaaren voneinander unterscheiden, so werden die einzelnen Allele unabhängig voneinander entsprechend den beiden ersten Mendelschen Gesetzen vererbt.

Abb. 5.1. MN-Blutgruppensystem bei der Vaterschaftsbegutachtung, ein historisches Beispiel

Mutter	Kind	mögliche Väter	unmögliche Väter
M	M	M MN	N
M	MN	MN N	M
MN	M	M MN	N
MN	MN	M MN N	-
MN	N	MN N	M
N	MN	M MN	N
N	N	MN N	M

verschiedene Allele, P^a, P^b und P^c, die drei Phänotypen entsprechen.

5.2 Autosomal-dominanter Erbgang

5.2.1 Definition und Vererbungsmodus

Viel häufiger als der kodominante Erbgang ist beim Menschen jedoch der dominante Erbgang, bei dem der Phänotyp eines Homozygoten dem Phänotyp eines Heterozygoten entspricht. Von autosomal-dominanter Vererbung spricht man dann, wenn der betreffende Genlokus auf einem Autosom und nicht auf einem Geschlechtschromosom liegt (Tabelle 5.2).

Die Grenzen zwischen den Begriffen dominant, kodominant und rezessiv sind jedoch in der Realität nicht so exakt wie die Definition vermuten lässt.

! Dominante Vererbung liegt vor, wenn bereits die Anwesenheit der entsprechenden genetischen Information in einfacher Dosis genügt, um das Merkmal voll zur Ausprägung zu bringen.

Der heterozygote Träger des Gens zeigt die phänotypischen Auswirkungen des Gens, weil die Aktivität des normalen Allels für die Kompensation des mutierten Allels nicht ausreicht. Man spricht von **Haploinsuffizienz**. Allerdings kann auch sein, dass das mutierte Genprodukt die Funktion des normalen stört, beispielsweise aufhebt, oder eine ganz neue Wirkung besitzt. Diese Phänomene werden als

Tabelle 5.2. Hauptkriterien bei autosomal-dominanter Vererbung

- Morphologische Fehlbildungen oder Anomalien und Störungen der Gewebestruktur sind häufig.
- Dominant vererbte Erkrankungen sind meist äußerlich sichtbar.
- Die Übertragung erfolgt in der Regel von einem der Eltern auf die Hälfte der Kinder.
- Der Phänotyp heterozygoter Genträger entspricht weitgehend dem homozygoten Genträger.
- Beide Geschlechter sind gleich häufig erkrankt.
- Es kann unregelmäßig dominante Vererbung vorliegen, beispielsweise durch unvollständige Penetranz oder Spätmanifestation.
- Nachkommen merkmalfreier Personen sind merkmalfrei, wenn volle Penetranz herrscht.
- Dominante Gene können pleiotrope Wirkung besitzen.
- Sporadische Fälle beruhen bis auf seltene Ausnahmen (Keimzellmosaike) auf Neumutationen (bei schweren Erbleiden oft über 50 % der Fälle).
- Viele autosomal-dominante Erkrankungen haben Häufigkeiten unter 1/10 000, alle Erkrankungen zusammen haben eine Gesamthäufigkeit von etwa 10 auf 1000 Neugeborene.

dominant-negative Genwirkung und/oder **Aktivierungswirkung** bezeichnet.

Die Einstufung eines Gens als dominant oder rezessiv hängt allerdings häufig von der Genauigkeit ab, mit der man phänotypische Merkmale von Heterozygoten untersucht oder nach dem heutigen Forschungsstand untersuchen kann. Je sorgfältiger und detaillierter der Vergleich von homozygoten und heterozygoten Trägern durchgeführt wird, desto eher wird man auch phänische Unterschiede entdecken. Verfeinerte Untersuchungsmethoden werden in der Zukunft sicher immer mehr solcher Unterschiede aufzeigen.

Beim Menschen sind heute über 6000 meist sehr seltene, dominant erbliche Merkmale bekannt, die häufig zu mehr oder weniger schweren Fehlbildungen oder Anomalien führen. Dies bedeutet keineswegs, dass alle oder die meisten Störungen dominanter Gene zu Erkrankungen führen. Vielmehr ist die Dominanz eines Gens, das verglichen mit der Normalsituation zu schweren Anomalien führt, lediglich leichter zu entdecken. Homozygote Träger solcher krankheitsinduzierender Gene sind meist nicht bekannt, da sie sehr selten sind und die Heterozygoten oft einen erheblichen Fortpflanzungsnachteil haben. Die Übereinstimmung zwischen homozygotem und heterozygotem Genotyp ist also oft gar nicht nachprüfbar, es sei denn, das Gen ist kartiert und entsprechende molekularbiologische Methoden stehen zur Verfügung. Sind homozygot Kranke bekannt, ist das Erbleiden tatsächlich häufig wesentlich schwerer ausgeprägt als im heterozygoten Fall. Man müsste in diesen Fällen streng genommen von kodominantem Erbgang sprechen. Scharfe Grenzen sind aber, wie gezeigt, schwer zu ziehen. Es hat sich deshalb durchgesetzt, ein Merkmal als dominant erblich zu bezeichnen, wenn die Heterozygoten deutlich vom Normalen abweichen. Man sollte sich also beim Gebrauch der Begriffe dominant und rezessiv darüber im Klaren sein, dass diese eine Abstraktion darstellen, die in praktischen und didaktischen Notwendigkeiten begründet ist, die biologischen Tatsachen aber oft ungenau wiedergeben.

Die Übertragung eines autosomal-dominanten Merkmals erfolgt in der Regel von einem der Eltern auf die Hälfte der Kinder (Abb. 5.2, 5.3). Der übertragende Elternteil ist gewöhnlich heterozygot für das entsprechende Allel, während der andere normalerweise homozygot für das wesentlich häufigere (bei menschlichen Erbleiden nicht krankhafte) rezessive Allel ist.

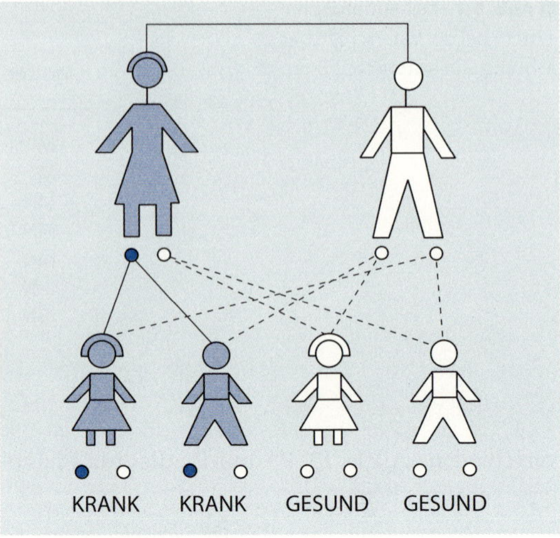

Abb. 5.2. Der häufigste Kreuzungstyp bei autosomaldominantem Erbgang, wenn das Leiden nicht durch Neumutation entstanden ist

Für jedes Kind eines Merkmalträgers ergibt sich damit bei einem autosomal-dominanten Erbleiden eine Erkrankungswahrscheinlichkeit von 1/2.

Dabei spielt es keine Rolle, welcher Elternteil das krankhafte dominante Allel in die Zygote eingebracht hat. Da Träger schwerer autosomal-dominanter Erbleiden häufig das Fortpflanzungsalter nicht erreichen oder so stark geschädigt sind, dass die Fortpflanzungsrate stark herabgesetzt bzw. gleich Null ist, sollte man erwarten, dass krankhafte dominante Gene sich von selbst eliminieren. Häufig treten solche Erbleiden jedoch **sporadisch** auf; d. h. beide Eltern sind gesund, das Kind weist jedoch eine Anomalie oder Fehlbildung auf, die aus anderen Familien als autosomal-dominant bekannt ist. In diesem Falle hat man es mit einer **Neumutation** zu tun. Neumutationen sind im Verhältnis zur Gesamtzahl der Erkrankten um so häufiger zu beobachten, je schwerer das betreffende Erbleiden den Träger schon in jungen Jahren beeinträchtigt und je seltener sich die Merkmalträger fortpflanzen.

Möglich ist auch, dass zwar ein Elternteil Träger des autosomal-dominanten Gens ist, dieses sich bei

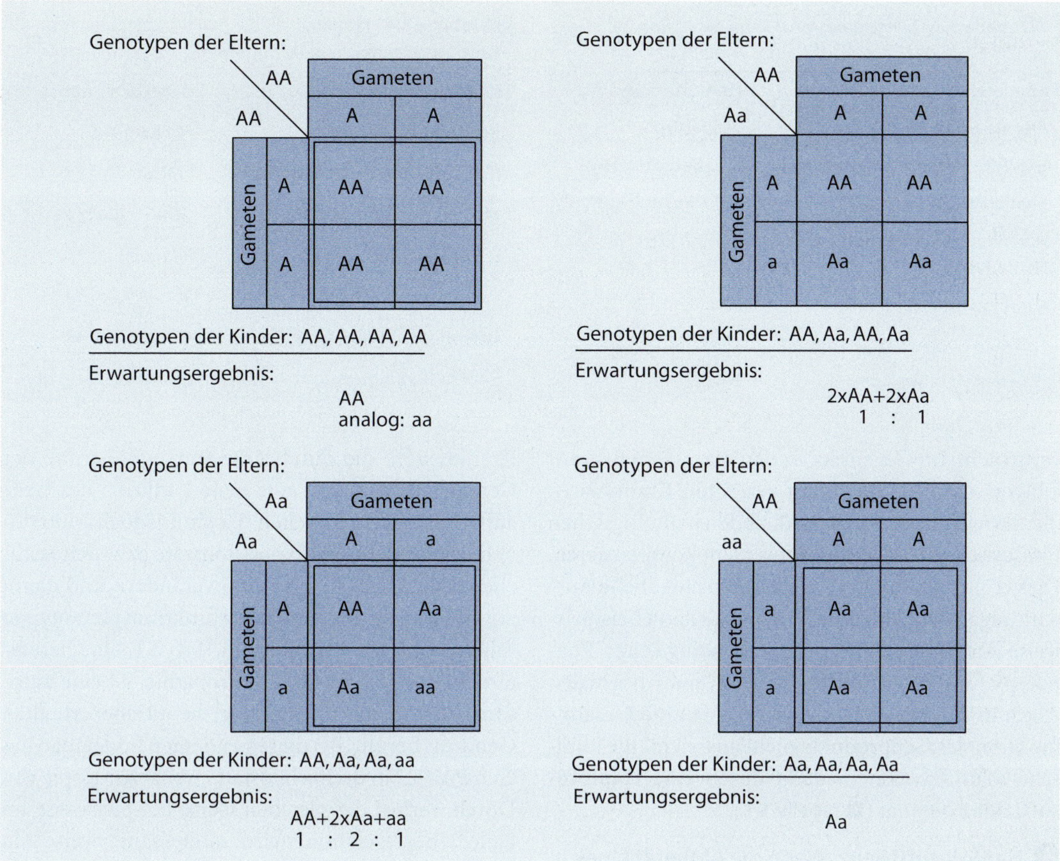

Abb. 5.3. Kreuzungstypen bei autosomalem Erbgang. A = dominantes Gen, a = rezessives Gen (nach Fuhrmann, Vogel 1982)

ihm aber aus uns bisher unbekannten Gründen nicht vollständig phänotypisch manifestiert hat und nicht bei 50 % der Nachkommenschaft auftritt. Durch eine solche **unregelmäßig dominante Vererbung** kann eine Generation scheinbar übersprungen werden. Man spricht in diesem Falle von **unvollständiger Penetranz**. Die Penetranz gibt an, in wieviel Prozent der Genträger sich das Leiden manifestiert. Hat also z. B. ein Erbleiden eine Penetranz von 60 %, so bedeutet dies, dass nur 60 % der Genträger die Symptomatik des Leidens zeigen und die restlichen 40 % davon mehr oder weniger frei sind. Diese können es jedoch auf ihre Kinder weitervererben, bei denen sich das Leiden manifestieren kann. Dabei kann der phänoptypische Ausprägungsgrad bei penetranten Genen, d. h. die Stärke, mit der ein Gen manifestiert wird, durchaus unterschiedlich sein. Man drückt dies durch den Begriff **Expressivität** aus. Ein Gen kann auch voneinander unabhängige unterschiedliche Symptome verursachen **(Pleiotropie)**. Besteht bei einem Gen **Spätmanifestation** (▶ Kap. 5.6.5), erkranken Genträger erst beispielsweise im Erwachsenenalter, so kann es sein, dass ein Genträger stirbt, bevor die Krankheit manifest wird. Auch dies kann eine Ursache für unregelmäßige Dominanz sein (Tabelle 5.2).

5.2.2 Genetische Erkrankungen mit autosomal-dominantem Erbgang

Bei den autosomal-dominant vererbten Krankheiten führt die Mutation eines Allels in heterozygotem Zustand zu einer klinischen Manifestation. Die klinische Manifestation einer autosomal-dominanten Erkrankung wird durch verschiedene Mechanismen

Tabelle 5.3. Einige autosomal-dominante Erkrankungen als Folge der Haploinsuffizienz

Krankheit	Gen/Chromosom
Alagille-Syndrom	*JAG1*/20p12
Familiäre Hypercholesterinämie	LDL-Rezeptor/19
Multiple Exostose	*EXT1*/8q24.11-q24.13
Hereditäre rekurrierende Neuropathie	*PMP22*/17p11.1
Supravalvuläre Aortenstenose	*ELN*/7q11.13
Tricho-rhinophalangeal-Syndrom	*TRPS1*/8q24.12
Waardenburg-Syndrom	*PAX3*/2q25

Tabelle 5.4. Krankheiten, die durch Mutationen mit Funktionsgewinn verursacht werden

Krankheit	Gen/Lokalisation
Achondroplasie	FGFR3/4p16
Charcot-Marie-Tooth-Syndrom	PMP22/17p11.2
McCune-Albright-Syndrom	GNAS1/20q13.2
α1-Antitrypsinmangel	PI/14q32.1
Paramyotonia congenita	SCN4A/17q13.1
Osteogenesis imperfecta	COL2A1/7q22.1
Chorea Huntington	HD/4p16.3

verursacht. Im Gegensatz zu den rezessiven Erkrankungen kann bei dominant vererbten Krankheiten die Aktivität des normalen Allels den pathologischen Einfluss des veränderten Allels nicht kompensieren. Dies zeigt auf zellulärer Ebene unterschiedliche Auswirkungen. Die Mutation eines Allels kann beispielsweise zur Manifestation eines pathologischen Phänotyps führen, wenn die Aktivität eines normalen Allels in heterozygotem Zustand für eine Gesamtfunktion des Genprodukts nicht ausreicht, die klinische Manifestation ist dann durch eine **Haploinsuffizienz** bedingt (Tabelle 5.3).

Haploinsuffizienz: Wenn die Aktivität eines normalen Allels beim heterozygoten Zustand für eine Gesamtfunktion des Gens nicht ausreicht, weil für einen normalen Phänotyp mehr Genprodukte benötigt werden als eine einzige Genkopie liefert.

Es kann aber auch sein, dass eine Mutation nicht nur zum Funktionsverlust, sondern zu einem Funktionszugewinn mit pathologischer Wirkung führt und damit die Funktion des normalen Genprodukts beeinträchtigt. Hier spricht man von einem **dominant negativen Effekt** (Tabelle 5.4).

Ein Funktionsgewinn kann durch verschiedene Mechanismen zu einem dominanten Merkmal führen. Bei monogenen Krankheiten kann beispielsweise ein Funktionsgewinn zustande kommen, wenn während einer falschen Entwicklungsphase in einem falschen Gewebe ein falsches biochemisches Signal exprimiert wird. Eine starke Genamplifizierung ist ein häufiger Mechanismus in Krebszellen, wodurch die Protoonkogene aktiviert werden. Genetische Krankheiten, die durch eine starke Zunahme der Gendosis bzw. durch eine neue Funktion des Gens auftreten, sind sehr selten. Es sind jedoch Mutationen bekannt, die die Expressionsrate bzw. den zeitlichen Rahmen der Expression verändern und damit zu einem dominanten Überfunktionsphänotypen führen. Charcot-Marie-Tooth, Typ A1, eine hereditäre, motorisch-sensible Neuropathie, ist eine autosomal-dominante Erkrankung, die auf einer erhöhten Gendosis beruht. Bei diesen Patienten findet man das Gen *PMP22* in dreifacher statt zweifacher Kopie vor. Durch Verlust des gleichen Gens, beispielsweise im Falle einer Deletion, wird interessanterweise ein anderer Phänotyp, nämlich eine hereditäre rekurrierende Neuropathie (tomakulöse Neuropathie), hervorgerufen. Wahrscheinlich entstehen diese unterschiedlichen klinischen Manifestationen durch ein Ungleichgewicht zwischen den biochemischen Bestandteilen der Myelinscheide der peripheren Nerven.

Dominant-negativer Effekt: Wenn das Produkt des mutierten Allels die Funktion des normalen Allels stört.

Einige autosomal dominante Erkrankungen sind in der Tabelle 5.5 zusammengestellt. Als Beispiel werden hier die Achondroplasie, Neurofibromatose Typ I und tuberöse Hirnsklerose geschildert.

Achondroplasie

Als Achondroplasie bezeichnet man eine Form des disproportionierten Zwergwuchses. Charakteristisch sind stark verkürzte Extremitäten, vor allem im proximalen Bereich, relativ kurze Finger, vermehrter

Tabelle 5.5. Einige autosomal-dominante Erkrankungen

Krankheiten	Häufigkeit
Chorea Huntington	1/10 000
Neurofibromatose Typ I	1/3000
Neurofibromatose Typ II	1/35 000
Tuberöse Hirnsklerose	1/15 000
Familiäre Polyposis coli	1/10 000
Polyzystische Nieren (adulter Typ)	1/1000
Retinoblastom	1/20 000
Familiäre Hypercholesterinämie	1/500
Kartilaginäre Exostose	1/50 000
Marfan-Syndrom	1/25 000
Achondroplasie	1/10 000–30 000
Myotone Dystrophie	1/10 000 (in manchen Populationen höher)
von Hippel-Lindau	1/36 000
Crouzon-Syndrom	1/2500
Charcot-Marie-Tooth Typ IA, B	1/28 000
Apert-Syndrom	1/10 000
Kongenitale Sphärozytose	1/5000
Romano-Ward-Syndrom	1/10 000
Spalthand	1/90 000
Waardenburg-Syndrom	1/45 000

Abstand zwischen dem 3. und 4. Finger (Dreizackhand), großer Kopf mit vorgewölbter Stirn und abnormer Schädelbasis, gelegentlich erweiterte Hirnventrikel, hypoplastisches Mittelgesicht, tiefe Nasenwurzel und eine deutliche Lordose (Abb. 5.4). Aufgrund eines relativ langen Rumpfes haben die Patienten fast normale Sitzhöhe. Röntgenologisch werden verkürzte Röhrenknochen, unregelmäßig begrenzte Metaphysen, eingeengter Wirbelkanal, quadratische Beckenschaufeln und Makrozephalie beobachtet. Die Endgröße liegt zwischen 120 und 148 cm. Die normale Haut ist für die verkürzten Extremitäten zu weit und bildet daher charakteristische Falten. Achondroplasie wird, wie die meisten Zwergwuchssyndrome, durch Mutationen im *FGFR3*-Gen auf Chromosom 4p16 verursacht. Die Manifestation der Symptome ist Folge der dominant negativen Wirkung. Das klinische Spektrum ist entsprechend der jeweiligen Mutation sehr variabel und

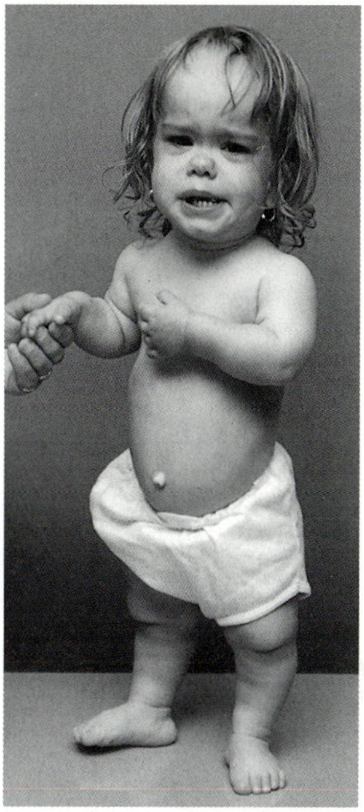

Abb. 5.4. Patient mit Achondroplasie (mit freundlicher Genehmigung von J. Pfeil, Orthopäd. Univ.-Klinik Heidelberg)

reicht von den letalen thanatophoren Dysplasien über die Achondroplasie bis hin zur Hypochondroplasie (Abb. 7.4). Fast alle Patienten mit Achondroplasie zeigen dieselbe Mutation in Rezeptoren der FGF3 (G380R) und über 80 % sind Neumutationen (Ausführlich ► Kap. 7.3.1).

Neurofibromatose Typ I

Die Neurofibromatose (NF I) manifestiert sich in Pigmentstörungen der Haut, Neurofibromen der peripheren Nerven und Skelettanomalien. Die klinischen Symptome sind sehr variabel. Charakteristisch sind Café-au-lait-Flecken, sommersprossenartige Hautveränderungen in den Achselhöhlen und Leisten, die als Axillary- oder Inguinal-Freckling bezeichnet werden, Irishämatome mit Pigmentanreicherung (Lisch-Knötchen) und Neurofibrome (Abb. 5.5). Die weiteren Symptome, die begleitend vorkommen können, sind Skoliose, Pseudoarthrose, Ausdünnung von Rippen und langen Röhrenknochen sowie Makrozephalie. Neurofibrome können in verschiedenen Organsystemen auftreten und entsprechend zu sekundären Funktionsstörungen füh-

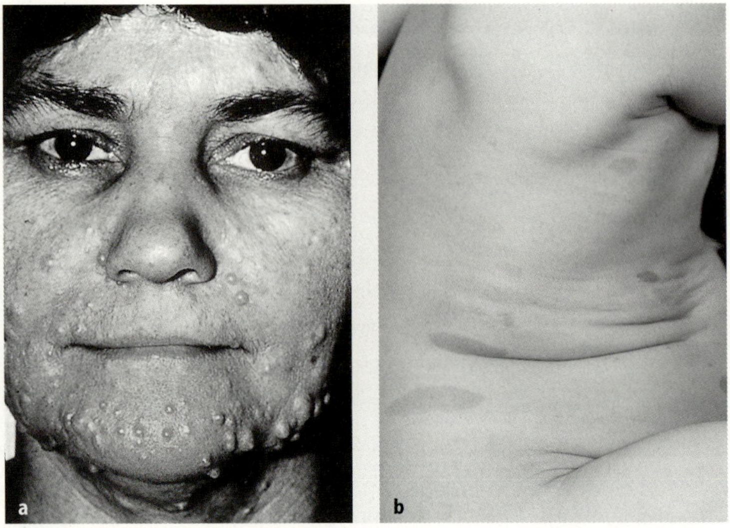

Abb. 5.5a,b. Patientin mit Neurofibromatose. **a** Neurofibrome im Gesichts- und Halsbereich, **b** Café-au-lait-Flecken

ren. Psychomotorische Retardierung, Kleinwuchs, kraniofaziale Dysmorphiezeichen sind bei den Neurofibromatose-Typ-I-Patienten wiederholt beobachtet worden. Eine Assoziation von Noonanähnlichem Phänotyp mit NF I ist keine Seltenheit. NF I ist eine autosomal-dominante Erkrankung mit einer Häufigkeit von 1:3000.

Bei etwa der Hälfte der Patienten beruht die Erkrankung auf einer Neumutation. Das verantwortliche Gen befindet sich auf dem langen Arm des Chromosoms 17 (17q11.2) und ist inzwischen sequenziert. Das gesamte *NF-I*-Gen hat eine Länge von 300 kb und enthält etwa 50 Exons. Das RNA-Transkript hat eine Größe zwischen 11 und 13 kb. Drei andere Gene sind in dieser Region lokalisiert, die im Gegensatz zum NF-I-Gen in der entgegengesetzten Richtung transkribiert werden. Wahrscheinlich haben diese Gene bei Entstehung von Leukämien bei NF-I-Patienten eine Bedeutung. Eine Reihe von verschiedenen Mutationstypen wie Deletion, Punktmutation und Insertion sind im NF-I-Gen identifiziert worden. Das Genprodukt enthält 2818 Aminosäuren und spielt bei der Zellteilung eine große Rolle. Heute weiß man, dass das NF-I-Gen ein Tumorsupressorgen ist. Entsprechend dem Tumorentstehungsmodell können bei den Neurofibromatose-Typ-I-Patienten in zwei Schritten verschiedene maligne Tumoren auftreten. Die verschiedenen Formen der Neurofibromatose sind in Tabelle 5.6 zusammengestellt.

Tuberöse Hirnsklerose

Die Expressivität einer autosomal-dominanten Erkrankung kann so schwach sein, dass sie nicht diagnostiziert wird. Die tuberöse Hirnsklerose, auch **Morbus Bourneville-Pringle** genannt, ist ein gutes Beispiel dafür. Die charakteristischen Merkmale sind hypomelanoische (weiße Flecken) der Haut, die meist unter Anwendung von Ultraviolettlampen sichtbar sind, Angiofibrome des Gesichts, die als Adenoma sebaceum bezeichnet werden, sog. Chagrin-Flecken, periunguale und/oder subunguale Fibrome sowie Augenveränderungen (Abb. 5.6). Zu den Veränderungen des zentralen Nervensystems gehören die Gliazellknoten der Hirnrinde, die auch Tubera genannt werden, und periventrikuläre subependymale Hirntumoren. Die tuberöse Hirnsklerose manifestiert sich in der Niere mit Angiomyolipomen und/oder Zysten und in der Herzmuskulatur in Form von Rhabdomyomen. Hämatome, Angiome, Adenome und Fibrome können gelegentlich in vielen anderen Organen auftreten. Rund 80 % der Patienten mit tuberöser Hirnsklerose haben epileptische Anfälle, meist Absencen.

Die tuberöse Hirnsklerose ist genetisch heterogen. Bei etwa 50 % der Fälle ist das Gen auf Chromosom 9q34 (*TSC1*-Gen) und bei der andere Hälfte auf dem 16p13 (*TSC2*-Gen) lokalisiert. Das TSC2-Gen ist inzwischen kloniert, es ist 5,5 kb groß und enthält 40 Exons. Das Genprodukt besteht aus 1784 Aminosäuren und wird Tuberin genannt. Tuberin ist wie

Tabelle 5.6. Verschiedene Formen der Neurofibromatose

Neurofibromatose Typ	Leitsymptome
Neurofibromatose Typ 1 (von Recklinghausen)	Café-au-lait-Flecken (Größe 5 mm), Neurofibrome, axilläres oder inguinales »freckling«, Irishämatome (Lisch-Knötchen), Knochenläsionen
Neurofibromatose Typ 2 (zentrale Form)	Akustikusneurinome, Neurofibrome, Schwannome, Meningeome, Ependymome, subkapsuläre Katarakte, Erstmanifestation um das 20. Lebensjahr
Neurofibromatose Typ 3	Mischtyp aus NF 1 und NF 2, früher Krankheitsbeginn und rascher Verlauf, typisch sind palmare Neurofibrome und Hirntumoren
Neurofibromatose Typ 4	Vorliegen einzigartiger Merkmale, z. B. bilaterale Nierenarterienstenose, Osteopoikilose, zerebrale Aneurysmen
Neurofibromatose Typ 5 (segmentale Form)	Café-au-lait-Flecken und Neurofibrome auf einem bestimmten Körpersegment. Körpermittellinie wird nicht überschritten, verursacht durch somatische Mutation
Neurofibromatose Typ 6	Café-au-lait-Flecken treten isoliert auf, unspezifische Auffälligkeiten wie Trichterbrust, Lernschwierigkeiten können vorliegen
Neurofibromatose Typ 7	Subkutane Neurofibrome am Ende des 3. Lebensjahrzehnts
Neurofibromatose Typ 8	Symptome passen in keine der vorgenannten Kategorien

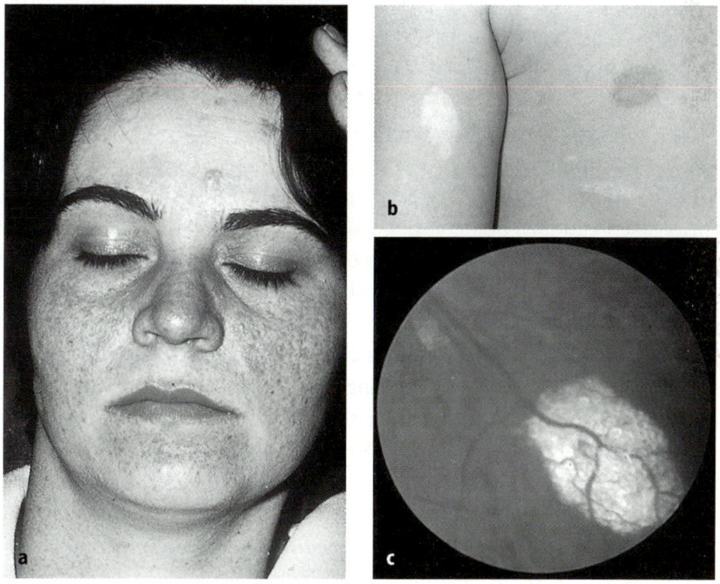

Abb. 5.6a–c. Patientin mit tuberöser Hirnsklerose. **a** Adenoma sebaceum, **b** hypopigmentierte Flecken, **c** retinales Phakom (mit freundlicher Genehmigung von Prof. F. Vogel, Heidelberg)

Neurofibromin an der Regulation von Zellproliferation und Differenzierung beteiligt. Es handelt sich hier um ein Tumorsuppressorgen, dessen Mutation zur Tumorentwicklung führt.

Die Besonderheiten der autosomal-dominanten Vererbung wie Penetranz, Expressivität, Pleiotropie, Imprinting sowie Antizipation werden in ► Kap. 5.6 besprochen. Dominant-negative Genwirkung und Haploinsuffizienz wurden bereits in ► Kap. 5.2.1 angesprochen.

5.3 Autosomal-rezessiver Erbgang

5.3.1 Definition und Vererbungsmodus

Von einem autosomal-rezessiven Erbgang sprechen wir, wenn nur der homozygote Genträger das interessierende Merkmal – etwa eine Erbkrankheit – aufweist, während der Heterozygote sich nicht von dem häufigeren, »normalen« Homozygoten mit zwei nicht krankhaften Allelen unterscheidet. Bei allen schweren autosomal-rezessiven Erbleiden wird der Kranke in der Regel von gesunden Eltern abstammen, die selbst heterozygot für das betroffene Gen sind.

! Bei autosomal-rezessivem Erbgang tragen die Eltern zwar genotypisch den Defekt, er drückt sich jedoch phänotypisch nicht aus, da die Wirkung des betreffenden Gens im Vergleich zum normalen, nicht krankhaften Allel rezessiv ist. Eltern, die beide heterozygot für ein autosomal-rezessives Leiden sind, werden entsprechend dem 2. Mendelschen Gesetz zu 1/4 homozygot kranke Kinder bekommen, d. h. jedes Kind hat ein Erkrankungsrisiko von 25 %.

50 % der Kinder aus einer solchen Verbindung werden heterozygot Genträger des krankhaften Allels sein, sind aber wegen der Rezessivität phänotypisch unauffällig. 25 % der Kinder werden genotypisch und phänotypisch »normal« sein, da sie homozygot nur die beiden homologen »Normalallele« geerbt haben. Es ergibt sich also genotypisch ein Aufspaltungsverhältnis von 1:2:1, phänotypisch jedoch von 3:1, d. h. von 75 % gesunden Kindern und von 25 % kranken Kindern (Abb. 5.7). Bei der geringen Kinderzahl der meisten Familien heutzutage bedeutet dies, dass die Mehrzahl der Krankheitsfälle anscheinend sporadisch auftritt, da sie häufig die einzigen Fälle in der Familie und in der Sippe sind. Diese Fakten sollte der Arzt sorgfältig beobachten und nicht aus der Tatsache, dass weitere Kranke in der Familie nicht auffindbar sind, ableiten, das Leiden sei nicht erblich.

Wir kennen zur Zeit mehr als 4000 autosomal-rezessive Erbleiden, die zwar sehr selten sind, jedoch für das betroffene Individuum sehr schwere Folgen haben. Daher ist es für den Arzt unbedingt notwendig, zumindest die Symptome der häufigsten autosomal-rezessiven Erbleiden zu kennen und im Zweifelsfall einen Fachmann, z. B. einen Humangenetiker, zu Rate zu ziehen.

Wurde bei einem Kind die Diagnose einer autosomal-rezessiven Erbkrankheit gestellt, so sollte der Arzt den Eltern unbedingt mitteilen, dass für jedes weitere Kind ebenfalls ein Erkrankungsrisiko von 25 % besteht.

Einem autosomal-rezessiven Erbgang folgen insbesondere erbliche Stoffwechselleiden, speziell **Enzymdefekte**. Dabei handelt es sich normalerweise um einen Mangel eines bestimmten Enzyms. Untersucht man heterozygote Genträger, so stellt man fest, dass sie nur etwa 50 % der normalen Enzymaktivität besitzen. Das genügt jedoch in der Regel zur Aufrechterhaltung einer phänotypisch normalen Lebensfunktion. Heterozygote Genträger zeigen im Allgemeinen keine Krankheitserscheinungen (Tabelle 5.7).

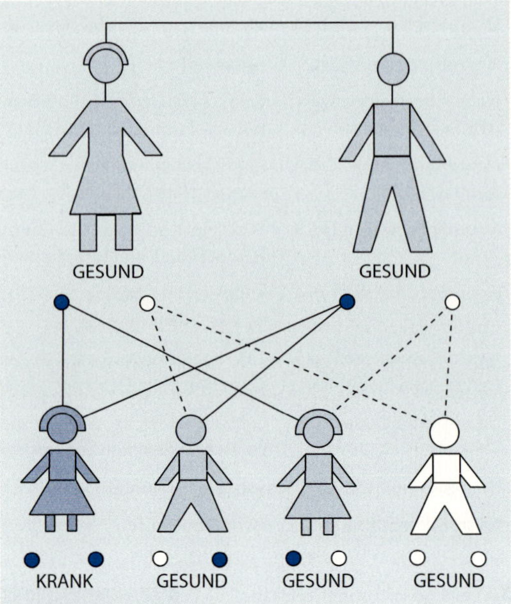

Abb. 5.7. Der häufigste Kreuzungstyp bei autosomal-rezessivem Erbgang

Im Gegensatz dazu wirken autosomal-dominante Erbleiden, also Erbleiden, die sich bereits im heterozygoten Zustand manifestieren, gewöhnlich nicht über einen Enzymblock. Charakteristisch für die dominante Vererbung sind ausgedehnte Anomalien der Gewebebeschaffenheit und der Organform. Sie gehen häufig mit schweren äußerlichen Fehlbildungen einher. Eine konstante Stoffwechselveränderung ist im Gegensatz zu autosomal-rezessiver Genwirkung normalerweise nicht erfassbar. Man nimmt daher für dominante Erbleiden an, dass abnorme Genprodukte gebildet werden, deren Aufgabe nicht die Steuerung von Stoffwechselprozessen, sondern der Aufbau von Zellstrukturen und Gewebestrukturen ist. Vermutlich werden abnorme Polypeptide oder Proteine neben normalen gebildet und in die Zell- und Gewebestrukturen eingebaut, die jedoch

Tabelle 5.7. Die Hauptkriterien bei autosomal-rezessiver Vererbung

- Nur homozygote Genträger erkranken.
- Beide Geschlechter sind gleich häufig erkrankt.
- Stoffwechselstörungen, speziell Enzymdefekte, sind häufig.
- Die Übertragung erfolgt von beiden Eltern, die heterozygote, phänotypisch gesunde Genträger sind, auf ¼ der Kinder. ½ der Kinder ist heterozygot phänotypisch gesund und ¼ homozygot gesund.
- Die Mehrzahl der Krankheitsfälle tritt anscheinend sporadisch auf, da heutige Familien wenige Kinder haben.
- Patienten mit seltenen Erkrankungen gehen häufiger aus Verwandtenehen hervor.
- Neumutationen spielen im Einzelfall keine Rolle und sind normalerweise auch nicht nachweisbar.
- Die meisten rezessiven Gene haben Häufigkeiten zwischen 1/100 und 1/1000, homozygote Krankheiten zwischen 1/10 000 bis 1/1 000 000. Alle Krankheiten zusammen haben eine Gesamthäufigkeit von etwa 2 auf 1000 Neugeborene

dann die Struktur krankhaft verändern und zu ausgedehnten Fehlbildungen führen.

5.3.2 Genetische Erkrankungen mit autosomal-rezessivem Erbgang

In Tabelle 5.8 sind einige genetische Krankheiten mit autosomal-rezessivem Erbgang zusammengestellt. Im Nachfolgenden werden nur einige Beispiele erwähnt.

Tabelle 5.8. Einige autosomal-rezessive Erkrankungen

Erkrankung	Häufigkeit
α-1-Antitrypsindefekt	1:4000
21-Hydroxylasedefekt (klassisches AGS)	1:5000
Adrenogenitales Syndrom (nicht klassisches AGS)	1:1000
Albinismus (oc)	1:30 000
Ataxia Teleangiectasia	1:40 000
Friedreich-Ataxie	1:27 000
Galaktosämie	1:50 000
Homozystinurie	1:45 000–1:200 000
M. Gaucher	1:25 000 (bei Aschkenasim-Juden)
M. Krabbe	1:50 000 (Schweden)
M. Wilson	1:35 000
Meckel-Gruber-Syndrom	1:90 000 (Finnland)
Phenylketonurie	1:5000–10 000
Spinale Muskelatrophien	1:20 000
Tay-Sachs	1:3000 (bei Aschkenasim-Juden)
Zystische Fibrose	1:2000

Zystische Fibrose

Die zystische Fibrose bzw. **Mukoviszidose** ist die häufigste autosomal-rezessive Erkrankung der weißen Bevölkerung. Die Häufigkeit beträgt in Mitteleuropa 1 zu 2000 bis 2500 Neugeborene, die Heterozygotenhäufigkeit 1 zu 20 bis 25. Durch Produktion von hochviskösem Sekret aller mukösen Drüsen kommt es zu einer Obstruktion der Drüsenausführungsgänge und sekundär zur Zystenbildung und Fibrosierung des Gewebes.

Die Krankheit manifestiert sich bereits im frühen Säuglingsalter, kann aber auch erst im jungen Erwachsenenalter auftreten. In der Regel ist sie durch pulmonale und intestinale Symptome gekennzeichnet. Betroffen sind hauptsächlich Pankreas und Epitheldrüsen der Bronchien. Im Pankreas kommt es zu zystisch-fibrotischen Veränderungen, wobei die Langhans-Zellen zunächst unberührt bleiben. Wegen einer exokrinen Pankreasinsuffizienz kommt es zu Malabsorption mit nachfolgender Hypoproteinämie und Resorptionsstörung der fettlöslichen Vitamine im Kleinkindesalter (Abb. 5.8). Gastrointestinale Komplikationen sind Mekoniumileus des Neugeborenen und Rektumprolaps. Die erhöhte Viskosität des Bronchialsekretes bewirkt eine chronische obstruktive Lungenerkrankung mit Bronchiektasen, chronischen Infektionen und Ateminsuffizienz mit allen ihren Folgen. Die Natrium- und Chloridaus-

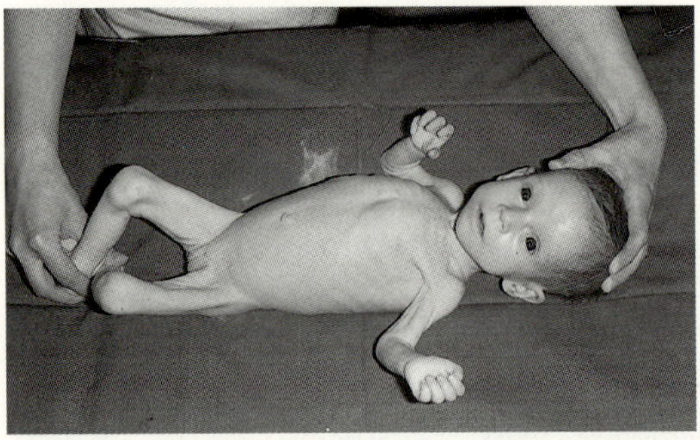

Abb. 5.8. Kind mit Zystischer Fibrose (mit freundlicher Genehmigung der Univ.-Kinderklinik Heidelberg)

scheidung im Schweiß ist erhöht. Bei längerem Verlauf tritt oft eine biläre Leberzirrhose auf. Die männlichen Patienten sind trotz normaler Spermiogenese steril, wahrscheinlich infolge der Obstruktion der Ausführungsgänge des männlichen Genitalsystems (kongenitale bilaterale Atrophie des Vas deferens = CBAVD).

1989 konnte das Gen für Mukoviszidose mit Hilfe der Kopplungsanalyse polymorpher DNA-Marker auf den langen Arm des Chromosoms Nr. 7 lokalisiert werden. Inzwischen ist das *CF-Gen* sequenziert. Das gesamt Gen hat eine Länge von 250 kb. Die kodierende Sequenz ist etwa 6500 Basenpaare lang und in 27 Exons aufgeteilt. Die häufigste Mutation im CF-Gen ist die sog. Delta-F508-Mutation, eine Deletion von 3 Basenpaaren in der Sequenz des Exons 10. Sie betrifft die Abfolge CTT von Position 1653–1655. Dies hat zur Folge, dass die Kodierung der Aminosäure Phenylalanin in Position 508 der Aminosäurenkette ausfällt. Die Frequenz der Delta-F508-Mutation wurde weltweit in vielen Populationen untersucht, und man hat dabei beträchtliche Unterschiede festgestellt. Ihre Prävalenz ist in Nord- und Mitteeuropa höher als im Mittelmeerraum. In einigen alten eurokaukasischen Völkern wie den Basken oder Pakistani aus Beludschistan wird die Delta-F508-Mutation in höherer Frequenz beobachtet. In Dänemark beispielsweise wurde die Delta-F508-Mutation in etwa 68 % aller CF-Mutationen gefunden, in der Türkei dagegen nur in 27 %. In der deutschen Bevölkerung findet man die Delta-F508-Mutation in etwa 70 % der CF-Mutationen.

Inzwischen sind nahezu 1000 verschiedene CF-Mutationen bekannt, 10 Mutationen wurden in mehr als 100 Patienten beobachtet. Die seltenen Mutationen sind nur Einzelbeobachtungen. Etwa 60 % der Patienten mit deutscher Abstammung sind homozygot für die Delta-F508-Mutation; 35 % sind **compound-heterozygot** für die Delta-F508-Mutation und eine andere Mutation. Bei 5 % konnte die Delta-F508-Mutation nicht nachgewiesen werden. Diese Patienten sind homozygot oder compound-heterozygot für andere Mutationen. Untersucht man etwa 12 der häufigsten CF-Mutationen, kann man ca. 85 % der Anlageträger erfassen. Die große Anzahl an CF-Mutationen und das variable Krankheitsbild bietet sich als Modell für das Verständnis der Phänotyp-Genotyp-Korrelation an.

Das Genprodukt ist Mitglied einer Familie von Membranproteinen, deren gemeinsame Merkmale Strukturmotive in Form von Transmembranhelices und Nukleotidbindungsfalten sind. Das CF-Protein hat zwei Transmembrandomänen mit jeweils 6 hydrophoben Abschnitten, zwei Nukleotidbindungsfalten, die ATP binden und zusätzlich eine mittlere Domäne, die durch zahlreiche, geladene Seitenketten charakterisiert ist (Abb. 5.9). Das unveränderte Protein ist am Transport von Chloridionen durch die Membran beteiligt und wird als Cystic-Fibrosis-Transmembran-Conductance-Regulator (CFTR) bezeichnet.

Es wird vermutet, dass die Delta-F580-Mutation als älteste bekannte CFTR-Mutation noch zu Lebzeiten des Neandertaler in einer europäischen Urbevölkerung entstanden ist. Der Heterozygotenvorteil wird in Zusammenhang mit einem geringeren Flüssigkeitsverlust bei früheren Diarrhöepidemien oder mit einer reduzierten Anfälligkeit gegen Typhuserreger diskutiert.

In der nordischen Bevölkerung wird die Deletion 394delTT, die Insertion 390insT in der Schweiz und W128X bei Ashkenasim-Juden besonders häufig beobachtet. Das Spektrum der klinischen Manifestation bei der CF ist besonders variabel und reicht von schwer Betroffenen im Kindesalter bis zu nahezu Minimalsymptomen im Erwachsenenalter. Mild Betroffene zeigen nur eine erhöhte Infektionsanfälligkeit, einen überdurchschnittlichen Salzgehalt im Schweiß und eine reduzierte Fertilität. Es wird versucht, diese klinische Heterogenität durch Genotyp-Phänotyp-Korrelation zu erklären.

Die Mutation Delta-F508 sowie fast alle Stopp- und Leserastermutationen sind mit einer Pankreas-

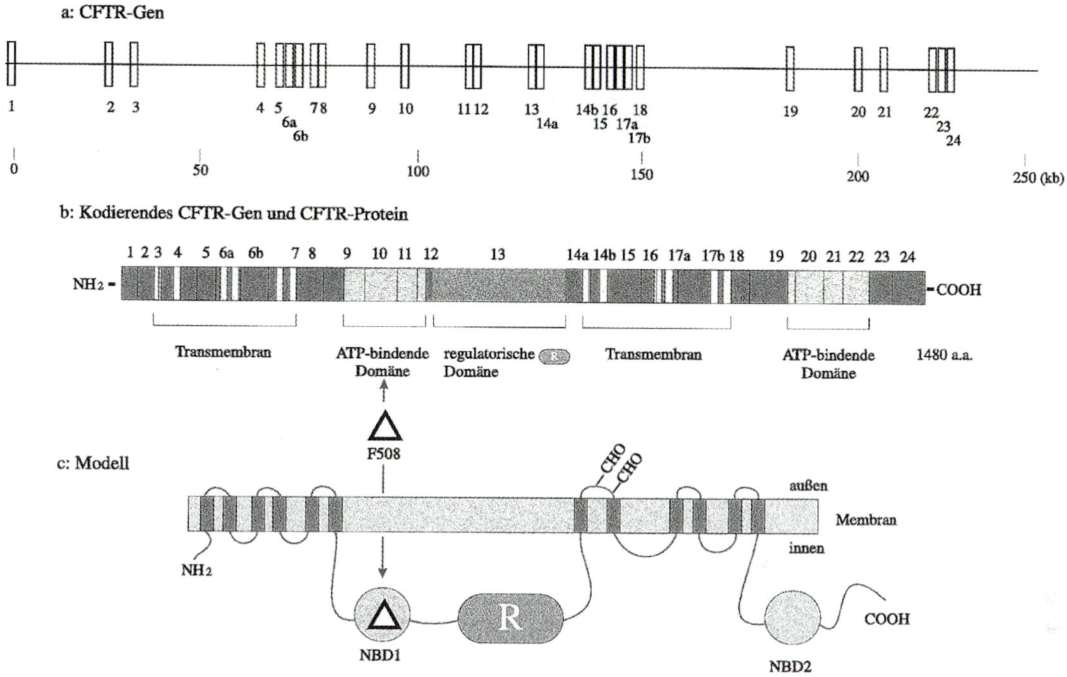

Abb. 5.9. Das CFTR-Gen und sein kodierendes Protein (nach Tsui u. Buchwald 1991)

insuffizienz assoziiert. Dagegen sind Aminosäuresubstitutionen in der Transmembranregion sowie Splice-Mutationen außerhalb der obligatorischen Dinukleotid-Splice-Signale meist mit Pankreassuffizienz verbunden. Zahlreiche Beobachtungen haben gezeigt, dass der variable Sequenzbereich am Übergang von Exon 9 eine funktionelle Rolle spielt. Ein Bereich von 11—13 TG-Wiederholungen wird gefolgt von 5–9 T-Wiederholungen, nach weiteren 5 Nukleotiden beginnt Exon 9. Bei infertilen Männern mit **kongenitaler Aplasie des Vas deferens** (CAVD) ohne pulmonale und intestinale Manifestation, findet man sehr oft ein bestimmtes Mutationsspektrum, einschließlich des »5T-Allels«. Das 5T-Allel spielt für CAVD eine besondere Rolle als prädisponierte CFTR-Mutation mit reduzierter Penetranz.

Bei Vorliegen der 5T-Variante am Übergang von Intron 8 zu Exon 9 ist das korrekte Spleißen von Exon 9 gestört, wenn die TG-Sequenz auf 12 bzw. 13 Wiederholungen verlängert ist. Personen mit Compound-Heterozygotie für TG 13-5T, kombiniert mit einer schweren Mutation im CFTR-Gen, haben ein erhöhtes Risiko für das Auftreten einer milden Mukoviszidose oder beim Mann das Vorliegen einer CAVD. Die 5T-Variante kann auch eine milde Mutation auf dem gleichen Chromosom (in cis) funktionell in eine schwere Mutation umwandeln.

Spinale Muskelatrophien

Die spinale Muskelatrophie ist eine progrediente Muskelschwäche infolge des Untergangs der motorischen Vorderhornzellen mit entsprechenden Muskelatrophien.

Es handelt sich sowohl klinisch als auch genetisch um ein heterogenes Krankheitsbild. Die verschiedenen Typen unterscheiden sich durch das Manifestationsalter, die Verteilung der Muskelatrophien auf verschiedene Körperregionen sowie durch den Vererbungsmodus.

Bei dem infantilen **Typ Werdnig-Hoffmann** bzw. SMA I beginnt die Muskelatrophie bereits im Uterus. Oft geben die Mütter an, weniger bzw. schwache Kindsbewegungen gespürt zu haben. Bei einem Subtyp von Werdnig-Hoffmann (SMA Ib) treten die Symptome erst in der zweiten Hälfte des zweiten Lebensjahres auf. Charakteristisch sind eine ausgeprägte Muskelhypotonie, nicht auslösbare

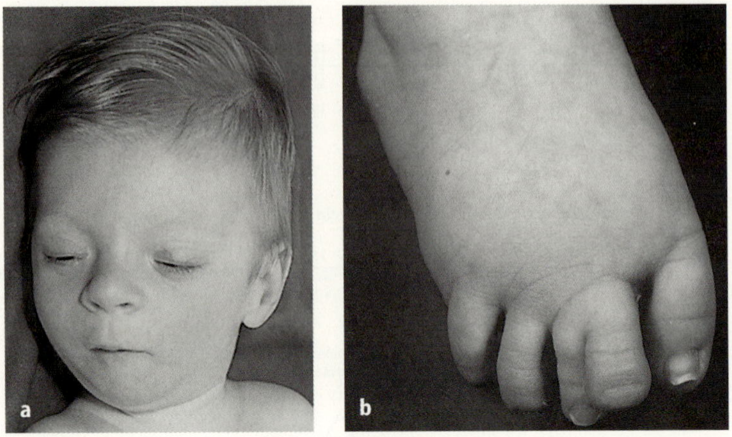

Abb. 5.10a,b. Kind mit Smith-Lemli-Opitz-Syndrom

Muskeleigenreflexe und Bewegungsarmut. Kinder mit Werdnig-Hoffmann-Erkrankung liegen in typischer Froschhaltung. Die frühkindlichen Meilensteine treten nicht auf. Da die Atemmuskulatur mit betroffen ist, ist die Atmung rein abdominal. Zu Beginn sind vorwiegend proximale und stammbetonte Muskeln betroffen, später ist die Erkrankung generalisiert. Skoliose, Thoraxdeformitäten und Gelenkkontrakturen treten langsam auf. Kinder mit spinaler Muskelatrophie Typ Werdnig-Hoffmann sterben meist innerhalb des zweiten Lebensjahres. Beim SMA Typ Ib können die Kinder gelegentlich ihr zweites Lebensjahrzehnt erreichen.

Bei SMA Typ II beginnt die Erkrankung im Laufe der ersten beiden Lebensjahre, bei Typ III (**Kugelberg-Welander**) meist nach dem zweiten Lebensjahr. Bei einer adulten Form, dem SMA Typ IV, beginnt die Erkrankung im zweiten bzw. dritten Lebensjahrzehnt. Bei Typ II ist gelegentlich eine autosomal-dominante und X-chromosomal-rezessive Vererbung beobachtet worden. Die Heterozygotenhäufigkeit für die ersten drei Typen beträgt ca. 1 zu 80.

Das Gen für die infantile SMA ist auf dem langen Arm des Chromosoms 5 (5q11.2–13.3) lokalisiert. Molekulargenetische Analysen zeigen bei etwa 90–98 % der autosomal-rezessiven SMA-Patienten eine homozygote Deletion des *SMN-Gens* (**Survival Motor Neuron**). Die Deletion befindet sich in Exon 7 und 8, seltener auch nur in Exon 7. Bei SMA-Patienten, bei denen keine homozygoten Deletionen vorliegen, wurden bis jetzt nur in Einzelfällen Mutationen im SMN-Gen gefunden. Der Nachweis einer Deletion im SMN-Gen wird inzwischen als diagnostisches Mittel bei klinischem Verdacht angewandt. Ein Heterozygotennachweis anstelle der Deletionsanalyse ist jedoch nicht möglich.

Smith-Lemli-Opitz-Syndrom

Die charakteristischen Merkmale des Smith-Lemli-Opitz-Syndroms sind antevertierte Nasenrillen (Steckkontaktnase), Ptosis, Syndaktylie der zweiten und dritten Zehe gelegentlich mit postaxialer Polydaktylie, Hypospadie und Kryptorchismus bei Knaben, ausgeprägte Muskelhypotonie, Mikrozephalie, Mikrognathie und schwere, psychomotorische Retardierung (Abb. 5.10). Gelegentlich können Gaumenspalten, Katarakte, epileptische Anfälle und Myelinisierungsstörungen vorliegen.

Dieses Fehlbildungssyndrom wird durch einen Defekt in der **Cholesterolbiosynthese** verursacht. Die Patienten haben als Folge des 7-Dehydrocholesterin-Reduktasedefekts einen verminderten Cholesterin- und einen erhöhten 7-Dehydrocholesterinwert im Plasma und Gewebe. Cholesterol spielt in der normalen Entwicklung der verschiedenen Organe eine wichtige Rolle. Aus diesem Grund führt die mangelhafte Synthese des Cholesterols zu den unterschiedlichen Merkmalen dieser Erkrankung.

Das Gen für das Smith-Lemli-Opitz-Syndrom ist auf 7q32.1 lokalisiert und wird autosomal-rezessiv vererbt. Bei einigen Patienten mit gleichen phänotypischen Merkmalen und Herzfehlern wurde trotz äußerem weiblichen Genitale ein männlicher Karyotyp festgestellt. Diese Patienten sind sehr schwer betroffen und sterben in der frühen Neugeborenenperiode. Dieses Krankheitsbild wird als Smith-Lemli-

Opitz-Syndrom Typ II bezeichnet. Da aber bei beiden ein Cholesterolsynthesedefekt vorliegt, sind sie entweder allelisch oder es handelt sich um das gleiche Krankheitsbild mit unterschiedlicher Expression.

5.3.3 Pseudodominanz

Ein Spezialfall rezessiver Vererbung soll noch Erwähnung finden: Kommt es zu einer Verbindung eines homozygoten Genträgers für ein erbliches Stoffwechselleiden der oben besprochenen Form mit einem heterozygoten Genträger, so ist der Erwartungswert für erkrankte Kinder nicht mehr 25 %, sondern 50 %, wie sich leicht formal ableiten lässt. Vom Erwartungswert her wird also hier autosomal-dominante Vererbung simuliert. Man spricht daher von Pseudodominanz.

5.3.4 Rezessive Erbleiden bei Blutsverwandten

Die meisten rezessiven Gene haben Häufigkeiten zwischen 1:100 und 1:1000. Dies bedeutet, dass das Risiko für eine Homozygotie zwischen 1:10.000 bis 1:1.000.000 beträgt (genauer werden diese Zusammenhänge in ▶ Kapitel 12.2 besprochen). Seltene Gene haben also in der Regel ein relativ geringes Risiko zusammenzutreffen, sofern **Panmixie** bezüglich des betreffenden Merkmals herrscht, d. h., wenn die Heiratsgewohnheiten unabhängig vom Merkmal sind. Haben Personen jedoch einen Teil ihrer Gene gemeinsam, wie es bei Blutsverwandtschaft der Fall ist, so erhöht sich das Risiko beträchtlich. Dies gilt vor allem für seltene pathologische Gene. Je seltener nämlich ein rezessives Gen in der Bevölkerung ist, desto häufiger wird es sich bei den Nachkommen des gleichen Stammelternpaares finden. Der Extremfall hierbei wäre der, dass ein pathologisches Gen durch einen einzigen Mutationsschritt nur in einer einzigen Familie vorkommt. Dieses Gen kann überhaupt nur dann homozygot werden, wenn Blutsverwandte gemeinsame Nachkommen haben. Je näher der Verwandtschaftsgrad zweier blutsverwandter Partner ist, um so höher ist die Wahrscheinlichkeit, dass es zur Verbindung zweier Heterozygoter und damit zum Homozygotwerden des Gens kommt.

Wie bereits in obigem Beispiel gezeigt, entspricht das zufällige Zusammenkommen zweier homologer Gene und damit das Homozygotwerden dem Quadrat der Heterozygotenhäufigkeit in der Bevölkerung. Bei einer Heterozygotenfrequenz von 1/50 errechnet sich dies zu

$1/50 \times 1/50 = 1/2500$

Bei rezessivem Erbgang ergibt dies eine Manifestationswahrscheinlichkeit von

$1/4 \times 1/2500 = 1/10.000$

Beispiel: Nehmen wir eine Vetternehe 1. Grades an, so ist der Anteil der gemeinsamen Gene 1/8. Auf die Manifestationswahrscheinlichkeit hat dies folgenden Einfluss:

$1/50 \times 1/8 \times 1/4 = 1/1600$

! Das Risiko für eine Homozygotie seltener rezessiver Gene bei Blutsverwandtschaft ist wesentlich erhöht.

Dagegen sind für häufige rezessive Erbleiden Verwandtschaftsehen praktisch ohne Bedeutung, da es durch den hohen Anteil von Heterozygoten in der Bevölkerung auch ohne Verwandtenehen zu homozygoten Genträgern kommt.

Welche Konsequenzen hat dies für die praktische genetische Beratung? Ohne Frage erhöht sich bei Verwandtenehen das Risiko für eine Homozygotie pathologisch rezessiver Gene beträchtlich. Dies muss bei der Beratung berücksichtigt werden. Andererseits wird das Risiko für ein genetisch geschädigtes Kind aus solchen Verbindungen allgemein häufig überschätzt. Der Grund liegt darin, dass bestimmte Erkrankungen wie z. B. Kretinismus nach Jodmangel im Wasser in Alpenisolaten früher auf diese genetischen Ursachen zurückgeführt wurden.

Insgesamt besteht also eine Risikoerhöhung, das Risiko für Kinder aus solchen Verbindungen ist allerdings absolut nicht allzu hoch. (Ausführlicher wird diese Problematik nochmals in ▶ Kapitel 9.6.1 behandelt.)

Genetische Erkrankungen unter Isolatbedingungen

Seltene rezessive Erkrankungen finden sich in bestimmten Bevölkerungsgruppen in erstaunlicher Häufigkeit. Der Grund ist eine Anhäufung solcher Gene in **Isolaten**. Die Entstehung solcher Isolate kann geographische, historische, ethnische oder religiöse Ursachen haben. Dabei spielen Verwandtschaftsehen eher eine geringere Rolle. Von größerer Bedeutung ist die allgemeine Genverwandtschaft in solchen Bevölkerungen, die häufig von relativ kleinen Populationsstärken ihren Ausgang genommen haben.

Die humangenetische Forschung zieht solche Isolate heran, um einzelne genetische Erkrankungen bezüglich ihrer klinischen Manifestation und ihrer Heterogenität näher zu untersuchen. In den letzten Jahren brechen die sozialen Veränderungen und die weltweit gestiegene Mobilität zwar zunehmend auch die letzten echten Isolate auf, dennoch bilden sie manchmal den Ausgangspunkt großer Stammbäume für seltene genetische Erkrankungen. Solche Stammbäume können u. a. bei der Genlokalisation wichtiger pathologischer Gene mit Methoden der modernen Molekulargenetik sehr hilfreich sein.

Ein Beispiel für die Zunahme genetischer Erkrankungen unter Isolatbedingungen ist die hohe Frequenz von drei Lipidspeichererkrankungen unter den Ashkenasim-Juden Ost-Europas. Diese Krankheiten, die auf Defekten verschiedener lysosomaler Hydrolasen beruhen, sind die kindliche Form der **Tay-Sachs-Erkrankung** (G_{M2}-Gangliosidose), die **Niemann-Pick-Krankheit** (Sphingomyelin-Lipidose) und die adulte Form (Typ I) der **Gaucher-Krankheit**. Viele Bedingungen sprechen dafür, dass ein **genetischer Drift** für die Zunahme dieser Krankheiten verantwortlich ist. Während langer Perioden ihrer Geschichte lebten die Ashkenasim-Juden als eine religiöse Minorität in relativer Isolation. Es gibt Schätzungen, dass die Population zu Beginn des 19. Jahrhunderts nicht mehr als 10.000 Personen umfasste. Andere Daten sprechen jedoch dafür, dass es verschiedene Einflüsse auf diesen Genpool gegeben hat, die einer wirksamen genetischen Drift widersprechen. Immerhin waren es drei pathologisch und genetisch ähnliche Gene, die sich in der gleichen Bevölkerung ausgebreitet haben. Es muss daher auch diskutiert werden, inwieweit sehr spezifische Selektionsvorteile für Heterozygote unter den besonderen Lebensbedingungen eine Rolle gespielt haben. Allerdings konnte ein definierter Selektionsvorteil bisher nicht nachgewiesen werden. Die Sachlage ist also hier durchaus komplex; dennoch zeigt das Beispiel, dass in bestimmten Populationen seltene genetische Erkrankungen weit häufiger sein können als in der allgemeinen Population.

5.3.5 Nachweisbarkeit der Heterozygoten

Bei einer Reihe rezessiver Erkrankungen ist es möglich, sog. **Heterozygotentests** durchzuführen, d. h. man kann den heterozygoten Zustand eines gesunden Probanden bzw. eines Paares bestimmen. Dies kann für die genetische Beratung wichtig sein. Folgende Bestimmungsmöglichkeiten existieren:
- Bestimmung der Aktivität des entsprechenden Enzyms und Vergleich mit gesunden Kontrollpersonen (Heterozygote haben niedrigere Aktivitäten);
- Nachweis einer abgeschwächten Genexpression im Heterozygotenzustand;
- Belastungstest: Die Substanz, die das zu untersuchende Enzym umsetzen soll, wird unter der Annahme verabreicht, dass Heterozygote eher dekompensieren als homozygot gesunde Personen;
- molekularbiologischer Nachweis über DNA-Sonden.

Vor allem bei der genetischen Beratung von Verwandten von Patienten mit X-chromosomal-rezessiven erblichen Erkrankungen kann der Heterozygotentest sinnvoll sein, da weibliche Heterozygote ein Risiko von 50 % für erkrankte männliche Nachkommen haben. Für die meisten autosomal-rezessiven Erkrankungen ist er von geringer Bedeutung, da in den meisten Fällen ein möglicherweise Heterozygoter, in der Regel der Bruder oder die Schwester eines betroffenen Homozygoten, nicht plant, einen nahen Verwandten, wie beispielsweise eine Kusine zu heiraten. Ein Risiko für homozygote Kinder besteht ja nur, wenn beide prospektiven Eltern heterozygot sind, und die meisten rezessiven Gene sind so selten, dass das Risiko für einen Heterozygoten einen eben solchen zu heiraten ziemlich gering ist.

Zudem ist die Auswertung der konventionellen Tests nicht immer unproblematisch, denn obwohl z. B. die Enzymaktivität von Heterozygoten um 50 % gesenkt ist, bestehen doch signifikante Variationen in Enzymlevels von Heterozygoten und Normalen, die zu Überlappungen der Verteilung der Enzymwerte führen können. Dies kann zum Problem werden, eine bestimmte Person einzuordnen, und mit dieser Problematik sind tatsächlich viele der herkömmlichen Heterozygotentests behaftet.

Glücklicherweise kann jedoch in immer mehr Fällen ein direkter **Nachweis auf DNA-Ebene** angeboten werden. Die häufigste autosomal-rezessive Erkrankung in Mitteleuropa ist mit einer Häufigkeit von 1 zu 2000 bis 2500 die zystische Fibrose. Die Heterozygotenhäufigkeit beträgt hier 4–5 %. Hier wird gegenwärtig diskutiert – zumal das Gen kloniert ist und Tests auf DNA-Ebene zur Verfügung stehen – Verwandten von Betroffenen und ihren Partnern im Rahmen der genetischen Beratung einen solchen Test anzubieten.

Heterozygote mit dem Ausfall eines Allels für α1-Antitrypsin sind möglicherweise Risikogruppen für chronische Lungenerkrankungen, wenn sie verschiedenen Umweltbelastungen wie beispielsweise Zigarettenrauchen ausgesetzt sind. Heterozygote für Ataxia Teleangiektasia haben eine höhere Frequenz für verschiedene Krebserkrankungen. Für einen signifikanten Anteil von Brustkrebserkankungen (mehr als 8 %) nimmt man an, dass sie auf Heterozygotie für Ataxia Teleangiektasia beruhen. Es kann angenommen werden, dass ionisierende Bestrahlung für solche Heterozygote ein höheres Risiko beinhaltet, an Brustkrebs zu erkranken. Wenn ein spezifischer DNA-Test hier entwickelt ist, muss der Nachweis von Heterozygotie hier neu überdacht werden. Heterozygotentests für Hämophilie A und B und für Muskeldystrophie Typ Duchenne und Becker können nun über DNA-Untersuchungen durchgeführt werden. Damit wurden die alten Methoden wie Kreatin-Phosphokinase-Aktivität bei der Duchenne-Muskeldystrophie und Faktor-VIII- und Faktor-IX-Bestimmungen bei der Hämophilie durch exaktere Methoden ersetzt.

5.3.6 Auswirkungen von Homozygotie und Heterozygotie

Der Unterschied zwischen autosomal-dominantem und autosomal-rezessivem Erbgang ist, wie bereits in ► Kap. 5.3.1 erwähnt wurde, in der Gendosis zu suchen. Während beim autosomal-dominanten Erbgang bereits die einfache Gendosis ausreicht, um bei Defektgenen Krankheitserscheinungen hervorzurufen, also der heterozygote Zustand bereits zur Symptomatik führt, wird beim autosomal-rezessiven Erbgang die doppelte Gendosis benötigt, also die Homozygotie von Genen. Ob ein Gen dominant oder rezessiv wirkt, hängt ausschließlich von der Information ab, die es kodiert. Folglich unterliegen insbesondere erbliche Stoffwechselleiden, speziell Enzymdefekte einem autosomal-rezessiven Erbgang.

Bei für Enzyme kodierenden Genen reicht nämlich in der Regel die einfache Gendosis aus, um eine phänotypisch normale Lebensfunktion aufrecht zu erhalten. Da Defektallele normalerweise zum Mangel eines Enzyms führen, kann man bei Heterozygoten – sofern für einen bestimmten Defekt Heterozygotentests existieren – tatsächlich nur etwa 50 % der Enzymaktivität von homozygot Gesunden nachweisen. Die halbe Genaktivität gewährleistet eine normale Lebensfunktion. Erst der völlige Ausfall der genetischen Information, also der homozygote Zustand, führt zur Manifestation der Erkrankung.

Dominante Gene sind dagegen normalerweise nicht durch den Ausfall eines Genprodukts, sondern durch die Bildung abnormer Genprodukte gekennzeichnet, deren Aufgabe nicht die Steuerung von Stoffwechselprozessen, sondern der Aufbau von Zell- und Gewebestrukturen ist. Werden aber abnorme Polypeptide oder Proteine neben normalen gebildet und in Zellen und Gewebe eingebaut, so wird deren Struktur so verändert, dass ausgedehnte Fehlbildungen die Folge sind (◘ Tabelle 5.9).

Heterogenität und Phänomene der Compound-Heterozygotie werden in ► Kap. 5.6 besprochen.

5.4 X-chromosomale Vererbung

In den vorhergehenden Kapiteln wurden Erbgänge dargelegt, für die die verantwortlichen Gene auf den Autosomen lokalisiert waren. Nun soll auf die **geschlechtsgebundene Vererbung** eingegangen werden, d. h. auf den Vererbungsmodus von Genen, die auf den Gonosomen lokalisiert sind.

Tabelle 5.9. Die Wirkung rezessiver und dominanter Defektgene

Rezessive Gene	kodieren meist für Enzymproteine. Defekte führen gewöhnlich zum Ausfall des Genprodukts. Ein Normalallel reicht zur Aufrechterhaltung der Funktion aus.
Dominante Gene	kodieren meist für Strukturproteine. Defekte führen gewöhnlich zum Einbau eines falschen Genproduktes. Normalallel und Defektallel werden exprimiert, Fehlbildungen sind die Folge.

Tabelle 5.10. Hauptkriterien bei X-chromosomal-rezessiver Vererbung

– Die Übertragung erfolgt nur über alle gesunden Töchter kranker Väter und über die Hälfte der gesunden Schwestern kranker Männer (Konduktorinnen).
– Besonders bei seltenen Leiden erkranken fast nur Männer.
– Söhne von Merkmalträgern können das kranke Gen nicht von ihrem Vater erben.
– Bei Konduktorinnen erkranken 50 % der Söhne, 50 % der Töchter sind Konduktorinnen.
– Alle Krankheiten zusammen haben eine Gesamthäufigkeit von 2 auf 1000 männliche lebende Neugeborene.

5.4.1 X-chromosomal-rezessiver Erbgang

Das menschliche X-Chromosom enthält relativ zahlreiche Gene, deren Erbgang sowohl dominant als auch rezessiv sein kann. Da die Männer ein X-Chromosom, die Frauen aber zwei X-Chromosomen haben, gibt es im Falle einer X-gekoppelten Mutation für die Männer zwei, für die Frauen drei Möglichkeiten. Die Männer können jeweils hemizygot für mutierte oder normale Gene sein, während die Frauen entweder heterozygot oder homozygot für jedes Allel sein können. Von **Hemizygotie** spricht man dann, wenn ein Gen nur einmal im Genotyp vorhanden ist, also bei Genen, die auf dem einzigen X- oder Y-Chromosom des Mannes lokalisiert sind. Ein rezessives Gen, das auf dem X-Chromosom liegt, wird sich phänotypisch beim Mann manifestieren, da er im Gegensatz zum weiblichen Geschlecht kein zweites normales Gen besitzt (Tabelle 5.10).

Folgende Kreuzungsmöglichkeiten können vorliegen:

- Mutter heterozygot (X/X), phänotypisch gesund, Vater gesund (XY). Hier wird die Mutter als **Konduktorin** (Überträgerin) das krankmachende Gen auf die Hälfte der Söhne vererben (X/Y), die dann hemizygot das defekte Gen besitzen und erkranken. Alle Töchter aus dieser Verbindung sind bis auf seltene Ausnahmefälle (► Kap. 3.3.2) klinisch gesund. Die Hälfte von ihnen sind aber wieder Konduktorinnen (Abb. 5.11).

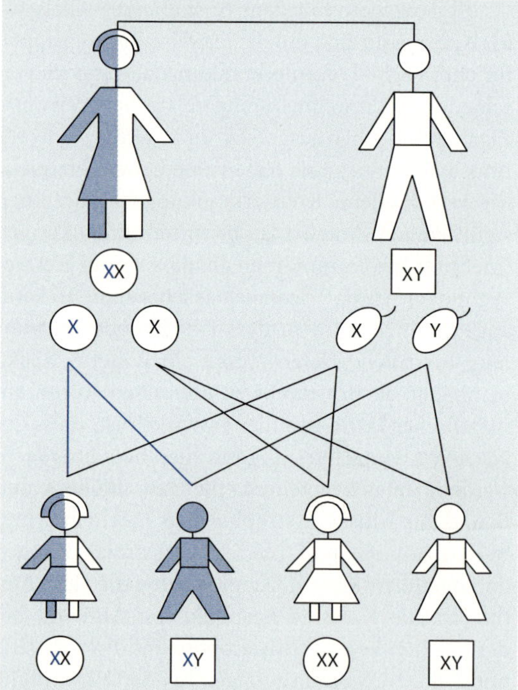

Abb. 5.11. X-chromosomal-rezessiver Erbgang mit Mutter (XX) als Konduktorin und gesundem Vater (XY)

- Vater hemizygot krank (X/Y), Mutter homozygot gesund (XX). Bei dieser Kreuzungssituation werden alle Söhne gesund sein, denn sie erhalten immer das normale Gen mit dem X-Chromosom der Mutter. Alle Töchter sind jedoch heterozygote Konduktorinnen (X/X), denn sie erhalten

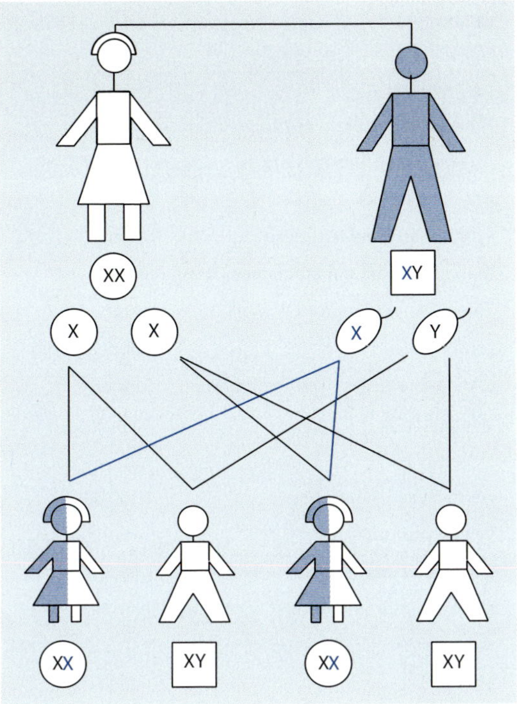

Abb. 5.12. X-chromosomal-rezessiver Erbgang mit homozygot gesunder Mutter (XX) und hemizygot krankem Vater (XY)

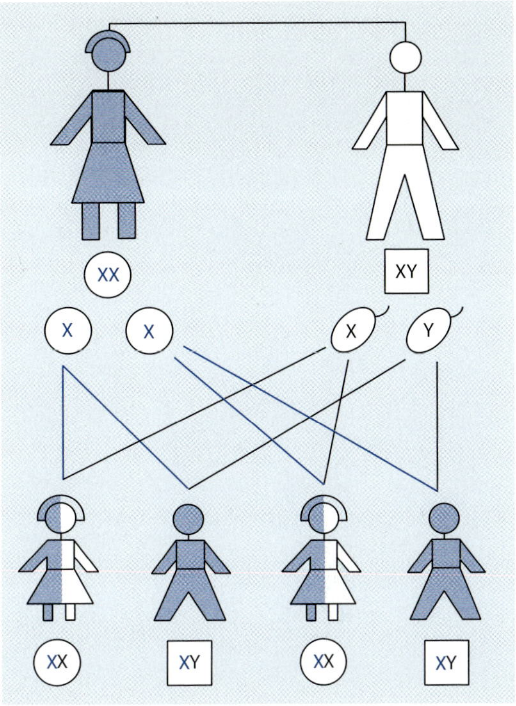

Abb. 5.13. X-chromosomal-rezessiver Erbgang mit homozygot kranker Mutter (XX) und gesundem Vater (XY)

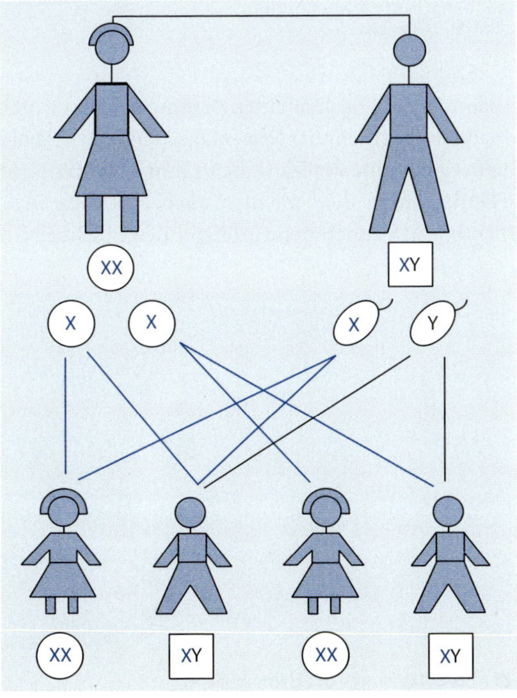

Abb. 5.14. X-chromosomal-rezessiver Erbgang mit homozygot kranker Mutter (XX) und hemizygot krankem Vater (XY)

das krankhafte Gen über das X-Chromosom des Vaters. Töchter eines hemizygot kranken Mannes werden dieses Chromosom mit dem krankmachenden Gen auf die Hälfte ihrer Söhne weiter vererben (Abb. 5.12).

- Mutter homozygot krank (X/X), Vater gesund (XY). Alle Söhne werden krank (X/Y), die Töchter alle gesunde Konduktorinnen (X/X; Abb. 5.13).
- Mutter homozygot krank (XX), Vater hemizygot krank (X/Y). Alle Kinder werden krank (XX, XY; Abb. 5.14).
- Mutter heterozygot (X/X), Vater hemizygot krank (X/Y). Die Hälfte der Söhne werden hemizygot krank (XY), die Hälfte der Töchter werden homozygot krank (XX), die andere Hälfte gesunde Konduktorinnen (XX; Abb. 5.15).

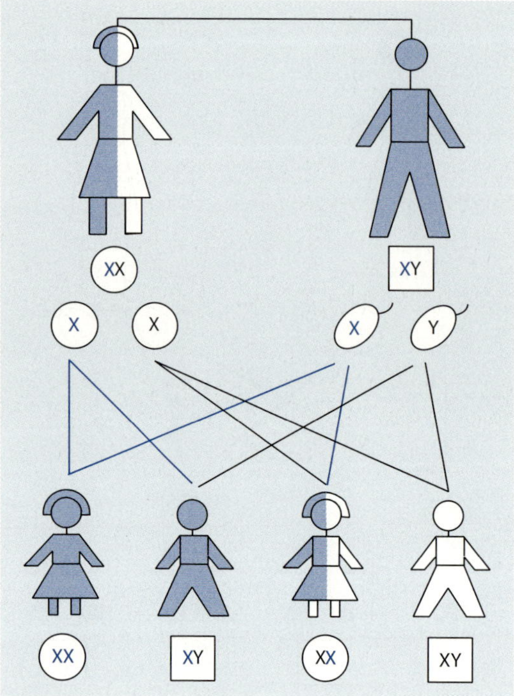

Abb. 5.15. X-chromosomal-rezessiver Erbgang mit Mutter (XX) als Konduktorin und hemizygot krankem Vater (XY)

Tabelle 5.11. Einige X-chromosomal-rezessive Erkrankungen

Krankheiten	Häufigkeit
Albinismus (okuläre Form)	1:55 000
Charcot-Marie-Tooth, Typ IV	1:32 000
Chorioideremie	Selten
Chronische Granulomatose	Selten
Diabetes insipidus (nephrogene Form)	Selten
Ehlers-Danlos-Syndrom Typ V, IX	Selten
Farbblindheit	1:500–2000
Glykogenspeicherkrankheit Typ VIIb	Selten
Hämophilie A	1:10 000
Hämophilie B	1:25 000
Lesch-Nyhan-Syndrom	1:300 000
Lowe-Syndrom	Selten
Martin-Bell- bzw. Fragiles-X-Syndrom	1:4000
Menkes-Syndrom	1:40 000
Mukopolysaccharidose Typ II (Hunter)	1:10 000–100 000
Muskeldystrophie Typ Duchenne/Becker	1:3000
Norrie-Syndrom	Selten
Retinoschisis	Selten
Testikuläre Feminisierung	1:2000–20 000
Wiskott-Aldrich-Syndrom	Selten

5.4.2 Genetische Erkrankungen mit X-chromosomal-rezessivem Erbgang

Einige X-chromosomal-rezessive Erkrankungen sind in Tabelle 5.11 zusammengestellt. Im Folgenden werden einige Krankheiten vorgestellt.

Hämophilie

Hämophilie ist eine klassische X-chromosomal-rezessive Erkrankung. Bei etwa 85 % der Hämophiliefamilien handelt es sich um einen Mangel an antihämophilem Globulin A, Faktor VIII **(Hämophilie A)**, bei etwa 15 % um einen Mangel an antihämophilem Globulin B, Faktor IX **(Hämophilie B)**. Die Aktivität der Faktoren VIII bzw. IX ist genetisch determiniert, bleibt in den einzelnen Familien in der Regel konstant und prägt den Schweregrad der Blutungsneigung. Die Gerinnungsstörung führt zu bedrohlichen Blutungen bei Verletzungen, auch bei kleineren Eingriffen. Im ersten Lebensjahr wird eine Neigung zu Hämatomen und flächenhaften Blutungen in das Unterhautgewebe erkennbar. Später kommen schmerzhafte tiefe Hämatome der Muskulatur hinzu (Abb. 5.16). Häufig bluten die Patienten auch äußerlich nicht sichtbar. Mit zunehmend größerer Beweglichkeit tre-

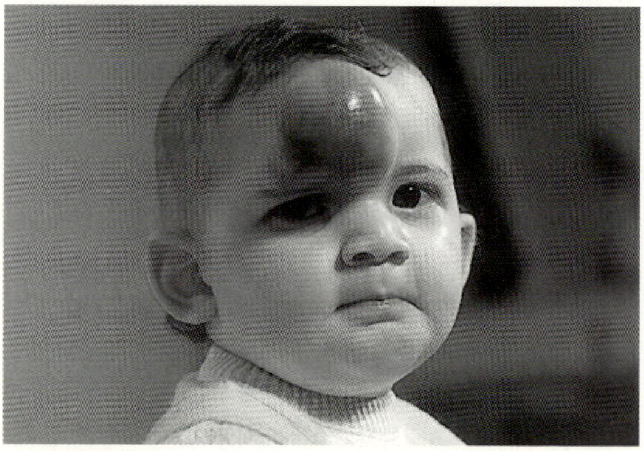

Abb. 5.16. Junge mit Hämophilie A.

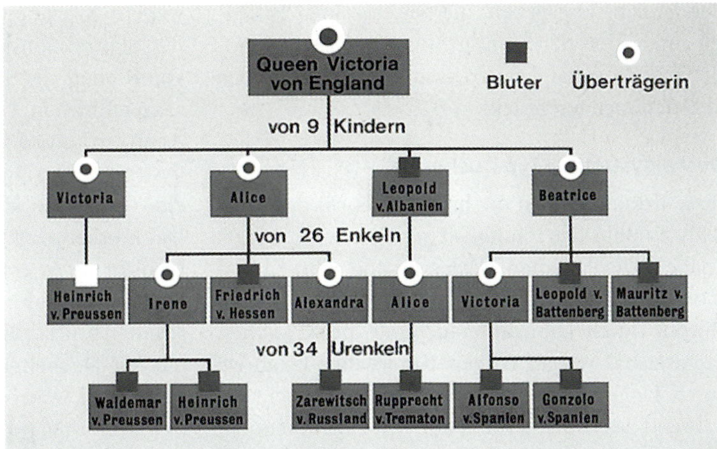

Abb. 5.17. Stammbaum der Hämophilie A in europäischen Königshäusern. Königin Viktoria war heterozygot. Sie vererbte das mutierte Gen auf einen Hämophilie-kranken Sohn und drei Töchter (nach Vogel u. Motulsky 1986)

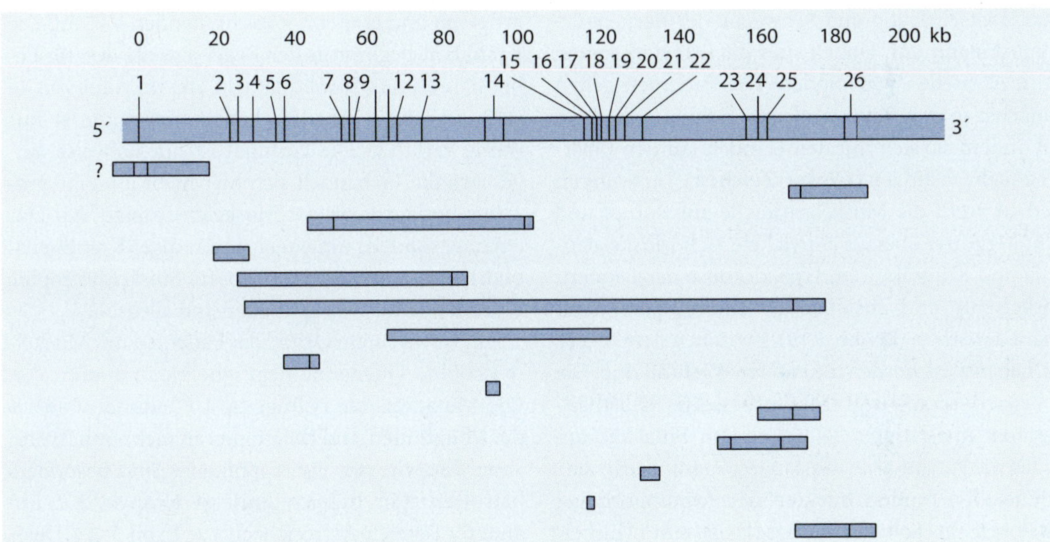

Abb. 5.18. Mutationen im Faktor-VIII-Gen (mod. nach Antonarakis u. Kazazion 1988)

ten Gelenkblutungen in den oberen Sprunggelenken, später auch in den Kniegelenken auf.

Bereits vor unserer Zeitrechnung wusste man schon, dass es sich bei der Hämophilie um eine genetische Erkrankung handelte, die durch gesunde Frauen übertragen wird und von der nur Knaben betroffen sind. Bekannt wurde diese Erkrankung in der Neuzeit durch ihr Auftreten in europäischen Herrscherhäusern, ausgehend von Königin Viktoria (Abb. 5.17).

Durch Substitution des Gerinnungsfaktors können Blutungen vorgebeugt bzw. gestillt werden. Mittlerweile stehen zu therapeutischen Zwecken biotechnologisch hergestellte rekombinante antihämophile Faktoren zur Verfügung, wodurch die Möglichkeiten der HIV- bzw. Hepatitisinfektion ausgeschlossen wird.

Das gesamte Faktor-VIII-Gen ist 186 kb groß und besitzt 2351 Kodons, verteilt über 26 Exons und ist auf Xq28 lokalisiert. Bei etwa 40 % der schwer betroffenen Patienten findet man eine Geninversion innerhalb der Promotorregion und im Intron 22. Daneben sind eine Vielzahl von missense-Mutationen bekannt. In Abb. 5.18 sind in Blöcken die

Genbereiche angegeben, die bei einzelnen Patienten einer Untersuchungsgruppe aus dem John-Hopkins-Hospital deletiert sind. Insgesamt wurden 14 Deletionen festgestellt.

Muskeldystrophie Typ Duchenne

Diese Erkrankung ist die häufigste Form der Muskeldystrophie. Die Häufigkeit beträgt etwa 1 zu 3000 Knaben. Die Patienten werden gesund geboren und entwickeln sich in der Regel zunächst unauffällig, obwohl durch Laboruntersuchung die Krankheit nachweisbar ist. Im frühen Kindesalter fallen sie durch Ungeschicklichkeit und durch Fallneigung während des Laufenlernens auf. Mit zunehmendem Alter treten erhebliche Schwierigkeiten beim Treppensteigen, Pseudohypertrophie der Wadenmuskulatur, Watschelgang und Schwäche der Beckengürtelmuskulatur auf. Üblich sind die Schwierigkeiten beim Aufstehen vom Boden: Die Patienten gehen zunächst in den Kniestand und richten sich dann auf, indem sie sich mit den Händen auf den Oberschenkeln abstützen **(Gower-Zeichen)**. Im weiteren Verlauf greift die Muskelschwäche auf Rumpf und Schultergürtel über, es entwickeln sich Muskelatrophie und Kontrakturen. Hyperlordose der Lendenwirbelsäule und abstehende Schulterblätter sind charakteristisch (◻ Abb. 5.19). Zwischen dem 8. und 12. Lebensjahr werden die Patienten gehunfähig. Die Lebenserwartung liegt trotz verbesserter Hilfsmaßnahmen meist unter 20 Jahren. Im Finalstadium leiden die Patienten an muskulärer Ateminsuffizienz mit rezidivierenden Infekten der Atmungsorgane (◻ Abb. 5.20). Seltener als DMD ist eine Muskeldystrophie Typ Becker (BMD), die einen gutartigeren und langsam fortschreitenden Verlauf zeigt.

Das Gen für die Duchenne-Muskeldystrophie ist auf den kurzen Arm des X-Chromosoms (Xp21) lokalisiert. Die Lokalisierung gelang zunächst durch Kopplungsanalyse, danach durch Beobachtung von Frauen, die an Duchenne-Muskeldystrophie erkrankt waren und eine balancierte X/autosomale Translokation zeigten. Die Bruchstelle auf dem X-Chromosom lag immer in der Xp21-Region. Auf verschiedene Weise bestätigte sich die Position des DMD auf Xp21. Eine weitere zytogenetisch nachweisbare Veränderung war die Beobachtung einer relativ großen Deletion im Bereich Xp21 bei einem Patienten mit DMD. Bei diesem Patienten lagen weitere X-gekoppelte Krankheiten vor. Mit Hilfe der Subtraktionsklonierung gelang die Isolierung von Klonen, die Sequenzen aus dem deletierten Bereich enthielten. Durch weitere molekulargenetische Analysen konnte schließlich das Gen für die Muskeldystrophie Typ Duchenne identifiziert werden. Eshat eine Größe von über 2400 kb und enthält 79 Exons. Das muskelspezifische, kodierte Protein ist das **Dystrophin** mit einer Größe von 427 kb. Wahrscheinlich ist das Dystrophin am kontraktilen Apparat der gestreiften und kardialen Muskeln beteiligt. Bei Patienten mit Duchenne-Muskeldystrophie fehlt Dystrophin völlig, während es beim Typ Becker vermindert bzw. abnormal produziert wird (◻ Abb. 5.21).

Die **Muskeldystrophie Typ Becker-Kiener** hat etwa das gleiche Erscheinungsbild, jedoch einen gutartigeren und langsam fortschreitenden Verlauf. Die Krankheit beginnt in der Regel jenseits des 10. Lebensjahres, und Invalidität tritt erst im Alter von 40 oder 50 Jahren ein. Die Lebenserwartung ist nur wenig verkürzt. Die Fertilität ist nur teilweise eingeschränkt. Es handelt sich hier nicht um eine gutartige Verlaufsform der Muskeldystrophie Typ Duchenne, sondern um ein eigenständiges Krankheitsbild. Die verantwortlichen Gene für Muskeldystrophie Duchenne und Becker-Kiener sind allelisch.

Bei etwa einem Drittel der Patienten mit Muskeldystrophie Duchenne liegt eine Neumutation vor. Die Mutationsrate beträgt ca. 10^{-4}. Rund 60–65 % der Mutationen sind Deletionen an mehreren Exons. Zwei Bereiche des Dystrophingens sind besonders betroffen. Ein Bereich umfasst Exon 44–52. Ein anderer Bereich erstreckt sich von Exon 3–19. Deletionen, die die ersten bzw. letzten Exons des Gens betreffen, führen zum intermediären Typ. Deletionen im mittleren Bereich können sowohl DMD als auch BMD verursachen. Etwa 6 % sind Duplikationen (◻ Abb. 5.22). Das verbleibende Drittel der Patienten mit Muskeldystrophie zeigt Punktmutationen (Inversionen oder Deletionen von wenigen Nukleotiden oder Austausch von Basen). In seltenen Fällen liegt ein Keimzellmosaik vor. Ein Heterozygotentest bzw. pränatale Diagnose ist möglich. Die Carrier von Deletionen können nach Hybridisierung mit dystrophinspezifischen Kosmidklonen auf Metaphasepräparate erkannt werden (◻ Abb. 5.23). In den übrigen Fällen wird eine Haplotypanalyse mit polymorphen DNA-Markern notwendig. Die Car-

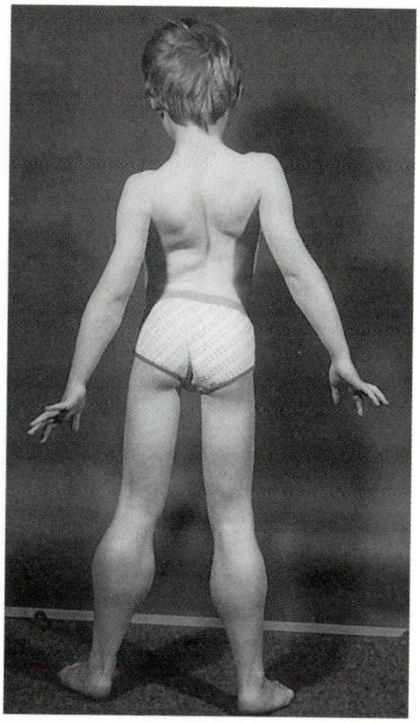

Abb. 5.19. Junge mit Muskeldystrophie Typ Duchenne. Typische pseudohypertrophe Wadenmuskulatur (mit freundlicher Genehmigung von Prof. E. Kuhn, Heidelberg)

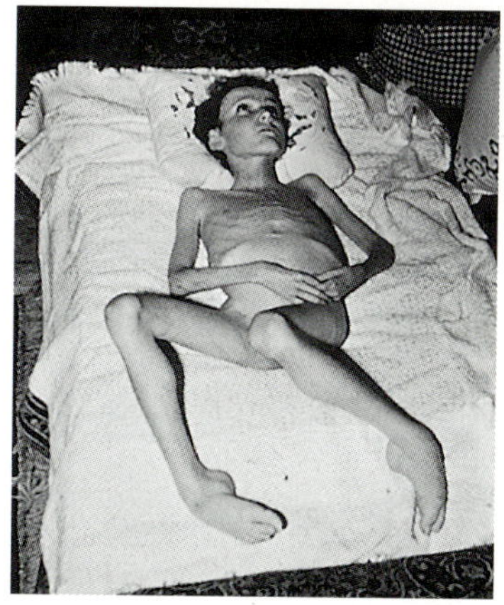

Abb. 5.20. Patient mit DMD im finalen Stadium (aus der Sammlung von Prof. F. Vogel)

rier sind in der Regel asymptomatisch, jedoch kann eine CK-Erhöhung (Kreatininphosphokinase) nachgewiesen werden. Bei etwa 2–5 % der Carrier kann es durch Abweichung vom normalen X-Inaktivierungsmuster (*skewed inactivation*, ▶ Kap. 3.3) zu klinischen Manifestationen der Muskeldystrophie kommen.

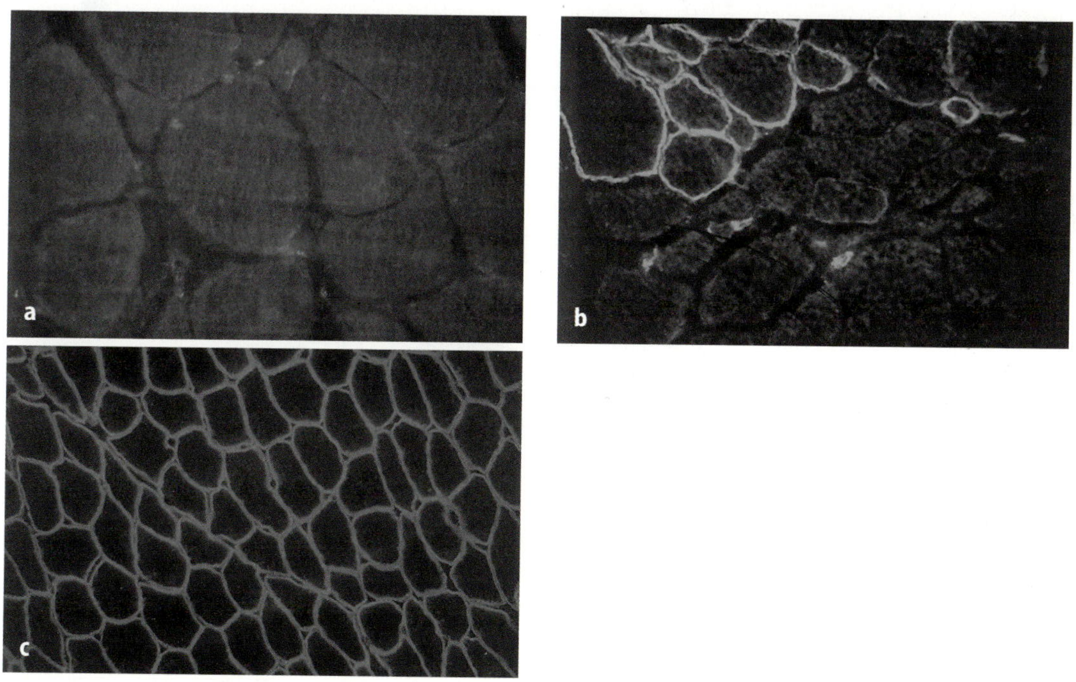

Abb. 5.21a–c. Muskeldystrophie bei DMD-Patient (**a**), Konduktorin (**b**), und Kontrollperson (**c**) (mit freundlicher Genehmigung von Frau Dr. M. Cremer)

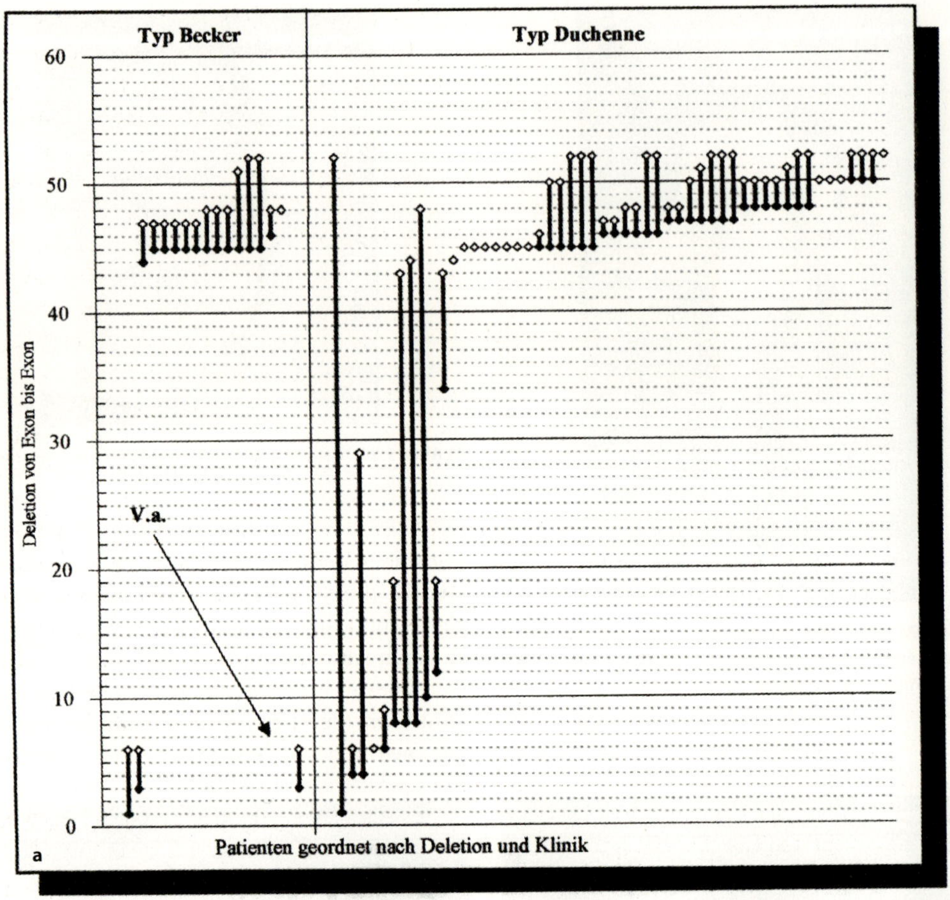

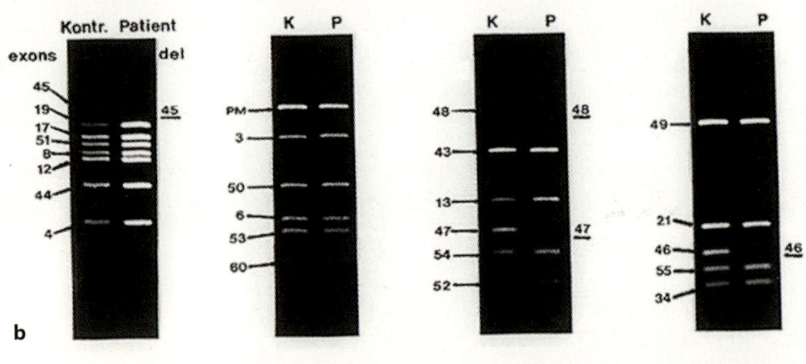

Abb. 5.22. **a** Deletionsmuster bei Muskeldystrophie Typ Duchenne und Becker des Patientenguts der genetischen Beratungsstelle Heidelberg. **b** PCR von 24 Exons und der Promotorregion des Dystrophingens. Patienten zeigen eine Deletion der Exons 45–49 (mit freundlicher Genehmigung von Frau Dr. M. Cremer)

Rot-Grün-Blindheit

Es gibt verschiedene Formen von Rot-Grün-Blindheit. **Protanomalie** (Rot-Schwäche) und **Deuteranomalie** (Grün-Schwäche) sind die häufigsten, die X-chromosomal-rezessiv vererbt werden. Die Gesamthäufigkeit für Europäer beträgt etwa 8 % bei Männern, davon sind 1/4 Protanope und 3/4 Deuteranope. Es handelt sich hier nicht um das gleiche Allel, sondern um zwei voneinander unabhängige Mutationen. Besitzt eine Frau beide Allele, wird sie nicht farbuntüchtig. Hämophilie A und Rot-Grün-Blindheit sind eng aneinander gekoppelt. Die seltene **totale Farbenblindheit** (Achromatopsie) hat einen autosomal-rezessiven Erbgang und die noch seltenere **Blau-Monochromasie** wird X-chromosomal-rezessiv vererbt.

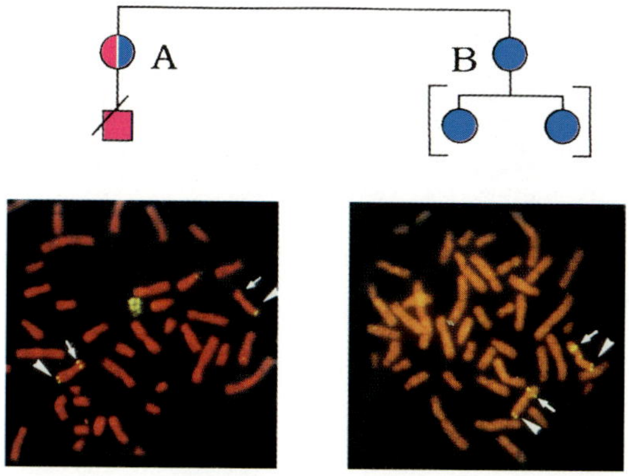

Abb. 5.23. Carrierdiagnostik bei Muskeldystrophie Typ Duchenne mit Hilfe der In-situ-Hybridisierung (mit freundlicher Genehmigung von Frau Dr. M. Cremer)

Die Blau-Farbenblindheit (**Tritanopie**) besitzt eine Häufigkeit von 1:500 und wird autosomal-dominant vererbt.

Martin-Bell- bzw. Fragiles-X-Syndrom

Große Familienstudien aus früheren Jahren haben gezeigt, dass die Häufigkeit der geistigen Behinderung bei Männern deutlich höher liegt als bei Frauen. Diese Differenz bleibt auch weiter bestehen, nachdem eine Reihe von Krankheiten wie Chromosomenanomalien und Stoffwechselstörungen mit geistiger Retardierung identifiziert wurden. Heute weiß man, dass dieser Unterschied durch X-chromosomal-rezessive Vererbung bedingt ist. Inzwischen sind über 200 Formen der syndromalen und nicht-syndromalen X-gebundenen mentalen Retardierung (XLMR) identifiziert worden. Eines der häufigsten Krankheitsbilder der syndromalen XLMR ist das Martin-Bell-Syndrom. Die Häufigkeit beträgt ca. 1:4000 bei Männern. Wegen zytogenetischer Expression einer fragilen Stelle am terminalen Ende des lange Arms des X-Chromosoms (Xq27.3) wird das Krankheitsbild auch als Fragiles-X-Syndrom bezeichnet.

Klinische Merkmale dieser Erkrankung wurden bereits 1943 von Martin und Bell beschrieben. Sie zeigen neben der geistigen Retardierung einige äußere Auffälligkeiten sowie Verhaltens- und Sprachentwicklungsstörungen. Charakteristisch sind ein relativ langes, schmales Gesicht mit hoher Stirn, supraorbitalen Wülsten, ausgeprägtem prominentem Unterkiefer, großen, wenig differenzierten Ohren, Bindegewebsschwäche mit überstreckbaren Gelenken und postpubertäre Megalotestes (Abb. 5.24). Die phänotypischen Merkmale sind insgesamt sehr variabel. Relativ häufig treten Mitralklappenprolaps und/oder Aortendilatationen auf. Im Kindesalter fallen die Patienten durch ihr hyperkinetisches Verhalten mit autistischen Zügen, Konzentrationsschwäche und Sprachentwicklungsstörungen auf. Oft zeigen sie relativ große, dysplastische Ohren, pastöse und fleischige Hände und Füße mit tiefen Fußsohlenfurchen sowie feine, samtartige Haut. Körpermaße wie Körpergröße, Kopfumfang und Körpergewicht liegen im oberen Normbereich (Tabelle 5.12 zeigt die charakteristischen Merkmale des Martin-Bell-Syndroms im Kindesalter).

Durch zytogenetische Untersuchung unter geeigneten Bedingungen (► Kap. 4.4.4) findet man auf dem langen Arm des Chromosoms X (Xq27.3) eine fragile Stelle (Abb. 5.25). Die zytogenetische Veränderung ist nicht in allen Mitosen nachweisbar. Bei den heterozygoten Frauen kann diese fragile Stelle nicht immer nachgewiesen werden.

Das Martin-Bell-Syndrom zeigt einige Besonderheiten:

- Es gibt neben gesunden weiblichen auch gesunde männliche Anlageträger (Abb. 5.26). Nur 80 % der männlichen Anlageträger sind geistig retardiert und weisen klinische Merkmale auf.
- Neben klinisch unauffälligen Überträgerinnen gibt es auch betroffene heterozygote Frauen. Etwa 30–70 % der heterozygoten Frauen sind geistig retardiert und zeigen phänotypische Merkmale des Martin-Bell-Syndroms.
- Mütter und Töchter eines gesunden männlichen Überträgers zeigen keine Symptome, obwohl sie obligatorisch heterozygot sind.
- In der Enkelgeneration eines gesunden männlichen Überträgers kann das Krankheitsbild wiederum auftreten. Dies bedeutet, dass die Wahrscheinlichkeit der Inaktivierung des verantwortlichen Gens und damit die Penetranz von Generation zu Generation ansteigt (**Antizipation**).
- Gesunde männliche Überträger sowie ein Großteil der unauffälligen Konduktorinnen zeigen zytogenetisch keine fragile Stelle des X-Chromosoms.

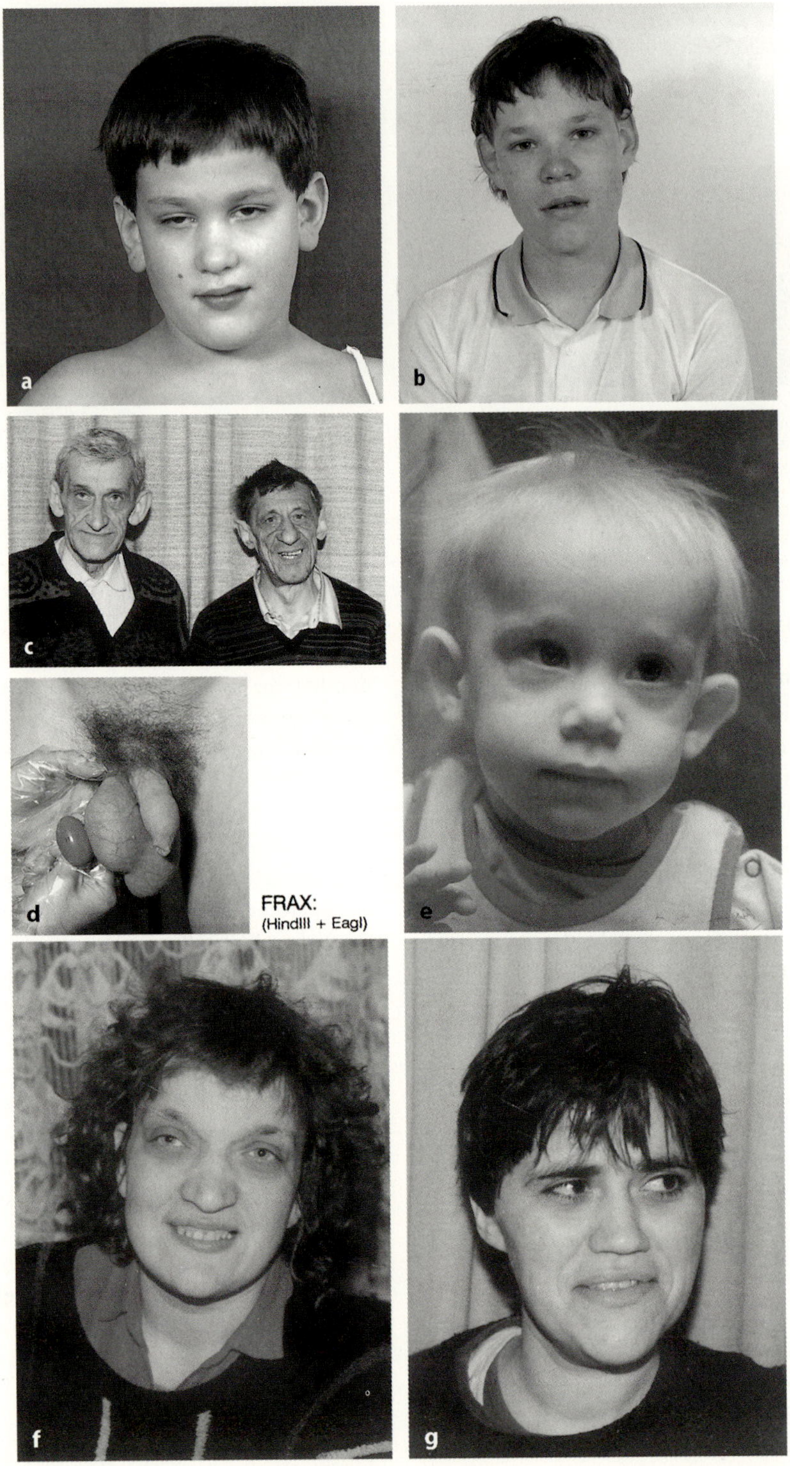

Abb. 5.24a–g. Martin-Bell-Syndrom **a** im Kindesalter, **b** als heranwachsender Junge, **c** bei älteren Patienten, **d** Megalotestes, **e** 2½-jähriges Mädchen, **f** und **g** erwachsene Frauen mit klinischer Manifestation bei Large-Fragmenten

Tabelle 5.12. Charakteristische Merkmale des Martin-Bell-Syndroms im Kindesalter
Langes, schmales Gesicht
Progenie mit zunehmendem Alter
Große Ohren
Kopfumfang und Körperlänge >50 Pc
Überstreckbare Gelenke
Hypotonie
Plattfüße
Plumpe, fleischige Hände und Füße
Furchungen der Fußsohlen
Feine, samtartige Haut
Autistisches Verhalten
Wenig bzw. kein Augenkontakt
Hyperaktivität
Sprachstörungen
Makroorchidie ab Pubertätsalter

Mit Hilfe verschiedener molekulargenetischer Methoden wurde die gesamte fragile Stelle des X-Chromosoms kartiert und molekularbiologisch analysiert. Innerhalb dieser Region zeigten die Patienten eine abnorme DNA-Methylierung an einer CpG-Insel. In deren Nachbarschaft wurde eine hochrepetitive DNA-Sequenz gefunden. Sie besteht aus tandemartig repetitiven CGG-Trinukleotiden (Cytosin-Guanin-Guanin). Normalerweise hat das X-Chromosom 6–52 CGG-Repeats. Bei den geistig normalen männlichen und weiblichen Überträgern ist dieses spezifische DNA-Fragment etwas verlängert. Die mental retardierten Patienten zeigen jedoch große sog. **Large-Fragmente** und eine aberrante Methylierung. Das verantwortliche Gen wird als *FMR1* (*fragile X linked mental retardation gene 1*) bezeichnet. Es ist 38 kb groß und besteht aus 17 Exons. Am 5'-Ende in Exon 1 und am 3'-Ende von Exon 17 befindet sich jeweils eine große Region, die nicht in FMR1-Protein translatiert wird. In der nicht translatierten Region befindet sich die repetitive CGG-Sequenz.

Beim Martin-Bell-Syndrom unterscheidet man zwei Mutationsschritte. Vermehrt sich das CGG-Repeat bis auf 200, spricht man von einer **Prämutation** (s*). Bei einer **vollständigen Mutation** (L) auf dem fragilen X-Chromosom findet man über 200–>1000 CGG-Repeats, und zusätzlich kommt es zur Hypermethylierung der Repeats und der benachbarten regulatorischen Sequenz. Der genetische Code der vollständigen Mutation kann im Gegensatz zum normalen oder prämutierten Gen nicht abgelesen werden, was wiederum zum Ausfall des Genprodukts führt. Durch DNA-Diagnostik können die klinische Verdachtsdiagnose sowie die klinisch unauffälligen heterozygoten Frauen und die gesunden männlichen Anlageträger nachgewiesen werden. Bei der vollständigen Mutation sind die repeattragenden DNA-Fragmente nach der enzymatischen Spaltung etwa 0,6 bis 3 kb und die Prämutation 0,2 bis 0,5 kb groß. Die beiden Mutationstypen unterscheiden sich außerdem hinsichtlich der Methylierung der CG-Sequenz (◘ Abb. 5.27). Während bei den betroffenen Männern die molekulargenetischen Befunde dem

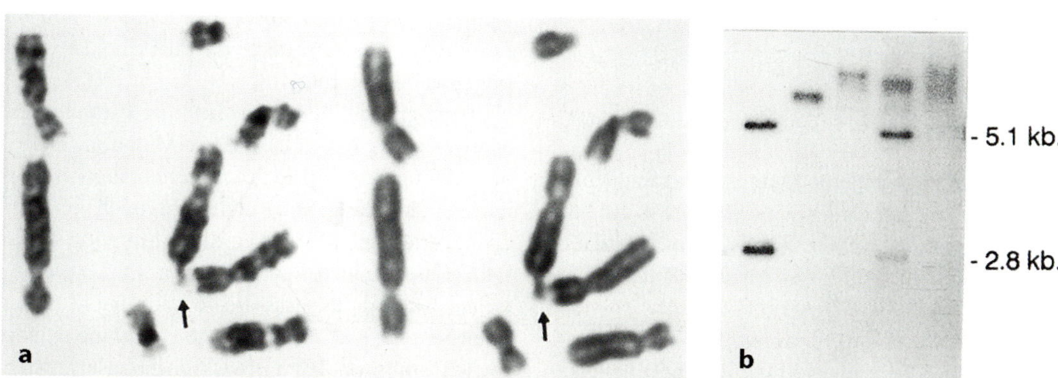

◘ Abb. 5.25. a Fragiles X-Chromosom, **b** Southern-blot von 4 Patienten mit Martin-Bell-Syndrom und Kontrollperson. Von links nach rechts: Kontrollperson K, 1, 2 und 4 Patienten. 3 Patientin mit Vollmutation

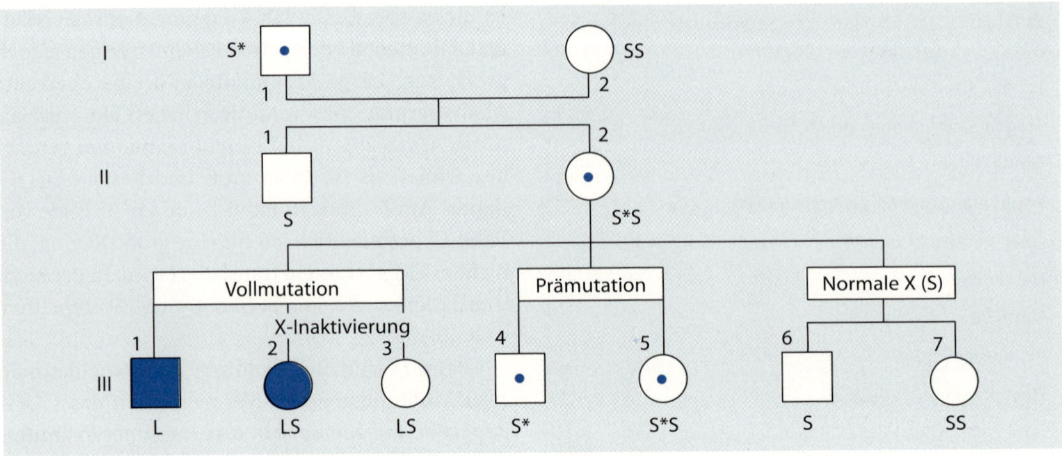

Abb. 5.26. Stammbaum mit normaler männlicher Übertragung von Martin-Bell-Syndrom: Männer mit Large-Fragment erkranken alle (III/1). Bei Frauen mit Large-Fragment kann entsprechend der Lyon-Hypothese die Krankheit manifest (III/2) werden oder nicht (III/3)

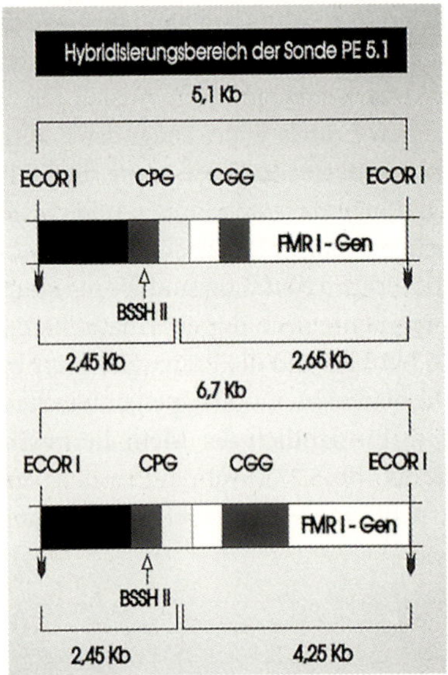

Abb. 5.27. Schematische Darstellung des FMR-1-Gens

klinischen und zellulären Phänotyp mit fragilem X-Chromosom entsprechen, sind etwa 70 % der heterozygoten Frauen mit einer vollständigen Mutation klinisch auffällig. Letzteres beruht auf dem Lyon-Effekt (▶ Kap. 3.3).

Bislang wurde angenommen, dass die Prämutation des FMR1-Gens nicht zu klinischen Auffälligkeiten führt, jedoch wurde jetzt eine neurologische Erkrankung mit Intentionstremor, Ataxie und Demenz bei älteren männlichen Prämutationsträgern beobachtet (fragiles-X-Tremor-Ataxie-Syndrom, FXTAX). Die typischen Befunde sind Groß- und Kleinhirnatrophien mit Einschlusspartikeln in Nerven- und Gliazellen. Diese Erkrankung unterscheidet sich vom fragilen X-Syndrom und wird durch toxische Wirkung von mehrfach erhöhter FMR1-mRNA (Funktionszugewinn) hervorgerufen.

Die vollständige Mutation tritt nur auf, wenn eine Prämutation vorausgegangen ist. Diese entsteht bei **maternaler Vererbung** entweder in der Oogenese oder während der frühen embryonalen Entwicklung oder sogar in beiden Phasen. Es ist also ein zweiter mutativer Schritt erforderlich. Die Tochter normaler männlicher Überträger ist trotz obligater Anlageträgerschaft klinisch nicht krank, weil die Prämutation unverändert vom männlichen Überträger weiter vererbt wird.

Gelegentlich stellt man bei den Patienten ein Mosaikmuster mit vollständiger Mutation, methylierten Fragmenten und prämutierten, nicht methylierten Fragmenten fest. Auch in Spermien von manchen Patienten mit vollständiger Mutation findet man ausschließlich Prämutationen. Dieser Befund ist ein Beleg dafür, dass die vollständige Mutation offensichtlich erst nach der Zygotenbildung in einer frühen embryonalen Entwicklungsphase entsteht und zwar dann, wenn bei maternal ererbtem FMR-1-Gen die DNA methyliert ist.

In sehr seltenen Fällen zeigen Patienten mit Martin-Bell-Syndrom kein fragiles X-Chromosom und keine Veränderung der CGG-Repeats. Zwei Patienten hatten Deletionen des terminalen Endes des X-Chromosoms, die das FMR-1-Gen betrafen; ein weiterer hatte eine Punktmutation in der kodierenden DNA-Sequenz. Dies zeigt, dass nicht die Brüchigkeit im Bereich Xq27.3 sondern die Inaktivierung des FMR1-Gens selbst die entscheidende pathogenetische Rolle spielt. Bei den übrigen handelt es sich offenbar um eine andere X-chromosomale mentale Retardierung (XLMR) mit identischen klinischen Merkmalen. Inzwischen sind eine Reihe von Krankheitsbildern mit XLMR klinisch klassifiziert und molekulargenetisch identifiziert worden. Patienten mit FRAXE- und FRAXF-Syndrom zeigen eine fragile Stelle im Bereich Xq28 und sind geistig moderat beeinträchtigt. Im Gegensatz zum Martin-Bell-Syndrom gibt es in FRAXE-Familien einen hohen Anteil von nicht betroffenen Überträgern. Die molekulare Ursache ist bei den FRAXE- und FRAXF-Patienten eine CCG- bzw. eine GCC-Trinukleotidexpansion.

5.4.3 Unterschiedliche Genaktivität in Einzelzellen von Heterozygoten

An dieser Stelle sei im Zusammenhang mit X-chromosomal-rezessiver Vererbung nochmals an die Lyon-Hypothese erinnert (► Kap. 3.3). Da in jeder weiblichen Zelle eines der beiden X-Chromosomen inaktiviert und das Inaktivierungsmuster zufällig ist, entstehen bei heterozygoten Frauen **genetische Mosaike** (► Kap. 3.3). Als messbare Beispiele sollten hier nochmals die Muskeldystrophie Typ Duchenne, G6PD-Varianten und die chronische Granulomatose Erwähnung finden.

5.4.4 X-chromosomal-dominanter Erbgang

Neben der X-chromosomal-rezessiven Vererbung gibt es den recht seltenen X-chromosomal-dominanten Erbgang. Er unterscheidet sich vom X-chromosomal-rezessiven Erbgang dadurch, dass nicht nur die hemizygoten Männer, sondern auch die weiblichen heterozygoten Träger Krankheitserscheinungen aufweisen. Frauen sind doppelt so häufig betroffen wie Männer, jedoch ist die Expression bei ihnen in der Regel milder (◘ Tabelle 5.13). Allerdings ist eine exakte Abgrenzung der dominanten und rezessiven Erkrankungen bei geschlechtsgebundenen Erbgängen nicht immer vorhanden.

Im Einzelnen gilt:

- Die Söhne betroffener Männer sind merkmalfrei, da sie ihr einziges X-Chromosom von der gesunden Mutter geerbt haben. Dafür sind alle Töchter von männlichen Merkmalträgern ebenfalls Merkmalträgerinnen.
- Unter den Kindern weiblicher Kranker findet sich in Analogie zum autosomal-dominanten Erbgang eine 1:1-Aufspaltung ohne Rücksicht auf das Geschlecht. Männliche Merkmalträger haben also ihre Krankheit immer von der Mutter geerbt. Ihre Geschwister zeigen immer eine 1:1-Aufspaltung. Weibliche Merkmalträger können die Krankheit sowohl vom Vater als auch von der Mutter geerbt haben.
- Bei Erkrankung beider Geschlechter sind alle Töchter Merkmalträger, bei den Söhnen findet sich eine 1:1-Aufspaltung. Sind weibliche Merkmalträger homozygot krank, führt dies bei allen Kindern zur Merkmalausprägung unabhängig vom Geschlecht und unabhängig davon, ob der Vater hemizygot befallen ist oder nicht.

Es kann also – zumal wenn dem Arzt wenig Material aus dem Stammbaum einer Familie zur Verfügung steht – häufig schwierig sein, einen X-chromo-

◘ Tabelle 5.13. Hauptkriterien bei X-chromosomal-dominanter Vererbung

– Sowohl Männer als auch Frauen erkranken (Männer oft schwerer).
– Frauen sind doppelt so häufig betroffen wie Männer.
– Die Übertragung erfolgt von erkrankten Männern auf alle Töchter und von erkrankten Frauen auf die Hälfte aller Kinder.
– Männliche Merkmalträger haben die Krankheit immer von der Mutter geerbt, weibliche Merkmalträger können die Erkrankung sowohl vom Vater als auch von der Mutter geerbt haben.
– Bei Verwandtenehen besteht kein erhöhtes Risiko.

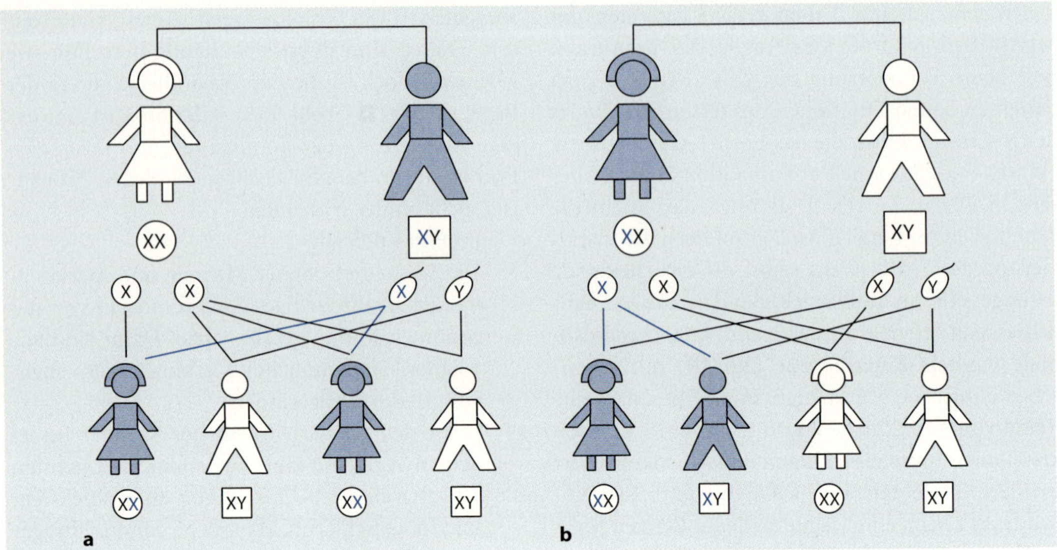

Abb. 5.28a,b. X-chromosomal-dominanter Erbgang

somal-dominanten Erbgang von einem autosomal-dominanten abzugrenzen. Am besten gelingt dies, wenn die als erstes aufgeführten Aufspaltungsverhältnisse vorliegen (Abb. 5.28).

5.4.5 Genetische Erkrankungen mit X-chromosomal-dominantem Erbgang

Vitamin-D-resistente Rachitis mit Hypophosphatämie

Hier liegt eine Störung der tubulären Rückresorption des Phosphats vor, die zu einer konstanten Hypophosphatämie bei normalem Serumkalzium führt und dadurch die rachitischen Skelettveränderungen mit Osteomalazie, Skelettdeformitäten und Minderwuchs mit Beindeformierung verursacht (Abb. 5.29 und 5.30). Häufig werden gestörte Zahnentwicklung und Deformierung der maxillofazialen Region beobachtet. In einer betroffenen Familie können sowohl die Söhne als auch die Töchter erkranken, jedoch sind der Phosphatspiegel im Serum sowie die klinischen Zeichen der Rachitis bei den weiblichen Anlageträgerinnen milder als bei männlichen. Das Gen für die Hypophosphatämie liegt auf Xp22.2 (*PHEX*). Es gibt eine Reihe von allelischen Variablen.

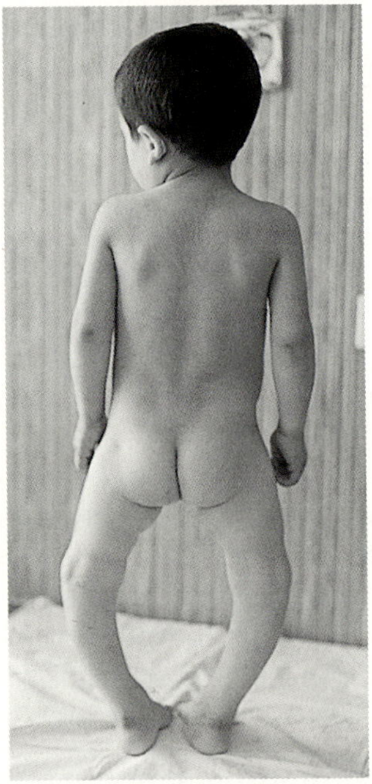

Abb. 5.29. Patient mit Vitamin-D-resistenter Rachitis

Ornithin-Transkarbamylase-Defekt (OTC)

OTC ist ein weiteres Beispiel für eine X-chromosomal-dominante Erkrankung. Die betroffenen hemizygoten Knaben zeigen bereits im Neugeborenenalter eine Hyperammonämie mit progredienter Lethargie, welche

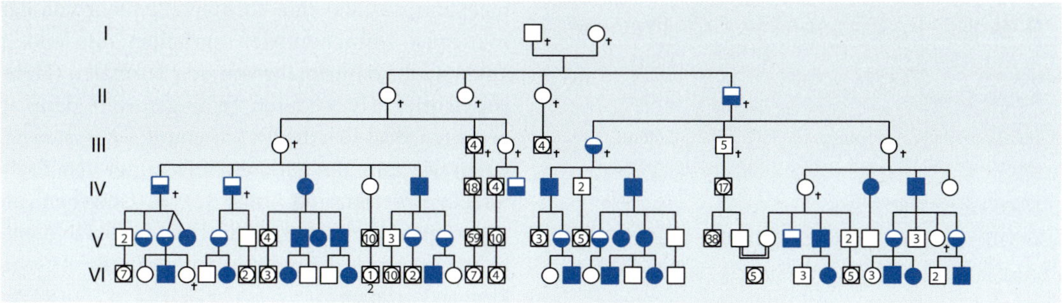

Abb. 5.30. Stammbaum mit X-chromosomal-dominanter Vitamin-D-resistenter Rachitis und Hypophosphatämie. ■ Hypophosphatämie mit Rachitis, ▬ Hypophosphatämie ohne Rachitis (nach Winters et al. 1957)

relativ schnell zum Koma führt. Andererseits kann die Erkrankung auch erst im Säuglingsalter oder später im Kindesalter, manchmal sogar erst im Erwachsenenalter manifest werden. Charakteristisch sind Gedeihstörungen, chronisch neurologische Symptomatik, Lethargie, zerebrale Anfälle, Verhaltensauffälligkeiten und Psychosen. Bei den heterozygoten Mädchen ist das klinische Bild variabel. Sehr oft werden bei den heterozygoten Frauen die klinischen Symptome nicht manifest, weshalb manche Autoren dieses Krankheitsbild als inkomplett dominante X-chromosomale Erkrankung bezeichnen. Die Häufigkeit der Erkrankung beträgt ca. 1:14.000. Das Gen für OTC liegt auf dem kurzen Arm des X-Chromosoms (Xp21.1). Das Gen ist inzwischen sequenziert und verschiedene Mutationen identifiziert, nicht alle Mutationen führen zu einem schweren Krankheitsbild. Große Deletionen führen zur Manifestation der schweren neonatalen Form.

Weitere Erkrankungen

Einige X-chromosomal-dominante Erkrankungen werden nur bei Frauen beobachtet, weil die Mutationen für die männlichen Hemizygoten letal sind. Dazu gehören z. B. das **orofaziodigitale Syndrom** (OFD1) Typ I, **Incontinentia pigmenti** und **fokale dermale Hyperplasie**.

OFD1

OFD1 ist ein Fehlbildungskomplex mit einer Kerbe bzw. Spalte in Lippen-, Kiefer und Gaumen (Abb. 5.31), gelappter Zunge, Schleimhautfalten zwischen Wangen und Kieferbogen, schütterem Kopfhaar, Polysyndaktylie, Brachydaktylie und mentaler Retardierung.

Incontinentia pigmenti

Incontinentia pigmenti bzw. Bloch-Sulzberger-Syndrom ist ein X-dominantes Multisystem. Betroffen sind dabei die Organe, die ektodermaler Herkunft sind. Meist sind Mädchen betroffen, weil die Erkrankung für männliche Heterozygote letale Wirkung hat. Einzeln beobachtete Männer mit Incontinentia pigmenti sind Mosaike. Charakteristische Merkmale sind zunächst herpetiforme Bläschen bzw. Knötchen, die häufig linear angeordnet entlang der Blaschkolinien auftreten. Nach der Heilung der Bläschen tritt eine flächenhafte bzw. warzenförmige pigmentierte Hyperkeratose auf, die später in spritzartig braun-schwarze Pigmentflecken übergehen. Prädisponiert sind besonders die Achselhöhlen, der Rumpf und die Beine; das Gesicht bleibt meist ausgespart. Weitere Merkmale sind fehlende Zahnanlagen, verschiedene Augenanomalien, vor allem Katarakte, Keratitis, retinale Schäden oder Optikusatrophie, ZNS-Anomalien, spastische Tetra-

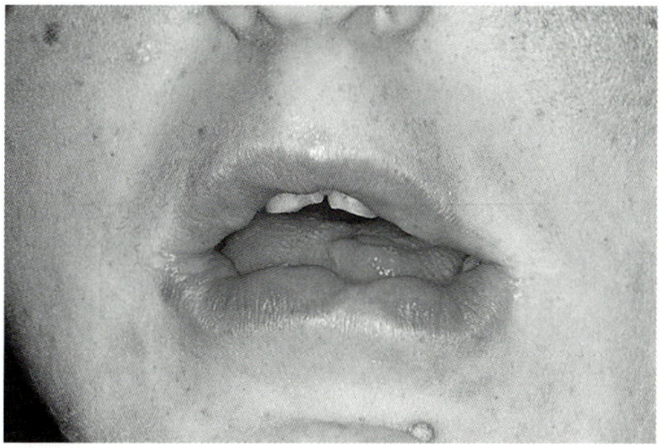

Abb. 5.31. Patient mit orofaziodigitalem Syndrom (Typ I) (aus der Sammlung von Frau Prof. T.-M. Schroeder-Kurth)

◘ Tabelle 5.14. X-chromosomal-dominante Erkrankungen	
Krankheiten	**Häufigkeit**
Aicardi-Syndrom	Selten
Fokale dermale Hypoplasie (Goltz-Gorlin-Syndrom)	Selten
Incontinentia pigmenti	1/75000
Ornithin-Transkarbamylase-Defekt (OTC)	Selten
Orofaziodigitales Syndrom Typ I (OFD1)	1/80000 (Mädchen)
Vitamin-D-resistente Rachitis	Selten

plegien, epileptische Anfälle und mentale Entwicklungsverzögerung. Genetisch werden zwei verschiedene Typen unterschieden. Das Gen für Tay Ip2 (*NEMO*) ist an Xp28 lokalisiert (◘ Tabelle 5.14).

5.5 Mitochondriale Vererbung

5.5.1 Molekulare Grundlage mitochondrialer Erkrankungen

Die Mitochondrien (► auch Kap. 1.4) werden ausschließlich durch die Eizelle der Mutter vererbt, denn das ohnehin sehr geringe Zytoplasma der Samenzelle hat bei der mitochondrialen Vererbung keinen Einfluss. Trägt in einer Zygote ein Teil der Mitochondrien eine bestimmte Mutation, dann kann, entsprechend dem zufälligen Verteilungsmechanismus, die eine Tochterzelle mehr von den mutierten Mitochondrien enthalten, die andere Tochterzelle dafür mehr von den normalen (**Heteroplasmie**). Mit weiteren Teilungen wäre dann zu erwarten, dass sich die Verschiebung zugunsten der einen wie auch der anderen Sorte unter den Tochterzellen fortsetzt (◘ Abb. 5.32). In Geweben, die vorwiegend die mutierte mitochondriale DNA enthalten, kann es dann zu entsprechenden Auswirkungen kommen.

Generell kann man feststellen, dass jede somatische Zelle aufgrund von verschiedenen Mutationen mehrere unterschiedliche mt-DNA enthält. Die phänotypische Ausprägung ist abhängig von der Proportion der mutanten mt-DNA innerhalb einer Zelle. Ein pathologisches Merkmal wird ausgeprägt, wenn der Anteil der mutanten DNA einen bestimmten kritischen Schwellenwert erreicht hat.

Die mitochondriale DNA eignet sich wegen ihrer hohen Mutationsrate besser als die Kern-DNA für evolutionsbiologische Untersuchungen. Außerdem können hier viele Faktoren, wie z. B. eine Rekombination zwischen väterlichen und mütterlichen Allelen, aufgrund der mütterlichen Vererbung, ausgeschlossen werden. Dies kann für spezielle Fragen der **Abstammungsuntersuchung** genutzt werden. Hinweise bezüglich der Nützlichkeit gerade der mitochondrialen DNA für solche Untersuchungen finden sich in ► Kap. 13.

In der letzten Zeit wird die molekulargenetische Untersuchung von mitochondrialer DNA auch bei

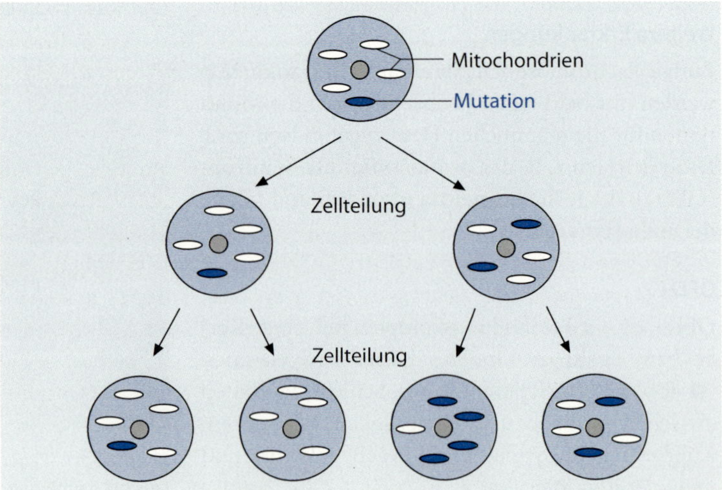

◘ **Abb. 5.32.** Heteroplasmie bei mitochondrialer Vererbung

populationsgenetischen Betrachtungen herangezogen. So ist z. B. eine Deletion von neun Basenpaaren nachgewiesen worden, die einen polymorphen Marker für Menschen, die aus Ostasien stammen, darstellt. Die Deletion befindet sich in einer der wenigen nicht kodierenden Regionen. Auch über 90 % der Polynesier, deren Abstammung aus Ostasien oder Südamerika lange Zeit kontrovers diskutiert wurde, weisen diese Deletion auf.

Man weiß heute, dass in mt-DNA kodierte Proteine essenzielle Komponenten der **Atmungskette** sind. Bei der oxidativen Phosphorylierung der Atmungskette sind fünf verschiedene Enzymkomplexe involviert. Komplex I bis IV sind an NADH- und Sukzinatoxidation und Komplex V an der ATP-Synthese beteiligt. Weiterhin ist bekannt, dass die Synthese dieser Komplexe unter der gemeinsamen Kontrolle der nukleären und mitochondrialen DNA steht. Von über 90 Komponenten, die an der oxidativen Phosphorylierung der Atmungskette beteiligt sind, sind nur 13 in mt-DNA kodiert, die auf mitochondriellen Ribosomen synthetisiert werden. Die restlichen 24 mitochondriellen Gene kodieren 22 Arten von t-RNA sowie zwei r-RNA Moleküle. Sie sind Bestandteil des mitochondriellen Syntheseapparates. mt-DNA zeigt entsprechend der hohen Mutationsrate eine große interindividuelle Variabilität, die durch Restriktionsfragmentlängen-Polymorphismus (RFLP)-Untersuchungen bestätigt werden konnte.

Da aber die mitochondriale Proteinsynthese auch in nukleärer DNA kodiert ist, ist bei mitochondrialen Erkrankungen auch die nukleäre DNA mitbeteiligt.

Aufgrund der doppelten genetischen Kontrolle des mitochondrialen Proteins und der Kompliziertheit der posttranslationalen Ereignisse nimmt man verschiedene genetische Störungen als Ursache für mitochondriale Erkrankungen an:

- Veränderungen der Transkription oder Translation von mt-DNA-kodierten Polypeptiden;
- Veränderungen der Transkription oder Translation der nukleär-DNA-kodierten Polypeptide;
- Veränderungen des Posttranslationsprozesses der nukleären DNA-kodierten Proteine.

Darüber hinaus können indirekte Mechanismen wie z. B. Veränderungen einer prosthetischen Gruppe oder Veränderungen der membrangebundenen Enzyme zu mitochondrialen Erkrankungen führen.

5.5.2 Genetische Erkrankungen mit mitochondrialem Erbgang

Die Mitochondrien sind die zentralen Organellen für die Energiegewinnung in der Zelle. Demzufolge ist eine Mitochondropathie durch einen Defekt in der Energiegewinnung gekennzeichnet. Die Stammbaumanalyse bei mitochondrialen Krankheiten hat gezeigt, dass die Vererbung nicht den klassischen Mendelschen Regeln entspricht. Ihre Besonderheit liegt darin begründet, dass sie ausschließlich maternal erfolgt. Ein Beispiel hierfür ist die **Leber-Optikusatrophie (Leber‹s Hereditary Opticneuropathy oder LHON)**, ein bilateraler Sehverlust aufgrund der Atrophie des Nervus opticus im frühen Erwachsenenalter.

Charakteristisch für diese Erkrankungen ist:

- Sowohl Männer als auch Frauen können betroffen sein, aber nur Frauen geben die Krankheit weiter (Abb. 5.33).
- Betroffene Personen können eine Heterogenität aufweisen. Sie beruht auf der Heteroplasmie, dem Vorhandensein von mutierter und normaler Mitochondrien-DNA in derselben Zelle.
- Die verschiedenen Organe sind in Abhängigkeit von ihrem Energiebedarf unterschiedlich stark betroffen. Die Erkrankungen manifestieren sich deshalb im Nervensystem sowie in Skelett- und Herzmuskulatur.
- Die Pathophysiologie umfasst auch Defekte der mitochondrialen oxidativen Phosphorylierung.

Die klinischen Merkmale der Mitochondropathien umfassen neben der geistigen und psychomotorischen Retardierung eine vielfältige Symptomatik, die nicht spezifisch ist. Die Heterogenität der klinischen Merkmale und die Schwierigkeiten bei Anwendung konventioneller biochemischer Methoden erschwert meist die Diagnose dieser Krankheiten.

Nach der biochemischen Klassifikation unterscheidet man fünf verschiedene Gruppen:

1. Störung des **mitochondrialen Substrattransports**, wie z. B. beim **Carnitin-Stoffwechseldefekt**, wobei der Transport von langkettigen Fett-

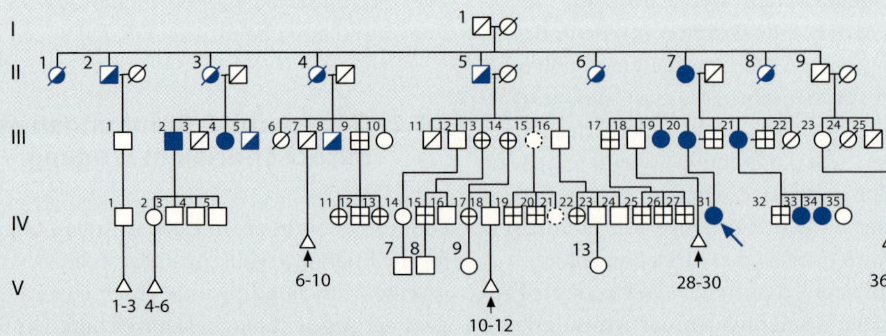

Abb. 5.33. Der Stammbaum zeigt eine maternale Vererbung des MERRF (nach Rosing et al. 1987)

säuren durch die innere Membran des Mitochondriums gestört ist.

2. Störung im **Substratumsatz**. Zu dieser Gruppe gehören alle Defekte des **Pyruvat-Dehydrogenase-Komplexes**.
3. Störung des **Zitronensäurezyklus**, wie z. B. **Fumarase-Defekt**.
4. Störung der Kopplung zwischen **Substratoxidation** und der **Phosphorylierung von ADP zu ATP** in den Mitochondrien.
5. Störung der **Atmungskette**.

In Tabelle 5.15 sind einige mitochondriale Erkrankungen zusammengestellt.

Durch molekulargenetische Analyse der mitochondrialen DNA ist es heute möglich, die Mutation bei einer Reihe von mitochondrialen Krankheiten nachzuweisen.

Kearns-Sayre-Syndrom

Beim Kearns-Sayre-Syndrom, einer progressiven Neuromyopathie sind Ophthalmoplegie, Netzhautdegeneration, Schwerhörigkeit und Ataxie die charakteristischen Merkmale. Nicht selten können auch Kardiomyopathien, Diabetes mellitus und Nieren insuffizienz auftreten. Häufig findet man eine 4–8 kb große Deletion der mt-DNA, die mehrere t-RNA und proteinkodierende Gene betrifft. Bei den sich im späteren Erwachsenenalter manifestierenden Fällen liegt eine gering ausgeprägte Heteroplasmie vor. Diese Patienten zeigen oft nur eine Teilsymptomatik des Kearn-Sayre-Syndroms.

Von großem Interesse ist es, dass bei einem Teil der Fälle von **Diabetes mellitus** und **Herzversagen** mitochondriale Mutationen eine Rolle spielen. Inzwischen mehren sich die Indizien für eine mögliche Beteiligung an Erkrankungen des höheren Alters wie der **Alzheimer-Erkrankung** und überhaupt am Alterungsvorgang selbst.

Pearson-Syndrom

Panzytopenie mit sideroblastischer Anämie und exokrine Pankreasinsuffizienz sind die wichtigsten Merkmale dieser Erkrankung. Viele Patienten sterben im Kindesalter. Bei überlebenden Patienten entwickelt sich ein Kearn-Sayre-Syndrom. Allerdings kommen auch Spontanheilungen in der Neugeborenenperiode oder im Säuglingsalter vor. Häufig finden sich Deletionen, aber auch Duplikationen vom mt-DNA.

MELAS

Die klinischen Merkmale sind sehr variabel. Patienten zeigen enzephalomyopathische Symptome mit

Tabelle 5.15. Einige mitochondriale Erkrankungen

Erkrankung	Klinische Merkmale mit DNA-Mutationen	mt-DNA-Mutationen
Mitochondriale Myopathie	Muskelschwund, Muskelschwäche, »ragged red fibers« (rot färbbare Fasern), dies sind pathologisch veränderte Mitochondrien, die sich mit einem bestimmten Farbstoff rot färben lassen	Punktmutation der t-RNA für Lysin
MERRF (myoklonische Epilepsie mit »ragged red fibers«)	Epileptische, von Zuckungen begleitete Anfälle und mitochondriale Myopathie; unter Umständen Schwerhörigkeit und mentale Retardierung	Punktmutation in der Position 8344
MELAS (mitochondriale Enzephalomyopathie mit Laktatazidose und schlaganfallähnlichen Episoden)	Enzephalopathie (epilepsieartige Anfälle, vorübergehende Lähmungen und geistigen Verfall), mitochondriale Myopathie und Laktatazidose	Mutation in der Position 3243
CPEO (chronische progressive externe Ophthalmoplegie)	Lähmung der Augenmuskulatur sowie mitochondriale Myopathie	Punktmutation der t-RNA
KSS (Kearns-Sayre-Syndrom)	Wie CPEO mit zusätzlichen Symptomen wie Netzhautdegeneration, Herzerkrankung, Schwerhörigkeit, Diabetes und Niereninsuffizienz	Deletion von 4–8 kb und Punktmutation
Dystonie	Bewegungsstörungen mit Muskelstarre, häufig verbunden mit einer Degeneration der Basalganglien	Mutation in der Position 14459
Leigh-Syndrom	Progredienter Verlust motorischer und sprachlicher Fähigkeiten, Degeneration der Basalganglien, Netzhautdegeneration, kann schon im Kindesalter tödlich sein, Sehstörung,	Mutation in der Position 8993
Lebersches Syndrom (Leber Optikusneuropathie)	Dauernde oder vorübergehende Erblindung durch Atrophie des Sehnerven	missens-Mutation in der Position 11778 u. 3460
Pearson-Syndrom	Panzytopenie, Laktatazidose, Pankreasinsuffizienz, bei Überleben im weiteren Verlauf häufig wie KSS bzw. CPEO	Deletion und Duplikation

apoplexähnlichen Episoden, epileptischen Anfällen und Laktatazidose. Im weiteren Verlauf kann es zu einer klinischen Besserung kommen. Hier findet man eineA3243G-Mutation im t-RNA-Gen.

5.6 Einige Besonderheiten der monogenen Erkrankungen

5.6.1 Genetische Heterogenität

Phänotypisch ähnliche Krankheitsbilder können gelegentlich durch verschiedene Mutationen verursacht werden. Hier spricht man von genetischer Heterogenität. Die Heterogenität kann entweder durch unterschiedliche Mutationen an demselben Gen verursacht werden, dies wird als **allelische Heterogenität** bezeichnet, oder durch Mutation verschiedener Gene, was als **nicht allelische** bzw. **Lokus-Heterogenität** bezeichnet wird.

Die Heterogenität kann durch Kopplungsanalyse wie bei den Krankheiten mit unterschiedlichen Erbgängen oder durch die Tatsache, dass zwei homozygot Kranke mit derselben autosomal-rezessiven Erkrankung nur gesunde Nachkommen bekommen, festgestellt werden. Beispiel dafür sind die verschiedenen Typen der **Taubstummheit** oder des **Albinismus**. Wenn die Eltern homozygot für verschiedene krankmachende Anlagen sind, werden die Kinder alle gesund sein, jedoch heterozygot für zwei verschiedene Mutationen, die nur in homozygotem Zustand zur Erkrankung führen (Abb. 5.34). Bei einigen Krankheiten, wie z. B. bei der **Retinitis pigmentosa** – der häufigsten Ursache für eine Sehbehinderung aufgrund der retinalen Degeneration, mit Pigmentstörung der Retina – ist aufgrund der Stammbaumanalyse eine autosomal-dominante, autosomal-rezessive und X-chromosomal-rezessive Vererbung bekannt. In den letzten Jahren wurde durch DNA-Analyse nach-

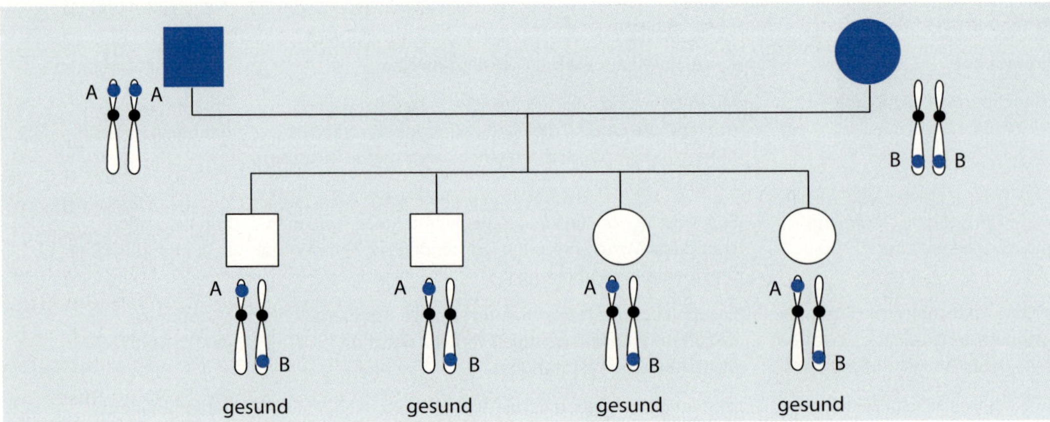

Abb. 5.34. Homozygote Eltern für zwei verschiedene Mutationen können bei gleicher Erkrankung gesunde Nachkommen haben, da unterschiedliche genetische Defekte unabhängig voneinander vererbt werden

gewiesen, dass es z. B. mindestens 2 verschiedene X-chromosomale und 3 verschiedene autosomal-dominante Formen gibt.

Ein anderes Beispiel ist das **Ehlers-Danlos-Syndrom** (Tabelle 5.16). Es handelt sich hier um einen Strukturdefekt des Kollagens, der unterschiedlich vererbt wird. Die klinischen und die molekulargenetischen Analysen haben jetzt gezeigt, dass sich mindestens 10 verschiedene Typen des Ehlers-Danlos-Syndroms unterscheiden lassen. Weitere Beispiele für genetische Heterogenität sind die verschiedenen Typen der **Muskeldystrophien** (Tabelle 5.17), die

Tabelle 5.16. Verschiedene Formen des Ehlers-Danlos-Syndroms (AD: autosomal-dominant, AR: autosomal-rezessiv, XR: X-chromosomal-rezessiv)

Typ	Klinische Symptome	Primärer Defekt	Erbgang
I (gravis)	Extrem überstreckbare Gelenke, hyperelastische und leicht zerreißbare Haut (Zigarettenpapier), Hautnarben, vaskuläre und intestinale Komplikationen	Mutation im Co15A1-Gen	AD
II (mitis)	Dünne und elastische Haut, überstreckbare Gelenke, Varizen, Hernien, leichte Ausprägung aller Symptome	n.b.	AD
III (benigne Hypermobilität)	Dünne Haut, aber leicht betroffen, überstreckbare Gelenke, häufig Gelenkluxationen	n.b.	AD
IV (ekchymotisch)	Haut dünn mit gut sichtbaren Venen, überstreckbare Gelenke, Gefäßrupturen, die oft zum Tode führen	Mutation im Col3a1-Gen	AD/AR
V	Wie Typ II, gehäuft Muskelblutung	n.b.	XR
VI (okulär)	Hyperelastische, samtartige Haut, Skoliose, Mikrokornea, Bulbusruptur	Lysylhydroxylasedefekt	AR
VII (A, B)	Kongenitale Hüftgelenkluxation, Skoliose, elastische, weiche Haut	Deletion im Proα(I)- oder Proα2(I)-Gen	AD (A, B)
(C)	Sehr weiche brüchige Haut, blaue Skleren, überstreckbare Gelenke	Prokollagen-n-Proteinase-Defekt	AR (C)
VIII	Periodontitis, vorzeitiger Zahnverlust, leicht zerreißbare Haut	n.b.	AD
IX	Hyperelastische Haut, überstreckbare Gelenke, Exostosen, Osteoporose, Okzipital-Hörner	Mutation im MNK-Gen	XR
X	Hyperelastische Haut, überstreckbare Gelenke	Fibronektindefekt	AR

Tabelle 5.17. Verschiedene Formen der Muskeldystrophien

	Erbgang	Lokalisation
Typ Duchenne/Becker	XR	Xp21.2
Emery-Dreifuss	XR	Xq28
Fazioskapulohumeraler Typ	AD	4q35
Gliedergürteltyp 1	AR	5q31
Gliedergürteltyp 2	AR	15q15.1
Kongenitale Muskeldystrophie	AR	?
Myotone Dystrophie	AD	19q13.3

hereditär-motorisch-sensorischen Neuropathien (Tabelle 5.18) und die **Osteogenesis imperfecta** (Tabelle 5.19). In Tabelle 5.20 sind einige allelische und nicht allelische heterogene Krankheitsbilder zusammengestellt.

Durch eine genauere biochemische und molekulargenetische Analyse von genetisch bedingten Krankheiten stellt sich heraus, dass ein Teil der Patienten heterozygot für zwei verschiedene Mutationen am gleichen Gen sind. Hier spricht man von **compound-heterozygot** (Abb. 5.35). Dies bedeutet, dass die Störung nicht auf Homozygotie der gleichen Mutation beruht. Beispiele dafür sind der klassische und nicht-klassische **21-Hydroxylasemangel**, die verschiedenen **Phenylketonurie**-Erkrankungen sowie die **zystische Fibrose.**

5.6.2 Geschlechtsbegrenzung und Geschlechtseinfluss

Als geschlechtsbegrenzt bezeichnet man die Erkrankungen bzw. Merkmale, die zwar autosomal vererbt werden, deren Expression aber nur bei einem Geschlecht manifest wird. Ein gutes Beispiel dafür ist eine genetisch bedingte besondere Form von **Pubertas praecox** bei Jungen, eine autosomal-dominante Erkrankung mit der Ausbildung von sekundären Geschlechtsmerkmalen im Alter von 4 Jahren und einem akzelerierten Längenwachstum. Die heterozygoten Frauen sind phänotypisch unauffällig, sie können jedoch das verantwortliche Gen auf ihre Kinder übertragen; nur ihre Söhne sind betroffen. Männer mit dieser Erkrankung sind fertil. In Familien mit Erkrankung in mehreren Generationen sind Vater-Sohn-Übertragungen beobachtet worden, dies zeigt, dass es sich *nicht* um eine geschlechtsgebundene Erkrankung handelt.

Darüber hinaus gibt es autosomale Erkrankungen, die grundsätzlich bei beiden Geschlechtern beobachtet werden, sich jedoch überwiegend in einem Geschlecht manifestieren. Dies kann an erhöhter Sterblichkeit bei einem Geschlecht oder an einer leichteren Diagnostizierbarkeit bei einem Geschlecht liegen. Die **Hämochromatose** ist eine autosomal-rezessive Erkrankung mit Eisenstoffwechselstörung,

Tabelle 5.18. Verschiedene Typen der hereditären motor-sensorischen Neuropathien = HMSN (Charcot-Marie-Tooth)

HMSN-Subgruppe	Lokus	Erbgang	Kandidatengen
HMSN 1a (CMT 1a)	17p11.2-p12	dominant	PMP-22
HMSN 1b (CMT 1b)	1q21.1-q23.2	dominant	PO
HMSN 1c (CMT 1c)	?	dominant	
HMSN 2a (CMT 2a)	1p35-p36	dominant	
HMSN X1 (CMT X1)	Xq13.1	dominant/intermediär	Cx32
HMSN X2 (CMT X2)	Xp22.2	rezessiv	
HMSN X3 (CMT X3)	Xq26	rezessiv	
HMSN 3 (DS)	1q21.1-q23.2 17p11.2-p12	rezessiv	PO PMP-22
HMSN 4a (CMT 4a)	8q13-q21.1	rezessiv	
HMSN 4b (CMT 4b)	?	rezessiv	
HMSN 4c (CMT 4c)	?	rezessiv	

5

Tabelle 5.19. Verschiedene Formen der Osteogenesis imperfecta (*AD:* autosomal-dominant, *AR:* autosomal-rezessiv)

Typ, Subtyp	Hauptmerkmale	Erbgang	Biochemische und molekulargenetische Befunde
Typ I	Normale Körpergröße, blaue Skleren, leichte Deformierung der Röhrenknochen, Schwerhörigkeit, Dentinogenesis imperfecta	AD	Verminderte Produktion des Typ-I-Prokollagens, Substitution des Glycins in Tripelhelix des α_1(I)
IA	Normaler Zahnstatus		
IB	Dentinogenesis imperfecta		
IC	Ähnlich wie Typ IA, jedoch mit wesentlich schwererem Verlauf		
Typ II	Letal in Perinatalperiode, veränderte Mineralisation der Schädelkalotte, Platyspondylie	AD/AR	Rearrangement in dem KOL + 1A1- und KOLA2-Gen, Substitution des Glycin in Tripelhelixdomäne von α_1(I)- und α_2(I)-Ketten, Deletionen und Punktmutationen im Promotor und Enhancer
IIA	Verkürzte, breite Röhrenknochen, nicht voneinander abgrenzbare Rippenfrakturen	AD	
IIB	Deformierung und Verkürzung der Röhrenknochen, keine Rippenfrakturen	AD/AR	
IIC	Dünne, stark verbogene Röhrenknochen, Rippenfrakturen	AR	
Typ III	Schwere Form, progressive Deformierung der dünnen Röhrenknochen, Minderwuchs, Deformierung der Wirbelsäule, blaue Skleren (nicht immer), Schwerhörigkeit, Dentinogenesis imperfecta	AD/AR	Punktmutationen in α_1(I)- und α_2(I)-Genen, Frame-shift-Mutation
Typ IV	Geringe Knochenbrüchigkeit, wenn überhaupt leichte Deformierung der Röhrenknochen, normale Skleren	AD	Punktmutationen und Deletionen in α_2(I)-Kette, selten Punktmutationen in α_1(I)-Kette
IVA	Ohne Dentinogenesis imperfecta		
IVB	Mit Dentinogenesis imperfecta		

woran hauptsächlich Männer erkranken. Wahrscheinlich spielt hier der Eisenverlust durch Menstruationsblutung bei Frauen eine Rolle. Ein anderes Beispiel sind die verschiedenen Typen **kongenitaler adrenaler Hyperplasie (21-Hydroxylase-Defekt)**. Diese Erkrankung kann bei Mädchen gleich nach Geburt aufgrund des indifferenzierten äußeren Genitale diagnostiziert und bei Knaben nur durch Salzverlust erkannt werden.

Krankheiten, bei denen eine Verschiebung der Geschlechtsverhältnisse beobachtet wird, werden als Krankheiten mit Geschlechtseinfluss bezeichnet. Beispiele hierfür sind **Morbus Bechterew, Ulcus duodeni, Basedow-Krankheit, angeborene Hüftluxation** und **Pylorushypertrophie.**

5.6.3 Pleiotropie

Jedes Gen hat einen einzigen primären Effekt, bedingt durch die Synthese der dazugehörigen Polypeptidkette. Dieser Primäreffekt kann jedoch unterschiedliche Wirkungen haben. Wenn eine Mutation verschiedene voneinander unabhängige phänotypische Merkmale verursacht, wird dies als Pleiotropie bezeichnet. Ein klassiches Beispiel dafür ist das **Marfan-Syndrom** mit seinen verschiedenen Symptomen in Auge, Skelett und kardiovaskulärem System. Primär liegt hier eine Strukturveränderung in den Fibrillen vor, ein wichtiger Bestandteil des Bindegewebes.

Marfan-Syndrom

Der primäre Effekt einer Mutation kann in verschiedenen Organsystemen unterschiedliche Auswirkun-

Tabelle 5.20. Einige heterogene Krankheitsbilder

Krankheit	Art der Heterogenität	Erbgang
Zystische Fibrose	allelisch	AR
Charcot-Marie-Tooth	nicht allelisch	AD, XR
Ehlers-Danlos	allelisch/ nicht allelisch	AR, AD, XR
Homozystinurie	allelisch/ nicht allelisch	AR
Mukopolysaccharidose	allelisch/ nicht allelisch	AR, XR
Retinitis pigmentosa	nicht allelisch	AR, AD, XR
Tay-Sachs	allelisch	AR
Thalassämien	allelisch	AR
Myotonia congenita	nicht allelisch	AD
Muskeldystrophien	allelisch/ nicht allelisch	XR, AR, AD
Glykogenosen	allelisch/ nicht allelisch	AR/XR
Osteogenesis imperfecta	nicht allelisch	AD/AR
Achondroplasie	allelisch	AD
Hypochondroplasie	allelisch	AD
Thanatophorer Zwergwuchs	allelisch	AD
Syndrome mit Kraniostenosen	allelisch	AD

gen haben. Ein Beispiel hierfür ist das autosomal-dominant erbliche Marfan-Syndrom. Der primäre Defekt ist eine Störung der Kollagensynthese, die sich auf das Skelettsystem, die Augen und auf das kardiovaskuläre System auswirkt. Charakteristische Symptome sind lange und schmale Extremitäten und Spinnenfingrigkeit (Arachnodaktylie; Abb. 5.36), überstreckbare Gelenke, Subluxation der Linse, Mitralklappenprolaps und Aortendissektion (die diagnostischen Kriterien sind in Tabelle 5.21 zusammengestellt). Die kardialen Befunde führen meist zum plötzlichen Tod des Patienten. Aus diesem Grund ist eine prophylaktische Therapie mit β-Blockern dringend zu empfehlen. Die genannten Symptome können einzeln oder in unterschiedlicher Kombination vorliegen. Es findet sich eine hohe Variabilität der klinischen Ausprägung, die auch innerhalb einer Familie unterschiedlich sein kann. Das Gen für das Marfan-Syndrom liegt auf dem langen Arm des Chromosoms 15 (15q21) und ist inzwischen sequenziert.

Das verantwortliche Gen (*Fibrillin-1-Gen = FBN1*) ist 110 kb lang und besteht aus 65 Exons. (Abb. 5.37). Bis jetzt sind etwa 80 verschiedene Mutationen am FBN1-Gen identifiziert, die meisten sind Zyteinreste in der Schlüsselposition der kalziumbindenden Domäne des epidermalen Wachstumsfaktors (EGF). Je nach Position können unterschiedliche Funktionsstörungen und damit das heterogene phänotypische Spektrum entstehen.

Etwa 20 mit dem neonatalen Marfan-Syndrom assoziierte Mutationen häufen sich auf einer umschriebenen Region des FBN1-Gens. Dennoch kann eine Phänotyp-Genotyp-Korrelation nicht voraus-

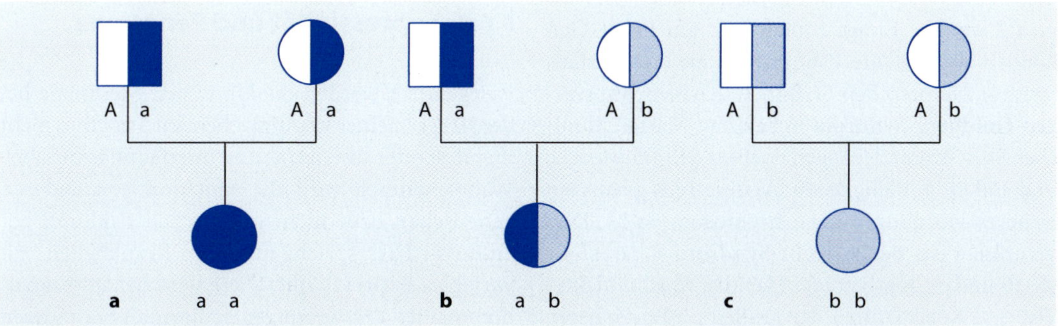

Abb. 5.35a–c. Schematische Darstellung von Compound-Heterozygotie. Die unterschiedlichen Mutationen sind durch a und b gekennzeichnet

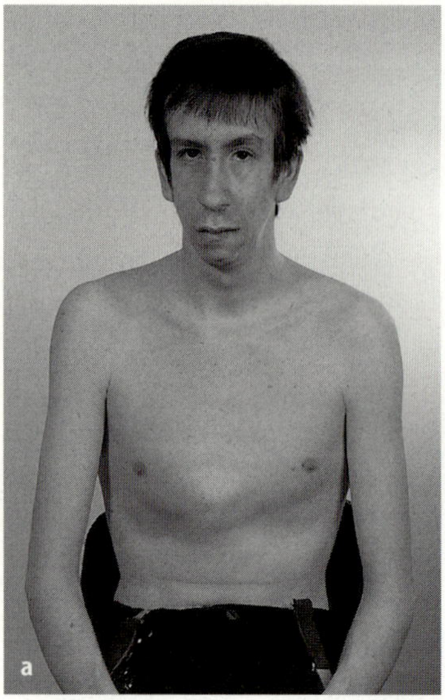

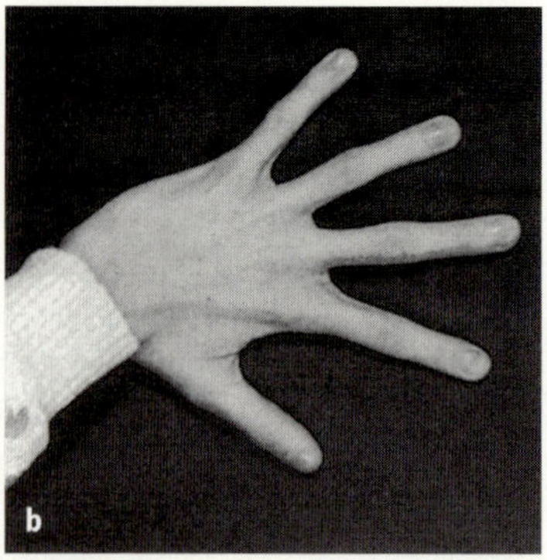

Abb. 5.36. **a** Phänotyp eines Patienten; **b** Spinnenfingrigkeit bei Marfan-Syndrom

Tabelle 5.21. Diagnostische Hauptkriterien des Marfan-Syndroms (nach »Ghent-Nosologie 1996«)

Skelettsystem (erst vier Manifestationen ergeben ein Hauptkriterium)	Pectus carinatum
	Pectus excavatum
	Verhältnis der Armspanne zur Körpergröße >1,05
	Positives Daumen-/Handgelenkszeichen
	Skoliose >20° oder Spondylolisthesis
	Eingeschränkte Ellbogenstreckung (<170°)
	Pes planus
	Protrusio acetabuli
Augen	Ektopia lentis
Kardiovaskuläres System	Dilatation der Aorta ascendens inklusive der Sinus valsalvae, mit/ohne Aortenklappeninsuffizienz
	Dissektion der Aorta ascendens
Dura	Lumbosakrale durale Ektasie

gesagt werden. Einige Mutationen am FBN1-Gen können auch andere Krankheiten als das Marfan-Syndrom verursachen. So finden sich beim **Shprintzen-Goldberg-Syndrom** neben den Marfan-ähnlichen Skelettveränderungen noch eine Kraniostenose und andere Auffälligkeiten. Andererseits gibt es ein weiteres Fibrillingen auf Chromosom 5q.23. Dies verursacht das **Beals-Hecht-Syndrom**. Charakteristisch sind ein marfanoider Habitus, Arachnodaktylien und Kontrakturen der großen und peripheren Gelenke sowie Kyphoskoliose, jedoch fehlen hier die okulären und kardiovaskulären Symptome.

5.6.4 Expressivität und Penetranz

Gelegentlich werden die klinischen Merkmale bei den Trägern einer krankmachenden Mutation nicht manifest oder sind intra- und interfamiliär variabel. Wahrscheinlich wird die Mutation von anderen genetischen bzw. nicht genetischen Faktoren beeinflusst. Hier spricht man von Krankheiten mit **variabler Expressivität**. Diese wird bei autosomal-dominanten Erkrankungen häufiger als bei anderen monogenen Erkrankungen beobachtet. Erkrankungen, die ein Spektrum von multiplen phänotypischen

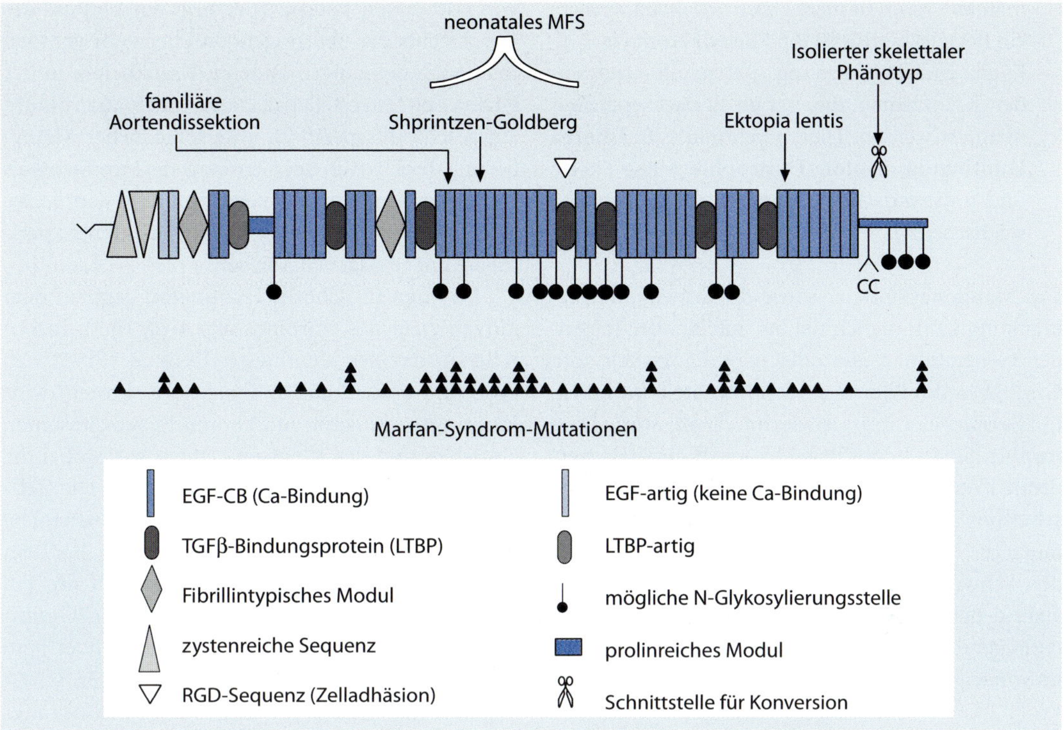

Abb. 5.37. Schematische Darstellung der Domänenstruktur des Profibrillin-1-Proteins (nach Ramirez 1996)

Merkmalen zeigen, können gelegentlich nur mit einem abgeschwächten Mikrosymptom auftreten. So gibt es z. B. beim **Marfan-Syndrom** mit charakteristischen Auffälligkeiten am Skelettsystem, den Augen und dem kardiovaskulären System Anlageträger mit nur einem einzigen Symptom oder überhaupt keinen äußeren Merkmalen. Weitere Beispiele sind die **tuberöse Hirnsklerose** und die **Neurofibromatose** (▶ Kap. 5.2.2).

Wenn die Expression der klinischen Merkmale bei einer monogenen Erkrankung nicht bei allen Mutationsträgern manifest wird, spricht man von einer **reduzierten Penetranz**. Die Penetranz ist vollständig oder 100 %ig, wenn die Erkrankung bei allen Mutationsträgern irgendwann manifest wird, wie dies z. B. bei der **Chorea Huntington**, einer autosomal-dominanten Erkrankung, der Fall ist. Die klinische Manifestation tritt bei den Anlageträgern irgendwann im Laufe des Lebens auf. Anders ist es bei der **Spalthandfehlbildung**, bei der die Symptome nicht immer auftreten. Aufgrund verminderter Penetranz kann die klinische Erkrankung eine Generation überspringen (Abb. 9.7). Dies erschwert dann die genetische Beratung. Bei manchen Krankheiten mit verminderter Penetranz sind die Prozentzahlen statistisch ermittelt und können bei der Risikoberechnung berücksichtigt werden.

5.6.5 Manifestationsalter

Nicht alle genetischen Erkrankungen sind kongenital, also sind die klinischen Merkmale nicht immer zum Zeitpunkt der Geburt ausgeprägt. Bei einem Teil der genetischen Erkrankungen treten die phänotypischen Merkmale erst im späteren Alter auf.

- Manche Krankheiten/Fehlbildungen können anhand von phänotypischen Merkmalen gleich nach der Geburt oder sogar pränatal durch eine Ultraschalldiagnostik (z. B. Fehlbildungen) erkannt werden.
- Einige Krankheiten sind sogar pränatal letal.
- Andere Krankheitsbilder werden erst nach der Geburt in den ersten Lebensmonaten/-jahren

manifest, wenn sie nicht gleich behandelt werden, ein Beispiel hierfür ist die **Phenylketonurie.**
- Es gibt eine Reihe von sog. spät manifest werdenden Krankheiten, die erst im Erwachsenenalter manifest werden. Hierzu gehören z. B. **Chorea Huntington, myotone Dystrophie** (▶ Kap. 5.6.10) und **polyzystische Nierenerkankung** vom Erwachsenentyp.

Das Manifestationsalter sowie die Schwere der Erkrankung kann manchmal bei aufeinander folgenden Generationen und/oder in Abhängigkeit vom Geschlecht des übertragenden Elternteils variieren. Ein Beispiel hierfür ist wiederum die **myotone Dystrophie**. Sie ist in der Regel eine spät manifest werdende Krankheit, sie kann aber auch angeboren mit schweren klinischen Zeichen auftreten, wenn sie durch die Mutter übertragen wird. Den zunehmenden Schweregrad oder die frühere Manifestation einer genetisch bedingten Krankheit bei aufeinanderfolgenden Generationen nennt man, wie bereits im vorausgegangenen Text erklärt, **Antizipation.**

Chorea Huntington

Die Chorea Huntington ist eine neurodegenerative Erkrankung mit autosomal-dominantem Erbgang und vollständiger Penetranz. Die Häufigkeit beträgt 1:10.000. Sie manifestiert sich fortschreitend im Erwachsenenalter. Im Kindes- bzw. Jugendalter zeigt sie sehr selten Symptome. Die Störung betrifft vorwiegend die Basalganglien. Die charakteristischen Merkmale sind unwillkürliche choreatische Bewegungen, psychische Störungen und Demenz. Die ersten Manifestationszeichen sind in der Regel neurologische Störungen, jedoch können gelegentlich auch die psychischen Störungen den neurologischen vorausgehen. Da es sich hierbei um eine spät manifest werdende Krankheit handelt, werden oft Kinder gezeugt, bevor der Betroffene um die Vererbung der eigenen Erkrankung weiß. Für die Nachkommen besteht ein Risiko von 50 %, daran zu erkranken. Betrachtet man die Art der Altersverteilung bei der Krankheitsmanifestation, so zeigt sich, dass sich das Erkrankungsrisiko für die gesunden Nachkommen mit zunehmendem symptomfreien Alter reduziert. Das Manifestationsalter kann sogar innerhalb einer Familie eine Variationsbreite zeigen. Patienten mit jüngerem Manifestationsalter erhalten die Mutation von erkrankten Vätern. Hier liegt ein Einfluss des Geschlechts des übertragenden Elternteils vor, den man auch bei einigen anderen Krankheiten in der letzten Zeit festgestellt hat. Diese Antizipation beruht auf geschlechtsspezifisch unterschiedlicher Methylierung der DNA in der Gametogenese und wird als **Genomic Imprinting** bezeichnet (▶ Kap. 5.6.8). Hinweise auf diese Unterschiede lieferten Experimente mit transgenen Mäusen.

Das Gen für Chorea Huntington liegt auf dem kurzen Arm des Chromosoms 4 (4p16.3). Inzwischen ist das Gen identifiziert. Es ist ca. 180–200 kb groß und besteht aus 67 Exons. Das Protein wird **Huntingtin** genannt und kommt in verschiedenen Geweben und vor allem im Gehirn vor, wobei die Funktion noch nicht genau bekannt ist. Die Zellstörung wird auf eine Apoptose von Neuronen im N. caudatus und im Putamen zurückgeführt. Bei dem Chorea-Huntington-Gen handelt es sich um ein expandierendes CAG-Repeat. Während bei Gesunden bis 35 Trinukleotide vorkommen, findet man bei Chorea-Huntington-Patienten über 36 CAG-Tripletts (▶ Kap. 5.6.10). Das Manifestationsalter sowie die Schwere der Erkrankung korrelieren mit der Länge der CAG-Repeats.

5.6.6 Somatische Mutationen und Mosaike

Eine postzygotische Mutation kann je nachdem, in welcher embryonalen Entwicklungsphase sie entsteht, eine Störung in einer bestimmten Region oder einem bestimmten Gewebe verursachen. Die **Neurofibromatose** Typ 5 kann z. B. durch eine somatische Mutation gelegentlich segmental auftreten. Somatische Mutationen sind auch eine der häufigsten Ursachen der Krebsentstehung (▶ Kap. 4.8).

Wenn in einem Individuum oder in einem Gewebe mindestens zwei verschiedene Zelllinien vorliegen, die sich genetisch voneinander unterscheiden, obwohl sie von einer einzigen Zygote stammen, spricht man von einem **Mosaik**. Somatische Mosaike sind bei einer Reihe von monogenen Erkrankungen beobachtet worden.

Eine postzygotische Mutation kann aber auch in einem Entwicklungsstadium auftreten, in dem Keimzellen und somatische Zellen sich noch nicht getrennt haben. Dann enthalten auch die Keimzellen die Mutation. Das Mutationsereignis kann so auf die nächste Generation übertragen werden und dort zur Erkrankung führen.

5.6.7 Keimzellmosaike

Eine Erkrankung, die in einer Familie durch Neumutation auftritt, ist in der Regel ein einziges, zufälliges Ereignis und wird innerhalb der Geschwisterreihe nicht mehr beobachtet. Es sind aber in den letzten Jahren in einigen Ausnahmefällen Geschwisterfälle beobachtet worden, bei deren Eltern die krankheitsverursachende Mutation nicht nachgewiesen werden konnte. Wenn Ursachen wie variable Expressivität und verminderte Penetranz sowie andere Faktoren ausgeschlossen sind, dann ist hier ein Keimzellmosaik die einzige Erklärung.

Weibliche und männliche Keimzellen durchlaufen 30 bis 100 Zellteilungen während ihrer frühen embryonalen Entwicklung. Wenn während der Keimzellentwicklung eine Mutation entsteht, dann kann je nach Zeitpunkt des Geschehens die Keimzellpopulation zwei verschiedene Zelllinien oder auch nur mutierte Zellen aufweisen. Somit liegt ein Keimzellmosaik vor. Keimzellmosaike wurden bei einigen autosomal-dominanten und X-chromosomalen Erkrankungen beobachtet. Aus diesem Grund muss man in der genetischen Beratung die Möglichkeit von Keimzellmosaiken berücksichtigen.

5.6.8 Genomisches Imprinting und uniparenterale Disomie

In den letzten Jahren sind Genetiker und Embryologen auf einige phänotypische Merkmale gestoßen, die nicht der von Mendel beobachteten Gesetzmäßigkeit folgen. Die Ursache dafür ist die sog. genomische Prägung (**Genomic Imprinting**), das heißt, dass die Expression einer Erbanlage in Abhängigkeit von der elterlichen Herkunft reguliert wird. Die DNA-Sequenz wird dabei epigenetisch modifiziert. Genomic Imprinting bezieht sich auf die unterschiedliche Wirkung, die das väterliche bzw. das mütterliche Gen oder Chromosom ausübt. Die Prägung geschieht während der elterlichen Keimzellentwicklung durch Methylierungsunterschiede der DNA. Dadurch wird das Ablesen des genetischen Codes und somit die Expression der Erbanlagen reguliert. Die Einzelheiten sind jedoch kompliziert und bis heute noch nicht vollständig verstanden.

Prägungen können während der folgenden Generationen ausgelöscht oder wiederhergestellt werden. Der geprägte Lokus wird nach den Mendelschen Regeln weitervererbt, jedoch ist die Expression in der nächsten Generation von der elterlichen Herkunft abhängig. Die Prägung bewirkt meist den Verlust oder die Verminderung der Aktivität des betroffenen Gens und führt zu einer unterschiedlichen Aktivität der beiden Allele im Embryo. Bei geprägten Genen wird dann nur eines der beiden Allele der homologen Chromosomen exprimiert.

Bei einigen Genen ist die Kombination eines aktiven und eines inaktiven Allels notwendig, um einen normalen Phänotyp zu erreichen. Wahrscheinlich ist die Expression des Phänotyps von der **Gendosis** abhängig. Es ist noch nicht völlig geklärt, warum während der Evolution ein Mechanismus wie das Genomic Imprinting bestehen blieb bzw. entstanden ist. Allerdings ist inzwischen nachgewiesen, dass das Genomic Imprinting für die embryonale Entwicklung bei Säugetieren von Bedeutung ist. In der ▫ Tabelle 5.22 sind einige Beobachtungen, bei denen die genomische Prägung eine Rolle spielt, zusammengefasst.

▫ Tabelle 5.22. Beobachtungen, die die Existenz einer elterlichen Prägung (Genomic Imprinting) eines Gens zeigen

1.	Beobachtung der Ergebnisse bei Transplantation des Pronukleus der Maus (androgenetisch oder parthenogenetisch)
2.	Beobachtung der Phänotypen von Triploiden beim Menschen (diandrisch, gynogenetisch)
3.	Unterschiedliche Auswirkung von Chromosomenanomalien auf den Phänotyp bei Mäusen und Menschen in Abhängigkeit von der elterlichen Herkunft
4.	Expression des Transgens in transgenen Mäusen in Abhängigkeit von der elterlichen Herkunft
5.	Expression der Mutation einiger Krankheitsbilder in Abhängigkeit von der elterlichen Herkunft

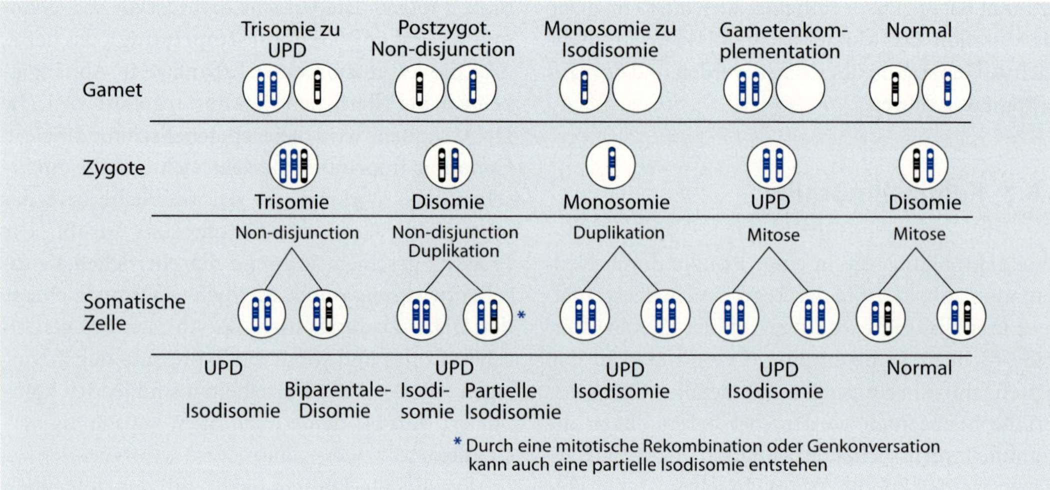

Abb. 5.38. Mögliche Entstehungsmechanismen einer uniparentalen Disomie (UPD)

Die genomische Prägung spielt bei der Manifestation einer Reihe von Krankheiten eine Rolle. Wie bereits erwähnt, tritt eine schwere und frühe Manifestation der **myotonen Dystrophie** auf, wenn das mutierte Gen mütterlicher Herkunft ist. Aber auch die klinische Auswirkung von Deletionen einzelner Chromosomenabschnitte ist von der elterlichen Herkunft abhängig. Hier ist, wie bei der uniparentalen Disomie (s. unten), das gestörte Imprinting die Ursache der unterschiedlichen Manifestation. Es gibt auch andere Mechanismen, die in der menschlichen Zelle zu einer monoallelischen Expression von biallelischen Genen führen.

Uniparentale Disomie (UPD) bedeutet, dass homologe Chromosomenpaare aus einem Elternteil stammen und, dass das oder die entsprechenden Chromosomen des anderen Elternteils fehlen (▶ Kap. 2.1.2). Wenn dasselbe elterliche Chromosom zweifach vorliegt, spricht man von einer **Isodisomie**, wenn beide Chromosomen desselben Elternteils vorhanden sind, wird dies als **Heterodisomie** bezeichnet. Je nachdem, ob eine uniparentale väterliche oder uniparentale mütterliche Disomie vorliegt, kann dies bei geprägten Genen zu einem vollständigen Ausfall der Expression oder zu einer Überexpression führen. In der Abb. 5.38 sind die theoretisch möglichen Entstehungsmechanismen für eine UPD aufgezeigt. Die häufigste und wahrscheinlich auch die plausibelste Form scheint die Entstehung von einer trisomen Zygote zu sein.

Uniparentale Disomie ist in den letzten Jahren bei einigen monogenen Erkrankungen nachgewiesen worden (Tabelle 5.23).

Prader-Willi-Syndrom

Das Prader-Willi-Syndrom wurde erstmals 1996 von Prader und Willi beschrieben. Charakteristische Merkmale sind eine ausgeprägte angeborene bzw. frühkindliche generalisierte Muskelhypotonie, Entwicklungsverzögerung, Adipositas, Hyperphagie, Minderwuchs, kleine Hände und Füße, Hypogonadismus und Hypopigmentierung (Abb. 5.39). Die Häufigkeit beträgt etwa 1 zu 16.000. In etwa 75 % der Fälle liegt eine Deletion des **paternalen Chromosoms 15** (15q11–13) vor, die zytogenetisch durch hochauflösendes Banding oder In-situ-Hybridisierung bzw. auch molekulargenetisch nachgewiesen werden kann. Die Deletion umfasst einen Bereich, in dem eine Reihe von geprägten Genen gefunden werden. Molekulargenetische Untersuchungen haben gezeigt, dass die 15q11–13-Region zwei aneinander grenzende Abschnitte enthält, die einer gegensätzlichen Prägung unterliegen. Die Sequenzen mütterlicher Prägung unterscheiden sich von den väterlichen aufgrund eines anderen Methylierungsmusters. Beim Prader-Willi-Syndrom wird das zugehörige Gen des väterlichen Chromosoms 15 aufgrund einer paternalen Deletion 15q11–13, einer maternalen uniparentalen Disomie bei ca. 20 % oder einer feh-

Tabelle 5.23. Krankheiten mit einer Störung der genomischen Prägung bzw. mit uniparentaler Disomie

Krankheit	Geprägtes Allel	Gen/Lokalität
Angelman-Syndrom	Maternal	UBE3A/15q11-q13
Wiedemann-Beckwith-Syndrom (WBS/Wilms)	Maternal	IGF2/11p15
Wilms-Tumor	Paternal	H19/11p15
WBS	Maternal	P57KIPZ/11p15 KVLQT/11p15
Prader-Willi-Syndrom	Paternal	ZNF 127/15q11-q13 IPW, NDN/15q11-q13 PAR1, PARS/15q11-q13
Wachstumsretardierung (Silver-Russel-Syndrom)	Maternal	PEG1/MEST/7

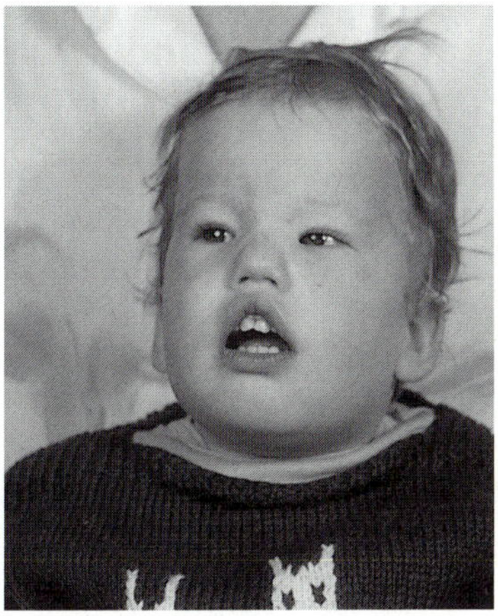

Abb. 5.39. Patient mit Prader-Willi-Syndrom

lerhaften Prägung des väterlichen Gens (3 %) nicht exprimiert (Abb. 5.40).

Angelman-Syndrom

Das Angelman-Syndrom, auch **Happy-Puppet-Syndrom** genannt, ist ein Krankheitsbild mit schwerer geistiger Retardierung, Minderwuchs, Mikrozephalie, unkontrollierten, ataktischen Bewegungen, Lachanfällen, Krampfleiden und typischen EEG-Veränderungen (Abb. 5.41). Im Gegensatz zum Prader-Willi-Syndrom ist für die Expression die mütterliche exprimierte Region verlorengegangen. Etwa 65 % der Patienten zeigen eine Deletion auf dem mütterlichen Chromosom 15 (15q11–13). Etwa bei 3 % der Fälle findet man eine uniparentale Disomie und bei ca. 6 % eine Störung des Imprintings. Anders als beim Prader-Willi-Syndrom wurden hier familiäre Fälle beobachtet, die weder eine Deletion noch eine fehlerhafte Methylierung aufweisen. Hier wird eine Punktmutation oder eine nicht entdeckte Störung der Prägung vermutet. Durch Identifizierung des Gens für das Angelman-Syndrom weiß man heute, dass das Krankheitsbild bei ca. 10 % der Patienten durch eine Mutation des Gens *UBE3A/E6AP* (Ubiquitin-Proteinligase-Gen) verursacht wird. In Tabelle 5.24 sind die klinischen Merkmale dieser beiden Krankheiten zusammengefasst.

5.6.10 Expandierende Trinukleotide

Innerhalb des gesamten Genoms gibt es eine Reihe von repetitiven Sequenzen, die meisten als polymorphe Mikrosatelliten. Diese Stellen sind für die Entstehung von Mutationen prädisponiert, weil es bei der Zellteilung zu einer Fehlpaarung solcher DNA-Regionen der homologen Chromosomen kommen kann. Dies führt dann zur Vergrößerung oder Verkleinerung der repetitiven Sequenzen. Als besondere Form können sich sog. Trinukleotidrepeats expandierend amplifizieren. Die Anzahl der repetitiven Trinukleotide kann von Generation zu Generation ansteigen. Dies ist eine Ursache der sog. **Antizipation**, der zunehmenden Schwere der klinischen Merkmale und früheren Manifestation der Erkrankung über nachfolgende Generationen. Molekularbiologische Analysen haben gezeigt, dass die verantwortlichen Genbereiche für diese Krankheiten aus Wiederholungen von jeweils drei DNA-Bausteinen aufgebaut sind, z. B. CTG (Cytosin, Thymin und Guanin) im **myotonen Dystrophiegen** und CAG

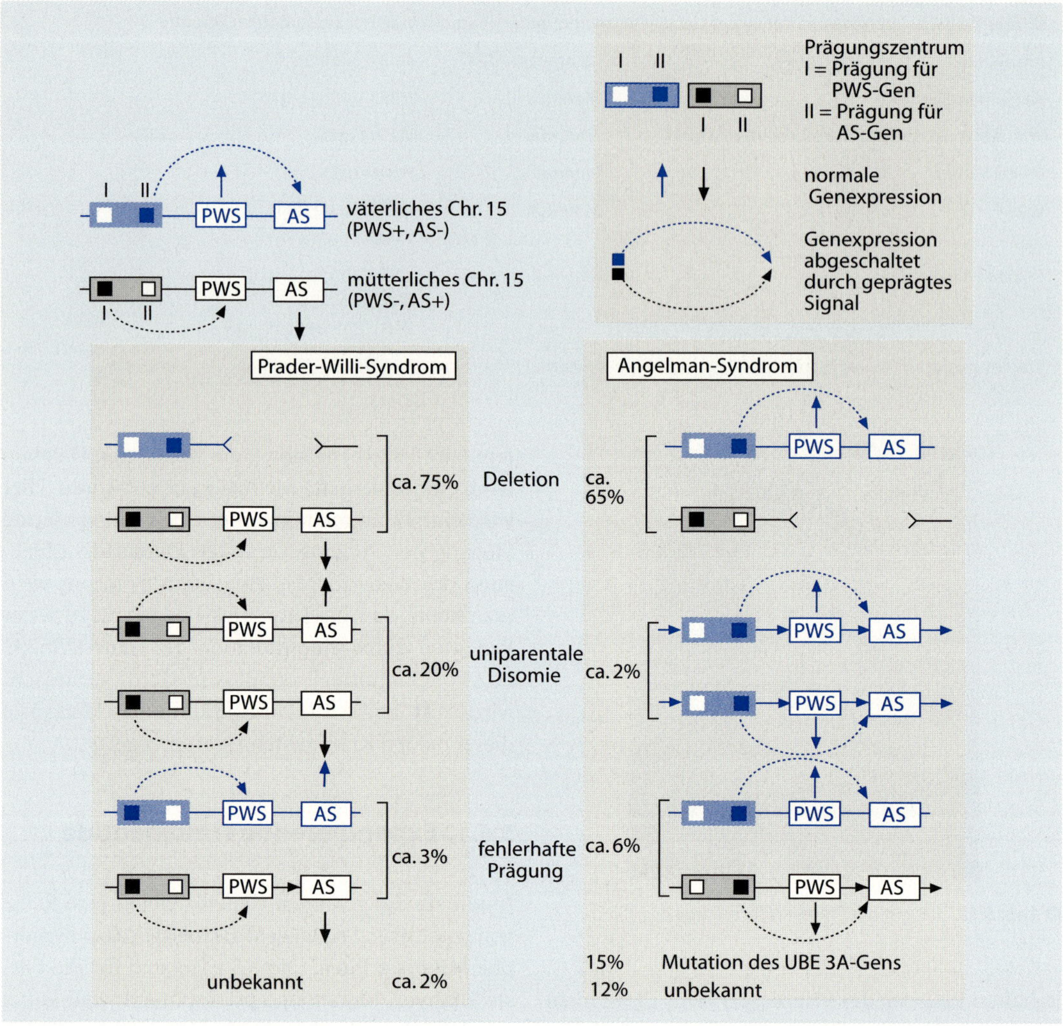

Abb. 5.40. Verschiedene Mechanismen bei Prader-Willi- und Angelmann-Syndrom (aus Strachan und Read 1996)

(Cytosin, Adenin und Guanin) im **Chorea-Huntington-Gen** oder CGG (Cytosin, Guanin und Guanin) im **FMR1-Gen**. Bei Gesunden findet man z. B. bei der myotonen Dystrophie etwa 35 solcher repetitiver Trinukleotidblöcke, während bei schwer betroffenen Patienten mehrere tausend Trinukleotidrepeats vorkommen können. Die klinisch unauffälligen Überträger des FMR1-Gens(Prämutation) weisen etwa 50 bis 200 Trinukleotide auf. Diese Repeats sind nicht stabil und tendieren in Abhängigkeit von ihrer Länge zur weiteren Expansion, was von Generation zu Generation zu einer Verlängerung um mehrere hundert bis tausend Trinukleotide führen kann. In jüngster Zeit werden mehr und mehr expandierende Trinukleotidrepeats beim Auftreten von einigen Krankheiten beobachtet (▶ Kap. 2.1.2 u. Tabelle 5.25).

Die pathogenetischen Mechanismen dieser expandierenden Trinukleotide sind nicht eindeutig geklärt. Wahrscheinlich spielen in diesem Zusammenhang mehrere unterschiedliche Mechanismen eine Rolle. CAG-Tripletts werden bei der Proteinsynthese in die Aminosäure Glutamin übersetzt. Bei allen Krankheiten mit intragenen CAG-Repeats (Tabelle 5.25) handelt es sich um neurodegenerative Störungen, bei denen wahrscheinlich die Pro-

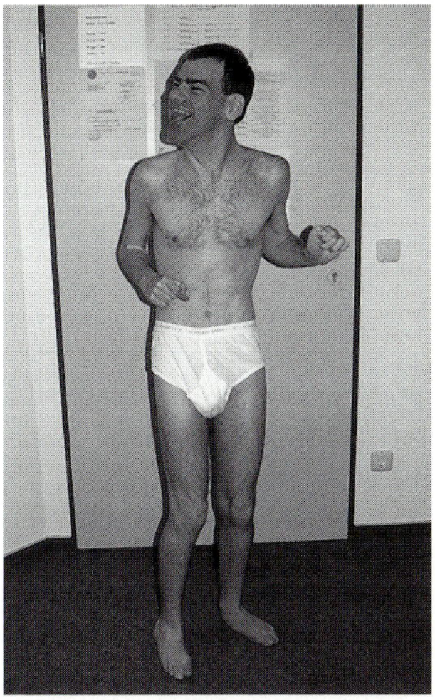

Abb. 5.41. Patient mit Angelman-Syndrom

teine mit langen Polyglutaminabschnitten neurotoxisch sind. Unterschiedliche Symptome dieser Krankheiten wären dann eine Folge der verschiedenen zellulären Verteilungen dieser Proteine. Bei der **spinobulbären Muskelatrophie (SBMA)** hat die Expansion des CAG-Repeats im androgenen Rezeptorgen wahrscheinlich auch eine Funktionseinschränkung des Androgenrezeptors zur Folge, was die relative Androgenresistenz von Patienten mit SBMA erklärt.

Die Stabilität der repetitiven Sequenzen nimmt mit der Repeatlänge ab. Dies gilt nicht nur für die Trinukleotide, sondern auch für die di- und tetranukleotiden Repeats. Ab 40–50 Trinukleotidrepeats nimmt die Instabilität rapide zu, weshalb die klinisch unauffälligen Überträger der FMR-1-Prämutation häufig betroffene Nachkommen haben. Im Unterschied zum Fragilen-X-Syndrom und der myotonen Dystrophie findet man bei Kindern von Patienten mit Chorea Huntington keine massiv expandierten Repeatlängen, wenn die Repeatlänge des Elternteils länger als 50 Trinukleotide ist. Wahrscheinlich ist hier, dass die Patienten mit längerer CAG-Repeatlänge bereits im Jugendalter erkranken und keine Nachkommen haben oder CAG-Repeats von über 120 Trinukleotiden letal sind und gar nicht beobachtet werden. Es liegt also ein Selektionsmechanismus vor.

! Bei all diesen Krankheiten nimmt die Schwere der Erkrankung mit der Länge der Trinukleotidrepeats zu, und die elterliche Herkunft der Mutation spielt eine wesentliche Rolle.

Untersuchungen an embryonalem Gewebe haben gezeigt, dass die Expansion der Repeats postzygotisch erfolgt. Wahrscheinlich sind die Zellen in der frühen Embryonalphase in der Lage, die beiden elterlichen Allele aufgrund ihrer unterschiedlichen DNA-Methylierung (Genomic Imprinting) zu unterscheiden. Es werden auch andere Möglichkeiten diskutiert, eine endgültige Klärung steht noch aus.

! Antizipation ist das Phänomen, dass sich eine Krankheit bei aufeinander folgenden Generationen mit immer gravierenderen Symptomen zeigt bzw. früher manifest wird.

Generell lassen sich die repetitiven Trinukleotidsequenzen, die eine instabile Ausdehnung zeigen, in zwei Kategorien einteilen:

1. CAG-Wiederholungen innerhalb der kodierenden Sequenz, die als Polyglutaminbereiche tranlatiert werden und eine mäßige Verlängerung mit repetitiver Sequenz zeigen. Die stabilen Allele bestehen meist aus 10–30 repetitiven Einheiten, während die instabilen krankheitsverursachenden Allele ca. 40–100 Einheiten enthalten.
2. CGG-Wiederholungen, die außerhalb kodierender Bereiche liegen und sich stark verlängern. Die stabilen Allele enthalten ca. 6–50 Kopien

Tabelle 5.24. Klinische Befunde beim Prader-Willi- und Angelman-Syndrom

	Prader-Willi-Syndrom	Angelman-Syndrom
Klinische Merkmale	Adipositas, dreieckiger, offener Mund, Muskelhypotonie (vor allem im Säuglingsalter), Akromikrie, Hypogonadismus, Hypopigmentierung, mentale Retardierung, Hyperphagie	Mikrozephalie, Minderwuchs, ataktischer Gang mit ruckartigen Bewegungen, unmotivierte Lachepisoden, Hypopigmentierung, Progenie, mentale Retardierung, Epilepsie mit charakteristischen EEG-Veränderungen

Tabelle 5.25. Erkrankungen mit instabilen repetitiven Trinukleotidsequenzen

Krankheit	Manifestationsalter	Lokalisation	Position im Gen	Repeat	Repeatanzahl			Transmission	Erbgang
					kont.	prä-M.	volle M.		
Chorea Huntington	>35	4p16.3	kodierender Bereich	$(CAG)_n$	6–35	–	36–100	paternal, a., e.	AD
Myotone Dystrophie (DM)	variabel	19q13	3'UTR	$(CTG)_n$	5–35	37–50	50–4000	maternal, a., c., e.	AD
Myotone Dystrophie 2 (DM2)	30–45	3q21	Intron 1	$(CCTG)_n$	12	–	75—11.000	–	AD
Juvenile Myoklonusepilepsie	Kindesalter	21q22.3	Promotor	$(CCCCGCCCCGCG)_n$	2–3	–	40–80	–	AR
Spinozerebel. Ataxie 1 (SCA1)	>25	6p23	kodierender Bereich	$(CAG)_n$	6–38	–	39–83	paternal, a., e.	AD
Spinozerebel. Ataxie 2 (SCA2)	>30	12q24	kodierender Bereich	$(CAG)_n$	14–31	–	32–77	maternal, p., a., c.	AD
Spinozerebel. Ataxie 3 (SCA3)	>45	14q32	kodierender Bereich	$(CAG)_n$	12–39	–	62–86	paternal, a., c., e.	AD
Spinozerebel. Ataxie 6 (SCA6)	>30	19p13	kodierender Bereich	$(CAG)_n$	4–17	–	21–30	–	AD
Spinozerebel. Ataxie 7 (SCA7)	Adult	3p12-21.1	kodierender Bereich	$(GAG)_n$	7–35	–	37–200	–	AD
Spinozerebel. Ataxie 8 (SCA8)	Adult	13q21	UTR-RNA	$(GTG)_n$	16–37	–	110–500	–	AD
Spinozerebel. Ataxie 11 (SCA11)	>30	15q14-21	Intron 9	$(ATTCT)_n$	10–22	–	<22 kb	–	AD
Spinozerebel. Ataxie 17 (SCA17)	>30	6q27	kodierender Bereich	$(GAG)_n$	25–42	–	48–63	–	AD
Dentatorubropallidolysiane Atrophie (DRPLA)	variabel	12p23	kodierender Bereich	$(CAG)_n$	3–35	–	49– 88	paternal, a., e.	AD
Friedreich-Ataxie	Kindesalter	9q13–21	Intron 1	(GAA)	7–22	–	200–1700	–	AR
FRAXA	kongenital	Xq27.3	5'UTR	$(CGG)_n$	6–52	50–200	200– >1000	maternal, a., e.	XR
FRAXE	kongenital	Xq28	Promotor	$(CCG)_n$	6–25	20–200	> 200	maternal, e., c.	XR
FRAXF	kongenital	Xq28	?	$(GCC)_n$	6–29	–	>500	?	XR
Spinobuläre Muskelatrophie (Kennedy-Syn.)	> 30	Xq21	kodierender Bereich	$(CAG)_n$	9–35	–	36–62	maternal, a., c., e.	XR

a: Antizipation, **c**: Kontraktion, **e**: Expansion

und können sich bis auf 100 bzw. 1000 Elemente ausdehnen. Aus bisher nicht bekannten Gründen können solche Expansionen die DNA-Methylierung und Chromatinstruktur ändern. Im Einzelfall finden sich die (CTG)n-Repeats im nichttranslatierten Bereich am 3'-Ende des Gens, beispielsweise das DM-Gen, das in Chromosom 19q13 liegt und etwa 5–35 Repeats enthält. Bei erkrankten Personen mit myotoner Dystrophie können diese bis auf 4000 Kopien expandieren.

Krankheiten, die durch die Verlängerung eines instabilen CAG-Repeats innerhalb eines Gens hervorgerufen werden, zeigen einige Gemeinsamkeiten:

- Alle sind spät manifestierende neurodegenerative Erkrankungen und werden bis auf eine Ausnahme (Kennedy-Disease) autosomal-dominant vererbt.
- Im verantwortlichen Gen wurde bis jetzt keine andere Mutation gefunden, die zu Krankheiten führt.
- Das verlängerte Allel wird transkribiert und translatiert.
- Das Trinukleotidrepeat kodiert eine Polyglutaminfolge im Genprodukt.
- Die Länge des Repeats korreliert mit der Schwere und dem Manifestationsalter der Erkrankung.

Einige dieser Krankheiten sind in ◘ Tabelle 5.25 zusammengestellt. Hier wird die myotone Dystrophie ausführlich besprochen.

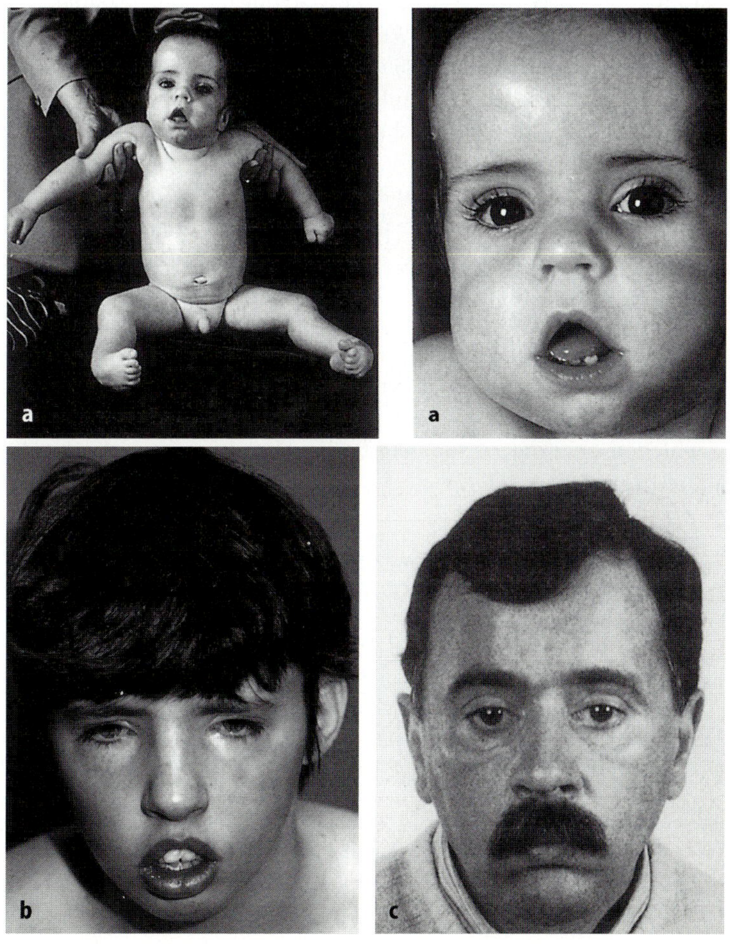

◘ **Abb. 5.42a–c.** Patienten mit myotoner Dystrophie. **a** kongenitale, **b** frühmanifeste, **c** spätmanifeste myotone Dystrophie. (**a** und **b** maternale, **c** paternale Vererbung) (b mit freundlicher Genehmigung der Univ. Kinderklinik Heidelberg)

5

Myotone Dystrophie

Die myotone Dystrophie ist eine autosomal-dominante, in der Regel spät manifest werdende Multisystemerkrankung mit einem variablen klinischen Bild. Die Patienten zeigen eine aktive und passive **Myotonie**, sie können nach festem Zugreifen die Finger nur langsam strecken, nach starkem Lidschluss die Augen nur langsam öffnen. Zusätzlich werden fortschreitende Muskelschwäche, Schluckstörungen, Herzrhythmusstörungen, Katarakt, Hypersomnie und endokrinologische Störungen wie Diabetes mellitus und Hypogonadismus beobachtet. Erstmals wurde das Krankheitsbild von Curschmann, Steinert und Batten (1909 und 1912) beschrieben. Innerhalb einer Familie können genetisch betroffene Familienmitglieder lebenslang ohne Krankheitszeichen bleiben oder als einzige Krankheitsmanifestation eine Linsentrübung oder präsenilen Katarakt aufweisen. Ein Zusammenhang von hoher Säuglingssterblichkeit und psychomotorischer Retardierung von Kindern in den betroffenen Familien wurde bereits seinerzeit beobachtet, jedoch konnte die Ursache der neonatalen kindlichen Manifestationsform nicht abgeklärt werden.

Die **kongenitale Form** manifestiert sich mit schwerer generalisierter Muskelhypotonie, typischer Schwäche der mimischen Muskulatur mit dreieckförmigem Mund, unvollständigem Lidschluss im Schlaf und respiratorischer Insuffizienz. Bei Kindern, die die ersten Lebensmonate überleben, wird eine psychomotorische Retardierung festgestellt. Man weiß heute, dass die kongenitale Myotone Dystrophie nur bei Kindern von betroffenen Müttern auftreten kann (▣ Abb. 5.42a–c).

Das Gen für die myotone Dystrophie liegt auf dem langen Arm des Chromosoms 19 (19q13.3) und wurde inzwischen durch positionelle Klonierung isoliert. Das *DMPK-Gen* erstreckt sich über eine genomische Sequenz von etwa 13 kb und besteht aus 15 Exons. Im Bereich des nicht translatierten 3'-Endes des DMPK-Gens befindet sich ein instabiler Trinukelotidrepeat CTG. Während die Normalbevölkerung 5 bis 35 dieser CTG-Repeats hat, kann bei Patienten mit myotoner Dystrophie eine 4000fache Verlängerung vorliegen. Die Schwere der Erkrankung korreliert mit der Anzahl der CTG-Repeats (▣ Tabelle 5.26). Die meisten Patienten mit kongenitaler myotoner Dystrophie haben ein wesentlich größeres **Trinukleotidrepeat**. Dies erklärt die genetische **Antizipation** bei dieser Erkrankung. Allerdings gibt es auch Ausnahmen. So sind bei Kindern mit kongenitaler myotoner Dystrophie auch kleinere expandierende Allele als die der betroffenen Mütter festgestellt worden. Auch in Spermien von schwerbetroffenen Patienten wurde eine Verkürzung der CTG-Repeats beobachtet. In seltenen Fällen kommt es sogar zur Kontraktion dieser Repeats, ob es sich hierbei um ein elterliches Gonadenmosaik, meiotische Instabilität oder ein postzygotisches Ereignis handelt ist unklar. Aufgrund dieser Beobachtungen ist die Antizipation mit der Expansion der CTG-Repeats nicht die einzige Erklärung für das Auftreten der kongenitalen myotonen Dystrophie.

Bei DM2 mit klinisch ähnlicher Symptomatik findet man keine CTG-Expansion im DMPK-Gen, sondern eine CCTG-Expansion (75–11.000) im Intron 1 des *ZNFG-Gens* am Chromosom 3q21.

▣ Tabelle 5.26. Klassifizierung der myotonen Dystrophie nach Manifestationsalter

Phänotyp	Alter	Klinische Symptome	Repeatlänge
Mild	>40 Jahre	Katarakt	50–150
Klassische Form	ca. 10–40 Jahre	Myotonie, Muskelschwund, frühzeitige Stirnglatze, Hypogonadismus, Herzrhythmusstörungen	100–1000
Kongenital	bis 12 Monate	Hypotonie (»floppy baby«), psychomotorische Retardierung, respiratorische Insuffizienz, faziale Diplegie	>1000

6 Multifaktorielle (polygene) Vererbung

In den vorangegangenen Kapiteln war das Augenmerk auf Merkmale gerichtet, von denen in der Bevölkerung in der Regel zwei, manchmal drei Phänotypen bei ihren Trägern existieren:

- Träger eines bestimmten Merkmals, meist einer bestimmten genetischen Erkrankung,
- Träger ohne dieses Merkmal, also ohne diese Erkrankung,
- Personen, bei denen dieses Merkmal schwach ausgeprägt ist.

Dabei folgten diese Merkmale einem der bekannten Mendelschen Erbgänge. Wir wollen uns nun Vorgängen zuwenden, die in der Population keine scharfe Zwei- oder Dreiteilung zulassen, sondern eine kontinuierliche Variabilität zeigen. Eine solche **Variabilität** beruht meist auf dem Zusammenspiel vieler Gene, von denen das einzelne keine so starke Wirkung besitzt, dass die Träger von den Individuen mit einem anderen Allel unterschieden werden könnten.

! Das Zusammenspiel vieler Gene wird als polygene Vererbung bezeichnet.

Allerdings unterliegt auch bei der polygenen Vererbung jedes einzelne Gen den Grundgesetzen der Mendelschen Vererbung, kann also dominant oder rezessiv, autosomal oder X-gekoppelt sein. Jedoch zeigt sich die Wirkung dieser Gene nicht als Einzelgenunterschied, sondern als Zusammenspiel von Genwirkungen einer meist größeren Zahl von Einzelgenen.

Die Variabilität der meisten Merkmale hängt allerdings nicht nur und ausschließlich vom geneti schen Hintergrund ab, sondern von einer **Gen-Umwelt-Interaktion**. Merkmale, die durch eine Interaktion von Genen und Umwelt bestimmt sind, werden als **multifaktorielle Merkmale** bezeichnet. Bei der multifaktoriellen Vererbung variiert der relative Anteil von genetischen Faktoren und Umweltfaktoren für verschiedene Merkmale beträchtlich.

Häufig werden die Begriffe polygen und multifaktoriell synonym verwendet, obwohl sie es eigentlich nicht sind. Polygen heißt, dass eine Anzahl verschiedener Genen involviert ist, berücksichtigt aber keinen Umwelteinfluss. Es ist also nur ein Teil eines umfassenderen multifaktoriellen Schemas, das die genetischen **Prädispositionen** von Individuen betrachtet. Die Prädisposition wiederum bildet den Rahmen für ein Gesamtbild, das durch die Umwelt geprägt wird. Die genetische Prädisposition bei polygener Vererbung könnte man mit einer Rangierharfe der Bahn vergleichen. Eine Richtung und verschiedene Stellmöglichkeiten werden von den Weichen genetisch vorgegeben. Welches Gleis allerdings befahren wird, hängt von den besonderen Verhältnissen ab, die ein Individuum in seiner Umwelt vorfindet.

6.1 Erbgrundlage normaler Merkmale

Die meisten menschlichen Merkmale scheinen multifaktorieller Natur zu sein. Jedes Gen partizipiert je nach Umwelteinfluss mit einem kleinen additiven Teil an der Gesamtexpression eines gegebenen Merkmals. Typische multifaktorielle Merkmale sind:

- Körperhöhe,
- Gewicht,
- Intelligenz,
- Hautfarbe,
- Fruchtbarkeit,
- Blutdruck,
- Zahl der Hautleisten.

Aber auch viele genetische Erkrankungen, die wegen ihrer Häufigkeit für den Arzt von Bedeutung sind, gehören dazu. Beispiele sind:

- Morbus Alzheimer,
- Diabetes mellitus,
- Hypertonie,
- verschiedene Formen des Schwachsinns,
- Schizophrenie und andere geistige Erkrankungen,
- psychische Labilitäten wie Alkoholismus (► Kap. 8.3.1) und Drogenabhängigkeit.

Durch das Zusammenwirken von Polygenie und Umweltfaktoren variieren die Phänotypen in der Population kontinuierlich innerhalb einer gewissen Bandbreite.

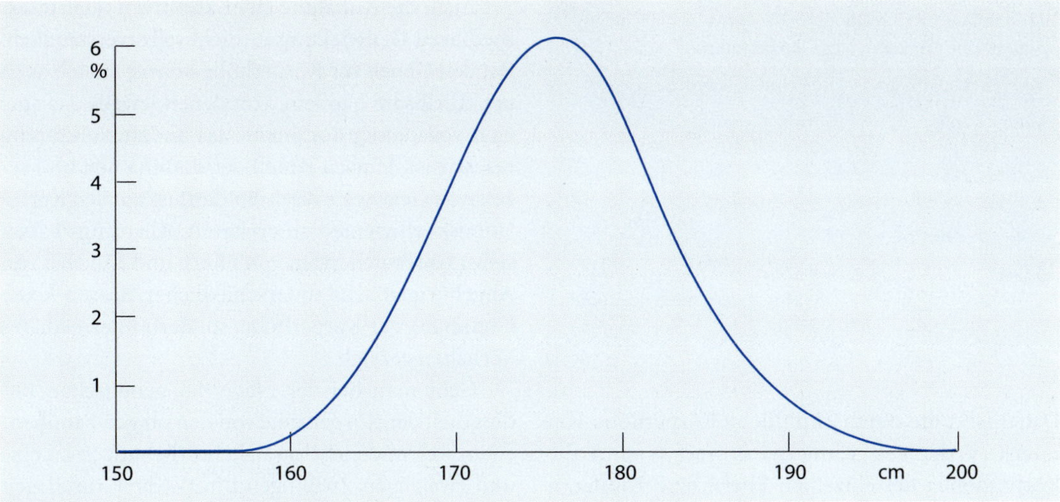

Abb. 6.1. Kontinuierliche Variation der Körperhöhe innerhalb einer Gauß-Normalverteilung

6.1.1 Genetische Faktoren bei der Körperhöhe

Betrachtet man das Merkmal Körperhöhe (Abb. 6.1), so findet man beim Menschen alle Zwischengrößen. Die Verteilung entspricht einer Gauß-Kurve.

Die meisten Menschen zeigen eine mittlere Körperhöhe, wenige Menschen sind extrem groß oder extrem klein, da sich fördernde und hemmende Faktoren die Waage halten.

Eine solche Normalverteilung wird durch zwei Quantitäten spezifiziert: den **Mittelwert**, der der Summe aller Messwerte entspricht, geteilt durch die Gesamtzahl und die **Varianz** bzw. die Standardabweichung (Quadrat der Varianz, als Ausdruck der Größe, um die ein einzelner Messwert vom Mittelwert abweicht). Bei der Normalkurve gibt die Standardabweichung (d) die horizontale Distanz vom Durchschnittswert bis zum steilsten Punkt des Kurvenverlaufs auf beiden Seiten an. Bei einer Standardabweichung liegen unter der Kurve 68,26 % der Fläche, bei 2 Standardabweichungen 95,5 % und bei 3 Standardabweichungen 99,7 %. Dies bedeutet, dass ⅔ der Messwerte vom Mittelwert weniger als eine Standardabweichung schwanken, 95,5 % weniger als 2 Standardabweichungen und 99,7 % weniger als 3 Standardabweichungen. Die Standardabweichung wird hier angesprochen, weil bei biologischen Größen mit entsprechender Variabilität die Angabe der Abweichung vom Mittelwert in Standardabweichungen sinnvoll ist. Im Einzelfall wird die Frage, ob eine Abweichung noch in den Normalbereich gehört oder bereits pathologisch ist, durch Festlegung empirischer Grenzwerte beantwortet.

Die Körperhöhe ist hier als multifaktoriell vererbtes Merkmal postuliert. Gauß-Verteilungen finden sich aber sowohl bei polygen bzw. multifaktoriell bedingten Merkmalausprägungen als auch bei Merkmalen, die ausschließlich durch die Umwelt modifiziert werden. Für die Körperhöhe fehlt also der schlüssige Beleg noch. Hierzu kann man Körperhöhenvergleiche zwischen Eltern und Kindern heranziehen und deren Ähnlichkeit in dem betreffenden Parameter prüfen. Bei quantitativen Merkmalen wie der Körperhöhe wird die Ähnlichkeit durch den **Korrelationskoeffizienten** gemessen.

! Der Korrelationskoeffizient ist ein Maß für die Unterschiede zwischen den auf Ähnlichkeit zu prüfenden Individuen und den Unterschieden beliebiger Individuen derselben Bevölkerung, der sie angehören.

Der Korrelationskoeffizient ergibt sich nach folgender Formel:

$$r = \frac{\Sigma\,(x_i - \bar{x})\,(y_i - \bar{y})}{n\,S_x \cdot S_y}$$

Tabelle 6.1. Korrelationskoeffizienten bezüglich der Körperhöhe zwischen nahen Verwandten

Verwandtschaftsgrad	Korrelationskoeffizient	
Mutter – Sohn	+ 0,49	
Vater – Sohn	+ 0,51	
Mutter – Tochter	+ 0,51	
Vater – Tochter	+ 0,51	
Brüder	+ 0,47 + 0,51 + 0,57	verschiedene Studien

Dabei ist x die durchschnittliche Körperhöhe von Eltern, y die von Kindern, x_i und y_i sind die Körperhöhen der einzelnen Eltern bzw. Kinder, n ist die Zahl der Eltern-Kinder-Paare und S_x und S_y sind die mittleren quadratischen Streuungen der Körperhöhe der Eltern bzw. der Kinder. S_x wird als Wurzel aus dem Mittel der Abstandsquadrate der x-Reihen-Individuen vom Mittelwert der x-Reihe berechnet.

$$S_x = \sqrt{\frac{(x_i - \bar{x})^2}{n}}$$

bzw.

$$S_y = \sqrt{\frac{(y_i - \bar{y})^2}{n}}$$

Der Korrelationskoeffizient kann Werte von –1 bis +1 annehmen. +1 bedeutet völlige Korrelation, 0 bedeutet das Fehlen von Korrelation und -1 bedeutet einen Ausschluss der betrachteten Merkmale.

Die Tabelle 6.1 zeigt Korrelationskoeffizienten für die Körperhöhe von Eltern und Kindern und unter Brüdern. Theoretisch zu erwarten ist ein Korrelationskoeffizient von +0,5, wenn die Körperhöhe im Wesentlichen genetisch bedingt ist und eine additive Genwirkung vorliegt. Als zusätzliche Voraussetzung für diesen Wert ist allerdings Panmixie zu fordern, d. h. eine zufällige Auswahl der Elternpaare bezüglich der Körperhöhe. Dies ist gerade bei der Körperhöhe zwischen Ehepaaren nicht der Fall. Es werden nämlich häufiger Ehen zwischen Paaren ähnlicher Körperhöhe geschlossen **(Homogamie)**. Der Korrelationskoeffizient zwischen Ehegatten beträgt +0,20 bis +0,30.

Auch die Annahme einer **additiven** oder **intermediären Genwirkung** ist nicht selbstverständlich. Bei den Genen für Körperhöhe könnte es sich auch um Allelpaare handeln, von denen jeweils das eine Gen vollständig dominant, das andere vollständig rezessiv ist. Je nach Anteil der dominanten und rezessiven Gene wäre dann ein Einfluss auf den Korrelationskoeffizienten zu erwarten. Allerdings haben selbst Untersuchungen von Eltern und Kindern von Angehörigen sehr unterschiedlicher Rassen keine Dominanz der Körperhöhe, sondern intermediäres Verhalten gezeigt.

Geht man bei der Frage der genetischen Bedingtheit der Körperhöhe von den obigen Familiendaten weg und zieht zusätzlich Erhebungen an ein- und zweieiigen Zwillingen hinzu (die Grundlagen hierzu werden in ► Kap. 11 behandelt), so erhält man bei gemeinsam aufgewachsenen eineiigen Zwillingen Korrelationskoeffizienten von über +0,9. Dies spricht dafür, dass bei einigermaßen vergleichbaren Lebensbedingungen die Variabilität der Körperhöhe weitgehend erbbedingt ist und einem multifaktoriellen Modell mit additiver polygener Wirkung folgt.

Die Körperhöhenentwicklung gerade in unserem Jahrhundert zeigt jedoch in exemplarischer Weise, dass innerhalb multifaktorieller Vererbung eine Veränderung der exogenen Parameter zu messbaren Einflüssen führt. Die Zunahme der durchschnittlichen Körperhöhe im vorletzten und auch noch teilweise im letzten Jahrhundert nennt man **säkulare Akzeleration** (Abb. 6.2). Bereits die Geburtsmaße liegen höher. Das Geburtsgewicht stieg seit Beginn des 20. Jahrhunderts in Deutschland von 3150 g auf maximal 3450 g und die Körperhöhe bei Geburt von 50 cm auf maximal 51,5 cm. Die Wachstumsbeschleunigung beginnt dann im Säuglings- und Kleinkindalter und setzt sich fort im Schulkindalter. Die Veränderung der Wachstumsgeschwindigkeit und der Endkörperhöhe gehen mit einer zunehmenden Vorverlegung der Pubertät einher. Diese lässt sich am besten durch den Eintritt der Menstruation messen. Sie liegt in der Größenordnung von 3–4 Jahren.

Dabei hat sich die Körpergröße der ganzen Population verschoben. Der Anteil der größeren Menschen hat sich um den Anteil verschoben, um den der der kleineren Menschen abgenommen hat. Der Prozentsatz von Hochwüchsigen hat also nicht einseitig zugenommen, was gegen eine Selektions-

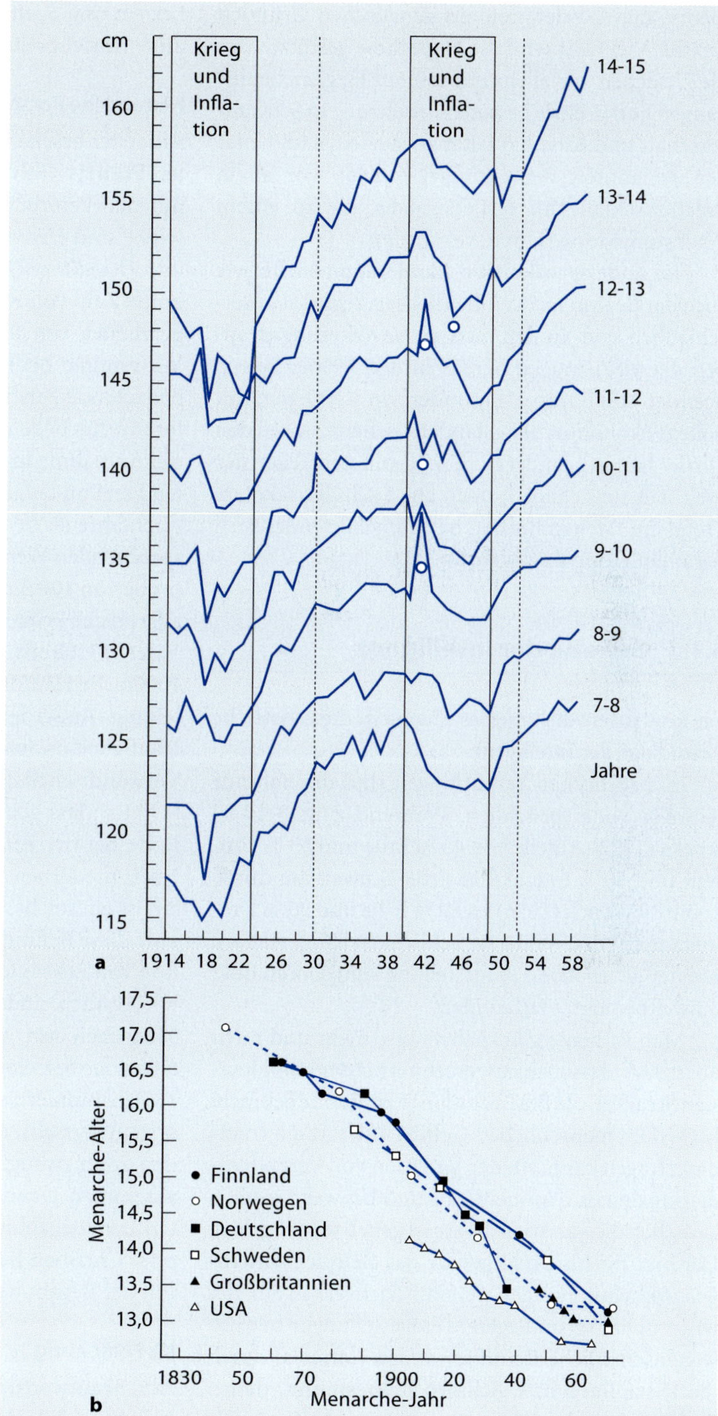

Abb. 6.2a,b. Säkulare Akzeleration. **a** Säkulare Veränderung der durchschnittlichen Körperhöhe bei Stuttgarter Volksschülern der verschiedenen Altersklassen; die *gestrichelten Linien* geben das Ende der Kompensationszeiten nach Hungerzeiten an, also das Ende des Aufholwachstums (nach Hagen et al. 1983). **b** Säkulare Vorverlegung der Menarche in verschiedenen Ländern (nach Tanner 1962 und Behrenberg 1975)

theorie der Akzeleration aus genetischen Gründen spricht. Vielmehr wird die Hypothese gestützt, dass die Ursachen vor allem in besseren Hygienebedingungen und in einer besseren Ernährung in Schwangerschaft und Kleinkindalter zu suchen sind. Unter den genannten Bedingungen werden vor allem Brechdurchfälle im 1. Lebensjahr, die zu einem Wachstumsstopp führen, vermieden.

Das Ende der säkularen Akzeleration dürfte, wie auch der Beginn nicht einheitlich lag, regional unterschiedlich sein. In den meisten Bevölkerungsgruppen der USA war sie bereits in den 1950er Jahren beendet. In Europa, besonders in Gebieten mit hohem ökonomischem Standard, scheint sie seit den 1970er Jahren beendet zu sein. In anderen Teilen der Welt hält sie sicherlich noch an. Auch der säkulare Trend im Menarchealter hat aufgehört oder sich sogar ein wenig umgekehrt.

6.1.2 Genetik der Intelligenz

Ein kontrovers diskutiertes Thema ist die genetische Grundlage der Intelligenz.

In statistischen Ermittlungen sind die Befunde teilweise widersprüchlich. Während zum Beispiel Jencks (1972) Anteile von 45 % Erbe und 35 % Umwelt und 20 % Interaktion Erbe-Umwelt annimmt, kommt Eysenck (1976) zu 80 % Erbe und 20 % Umweltanteil. Diese Widersprüchlichkeit hängt vielfach mit der alternativen Fragestellung »angeboren oder umweltbedingt?« zusammen.

Man ist heute glücklicherweise mehr und mehr überzeugt, dass man ausgerechnet bei der komplexesten Struktur, die die Evolution je zu Stande gebracht hat – dem menschlichen Gehirn – derart alternativ nicht fragen kann. An der Variation von Verhaltensmerkmalen sind immer Gene und Umwelt beteiligt. Lediglich die Variationsbreite ist genetisch festgelegt. Darüber hinaus deckt gerade das Beispiel »**Intelligenzforschung**« einen weiteren Sachverhalt auf, der wissenschaftsgrundlegende Fragestellungen betrifft: wissenschaftliche Befunde werden (oftmals) durch die Disziplinen bzw. Schulen mitbestimmt, denen die Forscher angehören. So sind Psychologen, die sich berufsmäßig mit Intelligenzmessung und Ausleseproblemen befassen, eher von der Vererbung der Intelligenz überzeugt. Diejenigen, die sich mit Lernen und Sozialverhalten beschäftigen, vertreten diese Ansicht seltener.

Historische Forschung

Als erster beschäftigte sich Darwins berühmter Vetter **Francis Galton** (1822–1911) wissenschaftlich mit der Vererbung von Intelligenz. Seine Hauptwerke sind *Hereditary Talent and Character* (1865) und *Hereditary Genius* (1869). Galton hat u. a. eine große Zahl von Referenzwerken und Lexika durchgearbeitet, um festzustellen, ob unter den nahen Verwandten bedeutender Persönlichkeiten gehäuft bedeutende Persönlichkeiten vorkommen. Das Kriterium für bedeutende Persönlichkeiten war dabei die Aufnahme in Lexika, d. h. wenn eine Person in ein Lexikon aufgenommen war, galt sein Vor- oder Nachfahre als bedeutend, wenn er ebenfalls in entsprechenden Werken zu finden war. Bei einer Stichprobe von 100 hervorragenden Männern fand er 41 ebensolche Brüder, 48 Söhne, 14 Enkel, 3 Urenkel, 31 Väter, 17 Großväter usw. Dies war eine 100- bis 1000fache Häufung gegenüber einer zufälligen Verteilung. Außerdem konnte Galton zeigen, dass die Häufigkeit nach allen Seiten mit der Entfernung des Verwandtschaftsgrades abnimmt. Er zog daraus den Schluss, dass genetische Faktoren eine bedeutende Rolle bei der Ausprägung von Intelligenz spielen. Nach modernen wissenschaftlichen Gesichtspunkten ist ein solcher Schluss nicht mehr haltbar, da gerade diese Befunde eine nicht entzerrbare Kombination von Erbe und Umwelt widerspiegeln.

Ähnlich sind umfangreiche Stammbäume von Menschen mit besonderen Fähigkeiten zu beurteilen. Sie beziehen sich in der Regel auf das 17. und 18. Jahrhundert, also auf eine Zeit, in der das Zunftsystem herrschte und somit das soziale System häufig den Sohn zwang, den gleichen Beruf wie der Vater auszuüben. Dennoch wäre es kurzsichtig zu behaupten, dass Begabungen, wie sie Friedemann, Emanuel oder Christian Bach gezeigt haben, genetisch nichts mit der Begabung des Vaters zu tun haben.

IQ-Forschung

Zur Beantwortung der Frage nach der Vererbung kognitiver Fähigkeiten wurden in der Regel **IQ-Tests** herangezogen. An dieser Stelle ist nicht der Platz für eine ausgedehnte Diskussion über die Natur des IQ oder seine Anwendbarkeit. Über den Intelligenz-

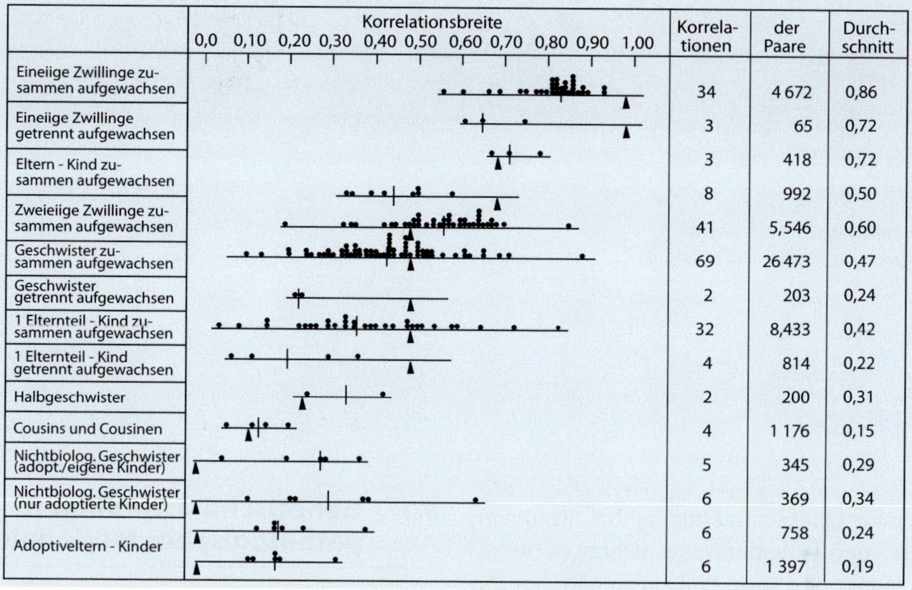

Abb. 6.3. Eine Zusammenfassung von IQ-Korrelationskoeffizienten für Familien-, Zwillings- und Adoptionsstudien. Die *Punkte* stehen für die in den Untersuchungen gefundenen mittleren Korrelationskoeffizienten, die *senkrechten Striche* für die Mittelwerte pro Rubrik aus allen Untersuchungen. Die *Dreiecke* bezeichnen den rechnerischen Erwartungswert für ein polygenes Modell ohne selektive Partnerwahl (nach Bouchard, McGue 1981)

quotienten gibt es jedoch mehr Familienuntersuchungen als über irgendein anderes Verhalten. Die ◘ Abb. 6.3 fasst die IQ-Forschung vor 1980 zusammen. Man sollte die Daten daraus nicht zu sehr im Detail betrachten, da kritische Untersuchungen der letzten Jahre belegt haben, dass Fehler in den Untersuchungen vorhanden sind und eine gewisse Voreingenommenheit in der Regel in Richtung einer hohen genetischen Komponente bei den beschriebenen Korrelationen vorhanden ist.

Die geringsten Korrelationen wurden bei nichtverwandten Individuen beschrieben, die höchsten bei eineiigen Zwillingen. Die Rangfolge von der niedrigsten zur höchsten Korrelation ist die folgende:

- nicht-verwandte Personen,
- Eltern-Adoptivkinder,
- Eltern-Kinder,
- Geschwister,
- zweieiige Zwillinge,
- eineiige Zwillinge.

Die Ergebnisse vertreten eine starke genetische Komponente für die Variabilität, die durch den IQ gemessen wird.

Demgegenüber stehen neuere Daten, die durch einen kritischeren experimentellen Ansatz zu weit geringeren Korrelationskoeffizienten kommen als die älteren. Nach Jahrzehnten der Forschung, die im Wesentlichen auf dem statistischen Ansatz beruhte, der von Galton in die Literatur eingeführt wurde, kann aus den Daten sowohl eine überwiegend genetische Bedingtheit als auch eine überwiegende Umweltbedingtheit interpretiert werden. Es kommt ganz darauf an, wie stark man Voreingenommenheiten, Fehler in den Untersuchungen und Interpretationen, die statistische Bearbeitung, die Plausibilität von Schlüssen, den Umwelteinfluss von biologischen und Adoptiveltern und den Einfluss eineiiger Zwillinge aufeinander bewertet. Der zentrale Fehler all dieser Untersuchungen ist der, dass **pauschale Fragestellungen** nicht zu präzisen Antworten führen können.

Moderne Forschung

Einem pauschalierten Gesamtergebnis von Intelligenztests stellt die moderne Forschung in Psychologie und Verhaltensgenetik **differenziertere Einzeltests** entgegen, die teilweise unabhängige Fähigkei-

Tabelle 6.2. Ergebnisse einer Longitudinalstudie an 20 eineiigen Zwillingen. ++ starke Übereinstimmung, + schwache Übereinstimmung, (+) zweifelhafte Übereinstimmung, – keine Übereinstimmung (nach Gottschaldt 1968)

	1. Untersuchung (1937) 11,7 Jahre	2. Untersuchung (1950/51) 23,3 Jahr	3. Untersuchung (1968) 41,5 Jahre
Kapazität für Informationsaufnahme	++	++	++
Abstraktes Denken	++	++	++
Geistige Einstellungen (Interessenbereich, Bewertung der eigenen Situation)	++	(+)	–
Vitalität	++	+	–
Aktivität	++	+	–
Geistige Verantwortung	++	++	–
Kontrolle des Verhaltens	++	+	–

ten messen. Querschnittsstudien bei Familien-, Zwillings- und Adoptionsuntersuchungen untersuchen häufig recht junge Probanden und dies entsprechend der Konzeption einer Querschnittsstudie nur einmal. Längsschnittstudien dagegen erfassen die Konsequenzen einer sich verändernden Umwelt auf einem stabilen genetischen Hintergrund. Allerdings gibt es bisher nicht allzu viele Daten. Sie zeigen jedoch, dass die Umwelt, über eine längere Lebensspanne betrachtet, für manche Faktoren ein zunehmendes Unähnlichwerden auch bei eineiigen Zwillingen beinhaltet. Andere Faktoren dagegen bleiben relativ stabil (Tabelle 6.2).

Zusammenfassung. Bezüglich der Genetik der Intelligenz sollten zukünftig einzelne präzise formulierte Parameter untersucht werden, von denen präzise Ergebnisse erwartet werden können. Deshalb sollte mehr Gewicht auf kausale Zusammenhänge zwischen Hirnfunktion und phänotypischer Expression gelegt werden. Bei tierexperimentellen Untersuchungen einzelner Faktoren aus dem Bereich des Lernverhaltens hat der Mendelsche Ansatz einer Untersuchung von Einzelwirkungen bereits erste Erfolge gezeigt.

Die eingangs gestellte Frage nach der genetischen Grundlage der Intelligenz wird man in dieser Form vielleicht nie beantworten können. Vielleicht wäre aber auch eine solche Antwort – selbst wenn sie existierte – irrelevant, da sich gesellschaftliche Konsequenzen – wollte man sie im positiven Sinne ziehen – immer nur durch gezielte Veränderung einzelner Parameter ergeben.

6.2 Genetische Grundlagen pathologischer Merkmale

Der größte Teil der Krankheiten, die familiär gehäuft auftreten, folgt nicht den Mendelschen Regeln wie die monogenen Erkrankungen. Dabei entspricht die familiäre Häufung nicht der Erwartung wie bei der monogenen Vererbung, sondern ist meist geringer. Etwa 4–5 % der Bevölkerung werden im Laufe des Lebens an **Diabetes mellitus**, 15–20 % an **Hypertension** und etwa 1 % an **Schizophrenie** erkranken. Aufgrund der höheren Konkordanz bei eineiigen Zwillingen sowie der familiären Häufung weiß man, dass eine Reihe von Krankheiten sowie kongenitalen Fehlbildungen auf der Basis einer genetischen Disposition entsteht. Dabei gelingt es nicht, einen einheitlichen molekularen Basisdefekt zu finden. Die meisten multifaktoriellen Erkrankungen sind die Krankheiten, die im Laufe des Lebens durch Einfluss von exogenen Faktoren manifest werden.

Dennoch sind es natürlich neben Umweltfaktoren Gene, die zum Krankheitsbild führen. Es besteht eine **genetische Determinierung**. Die Frage ist, wie man solchen Genen, die anfällig für eine weit verbreitete Krankheit machen, auf die Spur kommen kann. Möglicherweise können ja Hauptgeneffekte eine Rolle spielen. Ja es gibt eigentlich überhaupt keinen Grund, nur wegen der Tatsache der Polygenie, von vornherein solche Hauptgeneffekte auszuschließen. Nun ist allerdings die Identifizierung von **Anfälligkeitsgenen** für weit verbreitete Krankheiten eine ungleich schwierigere Aufgabe als der

Nachweis von verantwortlichen Genen für monogene Erkrankungen. Andererseits ist die Aufgabe eine viel bedeutendere, da an häufigen Erkrankungen eben viele Menschen erkranken, denen bei Aufklärung des Krankheitsmechanismus wirksame Behandlungsmethoden angeboten werden könnten. So könnten z. B. Umweltfaktoren, die krankheitsauslösend wirken, im Sinne präventiv medizinischer Maßnahmen vermieden werden, klinische Überwachungen könnten regelmäßig gezielt durchgeführt werden usw. Das heißt, man könnte über Präventivmedizin in vielen Fällen den Ausbruch einer bestimmten Erkrankung wahrscheinlich verhindern.

Wie kann man aber solchen Anfälligkeitsgenen auf die Spur kommen? Hierzu muss man zuerst über Zwillings- und Familiendaten beweisen, dass die Krankheit familiär auftritt. Gesammelte Familiendaten müssen dann mit Hilfe des statistischen Verfahrens der **Segregationsanalyse** auf Hinweise wichtiger Loki untersucht werden. Über **Kopplungsanalysen** sind dann **Kandidatengene** oder **polymorphe DNA-Marker** einsetzbar. Eine **positionelle Klonierung** kann anschließend zur Identifizierung des Anfälligkeitsgens führen. Allerdings klingt dieser Ansatz einfacher als er ist. Denn sowohl die Segregationsanalyse als auch die Kopplungsanalyse bereiten bei multifaktoriellen Erkrankungen Probleme. Allerdings gelang es in den letzten Jahren, die statistischen Verfahren sozusagen für diese Fragen zu schärfen. Jedenfalls gelangen mit diesen Methoden beeindrukkende Erfolge, wie die Entschlüsselung der Brustkrebsgene BRCA1 und BRCA2, nachdem man bereits wusste, dass es für Brustkrebs leichte familiäre Häufungen gibt. Andere begonnene Studien, die die nächsten Jahre noch benötigen werden, laufen mit praktisch den meisten wichtigen multifaktoriellen Krankheiten. Dabei hat man als Kandidatengene natürlich auch besonders solche im Auge, für die es eine physiologische Beziehung zum Krankheitsgeschehen gibt. Ein Beispiel für solche Kandidatengene ist das Reningen bei **arterieller Hypertonie**.

Eine Alternative zur Kopplung stellt die **Assoziation** dar. Dabei sind Genkopplung und Assoziation verschieden definiert. Kopplung ist eine Beziehung zwischen **Loki**, die Assoziation ist aber die Beziehung zwischen **Allelen**. Kopplung beschreibt also die Nachbarschaft von Loki und die daraus resultierende gemeinsame Segregation. Assoziation bedeutet, dass Personen in einer Population, die an einem Lokus ein bestimmtes Allel haben, mit höherer Wahrscheinlichkeit als zufällig ein bestimmtes anderes Allel an einem weiteren Lokus besitzen. Durch allele Assoziationen kann man bei Kopplungsuntersuchungen die Auflösung über die von Familienuntersuchungen hinaus steigern.

Assoziation zwischen Krankheit und Markern kann über sogenannte **Fall-Kontroll-Studien** auf Populationsbasis betrieben werden. Man vergleicht dabei die Häufigkeit eines bestimmten Markerallels in einer Anzahl von Patienten und einer von nicht betroffenen Kontrollpersonen. Dabei ist die Auswahl der Kontrollpersonen allerdings kritisch, da sie typisch für die Population sein müssen, aus der die Patienten stammen. Kontroll- und Patientengruppe müssen aus genetisch identischen Subpopulationen stammen. Hierfür sind in den letzten Jahren neue Methoden entwickelt worden, die das Kontrollproblem lösen. Man sucht dann nach **Kopplungsungleichgewichten**. Das Kopplungsungleichgewicht beschreibt die Verknüpfung eines bestimmten Markerallels mit einer Krankheit in der Population. Dabei lässt sich ein Kopplungsungleichgewicht nur dann finden, wenn viele Patienten, auch wenn anscheinend nicht verwandt, die chromosomale Region von einem gemeinsamen Vorfahren geerbt haben. Die allele Assoziation ist also nur dann über Kopplungsungleichgewicht auffindbar, wenn die Allele von einem gemeinsamen Urchromosomensegment stammen. Dabei ist es statistisch unmöglich, das ganze Genom nach Kopplungsungleichgewichten abzusuchen. In der Praxis muss sich die Untersuchung auf Assoziation auf Kandidatenloki beschränken. Die Vorgehensweise ist dann die, dass über genomweite Kopplungsversuche eine Kandidatenregion eingegrenzt wird. Diese Region, die für eine positionelle Klonierung noch zu groß ist, kann dann auf Assoziationen untersucht werden. Dadurch wird die Position eines Anfälligkeitsgens auf der DNA räumlich soweit eingeengt, dass es möglich ist, direkt nach dem Gen zu suchen.

In der ◘ Tabelle 6.3 sind einige multifaktoriell bedingte Erkrankungen und Fehlbildungen zusammengestellt. Für viele dieser Krankheiten existieren Schwellenwerteffekte, wie in ► Kap. 6.3 beschrieben. Hier werden wenige im einzelnen besprochen.

Tabelle 6.3. Einige Beispiele für multifaktorielle Erkrankungen und Fehlbildungen

Kongenitale Fehlbildungen oder Deformitäten	Häufigere Erkrankungen
Lippen-Kiefer-Gaumen-Spalte	Diabetes mellitus
Angeborene Herzfehler	Schizophrenie, Affektpsychose
Spastische Pylorushypertrophie	Hypertonie
Kongenitale Hüftluxation	Epilepsie
Klumpfuß	Morbus Bechterew
Neuralrohrdefekte	Rheumatoide Arthritis
Anenzephalus	Morbus Crohn
Omphalozele	Colitis ulcerosa
Intestinale Atresien	

6.2.1 Genetische Überlegungen zur Adipositas

Ein typisches Beispiel für eine extreme Abweichung innerhalb einer normalen Verteilungskurve ist die Adipositas. Gleichzeitig ist Adipositas ein erhebliches öffentliches Gesundheitsproblem in entwickelten Ländern und von großem Interesse für biotechnologische Firmen in dem Bemühen, ein effektives Schlankheitsmedikament zu entwickeln. Die Grenze zwischen Normalgewicht und Fettleibigkeit ist nicht einfach zu ziehen. Verschiedene **Messgrößen** wurden hierfür entwickelt. Eine ist ein **Übergewicht von 20 %** über dem Normalgewicht, wobei die Körpergröße minus 100 = Normalgewicht in kg gesetzt wird. Eine andere ist der *body mass index* **(BMI)** = Gewicht in kg/Größe in m^2. Menschen mit Normalgewicht haben ein BMI zwischen 20 und 25. Starkes Übergewicht wird durch einen Index von mehr als 30 angezeigt. Andere Untersuchungen orientieren sich an mehr physiologischen Werten wie Serum-Leptin-Konzentration. Gerade die Fettleibigkeit zeigt aber auch, dass rein genetische Bedingtheit und ausschließlich exogene Bedingtheit nur schwer oder gar nicht voneinander zu trennen sind.

Unter allen an Fettleibigkeit leidenden Personen gibt es sicherlich viele, bei denen die Fettleibigkeit durch **soziale und kulturelle Gewohnheiten** bedingt ist. Andererseits beschreiben Zwillings- und Adoptionsstudien, dass ca. 70 % der Varianz des BMI genetischen Faktoren zugeordnet werden kann. Segregationsstudien haben nahegelegt, dass für alles zwischen 20 % und 65 % der Populationsvarianz im BMI ein oder zwei **rezessive Hauptgene** verantwortlich gemacht werden können. Andere Autoren konnten diese Befunde nicht bestätigen, wobei wie in vielen Studien über komplexe Erkrankungen die Frage offen bleibt, ob der Primärreport falsch war oder die **Follow-up**-Studie nicht kraftvoll genug.

Es existieren auch verschiedene Tiermodelle, bei denen einzelne Genorte für Adipositas verantwortlich sind. Allerdings sollte man bei der Bewertung der Tiermodelle beachten, dass das Ziel der **Obese-Forschung** die Entdeckung von Mechanismen ist, die Menschen empfänglicher oder resistenter für Essensverwertung-induzierte Fettsucht machen, mehr als solche, die z. B. ausschließlich mit dem Sattheitsmechanismus zu tun haben. Das bekannteste Tiermodell sind die **Obese-Mäuse**, bei denen ein einziges Gen dafür verantwortlich ist, dass offenbar ein **Sattheitsmechanismus** fehlt. Homozygote Tiere fressen, unter normalen Bedingungen gehalten, zügellos, sind relativ inaktiv und haben einen geringeren Energieumsatz. Nach vorzeitiger Verfettung sterben die Tiere früh. In Analogie zu Ratten, bei denen Läsionen im Hypothalamus gesetzt wurden, wurde spekuliert, dass der primäre Defekt, der zu diesem Verhalten führt, möglicherweise im **Hypothalamus** lokalisiert ist.

Beim Menschen könnte das Fehlen eines Sattheitsmechanismus in einem Teil der Fälle ebenfalls eine Erklärung sein. Auch das **menschliche Obesegen** ist zwischenzeitlich lokalisiert, und es werden Untersuchungen durchgeführt, inwieweit Mutationen in diesem für das Hormon Leptin kodierenden Gen zu Adipositas führen können. Auch wird untersucht, inwieweit Mutationen im Leptinrezeptorgen zu Essstörungen führen. Weiterhin sind der Melanocortin-4-Rezeptor und Pro-Opiomelanocortin im Zyklus, der Essensaufnahme reguliert, interessant. In einzelnen Fällen wurde Kopplung der extremen Adipositas zu funktionell relevanten Mutationen im Leptingen gefunden.

Eine Anzahl von Einzelgenmutationen mit verschiedenen Mechanismen oder eine Kombination von ihnen könnte für einen Teil der menschlichen Fettleibigkeit verantwortlich sein. Genetische Heterogenität ist dabei wahrscheinlich. Möglicherweise gibt es verschiedene monogene Varianten ebenso wie einen multifaktoriellen Hintergrund.

Diese Komplexität zusammen mit rein umweltbedingten Fällen macht die Aufklärung genetischer Hintergründe schwierig. Andererseits zeigt uns hier das Tiermodell, wie für einen Teil des Problems Hypothesen zur Bearbeitung beim Menschen gebildet und bearbeitet werden.

6.2.2 Morbus Alzheimer

Morbus Alzheimer ist gekennzeichnet durch einen zunehmenden Verlust an Gedächtnis, Zerstörung von emotionalem Verhalten und generellem Verlust kognitiver Fähigkeiten. Es sind ungefähr 5 % der über 65-Jährigen und ungefähr 20 % der über 80-Jährigen betroffen. Anatomisch wird ein **Verlust von Neuronen** mit vielen **amyloidhaltigen Plaques** beobachtet. Degenerierende Neuronen enthalten charakteristische neurofibrilläre Strukturen.

Selten beginnt die Erkrankung in wesentlich jüngerem Alter, und diese Form mit frühem Beginn *(early-onset)* kann von der mit spätem Beginn *(late-onset)* klar abgegrenzt werden, wenn auch die klinischen und pathologischen Merkmale gleich sind. Die **Early-onset**-Form zeigt manchmal einen Mendelschen Erbgang und wird autosomal-dominant vererbt, die **Late-onset**-Form ist nicht mendelnd und zeigt nur schwache familiäre Häufung. Beim Early-onset-Alzheimer erbrachte die Lod-score-Analyse die Identifizierung und Klonierung von 3 Genen, nämlich *APP* auf Chromosom 21q21, *Präsenilin-1* auf Chromosom 14q24 und *Präsenilin-2* auf Chromosom 1q42. Mutationen in diesen 3 Loki werden in den seltenen Familien beobachtet, die die autosomal-dominante Form mit hoher Penetranz exprimieren. Dies sind etwa 10 % der Fälle mit einem Krankheitsbeginn vor dem 65. Lebensjahr.

Familien mit der **Late-onset**-Form zeigen keine Kopplung mit den beschriebenen Loki, sie zeigen jedoch Kopplung mit einem Lokus auf Chromosom 19. Der Verdachtslokus wurde als *APOE* (**Apolipoprotein E) auf 19q13.2** identifiziert. Es existieren 3 Allele. Assoziation in familiären und sporadischen Fällen der Late-onset-Form besteht mit dem Allel E4, während E2 mit Resistenz gegenüber Alzheimer assoziiert ist. Personen mit der Allelkombination E3/E4 haben ein 3fach höheres und Personen mit E4/E4 ein 14fach höheres Krankheitsrisiko als E3-Homozygote. APOE scheint für ca. 50 % der Fälle der späten Alzheimer-Form verantwortlich zu sein. Damit ist wohl eine klare genetische Bedingtheit erwiesen. E4 steuert dabei offenbar mehr das Erkrankungsalter als das Erkrankungsrisiko selbst. Wenn Morbus Alzheimer erst einmal begonnen hat, findet sich im Verlauf kein Unterschied zwischen Personen mit E4 und solchen ohne.

Da bei der Alzheimer-Erkrankung ein klares Auffälligkeitsallel identifiziert wurde, sind diese Befunde auch von außerordentlicher Relevanz für die Betrachtung der ethischen und sozialen Folgen bei der Erkennung von Prädispositionen für eine genetisch mitbedingte Erkrankung.

6.2.3 Diabetes mellitus

Der Diabetes mellitus wurde von dem bekannten amerikanischen Genetiker **Neel** 1976 als *geneticists nightmare* bezeichnet. Dieser Begriff verdeutlicht die Problematik bei der Beurteilung der genetischen Hintergründe, die bei dieser Krankheit lange existierten. Tatsächlich stellt der Diabetes ätiologisch eine außerordentlich **heterogene Krankheitsgruppe** dar. Die klinisch unterschiedlichen Typen sowie die ethnische Variabilität in der Häufigkeit und dem Erscheinungsbild sprechen dafür. Wir wissen heute, dass viele unterschiedliche genetische Defekte zu Glukoseintoleranz führen können. Die Kopplungsanalysen und die Suche nach Mutationen an verschiedenen Kandidatengenen (*Insulingen, Insulinrezeptorgen, Glykose-Synthetase-Gen, Glukokinasegen*) haben gezeigt, dass nur bei einem Teil der Patienten Mutationen an diesen Genen oder positive Kopplungsbefunde gefunden werden.

Klinisch unterscheidet man drei verschiedene Typen. Eine Form, die etwa 5–10 % des Diabetes umfasst, meist im Adoleszenzalter auftritt und insulinabhängig ist, wird als **Typ I** *bzw.* **insulindependent Diabetes (IDDM)** bezeichnet. **Typ II** ist der **nichtinsulinabhängige Diabetes (NIDDM)**, der meist im späteren Alter auftritt und eine leichtere Verlaufsform hat. Der Typ II ist die häufigste Form des Diabetes mellitus. Weltweit sind 135 Millionen

Menschen betroffen. Die Erkrankung resultiert aus einer Kombination von beeinträchtigter Insulinsekretion und gesenkter Endorganantwort. Risikofaktoren sind Lebensalter, Fettleibigkeit und mangelnde Bewegung. In vielen entwickelten Ländern sind 10–20 % der über 45-Jährigen betroffen.

Untersuchungen haben Assoziationen zwischen NIDDM und mindestens 16 verschiedenen Genvarianten ergeben. Große Nachuntersuchungen haben nur eine bestätigt. Ein häufiges Allel (p = 0,15) des ***PPARG***-Gens konnte mit vermindertem Risiko von NIDDM in verschiedenen Kohorten assoziiert werden. Das Allel für erhöhtes Risiko ist weit verbreitet (p = 0,85). Eine andere Studie fand signifikante Kopplung zu 25 Loki auf 15 verschiedenen Chromosomen. Ein Lokus, ***NIDDM1* auf 2q37,** wurde in mexikanischen Amerikanern identifiziert, der mit einem Lokus auf Chromosom 15 interagiert und die Krankheitswahrscheinlichkeit in dieser Gruppe erhöht. Eine bestimmte Kombination von Einzelnukleotid-Polymorphismen im *Calpain-10-(CAPN-19-)Gen* in Position 2q37 wurde als die entscheidende Determinante beschrieben. Dennoch haben Follow-up-Untersuchungen gezeigt, dass sicherlich keine universelle weltweite Assoziation zwischen NIDDM und dem entsprechenden Genotyp besteht.

Etwa 1–2 % der Fälle von Diabetes mellitus werden autosomal-dominant vererbt und treten meist Anfang des 20. Lebensjahres auf. Diese Form wird als **maturity-onset diabetes of youth (MODY-Diabetes)** bezeichnet. Etwa 1–3 % der Frauen zeigen während der Schwangerschaft eine Glukoseintoleranz. Bei etwa 90 % dieser Frauen entwickelt sich später ein Diabetes mellitus.

Die hohe **Konkordanz** für Diabetes mellitus **bei Zwillingen** sowie **Familienstudien** bestätigen die Rolle der genetischen Faktoren für das Auftreten des Diabetes mellitus. Neuere Studien zeigen eine sehr hohe Konkordanzrate bei eineiigen und etwa 55 % bei zweieiigen Zwillingen. Die hohe Konkordanz von 90 % bei eineiigen Zwillingen für nichtinsulinabhängigen Diabetes mellitus (NIDDM) und die signifikant höhere Diskordanz bei insulinabhängigem Diabetes mellitus (IDDM) weist darauf hin, dass beim **Typ-II-Diabetes** der **genetische Einfluss** größer als beim Typ I ist.

Beim Diabetes Typ I wird eine Assoziation mit HLA-Antigenen festgestellt. Bei 95 % der Patienten mit insulinabhängigem Diabetes findet man ein HLA-DR3- und/oder HLA-DR4-Antigen. Geschwister von Typ-I-Diabetikern mit dem gleichen HLA-Haplotyp haben ein höheres Risiko. Diese Information ist für die genetische Beratung von Bedeutung. Geschwister von Patienten mit IDDM haben ein Risiko von 10–15 %, wenn sie einen identischen Haplotyp haben (DR3/DR4); ist nur ein Haplotyp (DR3/- oder -/DR4) identisch, so beträgt das Risiko etwa 1 %. Eine HLA-Assoziation wurde bei Diabetes Typ II nicht beobachtet (Tabelle 6.4).

Die molekulargenetische Untersuchung der mitochondrialen DNA belegt, dass bei der Entstehung eines Teils von Diabetes mellitus Typ I, isoliert oder in Kombination mit anderen komplexen Krankheiten, die mitochondriale DNA beteiligt ist. Heute kann man durch gezielte Untersuchungen den **mitochondrialen Diabetes mellitus** von anderen Typen gut unterscheiden. Er wird wie der Diabetes mellitus Typ I früh manifestiert und ist insulinabhängig. Eine HLA-Assoziation oder ein Antikörper gegen Inselzellen wurde bis jetzt nicht beobachtet. Im Gegensatz zu Diabetes mellitus Typ I zeigen sich meist keine Ketoazidosen. Wie bei allen Mitochondropathien liegt bei dem **mitochondrialen Diabetes mellitus** eine **maternale Übertragung** vor.

Der Diabetes kann auch als Sekundärmerkmal bei einer Reihe von anderen Erkrankungen auftreten.

6.2.4 Hypertonie

Bezogen auf die Altersgruppe von 20–75-Jährigen liegt die Prävalenz der Hypertonie in Europa bei 15–20 % und bei 75–85-Jährigen bei etwa 40 %.

Hypertonie ist ein Risikofaktor für Schlaganfall, koronare Herzerkrankungen und Nierenversagen. Familiäre Häufung sowie die hohe Konkordanz der eineiigen Zwillinge weisen auf die Rolle der genetischen Faktoren in der Ätiologie der Hypertonie hin. Große Studien zeigen, dass die Blutdruckwerte in der Bevölkerung unimodal verteilt sind. Dies ist ein Hinweis auf **polygene Vererbung**. In etwa 5 % der Fälle ist die Hypertonie ein sekundäres Merkmal bei einer spezifischen Erkrankung. In 95 % liegt eine essenzielle Hypertonie vor. Exogene Faktoren wie Übergewicht, Alkohol, Stress und Ernährungsfakto-

Tabelle 6.4. Diabetes mellitus Typ I und II

	Typ I	Typ II
Verbreitung	0,2–0,3 %	2–5 %
Anteil unter allen Diabetesformen	5–10 %	90–95 % (1–2 % MODY)
Erkrankungsalter	<30 Jahre	>35 Jahre
Ketoazidose	Ja	Sehr selten
Insulinabhängigkeit	Abhängig	Unabhängig
Therapie	Insulin	Diät u./o. orale Antidiabetika
Komplikationen	Vaskulopathie Neuropathie Nephropathie	Selten und spät
Konkordanz eineiiger Zwillinge	40–50 %	80–100 %
Verwandte ersten Grades betroffen	5–10 %	10–15 %
HLA DR3/DR4 Assoziation	Ja	Nein

ren wie hohe Natrium-, niedrige Kalium- und Kalziumaufnahme spielen bei der Entstehung von Hypertonie eine große Rolle. Wahrscheinlich sind verschiedene pathophysiologische Mechanismen an der Entstehung der Hypertonie beteiligt. In letzter Zeit werden die Gene, die an dem Renin-Angiotensin-System beteiligt sind, als Kandidatengene für Hypertonie angesehen. Verschiedene Tiermodelle (z. B. transgene Ratten) haben wichtige Beiträge für diese Annahme erbracht, jedoch stehen die molekulargenetischen Untersuchungen noch am Anfang.

6.2.5 Genetik der Oligophrenie

Zu den Krankheitsbeispielen multifaktorieller Natur zählt auch die geistige Retardierung, die exogene und endogene Ursachen haben kann. Als Kriterien für geistige Behinderung, für **Oligophrenie** sind

- Intelligenzminderung und
- unzulängliches adaptives Sozialverhalten

geeignet, wobei sich zur Klassifikation der IQ durchgesetzt hat. Die Grenze zur geistigen Behinderung wird bei einem **IQ von 70** angesetzt. Ein IQ-Bereich zwischen 70 und 85 bedeutet Lernschwäche, was in der Regel den Besuch einer Lernbehindertenschule erforderlich macht. Der IQ-Bereich unterhalb von 70 macht meist ein selbständiges Leben unmöglich. Die Betroffenen bleiben von fremder Hilfe abhängig.

Die früheren Begriffe wie »Debilität«, »Imbezillität«, und »Idiotie« werden nicht mehr verwendet. Geht man von einem Intelligenzquotienten (IQ) von 100 ± für die Allgemeinbevölkerung aus, so werden laut Definition der WHO die folgenden Gruppen der mentalen Retardierung unterschieden:

Der Gesamtbereich wird als intellektuelle Retardierung bezeichnet.

In diesem Bereich werden unterschieden:

- IQ 20–34: schwere Form,
- IQ 35–49: mittelschwere Form,
- IQ 50–70: leichte Form.

Oft wird die intellektuelle Retardierung in zwei Gruppen eingeteilt: in eine leichte Form (IQ 50–70) und eine mittelschwere Form (IQ 20–49).

Die **leichtere intellektuelle Retardierung** kann als extremer Teil der normalen IQ-Verteilungskurve angesehen werden. Für sie gibt es häufig keine benennbaren Ursachen. Sie hat eine Häufigkeit in der Bevölkerung von etwa 2 %. Eltern und Geschwister sind bei der leichteren intellektuellen Retardierung häufig ebenfalls betroffen, scharfe Grenzen zum Normalen sind nicht zu ziehen. Die Ursachen sind vielfach endogen und erblich, wobei eine multifaktorielle Vererbung zu Grunde liegt. Als exogene Einflüsse kommen Hirntrauma oder -krankheit und schlechte soziale Verhältnisse während der Kindheit in Frage.

Bei der **schwereren intellektuellen Retardierung** liegt oft eine benennbare exogene oder genetische Ursache vor. Beispiele sind perinatale Hirnschäden, Chromosomenmutationen oder monogene Erkrankungen. Die schwerere intellektuelle Retardierung ist durchschnittlich weniger häufig (ca. 1/8) als die leichtere Retardierung. Es liegt eine deutliche Geschlechtsverschiebung vor. Während bei den leichteren Retardierungen die Geschlechtsverteilung gleichmäßig ist, sind bei der schwereren Retardierung mehr Männer betroffen. So sind einige geschlechtsgebundene geistige Retardierungen bekannt (▶ Kap. 3.2). Häufige zusätzliche Befunde sind körperliche Schäden, Fehlbildungen und massivere neurologische Befunde. Eltern sind selten intellektuell behindert, Geschwister gelegentlich, dann aber deutlich von der Norm abweichend. Etwa 1/3 aller schwereren intellektuellen Retardierungen haben eine genetische Ursache. Die Vererbung ist typischerweise rezessiv. Als exogene Einflüsse kommen intrauterine Einflüsse, Geburtstraumen, Hirntraumen oder Hirnkrankheiten im frühen Lebensalter in Frage. Die sozialen familiären Verhältnisse sind in der Regel unauffällig.

Propping nennt in seinem 1989 erschienenen Buch »Psychiatrische Genetik« (das dieses Gebiet erstmals zusammenhängend darstellte) für die Zweiteilung in leichtere und schwerere Retardierungen im Wesentlichen folgende Gründe: Bei der IQ-Verteilung der Geschwister von leicht Retardierten einerseits und schwer Retardierten andererseits zeigte sich, dass die Geschwister der leichter Retardierten weitgehend den Indexfällen ähnelten, während die große Mehrzahl der Geschwister der schwer Retardierten die IQ-Verteilung der Allgemeinbevölkerung aufwiesen. Lediglich im untersten IQ-Bereich fand sich eine kleine Gruppe von Geschwistern, bei denen sich aus offenbar genetischer Ursache die schwere geistige Retardierung wiederholte.

Weiterhin ließ sich nur bei den Geschwistern der leicht Retardierten eine deutliche Regression zur Mitte nachweisen.

In der Gruppe der schwer Retardierten war diese Regression nur schwach ausgeprägt. Dies spricht dafür, dass ein wesentlicher Anteil der leicht geistig Retardierten durch multifaktorielle Vererbung zustande kommt. Die schweren Fälle entstehen dagegen überwiegend auf andere Weise (◘ Abb. 6.4, 6,5 und ◘ Tabelle 6.5).

6.2.6 Schizophrenie

Die Schizophrenie ist in zahlreichen Studien mit den Methoden der biometrischen Genetik analysiert worden. Obwohl sie nach wie vor eine rätselhafte Erkrankung darstellt, gehört sie zu den wenigen Erkrankungen mit gesicherter Beteiligung genetischer Faktoren. Über die Natur dieser Faktoren ist allerdings wenig Verlässliches bekannt.

Es würde an dieser Stelle zu weit führen, auf die Familienstudien, Zwillingsstudien und Adoptionsstudien detailliert einzugehen. Die Ergebnisse der bis jetzt durchgeführten Kopplungsanalysen zeigen zwar einen deutlichen Hinweis auf ein bestimmtes Allel, was allerdings noch nicht endgültig bestätigt ist.

Eine Zusammenfassung aller Befunde ergibt folgende genetische Grundlagen (verändert nach Propping 1989):

- Bei eineiigen Zwillingen besteht eine Konkordanzrate um 50 %, bei zweieiigen um 10–15 %.
- Geschwister und Kinder von Schizophrenen haben ein Wiederholungsrisiko von etwa 10 % (◘ Tabelle 9.21).
- Das Wiederholungsrisiko steigt mit der Anzahl weiterer Fälle in der Familie.
- Unter nicht-schizophrenen Verwandten finden sich gehäuft schizoide bzw. schizotypische Persönlichkeiten.
- Kinder von für Schizophrenie diskordanten eineiigen Zwillingen haben unabhängig vom Gesundheitszustand der Eltern ein gleich hohes empirisches Wiederholungsrisiko.
- Das klinische Bild kann auch durch exogene Faktoren verursacht sein.

Für die Schizophrenie werden die verschiedensten genetischen Modelle diskutiert. Das gegenwärtig wahrscheinlichste ist die **multifaktorielle Vererbung mit Schwellenwerteffekt** (▶ Kap. 6.3).

Viele genetische Studien haben bisher individuelle Kandidatengene oder Regionen beschrieben. Typische Kandidatengene sind solche, die für Proteine kodieren, die in die Neurotransmission involviert sind, oder durch Pharmaka beeinflusst werden, die in der Schizophreniebehandlung eingesetzt werden. Gegenwärtig gibt es Untersuchungen die Kopplung für ca. ein Dutzend chromosomale Re-

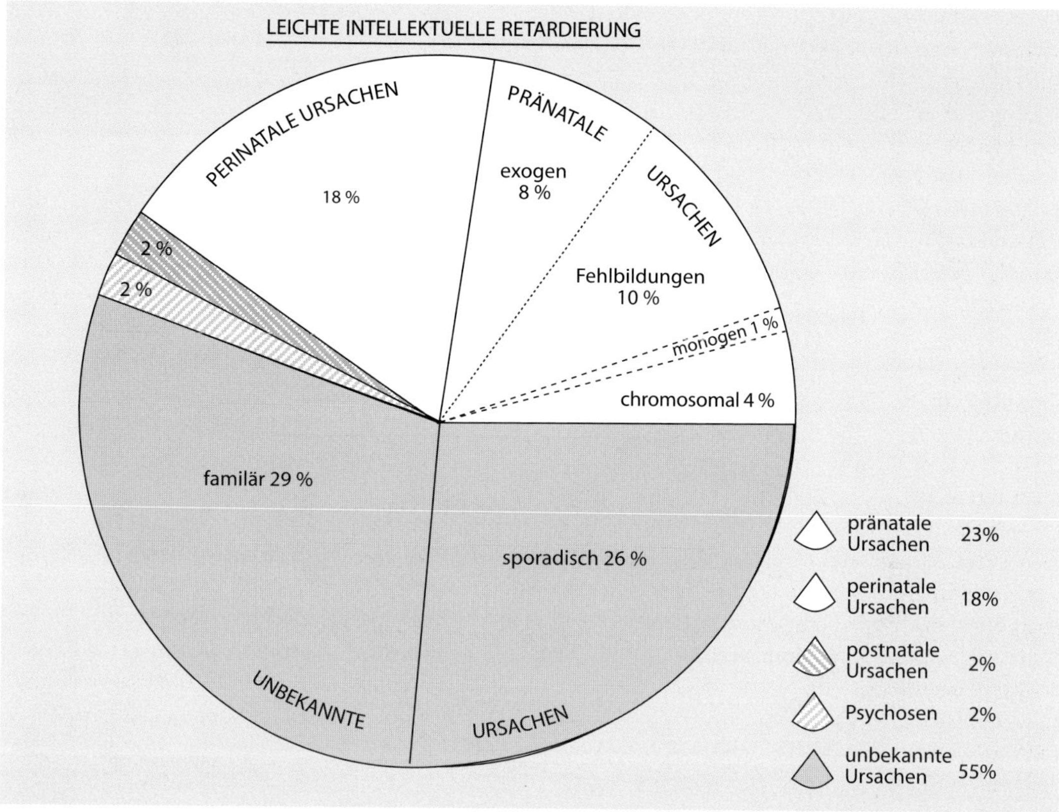

Abb. 6.4. Prozentuale Verteilung der Ursachen bei leichteren intellektuellen Retardierungen (verändert nach Hagberg u. Kyllerman 1983)

gionen belegen, ohne dass ein Kandidatenallel klar identifiziert worden wäre. Ein viel versprechender Kandidat ist das Valin-Allel eines Met 158 Val-Polymorphismus im *COMT*-(Catechol-O-Methyltransferase-)*Gen*. Es handelt sich hier um einen biologisch plausiblen Kandidaten, und eine Anzahl von Arbeiten beschreibt positive Assoziationen. Dennoch, selbst wenn dieser Faktor bestätigt würde, würde er nur 4 % der Risikovarianz erklären.

6.2.7 Affektive Psychosen

Bei affektiven Psychosen kann man unterschiedliche **Verlaufsformen** unterscheiden:
- unipolare Verläufe mit ausschließlich depressiven Phasen (ca. 66 %),
- bipolare Verläufe mit depressiven und manischen Phasen (ca. 28 %),
- unipolare Verläufe mit ausschließlich manischen Phasen (bis 6 %).

Bestätigt wurde eine solche Abgrenzung hauptsächlich in Familienuntersuchungen. Zwillingsuntersuchungen und Adoptionsstudien liegen nicht in der Vielzahl wie bei der Schizophrenie vor. Die bis jetzt festgestellten Kopplungen sind noch nicht bestätigt worden.

Eine Zusammenfassung aller Befunde ergibt folgende genetische Grundlagen (verändert nach Propping 1989):
- Bei bipolaren Verläufen besteht bei eineiigen Zwillingen eine Konkordanzrate von annähernd 80 %, bei zweieiigen Zwillingen um 15–20 % (unter Anwendung enger diagnostischer Kriterien).
- Bei unipolaren Verläufen liegt die Konkordanzrate bei eineiigen Zwillingen um 50 %, bei zweieiigen Zwillingen um 15–20 %.

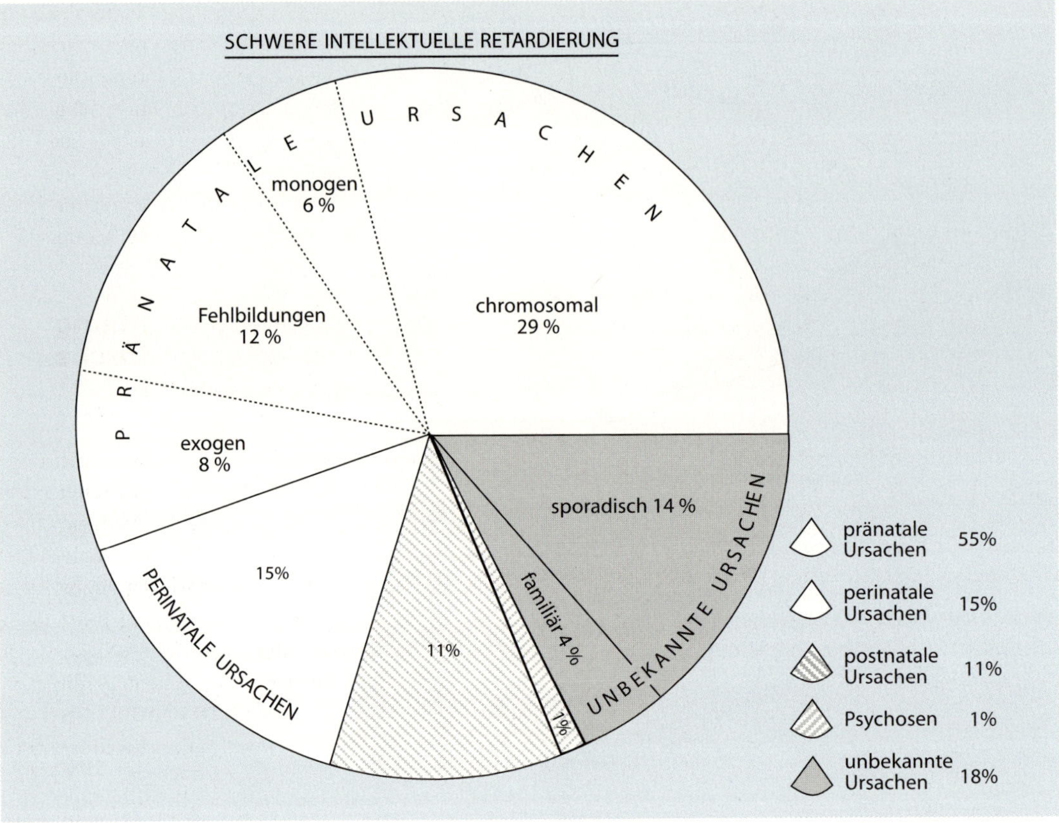

Abb. 6.5. Prozentuale Verteilung der Ursachen bei schweren intellektuellen Retardierungen (verändert nach Hagberg u. Kyllerman 1983)

Tabelle 6.5. Intellektuelle Retardierung leichteren und schwereren Grades

Leichte Form (IQ 50–70)	Häufigkeit:	2 % (Geschlechtsverteilung gleichmäßig) Eltern und Geschwister häufig ebenfalls betroffen
	Ursachen:	Häufig genetische Grundlage multifaktorieller Natur
		Hirntrauma oder -krankheit
		Schlechte soziale Verhältnisse während der Kindheit
Schwere Form (IQ 20–49)	Häufigkeit:	0,25 % (mehr Männer betroffen) Eltern selten, Geschwister gelegentlich betroffen, dann deutlich von der Norm abweichend
	Ursachen:	Chromosomenmutationen, monogene, X-chromosomale Erkrankungen oder rezessiv erbliche Stoffwechselstörungen
		Intrauterine Einflüsse
		Perinatale Hirnschäden
		Hirntrauma oder -krankheit

- Die meisten konkordanten Zwillinge sind auch für den Verlaufstyp konkordant.
- Bei nicht-psychotischen Depressionen liegt die Konkordanzrate bei eineiigen Zwillingen um 40 %, bei zweieiigen um 20 %.
- Verwandte 1. Grades von bipolaren Fällen haben ein Morbiditätsrisiko um 15–20 % für eine affektive Psychose, wobei etwa 8 % der Verwandten wieder bipolare Verläufe zeigen.
- Verwandte 1. Grades von unipolaren Fällen haben ein Morbiditätsrisiko um 10–15 % für eine affektive Psychose, wobei etwa 1–2 % bipolare Verläufe sind.
- In einzelnen Fällen ist der Familienbefund annähernd mit einem autosomal-dominanten Erbgang, in anderen mit einem X-chromosomalen Erbgang vereinbar.
- Das Wiederholungsrisiko für Kinder zweier affektiv-psychotischer Eltern liegt um 55 %.
- Unter nicht affektiv kranken Verwandten 1. Grades finden sich gehäuft andere psychiatrische Störungen.
- Die Kinder von für affektive Psychosen diskordanten eineiigen Zwillingspaaren haben, unabhängig vom Gesundheitszustand der Eltern, ein annähernd gleich hohes empirisches Wiederholungsrisiko.
- Bipolare Psychosen kommen in beiden Geschlechtern etwa gleich häufig vor. Unipolare Depressionen sind bei Frauen etwa doppelt so häufig wie bei Männern (Ursache vermutlich hormonell).

Ein deutlicher Hinweis auf multifaktorielle Vererbung ist ein 4fach höherer Wert für die Konkordanzrate bei eineiigen Zwillingen als bei zweieiigen. Allerdings scheint **ätiologische Heterogenität** zu herrschen. Die affektiven Psychosen der verschiedenen Verlaufstypen stellen anscheinend eine gemeinsame Endstrecke unterschiedlicher ätiologischer Mechanismen dar. Dabei kann man davon ausgehen, dass in den meisten Fällen ein multifaktorielles Modell zu Grunde liegt. Bei einem kleinen Teil der Verlaufsformen passt auch ein monogenes Modell, wobei auch hier Heterogenität zu herrschen scheint.

Oligophrenie, Schizophrenie und affektive Psychosen wurden als Beispiele genetischer Befunde bei psychiatrischem Phänotyp gewählt, um die Bedeutung multifaktorieller Erkrankungen in der Praxis zu unterstreichen. Aus dem Bereich der psychiatrischen Genetik ließe sich die Reihe phänomenologisch-biometrischer Untersuchungen noch beliebig fortsetzen. In diesem Bereich gibt es einerseits eine Fülle klar definierter genetischer Erkrankungen auf monogener Basis und andererseits – entsprechend den gewählten Beispielen – multifaktorielle Modelle.

6.3 Multifaktorielle Vererbung mit geschlechtsspezifischem Schwellenwerteffekt

Bei der multifaktoriellen Vererbung ist es nicht selten, dass ein Merkmal erst nach Überschreiten einer bestimmten Grenze der genetischen Prädisposition, dann aber voll zur Ausprägung kommt. Das heißt, es gibt eine Anzahl der zur Erkrankung gehörenden Gene, die noch nicht zur Ausprägung führt, wird diese jedoch überschritten, so kommt es zur Erkrankung. Besonders für das Auftreten von Fehlbildungen ist eine solche Toleranzgrenze häufig beschrieben. Man spricht dann von einem **Schwellenwert.**

! Bei multifaktorieller Vererbung mit Schwellenwert ist der Phänotyp alternativ »gesund – abnorm« verteilt.

Die zugrunde liegende genetische Disposition zeigt dagegen eine quantitative, kontinuierliche Abstufung (◘ Abb. 6.6). Dabei muss die Schwelle keinen scharfen Trennstrich darstellen, sondern es kann auch ein **Schwellenbereich** vorhanden sein. Dies trifft vor allem bei solchen Merkmalen zu, deren Manifestation geschlechtsabhängig ist (◘ Tabelle 6.6). Bei einem Geschlecht kann eine stärkere Disposition notwendig sein als beim anderen.

Die multifaktorielle Vererbung mit Schwellenwerteffekt gehört vermutlich zu den häufigsten Formen in der klinischen Genetik.

6.3.1 Angeborene hypertrophische Pylorusstenose

Das historisch erste Beispiel für einen solchen Erbgang war die angeborene hypertrophische Pylorusstenose. Es handelt sich um eine **Hypertrophie**

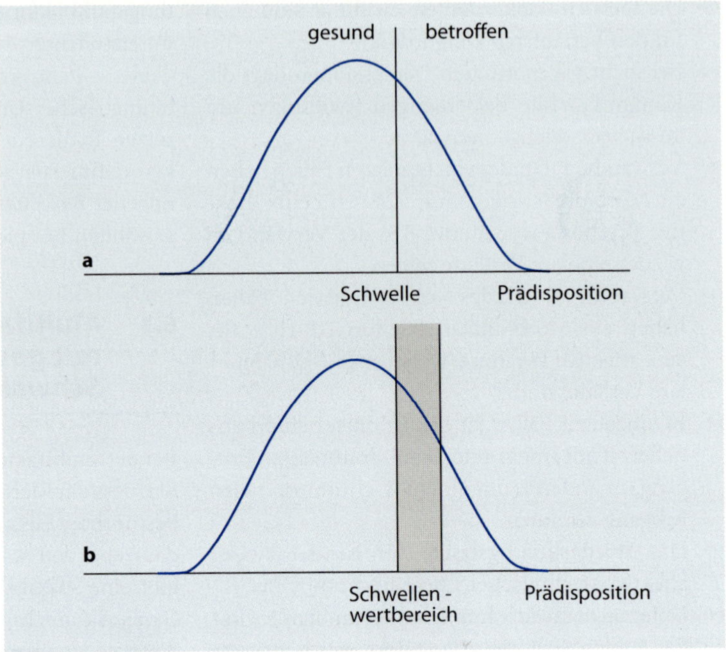

Abb. 6.6. a Prinzip der multifaktoriellen Vererbung mit Schwellenwerteffekt. Die kontinuierlich verteilte Disposition führt zum Auftreten des krankhaften Phänotyps, sobald sie eine Schwelle überschreitet; **b** Schwellenbereich; die linke und rechte Grenze markiert jeweils die Schwelle für ein Geschlecht

Tabelle 6.6. Multifaktorielle Krankheiten mit unterschiedlichen Geschlechtsverhältnissen

Krankheit	Männlich/weiblich
Pylorusstenose	5:1
Morbus Hirschsprung	3:1
Angeborene Hüftgelenksluxation	1:6
Klumpfuß	2:1
Rheumatoide Arthritis	1:3

des Magenpförtnermuskels, an der früher viele Säuglinge starben. Offenbar gibt es in der Bevölkerung quantitative Unterschiede in der Ausprägung dieses Muskels. Nach Überschreitung einer gewissen Schwelle kann der Muskel sich nicht mehr ausreichend öffnen. Deshalb kann der Mageninhalt nicht ins Duodenum übertreten und wird erbrochen.

Die Verteilung ist je nach Geschlecht unterschiedlich. Die Pylorusstenose findet sich bei Jungen etwa 5-mal häufiger als bei Mädchen. Bei den Angehörigen befallener Mädchen kommt die Pylorusstenose weit häufiger vor, als bei den Angehörigen befallener Jungen. Dies ist weder mit exogenen Faktoren noch mit monogenem Erbgang zu erklären, lässt sich aber gut mit einer quantitativen Verteilung der erblichen Disposition, also mit einer Vielzahl beteiligter Gene in Einklang bringen (Tabelle 6.7).

Hemmen nämlich unspezifische, geschlechtsabhängige Faktoren die Manifestation der Anlage bei Mädchen, dann müssen erkrankte Mädchen offenbar eine besonders starke genetische Disposition aufweisen, also viele an der Ausprägung beteiligte Gene besitzen. Verwandte ersten Grades haben die Hälfte ihrer Gene gemeinsam, folglich besitzen dann auch Verwandte befallener Mädchen mehr derartige Gene als Verwandte männlicher Merkmalsträger (Tabelle 9.16).

6.3.2 Kongenitale Hüftluxation

Die Bevorzugung eines Geschlechts wird bei multifaktoriellen Leiden häufiger beobachtet. So wird – umgekehrt wie bei der Pylorusstenose – die kongenitale Hüftluxation bei Mädchen etwa 6-mal häufiger als bei Jungen beobachtet (Tabelle 9.23). Hier liegen die genetischen Faktoren in der etwas flacheren Ausbildung der Gelenkpfanne und in einer Schlaffheit der Gelenkkapsel. Die Berechnung **empirischer Belastungsziffern** hängt hier von der

Tabelle 6.7. Hauptkriterien bei multifaktorieller Vererbung

- Ein Merkmal zeigt eine kontinuierliche Variabilität in der Bevölkerung.
- Das Verteilungsmuster entspricht einer Gauß-Kurve.
- Die Variabilität beruht auf einer mehr oder minder großen Zahl von Genen.
- Die Ausprägung eines Merkmals ist durch eine Interaktion von Erbe und Umwelt bestimmt.
- Verwandte ersten Grades von Personen mit extremer Ausprägungsform eines Merkmals zeigen das Phänomen der Regression zur Mitte.
- Bei genetischen Erkrankungen entspricht die familiäre Häufung nicht den Erwartungen wie bei rezessiver oder dominanter Vererbung, sondern bleibt dahinter meist weit zurück.
- Ein Erkrankungsrisiko muss aus empirischen Belastungsziffern abgeschätzt werden. Es beträgt die Quadratwurzel der Häufigkeit in der Bevölkerung.
- Bei der Entstehung von Krankheiten muss man einen Schwellenwert annehmen.

Abgrenzung schwererer und leichterer Formen und von der Beurteilung der flachen Pfanne ab.

In der europäischen Bevölkerung besteht eine Häufigkeit von 1:200. Differenzialdiagnostisch muss auch an andere Krankheiten mit Bindegewebsschwäche, die oft schwach ausgeprägt sein können, gedacht werden.

Unterschiede in der Beurteilung und Erfassung sowie begrenzte Fallzahlen spielen für die **empirische Erbprognose**, auf die man in der genetischen Beratung multifaktorieller Leiden angewiesen ist, sicherlich eine gewisse Rolle. Andererseits gibt es für viele dieser Leiden ausreichend große, auslesefrei gewonnene Beobachtungsreihen von Angehörigen von Patienten.

Natürlich können solche Serien nichtgenetische familiäre Faktoren häufig nicht exakt ausschließen, sodass in die genetische Beratung das gesamte Wiederholungsrisiko und nicht nur der genetische Anteil miteingeht. Dies ist allerdings auch der Sinn einer vernünftigen Beratung von Ratsuchenden. Zudem kann das Risiko von Familie zu Familie wechseln. So ist es möglich, dass in solchen Serien Familien mit hohem Risiko und solche mit relativ geringem Risiko sozusagen gemittelt werden. Dieses Argument, dass die Grundlage der Berechnung von einer gleichen Chance in allen Familien ausgeht, lässt sich nicht bestreiten. Beseitigt werden kann es nur im Laufe der Zeit, wenn durch die Untersuchung großer Serien für all diese Leiden entsprechende Untergruppen geschaffen sind und wir mehr Kenntnis über die zugrundeliegenden molekularen Mechanismen gewonnen haben, die in unterschiedlichen Familien gerade bei polygen bedingten Leiden verschieden sein werden.

6.3.3 Klumpfuß

Der Klumpfuß ist eine multifaktoriell bedingte Fehlbildung und hat eine Häufigkeit von etwa 1:1000. Jungen sind etwa doppelt so häufig betroffen wie Mädchen. Er kann auch durch nicht genetische intrauterine Raumbedingungen (z. B. Oligo- oder Polyhydramnion) verursacht werden, als Folge der Spina bifida oder bei einer neuromuskulären Erkrankung vorkommen. Auch mütterliche Erkrankungen wie Diabetes mellitus, Epilepsie, Präeklampsie sowie Infektionskrankheiten können einen Klumpfuß verursachen.

7 Angeborene Fehlbildungen und Dysmorphiesyndrome

7.1 Genetische Grundlagen der morphologischen Fehlbildungen

Die Entwicklung von der Zygote zu einem Organismus ist extrem komplex. Die meisten grundlegenden Erkenntnisse und Fortschritte in der embryologischen Forschung gehen auf die Entdeckung und Verallgemeinerung der **Keimblätter** vor allem von Pander und Baehr zurück, die zur Formulierung der **Organisationstheorie** von Spemann führte. Spemann konnte die **Ortsmäßigkeit** während der Blastulation und die **Herkunftsmäßigkeit** während der Gastulation sowie die **Induktion** durch einen Organisator nachweisen. Spemann, Boveri und Harrison entwickelten später die Hypothese des **embryonalen Entwicklungsfeldes**.

7

Die Wissenschaft bemüht sich nun, die gesamte Entwicklung in einem kausalen Zusammenhang zu verstehen und zu begreifen, wie die genetische Information des DNA-Codes in eine Entwicklung umgesetzt wird. Wir wissen heute, dass der Bauplan der Lebewesen in den Genen festgeschrieben steht. Die Frage, wie aus der linearen Information, die in der Reihenfolge der DNA gespeichert ist, ein dreidimensionaler Organismus entsteht, ist eine der Grundfragen der Entwicklungsbiologie. Dazu kommt als vierte Dimension noch die Zeit, die ebenfalls in das Entwicklungsprogramm eingeplant ist.

Für die Zellteilung und Gewebsdifferenzierung ist das Zusammenwirken von genetischen Faktoren sowie von inter- und intrazellulärer Kommunikation erforderlich. Dabei spielen Hormone, Wachstumsfaktoren und deren Rezeptoren eine große Rolle. Aus Zellteilung und Differenzierung geht schrittweise ein Embryo mit all seinen Strukturen hervor. Aber schon vor der Spezialisierung wird ein Grundriss festgelegt, der die zukünftigen Hauptabschnitte des Körpers, wie etwa Kopf, Rumpf und Extremitäten, vorsieht. Für eine fehlerlose Entwicklung des Embryos müssen sowohl der Zeitpunkt der einzelnen Entwicklungsschritte als auch die räumliche Anordnung der Gewebe präzise reguliert werden. Da das Genom eines höheren Organismus, z. B. des Menschen, maximal 28.000 Gene enthält, die zeitlich und örtlich unterschiedlich ein- und ausgeschaltet werden, ist es unwahrscheinlich, dass jedes Gen einzeln gesteuert wird. Die Steuerung geschieht gruppenweise, wobei ein Kontrollgen jeweils bestimmt, ob eine Gengruppe aktiv ist oder nicht. Die **Regulatorgene** vermögen auf äußere Signale hin zu reagieren und ihre Zielgene zu aktivieren. Ein Regulatorgen kontrolliert nicht nur ein einzelnes, sondern eine Gruppe von Zielgenen, die zu einer Informationseinheit – dem **Operon** – zusammengefasst sind. Unter Anwendung der In-situ-Hybridisierungsmethode ist es möglich, Informationen über das komplexe räumliche und zeitliche Expressionsmuster der Gene zu erhalten und den Prozess der Genregulation während der Embryonalentwicklung zu analysieren.

In den letzten Jahren ist es gelungen, einzelne Gene, die die Weichen für die embryonale Entwicklung stellen, zu isolieren und zu untersuchen. Vier Genfamilien, die man in Drosophila melanogaster (Fruchtfliege) und in Caenorhabditis elegans (Fadenwurm) gefunden hat, spielen bei der embryonalen Entwicklung eine Rolle. Diese sind: **Homeobox- (HOX)**, **Paired-Box- (PAX)**, Fibroblast-Growth-Faktor-Rezeptor-(FGFR) und **Zinkfingergene.**

7.1.1 Homeoboxgene (HOX)

Eine Reihe von entwicklungssteuernden Genen enthalten eine Teilsequenz (Homeobox). Diese kodiert für einen bestimmten Bereich des Proteins, die **Homeodomäne**. Das Protein bindet mit dieser Domäne an DNA und wirkt als Transkriptionsfaktor.

Bei Drosophila sind einige *HOX-Gene* (HOM) gefunden worden, die eine gemeinsame DNA-Sequenz von ca. 180 Basenpaaren haben und durch Regulation der Aktivität einer Reihe von anderen Genen die räumliche Organisation während der Embryonalentwicklung kontrollieren. In den letzten Jahren sind eine Reihe von Homeoboxgenen auch bei Säugetieren entdeckt worden. Viele davon haben bis zu 90 % Homologie zu Antennepedia (ANTP)-Genen von Drosophila. Dies bedeutet, dass die Sequenz im Verlauf der Evolution konserviert wurde. Wenn ein Gen mit einer Homeobox in ein Protein übersetzt wird, ergibt sich eine Aminosäurekette, von der man glaubt, dass sie sich an die DNA-Doppelhelix anlagert. Dadurch kann dieses Protein vermutlich die entsprechenden Gene ein- oder ausschalten. Würde ein geeigneter Satz von Genen in einer bestimmten Zellgruppe des Drosophila-Embryos eingeschaltet, würden diese Zellen beispielsweise auf einen Entwicklungsweg geführt, der sie zu Teilen des Flügels werden lässt; die Aktivierung eines anderen Gensatzes in einer zweiten Gruppe von Zellen können diese veranlassen, sich zu Teilen eines Beines zu entwickeln.

Die Bedeutung der Homeobox geht jedoch weit über die Erkenntnisse bei Drosophila hinaus. Die gemeinsame DNA-Sequenz wurde inzwischen in einer Reihe von Organismen gefunden, die von Würmern bis zum Menschen reicht. Homeoboxgene erweisen sich nun als Schlüssel für die Mechanismen, nach denen die embryonalen Entwicklungsvorgänge aller höheren Tiere ablaufen. In den letzten Jahren wurden mehr als 30 Homeoboxgene der Maus kloniert. Diese Gene sind in vier Gruppen organisiert, die sich jeweils über mehr als 100 Kilobasen erstrecken und auf den Chromosomen 2, 6, 11 und 15 lokalisiert sind. Die entsprechenden Genorte beim Menschen liegen auf den Chromosomen 2, 7, 12 und 17. Jedes Boxcluster weist eine direkte lineare Korrelation zwischen der Position der Gene und deren zeitlicher und räumlicher Expression auf. Diese Beobachtung ist ein wichtiger Hinweis dafür, dass diese Gene in der frühen embryonalen Entwicklung eine Rolle spielen. Transgene Mäuse mit Mutationen in bestimmten HOX-Genen haben multiple schwere Fehlbildungen, vor allem im Gesichts- und Schädelbereich. Ähnliche Fehlbildungen sind auch beim Menschen bekannt.

7.1.2 Paired-Box-Gene (PAX)

PAX-Gene enthalten zusätzlich ein zweites Sequenzmotiv, die sog. Paired-Box. Sie sind stark konservierte DNA-Sequenzen mit 390 Basenpaaren und kodieren etwa 130 Aminosäuren für DNA-bindende Proteine. Sie enthalten **Transkriptionskontrollfaktoren** und spielen eine bedeutende Rolle in der Embryonalentwicklung. Bis jetzt sind 8 PAX-Gene beim Menschen und bei Mäusen identifiziert worden. Die Mutation der PAX-Gene 1, 3 und 6 der Maus verursachen Neuralrohrdefekte, Pigmentanomalien und Augenfehlbildungen.

7.1.3 Fibroblast-Growth-Faktor-Rezeptor-Gene (FGFR)

Die *FGFR-Gene* sind Mitglied der Familie der Tyrosinkinaserezeptoren und spielen beim Transkriptionssignal in der Zelle für Wachstum und Differenzierung eine zentrale Rolle. Bis jetzt sind 10 Fibroblast-Growth-Faktoren bekannt, die über 4 Rezeptoren (FGFR 1–4) die wichtigen Prozesse während der Entwicklung steuern. Die Strukturen dieser Proteine sind ähnlich und bestehen aus einer extrazellulären Region mit 2 oder 3 immunglobulinähnlichen Domänen, einer Transmembrandomäne und einer intrazellulären Tyrosinkinasedomäne. Sie unterscheiden sich durch gewebsspezifische Ligandenbindungen und alternatives Spleißen. Der extrazelluläre Anteil bindet unter Mitwirkung von Heparansulfat den Liganden, ein Familienmitglied der Fibroblast-Growth-Faktor-Peptide. Die Folge ist eine Homo- bzw. Heterodimerisierung des Rezeptors, die wiederum eine Autophosphorilisierung der intrazellulären Tyrosinkinasedomäne induziert. Dadurch wird die FGFR-Signaltransduktionskaskade aktiviert, die wiederum die Aktivität von Transkriptionsfaktoren beeinflusst. Für jedes Gewebe existiert ein spezifisches komplexes Signalnetzwerk. Die Spezifität ist durch das alternative Spleiß-Ereignis von Exon IIIa an Exon IIIb oder IIIc bedingt. Aus diesem Grund führt eine Mutation in einem der FGFR-Gene zu einem bestimmten Muster von Fehlbildungen.

7.1.4 Zinkfingergene

Die Bezeichnung »Zinkfinger« definiert eine komplexe Bindung von vier konservierten Aminosäuren an ein Zinkion. Es gibt verschiedene Arten von Zinkfingern. In der Regel binden jeweils zwei konservierte Zystein- und Histidinreste oder aber vier konservierte Zysteinreste. Die entstandenen Strukturen werden durch Bindung eines Zinkions stabilisiert. Dies ermöglicht Proteinen, gezielt bestimmte DNA-Sequenzen zu binden. Man findet sie häufig in Transkriptionsfaktoren, und sie spielen eine wichtige Rolle in der Regulierung der Entwicklung.

Tabelle 7.1. Die vier menschlichen Entwicklungsstadien (nach Opitz 1991)

Stadium	Beschreibung
Prägenese (Präontogenese, Progenese)	Alle Entwicklungsstadien von der Abtrennung der Urkeimzelle früh in der Embryogenese, Migration der primordialen Keimzellen zu der primordialen Keimdrüsenfalte mit kortikomedullärer Differenzierung; Teilung, Wachstum, Differenzierung, Reifung und Freisetzung der Keimzellen zum Zeitpunkt der Befruchtung.
Blastogenese	Alle Entwicklungsstadien von der Befruchtung bis zum Ende der Gastrulation (Stadium 12; 27. + 28. Tag p.c.).
Organogenese (oder eigentliche Embryogenese)	Alle Entwicklungsstadien vom Beginn des Stadiums 13 (28. Tag p.c.) bis Ende des Stadiums 22 (55.–56. Tag p.c. bei einer Scheitel-Steiß-Länge von etwa 30 mm). In diesen Zeitraum fallen zwei wichtige Vorgänge: die Morphogenese und die Histogenese.
Phänogenese (Fetalperiode)	Die Periode von der Metamorphose (9. Woche p.c.) bis zur Geburt (38. Woche p.c.). Das bedeutendste Ereignis der Phänogenese ist: Wachstum und Ausprägung aller quantitativen und qualitativen Formmerkmale.

7.2 Einteilung der Fehlbildungssyndrome nach pathogenetischen Kriterien

Die embryonale bzw. fetale Entwicklung des Menschen ist ein kontinuierlicher Vorgang, der in verschiedenen Stadien abläuft (Tabelle 7.1). Genetische oder exogene Faktoren können in allen Stadien die embryonale Entwicklung stören und zur Entstehung von Fehlbildungen führen. Diese können einzeln oder kombiniert auftreten, als kleine Fehlbildungen, wie beispielsweise als Ohranhang, oder als große Fehlbildungen, wie Neuralrohrdefekte. Bei etwa 3 % der Neugeborenen liegt eine klinisch relevante (große) Einzelfehlbildung und bei 0,7 % multiple große Fehlbildungen vor. Etwa 14 % der Neugeborenen zeigen einzelne kleine Fehlbildungen. Die Häufigkeit von schweren Fehlbildungen zum Zeitpunkt der Konzeption ist wesentlich höher. Der größte Teil dieser Embryonen stirbt intrauterin ab. Bei etwa 15 % von spontan abortierten Feten aus dem ersten Trimenon findet man schwere Fehlbildungen. Der größte Teil dieser Fehlbildungen, die zum intrauterinen Fruchttod führen, wird durch eine Chromosomenaberration (ca. 50–60 %) verursacht.

Die Einteilung der Fehlbildungen nach ätiologischen Kriterien ist nicht nur für praktische Belange wichtig, sondern angesichts der heute möglichen differenzierten molekulargenetischen Analysen auch für die Grundlagenforschung von wachsender Bedeutung.

Etwa 7,5 % der angeborenen Fehlbildungen haben eine monogene Ursache, 20 % sind multifaktoriell bedingt, bei etwa 6 % liegt eine Chromosomenstörung zugrunde. Bei etwa 60 % aller schweren angeborenen Fehlbildungen ist die Ursache nicht bekannt.

Kongenitale Fehlbildungen können aber auch durch Erkrankungen der Mutter, wie Diabetes mellitus oder maternale Phenylketonurie, oder auch durch exogene Faktoren verursacht werden (Tabelle 7.2).

Klinisch relevante, morphologische Anomalien werden nach pathogenetischen Kriterien nachfolgend definiert (Abb. 7.1 und Abb. 7.2).

7.2.1 Einzeldefekte

Fehlbildungen

Fehlbildungen sind morphologische Defekte eines Organs, Organteils oder einer Körperregion, die durch einen Anlagenfehler bedingt sind. Dies gilt

Tabelle 7.2. Ätiologie der angeborenen Fehlbildungen in %

Multifaktoriell	~ 20
Monogen	7,5
Chromosomal	6,0
Mütterliche Erkrankungen	3,0
Kongenitale Infektionen	2,0
Alkohol, Drogen, Medikamente, ionisierende Strahlen	1,5
Unbekannt	~ 60

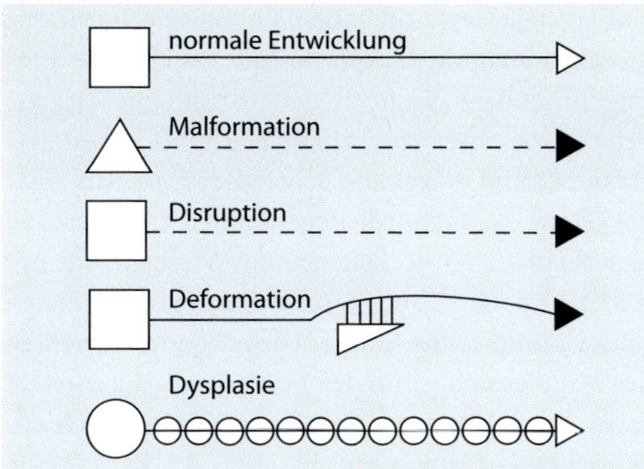

Abb. 7.1. Schematische Darstellung pathogenetischer Kategorien bei der Entstehung von Einzeldefekten (nach Spranger 1982)

auch, wenn die Fehlbildungen erst im Laufe der Embryonalentwicklung manifest werden. Eine Fehlbildung der Hand z. B. kann erst in Erscheinung treten, wenn die Handplatte sich entwickelt. Fehlbildungen sind **genetisch determiniert**, d. h. das Organ oder sein Entwicklungsfeld hatte – ab ovo – keine Chance, sich normal zu entwickeln. Da sie genetisch bedingt sind, haben sie ein familiäres Wiederholungsrisiko.

Disruption

Disruptionen sind nachträglich eingetretene Defekte eines ursprünglich sich normal entwickelnden Organs oder Körperteils.

! Bei der Disruption ist die primäre Anlage normal, die Störung ist nicht genetisch, sondern exogen bedingt.

Ein Beispiel ist die Thalidomidembryopathie (Abb. 7.26). Ohne Einwirkung derselben exogenen Faktoren haben sie kein Wiederholungsrisiko. Fehlbildungen und Disruptionen können bei einer klinischen Untersuchung nicht immer unterschieden werden. Phänotypische Merkmale eines Holt-Oram-Syndroms (Abb. 7.22) und einer Thalidomidembryopathie können so ähnlich sein, dass die Unterscheidung allein nach dem Erscheinungsbild nicht immer gelingt. Das Gen für das Holt-Oram-Syndrom ist kloniert und die Mutation kann heute molekulargenetisch nachgewiesen werden.

Abb. 7.2. Schematische Darstellung pathogenetischer Kategorien bei der Entstehung von multiplen Defekten (nach Spranger 1982)

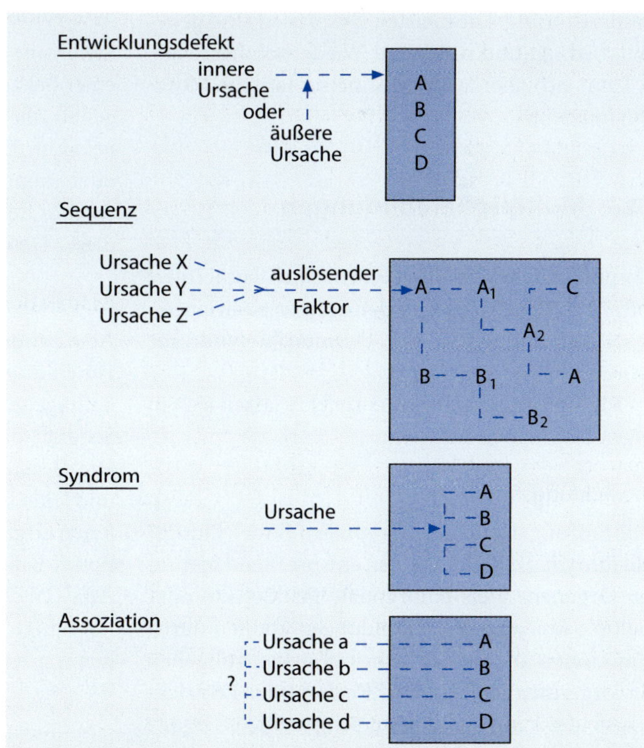

Deformationen

Deformationen sind durch **mechanische Einflüsse** hervorgerufene Form- und Lageanomalien eines Körperteils. Sie entstehen meist durch exzessive mechanische Kräfte oder durch verminderte mechanische Resistenz von Körperteilen. Eine intrauterine Bewegungseinschränkung, die unterschiedlich verursacht werden kann, führt z. B. zu mechanisch bedingten Fehlstellungen und Kontraktur der Gelenke.

Dysplasien

Dysplasien sind morphologische Anomalien, die durch fehlerhafte Organisation und Funktion von Geweben oder Gewebskomponenten entstehen. Der Begriff Dysplasie umschreibt den Prozess der **Dyshistogenese** und deren Resultate. Hier handelt es sich nicht um einen Defekt von Organen oder Organteilen wie bei den Fehlbildungen, sondern um einen Defekt von Geweben selbst. Viele Dysplasien sind prädisponiert für maligne Entartung, wie z. B. die Tendenz der Polypen zur Malignität. Generalisierte Dysplasien sind genetischer Natur und häufig Ausdruck einer kongenitalen Stoffwechselstörung. Die meisten Dysplasien sind genetisch bedingt und haben ein Wiederholungsrisiko. Es kann sich aber auch um eine somatische Mutation handeln.

7.2.2 Multiple Fehlbildungen

Morphologische Defekte können auch kombiniert auftreten. Je nach Kombination können sie in einzelnen Fällen klinisch als sog. Dysmorphiesyndrome identifiziert werden.

Multiple morphologische Defekte lassen sich in folgende Gruppen einteilen:

Entwicklungsfelddefekte

Eine Störung in einem embryonalen Entwicklungsfeld führt zu Fehlbildungen in entsprechend mehreren Organen. Viele embryonale Felddefekte oder multiple kongenitale Fehlbildungen können durch Mutationen in den Transkriptionskontrollgenen hervorgerufen werden. Das Konzept des Entwicklungsfeldes kann ausgedehnt sein und alle Organe bzw. Gewebe einschließen, die eine gemeinsame embryonale Herkunft haben. Ein Beispiel hierfür ist die **ektodermale Dysplasie**, die durch eine Einzelgenmutation verursacht wird und die Organe betrifft, die eine ektodermale Herkunft haben, wie Haare, Zähne, Nägel und Schweißdrüsen. Aus einer vor dem Notochord liegenden mesodermalen Gewebsplatte entwickelt sich das Mittelgesicht mit seinen Organen. Eine Störung dieses prächordialen Entwicklungsfeldes führt entsprechend zu Defekten des Mittelgesichts und des Vorderhirns. Es entsteht dann eine **Holoprosenzephalie** mit unterschiedlichem Erscheinungsbild.

Sequenz

Sequenzen sind Muster angeborener Anomalien, deren Pathogenese bekannt, deren Ätiologie jedoch heterogen sein kann. Die **Potter-Sequenz** entsteht beispielsweise durch intrauterine Kompression aufgrund eines Oligohydramnions, das unterschiedlich verursacht werden kann (◘ Abb. 7.3). Gelenkkontrakturen kommen nicht nur bei Oligohydramnion vor, sondern auch bei einer Reihe von neurogenen oder neuromuskulären Erkrankungen des Feten.

Syndrome

Syndrome sind Muster angeborener Anomalien mit einer bekannten Ätiologie. Der gemeinsame pathogenetische Mechanismus ist jedoch nicht immer bekannt. Die primäre Ursache kann chromosomal oder monogen bedingt sein. Der Begriff Syndrom wird in der Praxis sehr oft ohne Berücksichtigung dieser Definition benutzt.

Assoziation

Assoziationen sind statistisch gehäuft beobachtete Fehlbildungskomplexe in einer Population, die sich pathogenetisch nicht verbinden lassen und nicht als Sequenz oder Syndrom aufgefasst werden können. Die Bezeichnung der Assoziationen ist akronym und leitet sich ab vom ersten Buchstaben des betroffenen Organs oder Organsystems. VATER-Assoziation z. B. bezeichnet die Assoziation von Vertebral-Anal-Tracheo-Esophagal-Renal-Anomalien.

Einige Beispiele der morphologischen Anomalien werden hier besprochen.

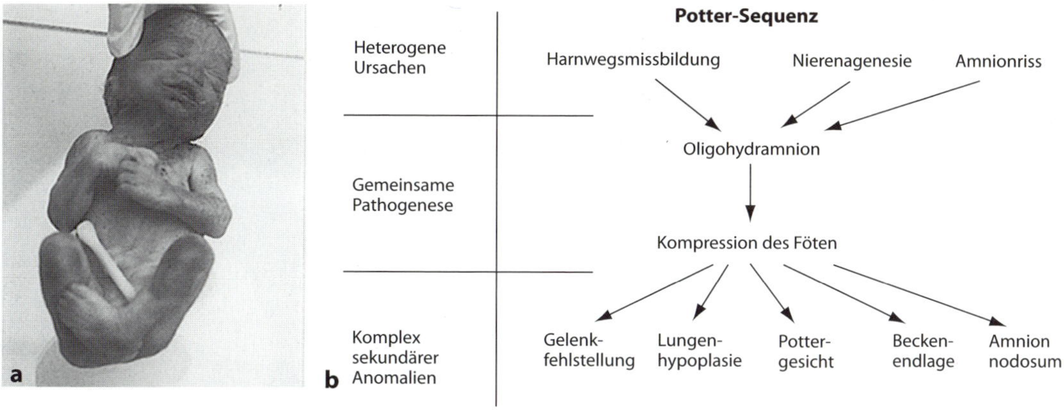

Abb. 7.3. Pathogenese der Potter-Sequenz

7.3 Mutationen der Fibroblast-Growth-Faktor-Rezeptor-Gene (FGFR)

Durch verschiedene Mutationen der Rezeptoren wird die Regulation der Genprodukte gestört bzw. aufgehoben. Dabei wird das Gleichgewicht der Splice-Varianten und die Verteilung der Homo- und Heterodimäre gestört. Darüber hinaus kann sich als Folge der dominant-negativen Wirkung die Signalübertragung verringern, oder es kann auch zu einer ligandenunabhängigen *FGFR*-Aktivierung kommen. Die FGFR-Mutationen sind die molekularen Ursachen der verschiedenen Formen der Fehlbildungssyndrome mit Kraniosynostosen und Skelettdysplasien.

7.3.1 FGFR-Mutationen und Skelettdysplasien

Die molekulargenetischen Analysen in den letzten Jahren haben gezeigt, dass die unterschiedlichen Formen der Zwergwuchssyndrome (Abb. 7.4), nämlich **Achondroplasie, Hypochondroplasie, Thanatophore Dysplasie Typ I** und **II**, durch Mutationen in einem FGFR-Gen verursacht werden (► Kap. 5.2.2). Den klinisch unterschiedlichen Krankheitsbildern liegt eine Regulationsstörung der Proliferation und Differenzierung von Chondrozyten zugrunde. Sie werden durch Mutationen in unterschiedlichen strukturellen und funktionellen Domänen des FGFR3-Gens verursacht. Bei über 97 % der Patienten mit Achondroplasie wird eine GLY308Arg-, gelegentlich auch GLY375Cys-Substitution gefunden, die in der Transmembrandomäne liegt. Mutationen in der extrazellulären Transmembrandomäne führen zur thanatophoren Dysplasie Typ I, und die Mutationen zwischen der IG2- und IG3-Domäne sowie Mutationen, die das Überlesen von Stoppkodonen ermöglichen, führen zu dieser letalen Form. Eine GLN540Lys-Substitution in dem proximalen Teil der Tyrosinkinasedomäne wurde bei den Patienten mit Hypochondroplasie gefunden, und die LysLY650GLU-Mutation in der kinaseaktivierenden Schleife führt zur thanatophoren Dysplasie Typ II. Die Mutationen im FGFR3-Gen, die zu Skelettdysplasien führen, sind in Abb. 7.5b zusammengestellt.

7.3.2 FGFR-Mutationen bei Kraniosynostosesyndromen

Kraniosynostosen beschreiben das vorzeitige Zusammenwachsen von einzelnen bzw. mehreren Schädelnähten. Primäre Kraniosynostosen können isoliert oder unter Beteiligung von anderen Organen im Rahmen eines kraniofazialen Syndroms auftreten. Nach klinischem Erscheinungsbild und je nach Beteiligung von weiteren Organen unterscheidet man verschiedene Krankheitsgruppen: **Akrozephalosyndaktylien** [Apert-, (Abb. 7.6a,b) Pfeiffer-, Jackson-Weiss-Syndrom], **kraniofaziale Dysostosesyndrome** [Crouzon-, (Abb. 7.6c,d), Crouzon-mit Acanthosis nigricans und Beare-Stephenson-

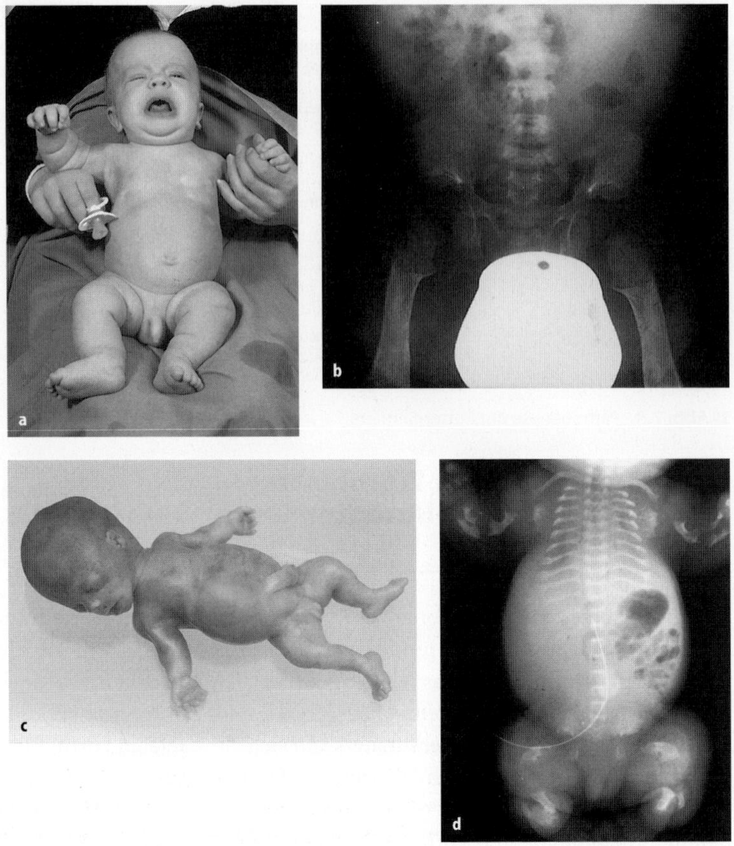

Abb. 7.4. **a** Achondroplasie, **b** Röntgenaufnahme, **c** Thanatophorer Zwergwuchs, **d** Röntgenaufnahme

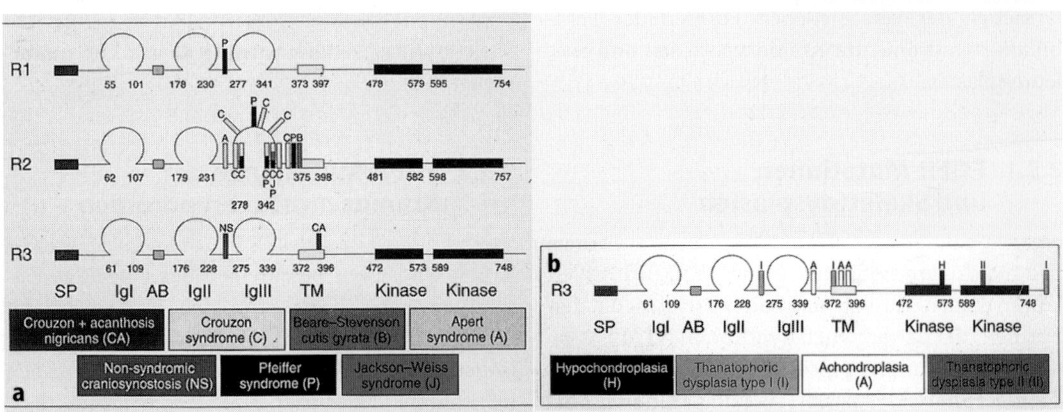

Abb. 7.5a,b. Mutationen in FGFR-Genen. **a** Die Lokalisation der Punktmutationen in FGFR 1, FGFR 2 und FGFR 3 bei Kraniosynostosesyndromen; **b** die Lokalisation der Punktmutationen in FGFR 3 bei Zwergwuchssyndromen (nach Webster Donoghue 1997)

Tabelle 7.3. Einige Krankheiten mit Mutationen in den FGFR-Genen

Krankheit	Symptom	Lokalisation	Gen
Achondroplasie/ Hypochondroplasie	Disproportionierter Zwergwuchs, Makrozephalie unterschiedlicher Ausprägung	4p16	FGFR3
Apert-Syndrom	Turmschädel, flacher Okziput, Mittelgesichtshypoplasie, komplette Syndaktylie (Löffelhand), kurze Extremitäten	10q26	FGFR2
Crouzon-Syndrom	Turmschädel, flacher Okziput, Protrusio bulbi, Maxillarhypoplasie, Schnabelnase	10q26	FGFR2
Beare-Dodge-Nevin-Komplex	Hyperpigmentation, Kraniosynostosen, Minderwuchs, Furchungen der Kopfhaut, Handflächen und Fußsohlen	10q26	FGFR2
Crouzon-Syndrom mit Acanthosis nigricans	Crouzon-Syndrom plus Hyperpigmentation am Hals und in der Axilla	4p16	FGFR2
Kraniosynostose Typ Muenke	Isolierte Kraniosynostose	4p16	FGFR3
Jackson-Weiß-Syndrom	Kraniosynostosen, breite Zehen mit Medianabweichung	10q26	FGFR2
Pfeiffer-Syndrom Typ I–III	Akrobrachycephalie, breite Daumen und große Zehen, Syndaktylien	8p11.2 10q26	FGFR1 FGFR2
Thanatophore Dysplasie	Schwerer disproportionierter Zwergwuchs mit sehr kurzen Extremitäten, letal	4p16.3	FGFR3

Cutis-Gyrata-Syndrom] und die primär isolierten **Kraniosynostosen** (Typ Muenke). Bei all diesen Krankheitsbildern findet man Mutationen in FGFR-Genen. Die klinischen Merkmale dieser einzelnen Syndrome sind in Tabelle 7.3 zusammengestellt. Die Mutationen des FGFR2-Gens am Chromosom 10q26 verursachen die Apert-, Pfeiffer-, Crouzon- und Jackson-Weiss-Syndrome. Das Crouzon-Syndrom mit Acanthosis nigricans und das Muenke-Syndrom werden durch Mutationen in der Transmembrandomäne der FGFR2- bzw. FGFR3-Gene hervorgerufen. Einige Patienten mit Pfeiffer-Syndrom zeigen eine Mutation im FGFR1-Gen. Die verschiedenen Mutationen sind in der Abb. 7.5 zusammengestellt.

Ein weiteres Krankheitsbild mit Kraniosynostosen ist das **Saethre-Chotzen-Syndrom**. Charakteristisches Merkmal dieser Erkrankung ist die Trigonozephalie mit breitem Vorderhaupt, breiter Nasenwurzel, Hypertelorismus, leichtem Exophthalmus und hohem, schmalem Gaumen (Abb. 7.7). Zusätzlich fallen kurze, plumpe Finger mit Weichteilsyndaktylien zwischen dem 2. und 3. Finger auf, sowie prominente Arcus helices. Bei diesem autosomal-dominanten Fehlbildungssyndrom zeigt sich eine variable Expressivität. Die Ursache ist eine Mutation im *TWIST*-Transkriptionsfaktorgen, das auf Chromosom 7p11 lokalisiert ist. Allerdings kann auch eine Mutation in FGFR2 und 3 auftreten.

7.4 Mutationen der Zinkfingergene

Wie bereits erwähnt, spielen die Zinkfingerproteine bei der Regulation der embryonalen Entwicklung eine wichtige Rolle. Es hat sich gezeigt, dass eine Deletion des multiplen Zinkfingergens *GLI3* auf Chromosom 7 zur Entstehung der autosomal-dominanten **Zephalopolysyndaktylie** Typ Greig führt (Abb. 7.9). Auch beim **Denys-Drash-Syndrom** spielen Mutationen in Zinkfinger-Genen eine Rolle.

7.5 Mutationen der Hedgehog-Gene und Holoprosenzephalie (HPE)

Wie bereits erwähnt, spielen Mitglieder der Homeoboxgene bei der embryonalen Entwicklung von allen Spezies eine bedeutende Rolle. Bei den Säugetieren sind drei Hedgehog-Homologe bekannt: **Sonic-Hedgehog, Desert-Hedgehog** und **Indian Sonic-Hedgehoc** (SHH) kontrollieren die Entwicklung des

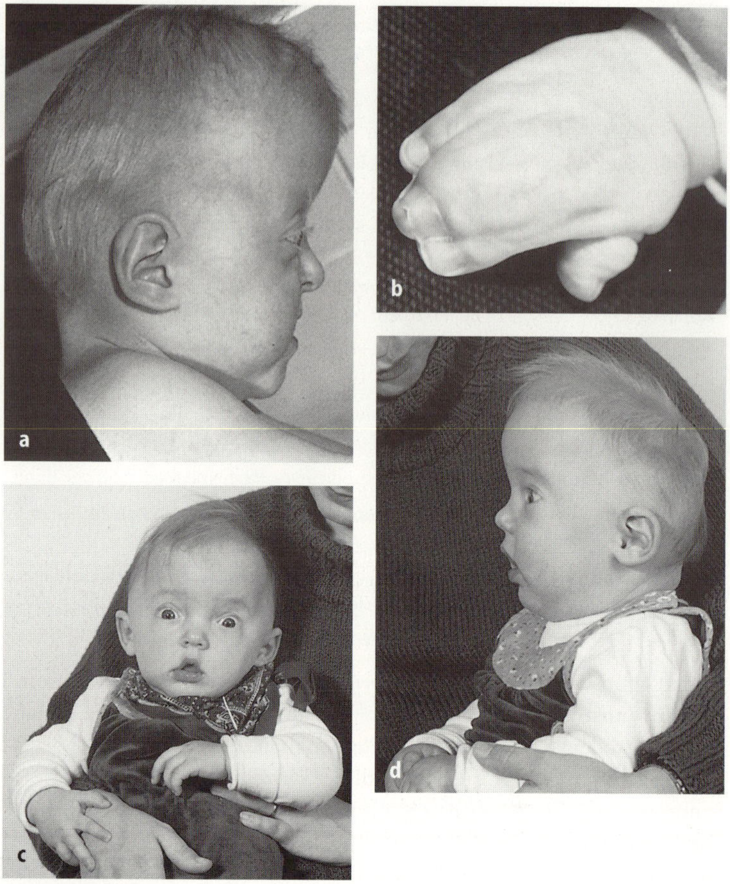

Abb. 7.6. a,b Patient mit Apert-Syndrom. **c,d** Patienten mit Crouzon-Syndrom

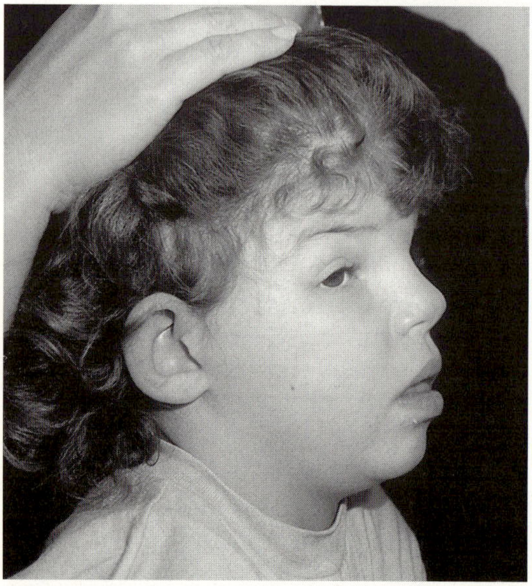

Abb. 7.7. Patientin mit Saethre-Chotzen-Syndrom

Notochords, die Regulation der Segmentierung und die Entwicklung der Segmente. Mäuse mit dem SHH-Defekt sterben wegen schwerer Fehlbildungen im Frontalbereich des Gehirns und zeigen schwere Fehlbildungen im Bereich des mittleren Gesichtsschädels mit Einzelauge, Zyklopie bzw. Proboscis. Viele dieser Fehlbildungsmuster erinnern an Holoprosenzephalie, eine der häufigen Fehlbildungen beim Menschen. Es handelt sich hier um eine Fehlbildung des Mittelgesichts und des frontalen Bereichs des Gehirns, die heterogen verursacht wird. Die Holoprosenzephalie kommt bei 1 von 16.000 Lebendgeborenen und etwa 1 von 250 spontanabortierten Feten vor. Die phänotypische Ausprägung ist sehr variabel, in ausgeprägtem Zustand besteht eine Anophthalmie bzw. ein Einzelauge oder Zyklopie (Abb. 7.8). Bei den leichter betroffenen Patienten liegt eine faziale Dysmorphie mit Hypotelorismus, einer Spalte bzw. Kerbe der Oberlippe und/oder

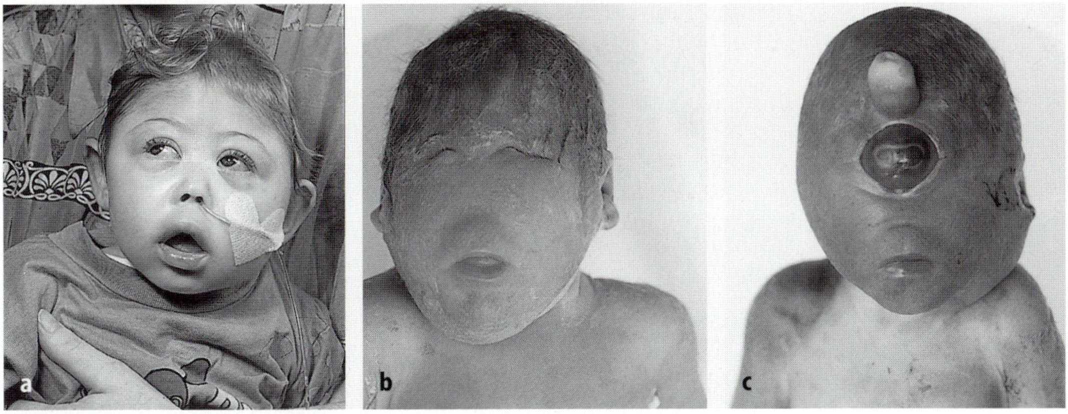

Abb. 7.8a–c. Patienten mit Holoprosenzephalie unterschiedlicher Ausprägung

Nase und Aplasie des Nervus olfactorius oder Corpus callosum vor. In noch milderen Formen findet man ein Fehlen des Schneidezahns oder andere Minimaldefekte.

Bis jetzt sind 4 HPE-Loki lokalisiert. HPE3 liegt am terminalen Ende des Chromosoms 7 (7q36). Durch physikalische Kartierung konnte die verantwortliche Region für HPE3- sowie das *SHH-Gen* als Ursache dieser Fehlbildungen identifiziert werden. Es wurde bestätigt, dass die Mutation des SHH-Gens eine der genetisch bedingten Holoprosenzephalien verursacht.

7.6 Mutationen der PAX-Gene

Wie bereits erwähnt, sind 8 verschiedene *PAX-Gene* beim Menschen identifiziert worden. Die Mutation im PAX3-Gen verursacht das **Waardenburg-Syndrom**. Charakteristisch sind Schwerhörigkeit, weiße Haarsträhne über der Stirnmitte und Irisheterochromie mit autosomal-dominanter Vererbung.

Die Mutationen am PAX6-Gen verursachen eine **Aniridie**. Kürzlich wurde ein Rearrangement in PAX3 gefunden, das einen seltenen Tumor im Kindesalter, nämlich das alveoläre Rabdomyosarkom verursacht. Durch gezielte Forschungsarbeiten werden in Zukunft mit Sicherheit weitere Mutationen an diesen Genfamilien festgestellt.

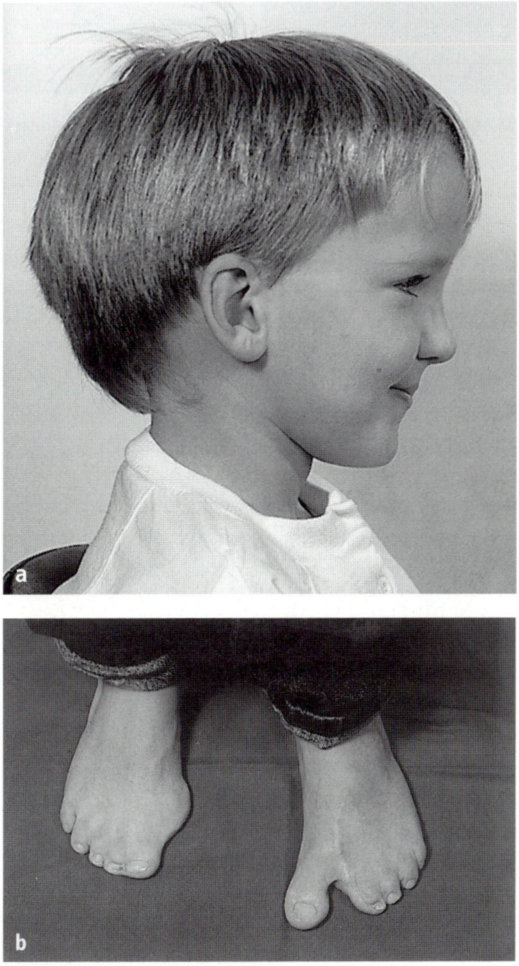

Abb. 7.9a,b. Patient mit Zephalopolysyndaktylie Typ Greig

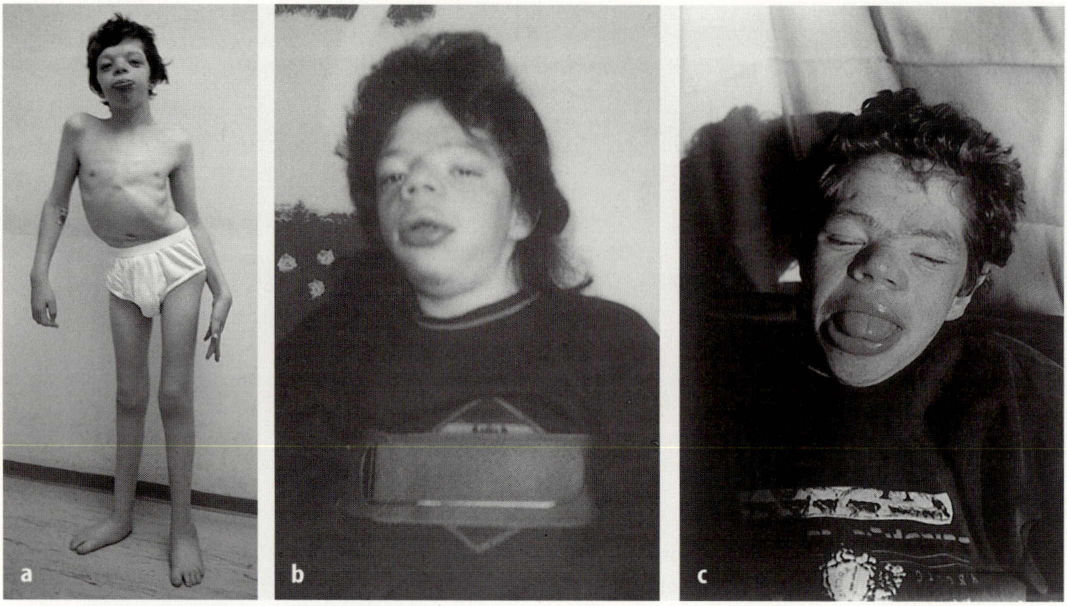

Abb. 7.10a–c. Patient mit Coffin-Lowry-Syndrom in unterschiedlichen Altersstufen

7.7 Weitere Beispiele für Fehlbildungs- oder Dysmorphiesyndrome

Coffin-Lowry-Syndrom

Symptome. Geistige Retardierung, Minderwuchs, plumpe Supraorbitalbögen, antimongoloide Lidachse, Hypertelorismus, breite Nasenwurzel, dicke und breite Nasenflügel, aufgeworfene und dicke Unterlippe, schlaffe Muskulatur, überstreckbare Gelenke, schwere Kyphoskoliose, plumpe Hände, spitz zulaufende Finger, kurze Endphalangen (Abb. 7.10). Die heterozygoten Frauen zeigen auch die typischen Merkmale, sind jedoch milder betroffen, daher wird eine X-chromosomal-dominante Vererbung diskutiert. Das Gen ist auf Xp22.1 lokalisiert, und die Mutationen können molekulargenetisch identifiziert werden.

Erbgang. X-chromosomal-rezessiv (dominant?).

Kleidokranialdysplasie

Symptome. Brachyzephalie, Stirnhöcker, verzögerter Fontanellenschluss, relativ kleiner Gesichtsschädel, breite Nasenwurzel, schmaler Brustkorb, fehlende oder hypoplastische Klavikula, hängende Schultern, verzögerte Skelettmineralisierung (Abb. 7.11).

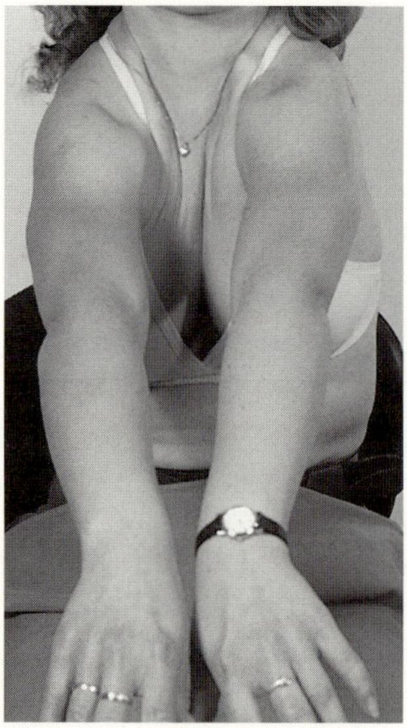

Abb. 7.11. Patient mit Kleidokranialdysplasie

Erbgang. Autosomal-dominant.

Dubowitz-Syndrom

Symptome. Prä- und postnataler Minderwuchs, Mikrozephalie, leichte geistige Retardierung, Sprach-

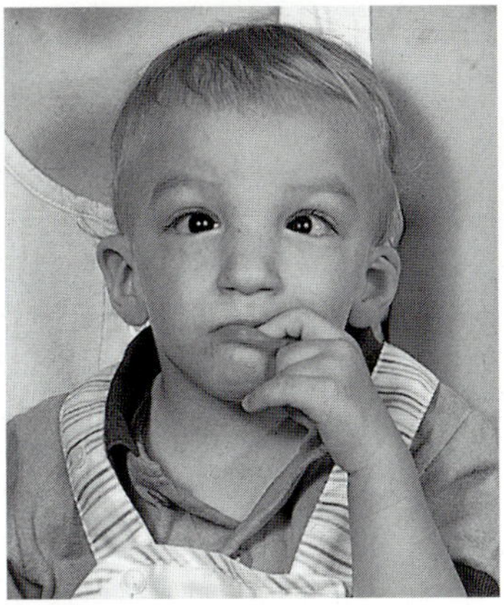

Abb. 7.12. Kind mit Dubowitz-Syndrom

entwicklungsstörung, Ptose, Epikanthus, tiefe Nasenwurzel, Mikrognathie, dysplastische Ohren, schütteres Haar, ekzematöse Hautveränderungen, häufige Infekte der oberen Luftwege, Immundefekte (Abb. 7.12)

Erbgang. Autosomal-rezessiv.

Cornelia-de-Lange-Syndrom (Brachmann-de-Lange-Syndrom)

Symptome. Prä- und postnataler Minderwuchs, geistige Retardierung, Mikrozephalie, lange und buschige Wimpern, über der Nasenwurzel zusammengewachsene, buschige Augenbrauen (Synophrys), Hypertelorismus, Stupsnase, hohes Philtrum, schmale Oberlippe, nach unten gezogene Mundwinkel, tiefe Haaransatzstellen in Nacken und Stirn, kleine Hände und Füße, proximal versetzte Daumen, kurze fünfte Finger, Klinodaktylie des 5. Fingers (Abb. 7.13).

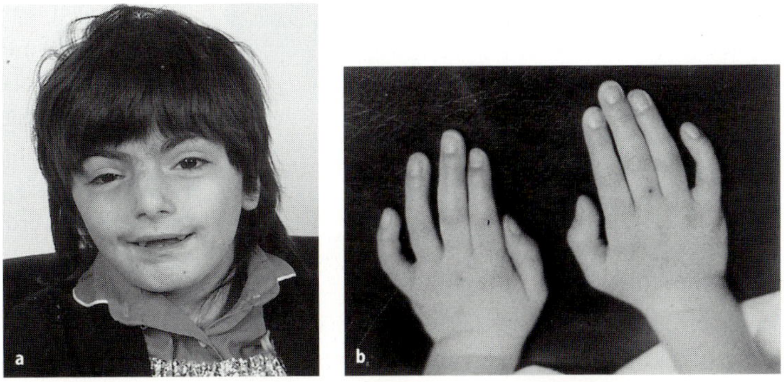

Abb. 7.13. **a** Typische Gesichtsmerkmale eines Mädchens mit Cornelia-de-Lange-Syndrom. **b** Hände der Patientin mit Klinodaktylie des 5. Fingers beidseits

Erbgang. Meist sporadisch, uneinheitliche Chromosomenaberrationen wurden beobachtet. Patienten mit Duplikation von 3q26–27 zeigen einen ähnlichen Phänotyp, in selten beobachteten familiären Fällen wird ein autosomal-dominanter Erbgang mit verminderter Penetranz angenommen.

Franceschetti-Syndrom bzw. Treacher-Collins-Syndrom (Mandibulo-Facialis-Dysostose)

Symptome. Antimongoloide Lidachse, Augenlidkolobome, spärliche Wimpern, schnabelartige, große Nase, enge Nasennarinen, Hypoplasie der Jochbeine, Mandibulahypoplasie, Makrostomie, hoher schmaler Gaumen, Gaumenspalte, Fehlbildungen des äußeren Ohres, Gehörgangsatresie oder -stenose, Hautanhängsel und Blindfisteln zwischen Mundwinkeln und Ohren (Abb. 7.14).

Erbgang. Autosomal-dominant, das Gen ist auf Chromosom 5q32–33.1 lokalisiert (*RGK2-Gen*).

Freeman-Sheldon-Syndrom (Whistling-face-syndrome)

Symptome. Maskenartiges Gesicht, tiefliegende Augen, Hypertelorismus, antimongoloide Lidachse, Epikanthus, breite Nasenwurzel, langes Philtrum, kleiner, wie zum Pfeifen gespitzter Mund (Whistling), Hautgrübchen zwischen Unterlippe und Kinnspitze, Ulnardeviation der Hände, Kontraktur der Finger und Zehen, Klumpfüße, Kyphoskoliose (Abb. 7.15).

Erbgang. Autosomal-dominant, das Gen ist auf 11p15.5-9ter lokalisiert.

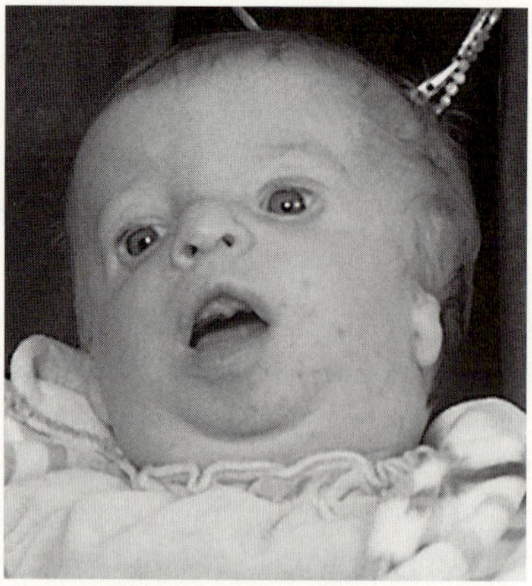

Abb. 7.14. Kind mit Franceschetti-Syndrom

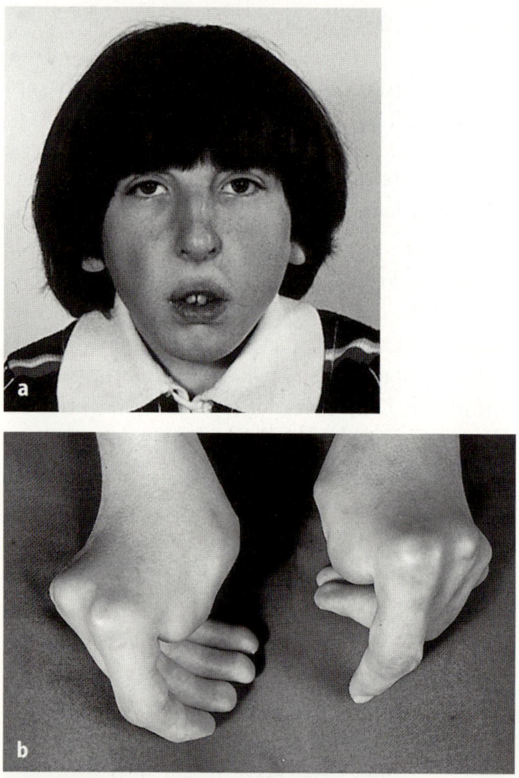

Abb. 7.15. Mädchen mit Freeman-Sheldon-Syndrom. **a** Gesicht mit spitzem Mund; **b** Hände mit Kamptodaktylie

Goldenhar-Syndrom (Okuloaurikulovertebrale Dysplasie)

Symptome. Gesichtsasymmetrie, epibulbäres Dermoid, Oberlidkolobom, andere Augenanomalien, präaurikuläre Anhängsel, Blindfisteln zwischen Mundwinkel und Ohren, spaltähnliche Mundwinkel, durch Wangenspalte bedingte Makrostomie, Zahnanomalien, leichte oder schwere Fehlbildungen im Wirbelsäulenbereich (Abb. 7.16).

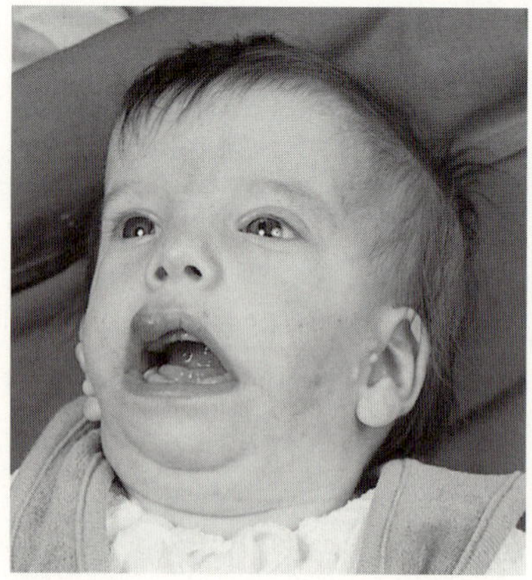

Abb. 7.16. Kind mit Goldenhar-Syndrom

Erbgang. Hinweise auf autosomal-dominanten Erbgang mit variabler Expressivität.

Silver-Russell-Syndrom

Symptome. Graziler Körperbau, prä- und postnataler Minderwuchs, relativ großer Schädel mit vorgewölbter Stirn, Stirnhöckern, hohem Haaransatz, verspätetem Verschluss der Fontanelle (Abb. 7.17). Asymmetrische Extremitäten oder Körperteile, relativ kurze Extremitäten, Klinodaktylie des 5. Fingers, Neigung zu starkem Schwitzen sind weitere Auffälligkeiten.

Erbgang. Autosomal-dominant.

Mulbrey-Nanism-Syndrom

Symptome. Minderwuchs, Makrozephalie, Dolichozephalie, tiefe Nasenwurzel, abnorme Sella turcica, dreieckiges Gesicht mit hoher Stirn, retinale Pigmentveränderungen, Hepatomegalie, Dysplasien der Fibula und Tibia, piepsige Stimme und Entwicklung von Perikardverdickung (Abb. 7.18).

Erbgang. Autosomal-rezessiv.

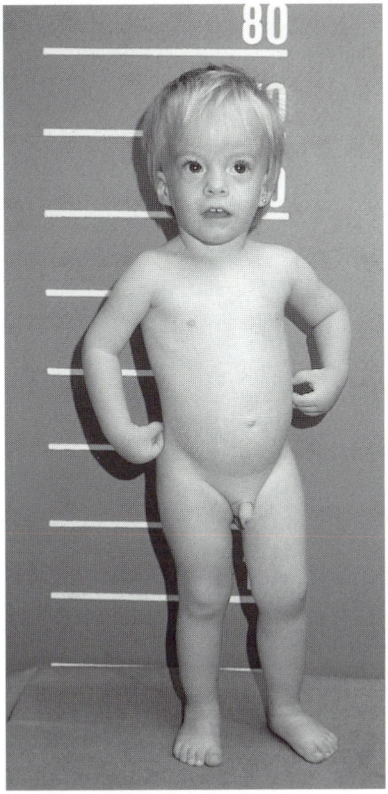

Abb. 7.17. Kind mit Silver-Russell-Syndrom

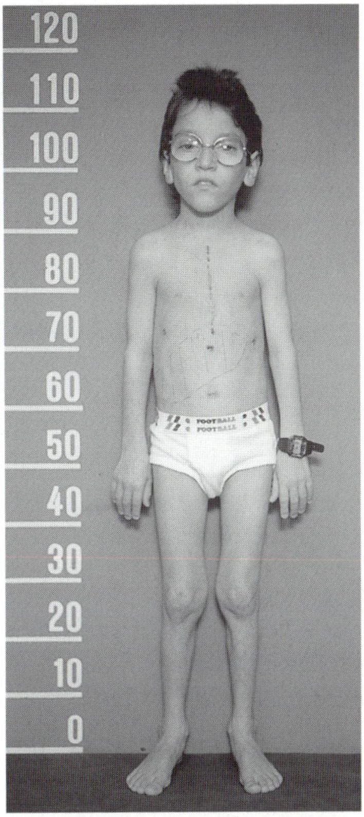

Abb. 7.18. Kind mit Mulbrey-Nanism-Syndrom

Proteus-Syndrom

Symptome. Hemihypertrophie, partieller Riesenwuchs im Bereich der Hände und Füße, Schädelasymmetrie, Lipome, Lymphangiome, Hämangiome, Weichteilhypertrophie, vor allem in Fußsohlen und Handflächen (Abb. 7.19).

Erbgang. Unklar, wahrscheinlich somatische Mutationen; bisherige Fälle sind ohne Ausnahme sporadisch.

Robinow-Syndrom

Symptome. Unproportionierter Kleinwuchs, großer Hirnschädel mit vorstehender Stirn, kleines Gesicht (fetale Gesichtsausprägung), Hypertelorismus, weite Lidspalten, hypoplastisches Mittelgesicht, relativ kleine Nase, mesomele Dysplasie der oberen Extremitäten, Brachydaktylie, Mikropenis, Hypoplasie der Klitoris und Labia minora, Kryptorchismus, Minderwuchs (Abb. 7.20).

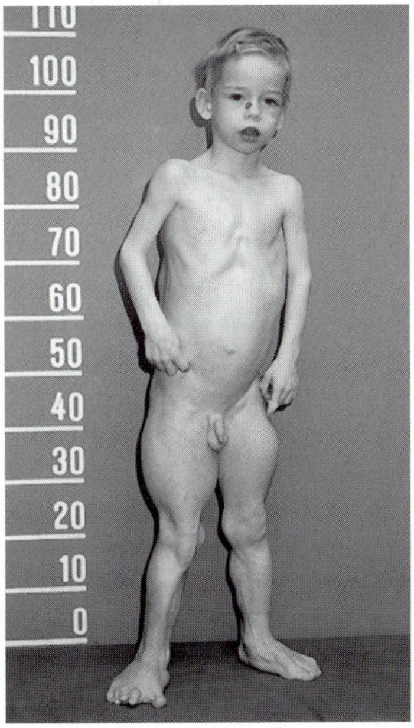

Abb. 7.19. Kind mit Proteus-Syndrom

Abb. 7.20a,b. Kind mit Robinow-Syndrom

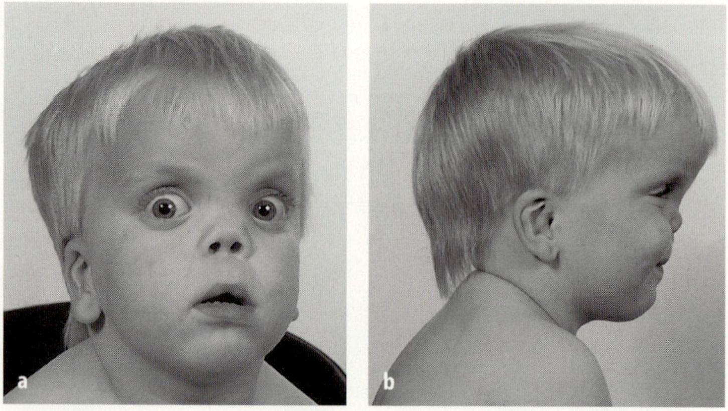

Erbgang. Autosomal-dominanter Erbgang mit variabler Expressivität. Das gleiche Krankheitsbild kommt gelegentlich auch autosomal-rezessiv vor. Das verantwortliche Gen ist auf Chromosom 9q22 lokalisiert (*ROR2-Gen*).

Rubinstein-Taybi-Syndrom

Symptome. Minderwuchs, Mikrozephalie, geistige Retardierung, antimongoloide Lidachse, schnabelförmiger, gebogener Nasensteg, hoher, spitzer Gaumen, breite Endphalangen der Daumen und Großzehen, gelegentlich auch der anderen Finger, Klinodaktylie, tiefsitzende und dysplastische Ohren, Herzfehler (Abb. 7.21).

Erbgang. Meist sporadisch, einzelne Geschwisterfälle bekannt. Das Gen ist auf Chromosom 16p13.3 (*CBP-Gen*) lokalisiert, etwa 1/3 der Patienten zeigen eine Mikrodeletion dieser Region, die mit Hilfe der FISH-Methode erkannt werden kann.

Holt-Oram-Syndrom

Symptome. Symmetrische bzw. asymmetrische Fehlbildungen unterschiedlichen Grades der oberen Extremitäten, Aplasie, Hypoplasie oder Dreigliedrigkeit der Daumen. Radiushypoplasie oder Phokomelie, ASD oder VSD sind die häufigsten Herzfehler, es können aber auch andere kardiovaskuläre Fehlbildungen vorliegen (Abb. 7.22).

Erbgang. Autosomal-dominant, das Gen ist auf Chromosom 12q24.1 als Mitglied der T-box-Transkriptionsfaktor-Familie identifiziert (*TBX5-Gen*).

Meckel-Gruber-Syndrom

Symptome. Occipitale Enzephalozele, Mikrozephalie, ZNS-Hypoplasie, Arnold-Chiarai-Malformation, Mikrophthalmie, Polydaktylie, polyzystische Nieren (Abb. 7.23a–c).

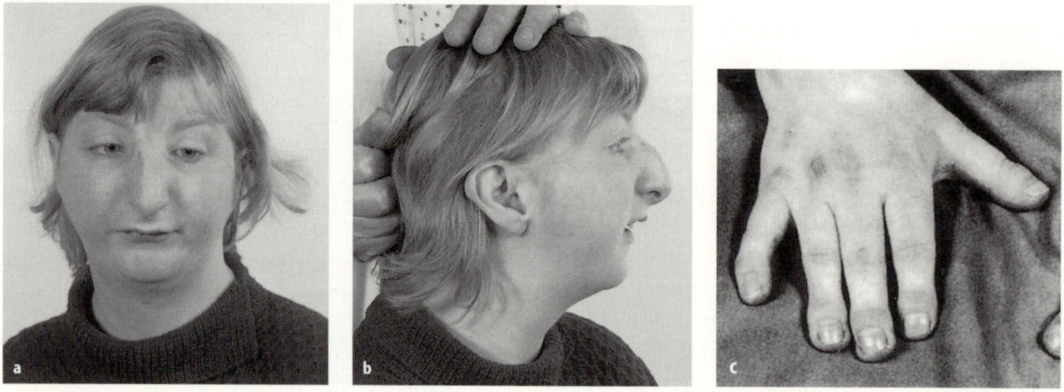

Abb. 7.21a–c. Mädchen mit Rubinstein-Taybi-Syndrom. **a** und **b** Gesicht; **c** Hand mit breiten Endphalangen

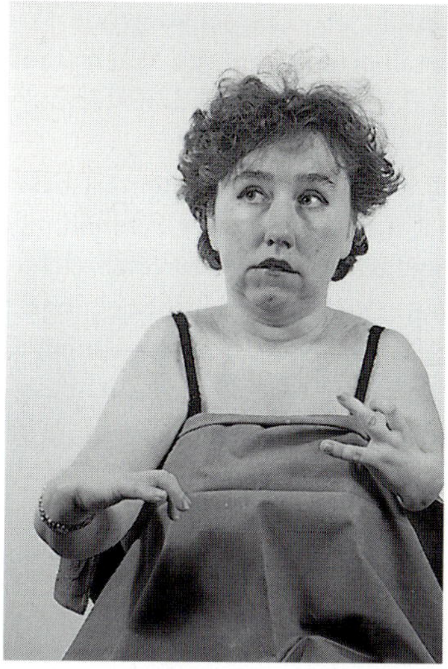

Abb. 7.22. Holt-Oram-Syndrom (mit freundlicher Genehmigung von Frau Dr. G. Spranger)

Erbgang. Autosomal-rezessiv, heterogen, das Gen ist auf Chromosom 17q22–23 und 11q13 lokalisiert.

Kampomele Dysplasie

Symptome. Pränatale Wachstumsretardierung, Skelettreifungsverzögerung, kurze, nach vorn gebogene Extremitäten (besonders die unteren; Abb. 7.24) mit prätibialen Hautgrübchen, Hypertelorismus, langes Philtrum, Mikrogenie, Gaumenspalte, dysplastische Ohren, schmaler Thorax, Kyphoskoliose, diverse andere Skelettfehlbildungen, Fehlbildungen im Magen-Darm-Kanal, Tracheobronchomalazie. Die Patienten sterben im Säuglingsalter wegen respiratorischer oder gastrointestinaler Komplikationen. Die kampomele Dysplasie wird durch Mutationen im *SOX9-Gen*, einem SRY verwandten Gen, auf Chromosom 17 (q24) verursacht. SOX9-Proteine regulieren die COL2Aq-Genexpression. Ein Teil der Patienten mit phänotypisch weiblichem Genitale können einen XY-Karyotyp und Gonadendysgenesie haben.

Erbgang. Autosomal-rezessiv.

7.8 Fehlbildungen durch teratogene Wirkungen

Die normale embryonale Entwicklung kann durch exogene Faktoren gestört werden. Die Schädigung durch Teratogene ist von verschiedenen Faktoren abhängig:

- **Zeitpunkt der Einwirkung:** Die teratogene Wirkung hat Folgen, wenn sie in der Zeit der Differenzierung und Morphogenese einwirkt. In der Zeit der Blastogenese kann die durch eine teratogene Noxe entstandene Schädigung entweder vollständig regeneriert werden oder die geschädigte Blastula stirbt ab. Hier gilt die »Alles-oder-nichts-Regel«. In der Fetalperiode sinkt die

Abb. 7.23a–c. Meckel-Gruber-Syndrom. **a** Enzephalozele, **b** beidseitige polyzystische Nieren und Hexodaktylie, **c** Histologie der Nieren

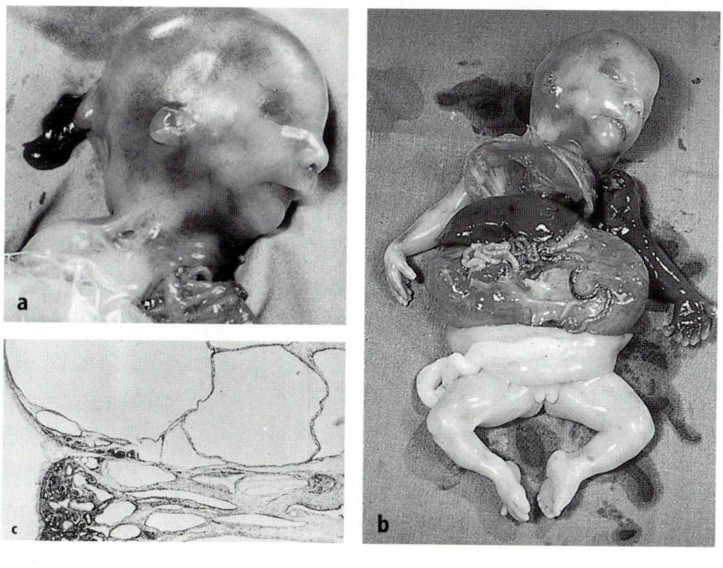

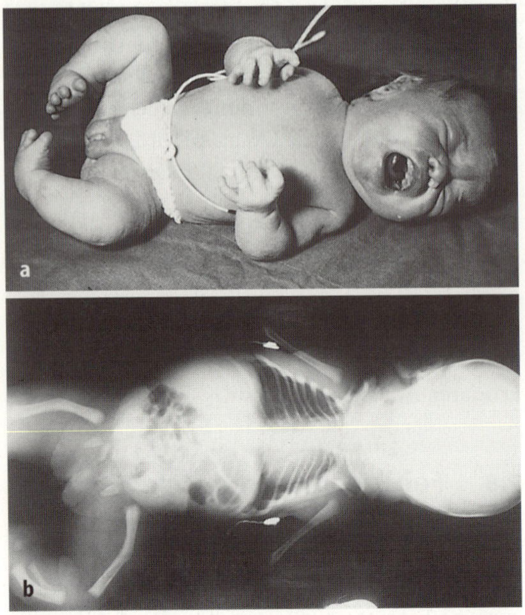

Abb. 7.24. a Neugeborenes mit kampomeler Dysplasie; **b** Röntgenbild

Sensibilität ab. Die schädigende Wirkung in der Fetalperiode kann zu Wachstumsretardierung oder evtl. zu Funktionsstörungen führen (Abb. 7.25).

- **Dosis:** Aus Tierexperimenten ist bekannt, dass die Art und Schwere der Fehlbildungen durch teratogene Stoffe von der verabreichten Menge abhängt (Dosis-Wirkungsbeziehung).
- **Genetische Disposition der Embryonen:** Aus Tierexperimenten ist bekannt, dass die Einwirkung der chemischen Stoffe je nach dem Genotyp des Embryos unterschiedlich sein kann. Hydantoin ist z. B. ein teratogener Stoff, der zur pränatalen Wachstumsretardierung, kraniofazialen Dysmorphiezeichen und Extremitätenfehlentwicklungen führen kann. Aber nur bei 5–10 % der Fälle liegt eine schwere Hydantoinembryopathie vor.
- **Genetische Disposition der Mutter:** Teratogene Stoffe stören die Organogenese nicht direkt, sondern über ihre Metabolite. Da die Metabolisierung aller Stoffe unterschiedlich ist und von vielen Faktoren beeinflusst wird, kann die teratogene Wirkung individuell, je nach genetischer Konstitution, Unterschiede zeigen.

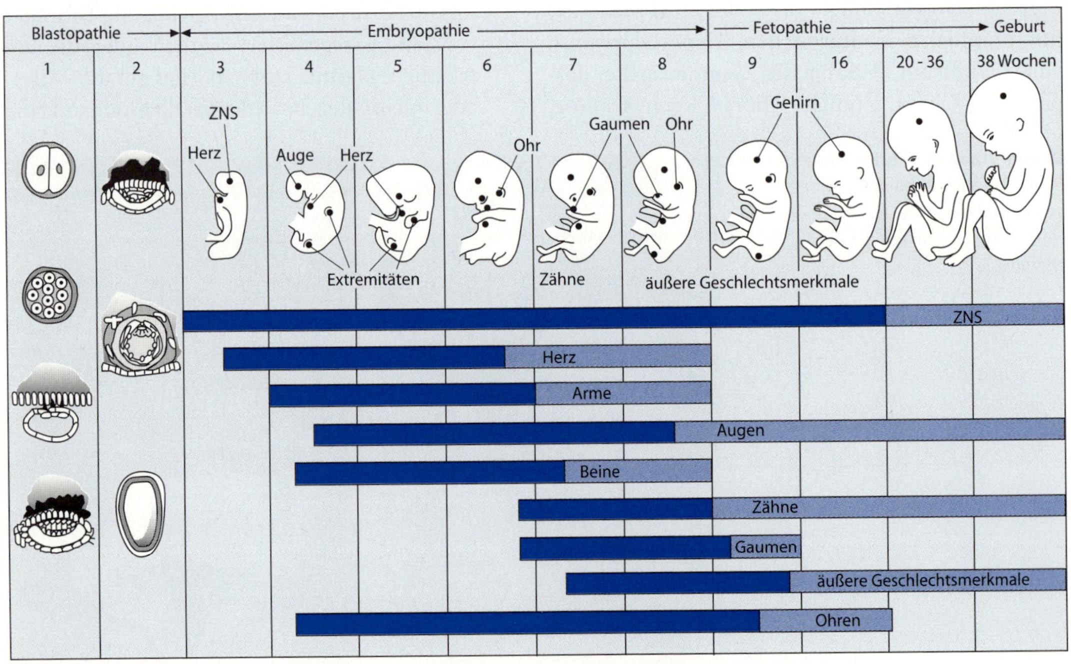

Abb. 7.25. Intrauterine Entwicklung (mod. nach Moore 1988)

Tabelle 7.4. Strahlenexposition von Mutter und Embryo bei Untersuchungen mit Röntgenstrahlen – Mittelwerte und übliche Schwankungsbreiten bei verschiedenen Untersuchungsverfahren. Angaben in rem (nach Stieve 1978)

Untersuchungsart	Mittelwert der Einfalldosis	Schwankungsbreite	Mittelwert der Einfalldosis	Schwankungsbreite
Schädel	0,65	0,5–1,0	0,0002	0,0001–0,004
Lunge	0,14	0,01–2,0	0,003	0,0002–0,05
Abdomen (Übersicht)	0,4	0,1–5,0	0,1	0,025–1,3
Becken (Übersicht)	0,7	0,25–2,8	0,2	0,06–0,7
Lendenwirbelsäule	3,5	0,8–12,0	0,6	0,2–3,0
Magendarmpassage	3,8	2,5–80,0	0,4	0,06–4,0
Kontrasteinlauf	15,0	5,0–50,0	0,9	0,01–3,0
Gallenblase	2,0	0,5–5,0	0,05	0,01–0,5
i.v. Pyelogramm	2,0	0,5–10,0	0,4	0,2–1,0
Hysterosalpingographie	2,5	1,0–20,0	0,5	0,3–3,0

Die teratogenen Faktoren lassen sich in vier Gruppen zusammenfassen:

- Ionisierende Strahlen
- Medikamente oder andere Chemikalien und Genussmittel
- Infektionen während der Schwangerschaft
- Mütterliche Stoffwechselerkrankungen

7.8.1 Ionisierende Strahlen

Die teratogene Wirkung ionisierender Strahlen ist seit langem bekannt. Auch hier gilt die »Alles-oder-nichts-Regel«. Wenn die Strahlenwirkung in der Präimplantationsphase stattfindet, führt sie entweder zum Absterben des Embryos oder die eventuellen Schäden werden vollständig repariert. Eine schädigende Wirkung durch niedrige Strahlendosen, wie sie in der medizinischen Diagnostik verwendet werden, ist beim Menschen nicht bekannt. So wurde berechnet, dass eine Belastung unter 20 rad (200 mG) in der sensiblen Periode noch unter der Dosis bleibt, die zu einer Verdopplung des Basisrisikos von Fehlbildungen führt. Bei höheren Belastungen, wie der radioaktiven Strahlung nach den Atombombenexplosionen in Hiroshima und Nagasaki, sind schwere Fehlbildungen des Neurokraniums, der Augen, des Skeletts und der inneren Organe festgestellt worden. Das Ausmaß der Strahlenbelastung für Mutter und Embryo bei einigen diagnostischen Untersuchungen zeigen die Tabellen 7.4 und 7.5.

Tabelle 7.5. Strahlenexposition von Mutter und Embryo bei den wichtigsten Untersuchungen mit radioaktiven Stoffen. GK = Ganzkörperdosis, SD = Schilddrüsendosis, LE = Leberdosis nach dem 50. Tag der Schwangerschaft (nach Stieve 1978)

Nuklid	Applizierte Aktivität (µCi)	Ganzkörperdosis der Mutter (mrd)	Ganzkörper-/Organdosis des Embryo (Mittelw. in mrd)
J-131-Jodid	50	1–100	GK : 9 SD : 25.000
Tc-99m-Pertechnetat	1000	10–15	GK : 17 SD : 560
Au-198-Kolloid	300	390	–
Se-75-Methionin	300	2400–3900	GK : 3000
Fe-59-Zitrat/Chlorid	10	180	GK : 250 LE : 3700

Tabelle 7.6. Medikamente und Genussmittel mit teratogenen Effekten

Sichere teratogene Wirkung
– Thalidomid
– Aminopterin und Methotrexat
– Warfarin
– Retinoide
– Alkohol
Vermutliche teratogene Wirkung
– Antikonvulsiva
– Lithium
– Kokain
Mögliche teratogene Wirkung
– Sexualhormone
– Antiemetika
– Ergotamine

7

7.8.2 Chemikalien, Medikamente und Genussmittel

Seit dem Auftreten der **Thalidomidembryopathie** ist man auf die teratogene Wirkung von Arzneimitteln besonders aufmerksam geworden. Die Teratogenität der Arzneimittel wird heute strenger getestet. Obwohl die Zahl spezieller Fehlbildungen, die auf Medikamente zurückzuführen sind, äußerst gering ist, sollten Arzneimittel in der Schwangerschaft nur dann gegeben werden, wenn es unbedingt notwendig ist. Allerdings sollte auch nicht aus unbegründeter Angst ein für die Mutter lebensnotwendiges Medikament abgesetzt werden.

Bei der Anamneseerhebung im Rahmen einer genetischen Beratung sollte auch nach Alkoholkonsum und anderen Genussmitteln gefragt werden. In der Tabelle 7.6 sind einige Medikamente und Genussmittel mit teratogenen Effekten zusammengestellt.

Thalidomidembryopathie

Die Art der Fehlbildungen ist vom Zeitpunkt der Einnahme des Medikaments abhängig (Tabelle 7.7). In manchen Fällen besteht Ähnlichkeit mit dem autosomal-dominant erblichen **Holt-Oram-Syndrom** (Abb. 7.22). Neben Extremitätenfehlbildungen können Gesichtsnervenlähmungen, Anotie, Analatresie, Duodenalatresie, Herz- und Nierenfehlbildungen auftreten (Abb. 7.26 und Tabelle 7.8).

Warfarin

Die Antikoagulanzientherapie mit dem synthetisch hergestellten Kumarinderivat Warfarin kann zu einem schweren Fehlbildungssyndrom führen, das dem **Conradi-Hünermann-Syndrom** ähnlich ist. Zu den charakteristischen Merkmalen gehören: intrauterine Wachstumsretardierung, Hypoplasie des Nasenskeletts, Linsentrübung, Mikrophthalmus, Optikusatrophie, verkürzte Extremitäten und kalkspritzerförmige Einlagerungen in zahlreichen Epiphysen, Wirbelkörpern und im Kalkaneus. Etwa 10 % der exponierten Kinder zeigen diese Befunde.

Retinoide (Isotretinoin und Etretinat)

Diese Medikamente werden für die Behandlung von nodulozystischer Akne und schweren Verhornungsstörungen in der Dermatologie verwendet. Inzwischen ist die teratogene Wirkung von Vitamin A (in hohen Dosen) und seiner Derivate nachgewiesen.

Tabelle 7.7. Beziehung zwischen dem Zeitpunkt der Einnahme von Thalidomid und der Art der Missbildungen (nach Lenz 1983)

Tage post menstruationem	Missbildungen
35	Anotie, Fazialislähmung, Augenmuskellähmung
37	Aplasie der Daumen bei erhaltenem Radius
38–40	Fehlen oder fast vollständiges Fehlen der Arme
41–43	Analatresie, Nierenfehlbildungen
43–45	Schwere Armfehlbildungen, Herzfehlbildungen, Duodenalatresie und -stenose
44–47	Schwere Beinfehlbildungen, Herzfehlbildungen
50	Triphalangie der Daumen, Analstenose

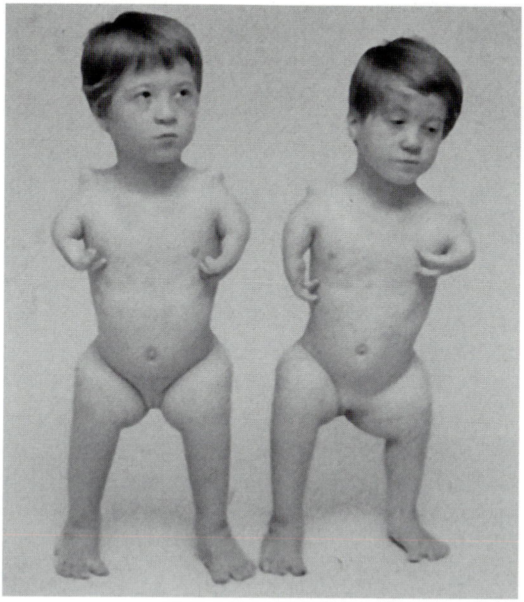

■ **Abb. 7.26.** Zwillinge mit Thalidomidembryopathie. (mit freundlicher Genehmigung von Prof. F. Vogel, Heidelberg)

Entweder führen sie zu Aborten oder die Kinder weisen verschiedene Fehlbildungen auf: Mikrozephalie, Gesichtsasymmetrie, Hydrozephalus, Mikrotie, Gehörgangsatresie, Mikrophthalmie, Gaumenspalte und Herzfehler. Die phänotypischen Merkmale sind dem **Goldenhar-Syndrom** (■ Abb. 7.16) sehr ähnlich. Die Halbwertzeit dieser Medikamente beträgt etwa 120 Tage!

Hydantoin-Barbiturat-Embryopathie

Auf die Problematik der antiepileptischen Therapie während der Schwangerschaft wird weiter unten eingegangen. Unspezifische Fehlbildungen bei Kindern von Müttern, die mit Antikonvulsiva behandelt wurden, sind 2- bis 3-mal häufiger als bei Kindern von Nichtepileptikerinnen. Wahrscheinlich spielen dabei auch andere, bisher unbekannte Faktoren eine Rolle. Etwa 11 % der Kinder von Müttern, die mit Hydantoin behandelt wurden, zeigen Mikrozephalie, breit eingezogene Nasenwurzel, Epikanthus, Hypertelorismus, großen Mund, wulstige Lippen, hypoplastische Fingernägel und Endphalangen. Da bei Behandlung mit Barbituraten etwa die gleichen Symptome auftreten, spricht man hier von Hydantoin-Barbiturat-Embryopathie. Die Umstellung auf ein anderes, weniger gefährliches Medikament muss vor Eintritt einer Schwangerschaft erfolgen. Bei der Behandlung mit Valproinsäure sind u. a. gehäuft Neuralrohrdefekte beobachtet worden. Eine pränatale Diagnostik ist im Verdachtsfall angezeigt (► Kap. 9.12).

Alkoholembryopathie

Die Alkoholembryopathie hat wegen ihrer Häufigkeit eine große Bedeutung. Sie wird in Deutschland auf etwa 1 von 600 Neugeborenen geschätzt.

Die charakteristischen Merkmale sind Mikrozephalie, geistige Retardierung, Übererregbarkeit, verschiedene Fehlbildungen und kraniofaziale Dysmorphiezeichen. Die häufigsten Fehlbildungen sind

■ **Tabelle 7.8.** Thalidomidembryopathie als Phänokopie des dominanten Holt-Oram-Syndroms und der rezessiven Fanconi-Panmyelopathie (nach Lenz 1983)

Symptom	Thalidomidembryopathie	Holt-Oram-Syndrom	Fanconi-Panmyelopathie
Gehörgangsatresie	+	–	(+)
Fazialislähmung	+	–	(+)
Augenmuskellähmung	+	(+)	+
Phokomelie mit drei Fingern beiderseits	+	+	–
Radiusaplasie	+	+	(+)
Triphalangie des Daumens	+	(+)	(+)
Herzfehler	+	+	(+)
Hämangiome an Stirn, Nase und Oberlippe	+	(+)	–
Nierenmissbildungen	+	–	+
Duodenalatresie	+	–	(+)
+ häufig, (+) selten, – nicht beobachtet			

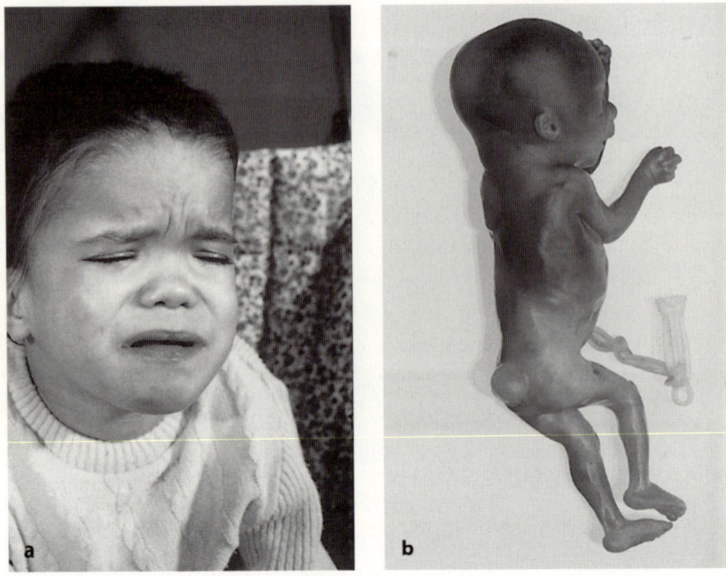

Abb. 7.27. **a** Kind mit Alkoholembryopathie; **b** Fötus mit Alkoholembryopathie

angeborene Herzfehler, Fehlbildungen des Urogenitalsystems und Neuralrohrdefekte (Abb. 7.27). Weitere charakteristische Merkmale sind die Handfurchen: Dreifingerfurche mit abgeknickten Zwischenfingerabschnitten und Daumenfurche. Die Ausprägung der klinischen Merkmale ist vom Schweregrad des Alkoholismus der Schwangeren abhängig.

Die Schwerstbetroffenen zeigen neben den chakteristischen kraniofazialen Dysmorphiezeichen eine geistige und statomotorische Retardierung.

Die mittelschwer Betroffenen zeigen diskrete kraniofaziale Dysmorphiezeichen, fallen durch Übererregbarkeit, Hyperkinese und Muskelhypotonie auf. Die statomotorische und geistige Entwicklung ist verzögert.

Die leicht Betroffenen fallen im Säuglings- und Kleinkindesalter durch Gedeihstörung und Mikrozephalie, später durch Lern- und Verhaltensstörungen auf.

7.8.3 Weitere teratogene Faktoren

Kongenitale Infektionen

Die kongenitalen Infektionen und dadurch verursachte Embryopathien sind je nach Stadium der Schwangerschaft zum Zeitpunkt der Infektion unterschiedlich. Die kongenitale Rötelninfektion ist mit Abstand die wichtigste.

Rötelnembryopathie. Die Rötelnembryopathie wurde zum ersten Mal von Gregg beschrieben. Sie tritt auf, wenn die Mutter erstmals während der Schwangerschaft infiziert wird. Das Fehlbildungsrisiko hängt mit dem Zeitpunkt der Infektion zusammen. Bei einer Infektion im ersten Schwangerschaftsmonat beträgt das Risiko 50 %, im zweiten etwa 20 % und im dritten etwa 6 %. Bei einer Infektion nach Abschluss der Embryonalzeit kann es zu neurologischer Innenohrschwerhörigkeit kommen.

Die typischen Merkmale der Röteln-Embryopathie sind: intrauterine Wachstumsstörung, Mikrozephalie, angeborene Herzfehler, Augenschäden wie Mikrophthalmie, Katarakt oder Retinopathien, Innenohrschwerhörigkeit und psychomotorische Retardierung.

Etwa bei 1/3 der Säuglinge mit Rötelnembryopathie sind bis zum Alter von 6 Monaten und bei 10 % der Kinder bis zum Alter von 12 Monaten Viren im Nasen-Rachen-Sekret nachweisbar. Daraus kann sich ein sog. *late-onset disease* entwickeln. Als prophylaktische Maßnahme sollten alle Mädchen vor der Pubertät gegen Röteln geimpft werden.

Da die klinische Diagnose der Röteln unsicher ist und nur serologische Untersuchungen eine zuverlässige Aussage über eine erfolgte Infektion zulassen, muss nach Rötelnkontakt einer Schwangeren, die nicht gegen Röteln geimpft wurde und bei der der **Hämagglutinationshemmtest (HAH-Test)** negativ ausfiel, der HAH-Test wiederholt und die spezifischen IgM-Antikörper müssen bestimmt werden. Titeranstieg und Nachweis von IgM sind Beweise für eine frische Infektion. Eine fetale Virämie kann durch eine serologische Untersuchung im fetalen Blut nachgewiesen werden.

Zytomegalie. Die primäre Infektion der Mutter mit dem Zytomegalievirus während der Schwangerschaft kann für den Föten gefährlicher sein als eine Reinfektion, obwohl nach einer Zytomegalievirusinfektion keine Immunität besteht. Die charakteristischen Symptome sind: Mikrozephalie, Hydrozephalus, Meningoenzephalitis, Hepatomegalie, hämolytische Anämie mit Thrombozytopenie und Sepsis.

Toxoplasmose. Obwohl über 40 % der Frauen mit Toxoplasmose infiziert sind, kommt es sehr selten zur Erkrankung des Feten. Wahrscheinlich ist auch hier der Fetus durch Primärinfektion gefährdet. Die Symptome beim Kind sind: Hepatosplenomegalie, Chorioretinitis, Mikrophthalmus, Meningoenzephalitis, intrazerebrale Verkalkungen, Hydrozephalus und Krämpfe. Die Überlebenden sind meist geistig retardiert.

AIDS-Embryopathie/-Fetopathie. HIV wird transplazentar in verschiedenen Schwangerschaftsstadien während der virämischen Phasen übertragen. Wiederholt wurde über das Vorliegen einer sog. HIV-Embryopathie berichtet. Die Kinder zeigen eine kraniofaziale Dysmorphie mit Mikrozephalie, Hypertelorismus, prominente kastenförmige Stirn, flache Nasenwurzel, schräge Lidachsen, prominentes, dreieckiges Philtrum, wulstige Lippen und eine intrauterine Wachstumsretardierung.

Varizella-Zoster-Infektion. Varizella (Windpocken) und Zosterinfektionen können während der Schwangerschaft zu fetaler Virämie mit teratogenen Effekten führen. Allerdings ist das Risiko gering. Die Kinder zeigen Mikrozephalie, Mikrophthalmie, Katarakte, Chorioretinitis, Hautanomalien mit Narben, Bläschen und epidermale Hypoplasien.

Andere virale Infektionen. Bei anderen viralen Infektionen während der Schwangerschaft wie z. B. Hepatitisvirus, Herpes simplex-Virus und Influenzavirus sind nur einzelne intrauterine Schädigungen der Kinder bekannt. Im Falle einer Frischinfektion der Mutter während der Schwangerschaft sollte das intrauterine Wachstum des Kindes engmaschig kontrolliert werden.

Amniogene Fehlbildungen

Aus unbekannten Gründen reißt das Amnion bei etwa 1 auf 10.000 Frühschwangerschaften ein. Es bilden sich Amnionstränge und Amnionmembranen, in denen sich der Embryo mit Extremitäten oder Kopf verfangen kann. Dadurch können an den Extremitäten Schnürfurchen bzw. Amputationen entstehen. Durch Verschlucken von Amnionbändern kann es zu Gesichtsspalten und atypischen Lippen-Kiefer-Gaumen-Spalten kommen. Durch Adhäsion von Membranen am Schädeldach und Traktion können Enzephalozelen oder andere Fehlbildungen im Schädelbereich entstehen, die als **ADAM-Komplex** (■ Abb. 7.28) bezeichnet werden (*amniotic-deformity-adhesions mutilations*).

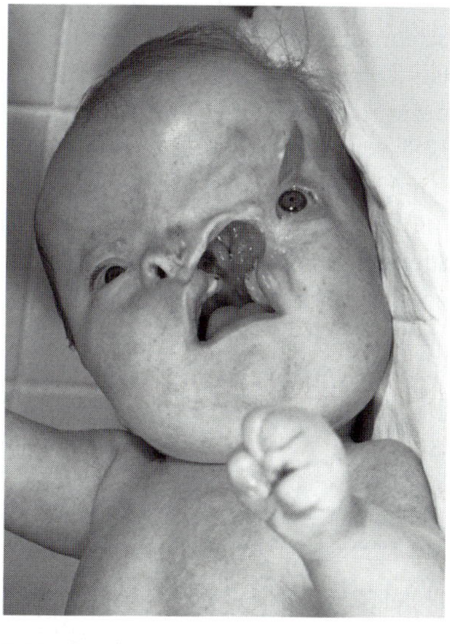

■ **Abb. 7.28.** Gesichtsspalte und Schnürfurchen bei Amnionruptur (mit freundlicher Genehmigung von Prof. F. Vogel, Heidelberg)

Die Ursache der Amnionruptur ist unbekannt, ganz selten sind familiäre Fälle beobachtet worden.

Mütterliche Stoffwechselerkrankungen

Metabolische Erkrankungen der Mutter, unabhängig von ihren genetischen Risiken, können zu intrauterinen Entwicklungsstörungen des Kindes führen.

Phenylketonurie bzw. Hyperphenylalaninämie. Dank der erfolgreichen diätetischen Behandlung der Phenylketonurie entwickeln sich die Patienten völlig normal, sodass die Fortsetzung der Therapie im Erwachsenenalter in der Regel nicht mehr erforderlich ist.

Phenylalanin ist plazentagängig. Die erhöhten Werte können während der Schwangerschaft zu einer schweren Schädigung des Kindes führen. Diese Kinder zeigen einen intrauterinen Entwicklungsrückstand mit Mikrozephalie, multiplen Fehlbildungen, angeborenen Herzfehlern und eine schwere geistige Retardierung. Durch eine konsequente Phenylalaninarme Diätbehandlung während der Schwangerschaft kann diese Schädigung vermieden werden. Allerdings muss die Therapie vor der Konzeption begonnen werden.

Diabetes mellitus. Kinder diabetischer Mütter haben ein erhöhtes Allgemeinrisiko gegenüber Kindern von Nichtdiabetikerinnen. Dazu gehören neben Geburtstrauma, Hypoglykämie, Hypokalzämie und Ateminsuffizienz auch eine erhöhte kongenitale Fehlbildungsrate. Multiple Fehlbildungen, vorwiegend des Skelettsystems, ZNS, Herz und Urogenitaltraktes, sind bei den Kindern diabetischer Mütter 2- bis 3-mal höher als bei der Allgemeinbevölkerung. Die Mütter der Kinder mit **kaudalem Regressionssyndrom**, das die Hypoplasie von Steißbein, unteren Extremitäten und das Fehlen von mehreren Lenden- und/oder Brustwirbelkörpern einschließt, sind häufig Diabetikerinnen (■ Abb. 7.29).

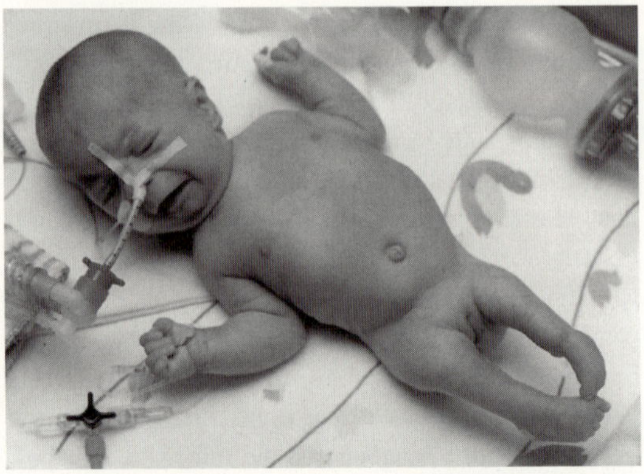

■ **Abb. 7.29.** Säugling einer nicht behandelten diabetischen Mutter mit verkürzten und deformierten unteren Extremitäten.

7.9 Mutagene Wirkungen

In ► Kapitel 2.2.3 wurde bereits diskutiert, dass die Häufigkeit von Mutationen über das spontane Maß hinaus durch **ionisierende Strahlen** und **chemische Mutagene** gesteigert werden kann.

In der genetischen Beratung sind besonders zwei Risikofaktoren zu beachten:

- Erhöhtes Risiko für Aborte und genetisch geschädigte Neugeborene nach Einnahme mutagener Pharmaka und
- erhöhtes Risiko nach medizinischer Strahlenbelastung der Gonaden.

Dabei ist für Männer und Frauen die Risikoabschätzung in der genetischen Beratung unterschiedlich. Während bei Männern ein hohes Risiko für eine Schädigung von postmeiotischen Spermatogenesestadien besteht, ist bei Frauen besonders die präovulatorische Phase sensibel.

Wie die ■ Abbildung 2.18 zeigt, wirkt die Meiose bei **Männern** in der Spermatogenese offensichtlich wie ein biologischer Filter für induzierte **numerische** und **strukturelle Chromosomenaberrationen**. Schädigungen von prämeiotischen Stadien werden überwiegend eliminiert. Dies bedeutet, dass das genetische Risiko für Kinder, die nach einer medizinisch indizierten Verabreichung von Mutagenen (z. B. bei einer Tumortherapie mit mutagenen Zytostatika oder nach Belastung der Gonaden durch direkte Bestrahlung oder durch Streustrahlung) gezeugt werden, gering ist, wenn die Behandlung bereits so lange zurück liegt, dass Spermatogenesestadien verdämmert sind, die zum Zeitpunkt der Behandlung als postmeiotische Stadien vorlagen.

Man sollte also entsprechenden Patienten bei Kinderwunsch raten, für eine gewisse Zeit nach der

Behandlung kontrazeptive Maßnahmen zu ergreifen. Danach, wobei über die Berechnung der Risikophase hinaus ein größerer zeitlicher Sicherheitsabstand anzuraten ist, besteht in der Regel kein über dem Bevölkerungsdurchschnitt liegendes Risiko mehr. Wurde ein Kind während der kritischen Phase gezeugt, so ist auf jeden Fall eine engmaschige Ultraschallkontrolle und gegebenenfalls eine pränatale Chromosomendiagnostik durchzuführen.

Diese Risikoabschätzung gilt jedoch nur für mikroskopisch erkennbare chromosomale Veränderungen. **Genmutationen** werden nicht durch die Meiose eliminiert. Allerdings induzieren nach allen bisherigen Erfahrungen zumindest chemische Mutagene nicht ausschließlich Genmutationen, sondern auch Chromosomenaberrationen. Man kann ein Risiko durch solche Verbindungen also über induzierte Chromosomenaberrationen entdecken. Auf jeden Fall muss mit einer erhöhten Rate von Genmutationen gerechnet werden, wenn ein Patient mit Mutagenen behandelt wurde.

Wie erwähnt, ist bei **Frauen** besonders die präovulatorische Phase sensibel. Dies bedeutet, dass Oozyten, die nicht kurz vor der Ovulation stehen – beim Menschen sind dies die Oozyten im Diktyotänstadium – relativ unsensibel gegen Mutagene sind. Eine genetische Gefahr besteht daher vorwiegend für den Zyklus, in dem die Behandlung stattfindet und in gewissem Umfang für den folgenden Zyklus. Eine Konzeptionsverhütung während dieser Zeit verringert das genetische Risiko entscheidend. Ist allerdings während dieser Zeit eine Befruchtung erfolgt, so besteht ein erhebliches genetisches Risiko, eine pränatale Diagnose ist unbedingt indiziert.

Die oben angesprochenen therapeutischen und teilweise auch diagnostischen Maßnahmen können zu in der Regel zeitlich begrenzten Oligo- oder Aspermien führen. Dies ist durch die hohe Eliminationsrate geschädigter Spermien bedingt, soll allerdings hier nicht weiter ausgeführt werden, da das Thema des Abschnitts das genetische Risiko für die nächste Generation ist.

8 Enzymdefekte und ihre Folgen

8.1 Grundlagen von genetisch bedingten Stoffwechselstörungen

Schon Garrod (1902) und später Beadle und Tatum entwickelten die Vorstellung, dass Enzymdefekte die Grundlage für Stoffwechselstörungen bilden. Jeder Schritt der Metabolisierung im menschlichen Körper wird von einem Enzym, das wiederum von einem Gen kontrolliert wird, gesteuert. Die »**Ein-Gen-eine-Polypeptidkette-Hypothese**« trifft auf diesen Komplex meist zu, weil bei monogenen Stoffwechselkrankheiten in der Regel nur ein Enzym fehlt.

! Genetisch bedingte Stoffwechselstörungen können durch eine genetisch determinierte Verminderung bzw. das Fehlen einzelner Enzyme verursacht werden.

Die Beziehung zwischen Gen und Enzymproduktion ist relativ einfach. Ist das Strukturgen in einer bestimmten Zellart aktiv, so produziert das betreffende Gen eine bestimmte Proteinmenge. Die beiden Allele funktionieren unabhängig voneinander. Ist eines der beiden Allele inaktiv, so produziert das andere Allel in der Regel seinen Anteil weiter. Die Aktivität des Enzyms ist dann etwa auf die Hälfte reduziert, ein Befund, den man in der Regel beim heterozygoten Individuum findet.

Ein **Enzymdefekt** kann auf verschiedene Weise wirken:

- Das Endprodukt fehlt bzw. wird nicht ausreichend produziert.
- Vor dem enzymatischen Block (Abb. 8.1, Beispiel 1 und 2) kommt es zur Anhäufung von Metaboliten, die nicht alle abgebaut werden können (z. B. bei der Galaktosämie oder Phenylketonurie).
- Durch die Kompensationsversuche beim Ausfall eines Glieds in einem Stoffwechselkreis kommt es zur Produktion anderer Metabolite (Beispiel 3).
- Dazu kommt die Wirkung von Metaboliten auf andere Enzyme, die nicht direkt an der Störung beteiligt sind.

! Die klinischen Symptome können durch das Fehlen des Endprodukts oder durch Anhäufung von Metaboliten bzw. durch exzessive Kompensationsversuche bedingt sein.

Bei einem Enzymdefekt kann entweder das betreffende Enzym fehlen oder seine Aktivität ist vermindert. Viele Enzyme sind aus einer Eiweißkomponente (Apo-Enzym) und einem Co-Enzym (z. B. Vitamin) zusammengesetzt. Das gleiche Vitamin kann als Co-Enzym für verschiedene Enzyme dienen. Ein Enzym mit verminderter Aktivität kann u. U. durch Gabe von Vitaminen aktiviert werden.

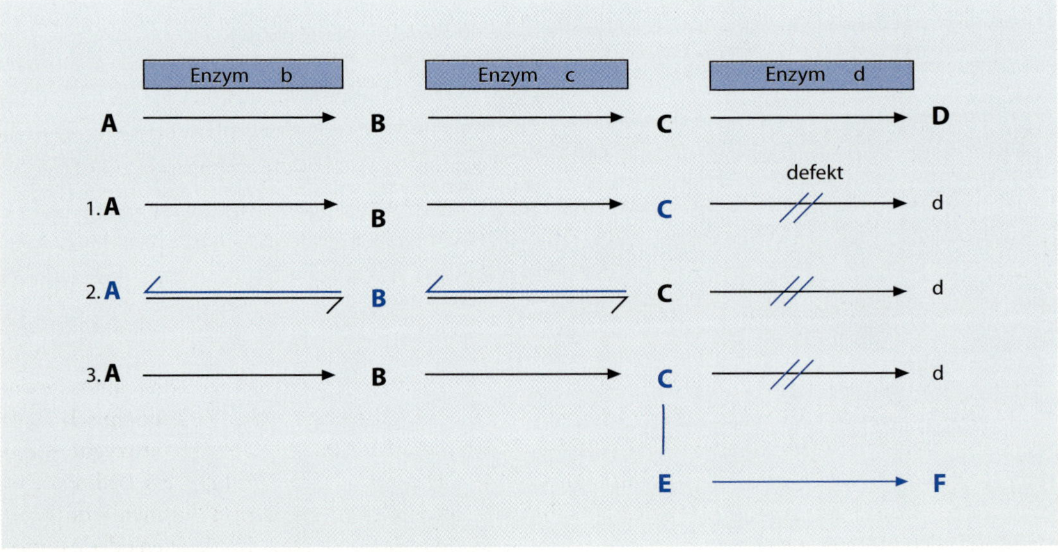

Abb. 8.1. Mögliche Auswirkungen eines Enzymdefekts

Tabelle 8.1. Beispiele von unterschiedlichen Formen metabolischer Störungen

Funktion	Proteine und Folgekrankheiten bei einem genetischen Defekt	
Enzym	Aminosäure	Phenylalanindehydrogenase: **Phenylketonurie**
	Kohlenhydrate	Galaktase-1-Phosphat-Uridyl-Transferase: **Galaktosämie**
	Organische Säuren	Isovaleryl-CoA-Dehydrogenase: **Isovalerianazidämie**
	Fettsäuren	Mittelkettige Acyl-CoA-Dehydrogenase: **MCAD-Mangel**
	Komplexe Lipide	Sphingomyelinase: **Niemann-Pick**
	Purin	Adenosindesaminase: **ADA-Mangel**
	Pyrimidin	Uridinmenophosphathydrolase: **Hereditäre Orotazidurie**
	Porphyrin	Porphobilinogendesaminase: **Akute intermittierende Porphyrie**
Transport	Lysosomaler Transport	Zystintransportstörung: **Zystinose**
	Intrazellulärer Transport	Kupfertransportstörung: **Menkes-Syndrom**
Membran	Chloridtransportkanal	Defekt des »Cystic Fibrosis Transmembrane Conductance-Regulator« **Zystische Fibrose**
Rezeptoren	Metabolitrezeptoren	LDL-Rezeptorendefekt: **familiäre Hypercholesterinämie**
Zellstruktur	Extrazellulär	Typ 1 und Typ 2 Kollagenstörung: **Osteogenesis imperfecta**
	Zellmembran	Zellmembranproteindefekt: **Sphärozytose**
	Zellorgan	Störung der Peroxisomenbildung: **Zellweger-Syndrom**

Tabelle 8.2. Beispiele X-chromosomaler Stoffwechselstörungen

Enzym oder Protein	Krankheit
α-Galaktosidose A	M. Fabry
Glukose-6-Phosphatdehydrogenase	Hämolytische Anämie (Favismus)
Arylsulfatase E	Chondrodystrophia punctata (XR)
Arylsulfatase C	Ichthyosis
Hypoxanthinguanin-Phosphoribosyltransferase (HPRT)	Lesch-Nyhan-Syndrom
Ornithintranskarbamylase	OTC-Mangel
Lysinoxydase	Ehlers-Danlos Typ V
Kupfer-ATPase	M. Menkes
Hepatische Phosphorylasekinase	Glykogenose Typ IX
Iduransulfatsulfatase	Mukopolysaccharidose Typ II (Hunter)
Sterol-Δ8-Isomerase	Chondrodystrophia punctata (XD)
Peroxisomer ATP-bindender Membrandefekt	Adrenoleukodystrophie
Glyzeralkinase	Hyperglyzerolämie
3-Methylglutagonazidurie (mitochondriale Stoffwechselstörung)	Barth-Syndrom

Neben den Enzymdefekten können auch genetisch bedingte **Transportstörungen**, **Rezeptor**- und **Membrandefekte** zu angeborenen Stoffwechselstörungen führen (Tabelle 8.1). Bis auf einige Ausnahmen sind Stoffwechselstörungen autosomal-rezessiv erblich (Tabelle 8.2).

Die heterozygoten Anlageträger autosomaler Stoffwechselstörungen zeigen phänotypisch keine Symptome; sie können durch **Heterozygotentests** erkannt werden. Unter bestimmten Bedingungen oder besonderen Belastungen können jedoch bei manchen Heterozygoten Krankheiten oder Anomalien in abgeschwächter Form manifest werden.

Mittlerweile sind eine große Zahl von angeborenen metabolischen Störungen beschrieben. Klinisch zeigen sie eine große Heterogenität. Die molekularen Basisdefekte dieser Krankheiten werden zunehmend identifiziert. Allerdings bestimmen nicht nur die Gendefekte die Klinik dieser Erkrankungen, sondern auch exogene Faktoren wie Ernährung, Infekte, Wachstumsschübe sowie Änderungen im Bedarf des Organismus haben einen großen Einfluss auf die Manifestation und den Verlauf der Erkrankung.

Durch Screeningtests ist es möglich, eine Reihe von angeborenen Stoffwechseldefekte bereits in der ersten Lebenswoche, bevor die irreversiblen Schädigungen auftreten, zu erkennen und durch eine Soforttherapie die Auswirkung des Defekts zu vermeiden. Leider können diese Screeningprogramme aus »finanziellen und organisatorischen« Gründen bisher nicht weltweit durchgeführt werden.

8.2 Stoffwechselstörungen

Heute kennt man über 300 genetisch bedingte Stoffwechselkrankheiten, die meist mit geistigen und körperlichen Behinderungen einhergehen. Trotz ihrer Seltenheit ist die Zahl der Betroffenen insgesamt nicht unerheblich. Hier werden einige Beispiele geschildert.

8.2.1 Störungen im Aminosäurestoffwechsel

Albinismus

Beim Albinismus liegt eine verminderte Synthese von Melanin vor. Da die Melaninsynthese hauptsächlich in Haut, Haarfollikeln und Augen stattfindet, werden beim Albinismus diese Organe betroffen. Dieser kann generalisiert als **okulokutaner Albinismus (OCA)** oder lokalisiert nur im Auge als **okulärer Albinismus (OA)** vorkommen.

Bei den autosomal-rezessiven Formen sind die obligaten Heterozygoten völlig symptomfrei, während beim X-chromosomalen okulären Albinismus etwa 80–90 % der heterozygoten Frauen okuläre Pigmentveränderungen zeigen.

Okulokutaner Albinismus Typ I (◘ Abb. 8.2) wird durch Mutationen des Tyrosinasegens hervorgerufen. Die Häufigkeit beträgt 1 zu 30.000, die klinische Manifestation ist sehr variabel. OCA I unterscheidet sich von den anderen Typen dadurch, dass er bereits bei Geburt vorliegt. Inzwischen sind zwei Subtypen, tyrosinasenegative und tyrosinasepositive Formen, identifiziert worden. Das Tyrosinasegen liegt auf dem langen Arm des Chromosoms 11 (11q14–21). Über 75 unterschiedliche Mutationen sind bei OCA-I-Patienten bis jetzt identifiziert worden. Bei den meisten Patienten liegt eine Compoundheterozygotie vor.

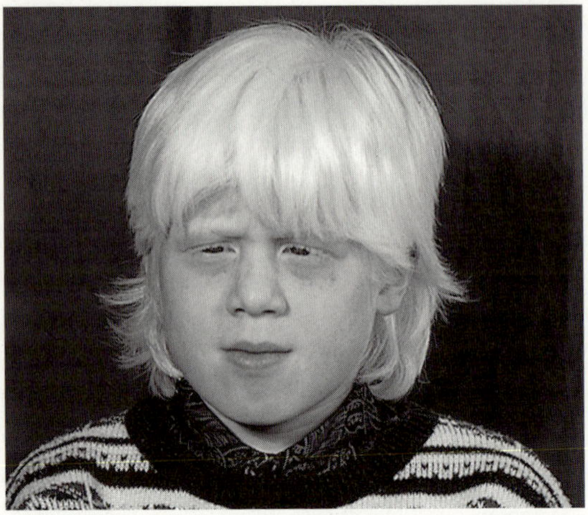

◘ **Abb. 8.2.** Okulokutaner Albinismus

Okulokutaner Albinismus Typ II ist ein inkompletter Albinismus und wird durch Mutation im *p-Gen* (*pink-eyed-dilution-gene*) verursacht. Das Gen für OCA Typ II ist auf dem langen Arm des Chromosoms 15 lokalisiert und ist bei der Hypopigmentation des Prader-Willi- und Angelman-Syndroms mit involviert.

Der **okuläre Albinismus** (◘ Abb. 8.3) ist seltener, und die Hypopigmentierung ist auf die Augen beschränkt. Der okuläre Albinismus ist heterogen und wird autosomal-rezessiv sowie X-chromosomal vererbt. Die heterozygoten Frauen bei der X-chromosomal-rezessiven Form zeigen okuläre Pigmentveränderungen infolge der X-Inaktivierung. Der Großteil der heterozygoten Frauen kann durch eine ophthalmologische Untersuchung identifiziert werden. Das Gen für den okulären Albinismus ist auf Xp22.32 lokalisiert. Dieser kann in Kombination mit anderen monogenen Krankheiten als **Contiguous-gene-Syndrom** gemeinsam auftreten.

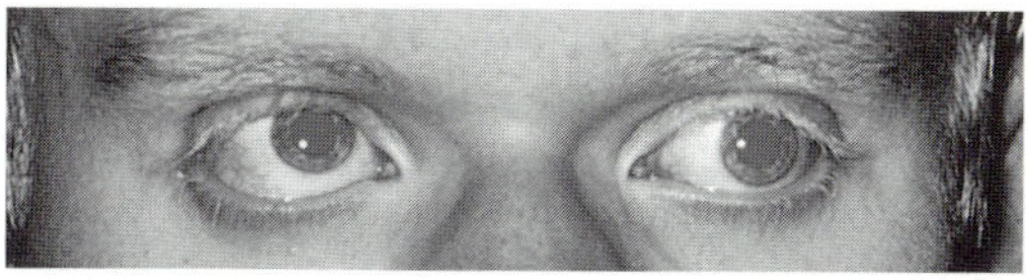

Abb. 8.3. Okulärer Albinismus

Die Pigmentierung kann auch beschränkt auf bestimmte Körperregionen auftreten. Als Beispiele sind hier **Piebaldismus** (Abb. 8.4) und Waardenburg-Syndrom zu nennen.

Okulokutaner Albinismus kann auch bei einigen monogenen Krankheiten wie **Hermansky-Pudlak-** und **Chediak-Higashi-Syndrom** vorkommen.

Alkaptonurie

Wie bereits erwähnt, hat Archibald Garrod als Vater der angeborenen Stoffwechselstörungen das Konzept einer Enzymhypothese entworfen und 1902 die Alkaptonurie als eine Stoffwechselerkrankung mit Mendelschem Erbgang beschrieben. Es handelt sich hierbei um einen autosomal-rezessiven Defekt der Homogentisinsäureoxydase mit Homogentisinsäureausscheidung im Urin. Die Homogentisinsäure verursacht die Bildung eines dunklen Pigments, das im Knorpel und Gewebe abgelagert wird und zu einer zunehmenden Dunkelfärbung dieser Gewebe (Ochronose) führt. Homogentisinsäure wird auch im Urin in Gegenwart von Sauerstoff, besonders in alkalischem Milieu, zu einem dunklen Farbstoff oxidiert, der bei vielen Patienten zu einer Dunkelfärbung des Urins führt (Abb. 8.5). Diese Dunkelfärbung beobachtet man auch nach Alkalisieren und Stehenlassen des Urins. Durch Ablagerung von Homogentisinsäure entwickeln sich Arthrosen und häufig Herzinfarkte beim Erwachsenen. Das Gen für die Homogentisinsäureoxydase ist auf den langen Arm des Chromosoms 3q2 lokalisiert. Das *HGD-Gen* besteht aus 14 Exons, die für 445 Aminosäuren des HGD-Monomeren kodieren. Inzwischen sind über 40 Mutationen bei Alkaptonuriepatienten identifiziert.

Phenylketonurie

Die Phenylketonurie ist eine autosomal-rezessive Stoffwechselstörung mit einer Häufigkeit von 1 auf 10.000 und einer Heterozygotenhäufigkeit von 1 zu 50 bei der westeuropäischen Bevölkerung. Die Häufigkeit ist regional unterschiedlich. In der Türkei ist sie mit einer Häufigkeit von 1 auf 2500 Neugeborene am höchsten, gefolgt von Schottland mit einer Häufigkeit von 1 auf 5500, in China mit 1 auf 16.000 und in Japan sehr selten, etwa 1 zu 144.000 Neugeborenen. Infolge des Phenylalaninhydroxylasedefekts kommt es zu einem erhöhten Phenylalaninspiegel in der Körperflüssigkeit und im Gewebe. Nicht behandelte Patienten zeigen eine schwere geistige Entwicklungsretardierung, epileptische Anfälle, Übererregbarkeit, Mikrozephalie, Pigmentstörungen der Haut und Haare und ekzemähnliche Hautveränderungen (Abb. 8.6). Das Krankheitsbild ist heterogen. Inzwischen weiß man, dass die nicht klassischen For-

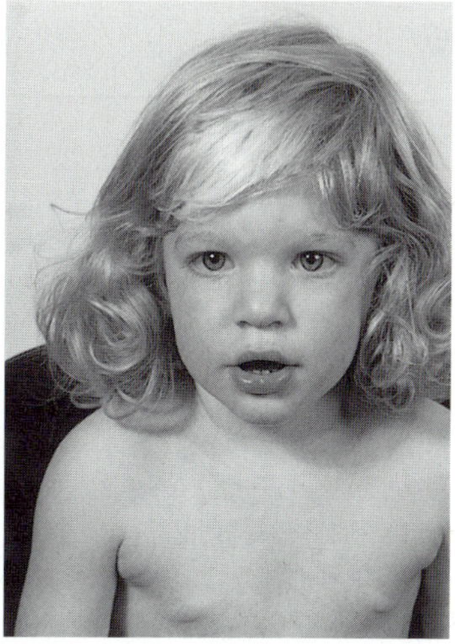

Abb. 8.4. Patientin mit Piebaldismus (mit freundlicher Genehmigung von Frau Dr. T. Voigtländer)

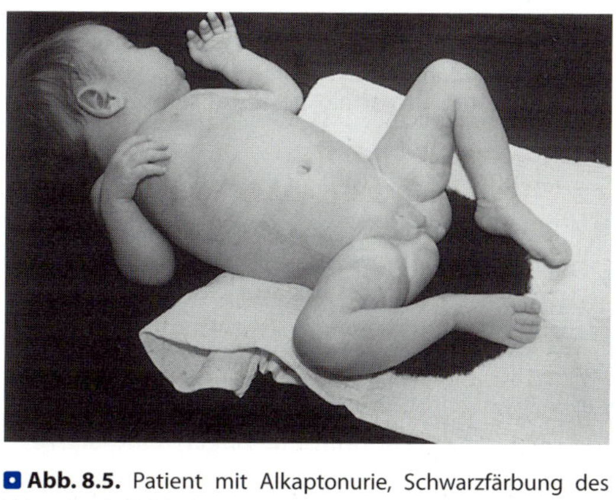

Abb. 8.5. Patient mit Alkaptonurie, Schwarzfärbung des Urins durch Oxidation

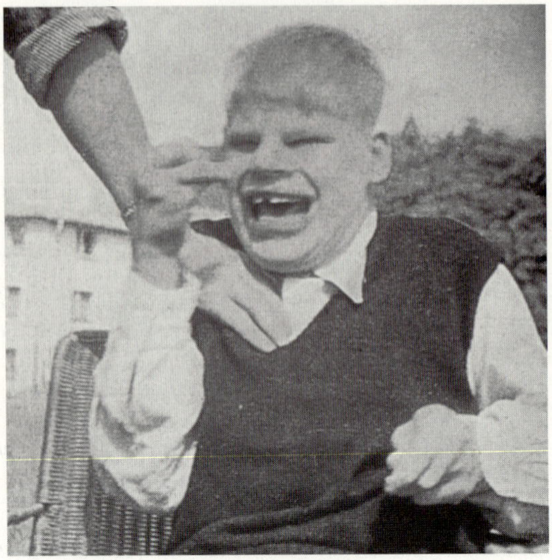

Abb. 8.6. Patient mit Phenylketonurie (mit freundlicher Genehmigung von Prof. H. Bickel, Heidelberg)

men durch andere Enzymdefekte verursacht werden (Abb. 8.7). Kinder mit Phenylketonurie zeigen bei Geburt keinerlei Symptome. Wird die Krankheit sofort diagnostiziert und diätetisch behandelt, können die Kinder sich normal entwickeln. Durch einen Screeningtest (**Guthrie-Test**) kann der Phenylalaninspiegel im Plasma in der ersten Lebenswoche bestimmt werden.

Das Gen für PKU ist auf dem langen Arm des Chromosoms 12 lokalisiert (12q22 bis 12q24). Das Gen für die klassische PKU ist etwa 90 kb groß und hat 13 Exons. Über 70 verschiedene Mutationen können PKU verursachen, die meisten Mutationen sind im Bereich der Exons 6 bis 12 lokalisiert. Man kann heute die Erkrankung durch DNA-Diagnostik pränatal diagnostizieren. Auch die Erkennung der Heterozygoten innerhalb gesunder Geschwister ist möglich.

Von großer Bedeutung ist das Problem der **maternalen PKU**. Die diätetisch erfolgreich behandelten Patientinnen kommen ins Fortpflanzungsalter. Dann besteht ein hohes Risiko, dass das Kind durch plazentagängige Phenylalaninabbauprodukte stark geschädigt wird. Kinder von Müttern, die während der Schwangerschaft nicht auf eine phenylalaninarme Diät eingestellt werden, zeigen eine schwere Wachstumsretardierung, Mikrozephalie und Fehlbildungen. Aus diesem Grund müssen die Frauen mit Phenylketonurie im Rahmen einer Familienplanung vor der Konzeption und während der Schwangerschaft unter diätetischer Behandlung stehen. Eine andere Möglichkeit ist die Beibehaltung der phenylalaninarmen Diät bis zum Ende des fortpflanzungsfähigen Alters bzw. Abschluss der Familienplanung.

Zystinurie

Bei dieser autosomal-rezessiven Erkrankung kommt es zu einer Rückresorptionsstörung von Zystin, Lysin, Arginin und Ornithin im Tubulus, die zur Bildung von Nierensteinen führt. Bis auf die Steinbildung ist dies in der Regel eine harmlose, genetisch heterogene Erkrankung. Die Häufigkeit liegt bei 1.2000 bis 1:15.000. Das Gen für die Typ-I-Zystinurie liegt auf Chromosom 2p16.2 (*SLC3A1*).

Hartnup-Syndrom

Hier liegt eine Aufnahmestörung von verschiedenen Aminosäuren im Darm verbunden mit Rückresorptionsstörung im Nierentubulus vor. Klinische Zeichen sind Photosensibilität der Haut, zerebelläre Ataxie, gelegentlich mentale Beeinträchtigung. Das verantwortliche Gen ist auf Chromosom 5p15 lokalisiert.

8.2.2 Störungen im Kohlenhydratstoffwechsel

Galaktosämie

Galaktosämie wird durch Galaktose-I-Phosphat-Uridyltransferase-Mangel verursacht. Es handelt sich hier um eine autosomal-rezessive Stoffwechselstörung mit einer Häufigkeit von 1 zu 50.000. Die Hauptsymptome sind Erbrechen, Trinkschwäche und Ikterus, die erst auftreten, nachdem das Kind Milch getrunken hat. Ohne Therapie führt sie nach kurzer Zeit wegen Leberversagens zum Tod. Durch einen vollständigen Entzug der Galaktose aus der Nahrung wird dieser Verlauf aufgehalten. Durch ungenügende Behandlung oder späte Entdeckung werden die späteren Manifestationen wie Katarakt und Beeinträchtigung der Intelligenz unvermeidbar. Die Diagnose und die heterozygote Anlageträgerschaft können durch Enzymbestimmung festgestellt werden. Eine Genotyp-Phänotyp-Korrelation ist einigermaßen möglich. Homozygote Patienten für

Abb. 8.7. Phenylalanin- und Tyrosinstoffwechsel

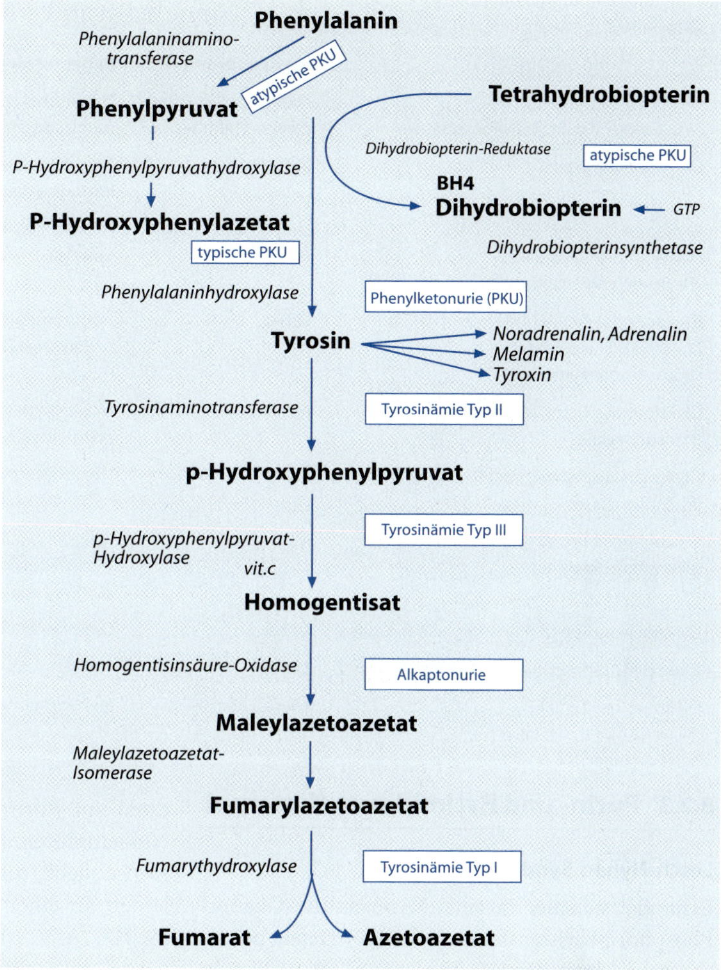

die Mutation Q188R zeigen einen schweren Verlauf. Auf Grund der häufigen allelischen Varianten ist Compoundheterozygotie sehr häufig.

Die Galaktosämie kann auch durch Galaktokinasedefekt verursacht werden, der allerdings nicht so schwerwiegend wie der Galaktose-I-Phosphat-Uridyltransferase-Defekt ist. Das Galaktokinasegen (*GALK1*) liegt auf Chromosom 17q24 und *GALK2* auf Chromosom 15. Das *GALT-Gen* liegt auf Chromosom 9p13. Inzwischen sind mehr als 30 verschiedene Mutationen bei Galaktosämie-Patienten identifiziert worden.

Glykogenosen

Bei dieser Gruppe von Krankheiten kann das Glykogen aufgrund eines Enzymdefekts nicht vollständig abgebaut werden und wird in verschiedenen Organen, vor allem im Herzen, in quergestreifter Muskulatur, Leber und/oder Niere gespeichert. Dies führt meist zu einer extremen Hypoglykämie, Leberfunktionsstörung und zu neurologischen Auffälligkeiten. Durch verschiedene Enzymdefekte in unterschiedlichen Stufen des Glykogenabbaus werden verschiedene Typen dieser Erkankung verursacht. Abhängig vom entsprechenden Enzymdefekt zeigen sie eine hepatopathische (Typ I, IIIb, IV, VI, IX), myopathische (Typ V, VII) oder gemischte (Typ II, IIIa) Manifestation. Außer Typ IX werden alle Glykogenosen autosomal-rezessiv vererbt. In ■ Tabelle 8.3 sind sie zusammengefasst.

Tabelle 8.3. Verschiedene Typen der Glykogenosen

Krankheit und Enzymdefekt	Speicherorgan	Klinische Merkmale	Erbgang
Glykogenose Typ I (von Gierke) (Glukose-6-Phosphatase)	Leber, Nieren, Dünndarmschleimhaut	Hepatomegalie, Hypoglykämie, hämorrhagische Diathese, Azidose, Kleinwuchs	AR
Glykogenose Typ II (Pompe) (lysosomale α-1,4-Glukosidase)	Muskel, Herz, Leber, Gehirn	Muskelhypotonie, Makroglossie, Kardiomegalie	AR
Glykogenose Typ III (Cori) (Amylo-1,6-Glukosidase, »Debranching Enzyme«)	Leber, Herz, Muskel	Hepatomegalie, Muskelhypotonie, Krämpfe	AR
Glykogenose Typ IV (Andersen) (1,4-1,6-α-Glukosidase »Branchingenzyme«)	Leber	Hepatomegalie, Muskelhypotonie, progressive Leberzirrhose	AR
Glykogenose Typ V (McArdle) (Phosphorylase)	Muskel	Muskelhypertonie, Schwäche und Schmerzen bei körperlicher Tätigkeit	AR
Glykogenose Typ VI (Hers) (Phosphorylase)	Leber	Hepatomegalie, Hypoglykämie	AR
Glykogenose Typ VII (Tarui) (Phosphofruktokinase)	Muskel	Hyptonie, schnelle Ermüdbarkeit, Muskelkrämpfe, verkürzte Lebensdauer der Erythrozyten	AR
Glykogenose Typ IX (Phosporylase-B-Kinase)	Leber	Lebervergrößerung	XR
Glykogenose Typ O(Glykogensynthetase)	Leber	Hypoglykämie	AR
Glykogenose Typ XI	Niere, Leber	Hepatonephropathie, Tubulopathie	AR

8.2.3 Purin- und Pyrimidinstoffwechsel

Lesch-Nyhan-Syndrom

Es handelt sich hier um einen Hypoxanthin-Guanin-Phosphoribosyltransferase (HGPRT)-Defekt mit X-chromosomal-rezessiver Vererbung. Die Patienten sind zunächst klinisch unauffällig. Erst im Alter von 6–10 Monaten entwickelt sich eine progrediente choreoathetotische Bewegungsstörung, woraus sich eine Spastizität entwickelt. Die geistige Entwicklung bleibt zurück. Ende des ersten Lebensjahres treten Verhaltensstörungen mit Autoaggressivität auf. Trotz erhaltener Schmerzempfindlichkeit beißen sich betroffene Patienten in Lippen und Finger, was zur Selbstverstümmelung führt (Abb. 8.8).

Das Gen für das Lesch-Nyhan-Syndrom liegt auf dem langen Arm des X-Chromosoms (Xq25) und ist bereits sequenziert. Über 70 verschiedene Mutationen sind bis jetzt identifiziert worden.

Adenosindesaminasemangel

Mangel an Adenosindesaminase (ADA) ist eine äußerst seltene autosomal-rezessive Erkrankung. ADA dient zur Purinrückgewinnung beim Abbau von Nukleinsäuren. Der ADA-Defekt hat eine wichtige Konsequenz für T-Lymphozyten. Die Patienten leiden an einem schwerwiegenden Immundefekt (SCID). ADA ist das erste Krankheitsbild, bei dem eine Gentherapie durchgeführt wurde. Das verantwortliche Gen ist auf Chromosom 20q13.11 lokalisiert.

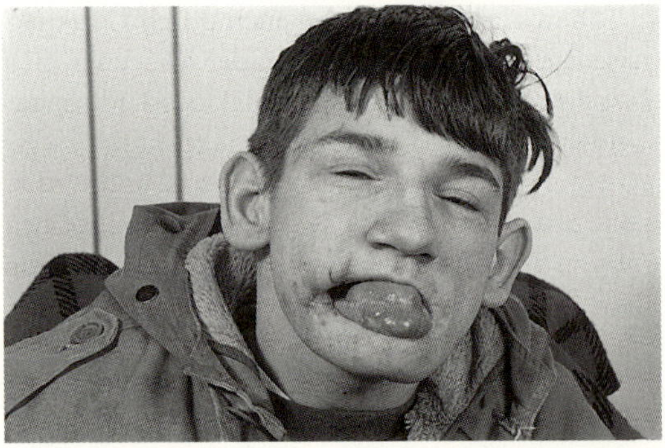

Abb. 8.8. Patient mit Lesch-Nyhan-Syndrom und Selbstverstümmelung

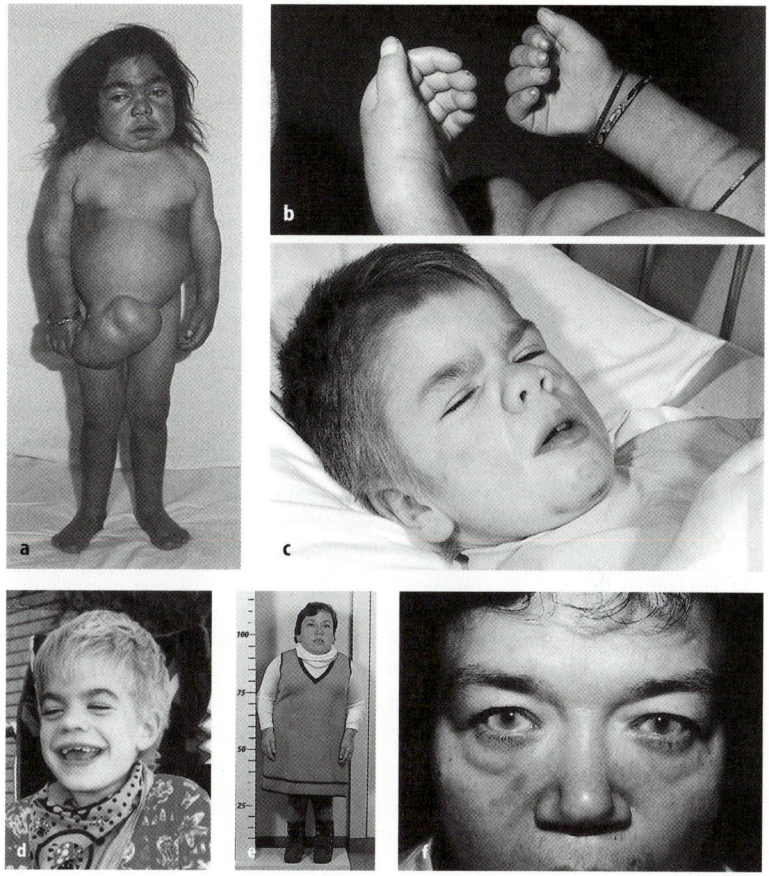

Abb. 8.9. **a** Patientin mit Pfaundler-Hurler-Syndrom (Typ I-H); **b** Beugehaltung der Finger; **c** Patient mit Morbus Hunter (Typ II-A); **d** Patientin mit Morbus Sanfilippo (Typ III-A); **e** Patientin mit Morbus Morquio (Typ IV-A); **f** Patientin mit Morbus Maroteaux-Lamy (Typ VI-A)

8.2.4 Lysosomaler Stoffwechsel

Mukopolysaccharidose

Unter Mukopolysaccharidosen versteht man eine Gruppe lysosomaler Speicherkrankheiten mit einer Anhäufung von Mukopolysacchariden in verschiedenen Organen, die durch Störungen im Abbau der Glykosaminoglykane, des Kohlenhydratanteils der Proteoglykane verursacht werden. Durch Ablagerung in Knorpel und Knochen entstehen Skelettveränderungen, Kleinwuchs, grobe Gesichtsveränderungen, Trübungen in der Kornea, Vergrößerung der Leber und entsprechend anderer Organe (Abb. 8.9). Durch verschiedene lysosomale Enzymdefekte werden unterschiedliche Typen verursacht. Bis auf Typ II, der X-chromosomal-rezessiv vererbt wird, sind alle anderen Formen autosomal-rezessive Erkrankungen. Die verschiedenen Typen der Mukopolysaccharidose sind in der Tabelle 8.4 zusammegefasst. Seltenere Formen lysosomaler Stoffwechselstörungen betreffen den Abbau der komplexen Kohlenhydratketten von Proteinen. Hierzu gehören Oligosaccharidosen (Tabelle 8.5), Sphingolipidosen (Tabelle 8.6. und einige (nicht alle) Lipidspeicherkrankheiten.

8.2.5 Lipoproteinstoffwechsel

Familiäre Hypercholesterinämie

Hypercholesterinämie ist die häufigste, autosomal-dominante Erkrankung mit einer Häufigkeit von 1 auf 500 Geburten. Sie kommt in allen ethnischen- und Bevölkerungsgruppen vor. Dabei ist LDL-Cholesterin (»Low Density Lipoproteine«) auf das Zwei- bis Dreifache der Norm erhöht. Die Betroffenen erleiden die ersten Herzanfälle bereits im dritten Lebensjahrzehnt. Oft kommt es zur Ausbildung von

Tabelle 8.4. Verschiedene Formen der Mukopolysaccharidosen (modifiziert nach Spranger 1989)

Bezeichnung	Klinisches Bild	Enzymdefekt	Genlokalisation	Vererbung
Typ I-H Pfaundler-Hurler (**Abb. 8.9a und b**)	Dysmorphie, geistige Retardierung, Kleinwuchs, Gelenkkontrakturen, Hepatosplenomegalie, Hornhauttrübung	α-L-Iduronidase	4p16.3	AR
Typ I-S Morbus Schleie	Gelenkkontrakturen, Herzklappenfehler, Hornhauttrübung, grobe Gesichtszüge, normale Intelligenz	α-L-Iduronidase	4p16.3	AR
Typ I-H/S »Compound«	Zwischen Mukopolysaccharidose I-H u. I-S: deutliche Dysmorphie, mäßig eingeschränkte Intelligenz	α-L-Iduronidase	4p16.3	AR
Typ II A (schwer) Morbus Hunter (**Abb. 8.9c**)	Wie Mukopolysaccharidose I, Hornhäute jedoch in der Regel klar	Sulfoiduronatsulfatase	Xq28	XR
Typ II B (leicht) Morbus Hunter B	Leichte Dysmorphie beim Kind, normale Intelligenz, Schwerhörigkeit, Hornhaut in der Regel klar, langsame Progredienz	Sulfoiduronatsulfatase	Xq28	XR
Typ III A Morbus Sanfilippo A (**Abb. 8.9d**)	Leichte Dysmorphie, geringer oder kein Minderwuchs, grobes Haar, Verhaltensstörung, progrediente Demenz bis zur erethischen Idiotie, Hornhaut klar	Sulfamatsulfatase	17q25.3	AR
Typ III B Morbus Sanfilippo B	Wie Morbus Sanfilippo A, erhebliche intrafamiliäre Variabilität möglich	α-N-Azetyl-Glukosaminidase	17q2	AR
Typ III C Morbus Sanfilippo C	Wie Morbus Sanfilippo A	Azetyl-CoA-α-Glukosaminid-N-Azetyltransferase	14	AR
Typ III D Morbus Sanfilippo D	Wie Morbus Sanfilippo A	N-Azetyl-glukosamin-6-Sulfatsulfatase	12q14	AR
Typ IV AMorbus Morquio A (**Abb. 8.9e**)	Disproportionierter Minderwuchs, spondyloepiphysäre Skelettdysplasie, überstreckbare Gelenke, leichte Hornhauttrübung, geistig normal, erhebliche Variabilität	N-Azetyl-Galaktosamin-6-Sulfatsulfatase	3	AR
Typ IV B Morbus Morquio B	Wie Morbus Morquio A, doch leichterer Verlauf als die klassische Form	Heteroglykanspezifische β-Galaktosidase	3	AR
Typ VI A (schwer) Morbus Maroteaux-Lamy A	Dysmorphie, Kleinwuchs, Gelenkkontrakturen, Hornhauttrübung, normale Intelligenz	N-Azetyl-Galaktosamin-4-Sulfatsulfatase	5q13.3	AR
Typ VI B (leicht) Morbus Maroteaux-Lamy B (**Abb. 8.9f**)	Leichte Dysmorphie beim Kind, mäßiger Kleinwuchs, Gelenkkontrakturen, Hornhauttrübung, normale Intelligenz, langsame Progredienz	N-Azetyl-Galaktosamin-4-Sulfatsulfatase	5q13.3	AR
Typ VII A (schwer)	Mäßige Dysmorphie, Kleinwuchs, geistige Retardierung, Manifestation beim Kleinkind	β-Glukuronidase	7q21q22	AR
Typ VII B (leicht)	Mäßige Dysmorphie, Normalwuchs, normale geistige Entwicklung	β-Glukuronidase	7q21q22	AR

Tabelle 8.5. Verschiedene Formen der Oligosacharidosen

Krankheit	Enzym	Symptome
Asparatglucosaminurie	Aspartglukosaminase	Hepatosplenomegalie, mentale Retardierung, Sprachstörung, Verhaltensauffälligkeit
α-Mannosidose	α-Mannosidase	Taubheit, Katarakt, mentale Retardierung, Dysostosis, Ataxie, Hepatosplenomegalie
β-Mannosidose	β-Mannosidase	Periphere Neuropathie, mentale Retardierung, Angiokeratome
Fucosidose I, II	α-Fucosidase	Mentale Retardierung, Tetraspastik, Dysmorphiezeichen, bei Typ II milder Verlauf
M. Schindler	α-N-Acetylgalaktosaminidase	Myoklonische Epilepsie, mentale Retardierung
Sialidose I-IV (Typ III wird auch als Mukolipidose Typ I bezeichnet)	α-Neurominidase	Mentale Retardierung, Hepatosplenomegalie, Dysostosis, Sehschwäche, Makulafleck, Herz- und Nierenversagen, Muskelhypotonie

Tabelle 8.6. Verschiedene Formen der Sphingolipidose

Krankheit	Enzym	Symptome
M. Niemann-Pick Typ A, B	Sphingomyelinase	Progredienter neurologischer Abbau, mentale Retardierung, Taubheit, Blindheit, Dystrophie, Hepatosplenomegalie
M. Gaucher (Typ I-III)	Glukozerebrosidase	Hepatosplenomegalie, Anämie, Osteopenie, Typ II und III mit ZNS-Beteiligung
M. Fabry	α-Galaktosidase	Angiokaratome, Hornhauttrübung, Katarakte, Parästhesien in den Extremitäten, Nieren- und Herzinsuffizienz
M. Farber	α-Galaktosidase	Gelenkkontrakturen, Hautknötchen, Neurodegeneration
GM_1-Gangliosidose (Typ I-III)	β-Galaktosidase	Muskelhypotonie, leichte mentale Retardierung, Makulafleck, Hepatosplenomegalie, Ataxie
GM_2-Gangliosidose (Tay-Sachs und Sandhoff)	β-Hexosaminidase A, B	Makrozephalie, mentale Retardierung, Dezerebration, Tetraspastik, Hepatosplenomegalie, bei M. Sanhaft, Makulafleck
Galaktosialidose	β-Galaktosidase, Sialidase (Defekt des lysosomalen Stabilisationsproteins)	Dysostosis, Taubheit, Hepatosplenomegalie, mentale Retardierung, Makulafleck, Ataxie, Myoklonus, Retinopathie
M. Krabbe	β-Galaktozerebrosidase	Tetraspastik, Blindheit, Taubheit, mentale Retardierung, Dezerebration
Metachromatische Leukodystrophie	Arylsulfatase A (Sulfalidase)	Neuropathie, Tetraspastik

tuberösen Xanthomen sowie einem porzellanweißen Arcus lipoides am Außenrand der Iris (Abb. 8.10a u. b). Homozygote haben extrem hohe Blutcholesterinwerte. Sie zeigen bereits im Kindesalter perlenförmige Cholesterineinlagerungen in der Haut, die Herzanfälle können bereits im frühen Kindesalter auftreten (Abb. 8.10c).

LDL-Cholesterin wird durch rezeptorvermittelte Endozytose in die Zelle aufgenommen, in den Lysosomen heterolysiert und intrazellulär freigesetzt. Eine so erfolgte Zunahme des intrazellulären, freien Cholesterins führt erstens zur Hemmung der Hydroxymethylglutaryl-CoA-Reduktase (HMG-CoA-Reduktase), zweitens zur Verminderung der Rezeptordichte an der Zelloberfläche und drittens zur verstärkten Bildung von Cholesterinfettsäure (Abb. 8.11).

Die familiäre Hypercholesterinämie basiert auf einer Mutation im LDL-Rezeptorgen. Durch diese Mutation werden entweder keine oder nicht funk-

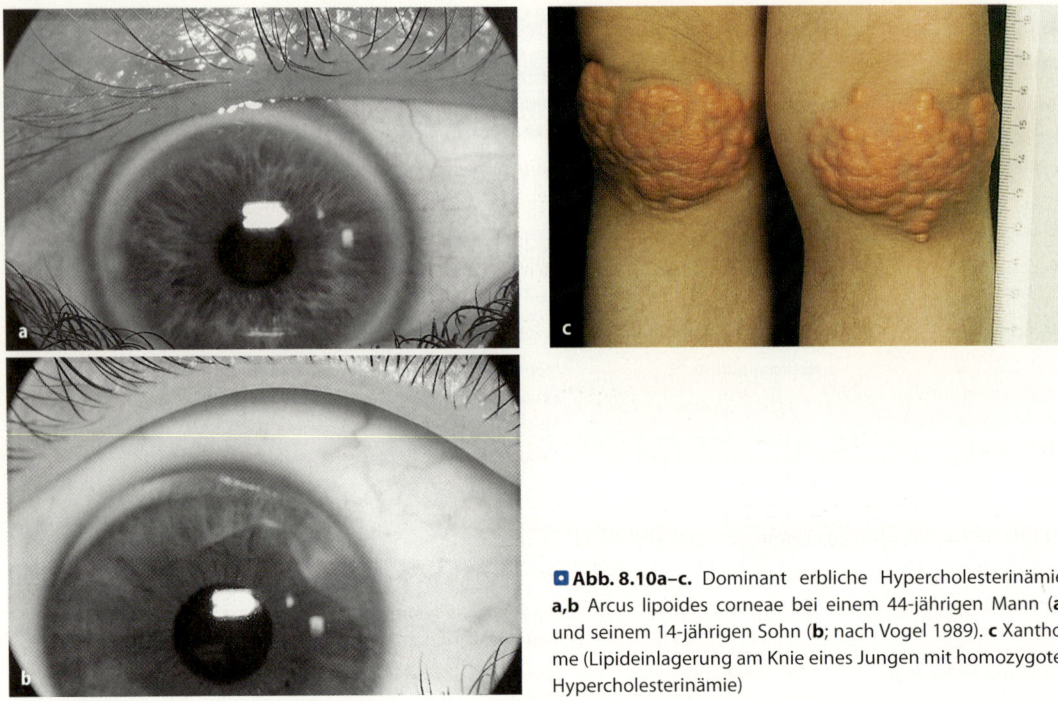

Abb. 8.10a–c. Dominant erbliche Hypercholesterinämie. **a,b** Arcus lipoides corneae bei einem 44-jährigen Mann (**a**) und seinem 14-jährigen Sohn (**b**; nach Vogel 1989). **c** Xanthome (Lipideinlagerung am Knie eines Jungen mit homozygoter Hypercholesterinämie)

tionsfähige Rezeptoren gebildet. Homozygote vermögen keine normalen Rezeptoren zu synthetisieren, während Heterozygote, die ein normales und ein mutiertes Gen besitzen, verminderte Rezeptoren haben. Das LDL-Rezeptorengen ist am kurzen Arm des Chromosoms 19 (p13.1-p13.3) lokalisiert und hat eine Länge von 45 kb, es besteht aus 18 Exons und 17 Introns. Verschiedenene Mutationen, wie Punktmutationen, Deletionen, Insertionen, Frameshift-, Nonsens-, Missens- und Splicingmutationen können entlang des gesamten Gens zur Hypercholesterinämie führen (Abb. 8.12). Die Manifestation der Erkrankung ist dadurch bedingt, dass hier das Produkt des normalen Allels beim heterozygoten Zustand für die Erhaltung der Gesamtfunktion des Genprodukts nicht ausreicht (**Haploinsuffizienz**). Die unterschiedliche klinische Manifestation ist durch die allelische Heterogenität bedingt. Die Mutationen des LDL-Rezeptorgens in 5 verschiedenen Klassen sind in der Tabelle 8.8 zusammengefasst. Entweder werden, wie bei den Mutationen der Klasse I, überhaupt keine Rezeptoren hergestellt oder es liegt, wie bei den Mutationen der Klasse II, ein Transportdefekt vor. Bei einer Reihe von anderen

Tabelle 8.7. Verschiedene Formen der Mukolipidosen

Krankheit	Enzym	Symptome
Mukolipidose Typ I (Sialidose Typ III)	α-Neuraminidase	Sehschwäche, Sprachstörung, Makulafleck, Dysostosis, Herz- und Niereninsuffizienz, Spastik und Myoklonien
Mukolipidose Typ II (I-Cell Disease)	Manose-6-Phosphatphosphotransferase	Große Zunge, Gingivahyperplasie, Gesichtsdysmorphie, Hepatosplenomegalie, Katarakt, Gelenkkontrakturen, Skelettdeformierung
Mukolipidose Typ III	Multiple lysosomale Enzyme durch Phosphotransferasemangel	Wie Typ II, jedoch milder
Mukolipidose Typ IV	Unbekannt	Entwicklungsverzögerung, Tetraspastik, Schluckstörung, Skelettveränderung

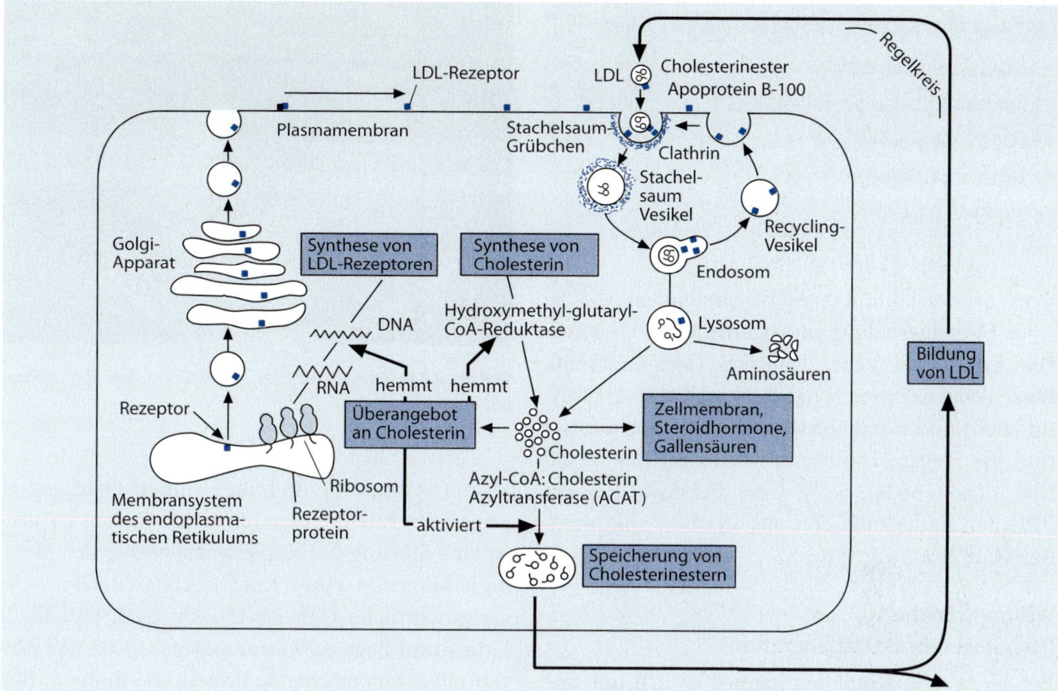

Abb. 8.11. Cholesterinstoffwechsel in der Zelle und seine Störungsmöglichkeiten. Mangelnde LDL-Aufnahme in die Zelle etwa durch einen Rezeptordefekt führt zu vermehrter Cholesterolsynthese, aber auch zu einer weiteren Verminderung der Synthese von Rezeptoren (aus Vogel 1989)

Mutationen sind Produktion und Transport normal. Es liegt aber ein Bindungs- (Klasse III), Internalisations- (Klasse IV) oder Recyclingdefekt (Klasse V) vor. Eine exakte Genotyp-Phänotyp-Korrelation ist noch problematisch, weil viele Übergangsformen existieren. Außerdem sind auch Mutationen bekannt, die sowohl einen Transport- als auch einen Recyclings- und/oder Bindungsdefekt verursachen.

8.2.6 Resorption und Transport von Metallen

Hämochromatose

Mit einer Häufigkeit von 1:500 wird die häufigste Form der Hämochromatose autosomal-rezessiv vererbt. Männer sind 4-mal häufiger betroffen als Frauen. Als Folge einer erhöhten gastrointestinalen Ei-

Abb. 8.12. Schematische Darstellung des Cholesteringens mit den bisher identifizierten Mutationen (nach Passarge 1994)

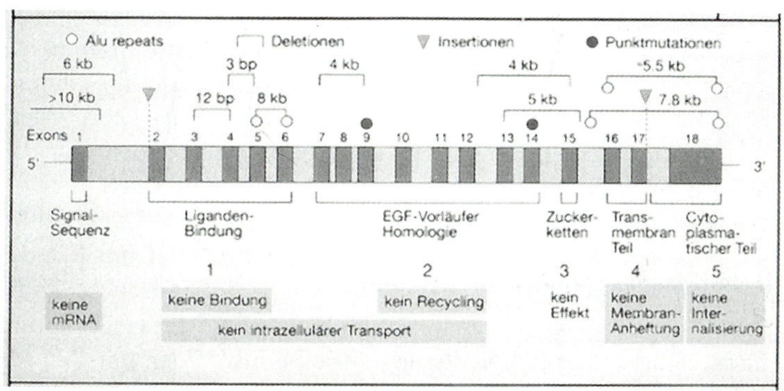

Tabelle 8.8. Klassifizierung der LDL-Rezeptormutationen
1. Rezeptorbildungsdefekt
2. Intrazellulärer Transportdefekt
3. LDL-Bindungsdefekt
4. Internalisationsdefekt
5. Recyclingdefekt

senresorption kommt es mit zunehmendem Alter zu einer Eisenüberladung in verschiedenen Organen. Dies betrifft v. a. Leber, Pankreas, Herz und Haut. Eine Leberzirrhose, Diabetes mellitus, Herzinsuffizienz und Hautkolorierung (»Bronzediabetes«) sind die Folgen. Das verantwortliche Gen ist auf Chormosom 6p21.3 (*HFE-Gen*). Bei etwa 40 % der Patienten findet man eine spezifische Punktmutation (C282Y).

Wilson-Krankheit (Hepatozerebrale Degeneration)

Bei der Wilson-Krankheit handelt es sich um eine autosomal-rezessive Erkrankung des Kupferstoffwechsels aufgrund des Caeruloplasmindefektes, der zur hepatozellulären lysosomalen Transportstörung führt. Die Häufigkeit beträgt ca. 1 zu 20.000 bis 50.000. Aufgrund der Anhäufung von Kupfer im Zytoplasma der Leberzellen manifestiert sich die Krankheit in der Regel mit klinischen Zeichen einer Funktionsstörung der Leber. Später wird Kupfer auch in Gehirn, Niere, Kornea, Knochen und anderen Organen abgelagert, und es treten entsprechend extrahepatische Symptome auf. Im Kindesalter kommen gelegentlich hämolytische Krisen vor. Ein grün-brauner **Kayser-Fleischer Kornealring** entsteht durch Kupferablagerung in der Kornea (Abb. 8.13). Die neurologischen Symptome treten meist nach dem 10. Lebensjahr auf. Anfangs stehen Sprach- und Schreibstörungen sowie Stimmungslabilität im Vordergrund, danach tritt ein der Parkinson-Krankheit ähnlicher Tremor auf. Das Gen ist auf 13q14 (*ATP7B-Gen*) lokalisiert, einige Mutationen sind bereits identifiziert worden.

Morbus Menkes (Kinky-hair-Syndrom)

Diese X-chromosomal-rezessive Erkrankung geht mit psychomotorischer Retardierung, Hypothermie, Epilepsie, dysmorphem Gesicht und abnormem

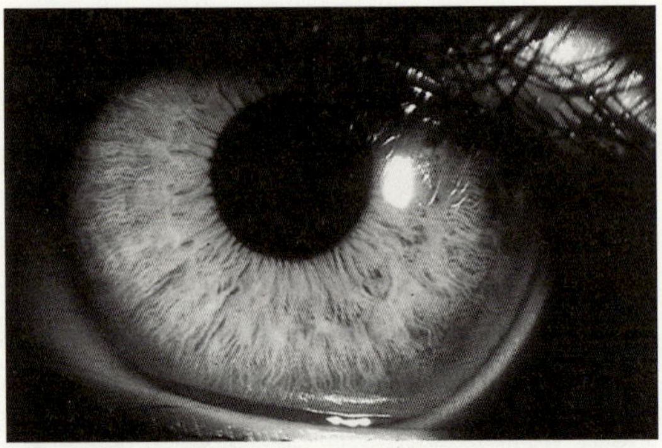

Abb. 8.13. Kayser-Fleischer Kornealring bei der Wilson-Erkrankung

Haar (drahtige Verdrehung) einher. Gelegentlich zeigen die Patienten ein okzipitales Horn. Ursache ist eine Störung des Kupfertransports in der Membran aufgrund eines Kupfer-ATPasedefekts. Das verantwortliche Gen ist 150 kb groß, enthält 23 Exons und liegt auf Chromosom Xq13.2 (*ATP7A-Gen*). Das entsprechende Protein ist ein kupferbindendes Membranprotein.

8.2.7 Peroxisomale Stoffwechselstörungen

Zellweger-Syndrom

Das Zellweger-Syndrom beruht auf Störungen des Stoffwechsels in Peroxysomen. Ihre Hauptfunktionen sind in erster Linie der Abbau von langkettigen und ungesättigten Fettsäuren, die Biosynthese einer Gruppe von Phospholipiden und Plasmalogenen, die in der Zellmembran vorkommen, und die Biosynthese von Gallensäuren sowie der Abbau der Phytansäure. Je nachdem, ob generelle peroxisomale Störungen in allen Zelltypen oder multiple Störungen in bestimmten Organen, beispielsweise nur in der Leber, oder einzelne Enzymdefekte vorliegen, werden unterschiedliche Krankheitsbilder hervorgerufen.

Dem Zellweger-Syndrom wie der infantilen **Refsum-Krankheit** und der neonatalen Form der **Adrenoleukodystrophie** liegt beispielsweise eine generelle Störung der Peroxisomen zugrunde. Kinder mit Zellweger-Syndrom zeigen eine extreme Muskelhypotonie mit schwachen Saug- und Schluck-

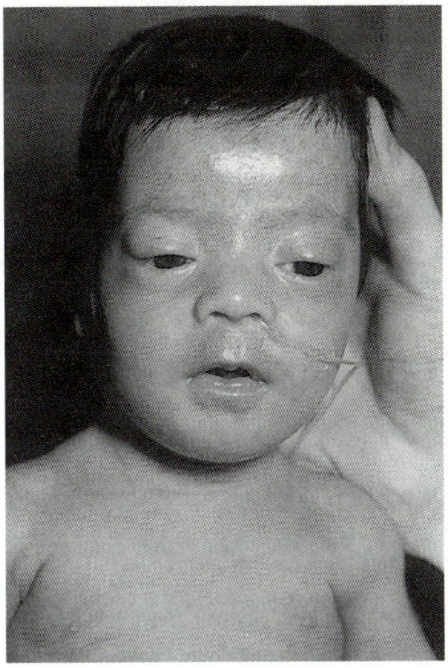

Abb. 8.14. Kind mit Zellweger-Syndrom

reflexen, sensoneurinale Schwerhörigkeit, Chorioretinopathie, Nierenzysten, epileptische Anfälle, kraniofaziale Hepatosplenomegalie, Dysmorphiezeichen und psychomotorische Retardierung (Abb. 8.14). Das Zellweger-Syndrom wird autosomal-rezessiv vererbt und durch Mutationen in einigen Genen verursacht, die bei der Peroxisomenbiogenese involviert sind. Das Zellweger-Syndrom, das **Smith-Lemli-Opitz-Syndrom** und die **Glutarazidurie Typ II** (Acyl-CoA-Dehydrogenasedefekt) sind Beispiele für Dysmorphiesyndrome bzw. Fehlbildungssyndrome, die auf einer Stoffwechselstörung beruhen. Weitere peroxisomale Erkrankungen sind: Rhizomele chondrodysplasia punctata, Zellweger-like-Syndrome, atypische Refsum-Erkrankung und Glutarazidurie Typ III.

8.2.8 Weitere Stoffwechselstörungen

Porphyrien

Porphyrien sind eine heterogene Krankheitsgruppe, die auf einer enzymatischen Störung der Porphyrin- bzw. Hämbiosynthese beruht. Acht verschiedene Enzyme sind in die Hämsynthese involviert, deren Defekte zu unterschiedlichen Formen der Porphyrie führt (Tabelle 8.9). Je nach Expression des enzymatischen Defektes liegt entweder eine hepatische oder eine erythropoetische Form der Porphyrie vor.

Die gemeinsamen Symptome der **hepatischen** Formen sind viszerale Schmerzen, Parästhesien in den Gliedmaßen mit eventuellen paralytischen Erscheinungen und zusätzlich Hautveränderungen durch photosensibilisierende Eigenschaften des Uroporphyrins und des Protoporphyrinogens, die hauptsächlich bei der **hereditären Koproporphyrie** und **Porphyria variegata** vorkommen.

Die **Porphyria cutanea tarda** tritt meist im 4. bis 6. Lebensjahrzehnt auf. Vernarbungen mit Hypertrichosen sind sehr häufig. Hier unterscheidet man eine genetisch bedingte Form, die durch Uropor-

Tabelle 8.9. Verschiedene Formen der Porphyrien

Krankheit	Enzymdefekt	Symptome	Erbgang
Hepatische Formen:			
Akute Porphyrie mit ALS-Vermehrung	ALS-Dehydrogenase	neuroviszeral	AR
Akute intermittierende Porphyrie	PBG-Desaminase	neuroviszeral	AD
Hereditäre Koproporphyrie	Koproporphyrinogen-Oxidase	neuroviszeral ± Photosensibilität	AD
Porphyria variegata	Protoporphyrinogen-Oxidase	neuroviszeral ± Photosensibilität	AD
Porphyria cutanea tarda	Uroporphyrinogen-Decarboxylase	Photosensibilität	AD (heterogen)
Erythropoetische Formen:			
Kongenitale Porphyrie	Uroporphyrinogen-III-Cosynthase	Photosensibilität	AR
Erythropoetische Protoporphyrie	Ferrochelatase	Photosensibilität	AD
Hepatoerythropoetische Porphyrie	Uroporphyrinogen-Decarboxylase	Photosensibilität ± neuroviszeral	AR

ALS = δ-Aminolävulinsäure *PBG* = Porphobilinogen.

phyrinogen-Decarboxylase-Defekt in der Leber, in Blutzellen sowie in Fibroblasten verursacht wird. Bei der sporadischen Form findet man den Enzymdefekt nur in der Leber. Es gibt auch eine erworbene Form durch Einwirkung von halogenierenden Kohlenwasserstoffen.

Die **erythropoetische Porphyrie** tritt bereits im Kindesalter auf. Es liegen meist kutane Läsionen ohne viszerale Beteiligung vor. Auf dem Boden von Urtikarien oder Hauterythemen mit Ödemen nach Lichteinwirkung entwickelt sich ein chronisches Ekzem, welches mit Narbenbildung abheilt. Bei der **kongenitalen** Form der erythropoetischen Porphyrie treten die Symptome bereits im Säuglingsalter auf. Die kongenitale erythropoetische Porphyrie sowie die hepatische Form mit **ALS-Synthase-Defekt** und eine gemischte sog. **hepatoerythropoetische Porphyrie** werden autosomal-rezessiv vererbt. Die übrigen Porphyrieformen sind alle autosomal-dominant. Die chromosomale Lage sowie andere verantwortliche Mutationen sind bei einigen Porphyrieformen bereits identifiziert. Es muss berücksichtigt werden, dass die Patienten mit Porphyrien auf Arzneimittel mit oxidierenden Inhaltsstoffen mit hämolytischen Krisen reagieren.

Kongenitale Glykosilierungsdefekte

Viele Strukturproteine, Enzyme und Hormone benötigen eine Glykosierung im Golgi-Apparat und im endoplasmatischen Retikulum. Erst danach sind sie funktionstüchtig. Eine Störung in der Bindung dieser Glykoproteine kann verschiedene Funktionen beeinträchtigen. Die klinische Manifestation zeigt eine weite Variabilität. Die Patienten fallen im Säuglingsalter durch schwere Infekte, Gedeihstörungen, Leberfunktionsstörungen, Hypotonie, variable Dysmorphiezeichen und psychomotorische Retardierung auf.

Inzwischen sind verschiedene Typen und Subtypen bekannt, die aufgrund von Störungen von vielen verschiedenen Enzymen verursacht werden, die am Aufbau von Kohlenhydratseitenketten beteiligt sind. Häufigste Form ist das **Carbohydrat Deficient Glycoprotein (CDG) Syndrome Typ Ia**, das bei etwa 80 % der bisher bekannten Patienten gefunden wurde. Hier liegt ein Phosphomannomutasedefekt vor. Das verantwortliche Gen konnte auf Chromosom 16p16.3 lokalisiert werden.

8.3 Pharmakogenetik

Die Pharmakologie beschäftigt sich mit der Reaktion des Organismus auf exogene chemische Noxen, insbesondere Medikamente. Dabei ist die Einnahme eines Medikaments an sich ein unnatürlicher Vorgang, da der Mensch von seiner evolutionären Herkunft nicht auf eine exogene Zufuhr synthetischer Stoffe vorbereitet ist. Dass Pharmaka dennoch vertragen werden, liegt daran, dass sie Mechanismen der Resorption, Metabolisierung und Exkretion benutzen, die von der Evolution für andere Zwecke entwickelt wurden. Das Hauptziel der Pharmakologie ist es also, diese Mechanismen, d. h. die Wechselwirkungen zwischen Organismus und Pharmakon, zu verstehen. Verschiedenheiten von Menschen werden dabei zunächst nicht berücksichtigt. Die biochemische Individualität eines jeden Menschen ist aber durch die individuelle Zusammensetzung seiner Gene gegeben; sie macht ihn zu einem einmaligen Individuum, dessen biochemische Reaktionsvorgänge von allen anderen Individuen verschieden sind.

Die Humangenetik beschäftigt sich mit dieser genetisch bedingten Individualität und ihrer Weitergabe durch die Generationen. Das Gebiet, das sich mit konstanten interindividuellen Unterschieden in der Reaktion auf Pharmaka beschäftigt, ist die Pharmakogenetik. Historisch war es die **biochemische Humangenetik** mit ihrer Erkenntnis genetisch bedingter Enzymdefekte, die die Pharmakogenetik entstehen ließ. Motulsky nahm 1957 in seiner Arbeit *Drug Reactions, Enzymes and Biochemical Genetics* zuerst an, dass abnorme Reaktionen auf Pharmaka durch genetisch bedingte Enzymdefekte verursacht sein können. Vogel führte 1959 den Begriff »Pharmakogenetik« in die Literatur ein.

8.3.1 Genetisch bedingte Variabilität der Arzneimittelwirkung

Ungewöhnliche und teilweise unerwartete Reaktionen auf Arzneimittel werden immer wieder beobachtet. Natürlich weiß jeder Kliniker, dass bei Menschen unterschiedliche Reaktionen auf Pharmaka möglich sind. Faktoren wie Alter, Geschlecht, Gesundheitszustand und Ernährung spielen hier eine große Rolle. In der Regel folgen die Reaktionen vieler Patienten zusammengefasst jedoch einer unimodalen Gauß-Verteilungskurve, d. h. sie sind kontinuierlich verteilt. Dabei kann diese Variabilität im Bereich des Normalen durchaus eine relativ große Bandbreite besitzen.

Manchmal liegt jedoch auch eine diskontinuierliche Verteilung vor. So kann die Verteilungskurve bi- oder gar trimodal verlaufen. Nicht unimodal verlaufende Kurven zeigen aber immer an, dass eine Population in ihrer Reaktion in zwei oder mehrere Subpopulationen zerfällt. In solchen Fällen kann man vermuten, dass genetische Faktoren an der Reaktionsnorm beteiligt sind.

Untersuchungsmethoden

Wie lässt sich der Einfluss der Genetik auf die Reaktion gegenüber Pharmaka nachweisen? Dies ist die Frage nach dem Nachweis der individuellen Metabolisierung. Gängige Methoden nach einmaliger Applikation einer Verbindung sind die Bestimmung von Parametern wie

- biologische Halbwertszeit,
- Plasmaclearance oder
- Eliminationskonstante.

Unter Bedingungen des Steady-state kann man die Plasmakonzentration eines Pharmakons direkt bestimmen. Zur Untersuchung genetischer Unterschiede ist es häufig sinnvoll, Arzneimittelmetabolite – soweit dies technisch möglich ist – zu bestimmen. Metabolisierungen laufen unter enzymatischer Steuerung ab. So können möglicherweise Enzymdefekte gefunden werden. Auch muss man an genetische Unterschiede denken, die die Pharmakodynamik beeinflussen. Hier sind Unterschiede in der Wirkung auf das Zielorgan möglich.

Neben solchen **biochemischen und pharmakologischen Untersuchungen** sind aber auch und vor allem Methoden der klassischen Humangenetik von großer Bedeutung. An erster Stelle ist hier die **Zwillingsmethode** zu nennen (vgl. ► Kap. 11). Der Vergleich eineiiger und zweieiiger Zwillinge gibt Hinweise darauf, ob überhaupt genetische Faktoren eine Rolle spielen; über die Natur der genetischen Unterschiede und die Art ihrer Vererbung kann er allerdings nichts aussagen.

Ergibt sich, wie eingangs beschrieben, eine mehrgipfelige Verteilungskurve, so ist dies ein Hinweis auf einen möglichen einfachen Erbgang. Familienuntersuchungen sind dann geeignet, diese Hypothese zu überprüfen. Natürlich hängt es davon ab, wie repräsentativ die gemessenen Parameter für die gestellte Frage sind; je näher man sich mit den Messparametern an der Funktion eines Gens befindet, desto besser ist die Chance, einen einfachen Erbgang als verursachendes Prinzip zu finden. Hier ist z. B. an die direkte Messung von qualitativen oder quantitativen Enzymunterschieden zu denken. Auch der Einsatz molekularbiologischer Methoden wird in Zukunft weitere Ergebnisse bringen.

Multifaktorielle Ursachen

Pharmakogenetische Unterschiede können auch multifaktoriell bedingt sein. So variiert die biologische Verfügbarkeit eines Medikaments in verschiedenen Organismen ganz erheblich, auch wenn die äußeren Bedingungen konstant gehalten werden. Der größte Teil dieser Variabilität scheint genetisch bedingt zu sein, wie die bei eineiigen Zwillingen deutlich höheren Korrelationskoeffizienten zeigen (◘ Tabelle 8.10). Ein einfaches genetisches Modell wird in der Regel nicht zugrunde liegen.

Ein eindrucksvolles Beispiel einer mulifaktoriell bedingten pharmakogenetischen Wirkung ist der Effekt von **Alkohol** auf das Elektroenzephalogramm (EEG). In Zwillingsstudien konnte nachgewiesen werden, dass der Alkoholeffekt, der im Allgemeinen zu einer Frequenzverlangsamung und Amplitudenzunahme führt, genetisch kontrolliert wird. Das Untersuchungsergebnis bei eineiigen Zwillingen ist identisch, während zweieiige Zwillinge im Durchschnitt unterschiedlich reagieren. Art und Ausmaß der Alkoholreaktion hängen insbesondere vom Typ des Ausgangs-EEG ab, der wiederum genetisch determiniert ist (◘ Abb. 8.15).

Genetisch bedingte Unterschiede existieren auch in der Alkoholbevorzugung, wie wir aus tierexperimentellen Daten an verschiedenen Mäuseinzuchtstämmen wissen (◘ Abb. 8.16).

Ein großer Teil der Variabilität der Alkoholelimination ist ebenfalls genetisch bedingt. Ein Unterschied zwischen verschiedenen ethnischen Gruppen besteht interessanterweise bei der Alkoholdehyrogenase, die einen der Schritte des Alkoholabbaus katalysiert. Unter Europäern existiert seltener eine »atypische« Variante des Enzyms mit einer höheren

Tabelle 8.10. Beispiele für Zwillingsuntersuchungen zum Metabolismus verschiedener Pharmaka, r_{EZ}, r_{ZZ} = Intraclass-Korrelationskoeffizient bei eineiigen (EZ) und zweieiigen (ZZ) Zwillingen; H = Schätzung der Heritabilität (nach Propping 1978)

Pharmakon	Gemessene Funktionsgröße	Gefundene Spannweite	rEZ	rZZ	H
Antipyrin p. o.	Plasmahalbwertzeit (h)	5,1–16,7	0,93	–0,03	0,99
Phenylbutazon p. o.	Plasmahalbwertzeit (d)	1,2–7,3	0,98	0,45	0,99
Dicumarol p. o.	Plasmahalbwertzeit (h)	7,0–74,0	0,99	0,80	0,98
Halothan i. v.	Ausscheidung von Na^+-Trifluorazetat in 24 h in % der Dosis	2,7–11,4	0,71	0,54	0,63
Äthanol p. o.	β_{60} (mg/ml · h)	0,05–0,25	0,64–0,96	–0,38–0,33	0,46–0,98
Diphenylhydantoin i. v.	Serumhalbwertzeit (h)	7,7–25,5	0,92	0,14	0,85
Lithium p. o.	Erythrozytenkonzentration (mEq/l)	0,05–0,10	0,98	0,71	0,83
Amobarbital i. v.	Eliminationskonstante (h^{-1})	2,09–8,17	0,93	0,03	0,91
Azetylsalizylsäure p. o.	Salizyluratausscheidung (mg/kg · h)	0,84–1,91	0,94	0,76	0,89

spezifischen Aktivität als das Normalenzym. Bei Asiaten ist diese Variante häufiger, und folglich bauen diese Alkohol im Durchschnitt etwas schneller ab als Europäer. Asiaten entwickeln deshalb vor allem höhere Azetaldehydspiegel. Dies ist vermutlich die Erklärung für eine besonders intensive Hautdurchblutung, vor allem im Kopfbereich, die man bei Angehörigen der gelben ethnischen Gruppe nach Alkoholkonsum beobachtet und die als **Flush-Phänomen** bezeichnet wird (Tabelle 8.11).

Die Beispiele für einen genetischen Einfluss auf die Metabolisierung von Pharmaka, Drogen und sonstige Verbindungen sind vielfältig. Im Folgenden sollen einige atypische Arzneimittelwirkungen besprochen werden, denen Genmutationen zugrunde liegen und deren Kenntnis für den Arzt von besonderer Bedeutung ist.

8.3.2 Genmutation als Grundlage atypischer Arzneimittelwirkungen

Wir haben darauf hingewiesen, dass die Metabolisierung der Arzneimittel unter enzymatischer Steuerung abläuft. Inzwischen sind beim Menschen einige, genetisch bedingte Enzymvarianten gefunden worden, die im Normalfall nicht zu einer bestimmten Krankheit führen. Jedoch lösen bestimmte exogene Faktoren, wie z. B. manche Arzneimittel, beim Merkmalträger eine ungewöhnliche Reaktion bzw. Krankheit aus.

Glukose-6-Phosphat-Dehydrogenase-Varianten

Von diesem Enzym, das den Abbau von Glukose über den Hexosemonophosphatweg einleitet, sind etwa 300 Varianten bekannt. Man findet sie hauptsächlich regional begrenzt in früheren Malariagebieten wie im Mittelmeerraum oder in manchen afrikanischen Ländern, aber auch in Vorder- und Hinterindien bis China und Neuguinea. Sie zeigen teilweise eine normale, meist jedoch eine herabgesetzte Enzymaktivität. In wenigen Fällen findet sich auch eine erhöhte Aktivität in den Erythrozyten. Bei einigen Mangelvarianten besteht eine chronische hämolytische Anämie. Bei den meisten jedoch kommt es erst durch die Zufuhr von oxidierenden Substanzen zu **hämolytischen Krisen**. Hierzu zählen Sulfonamide und Medikamente gegen Malaria. Bei anderen löst der Genuss bestimmter Bohnenarten (Saubohne Vicia fava) eine Hämolyse aus (**Favismus**). Das Gen für dieses multipel allele System befindet sich auf dem langen Arm des X-Chromosoms. Der G6PD-Mangel zeigt in mediterranen und südasiatischen Zonen bei Männern Häufigkeiten bis 30 %. In Mitteleuropa dagegen beträgt die Häufigkeit weniger als 1 %. Weltweit sind bis zu 400 Mio. Menschen betroffen.

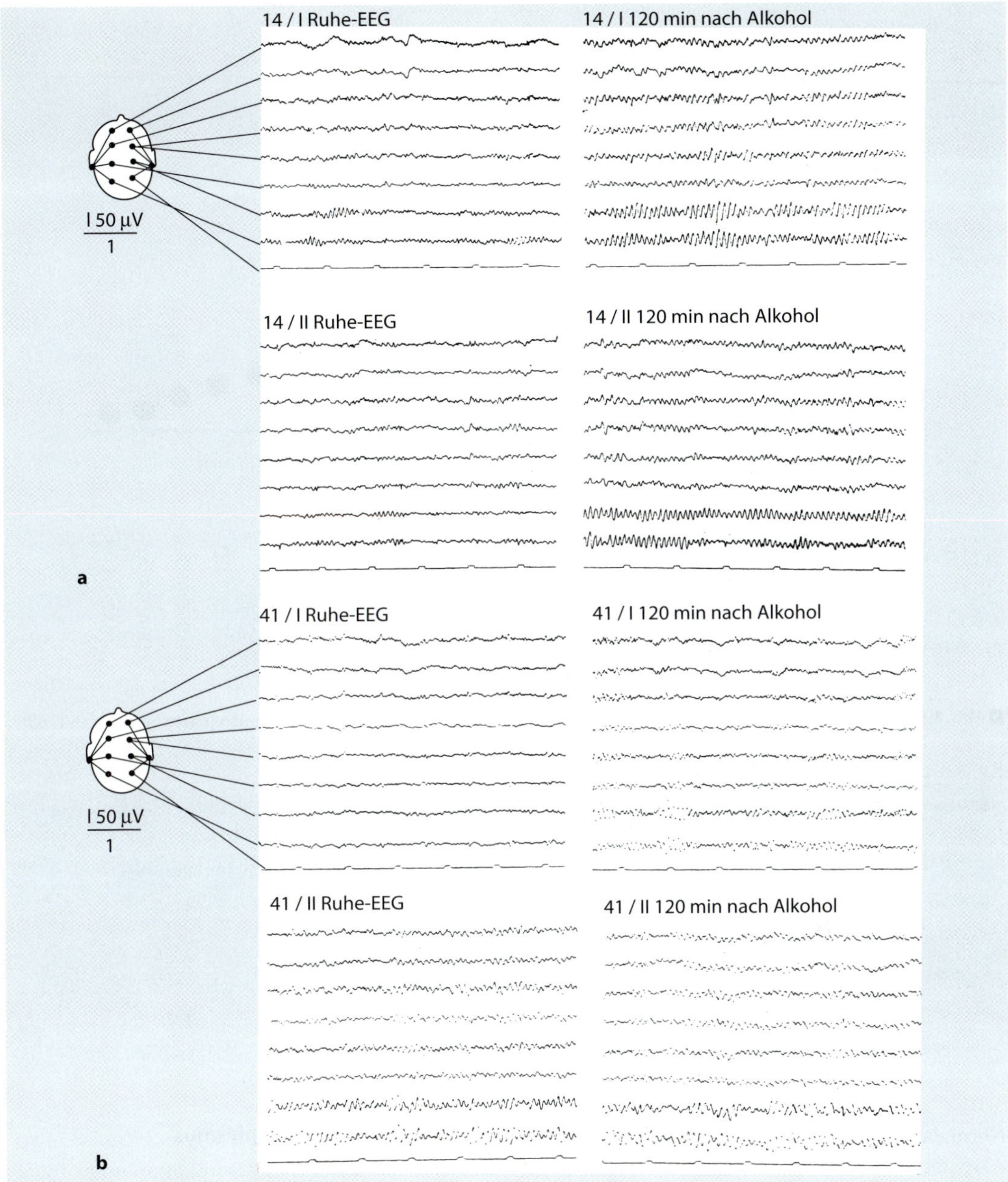

Abb. 8.15a,b. Wirkung einer einmaligen Verabreichung von 1,2 ml/kg Äthanol auf das EEG von **a** eineiigen und **b** zweieiigen Zwillingen (nach Propping 1978)

Pseudocholinesterase-Varianten

Normalerweise wird Succinyldicholin (Suxamethonium), das als Muskelrelaxans verabreicht wird, rasch hydrolisiert. In seltenen Fällen beobachtet man in der Narkosepraxis nach Verabreichung einen mehrstündigen Atemstillstand. Verantwortlich hierfür sind abnorme Varianten der Pseudocholinesterase (Serumcholinesterase). Der Genort E_1 ist auf Chromosom 3q kartiert und zeigt einen hierfür verantwortlichen Polymorphismus. Außer dem

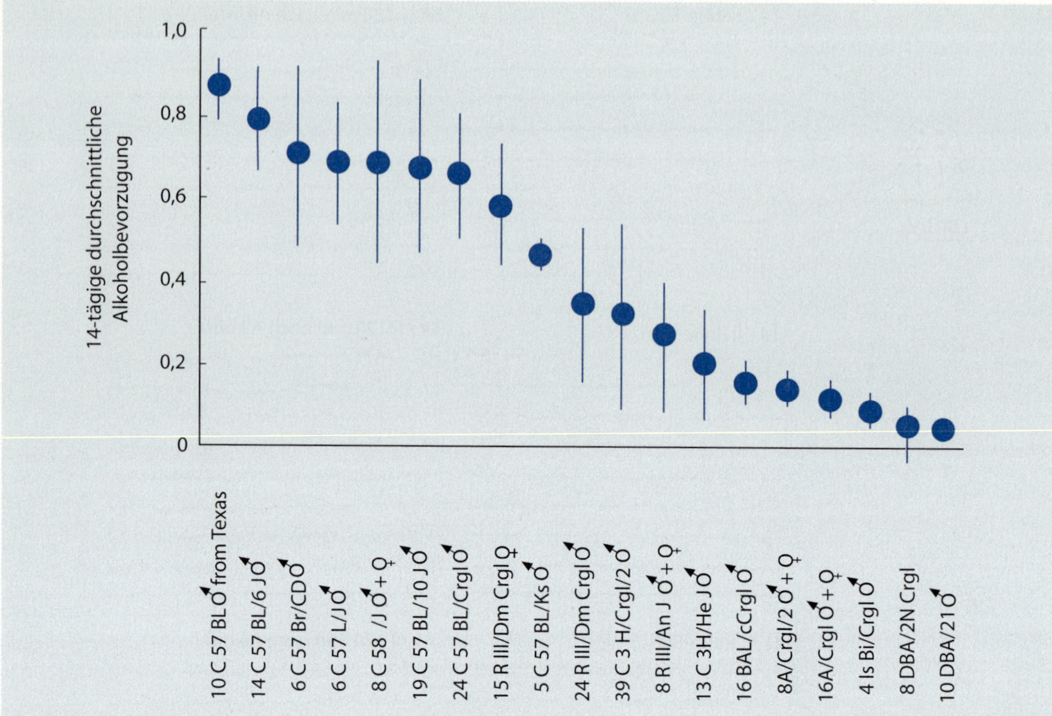

Abb. 8.16. Unterschiede in der Alkoholbevorzugung bei einer Reihe von Mäuseinzuchtstämmen (nach Rogers et al. 1963)

Tabelle 8.11. Gen- und Genotypenhäufigkeit der Allele am ADH_2-Lokus bei Europäern und Japanern (nach Propping 1980)

	Europäer	Japaner
Genfrequenz für das »Normalallel«	95 %	35 %
Genfrequenz für das »atypische Allel«	5 %	65 %
Häufigkeit der Homozygoten für das »Normalallel«	90,25 %	12,25 %
Häufigkeit der Heterozygoten	9,50 %	45,50 %
Häufigkeit der Homozygoten für das »atypische Allel«	0,25 %	42,25 %

Normalallel gibt es zwei Allele für verminderte Aktivität und ein stummes Allel. Bei Homozygoten und Heterozygoten bewirken die abnormen Allele eine Verlängerung der Abbauzeit für Succinyldicholin, was zu den beschriebenen Konsequenzen führt. Der Vererbungsmodus ist autosomal-rezessiv. Die Häufigkeit gefährdeter Genotypen beträgt etwa 1:2000. Ein zweiter Genort E_2 für Serumcholinesterase ist auf Chromosom 16q lokalisiert. Die sog. Cynthiana-Variante bedingt infolge erhöhter Enzymaktivität Succinyldicholin-Resistenz.

Leberazetylasepolymorphismus

Seit der Einführung des Isonikotinsäurehydrazids (INH) als Tuberkulostatikum weiß man, dass dieses Medikament von der Leberazetyltransferase bei verschiedenen Patienten mit unterschiedlicher Geschwindigkeit abgebaut wird. Verantwortlich ist hierfür ein Genort auf Chromosom 15q mit einfacher Allelie. Die Langsam-Azetylierer sind homozygot für die verminderte Enzymaktivität. Sie entwickeln bei Langzeitbehandlung mit INH eine Polyneuritis. Die Schnell-Azetylierer besitzen ein erhöhtes Risiko für Hepatitis. Für die eigentliche therapeutische Wirkung des INH ist dieser Polymorphismus dagegen ohne Relevanz.

Maligne Hyperpyrexie und Hyperrigidität nach Narkose

Bei dieser autosomal-dominanten Störung steigt wenige Stunden nach einer Narkose mit Suxamethonium, Halothan u. a. die Körpertemperatur unaufhaltsam bis über 42 °C. Zusätzlich tritt eine Muskelrigidität auf. Die Serumkreatininphosphokinase und andere Muskelenzyme sind stark erhöht. Diese Störung steht nicht mit der Serum-Cholinesterase-Variante in Beziehung. Es handelt sich um eine subklinische Myopathie; sie kommt etwa im Verhältnis 1:20.000 vor. Das Gen für diese Erkrankung ist auf dem langen Arm des Chromosoms 19 (19 q13.1-q13.3) lokalisiert.

9 Genetische Diagnostik und Beratung

9.1 Allgemeines

Die Entwicklung in der Medizin sowie die Verbesserung sozioökonomischer Verhältnisse haben dazu geführt, dass Infektions- und Ernährungskrankheiten in den Industrieländern vermindert auftreten und dadurch die genetisch bedingten Krankheiten zunehmend in den Mittelpunkt der ärztlichen Versorgung der Bevölkerung gerückt sind. Etwa ein Drittel der Patienten eines Kinderkrankenhauses in den Industrieländern leidet an einer genetisch bedingten Erkrankung, bei etwa 3–5 % der Neugeborenen liegt eine genetische Erkrankung bzw. Fehlbildung vor. Bei etwa 50 % der erwachsenen Patienten mit einer chronischen Krankheit hat die Krankheitsursache eine genetische Komponente. In der ◻ Tabelle 9.1 sind die Häufigkeiten der genetisch (mit)bedingten Krankheiten und Fehlbildungen zusammengestellt.

Durch die rasche Entwicklung der diagnostischen Möglichkeiten und die Etablierung der molekulargenetischen Analysen gewann die genetische Beratung zunehmend an Bedeutung in der präventiven Medizin. Die genaue Differenzierung und Zuordnung der phänotypischen Merkmale oder Fehlbildungen zu einem bestimmten Krankheitsbild sowie die prä- und postnatale und prädiktive Diagnostik sind Bestandteile der genetischen Beratung geworden. Aktuelle Kenntnisse über diese Methoden sowie die Interpretation der Untersuchungsergebnisse sind wichtige Voraussetzungen für ein genetisches Beratungsgespräch.

! Das Ziel der genetischen Beratung ist es, dass der Ratsuchende nach einer ausführlichen Information auf der Basis vollständiger und aktueller Kenntnisse über die medizinischen und biologischen Fakten für sich eine Entscheidung trifft.

Bei einem Beratungsgespräch muss über das Erkrankungsrisiko sowie über die Sicherheit und Zuverlässigkeit der Diagnostik und über die verschiedenen Optionen aufgeklärt werden. Oft haben die Ratsuchenden keine Vorstellung vom Inhalt eines genetischen Beratungsgespräches oder sie wissen nicht, aus welchem Grund sie überwiesen wurden. Deshalb sollte das erste Gespräch mit besonderer Sorgfalt durchgeführt werden. Die Entscheidung der Ratsuchenden wird auf jeden Fall akzeptiert, auch wenn sie im Gegensatz zur Einstellung des beratenden Arztes steht, sofern nicht gegen ärztliche Standesethik verstoßen wird. Auch bei hierarchisch geregelten Institutionen darf dieses Prinzip nicht verletzt werden! Der Umfang der Beratung, die Vorgehensweise sowie die erforderlichen diagnostischen Maßnahmen und die Nachbetreuung können je nach Beratungssituation im Laufe des Gesprächs individuell gestaltet werden.

◻ Tabelle 9.1. Häufigkeit genetischer Erkrankungen

Erkrankungen	auf 1000 Lebendgeborene
Chromosomale Störungen	6,0
Monogene Erkrankungen	
Autosomal-dominant	10,0
Autosomal-rezessiv	2,0
X-chromosomal-rezessiv	2,0
Multifaktorielle Erkrankungen oder Fehlbildungen einschließlich der Krankheiten, die bei der Geburt noch nicht manifest sind	90,0

Das *Ad hoc Committee on Genetic Counselling* der American Society of Human Genetics hat die genetische Beratung folgendermaßen definiert:

»Genetische Beratung ist ein **Kommunikationsprozess**, der sich mit menschlichen Problemen befasst, die mit dem Auftreten oder dem Risiko des Auftretens einer genetischen Erkrankung in einer Familie verknüpft sind. Dieser Prozess umfasst den Versuch einer oder mehrerer entsprechend ausgebildeter Personen, dem Individuum oder der Familie zu helfen,

- die medizinischen Fakten einschließlich der Diagnose, des mutmaßlichen Verlaufs und der zur Verfügung stehenden Behandlung zu erfassen,
- den erblichen Anteil der Erkrankung und das Wiederholungsrisiko für bestimmte Verwandte zu begreifen,
- die verschiedenen Möglichkeiten, mit dem Wiederholungsrisiko umzugehen, zu erkennen,
- eine Entscheidung zu treffen, die ihrem Risiko, ihren familiären Zielen, ihren ethischen und religiösen Wertvorstellungen entspricht und in Übereinstimmung mit dieser Entscheidung zu handeln und

- sich so gut wie möglich auf die Behinderung des betroffenen Familienmitgliedes und/oder auf ein Wiederholungsrisiko einzustellen.«

Obwohl diese Definition von allen akzeptiert wird und die entsprechende Leitlinie zur genetischen Beratung des Berufsverbandes Medizinische Genetik sich daran ausrichtet, wird die praktische Durchführung der genetischen Beratung sehr unterschiedlich gehandhabt. Sie wird inhaltlich immer noch unterschiedlich verstanden. Eine Gruppe sieht mehr den psychosozialen, die andere den medizinisch-genetischen Aspekt im Vordergrund. Wir wissen, dass die Probleme in den genetischen Beratungsgesprächen sehr vielschichtig sind, deshalb sollten im Interesse der Ratsuchenden alle Aspekte berücksichtigt werden.

9.2 Auswirkungen der genetischen Beratung

Im Mittelpunkt der Beratung stehen die individuellen Probleme, die durch die Geburt eines Kindes mit einer genetischen Erkrankung oder durch ein erhöhtes Risiko eines Erbleidens für den Ratsuchenden und/oder seine Nachkommen entstanden sind. Die genetische Beratung verfolgt aber keine eugenischen Ziele, obwohl präventiv-medizinische Maßnahmen in der genetischen Beratung und Eugenik sehr nahe aneinander grenzen. »*Der beratende Arzt trägt – wie in jedem anderen medizinischen Bereich – nur seinem Patienten bzw. Ratsuchenden gegenüber eine Verantwortung. Er muss die Fragen des Ratsuchenden beantworten und ihm helfen, für sich und seine Familie eine richtige Entscheidung zu treffen.*« Nach diesem Konzept handelt die genetische Beratung nur im Sinne des Ratsuchenden und seiner Familie und nicht im Interesse der Gesellschaft oder einer Institution.

Historisch gesehen hat sich die genetische Beratung aus dem **eugenischen Gedanken** entwickelt. Zunächst waren viele Wissenschaftler vom Gedanken der Eugenik fasziniert. Später distanzierten sich die seriösen Wissenschaftler aufgrund der eugenischen Maßnahmen im nationalsozialistischen Deutschland davon. Die Idee, die Häufigkeit der krankmachenden Anlagen in einer Bevölkerung allein durch genetische Beratung zu reduzieren und dadurch den Genpool einer Gesellschaft zu verbessern, ist aus verschiedenen Gründen nicht realisierbar und auch nicht das erklärte Ziel der Beratung. Das Ziel der genetischen Beratung ist eine individuelle Entscheidungshilfe und eine eventuelle Leidensminderung, jedoch nicht die Verbesserung des Genpools. Bei autosomal-rezessiven Erkrankungen wird ohnehin durch präventive Maßnahmen die Heterozygotenfrequenz nicht berührt. In einer freiheitlich demokratischen Gesellschaft werden nicht alle Risikopersonen die Möglichkeit der genetischen Beratung in Anspruch nehmen. Darüber hinaus – das zeigen zahlreiche Studien – beeinflussen nicht in erster Linie die vermittelten Informationen, sondern die von den Ratsuchenden wahrgenommenen Informationen die Entscheidung. Nachuntersuchungen haben gezeigt, dass die Wirkung der genetischen Beratung auf die Ratsuchenden sehr unterschiedlich ist.

Nicht selten sind die Ängste, aufgrund einer »genetischen Belastung«, zu einer »Risikogruppe« zu gehören oder die Sorge, ein krankes Kind zu bekommen, viel zu groß. Genetische Beratung kann dazu führen, dass den Ratsuchenden die unbegründete Sorge, ein krankes Kind zu bekommen, genommen wird oder dass eine bestehende Schwangerschaft, deren Abbruch aus Angst vor einem geschädigten Kind erwogen wurde, fortgesetzt wird. So verdeutlicht die Humangenetikerin Frau Prof. Schroeder-Kurth: »*Die genetische Beratung hat in erster Linie Auswirkung auf den Ratsuchenden und seine Familie. Der Erfolg liegt darin, dass der Ratsuchende nach der Beratung für sich und seine Familie eine tragfähige Entscheidung trifft, die seinen Wertvorstellungen entspricht.*«

9.3 Psychologische Aspekte der genetischen Beratung

Die Fragen, über die die Ratsuchenden sich bei einem genetischen Beratungsgespräch informieren wollen, sind auf den ersten Blick rein naturwissenschaftlich-medizinischer Natur. Bei der Beratung werden, wie bereits erwähnt, die biologischen Fakten erklärt und die Entstehung einer genetischen Erkrankung sowie die Risiken in der Familie erläutert. Die Möglichkeiten der pränatalen und/oder prädiktiven Diagnose und eventuellen Therapie, aber auch andere Alternativen wie Verzicht auf

Kinder werden mit Hinweis auf verschiedene prophylaktische Maßnahmen, wie heterologe Insemination und Adoption besprochen.

Die Vorstellung, dass die Fragen der Ratsuchenden rein sachlich zu beantworten sind und die genetische Beratung auf die Ermittlung des Krankheitsrisikos und auf die Frage nach pränatal- oder prädiktivdiagnostischen Möglichkeiten beschränkt sein sollen, entspricht jedoch nicht mehr der heutigen Praxis.

Die Erfahrung hat gezeigt, dass die genetische Beratung mit menschlichem Verhalten zu tun hat und neben den naturwissenschaftlich-medizinischen Fragen auch **psychologische Aspekte** beinhaltet. Häufig entstehen bereits durch das Auftreten einer genetischen Krankheit in einer Familie Zorn, Empörung, Ängste und Schuldgefühle. Die Eheleute machen sich gegenseitig Vorwürfe. Nicht selten wird das Vorhandensein einer genetischen Krankheit als Schande empfunden. Bis die verängstigte und besorgte Familie sich entschließt, eine genetische Beratungsstelle aufzusuchen, vergehen oft Monate. Durch eine ungeschickte Äußerung seitens des Beraters bei der ersten Kontaktaufnahme kann es zu Hemmungen und/oder Enttäuschungen kommen, die den Verlauf der Beratungsgespräche negativ beeinflussen können. Deshalb erfordert bereits das erste Telefongespräch Takt und Verständnis. Diese Aufgabe nimmt Zeit in Anspruch und sollte von speziell geschulten Sozialarbeitern übernommen werden, die ggf. auch am anschließenden Beratungsgespräch teilnehmen. Relativ leicht ist es, vorhandene Bedenken durch ein Beratungsgespräch zu zerstreuen. Liegt aber ein erhebliches Erkrankungsrisiko für eine schwerwiegende Krankheit vor, kann die Mitteilung des Befundes bei dem betroffenen Ratsuchenden schwere Schuldgefühle auslösen, oder es können unausgesprochene Konflikte innerhalb der Familie zu Tage treten. Der beratende Arzt muss eine solche Situation erkennen und **psychotherapeutische Betreuung** durch einen Fachkollegen veranlassen, wenn er sie selbst nicht anbieten kann.

Oft können die entstandenen Probleme bzw. Konflikte nicht bei einem einzigen Beratungsgespräch zu Ende diskutiert werden und machen die Vereinbarung eines zweiten Besprechungstermins notwendig. Erfahrungsgemäß können die Ratsuchenden durch wiederholte Gespräche über die Bedeutung, Bewertung und Gewichtung des anstehenden Problems entscheidungsfähig werden.

Heute ist es möglich, eine Reihe von Krankheiten sicher pränatal zu diagnostizieren. Danach kann im Falle eines pathologischen Befundes ein Schwangerschaftsabbruch in Erwägung gezogen werden. Damit entstehen erhebliche **ethische Probleme**. Natürlich liegt die Entscheidung für eine pränatale Diagnose und einen eventuell damit verbundenen Schwangerschaftsabbruch bei den Eltern, jedoch sollte sich der beratende Arzt seiner Verantwortung nicht entziehen. Seine Aufgabe ist es, in einer derartigen Situation zusammen mit der Schwangeren und deren Familie eine Lösung zu finden, die ihrer persönlichen Situation entspricht und ethisch vertretbar ist. Es liegt im Wesen jeder **Arzt-Patientenbeziehung**, dass der beratende Arzt Verantwortung für den Patienten übernimmt, dessen Entscheidung akzeptiert und für diese auch **Mitverantwortung** trägt. Die persönliche Situation der Ratsuchenden, deren Weltanschauung und ihre religiösen und ethischen Vorstellungen müssen hier berücksichtigt werden.

Ein weiteres Problem kann dadurch entstehen, dass man heute eine Reihe von Krankheiten, die erst im Laufe des Lebens zum Ausbruch kommen werden, prädiktiv diagnostizieren kann. Das Problem liegt darin, dass nicht für alle diese Krankheiten therapeutische Möglichkeiten bekannt sind und diese Tatsache bei den Ratsuchenden zu Konflikten führt.

In all diesen Situationen ist sehr oft eine Einbeziehung von nicht-ärztlichen Spezialisten (Psychologen, Sozialarbeitern usw.) erforderlich und hilfreich. Die Humangenetik ist ohnehin ein interdisziplinäres Fach, weshalb ein Alleinanspruch an die Patientenversorgung nicht haltbar ist. Eine gute interdisziplinäre Zusammenarbeit ist zum Wohle der Patienten unbedingt erforderlich. Leider wird in der Bundesrepublik Deutschland im Gegensatz zu angelsächsischen Ländern dieser Aspekt nicht und vor allem nicht von allen ausreichend beachtet.

9.4 Indikation für eine genetische Beratung

Eine genetische Beratung ist indiziert, wenn ein erhöhtes Risiko für das Auftreten einer genetisch bedingten Krankheit vorliegt oder befürchtet wird. Solche Situationen sind:

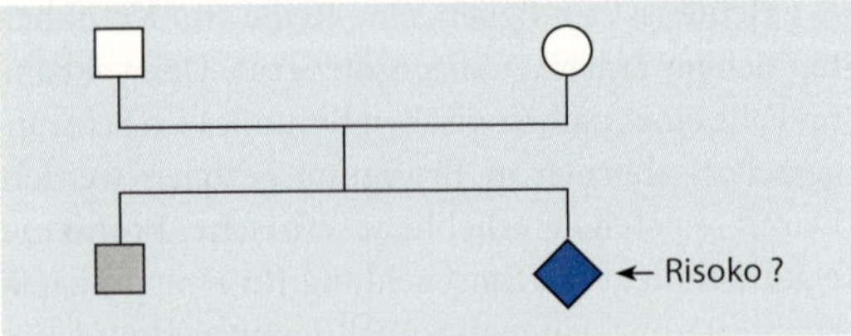

Abb. 9.1. Häufige Beratungssituation

A: Risikofaktoren, die bereits vor der Schwangerschaft bekannt sind:

- wenn einer oder beide Partner an einer genetisch bedingten Krankheit leiden;
- wenn in der Verwandtschaft eines oder beider Partner eine möglicherweise genetisch bedingte Krankheit aufgetreten ist;
- wenn einer oder beide Partner als Überträger eines genetischen Defektes nachgewiesen sind;
- bei Verwandtenehen (z. B. Vetter/Kusine);
- wenn vor der Schwangerschaft bei einem der Partner therapeutische Bestrahlungen oder die Einnahme mutagener Medikamente erfolgt ist;
- Zugehörigkeit zu einer bestimmten ethnischen Gruppe, bei der eine bestimmte Erkrankung häufig auftritt;
- bei allen Eltern, die sich über die möglichen Risiken bei erhöhtem Alter der Mutter informieren wollen;
- bei gesunden Paaren aus unauffälligen Familien, denen eines oder mehrere Kinder mit einem Erbleiden geboren wurden;
- bei habituellen Aborten ohne gynäkologische, endokrinologische oder immunologische Ursachen;
- bei Fertilitätsstörungen.

B: Risikofaktoren, die erst während der Schwangerschaft auftreten können:

- abnormer Ultraschallbefund,
- erhöhter AFP-Wert im mütterlichen Serum,
- pathologische Triple- bzw. Doubletests,
- Polyhydramnion,
- Oligohydramnion,
- mütterliche Erkrankung, die während der Schwangerschaft erstmals auftritt,
- mütterliche Exposition mit teratogenen Noxen (Alkohol, Drogen, ionisierenden Strahlen) während der Schwangerschaft.

Tabelle 9.2. Zahl der erblichen Merkmale oder Erkrankungen mit einfachem Erbgang (nach Omim 2003)

Erbgang	Sicher	Unsicher	Summe
Autosomal	10.972	2257	13.229
X-chromosomal	631	157	788
Y-chromosomal	41	2	43
Mitochondrial	60	–	60
Summe	11.704	2416	14.120

Sehr häufig geht es bei der Beratung um gesunde Paare, deren Kind an einer genetisch bedingten Erkrankung oder Fehlbildung leidet (Abb. 9.1). Dabei kann es sich um eine genetische Krankheit mit **monogenem Erbgang** handeln. Inzwischen kennt man über vierzehntausend monogene Erkrankungen bzw. Merkmale (Tabelle 9.2). Es kann aber auch eine **multifaktoriell bedingte Erkrankung** sein, wobei genetische und nicht genetische Faktoren zusammenwirken, oder es kann bei dem Kind eine Chromosomenstörung vorliegen; schließlich kann es sich auch um eine pränatale Schädigung durch teratogene Faktoren handeln, die Erkrankung also nicht genetisch bedingt sein.

Eine andere Situation für eine genetische Beratung ist die Angst vor einer fruchtschädigenden Wirkung von exogenen Faktoren wie Infektionen, chemischen Noxen oder ionisierenden Strahlen. Die Sorge der Eltern ist es, ob und welche teratogene Wirkung auftreten könnte, beispielsweise eine gravierende Fehlbildung und/oder Hirnschädigung. In den meisten Fällen kann eine ausführliche, fachkundige Information die Ratsuchenden beruhigen und zum Austragen der Schwangerschaft geraten werden. Näheres zum teratogenen Risiko ▶ Kap. 7.8. Bei evtl. mutagenem Risiko wird eine Karenzzeit von 3 Monaten empfohlen.

9.5 Vorgehensweise bei einer genetischen Beratung

Im Vergleich zu anderen medizinischen Gebieten, ist der klinische Genetiker in einem intensiven Kontakt und in Interaktion mit seinem Patienten bzw. Ratsuchenden. Gespräche vor und nach einer genetischen Diagnostik nehmen die meiste Zeit in Anspruch.

Tabelle 9.3. Vorgehensweise bei einer genetischen Beratung

– Fragen über den Anlass der Beratung
– Anamnese und Stammbaumanalyse
– Klinische Untersuchung, Laboruntersuchungen bzw. Besprechung und Interpretation der vorliegenden Befunde
– eventuell Untersuchung von anderen Familienmitgliedern
– wenn erforderlich, Hinzuziehung anderer Spezialisten
– Risikoberechnung
– ausführliches Beratungsgespräch
– Nachversorgung

Das schrittweise Vorgehen bei einer genetischen Beratung ist in Tabelle 9.3 kurz zusammengestellt.

9.5.1 Anamnese und Stammbaumanalyse

Nach einem kurzen Gespräch über den Anlass der Beratung und nach der Erörterung der anstehenden Fragen wird eine detaillierte Familienanamnese erhoben und der Stammbaum der Familie aufgezeichnet, auch wenn der Erbgang der Erkrankung bei dem Probanden als gesichert gilt. Oft ist der Proband ein Kind oder Verwandter des Ratsuchenden. Die **Aufzeichnung des Stammbaums** umfasst alle Kinder eines Paares, Geschwister und deren Kinder, Onkel und Tanten, Vettern und Kusinen sowie die Großeltern beiderseits. Aus dem Stammbaum soll auch die Geburtenreihenfolge, Fehl- und Totgeburten sowie verstorbene Kinder mit Todesursachen und das Sterbealter, auch bei Erwachsenen, erkennbar sein.

In Abb. 9.2 sind Symbole zur Erstellung eines Stammbaumes zusammengestellt. Generationen werden ausgehend von der ältesten Generation mit römischen Ziffern bezeichnet. Innerhalb der Generation wird von links nach rechts durchgehend arabisch nummeriert. Die Möglichkeit der Verwandtschaft zwischen den Partnern bzw. den Eltern eines Probanden ist gezielt zu erfragen. Dazu gehört auch die Frage nach dem Familiennamen der Großeltern beiderseits, die Abstammung aus den gleichen oder benachbarten Orten sowie die ethnische Herkunft.

Klinische Untersuchung

Für eine präzise genetische Beratung ist eine exakte Diagnosestellung erforderlich. Bei Verdachtsdiagnosen bzw. Diagnosen, die als Oberbegriffe gelten, ist es nicht möglich, eine erbprognostische Aussage zu machen. So können z. B. epileptische Anfälle entweder im Rahmen einer monogenen Stoffwechselstörung auftreten oder als primäre Epilepsie multifaktoriell bedingt sein bzw. exogen durch ein Schädel-Hirn-Trauma verursacht werden. Eine Verdachtsdiagnose sollte durch aufmerksame ergänzende Untersuchungen gesichert werden. Die klinische Untersuchung bei Verdacht auf ein Fehlbildungssyndrom unterscheidet sich insofern von einer Routineuntersuchung, als hier die einzelnen Dysmorphiezeichen und andere Mikrosymptome für die Diagnostik richtungsweisend von Bedeutung sein können (► Kap. 4.6.3). **Dysmorphiezeichen** sind minimale Abweichungen von der Norm, die durch eine Wachstumsstörung in der Embryonal- bzw. Fetalperiode verursacht werden können. Nicht ein einzelnes, sondern die Kombination bestimmter Dysmorphiezeichen sind charakteristisch für eine bestimmte Erkrankung. Diese Merkmale liegen oft bei Chromosomenstörungen und/oder Dysmorphiesyndromen vor, können aber auch einzeln bei der Normalbevölkerung ohne klinische Relevanz vorkommen. Von diagnostischer Bedeutung sind sie, wenn sie zusammen mit Fehlbildungen oder psychomotorischer Retardierung auftreten. Bei der Beobachtung von kraniofazialen Dysmorphiezeichen müssen unbedingt das Alter der Patienten sowie die ethnische Herkunft berücksichtigt werden.

Einige Dysmorphiezeichen können sich mit zunehmendem Alter des Patienten abschwächen oder sich stärker ausprägen. Aus diesem Grund kann eine gut dokumentierte Verlaufsbeobachtung mit Fotodokumentation für die Diagnostik hilfreich sein. Bei der klinischen Untersuchung von Dysmorphiesyndromen werden die einzelnen Regionen im Kopf- und Gesichtsbereich gemessen und beurteilt (Abb. 4.32). Ferner müssen Thoraxform, Sternumgröße, Mamillenabstand, Extremitätenlänge, Gelenkstellung und Finger und Zehen sowie Form und Struktur der Knochen beurteilt und die Körperlänge gemessen werden. Bestimmte Kombinationen von Organfehlbildungen können für manche Fehlbildungssyndrome bzw. Chromosomenstörungen charakteristisch sein.

Abb. 9.2. Symbole zur Erstellung eines Stammbaums

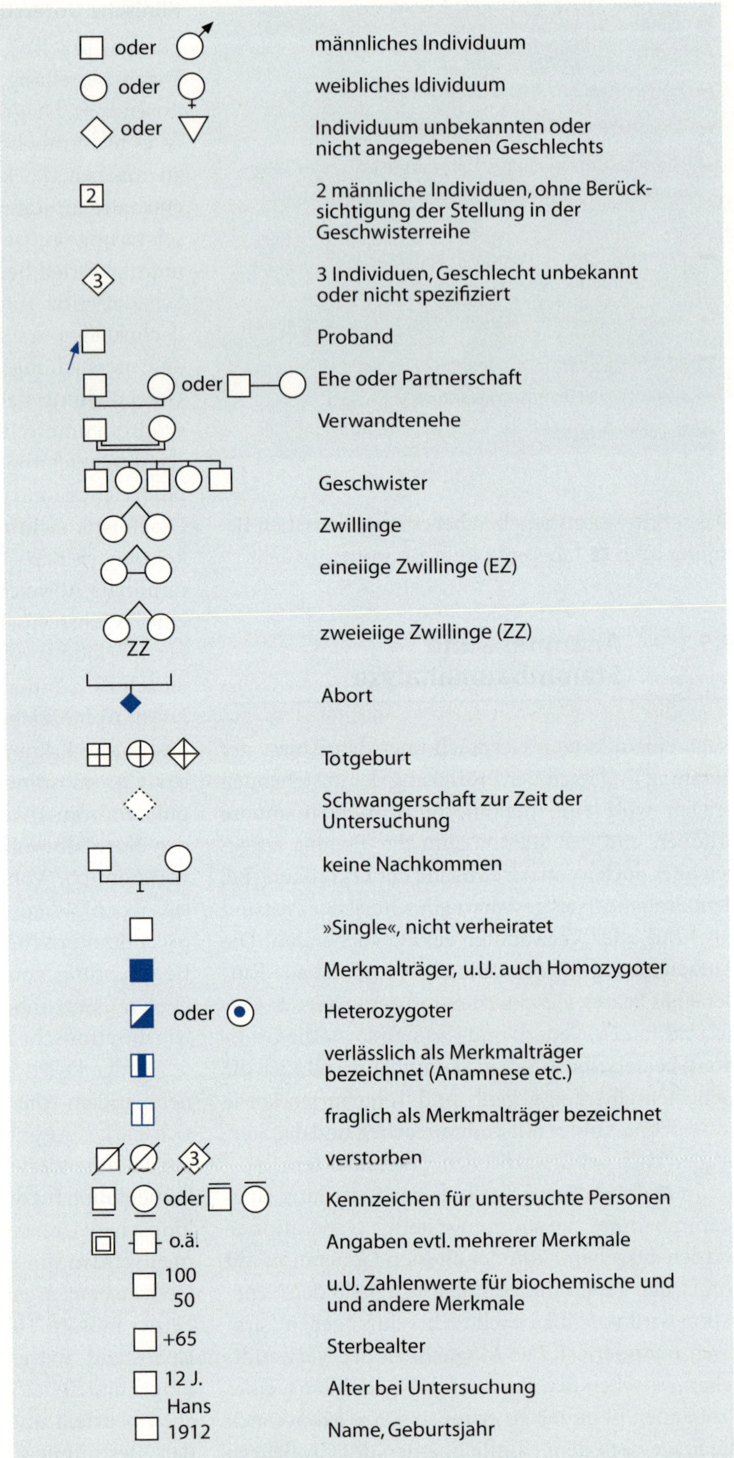

9

9.5.2 Hinzuziehen anderer Spezialisten

Bei einigen Krankheiten können für die Abklärung gezielte Untersuchungen von anderen Spezialisten erforderlich sein. Bei der klinischen Untersuchung z. B. von Risikopersonen für Neurofibromatose sollte eine ophthalmologische, neurologische und dermatologische Untersuchung auf Minisymptome hin vorgenommen werden. Auch bei einigen anderen Krankheiten, wie neuromuskulären Erkrankungen oder Augenleiden, kann die Suche nach Mikrosymptomen sehr hilfreich sein. Eine gezielte fachärztliche Untersuchung ist unverzichtbar, auch wenn eine molekulargenetische Untersuchung zur Verfügung steht. Durch eine genaue Untersuchung wird die Phänotyp-Genotyp-Korrelation verständlicher.

9.5.3 Diagnostik

Nach Erhebung der Anamnese, der Stammbaumanalyse und der Vollendung der verschiedenen klinischen Untersuchungen kann erst entschieden werden, welche genetische Diagnostik indiziert ist. Bei einer Kombination bestimmter Dysmorphiezeichen und Fehlbildungen mit psychomotorischer Retardierung wird z. B. meist eine Chromosomenanalyse durchgeführt (◘ Tabelle 4.12). Die verschiedenen labordiagnostischen Methoden in der medizinischen Genetik sind in der ◘ Tabelle 9.4 zusammengefasst.

◘ Tabelle 9.4. Labordiagnostische Methoden in der medizinischen Genetik

Zytogenetische Untersuchungen
Biochemische Analysen
Molekulargenetische Untersuchungen

Heterozygotentest

Bei einer Reihe von genetischen Erkrankungen ist es möglich, die Anlageträgerschaft für eine krankmachende Mutation durch eine biochemische oder, bei einzelnen Erkrankungen, auch durch direkten Mutationsnachweis oder eine Haplotypanalyse mit polymorphen DNA-Markern zu bestimmen (◘ Tabelle 9.5). Eine Indikation für den Heterozygotentest besteht, wenn eine sehr hohe Heterozygotenhäufigkeit für eine schwerwiegende Krankheit in einer Population vorhanden ist, wie z. B. bei Hämoglobinopathien in den Mittelmeerländern, oder im Rahmen einer genetischen Beratung bei einer betroffenen Familie. Bei einem biochemischen Heterozygotentest kann nicht immer volle Sicherheit gewährleistet werden, weil bei manchen Stoffwechselkrankheiten die Testergebnisse der Heterozygoten und homozygot Gesunden sich nicht deutlich genug unterscheiden. Heute ist es möglich, mit Hilfe der **DNA-Diagnostik** – wenn die Mutation eines Krankheitsbildes bzw. der Genort bekannt ist – die Anlageträgerschaft direkt oder indi-

◘ Tabelle 9.5. Untersuchungsmethoden für die Erkennung von Anlageträgerschaft

Methode	Beispiel
Biochemische Analysen	
– Primärdefekt	Glykogenosen, Mukopolysaccharidose, Galaktosämie
– Sekundärdefekt	Muskelenzyme bei Myopathie: CE bei Muskeldystrophie Typ Duchenne
Bildgebende Diagnostik	
– Radiologie	Intrazerebrale Kalzifikationen bei tuberöser Hirnsklerose
– CT, MRT	Intrazerebrale Neurofibrome bei Neurofibromatose Typ I
Zytogenetische Untersuchung	Balancierte Translokation, Mikrodeletion
DNA-Diagnostik	Monogene Krankheiten mit bekannten Mutationen oder Chromosomenlokalisationen
Elektromyographie	Myotone Dystrophie, Muskeldystrophie Typ Duchennne
Hämatologische Untersuchungen	Hämoglobinopathien
Ophthalmologische Untersuchung	X-chromosomale Retinitis pigmentosa
Klinische Untersuchung	Der Krankheit entsprechende Mikrosymptome

rekt festzustellen. Bei der indirekten DNA-Analyse folgt man der Segregation einer DNA-Sequenzvariante, die mit dem defekten Allel gekoppelt ist. Da diese Methode auf dem Prinzip der Kopplungsanalyse beruht und es auch bei eng gekoppelten Genen Rekombinationsmöglichkeiten gibt, handelt es sich nur um eine Wahrscheinlichkeitsdiagnose. Je enger die Kopplung zwischen dem defekten Allel und der DNA-Sequenzvariante ist, desto unwahrscheinlicher ist jedoch das Auftreten eines Crossing-over. Indirekte DNA-Diagnostik verlangt zwingend eine Familienuntersuchung, wobei der Patient mituntersucht wird. Wenn der Indexpatient verstorben ist, kann keine Kopplungsanalyse durchgeführt werden. Im Gegensatz zur indirekten DNA-Diagnostik ist die direkte DNA-Diagnostik ein sicheres Nachweisverfahren.

Risikoberechnung

Nach einer sicheren Diagnosestellung kann nun, wenn der Erbgang bekannt ist, das Wiederholungsrisiko ermittelt und berechnet werden. Es ist außerordentlich wichtig, bei einigen Krankheiten an die Möglichkeit der genetischen Heterogenität zu denken. Phänotypisch ähnliche Krankheiten können völlig unterschiedliche Erbgänge haben. Bei einer Fehlbildung müssen die exogenen Ursachen ausgeschlossen werden; die Lippen-Kiefer-Gaumen-Spalte kann z. B. multifaktoriell bedingt sein oder im Rahmen einer Chromosomenstörung oder eines monogen bedingten Fehlbildungskomplexes als Teilsymptomatik auftreten. Ein weiteres Problem ist die Variabilität des Erscheinungsbildes (Expressivität) und die verminderte Penetranz, vor allem bei autosomal-dominanten Erkrankungen. Die Ermittlung bzw. Einschätzung des Wiederholungsrisikos ist das zentrale Problem der genetischen Beratung.

Bei den monogenen Erkrankungen wird das Wiederholungsrisiko je nach Erbgang und Stammbaum der ratsuchenden Familie errechnet, und bei den meisten Chromosomenstörungen und multifaktoriellen Erkrankungen orientiert man sich an **empirischen Risikoziffern**. Oft ist es aber nicht einfach, das Wiederholungsrisiko anzugeben, da beispielsweise autosomal-dominante Erkrankungen mit verminderter **Penetranz** oder variabler **Expressivität** auftreten können oder die Frage, ob es sich nicht um eine **Neumutation** handelt oder ein **Keimzellmosaik** vorliegt, die Aussage erschweren (▶ Kap. 5.6). Das Ergebnis von mancher Laboruntersuchung kann die Risikoberechnung zusätzlich komplizieren. Für die Berechnung sind mathematische Kenntnisse erforderlich. Der beratende Arzt muss mit mathematischen Prinzipien, wie z. B. Additions- und Multiplikationsregeln, sowie dem **Bayes-Theorem** umgehen können. Die Mitteilung von Risikozahlen muss dem Ratsuchenden durch klare und deutliche Erklärung verständlich gemacht werden. Oft ist der Umgang mit Zahlen, Prozenten oder Wahrscheinlichkeit der Ereignisse schwierig.

Auch die Entscheidung, welches Risiko akzeptabel ist, ist von Familie zu Familie unterschiedlich. Darüber hinaus muss bei der genetischen Beratung die **Schwere** der Erkrankung mit berücksichtigt werden. Ein Risiko von 50 % für eine Syndaktylie, die operativ korrigiert werden kann, sollte selbstverständlich auf jeden Fall akzeptiert werden können, aber das Risiko von 2 % für eine Spina bifida kann nicht von jeder Familie getragen werden. Unabhängig von den Risikozahlen ist der **Krankheitswert** für den Betroffenen und seine Familie von großer Bedeutung. Hier spielt die Tragkraft des Einzelnen und der Familie, die wiederum von der psychosozialen und ökonomischen Lage der Betroffenen abhängt, eine große Rolle. Nicht von geringer Bedeutung ist auch die gesellschaftliche Akzeptanz der Behinderung. Wir wissen, dass ein schwer behindertes Kind oder ein schwer behinderter Erwachsener viel Zeit und Geduld in Anspruch nimmt. Dies alles beeinflusst die Entscheidung der Eltern für die eine oder andere Option.

Das Bayes-Theorem

Das Bayes-Theorem wurde 1793 als eine Methode für die Berechnung der Wahrscheinlichkeit von zwei Möglichkeiten publiziert. In der genetischen Beratung wird diese Methode zur Risikoberechnung bei komplizierten Situationen verwendet, z. B. wenn das Erkrankungsrisiko durch zusätzliche Informationen wie ein Untersuchungsergebnis oder ein unterschiedliches Manifestationsalter modifiziert wird. Die ursprüngliche bzw. **A-priori-Wahrscheinlichkeit**, welche auf einer Vorabinformation basiert, wird durch zusätzliche Information modifiziert. Daraus ergibt sich eine **bedingte Wahrscheinlichkeit**. Das Ergebnis der Multiplikation von A-priori-Wahrscheinlichkeit und bedingter Wahrscheinlich-

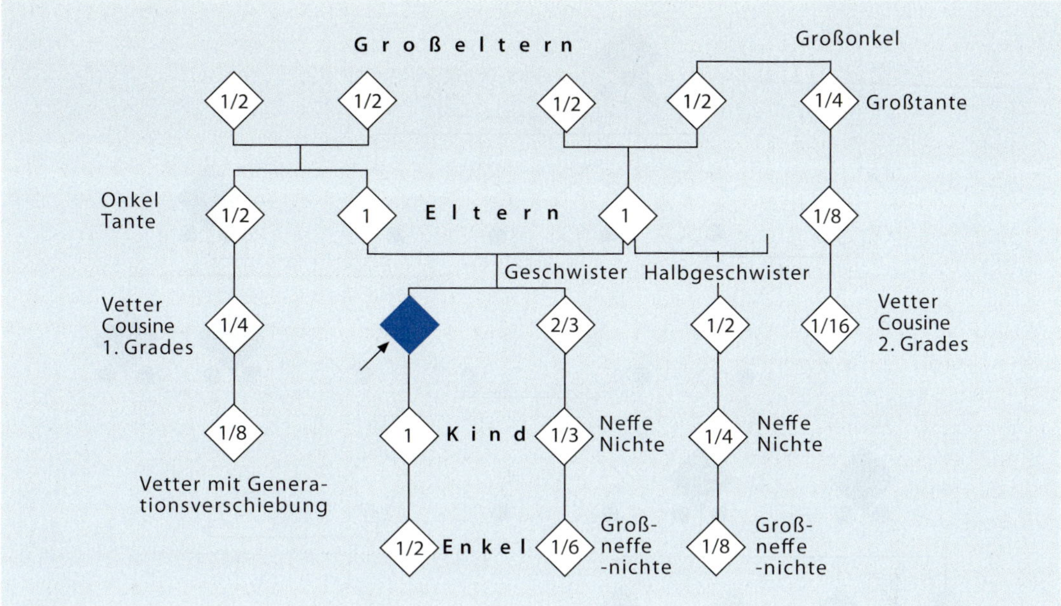

Abb. 9.3. Wahrscheinlichkeit für Verwandte des Homozygoten, heterozygote Genträger zu sein, z. B. bei einem autosomal-rezessiven Erbleiden (nach Fuhrmann u. Vogel 1982)

keit ergibt die sog. **kombinierte** bzw. **verbundene Wahrscheinlichkeit**. Schließlich wird durch Dividieren der kombinierten Wahrscheinlichkeit für jedes Ereignis durch die Summe der kombinierten Wahrscheinlichkeit für beide Ereignisse die sog. tatsächliche bzw. **A-posteriori-Wahrscheinlichkeit errechnet** (Tabelle 9.8, 9.10).

9.6 Wiederholungsrisiko bei autosomal-rezessiven Erkrankungen

Patienten mit einer autosomal-rezessiven Erkrankung sind meist die einzigen in einer Familie, vor allem, wenn die Familie – in der Regel in den Industrieländern – sehr klein ist.

Das Wiederholungsrisiko für ein weiteres Kind beträgt 25 %. Meist fragen die gesunden Geschwister oder Verwandte eines kranken Kindes nach ihrer Anlageträgerschaft bzw. dem Erkrankungsrisiko für ihre Nachkommen. Die Heterozygotenwahrscheinlichkeit für die gesunden Geschwister und Verwandten des Erkrankten mit einer autosomal-rezessiven Krankheit ist in Abb. 9.3 angegeben. Das Erkrankungsrisiko für deren Nachkommen kann aus der eigenen Wahrscheinlichkeit für Heterozygotie und der Heterozygotenhäufigkeit in der Population errechnet werden. So sind die gesunden Geschwister eines erkrankten Kindes mit einer Wahrscheinlichkeit von 2/3, die Geschwister der Eltern mit einer Wahrscheinlichkeit von 1/2 und Vettern und Kusinen mit einer Wahrscheinlichkeit von 1/4 heterozygot.

Bei einer Krankheit wie die **Mukoviszidose (zystische Fibrose)** mit einer Häufigkeit von **1:2000** ist die Heterozygotenhäufigkeit in der Bevölkerung **1:20**. Demzufolge beträgt das Risiko für die Kinder der gesunden Geschwister des Mukoviszidosepatienten, sofern es sich nicht um eine Verwandtenehe handelt, **2/3 x 1/20 x 1/4 = 1:120**, ist also gegenüber der Durchschnittsbevölkerung etwa um das 17fache erhöht. Wird bei dem Partner bzw. der Partnerin der Heterozygotenstatus mit Sicherheit ausgeschlossen, dann ist das Wiederholungsrisiko für diese Erkrankung gegenüber der Durchschnittsbevölkerung nicht erhöht.

Erreicht ein homozygot Kranker das Reproduktionsalter, kann er kranke Kinder bekommen, wenn sein Partner heterozygot ist. Bei dem Beispiel der

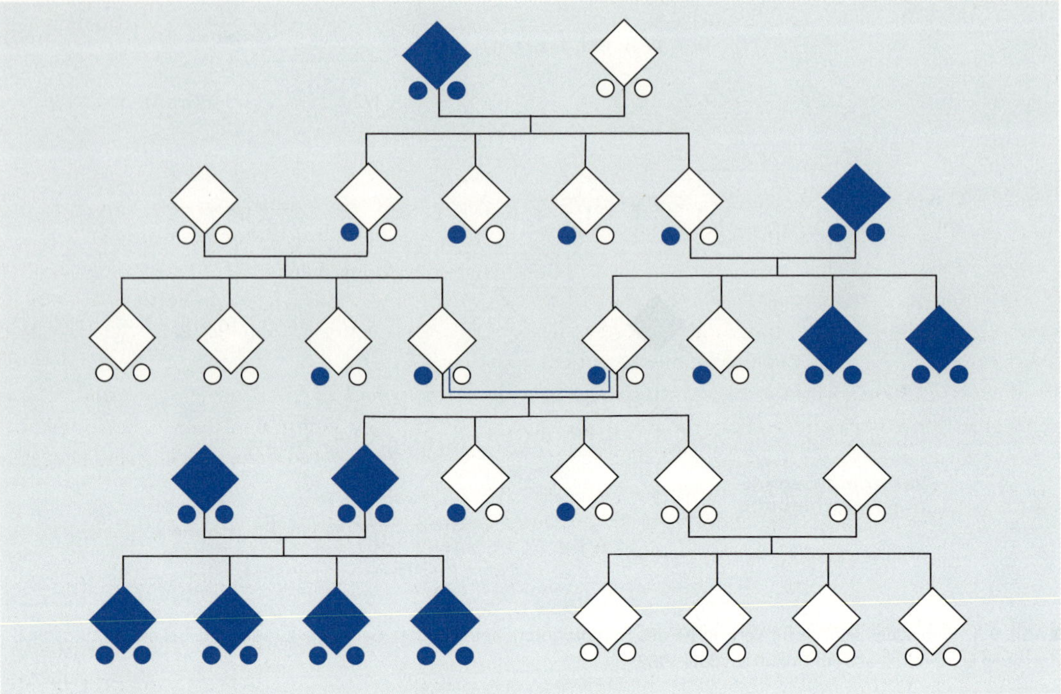

Abb. 9.4. Kreuzungsmöglichkeiten bei einer autosomal-rezessiven Erkrankung

Mukoviszidose beträgt dann das Risiko für ein krankes Kind 50 %. Der Heterozygotenstatus kann heute bei einer Reihe von autosomal-rezessiven Erkrankungen mit Hilfe eines direkten Mutationsnachweises auf DNA-Ebene bzw. durch biochemische Untersuchungen abgeklärt werden. Manchmal findet man bei der biochemischen Untersuchung Laborwerte, die eine sichere Aussage über den Heterozygotenstatus nicht ermöglichen.

Ist die Anlageträgerschaft für die gleiche Mutation beim Partner ausgeschlossen, besteht kein erhöhtes Erkrankungsrisiko für die Nachkommen eines homozygot Kranken. Alle Kinder werden Anlageträger. Die verschiedenen Kreuzungsmöglichkeiten sind in Abb. 9.4 dargestellt.

9.6.1 Verwandtenehe

Ein seltenes rezessives Gen kann in heterozygotem Zustand über Generationen weitergegeben werden. Erst durch das Zusammentreffen von Heterozygoten kann ein homozygot krankes Kind entstehen. Je näher der Verwandtschaftsgrad zwischen beiden Ehepartnern ist, umso wahrscheinlicher kommt es zu einer Verbindung zweier Heterozygoter. Die unterschiedlichen Verwandtschaftsgrade sind in Tabelle 9.6 zusammengefasst. Patienten mit einer autosomal-rezessiven Erkrankung sind also unter

Tabelle 9.6. Verschiedene Verwandtschaftsgrade

Verwandtschaftsgrad		Verwandtschaftskoeffizient
Erster Grad:	Geschwister Zweieiige Zwillinge Eltern Kind	1/2
Zweiter Grad:	Halbgeschwister Onkel/Tante Neffe/Nichte Zweifache Vettern und Kusinen	1/4
Dritter Grad:	Vetter und Kusine ersten Grades Halbonkel/-tante Halbneffe/-nichte	1/8

Tabelle 9.7. Häufigkeit der Verwandtenehen in verschiedenen Regionen der Türkei in % (nach Ulusoy u. Tunçbileu 1987)

Verwandtschaftsgrad	West	Ost	Zentral	Nord	Süd
Vetter und Kusine ersten und zweiten Grades	16,58	17,79	25,05	12,31	28,28

den Nachkommen aus Verwandtenehen häufiger zu finden als rein zufällig zu erwarten wäre (► Kap. 5.3.4).

Je nach der sozioökonomischen Situation in einer Gesellschaft oder einem Kulturkreis ist die Häufigkeit von Verwandtenehen unterschiedlich groß. In Industrieländern sind Verwandtenehen sehr selten. In Deutschland liegt ihr Anteil im Durchschnitt bei 0,1–0,3 %. In manchen Bevölkerungsgruppen, z. B. in einzelnen Inseldörfern Japans, in arabischen Ländern, der Türkei und in Südindien ist der Anteil der Verwandtenehen größer. In der Türkei liegt er im Durchschnitt bei 20 %. Betrachtet man die einzelnen Regionen in der Türkei (Tabelle 9.7), so fällt je nach der geographischen und sozioökonomischen Lage ein regionaler Unterschied auf. Kommt es in einer Population ohnehin häufiger zu Verwandtenehen, dann ist die Korrelation einer bestimmten Krankheit mit Verwandtenehen weniger sicher als in den Populationen, in denen es nur selten zu Verwandtenehen kommt.

Inzwischen leben in mitteleuropäischen Ländern viele Familien aus Kulturkreisen, in denen Verwandtenehen häufig vorkommen. Bei einer genetischen Beratung dieser Familien muss durch eine sorgfältige Stammbaumanalyse der Verwandtschaftsgrad der Ratsuchenden geklärt werden. Oft kann man zwar, wenn die Diagnose eines Krankheitsbildes nicht feststeht, aus der Tatsache, dass die Eltern als Vetter und Kusine verwandt sind, den Schluss ziehen, dass eine autosomal-rezessive Erkrankung vorliegen könnte. Jedoch ist diese Schlussfolgerung kein Nachweis, sondern ein zusätzlicher, richtungsgebender Hinweis für die Diagnosestellung.

Die häufige Frage lautet: Wie hoch ist das Risiko für eine genetische Erkrankung in einer Partnerschaft von Vetter und Kusine ersten Grades. Wir wissen, dass Vetter und Kusine ersten Grades 1/8 der Erbanlagen gemeinsam von ihren Großeltern erhalten haben. Ist jemand für eine rezessive Erbanlage heterozygot, so findet sich diese mit einer Wahrscheinlichkeit von 1/8 auch bei seinen Vettern oder Cousinen. Der Verwandtschafts- und Inzuchtkoeffizient ist in Abb. 9.5 zusammengestellt.

Ist die Häufigkeit einer autosomal-rezessiven Erkrankung, wie bei der **Phenylketonurie**, in einer Bevölkerung 1 zu 10.000, so beträgt die Heterozygotenhäufigkeit 1 zu 50. Daher sind die Kinder aus einer Vetter-Kusine-Ehe 1/50 x 1/8 = 1/400 heterozygot für dieses bestimmte Gen. 1/4 der Kinder aus solchen heterozygoten Verbindungen sind homozygot krank, also

$$1/400 \times 1/4 = 1/1600.$$

Kinder aus solchen Verbindungen sind also 6-mal häufiger als Kinder von nicht verwandten Personen betroffen. Abb. 9.6 zeigt die Risikoberechnung für eine autosomal-rezessive Erkrankung, wenn zweifache Konsanguinität besteht.

Häufig auftretende autosomal-rezessive Erkrankungen, wie z. B. die **Mukoviszidose**, treten in Verwandtenehen kaum häufiger auf als in Ehen Nichtverwandter, weil häufige Mutationen auch ohne Verwandtenehen relativ oft homozygot auftreten können. Dagegen tritt eine seltene Krankheit bei Blutsverwandtschaft der Eltern häufiger auf.

Bei der genetischen Beratung von verwandten Partnern muss deutlich gemacht werden, dass wir heute über 2000 rezessive Anlagen mit meist krankmachenden Eigenschaften kennen. Eine genaue Berechnung des Risikos für den Einzelnen ist nicht möglich, weil für viele dieser Anlagen die Heterozygotenhäufigkeit gar nicht bekannt ist. Jeder von uns trägt mehrere defekte Gene, die im homozygoten Zustand zu einer Krankheit führen würden.

Gibt es in der Familienanamnese keinen Anhaltspunkt für eine genetische Belastung, so besteht kein ausreichender Grund, in einer solchen Situation von Kindern abzuraten. Jedoch muss im Rahmen einer genetischen Beratung erwähnt werden, dass das Allgemeinrisiko für autosomal-rezessive und multifaktorielle Erkrankungen sowie für Fehl- und Totgeburten im Vergleich zur Durchschnittsbevölkerung erhöht ist.

	Verwandtschafts-grad	Verwandtschafts-koeffizient	Inzucht-koeffizient
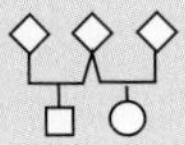 Halbgeschwister	zweiter Grad	1/4	1/8
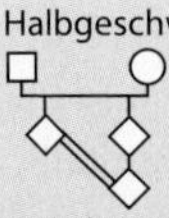 Onkel - Nichte Tante - Neffe	zweiter Grad	1/4	1/8
 zweifach Vetter - Cousine 1. Grades	zweiter Grad	1/4	1/8
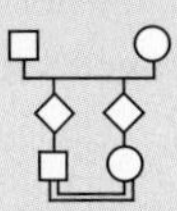 Vetter - Cousine 1. Grades	dritter Grad	1/8	1/16
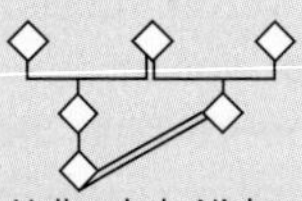 Halbonkel - Nichte Halbtante - Neffe	dritter Grad	1/8	1/16
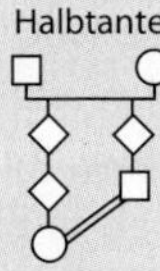 Vetter - Cousine 1. Grades mit Generationsverschiebung	vierter Grad	1/16	1/32
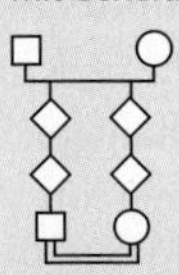 Vetter - Cousine 2. Grades	fünfter Grad	1/32	1/64
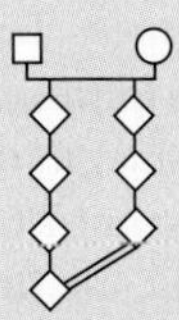 Vetter - Cousine 2. Grades mit Generationsverschiebung	fünfter Grad	1/64	1/128
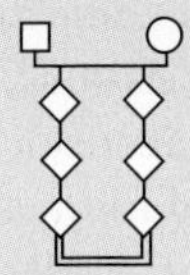 Vetter - Cousine 3. Grades	fünfter Grad	1/128	1/256

Abb. 9.5. Die wichtigsten Typen der Verwandtenehen, deren Verwandtschaftskoeffizient und Inzuchtkoeffizient

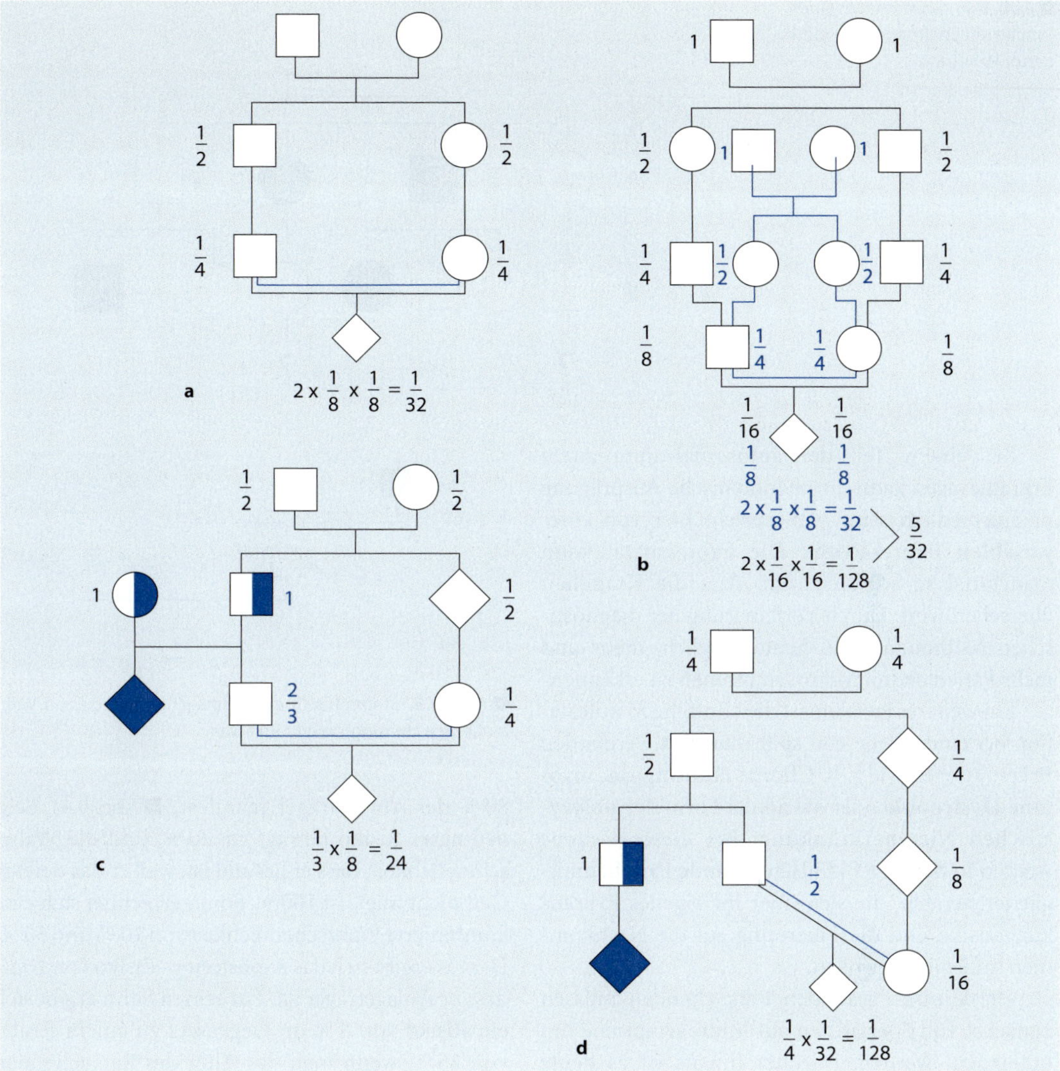

Abb. 9.6. Wahrscheinlichkeit der Homozygotie eines autosomal-rezessiven Allels für direkte Nachkommen aus einer Verwandtenehe. **a,b** Homozygotie für eines von 2 großelerlichen Allelen: **a** Vetter und Kusine 1. Grades, **b** zweifache Konsanguinität (*blau*: 1. Grades, *schwarz*: 2. Grades). **c,d** Homozygotie für eine bereits bekannte autosomal-rezessive Erkrankung in der Verwandtschaft: **c** Vetter und Kusine 1. Grades, **d** Vetter und Kusine 1. Grades mit Generationsverschiebung

9.7 Wiederholungsrisiko bei autosomal-dominanten Erkrankungen

Bei der autosomal-dominanten Vererbung wird die krankmachende Anlage vom betroffenen Elternteil auf die Hälfte der Kinder (50 %) unabhängig von ihrem Geschlecht übertragen. Bei einigen autosomal-dominanten Erkrankungen werden oft unauffällige Anlageträger beobachtet. Hier spricht man von **verminderter Penetranz**. Das Erkrankungsrisiko ist in solchen Fällen geringer als 50 %, obwohl die Wahrscheinlichkeit für eine Anlageträgerschaft gleich bleibt. Bestimmte Extremitätenfehlbildungen – beispielsweise **Spalthand** –, die autosomal-dominant vererbt werden und in mehreren Generationen auftreten können, überspringen gelegentlich eine Generation (Abb. 9.7).

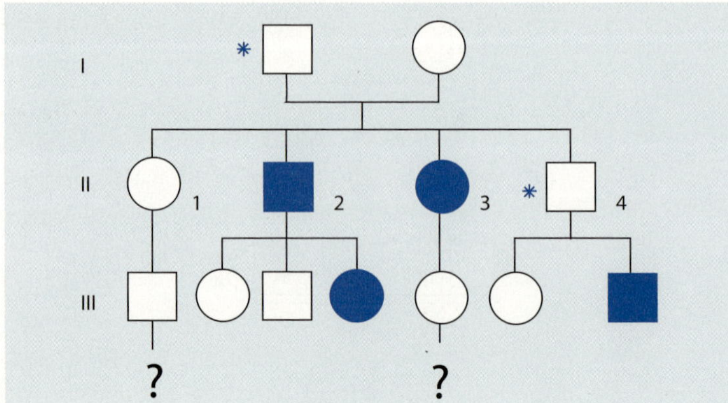

Abb. 9.7. Stammbaum einer Familie mit Spalthand mit verminderter Penetranz

Bei einem Teil der autosomal-dominanten Erkrankungen kann die phänotypische Ausprägung unterschiedlich sein. Man spricht hier von einer **variablen Expressivität**. Die Expressivität kann manchmal so schwach sein, dass die Krankheit übersehen wird. Durch Verfeinerung der diagnostischen Methoden ist es heute möglich, mehr und mehr Patienten mit Mikrosymptomen zu erkennen.

Ein weiteres Problem ist die klinische Manifestation bei einer Reihe von **spät manifest** werdenden Erkrankungen wie z. B. **Chorea Huntington, myotone Dystrophie** oder die adulte Form der **polyzystischen Nierenerkrankung**. Bei dieser Gruppe werden in der Regel klinisch gesunde Familienmitglieder beraten, die sich über ihr eigenes Erkrankungsrisiko und die Vererbung auf die Nachkommen informieren wollen.

Die klinisch gesunden Ratsuchenden müssen zunächst von Spezialisten auf Mikrosymptome hin untersucht werden. Darüber hinaus ist es heute möglich, bei einer Reihe von spät manifest werdenden Krankheiten durch **prädiktive DNA-Diagnostik** die Anlageträgerschaft festzustellen (▶ Kap. 9.5.3). Die Schwierigkeit liegt bei den Krankheiten, bei denen das Erkennen der Anlageträgerschaft nicht möglich ist. Zusätzliche Informationen aus dem Stammbaum sind hier sehr hilfreich. Das statistische Risiko kann hier nach dem **Bayes-Theorem** berechnet werden.

Ein 60-jähriger Mann, dessen Vater an Chorea Huntington gestorben ist, fragt beispielsweise nach dem Risiko für seine Kinder (Abb. 9.8). Für ihn selbst besteht ein A-priori-Risiko von 50 %. Chorea Huntington wird im Alter von 60 Jahren bei etwa 80 % der Anlageträger manifest (Abb. 9.9). Sein bedingtes Risiko beträgt ca. 20 %, und die Wahrscheinlichkeit, dass er gesund ist, weil er das defekte Gen nicht trägt, ist 100 %. Somit errechnet sich eine kombinierte Wahrscheinlichkeit von 10 % und 50 %. Daraus ergibt sich das A-posteriori-Risiko von 16 %, dass er Anlageträger ist. Für seinen Sohn ergibt sich ein Risiko von 8 % im Gegensatz zu einem Risiko von 25 %, wenn man das Alter des Ratsuchenden nicht in Betracht gezogen hätte (Tabelle 9.8).

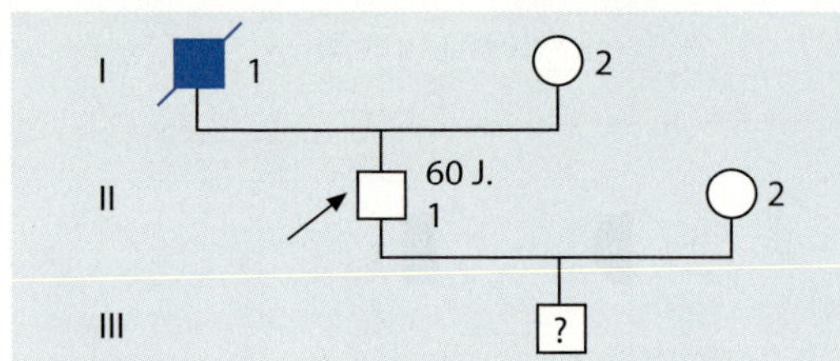

Abb. 9.8. Stammbaum eines Ratsuchenden, dessen Vater an Chorea Huntington erkrankt war

Homozygotie bei autosomal-dominanten Erkrankungen ist sehr selten. Sie kann eintreten, wenn zwei heterozygot Kranke gemeinsam ein Kind bekommen. Die verschiedenen Kreuzungsmöglichkeiten der autosomal-dominanten Erkrankungen sind in Abb. 9.10 dargestellt.

9.7.1 Neumutation

Tritt ein autosomal-dominantes Erbleiden nur ein einziges Mal auf, dann kann es sich um eine Neumutation handeln. Allerdings muss durch eine sorg-

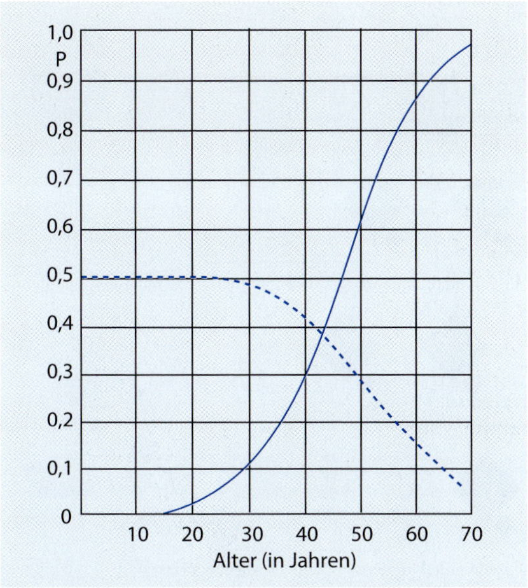

Abb. 9.9. Die Wahrscheinlichkeit, dass eine Person mit dem Gen für Chorea Huntington die Krankheit in einem bestimmten Alter entwickeln wird (*ausgezogene Linie*). Die Wahrscheinlichkeit, dass das gesunde Kind eines kranken Elternteils das Gen für die Chorea Huntington in einem bestimmten Alter hat (*unterbrochene Linie*) (nach Harper et al. 1979 und ergänzenden Daten von R. Newcombe)

fältige Untersuchung der Eltern und evtl. vorhandener gesunder Geschwister das Vorliegen eines Krankheitsbildes mit variabler Expressivität und/ oder verminderter Penetranz ausgeschlossen werden. Oft sind hier zusätzliche Laboruntersuchungen oder die Vorstellung bei Spezialisten notwendig.

Eine Neumutation ist ein einziges und zufälliges Ereignis, das nur eine einzige Keimzelle betrifft. Die Eltern des betroffenen Kindes sind nicht Träger dieser Mutation. Daher ist das Wiederholungsrisiko für weitere Kinder der betroffenen Familie nicht höher als in der Allgemeinbevölkerung (Abb. 9.11).

Bei autosomal-dominanten Erkrankungen sind Neumutationen verschieden häufig. Es gibt Krankheiten, wie z. B. das **Apert-Syndrom**, mit einer sehr hohen Neumutationsrate. Dagegen ist eine Neumutation bei **Chorea Huntington**, wenn überhaupt, sehr selten. Bei anderen Krankheiten, wie z. B. dem **Marfan-Syndrom,** der **tuberösen Hirnsklerose**, der **Neurofibromatose** und der autosomal-dominanten Form der **Osteogenesis imperfecta** kommen Neumutationen vor, jedoch ist die Häufigkeit nicht extrem hoch.

9.7.2 Keimzellmosaik

Als weiteres ist die Berücksichtigung der Möglichkeit eines Keimzellmosaiks unabdingbar. Ein Keimzellmosaik entsteht, wenn eine Mutation im frühen Stadium der Gonadenentwicklung eines Elternteils in der Embryonalphase stattfindet. Dann können neben den normalen Zelllinien auch Zellen mit mutiertem Gen oder nur Zellen mit der Mutation in den Gonaden vorliegen. Bei einigen Krankheiten sind Geschwisterfälle aufgrund von Keimzellmosaiken bekannt. Aus diesem Grund sollte bei einer autosomal-dominanten Erkrankung, auch wenn eine Neumutation als Ursache angenommen wird, trotzdem ein Wiederholungsrisiko von ca. 5 % angegeben werden.

9.7.3 Phänokopien

Phänotypisch gleiche Krankheiten oder Anomalien können genetisch bedingt oder durch exogene Einflüsse während der Organentwicklungsphase hervorgerufen werden. Ein sporadischer Fall, der phänotypisch einer autosomal-dominanten Erkran-

Tabelle 9.8. Risikoberechnung nach Bayes-Theorem bei Chorea Huntington

	Anlageträger II/1	Kein Anlageträger II/1
A-priori-Risiko	1/2	1/2
Bedingtes Risiko	1/5	1
Kombiniertes Risiko	1/2 x 1/5 = 1/10	1 x 1/2 = 1/2 bzw. 5/10
A-posteriori-Risiko	$\frac{1/10}{1/10 + 5/10} = 1/6 = 16\%$	$\frac{5/10}{1/10 + 5/10} = 5/6$
Das Risiko für seinen Sohn: 16 x ½ = 8 % (entsprechend Textbeispiel)		

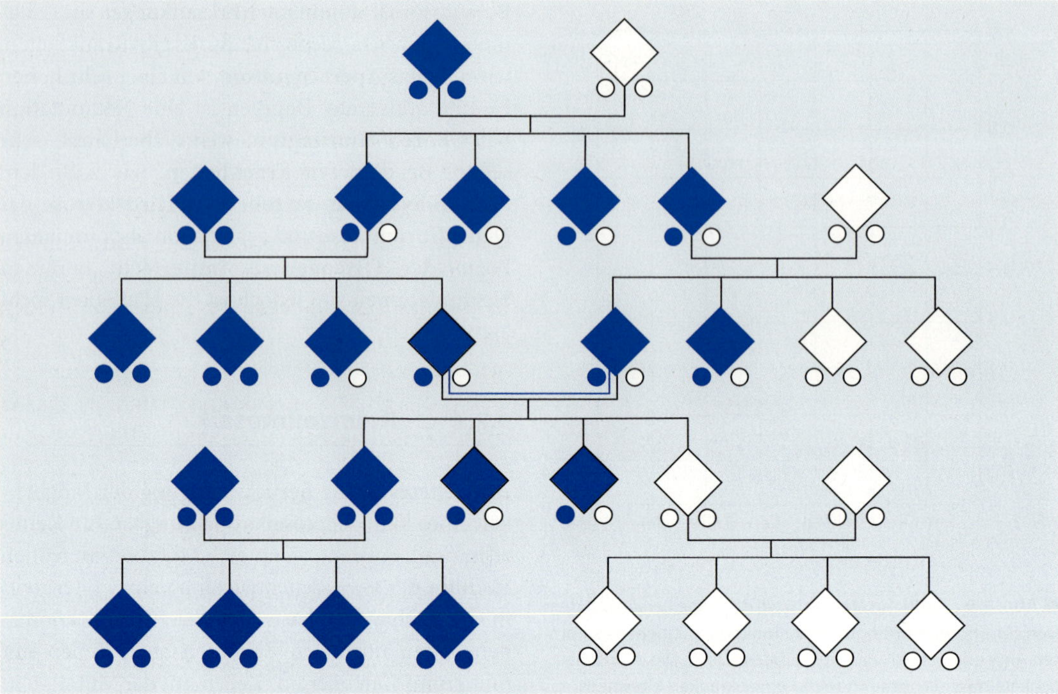

Abb. 9.10. Kreuzungsmöglichkeiten bei einer autosomal-dominanten Erkrankung

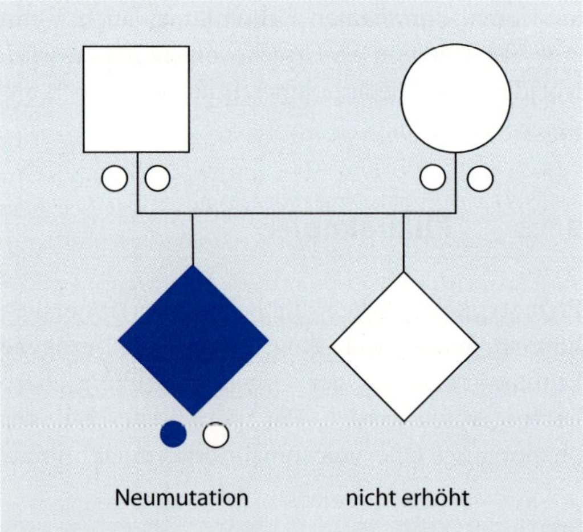

Abb. 9.11. Autosomal-dominanter Erbgang; das Wiederholungsrisiko bei Neumutation

kung ähnlich ist, muss daher nicht unbedingt eine dominante Neumutation sein. Es kann hier auch eine **Phänokopie** vorliegen. Die **Thalidomidembryopathie** ist ein exogen bedingter Fehlbildungskomplex, der in vielen Symptomen dem **Holt-Oram-Syndrom**, einem autosomal-dominanten Leiden mit Extremitätenfehlbildung und angeborenem Herzfehler, ähnlich ist (► Kap. 7.7).

9.7.4 Somatische Mutationen

Mutationen, die nicht die Erbanlagen der Keimzellen, sondern der Somazellen betreffen, werden als somatische Mutationen bezeichnet. Viele Tumoren oder lokalisierte Dysplasien entstehen durch somatische Mutationen. Es gibt z. B. sporadisch auftretende und nur auf einen Sektor beschränkte Anomalien, wie die **segmentale Neurofibromatose** bzw. das **Proteus-Syndrom** oder die nicht erblich bedingte Form des Retinoblastoms. Für die genetische Beratung sind solche Situationen besonders problematisch.

Das **Retinoblastom** (Abb. 4.39) ist ein bösartiger, von der Retina ausgehender Tumor mit einer Häufigkeit von 1:20.000, der unbehandelt wegen hoher Malignität zum Tode führt. In den meisten

Tabelle 9.9. Genetische Risiken für die Nachkommenschaft bei einseitigem Retinoblastom (nach Fuhrmann u. Vogel 1982)

Ratsuchender	Risiko
Genetisches Risiko bei einseitigem Retinoblastom	
Erkrankt, bei gleichzeitig erkranktem Elternteil oder Geschwister	45 %
Nicht erkrankt, ein Elternteil und Geschwister oder zwei Geschwister erkrankt	4,5 %
Erkrankt, keine anderen erkrankten Verwandten	ca. 6,0 %
Nicht erkrankt, ein erkranktes Kind	1,3 %
Nicht erkrankt, ein erkranktes Geschwister	< 1 %
Genetische Risiken bei doppelseitigem Retinoblastom	
Erkrankt, andere Familienmitglieder erkrankt	45 %
Erkrankt, keine anderen Familienmitglieder erkrankt	45 %
Nicht erkrankt, ein erkranktes Kind	4–5 %
Nicht erkrankt, ein erkranktes Geschwister	< 1 %

Fällen tritt er vor dem 5. Lebensjahr auf. 60 % der Fälle sind sporadisch, die anderen 40 % werden mit unvollständiger Penetranz autosomal-dominant vererbt. Etwa 75 % der Fälle haben einseitige und 25 % beidseitige Tumoren, die gleichzeitig oder nacheinander auftreten können. Bei den nicht erblich bedingten Formen ist in der Regel nur ein Auge betroffen, während die erblich bedingten Formen unilateral oder bilateral bzw. multifokal auftreten. Die erblich bedingten Formen treten meist früher auf als die nicht erblich bedingten. Die doppelseitigen sporadischen Fälle sind alle Neumutationen, während von den einseitigen Fällen nur etwa 10–15 % Neumutationen sind. Der Rest besteht aus Phänokopien. Klinisch kann man die beiden voneinander nicht unterscheiden. Das Gen liegt auf dem Chromosom 13 (13q14). Ein weiteres Problem beim Retinoblastom ist die unvollständige Penetranz von 90 %, d. h., dass von den Heterozygoten 10 % nicht erkranken, obwohl sie das defekte Gen besitzen. Alle diese Besonderheiten machen die genetische Beratung bei sporadischen Fällen problematisch (über die Entstehung des Retinoblastoms ▶ Kap. 5). Wiederholungsrisiken können der Tabelle 9.9 entnommen werden.

9.8 Wiederholungsrisiko bei X-chromosomalen Erkrankungen

9.8.1 X-chromosomal-rezessive Erkrankungen

Von den über 14.000 monogenen Erkrankungen sind über 500 X-chromosomale Erkrankungen bzw. X-chromosomale Marker. Zum größten Teil werden sie X-chromosomal-rezessiv vererbt, weshalb in der Regel nur Männer erkranken. Allgemeine Kriterien in der X-chromosomalen Vererbung sind in ▶ Kap. 5.4.2 erläutert. Tritt eine X-chromosomal-rezessive Erkrankung bei einer Frau auf, dann sollte man an folgende Möglichkeiten denken:

- Turner-Syndrom (45,X; ▶ Kap. 4.2.1),
- testikuläre Feminisierung (▶ Kap. 3.2.3),
- Folge der Lyonisierung (X-Inaktivierung; ▶ Kap. 3.3),
- Deletion bei einem X-Chromosom (▶ Kap. 4.4.4).

Die verschiedenen Kreuzungsmöglichkeiten bei X-chromosomal-rezessiven Erkrankungen sind in Abb. 9.12 dargestellt. Für die Söhne einer Konduktorin besteht ein Wiederholungsrisiko von 50 %. Die Hälfte ihrer Töchter werden wiederum heterozygot wie die Mutter selbst sein. Die Töchter eines betroffenen Mannes sind alle heterozygot, sie können erkranken, wenn die Mutter zufällig Anlageträgerin ist. In einer genetischen Beratung bei einer X-chromosomal-rezessiven Erkrankung wollen sich in der Regel die Töchter bzw. Schwestern eines betroffenen Mannes oder andere Frauen aus der mütterlichen Linie über ihre Anlageträgerschaft und das Wiederholungsrisiko bei ihren Nachkommen informieren.

Die obligaten Heterozygoten allein nach der Stammbaumanalyse sind:

- alle Töchter eines erkrankten Mannes,
- Frauen, die zwei erkrankte Söhne haben,
- Frauen, die einen erkrankten Sohn und einen erkrankten Bruder haben,
- zwei Schwestern, die je einen erkrankten Sohn haben,
- Frauen, die einen erkrankten Sohn und einen erkrankten Onkel (mütterlicherseits) haben.

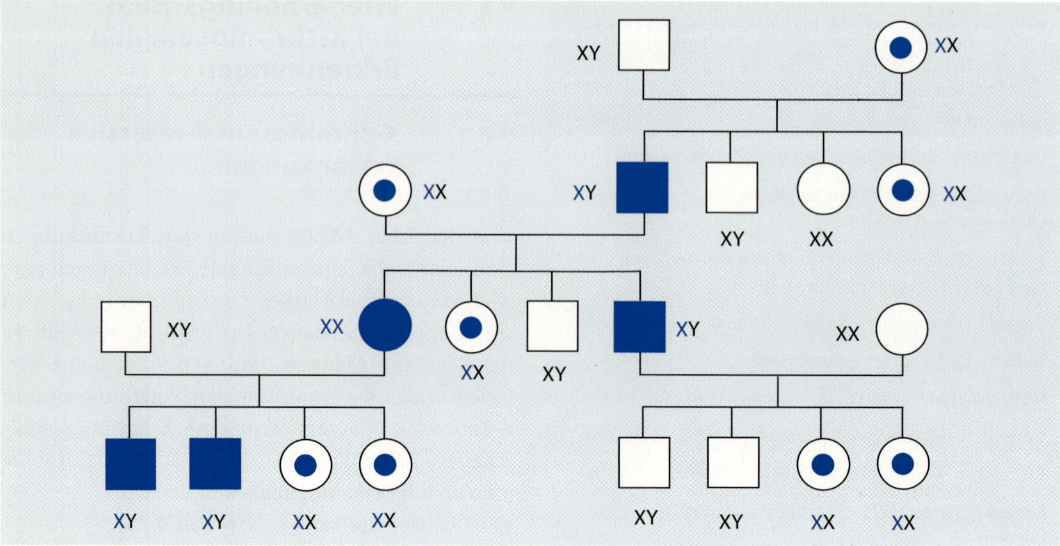

Abb. 9.12. Kreuzungsmöglichkeiten bei einer X-chromosomal-rezessiven Erkrankung

Wie kann nun die Heterozygotenwahrscheinlichkeit einer Frau in einer Familie mit einer X-chromosomal-rezessiven Erkrankung abgeschätzt werden, wenn sie nicht zu einer der oben erwähnten Gruppen gehört und kein sicherer Heterozygotentest zur Verfügung steht? In Abb. 9.13 fragt die Ratsuchende III/3, ob sie Anlageträgerin für die **Muskeldystrophie Typ Duchenne** ist. I/1 ist eine sichere Heterozygote, weil sie zwei erkrankte Söhne hat. Die Heterozygotenwahrscheinlichkeit für II/2 ist a priori 50 % und für die Ratsuchende (III/3) 25 %. Die zusätzliche Information aber, dass sie vier gesunde Brüder hat, verringert ihre Heterozygotenwahrscheinlichkeit.

Unter Anwendung des **Bayes-Theorems** kann diese Wahrscheinlichkeit genauer errechnet werden: Zunächst muss man die Heterozygotenwahrscheinlichkeit für ihre Mutter (II/2) berechnen. II/2 ist die Tochter von einer obligaten Heterozygoten (I/1). Demzufolge beträgt ihre Heterozygotenwahrscheinlichkeit a priori 50 %. Sie hat aber vier gesunde Söhne. Nun ist ihre bedingte Wahrscheinlichkeit, dass sie heterozygot ist, aber ihre Söhne nicht betroffen sind, $(1/2)^4$ bzw. 1/16. Die bedingte Wahrschein-

Abb. 9.13. Stammbaum einer ratsuchenden Familie mit X-chromosomal-rezessiver Erkrankung, z. B. Muskeldystrophie Typ Duchenne

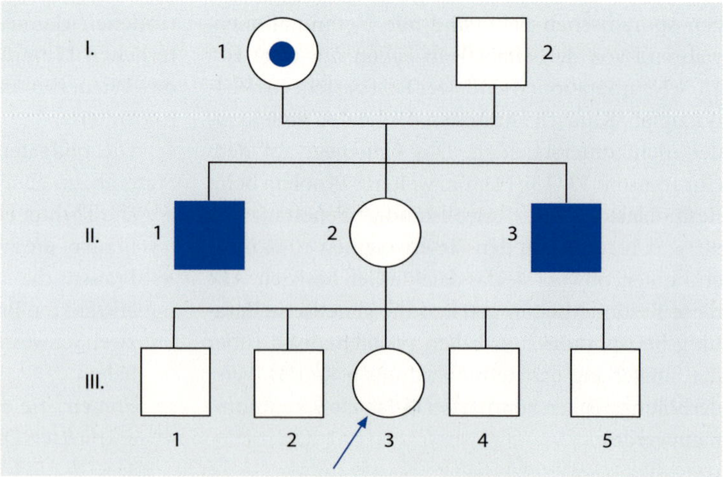

Tabelle 9.10. Risikoberechnung für eine Anlageträgerschaft nach dem Bayesschem Theorem bei einer X-chromosomal-rezessiven Erkrankung, z. B. Muskeldystrophie Typ Duchenne

	Anlageträger II/2	Kein Anlageträger II/2
A-priori-Risiko	1/2	1/2
Bedingtes Risiko (zwei gesunde Söhne)	$(1/2)^4 = 1/16$	1
Kombiniertes Risiko	1/16 x 1/2 = 1/32	1 x 1/2 = 1/2 bzw. 16/32
A-posteriori-Risiko	$\frac{1/32}{1/32 + 1/2} = 1/17$	$\frac{1/2}{1/32 + 1/2} = 16/17$

lichkeit, dass ihre vier Söhne nicht betroffen sind, weil sie nicht heterozygot ist, beträgt 1 bzw. 100 %. Nun kann aus der A-priori-Wahrscheinlichkeit und der bedingten Wahrscheinlichkeit die kombinierte Wahrscheinlichkeit für eine Anlageträgerschaft bzw. Nicht-Anlageträgerschaft errechnet werden. Die kombinierte Wahrscheinlichkeit für II/2 mit vier gesunden Söhnen beträgt 1/2 x 1/16 = 1/32. Die kombinierte Wahrscheinlichkeit, dass sie nicht Anlageträgerin ist, beträgt 1/2 x 1 = 1/2. Nun ergibt sich aus den Verhältnissen der kombinierten Wahrscheinlichkeit für die Heterozygotie und der Summe von beiden mit allen Möglichkeiten die A-posteriori-Wahrscheinlichkeit (bzw. das tatsächliche Risiko). In unserem Fall beträgt das Risiko, für II/2 heterozygot zu sein 1/17 und für die Nicht-Anlageträgerschaft 16/17 (Tabelle 9.10). Daraus ergibt sich das Risiko für III/3 heterozygot zu sein zu 1/34.

Durch Einbeziehung weiterer Daten der entfernten Verwandtschaft sowie der Ergebnisse des Heterozygotentests kann das Risiko für eine Anlageträgerschaft weiter eingeengt werden.

Schwierig ist es, wenn in einer Familie ein isolierter Fall auftritt. Es ist unmöglich zu unterscheiden, ob es sich um eine Neumutation handelt oder eine familiäre Vererbung vorliegt. Um dies herauszufinden, muss man Informationen über die Mutationsrate in männlichen und weiblichen Keimzellen und die Fortpflanzungsfähigkeit des Merkmalträgers haben. So gibt es z. B. bei einem **isolierten Fall mit Duchenne-Muskeldystrophie** drei Möglichkeiten:

- Entweder ist das betroffene Kind Resultat einer Neumutation. In solchen Fällen ist keine weibliche Person in der Familie Anlageträger. Allerdings muss man hier die Möglichkeit des Keimzellmosaiks mit berücksichtigen.
- Es kann sein, dass die Mutter Anlageträgerin aufgrund einer Neumutation ist. In einem solchen Fall haben ihre Töchter eine Wahrscheinlichkeit von 50 %, auch heterozygot zu sein, dementsprechend auch die Enkeltöchter, aber keine ihrer Schwestern bzw. keine anderen Frauen in ihrer mütterlichen Linie.
- Es kann sein, dass die Großmutter des Patienten Anlageträgerin ist und die Mutter von ihr die Anlage geerbt hat. In einem solchen Fall besteht dann eine erhöhte Heterozygotenwahrscheinlichkeit für alle weiblichen Personen der Familie.

Die Wahrscheinlichkeit für alle drei Möglichkeiten beträgt 1/3. Dies kann anhand der **Haldane-Formel** errechnet werden:

$$m = \frac{(l - f)\,\mu}{2\,\mu + \nu}$$

Dabei ist

- m = Anteil der durch Neumutation in der Eizelle der Mutter verursachten unter allen Trägern einer (seltenen) X-chromosomal-rezessiven Erbkrankheit;
- f = Fortpflanzungsrate der Merkmalträger im Verhältnis zum Bevölkerungsdurchschnitt;
- μ = Mutationsrate in Keimzellen von Frauen;
- ν = Mutationsrate in Keimzellen von Männern.

Wenn sich die Kranken überhaupt nicht fortpflanzen können, wie das bei der Muskeldystrophie Typ Duchenne der Fall ist, so vereinfacht sich diese Formel zu:

$$m = \frac{\mu}{2\,\mu + \nu} \quad \text{oder wenn } \mu = \nu,\ m = 1/2$$

Heute kann mit Hilfe von molekulargenetischen Methoden der Heterozygotenstatus bei einigen

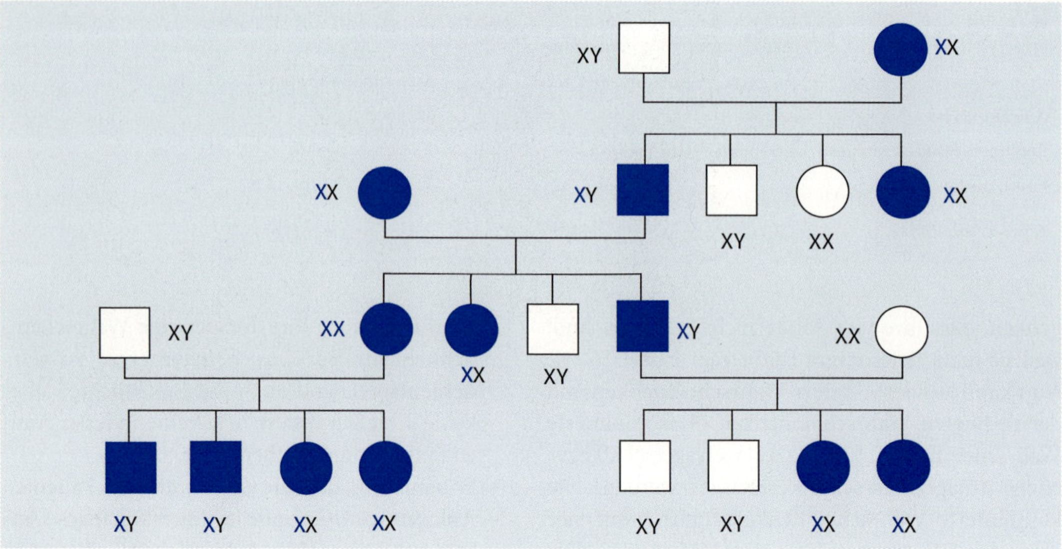

Abb. 9.14. Kreuzungsmöglichkeiten bei einer X-chromosomal-dominanten Erkrankung

X-chromosomal-rezessiven Erkrankungen abgeklärt werden.

9.8.2 X-chromosomal-dominante Erkrankungen

X-chromosomal-dominante Erkrankungen können von der Mutter sowohl auf die Töchter als auch auf die Söhne übertragen werden. Das Risiko für beide Geschlechter beträgt 50 %. Die Töchter eines erkrankten Mannes werden alle krank. Die X-chromosomal-dominanten Erkrankungen sind bei Frauen etwas schwächer ausgeprägt als bei Männern. Die verschiedenen Kreuzungsmöglichkeiten bei X-chromosomal-dominanten Erkrankungen sind in ◘ Abb. 9.14 dargestellt.

Besondere Aufmerksamkeit erfordert die Beratung von Krankheiten mit letalem Faktor für die männlichen Hemizygoten, wie z. B. bei der **Incontinentia pigmenti**, dem **orofaziodigitalen Syndrom Typ I** und der **fokalen, dermalen Hypoplasie**. Allerdings gibt es hier auch seltene Ausnahmesituationen. Bei diesen Krankheitsgruppen werden nur heterozygote Frauen betroffen, und die lebend geborenen Söhne einer heterozygoten Frau sind in der Regel gesund, weil die Erkrankung bei den männlichen Hemizygoten in der Regel so schwerwiegend ist, dass die Embryonen intrauterin absterben. Da die Expressivität stark schwankt und die Symptome, vor allem der Incontinentia pigmenti, sich mit zunehmendem Alter der Frau abschwächen, sollte man bei den sporadischen Fällen die Mütter sorgfältig untersuchen. Wenn bei der Mutter eines betroffenen Kindes die Krankheit nach einer sorgfältigen Untersuchung ausgeschlossen ist und sie keinen Frühabort hatte, dann kann es sich um eine Neumutation handeln.

9.9 Wiederholungsrisiko bei multifaktoriellen Erkrankungen

9.9.1 Grundlagen

Multifaktorielle Erkrankungen oder Fehlbildungen werden im Gegensatz zu monogenen Krankheiten nicht durch ein einziges Gen, sondern durch Interaktion von mehreren Genen (polygen) und Umweltfaktoren verursacht (► Kap. 6). Bevor eine Krankheit oder eine Fehlbildung als multifaktoriell bezeichnet werden kann, muss man klären, ob es sich nicht um ein bestimmtes Syndrom oder Krankheitsbild mit Mendelschem Erbgang handelt. In Einzelfällen kann

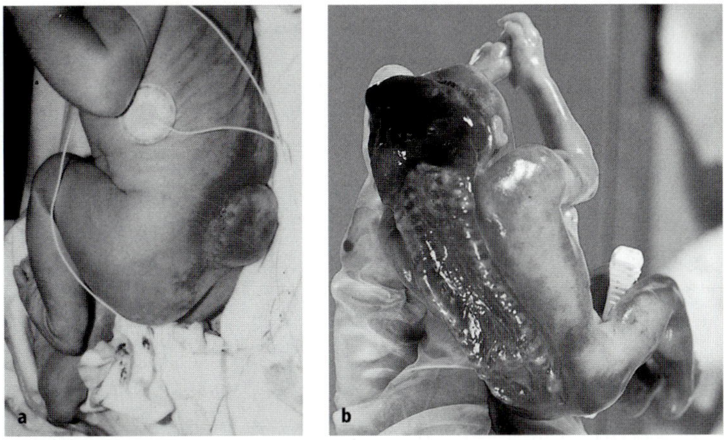

Abb. 9.15. **a** Spina bifida; **b** Rachischisis

es schwierig sein, die monogenen, multifaktoriellen oder rein exogen bedingten Krankheiten voneinander zu unterscheiden.

Multifaktorielle Erkrankungen sind häufiger als monogene. So erkranken etwa 10 bis 15 % der Bevölkerung an irgendeiner Form von **atopischen Krankheiten**, 10–20 % an **Hypertonie**, etwa 5 % an **Diabetes mellitus**, 1 % an **Schizophrenie** und 4 % an **manisch-depressiver Psychose** (▶ Kap. 6). Die Verteilung richtet sich etwa nach einer normalen Verteilung in der Bevölkerung, wobei die meisten Personen einen mittleren Dispositionsgrad aufweisen. Diejenigen an den Enden der Verteilungskurve zeigen eine geringere bzw. höhere Anfälligkeit (Abb. 6.6). Eine multifaktorielle Erkrankung wird bei vorhandenen Umweltfaktoren häufig nach Überschreiten einer bestimmten Grenze der genetischen Disposition voll zur Ausprägung kommen. Hier spricht man von einem **Schwellenwert**. Einige Personen mit höherer genetischer Disposition werden unter günstigen Bedingungen nicht erkranken und umgekehrt Personen mit geringerer genetischer Disposition bei ungünstigen Bedingungen erkranken.

Bei der Ermittlung des Wiederholungsrisikos von multifaktoriellen Erkrankungen bzw. Fehlbildungen sind wir auf **empirische Risikoziffern** angewiesen. Sie werden dadurch gewonnen, dass man eine systematische und auslesefreie Zusammenstellung von Patienten und deren Familien in einer bestimmten Population durchführt und die Erkrankungswahrscheinlichkeit errechnet. Faktoren wie Geschlecht oder Erkrankungsalter bei spät manifestierenden Krankheiten sowie Heterogenität müssen berücksichtigt werden. Für jeden Verwandtschaftsgrad, das heißt für Geschwister, Eltern, Kinder, Vettern, Kusinen, Tanten und Onkel muss jeweils getrennt gerechnet werden. Die Größe der empirischen Risikoziffer ist davon abhängig, welche Person mit welchem Verwandtschaftsgrad erkrankt ist und ob eine oder mehrere Personen betroffen sind. Grundlegend entspricht das Wiederholungsrisiko für Verwandte ersten Grades eines Patienten mit multifaktorieller Erkrankung etwa der **Quadratwurzel** aus der Häufigkeit in der Bevölkerung. Im Folgenden soll die genetische Beratung bei einigen multifaktoriellen Erkrankungen besprochen werden.

9.9.2 Genetische Beratung bei multifaktoriellen Erkrankungen

Neuralrohrdefekt

Normalerweise schließt sich das Neuralrohr am Ende der 4. Embryonalwoche. Ist aus irgendeinem Grund dieser Vorgang gestört, so kommt es zu unterschiedlichen Defekten, die von **Spina bifida occulta** über die **Meningomyelozele** (Abb. 9.15) zu **Rachischisis** und **Anenzephalus** reichen. All diese verschiedenen Formen der Neuralrohrdefekte sind multifaktoriell, sie können aber auch bei verschiedenen Chromosomenstörungen oder verschiedenen Fehlbildungssyndromen mit monogenem oder multifaktoriellem Erbgang als Teilsymptomatik auftreten, wie z. B. beim **Meckel-Gruber-Syndrom**,

Tabelle 9.11. Prozentuales Wiederholungsrisiko für einen Neuralrohrdefekt bei erwartetem/geplantem Kind in Abhängigkeit von der Häufigkeit in der jeweiligen Bevölkerung (mod. nach Harper 1993)

Situation	Inzidenz in der Bevölkerung		
	1:200	1:500	1:1000
Ein Kind betroffen	5	3	2
Zwei Kinder betroffen	12	10	10
Ein Elternteil betroffen	4	4	4
Verwandte 2. Grades betroffen	2	1	1
Verwandte 3. Grades betroffen	1	0,5–1	0,5

einer autosomal-rezessiven Erkrankung mit polyzystischen Nieren, Hexadaktylie und Enzephalozele (Abb. 7.23a–c).

Die Häufigkeit der multifaktoriell bedingten Neuralrohrdefekte ist in verschiedenen geographischen Regionen und in verschiedenen ethnischen Gruppen unterschiedlich. So liegt sie in der Bundesrepublik bei etwa 1:1000 und in Irland bei 7–8:1000. Das Wiederholungsrisiko für Verwandte ersten Grades beträgt etwa 4 % nach einem betroffenen Kind und ca. 9 %, wenn zwei Kinder betroffen sind (Tabelle 9.11). Frauen mit Diabetes mellitus oder Epileptikerinnen, die mit Valproinsäurepräparaten behandelt werden, haben ein höheres Risiko, ein Kind mit Neuralrohrdefekt zu bekommen (Tabelle 9.12). In den Gebieten mit einer höheren Häufigkeit nimmt man einen Einfluss von Ernährungsfaktoren an. Eine präkonzeptionelle Verabreichung von Folsäure reduziert das Wiederholungsrisiko von Frauen mit einem betroffenen Kind. Neuralrohrdefekte können heute pränatal diagnostiziert werden (► Kap. 9.12).

Angeborene Herzfehler

Die Häufigkeit der angeborenen Herzfehler beträgt ca. 0,8–1 %. Etwa 90 % der isolierten angeborenen Herzfehler sind multifaktoriell bedingt. Wie andere Organfehlbildungen können auch angeborene Herzfehler als Teilsymptomatik bei verschiedenen Chromosomenstörungen oder Fehlbildungssyndromen auftreten. Herzfehler können aber auch exogen, z. B. durch Infektion während der Schwangerschaft oder

Tabelle 9.12. Empirisches Risiko für einen Neuralrohrdefekt in verschiedenen Situationen (mod. nach Romero et al. 1987; Main u. Mennuti 1986)

Situation	Risiko auf 1000 Geburten
Allgemeine Inzidenz	1,4–1,5
Frauen mit Diabetes mellitus	20
Frauen mit Valproinsäuretherapie im 1. Trimenon	10–20
Ein Kind betroffen	15–30
Zwei Kinder betroffen	57
Ein Elternteil betroffen	11
Ein Halbgeschwister betroffen	8
Kusine oder Vetter 1. Grades betroffen	3
Ein Kind mit Spina bifida occulta	15–30

chemische Noxen wie Alkohol, Thalidomid oder durch mütterliche Stoffwechselstörungen, wie maternale Phenylketonurie, induziert werden. Das Wiederholungsrisiko für verschiedene Herzfehler ist in der Tabelle 9.13 zusammengestellt.

Tabelle 9.13. Wiederholungsrisiko für angeborene Herzfehler

	Wiederholungsrisiko (%)	
	Geschwister	Kinder
Ventrikelseptumdefekt	2–4	4
Vorhofseptumdefekt	2–3	3
Fallot-Tetralogie	2–3	4
Offener Ductus arteriosus Botalli	2–4	4
Pulmonalstenose	2	2–4
Pulmonalatresie	1	~
Trikuspidalatresie	1	~
Transposition der großen Gefäße	1–2	~
Aortenstenose (ohne subvalvuläre u. supravalvuläre)	2–3	4
Aortenisthmusstenose	2	2–3
Endokardfibroelastose	4	~
Hypoplastisches Linksherzsyndrom	2	~
Ebstein-Anomalie	1	~

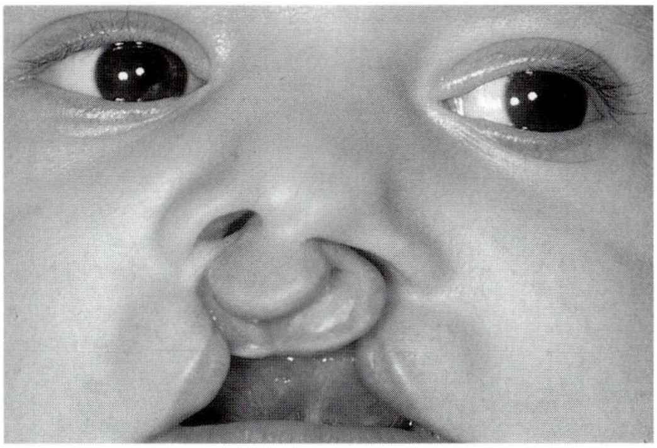

Abb. 9.16. Lippen-Kiefer-Gaumen-Spalte (mit freundlicher Genehmigung von Prof. F. Vogel, Heidelberg)

Tabelle 9.14. Wiederholungsrisiko für die Lippen-Kiefer-Gaumen-Spalte für nahe Verwandte von Merkmalträgern nach verschiedenen Serien der Literatur (nach Fuhrmann u. Vogel 1983)

Familiensituation		Wiederholungsrisiko für Lippen-Kiefer-Gaumenspalte (%)
Gesunde Eltern	1 betroffenes Kind	4
	2 betroffene Kinder	9
1 Elternteil betroffen	1. Kind	3–4
	bereits 1 betroffenes Kind	15–17
Beide Eltern betroffen		? ≥ 35

Tabelle 9.15. Wiederholungsrisiko für isolierte Gaumenspalten für nahe Verwandte von Merkmalsträgern nach verschiedenen Serien der Literatur (nach Fuhrmann u. Vogel 1983)

Familiensituation		Wiederholungsrisiko für Gaumenspalte (%)
Gesunde Eltern	1 betroffenes Kind	2
	2 betroffene Kinder	10
1 Elternteil betroffen	1. Kind	6
	bereits 1 betroffenes Kind	15–17

Lippen-Kiefer-Gaumen-Spalte

Vor der genetischen Beratung sollten der Patient mit einer Lippen-Kiefer-Gaumen-Spalte sowie seine Eltern gründlich untersucht werden, weil bei einigen Fehlbildungssyndromen die Ausprägung dieses Defektes sehr diskret sein kann. Die Lippen-Kiefer-Gaumen-Spalte kann z. B. bei einer Chromosomenstörung, wie der **Trisomie 13** (Abb. 4.12), oder bei einer Reihe von Fehlbildungen mit monogenem Erbgang oder bei einer **Holoprosenzephalie** mit unvollständiger Ausprägung (Abb. 7.8) vorkommen oder multifaktoriell bedingt sein.

Die isolierte Lippen-Kiefer-Gaumen-Spalte ist multifaktoriell bedingt und kommt mit einer Häufigkeit von 1:500 vor (Abb. 9.16). Die Gaumenspalte alleine ist mit 1:2500 seltener. Das Wiederholungsrisiko für die multifaktoriell bedingte Lippen-Kiefer-Gaumen-Spalte und die isolierte Gaumenspalte ist in den Tabellen 9.14 u. 9.15 zusammengefasst.

Hypertrophe Pylorusstenose

Die hypertrophe Pylorusstenose tritt bei Jungen etwa 5-mal häufiger als bei Mädchen auf. In einer umfangreichen Studie wurde festgestellt, dass bei Verwandten von befallenen Mädchen die Pylorusstenose weit öfter auftritt als bei den entsprechenden Verwandten der befallenen Knaben (Tabelle 9.16). Daraus resultiert eine quantitative Verteilung der genetischen Disposition für die Pylorusstenose **(Carter-Effekt)**. Wenn unspezifische, geschlechtsabhängige Faktoren die Manifestation der Gene bei Mädchen unterdrücken, müssen erkrankte Mädchen eine besonders starke genetische Disposition aufweisen, also eine Vielzahl von entsprechenden Genen besitzen, um zu erkranken. Da Verwandte ersten Grades die Hälfte der Gene gemeinsam haben, besitzen auch Verwandte betroffener Mädchen entsprechend mehr kranke Gene als Verwandte betroffener Knaben. Die Knaben erkranken schon bei einer relativ geringen genetischen Disposition.

Tabelle 9.16. Wiederholungsrisiko für Pylorusstenose (nach Harper 1993)

Geschlecht der Probanden	Brüder	Schwestern	Söhne	Töchter	Neffen	Nichten	Vettern	Kusinen
♂	3,8 %	2,7 %	5,5 %	2,4 %	2,3 %	0,4 %	0,9 %	0,2 %
♀	9,2 %	3,8 %	18,9 %	7,0 %	4,7 %	~	0,7 %	0,3 %

Epilepsie

Epileptische Anfälle können bei einer Reihe nicht behandelter monogener Stoffwechselstörungen als Teilsymptomatik auftreten. Isolierte, sog. idiopathische Epilepsien folgen bis auf wenige Ausnahmen einem multifaktoriellen Erbgang. Wiederholungsrisiken für die verschiedenen Formen der Epilepsie sind in Tabelle 9.17 u. 9.18 zusammengestellt. Bei der genetischen Beratung muss auf teratogene Effekte antiepileptischer Medikamente hingewiesen werden. Es sollte bereits vor der Konzeption die Dosis sowie die Art und Kombination der antiepileptischen Mittel mit einem Spezialisten ausführlich besprochen und so eingestellt werden, dass die Patientin durch eine günstige Medikation möglichst anfallsfrei bleibt. Das Basisrisiko für angeborene Fehlbildungen ist, unabhängig von der Art der Medikation, höher als in der Allgemeinbevölkerung. Eine engmaschige und gezielte Ultraschalluntersuchung sowie pränatale Diagnostik zum Ausschluss von Neuralrohrdefekten ist bei der Beratung von epileptischen Müttern in Erwägung zu ziehen.

Tabelle 9.17. Empirisches Risiko für einige Epilepsieformen, außer der idiopathischen Form (nach Blandfort et al. 1987)

Epilepsietypen	Wiederholungsrisiko in %	
	Kind	Geschwister
Myoklonisch-astatischer Petit mal (Doose)	2	10–12
Absence (Pyknolepsie)	8–10	4–6
Impulsiver Petit mal, Aufwach-Grand-mal	8–12	4–6
Photosensitive Epilepsie	6–10	6–10
BNS-Krämpfe	2	1–2
Komplexe fokale Epilepsie	1–3	1–3
Rolando-Epilepsie	12–15	12–15
Alle partiellen und sekundären generalisierten Epilepsien	2–4	2–4
Fieberkrämpfe	10	10–20

Tabelle 9.18. Empirisches Risiko für idiopathische Epilepsie

Verwandtschaftsgrad	Erkrankungsrisiko %
Ein Elternteil	4
Beide Eltern	15
1 Geschwisterkind und ein Elternteil	10
Geschwister:	8
Erkrankungsalter < 10	6
Erkrankungsalter > 25	1–2

Diabetes mellitus

Der Diabetes mellitus ist eine heterogene Erkrankung. Grundsätzlich unterscheidet man verschiedene Typen, einen **insulinabhängigen Diabetes Typ I** und einen **insulinunabhängigen Diabetes Typ II**. Die immunologischen Untersuchungen haben gezeigt, dass beim Diabetes Typ I eine Assoziation mit HLA Typ DR3 oder DR4 besteht. Diese beiden diabetischen Formen werden multifaktoriell vererbt. Darüber hinaus gibt es einen **Maturity-Onset-Diabetes-of-the-Youth (MODY),** der autosomaldominant vererbt wird. Seit neuestem kennt man eine Sonderform, die **mitochondrial** bedingt ist. Das Wiederholungsrisiko für multifaktoriell bedingten Diabetes mellitus ist in Tabelle 9.19 dargestellt.

Tabelle 9.19. Wiederholungsrisiko für Diabetes mellitus (nach Rotter et al. 1992)

Diabetes	Risikopatienten	Risikoeinschätzung (%)
Typ I (IDDM)	Geschwister ohne HLA-Typisierung	7
	kein identisches HLA	1
	1 HLA-Haplotyp identisch	5
	2 HLA-Haplotypen identisch	16
	mit HLA Typ DR3/DR4 assoziiert	20–25
	Kinder	4
	von erkrankten Müttern	2–2,5
	von erkrankten Vätern	5
	Häufigkeit in der Bevölkerung:	0,2
	mit HLA Typ DR3 oder DR4	0,25
	mit HLA Typ DR3/3 oder HLA DR4/4	0,75
	mit HLA Typ DR3/4	2,5
Typ II (NIDDM)	Verwandte ersten Grades	10–15
	Häufigkeit in der Bevölkerung	5

Bei der genetischen Beratung von Diabetikerinnen soll die perinatale Mortalität und postnatale Gefährdung angesprochen werden und eine sorgsame Betreuung in einer Diabetikersprechstunde während der Schwangerschaft gewährleistet sein.

Tabelle 9.20. Wiederholungsrisiko für eine schwere, nicht näher identifizierbare mentale Retardierung

Betroffene Verwandte	Wiederholungsrisiko	[%]
Ein Kind (♂ oder ♀)	Schwester	2
	Bruder	4
	Geschwister	3
Zwei Kinder (♂ oder ♀)	Geschwister	25
Ein Kind (♂ oder ♀), Eltern blutsverwandt	Geschwister	15
Sohn und Onkel mütterlicherseits	Bruder	50
Ein Elternteil	Geschwister	10
Ein Elternteil und Kind	Geschwister	20
Beide Eltern	Geschwister	50

Tabelle 9.21. Empirische Belastungsziffern bei Schizophrenie

Verwandtschaftsgrad	Erkrankungswahrscheinlichkeit %
Ein Elternteil	5–10
Beide Eltern	45
Kinder	9–16
Geschwister	8–14
Geschwister und ein Elternteil	15
Halbgeschwister	4
Zweieiige Zwillinge	5–16
Eineiige Zwillinge	20–75
Enkel	2–8
Onkel/Tante	3
Vettern und Kusinen	2–6
Neffen und Nichten	1–4
Häufigkeit in der Bevölkerung	1

Angeborene Fehlbildungen bei Kindern diabetischer Mütter sind etwa 3-mal häufiger als in der Allgemeinbevölkerung. Besondes bei der **kaudalen Dysplasie** wird häufig ein mütterlicher Diabetes beobachtet. Bei schweren Formen, bei denen die diabetische Mutter bereits vaskuläre Komplikationen zeigt (diabetische Retinopathie), ist die Fehlbildungsrate bei Nachkommen deutlich größer.

Geistige Behinderung

Kriterien für geistige Behinderung bzw. Oligophrenie sind Intelligenzminderung und unzulängliches adaptives Sozialverhalten, wobei sich der Intelligenzquotient zur Klassifizierung durchgesetzt hat (► Kap. 6.2.4). Trotz umfangreicher Untersuchungen bleibt bei etwa 30–40 % der Fälle die Ursache der mentalen Retardierung unbekannt. Bei den ätiologisch bekannten Formen reicht die Skala von intrauterinen bzw. perinatalen exogenen Faktoren über chromosomale Störungen und monogene Defekte mit einfachem Mendelschen Erbgang bis hin zu der inhomogenen Gruppe der multifaktoriell bedingten Formen.

Bei der ätiologisch unklaren geistigen Behinderung kann nur nach empirischen Risikoziffern eine erbprognostische Aussage gemacht werden (Tabelle 9.20).

Die empirischen Risikoziffern für einige weitere multifaktorielle Erkrankungen sind in den Tabellen 9.21 bis 9.24 zusammengestellt.

Tabelle 9.22. Erkrankungsrisiko für affektive Psychosen, alterskorrigiert. (Nach Gershon et al., 1976)

Art der Erkrankung	Erkrankungsalter	% der erkrankten Verwandten 1. Grades
Bipolar	< 40	19,9
	> 40	11,2
Unipolar	< 40	16,7
	> 40	9,5

Tabelle 9.23. Wiederholungsrisiko für Hüftgelenkluxation

Geschlecht der Probanden	Brüder	Schwestern	Söhne	Töchter	Neffen	Nichten
♂	1–2 %	13,0 %	1 %	~	~	7,6 %
♀	2,0 %	13,4 %	5,9 %	17,1 %	~	~

Tabelle 9.24. Empirisches Wiederholungsrisiko für die Atopieformen unter Verwandten 1. Grades.
Zum Vergleich ist die Häufigkeit in der Bevölkerung (i. d. B.) angegeben (nach Lubs 1972)

Atopie beim Probanden	Verwandte 1. Grades	
	Atopieform	Häufigkeit
Asthma (Häufigkeit i. d. B. 3,8 %)	Asthma	9,2 %
	Heuschnupfen	25,2 %
	Neurodermitis atopica	4,3 %
Heuschnupfen (Häufigkeit i. d. B. 14,8 %)	Asthma	6,0 %
	Heuschnupfen	24,1 %
	Neurodermitis atopica	3,3 %
Neurodermitis atopica (Häufigkeit i. d. B. 2,5 %)	Asthma	6,2 %
	Heuschnupfen	20,1 %
	Neurodermitis atopica	7,7 %

9.10 Wiederholungsrisiko bei Krankheiten mit einer Chromosomenaberration

Gründe für eine genetische Beratung bei Chromosomenstörungen sind:
- vorangegangenes Kind mit einer Chromosomenstörung,
- altersabhängiges Risiko für eine numerische Chromosomenstörung,
- Familiäre balancierte Translokation.

9.10.1 Wiederholungsrisiko nach Geburt eines Kindes mit Chromosomenstörung

Der zytogenetische Befund eines erkrankten Kindes hat eine sehr wichtige Bedeutung für die Beratung. Wurde ein verstorbenes Kind mit Down-Syndrom nicht zytogenetisch untersucht, dann müssen sich die Eltern zum Ausschluss einer familiären Translokation einer solchen Untersuchung unterziehen.

Liegt bei dem erkrankten Kind eine **freie Trisomie 21** vor, dann ist das Wiederholungsrisiko für das Down-Syndrom im Vergleich zu gleichaltrigen Müttern in der Allgemeinbevölkerung leicht erhöht und beträgt ca. 1 %, wenn das mütterliche Alter unter 35 Jahren liegt. Hat ein zweites Kind aus der gleichen Verbindung eine freie Trisomie 21, dann ist das Wiederholungsrisiko wesentlich höher und liegt etwa bei 10 %. Wenn in einer Familie ein Kind eine freie Trisomie 21 hat und bei einem weiteren Kind eine andere numerische Chromosomenstörung gefunden wird, z. B. Trisomie 13 oder Klinefelter-Syndrom, so wird man ebenfalls mit einem wesentlich höheren Wiederholungsrisiko rechnen müssen. In all diesen Situationen kann im Falle einer Schwangerschaft die **pränatale Chromosomendiagnostik** angeboten werden.

Liegt bei einem Kind eine **Robertson**- oder **reziproke Translokationstrisomie** vor, dann müssen die Eltern vor der genetischen Beratung zytogenetisch untersucht werden. Findet man bei den Eltern keine balancierte Translokation, dann ist das Wiederholungsrisiko gegenüber der Allgemeinbevölkerung kaum erhöht. Liegt bei einem der Eltern eine balancierte Translokation vor, dann besteht für weitere Kinder entsprechend dem Translokationstyp ein erhöhtes Risiko. Das theoretische Risiko für eine Translokationstrisomie 14 bzw. 21 beträgt 25 %, jedoch ist das tatsächliche Risiko wesentlich geringer, etwa 10–15 %, wenn die Mutter Translokationsträgerin ist, etwa 2 %, wenn der Vater Translokationsträger ist. Das Risiko für weitere Robertson-Translokationen ist in ◘ Abb. 9.17 dargestellt.

Liegt der Erkrankung des Kindes eine **reziproke Translokation** zugrunde und weist einer der Eltern die entsprechende balancierte Translokation auf, dann ist das Wiederholungsrisiko je nach Art der beteiligten Chromosomen, Lage der Bruchpunkte und Größe des translozierten Stückes unterschiedlich. Während der meiotischen Teilung kommt es zu verschiedenen Kombinationen. Die meisten entstandenen Keimzellen überleben nicht oder die Früchte sterben kurz nach der Befruchtung ab. Das Risiko für eine nicht balancierte Chromosomenstörung ist wesentlich geringer als theoretisch zu erwarten (◘ Abb. 9.18)

9.10.2 Altersbedingtes Risiko für eine Chromosomenstörung

Das Risiko, ein Kind mit einer numerischen Chromosomenstörung zu bekommen, steigt mit dem Alter der Mutter (◘ Abb. 9.19). Während das Risiko

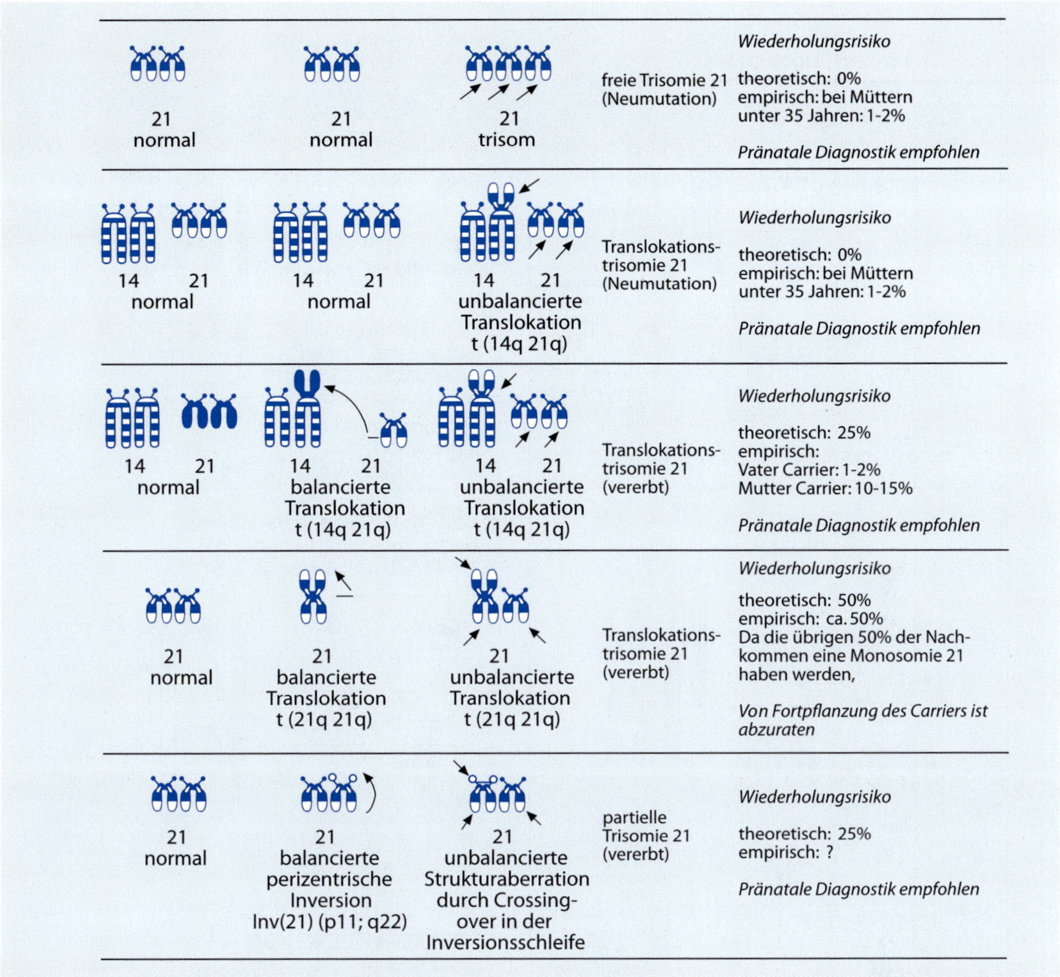

Abb. 9.17. Zytogenetische Aberrationstypen und ihre Bedeutung für die Familienberatung am Beispiel der Trisomie 21 (Down-Syndrom). Der Terminus Wiederholungsrisiko bedeutet das Risiko für das Wiederauftreten der gleichen oder einer anderen Chromosomenaberration; pränatales Diagnosedatum, 2. Schwangerschaftstrimenon (nach Boue et al. 1989)

für ein lebend geborenes Kind mit Down-Syndrom bei einer 35-jährigen Frau etwa 0,25 % beträgt, ist es bei einer 44-jährigen Frau mit 2,5 % um das Zehnfache erhöht. In der Tabelle 9.25 ist das Risiko für eine Trisomie 21 in Abhängigkeit vom mütterlichen Alter und in Tabelle 9.26 für die Zwillingsschwangerschaft zusammengestellt.

9.10.3 Habituelle Aborte

Habituelle Aborte können durch unterschiedliche Faktoren verursacht werden. Wenn bei wiederholten Fehlgeburten eine gynäkologische, endokrinologische und immonologische Ursache ausgeschlossen ist, sollte eine chromosomale Ursache abgeklärt werden. Etwa 50–60 % aller erkennbaren Spontanaborte – vor allem im ersten Trimenon – werden durch Chromosomenstörungen verursacht. Sie entstehen in der Mehrzahl der Fälle durch **Neumutation** und **Non-disjunction** während der Meiose oder im ersten Teilungsstadium der Zygote. Sie können aber auch durch eine **balancierte Translokation** bzw. **Inversion** eines Elternteils hervorgerufen werden. Da in der Regel nicht immer das Abortmaterial zytogenetisch untersucht wird, ist nach wiederhol-

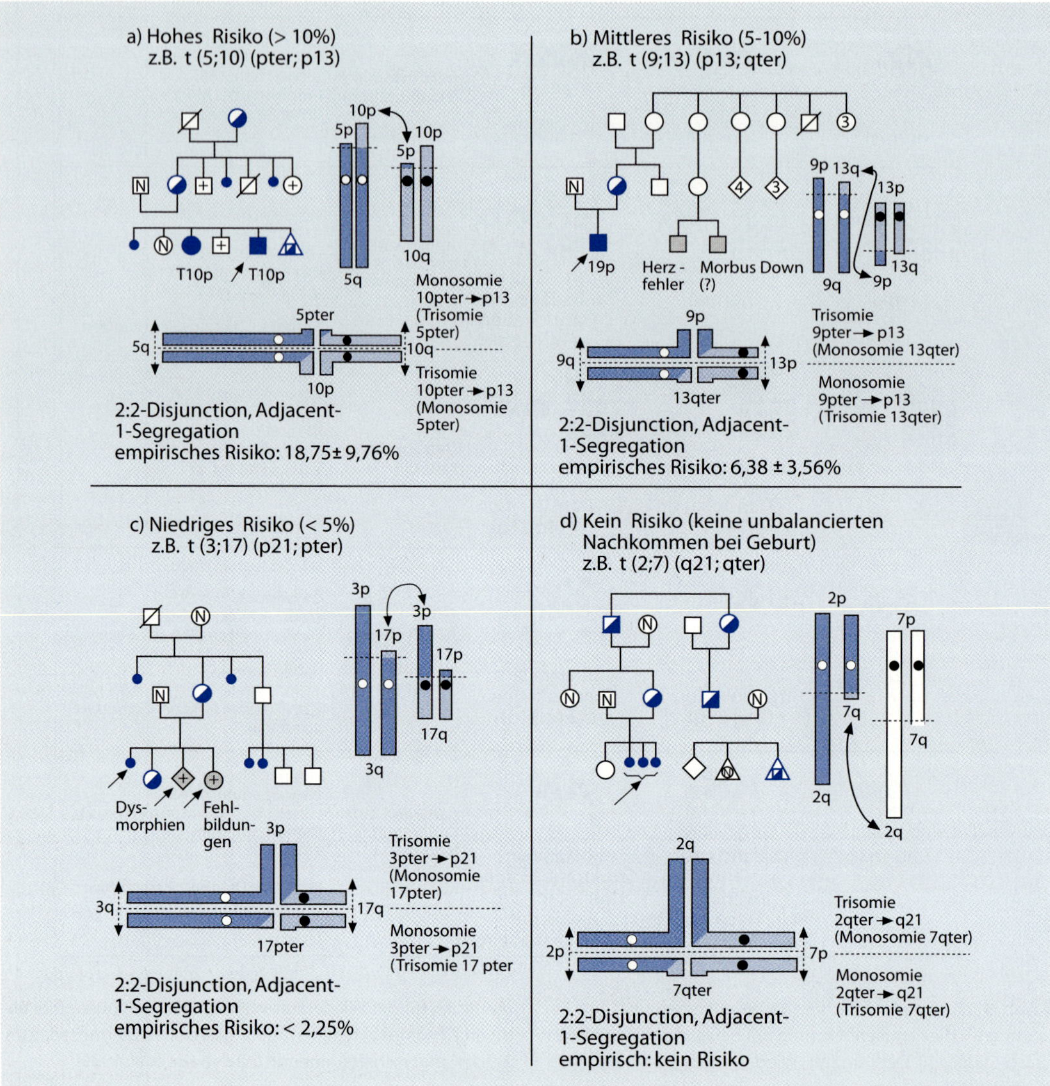

Abb. 9.18. Risiko für unbalancierte Nachkommen (bei Geburt) bei balancierten elterlichen Translokationen (Einzelsegmentinbalancen) (nach Stengel-Rutkowski et al. 1989)

ten Spontanaborten eine Chromosomenanalyse der Eltern indiziert, um eine familiäre Chromosomenaberration auszuschließen.

9.11 Infertilität

Besteht bei einem Paar unerfüllter Kinderwunsch über längere Zeit, sollte bei beiden Partnern eine ausführliche Untersuchung zur Abklärung durchgeführt werden. In der Regel sucht in solchen Fällen zuerst die Frau medizinischen Rat. Es ist jedoch bekannt, dass ca. 50 % der Sterilitätsursachen beim Mann liegen. Im Rahmen der Abklärung der Infertilität sind neben der gynäkologischen und endokrinologischen Untersuchung der Frau und der andrologischen Untersuchung des Mannes auch genetische Untersuchungen erforderlich. Dazu gehört die zytogenetische Untersuchung beider Partner, denn eine gonosomale Chromosomenaberration oder

Abb. 9.19. Die Häufigkeit des Down-Syndroms bei Lebendgeborenen in Abhängigkeit vom mütterlichen Alter

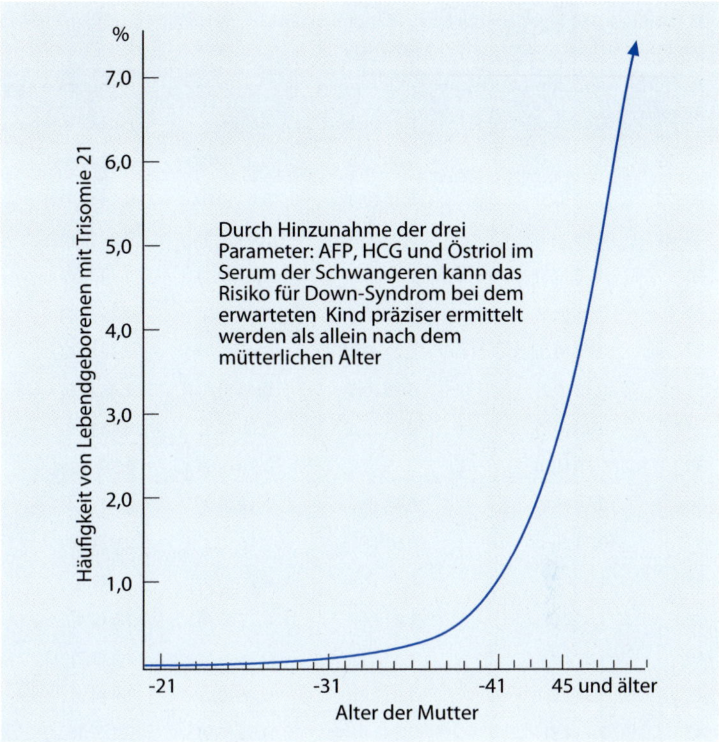

Tabelle 9.25. Das Risiko für ein Kind mit Down-Syndrom in Abhängigkeit vom mütterlichen Alter

Alter	Geburt	Amniozentese (AC)	Chorionbiopsie (CVS)
20	1 : 1500	1 : 1200	1 : 750
25	1 : 1350	1 : 1000	1 : 675
30	1 : 900	1 : 700	1 : 450
35	1 : 380	1 : 300	1 : 240
37	1 : 250	1 : 190	1 : 130
39	1 : 150	1 : 120	1 : 75
40	1 : 100	1 : 75	1 : 55
41	1 : 85	1 : 70	1 : 40
43	1 : 50	1 : 40	1 : 25
45	1 : 30	1 : 25	1 : 15

eine balancierte Translokation können die Ursache der Infertilität sein. Weiterhin ist eine molekulargenetische Analyse des Y-Chromosoms zum Ausschluss von Mutationen der *AZF-Gene* (Azospermiefaktor-Gene) des Mannes erforderlich, wenn durch die vorher genannten Untersuchungen keine pathologischen Befunde als Ursache gefunden werden.

Auch eine komplette oder partielle Verschlussstörung oder Aplasie des Ductus deferens kann eine Ursache der Infertilität sein. Diese kann durch eine Infektion verursacht werden, es kann aber auch eine kongenitale **bilaterale** bzw. **unilaterale Aplasie** des Ductus deferens vorliegen **(CBAVD, CUAVD)**. Bei etwa 6 % der Männer mit Azoospermie liegt eine CBAVD vor, bei 70 % dieser Männer mit CBAVD findet man eine Mutation im *CFTR-Gen* (zystische Fibrose-Gen). Aus diesem Grund sollte im Rahmen der Abklärung einer Infertilität beim Mann mit CBAVD eine molekulargenetische Analyse des CFTR-Gens durchgeführt werden. Sehr häufig findet man hier eine Compoundheterozygotie der CF-Mutation.

Aufgrund der technischen Entwicklung der assistierten Reproduktion werden Paare mit unerfülltem Kinderwunsch von einem multidisziplinären Team, bestehend aus Vertretern der Gynäkologie, Endokrinologie, Dermatologie, Biologie und

Tabelle 9.26. Risiko für das Down-Syndrom (alle Chromosomenstörungen) in % bei Zwillingsschwangerschaft zum Zeitpunkt der Geburt (aus verschiedenen Quellen)

Mütterl. Alter	Annahme 2/3 zweieiig, 1/3 eineiig			Sicher zweieiig (z. B. IVF)		
	Eines oder beide	Diskordant	Beide	Eines oder beide	Diskordant	Beide
15–19	0,10 (0,3)	0,08 (0,3)	0,02 (0,07)	0,12 (0,4)	0,12 (0,4)	≪0,1 (≪0,1)
20–24	0,13 (0,3)	0,11 (0,3)	0,03 (0,07)	0,16 (0,4)	0,16 (0,4)	≪0,1 (≪0,1)
25–29	0,18 (0,3)	0,15 (0,3)	0,04 (0,1)	0,22 (0,4)	0,22 (0,4)	≪0,1 (≪0,1)
30	0,20 (0,5)	0,16 (0,4)	0,04 (0,1)	0,24 (0,6)	0,24 (0,6)	≪0,1 (≪0,1)
31	0,23 (0,5)	0,19 (0,4)	0,05 (0,1)	0,28 (0,6)	0,28 (0,6)	≪0,1 (≪0,1)
32	0,27 (0,5)	0,21 (0,4)	0,05 (0,1)	0,32 (0,6)	0,32 (0,6)	≪0,1 (≪0,1)
33	0,32 (0,7)	0,25 (0,5)	0,06 (0,1)	0,38 (0,8)	0,38 (0,8)	≪0,1 (≪0,1)
34	0,38 (0,7)	0,31 (0,5)	0,08 (0,1)	0,46 (0,8)	0,46 (0,8)	≪0,1 (≪0,1)
35	0,48 (1,0)	0,39 (0,8)	0,10 (0,2)	0,58 (1,2)	0,58 (1,2)	≪0,1 (≪0,1)
36	0,60 (1,2)	0,48 (0,9)	0,12 (0,2)	0,72 (1,4)	0,72 (1,4)	≪0,1 (≪0,1)
37	0,77 (1,3)	0,61 (1,1)	0,16 (0,3)	0,92 (1,6)	0,92 (1,6)	≪0,1 (≪0,1)
38	1,0 (1,7)	0,79 (1,3)	0,20 (0,3)	1,2 (2,0)	1,2 (2,0)	≪0,1 (<0,1)
39	1,3 (2,0)	1,1 (1,6)	0,27 (0,4)	1,6 (2,4)	1,6 (2,4)	≪0,1 (<0,1)
40	1,8 (2,7)	1,5 (2,1)	0,38 (0,5)	2,2 (3,2)	2,2 (3,1)	≪0,1 (<0,1)
41	2,3 (3,5)	1,9 (2,8)	0,48 (0,7)	2,8 (4,2)	2,8 (4,1)	<0,1 (<0,1)
42	3,1 (4,3)	2,5 (3,4)	0,65 (0,9)	3,7 (5,1)	3,7 (5,1)	<0,1 (<0,1)
43	4,1 (5,4)	3,3 (4,3)	0,87 (1,2)	4,9 (6,5)	4,9 (6,4)	<0,1 (0,1)
44	5,4 (6,9)	4,3 (5,4)	1,2 (1,5)	6,6 (8,2)	6,4 (8,0)	0,1 (0,2)
45	6,8 (8,8)	5,3 (6,8)	1,5 (2,0)	8,2 (10,5)	8,8 (10,2)	0,2 (0,3)
46	8,6 (11,3)	6,6 (8,7)	10,2 (2,7)	10,2 (13,5)	10,0 (13,0)	0,3 (0,5)

Humangenetik, betreut. Neben der In-vitro-Fertilisierung stehen heute Behandlungsmethoden wie die **intrazytoplasmatische Spermatozoen-Injektion (ICSI)**, die **mikroepididymale Spermienaspiration (MESA)** und die **testikuläre Spermienextraktion (TESE)** zur Verfügung.

9.12 Pränatale Diagnostik

In der Vergangenheit hatten die ratsuchenden Eltern mit einem hohen Risiko für eine schwerwiegende Krankheit die Entscheidungen zu treffen, entweder das Risiko zu tragen oder auf eigene Kinder zu verzichten und im Falle einer Schwangerschaft eine Interruptio durchführen zu lassen. Heute ist es möglich, eine Reihe von Krankheiten und Fehlbildungen pränatal zu erkennen. Durch diese Entwicklung in der medizinischen Genetik haben sich die Inhalte der Beratungsgespräche und die Entscheidungsmöglichkeiten der Ratsuchenden verändert. Inzwischen ist die Erläuterung von Techniken und die Sicherheit der Methoden sowie die daraus folgende Konsequenz ein wesentlicher Bestandteil der genetischen Beratung geworden. Für einige Krankheiten, die pränatal festgestellt werden können, stehen heute **prä- und postnatale Therapiemöglichkeiten** zur Verfügung. Auch diese müssen im Rahmen des Beratungsgespräches erörtert werden.

Die pränatale Diagnostik impliziert im Falle eines pathologischen Befundes nicht zwangsläufig einen Schwangerschaftsabbruch, dieser steht jedoch im Mittelpunkt der Diskussion, und es können Konfliktsituationen entstehen. Aus diesem Grund soll die pränatale Diagnostik nach einer ausführlichen Beratung durchgeführt werden. Dies gilt auch für die

Befundmitteilung im Falle eines pathologischen Ergebnisses. In der Praxis der pränatalen Diagnostik werden zwangsläufig Spezialisten der verschiedenen Disziplinen involviert. Dazu gehören neben dem klinischen Genetiker ein Zytogenetiker, Molekulargenetiker, Gynäkologe, Biochemiker, Pathologe sowie ggf. ein Pädiater, Kinderchirurg, Psychologe und Sozialarbeiter. Aus diesem Grund sollen je nach vorliegender Fragestellung und Situation im Rahmen einer pränatalen Diagnostik die erforderlichen Spezialisten informiert und zu Rate gezogen werden.

9.12.1 Indikationen für die Pränataldiagnostik

Die Indikationen für eine Pränataldiagnostik sollten nach einer ausführlichen Beratung gestellt werden. Dabei werden folgende Punkte angesprochen:
- Schwere der zu diagnostizierenden Krankheit,
- Therapiemöglichkeiten und deren Erfolgschancen,
- Sicherheit und Fehlerquote der Untersuchungsmethode,
- Risiken für Mutter und Kind.

Durch die Einführung der ultraschallgesteuerten Materialgewinnung ist die Sicherheit dieser Methoden verbessert worden. Das Risiko für das Kind ist das Risiko der **Fehlgeburt**, das bei der Amniozentese ca. 0,3–1 % und bei der Chorionzottenbiopsie etwa 1–2 % beträgt. Verletzungen des Kindes kommen kaum vor. Fehlbildungen oder Anomalien sind nach Amniozentese oder Chorionzottenbiopsie nicht häufiger aufgetreten. Komplikationen für die Mutter sind die Auslösung vorzeitiger Wehen und das Auftreten leichter abdomineller Schmerzen.

Indikationen für eine invasive pränatale Diagnostik sind:
- erhöhtes Alter der Mutter,
- vorangegangenes Kind mit einer Chromosomenaberration,
- balancierte Translokation bei einem Elternteil,
- Risiko für eine monogene Erkrankung, die pränatal diagnostiziert werden kann,
- Risiko eines Neuralrohrdefektes bzw. eines Anenzephalus.

9.12.2 Praktisches Vorgehen und Zeitplan

Die Notwendigkeit der genetischen Beratung vor der Durchführung einer Pränataldiagnose haben wir bereits erwähnt. Die Beratung soll zeitlich so eingeplant sein, dass der Schwangeren und ihrer Familie genügend Zeit zur Verfügung steht, sich nach Abwägen der Risiken und Chancen der Untersuchung zu entscheiden. Bei manchen Krankheiten empfiehlt sich die Beratung vor Eintritt einer Schwangerschaft, damit rechtzeitig abgeklärt werden kann, ob eine Untersuchung gerade bei dieser ratsuchenden Familie erforderlich ist und durchgeführt werden kann. Vor allem ist dies notwendig, wenn eine Pränataltherapie zur Verfügung steht. In ◘ Tabelle 9.27 ist das Vorgehen bei pränataler Diagnose und Therapie des 21-Hydroxylasedefektes zusammengestellt.

Die **Amniozentese** ist noch immer die am häufigsten durchgeführte invasive pränatale Untersuchung. Der Hauptvorteil ist die überwiegende direkte fetale Herkunft der untersuchten Zellen.

Eine Amniozentese wird in der Regel ab der 14. Schwangerschaftswoche durchgeführt. Der günstigste Zeitpunkt für die Beratung liegt dann etwa in der 12. Schwangerschaftswoche. Die **Chorionzottenbiopsie** kann ab der 8. Schwangerschaftswoche durchgeführt werden, wird aber meist in der 10. Woche vorgenommen. Der günstigste Zeitpunkt für die Durchführung einer Hautbiopsie bzw. Fetoskopie liegt zwischen der 18. und 22. Schwangerschaftswoche. In dieser Zeit können die meisten Fehlbildungen durch eine gezielte Ultraschalluntersuchung erkannt bzw. ausgeschlossen werden.

9.12.3 Pränataldiagnostische Methoden

Pränataldiagnostische Untersuchungen sowie Methoden der Gewinnung von fetalem Untersuchungsmaterial sind in der ◘ Tabelle 9.28 zusammengestellt.

Nichtinvasive Methoden

Zu den nichtinvasiven Methoden gehört die **Ultraschalluntersuchung** (◘ Tabelle 9.29). Durch sie wird nicht nur das Wachstum des Feten, die Lage der

Tabelle 9.27. Vorgehen bei pränataler Diagnose und Therapie des 21-Hydroxylasedefektes

Vor Eintritt der Schwangerschaft:
- DNA-Analyse (HLA Kl. I und II) bei den Eltern und dem betroffenen Geschwisterkind
- Serologische HLA-Typisierung der Eltern und des betroffenen Geschwisterkindes

Während der Schwangerschaft:

Zeit	Diagnostik	Ergebnis	Therapie
1. SSW	Schwangerschaftstest	positiv	Dexamethason (0,5 mg 2 x /dies)
9.–11. SSW	Chorionzottenbiopsie Geschlechtsdiagnostik	männlich	Absetzung der Therapie
		weiblich	Fortsetzung der Therapie
	DNA-Diagnostik HLA-Serotypisierung in kultivierten Chorionzottenzellen	betroffenes Mädchen	Fortsetzung der Therapie
		nicht betroffenes Mädchen	Absetzung der Therapie
15. SSW	Amniozentese, wenn die Untersuchung durch Chorionzottenbiopsie nicht möglich war Geschlechtsdiagnostik	wie oben	wie oben
	HLA-Typisierung in Amnionzellen 17-OH-Progesteron in Amnionflüssigkeit	wie oben	wie oben

Tabelle 9.28. Invasive Routinemethoden in der Pränataldiagnostik

Methode	Zeitraum der Durchführung	Erhöhung des Abortrisikos [%]	Einsatz
Chorionzottenbiopsie	10.–12. SSW	0,2–1	Karyotypisierung, molekulargenetische und biochemische Untersuchungen bei monogenen Erkrankungen. Virus-DNA-Nachweis. Rh- und Hb-Typisierung bei Rhesus-Inkompatibilität und Verdacht auf Alloimmunthrombozytopenie
Frühamniozentese	10.–14. SSW	Bis zu 4	Zur frühen Karyotypisierung bei Kontraindikationen gegen Chorionzottenbiopsie vertretbar
Standardamniozentese	Ab der 15. SSW	0,2–1	*An Amnionzellen:* Karyotypisierung, DNA-Analyse und biochemische Untersuchungen
			Im Fruchtwasser: AFP und AChE, biochemische Analysen bei einzelnen Stoffwechselstörungen, Bilirubin bei Rhesus-Imkompatibilität
Plazentabiopsie	Ab der 12. SSW	0,1–1	Karyotypisierung im 2. und 3. Trimenon bei fetaler Fehlbildung, Retardierung, Fruchtwasseranomalie
Chordozentese	Ab der 18. SSW	1	Karyotypisierung im 2. und 3. Trimenon v. a. bei unklarem zytogenetischen Befund nach CVS und Amniozentese. Infektionsdiagnostik, molekulargenetische und biochemische Untersuchungen. Intrauterine Bluttransfusion, Therapie bei Alloimmunthrombozytopenie, fetale Therapie mit Antiarrhythmika und Schilddrüsenhormonen.
			Evtl. in Zukunft Stammzelltherapie bei bekannten angeborenen Erkrankungen
Hautbiopsie	Ab der 18. SSW	1	Genetisch bedingte Dermatosen. Einsatz, wenn DNA-Diagnostik nicht möglich ist

Tabelle 9.29. Nichtinvasive pränatale Diagnostik

Methode	Zeitraum der Untersuchung	Einsatz
Ultraschall	*Je nach Indikation:* 10.–14. SSW 20.–22. SSW	Reifegrad des Kindes und der Plazenta, Hinweis auf Chromosomenstörungen, Organfehlbildungen
AFP-Bestimmung im mütterlichen Serum	16.–17. SSW	Neuralrohrdefekte (Erfassungsrate ca. 75 %)
Screeningverfahren zur Ermittlung des individuellen Altersrisikos		
Triple-Test (Bestimmung von AFP, HCG, Östriol im mütterlichen Serum)	16.–17. SSW	Individuelle Risikoberechnung für Trisomie 21, 13, 18
Double-Test (PAPP-A, freies β-HCG)	11.–14. SSW	Individuelle Risikoberechnung für Trisomie 21, 13, 18

Plazenta und die Fruchtwassermenge kontrolliert, sondern es werden darüber hinaus Fehlbildungen rechtzeitig erkannt (Tabelle 9.30). Durch die Entwicklung hochempfindlicher Ultraschallgeräte hat sich die Treffsicherheit der Ultraschalluntersuchung deutlich verbessert. Diese kann durch eine Untersuchung mit gezielter Fragestellung und Zusammenarbeit von verschiedenen Fachspezialisten nochmals optimiert werden. Nahezu jede sonographische Abweichung (intrauterine Wachstumsretardierung, Fehlbildungen, Poly- oder Oligohydramnion, fetales Nackenödem, hyperechogener Darm, Veränderungen des Plexus choroideus etc.) kann als ein Merkmal für eine chromosomale Störung auftreten. Aus diesem Grund besteht bei auffälligem Ultraschallbefund ein erhöhtes Risiko für eine Chromosomenstörung, das genauer bestimmt werden sollte (Tabelle 9.31).

Ein weiteres, nichtinvasives Verfahren ist die **α-Fetoproteinbestimmung** im mütterlichen Serum. In der 15.–19. Schwangerschaftswoche kann mit einer Treffsicherheit von 90 % eine **Anenzephalie** und von ca. 75 % eine **Spina bifida** aus AFP im mütterlichen Serum erkannt werden.

Eine genetische Untersuchung an fetalen Zellen, die aus mütterlichem Blut gewonnen werden können, ist in Entwicklung und kann in absehbarer Zeit in die Routine eingeführt werden.

Bei dem sog. **Triple-Test**, der auf der Bestimmung des Alpha-Fetoproteins, des HCG und des Östriols im mütterlichen Serum basiert, handelt es sich *nicht* um eine pränatale Diagnostik, sondern um eine Untersuchung, mit der das Risiko für eine

Tabelle 9.30. Einige im Ultraschall erkennbare Fehlbildungen, die isoliert oder als Leitsymptome bei Dysmorphiesyndromen vorkommen

Fehlbildungen der inneren Organe	Skelettfehlbildungen
Anorektalatresie	Radius- oder Ulnadefekt
Ösophagusatresie	Transversale Defekte
Gastroschisis	Polydaktylie
Omphalozele	Oligodaktylie
Zwerchfelldefekt	Skelettdysplasie
Nierendysgenesie	Spalthand/Spaltfuß
Nierendysplasie	Osteogenesis imperfecta (Typ II)
Polyzystische Nieren	Kurze Rippen
Obstruktive Uropathie	Anomalie der Wirbelsäule
Herzfehler	**Fetale Tumoren**
ZNS-Fehlbildungen	Teratome
Anenzephalie	Lymphangiektasien
Enzephalozele	Zystische Hygrome
Spina bifida	Rhabdomyosarkome
Hydrozephalie	Neuroblastome
Mikrozephalie	
Holoprosenzephalie	
Choroidzyste	
Dandy-Walker-Malformation	
Balkenagenesie	

Tabelle 9.31. Erhöhung des altersbezogenen Basisrisikos bei verschiedenen Ultraschallbefunden (nach Snijders et al. 1996; Pandya et al. 1995)

Sonographischer Marker	Multiplikationsfaktor	
	Trisomie 21	Trisomie 18 und 13
Breite des dorsonuchalen Ödems (10–14. SSW)		
– 3 mm	3,2	3,1
– 4 mm	19,8	14,0
– 5 mm	28,6	27,8
– 6 mm	21,7	69,2
Ödem/Nackenfalte > 6 mm (2. Trimenon)	10	
Hyperechogener Darm (2. Trimenon)	5,5	
Kurzer Femur (2. Trimenon)	2,5	
Beidseitige Pyelektasie > 5,5 mm (2. Trimenon)	1,5	
Plexus-choroideus-Zysten (2. Trimenon)	1,5?	1,5 (für Trisomie 18)

numerische Chromosomenstörung – in erster Linie für das Down-Syndrom – während der Schwangerschaft präzisiert werden kann (Tabelle 9.32). Ebenso handelt es sich beim Double-Test nicht um ein diagnostisches Mittel, sondern um eine Screeningmethode. Somit wird keine Diagnose gestellt, sondern eine individuelle Risikoabschätzung bei besorgten Müttern ermöglicht.

Invasive Methoden

Die invasiven Methoden beziehen sich nur auf die Gewinnung von genetischem Material. Dazu gehören:

- Amniozentese (Abb. 9.20),
- Chorionzottenbiopsie (Abb. 9.21),
- Chordozentese,
- Plazentazentese,
- Hautbiopsie,
- Leberbiopsie,
- ggf. Fetoskopie (die heute kaum noch durchgeführt wird).

Chordozentese. Die Indikation für eine **Nabelschnurpunktion** besteht, wenn der Verdacht auf eine fetale Infektion oder eine schwerwiegende hämatologische Erkrankung vorliegt. Die Nabelschnurpunktion wird auch durchgeführt, wenn die Aussagekraft der Untersuchung nach Amniozentese bzw. Chorionzottenbiopsie keine eindeutige Sicherheit bietet. Im Prinzip können in den fetalen Blutzellen alle Untersuchungen durchgeführt werden. Auch bei einer fetalen Therapie, z. B. Bluttransfusion oder Medikamentenverabreichung, kann eine Nabelschnurpunktion indiziert sein.

Hautbiopsie. Bei einer Reihe von Krankheiten kann durch Ultrastrukturanalyse der Haut in der Fetalperiode die Krankheit diagnostiziert werden. In

Tabelle 9.32. Wahrscheinlichkeit für ein Down-Syndrom bei zwei angenommenen extremen Wertekombinationen von AFP, nE3 (nicht konjugiertes = freies Östriol) und HCG bei unterschiedlichem mütterlichem Alter

Risiko für Down-Syndrom		Mütterliches Alter				
		20	25	30	35	40
		1 : 1530	1 : 1350	1 : 910	1 : 365	1 : 110
Wertekombination 1 :	nE3(0,5MoM)	1 : 120	1 : 100	1 : 70	1 : 30	1 : 10
	nE3(0,5MoM)					
	HCG(2,0MoM)					
Wertekombination 2 :	AFP(1,9MoM)	1 : 130 000	1 : 110 000	1 : 76 000	1 : 32 000	1 : 9400
	nE3(2,0MoM)					
	HCG(0,5MoM)					

(Die Zahlen wurden mit dem Waldschen Computerprogramm ermittelt von Dr. Th. Voigtländer, Institut für Humangenetik d. Univ. Heidelberg)

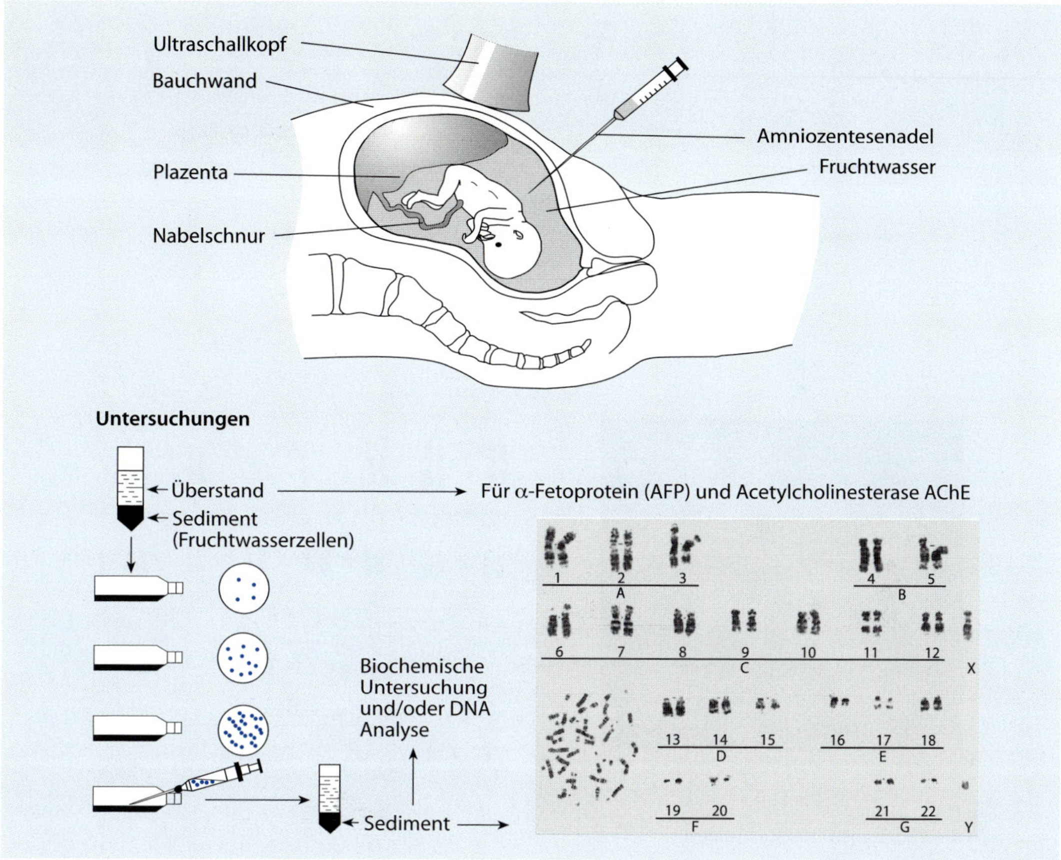

Abb. 9.20. Aminozentese

Tabelle 9.33 sind einige Hautkrankheiten, die pränatal festgestellt werden können, zusammengefasst. Einige dieser Krankheiten können heute durch direkten Mutationsnachweis erkannt bzw. ausgeschlossen werden.

9.12.4 Laboruntersuchungen

Aus den durch die Amniozentese und Chorionzottenbiopsie gewonnenen kindlichen Zellen können nicht nur Chromosomenstörungen sondern auch eine Anzahl anderer genetischer Krankheiten diagnostiziert werden. Durch die Bestimmung von α-Fetoprotein und Acetylcholinesterase im zellfreien Fruchtwasser kann mit hoher Treffsicherheit ein offener Neuralrohrdefekt erkannt bzw. ausgeschlossen werden. Unter Umständen kann die Interpretation der erhöhten α-Fetoproteinwerte (AFP) im Fruchtwasser Schwierigkeiten bereiten. AFP kann auch bei **Omphalozele, kongenitaler Nephrose, Abortus imminens** und anderen Fehlbildungen erhöht sein (Tabelle 9.34). Zusätzliche Untersuchungen wie z. B. Ultraschallkontrollen oder Azetylcholinesterasebestimmungen können hier weiterhelfen.

Viele angeborene Stoffwechselstörungen können durch biochemische Untersuchungen an kindlichen Zellen pränatal diagnostiziert werden. In der Tabelle 9.35 sind einige Krankheiten, die biochemisch pränatal nachgewiesen werden können, zusammengestellt.

Molekulargenetische Untersuchungen

Neben zytogenetischen Untersuchungen und biochemischen Analysen haben heute in der medizini-

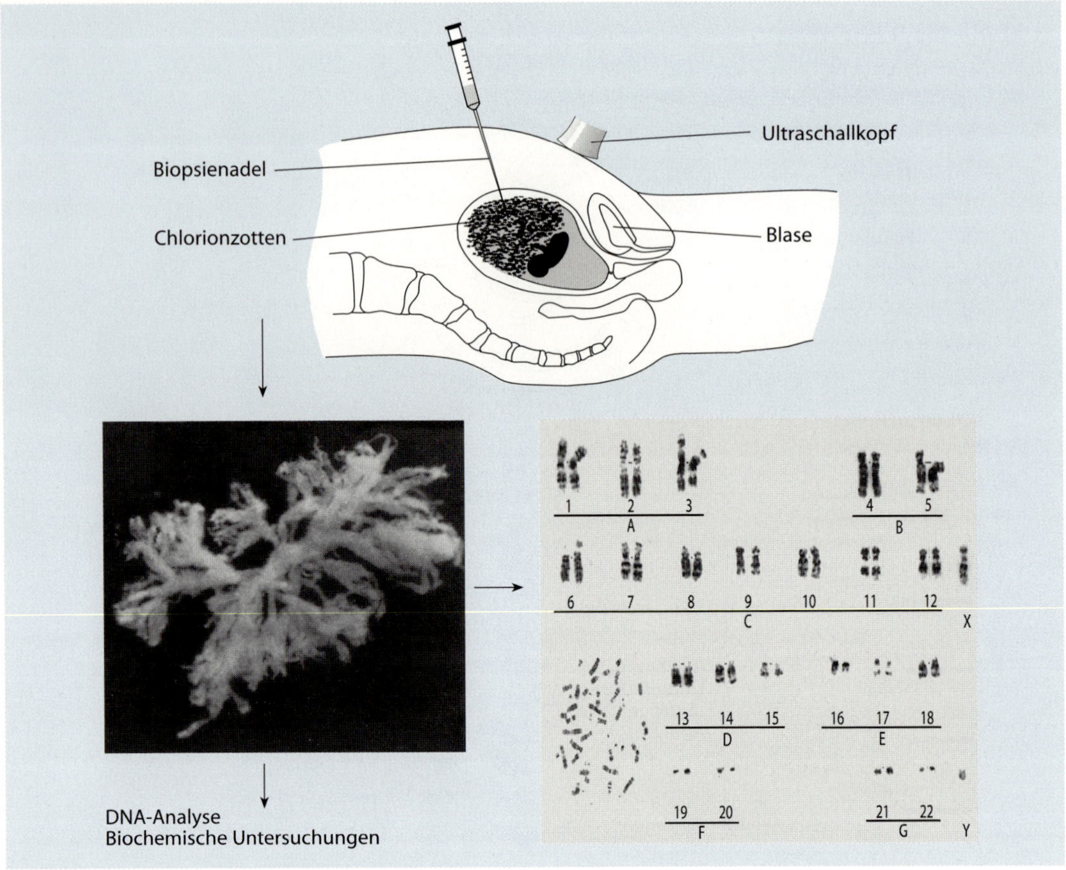

Abb. 9.21. Chorionzottenbiopsie

schen Genetik molekulargenetische Methoden ein neues Feld eröffnet. Mit diesen Methoden können einige genetische Krankheiten oder die Anlageträgerschaft pränatal bzw. prädiktiv erkannt werden. Das Prinzip der Untersuchung ist in ▶ Kap. 1.3.1 ausführlich geschildert. Es gibt praktisch zwei Methoden der DNA-Diagnostik:

- Indirekter Nachweis des krankmachenden Gens durch eng gekoppelte DNA-Marker,
- direkter Nachweis der die Krankheit verursachenden Mutation.

Indirekte DNA-Diagnostik

Die indirekte DNA-Diagnostik beruht auf dem Prinzip der **Kopplungsanalyse** (▶ Kap. 1.3.2). Gene, die auf einem Chromosom lokalisiert sind, werden in der Regel gemeinsam von einer Generation zur anderen übertragen. Sie sind gekoppelt.

Bei der indirekten DNA-Genotypendiagnostik folgt man der Segregation einer DNA-Sequenzvariante, die mit dem defekten Allel gekoppelt ist. Hieraus können Rückschlüsse auf die Vererbung eines defekten Gens, das nicht direkt nachweisbar ist, gezogen werden. Da diese Methode auf dem Prinzip der Kopplungsanalyse beruht und auch bei eng gekoppelten Genen Crossing-over möglich ist, handelt es sich hier immer um eine **Wahrscheinlichkeitsdiagnose**. Je enger die Kopplung zwischen dem defekten Allel und der DNA-Sequenzvariante ist, desto unwahrscheinlicher ist das Auftreten von Crossing-over.

Die indirekte DNA-Diagnostik verlangt zwingend eine Familienuntersuchung; durch die alleinige Untersuchung der Restfamilie, z. B. wenn der Indexpatient verstorben ist, können nicht in jedem Fall zuverlässige Aussagen gemacht werden. Ebenso ist die Methode nicht für eine Diagnosestellung bzw.

Tabelle 9.33. Hautkrankheiten, die pränatal durch Hautbiopsie diagnostiziert werden können (nach Anton-Lamprecht)

Krankheiten	Erbgang	Haut/DNA
Epidermolysis bullosa		
EB atrophicans generalisata gravis Herlitz	AR	+/+
EB atrophicans generalisata mitis	AR	+/+
EB atrophicans inversa	AR	+/+
EB dystrophica recessiva Hallopeau-Siemens	AR	+/+
EB dystrophica albopapuloidea Pasini	AD	+/+
EB herpetiformis Dowling-Meara	AD	+/+
Ichthyosen		
Bullöse Erythrodermie congenitale ichthyosiforme Brocq	AD	+/+
Sjögren-Larsson-Syndrom	AR	+/+
Harlekin-Ichthyosis	AR	+/–
Ichthyosis congenita Typ II	AR	+/+
Ichthyosis congenita Typ IV	AR	+/–
Lamelläre Ichthyose	AR	+/Haar
(Trichothiodystrophie, Tay-Syndrom: erst nach 24. SSW)	AR	+/+
Ektodermaldysplasien		
Anhidrotische Ektodermaldysplasie (Christ-Siemens-Touraine-Syndrom)	XR	+/–
Anhidrotische Ektodermaldysplasie	AR	+/+
Andere Krankheiten		
Okulokutaner Albinismus	AR	+/–
Chediak-Higashi-Syndrom	AR	+/–
(Incontinentia pigmenti Bloch-Sulzberger?)[a]	XD	+/–

[a] Bei negativem Befund ist ein sicherer Ausschluss nicht möglich!

Tabelle 9.34. Fetale Befunde mit erhöhtem AFP im Fruchtwasser (außer Neuralrohrdefekte)

Drohender Abort
»Fetal distress«, der zu intrauterinem Fruchttod führt
Kongenitale Nephrose
Omphalozele und Gastroschisis
Meckel-Gruber-Syndrom
Fetales Teratom
Turner-Syndrom
Ösophagusatresie
Duodenalatresie
Kongenitale Hautdefekte
Plazentahämangiome
Blasenektopien

Bestätigung einer Verdachtsdiagnose geeignet. Voraussetzung für die indirekte, pränatale DNA-Diagnostik ist die Eignung der betroffenen Familie für die Untersuchung.

Bei **autosomal-rezessiven Erkrankungen** werden die Eltern, der Patient und ggf. die gesunden Geschwister untersucht. Die Familie ist **informativ**, wenn die Eltern heterozygot und der Patient homozygot für das RFLP-Allel ist. Liegt eine andere Konstellation vor, dann ist nur eine begrenzte Aussage möglich.

Beispiel: Die Ratsuchenden haben ein Kind, das an **Phenylketonurie** (► Kap. 8.2) erkrankt ist. Sie erwarten ihr zweites Kind und wollen die pränatale Diagnostik in Anspruch nehmen (Abb. 9.22). Daraufhin werden die Eltern, das erkrankte Kind und

Tabelle 9.35. Einige Krankheiten, die durch biochemische Untersuchungen pränatal nachgewiesen werden können

Krankheit	Erbgang
Ahornsirupkrankheit	AR
Galaktosämie	AR
γ-Glutamylsynthetasedefekt	AR
GM 1 Gangliosidose (alle Typen)	AR
GM 2 Gangliosidose (Tay Sachs, Sandhoff)	AR
Glutarazidurie	AR
Glykogenspeicherkrankheit Typ II, III, IV, VIII	AR, XR (VIII)
Hämozystinurie	AR
Histidinämie	AR
Hypercholesterinämie, Typ II	AD
Hyperglyzinämie nichtketonischer Form	AR
21-Hydroxylasedefekt	XR
Lesch-Nyhan-Syndrom	AR
Manosidose	AR
Menkes-Syndrom	XR
Metachromatische Leukodystrophie	AR
Methylmalonazidämie	AR
Morbus Fabry	AR
Morbus Gaucher Typ I, II, III	AR
Morbus Krabbe	AR
Morbus Niemann-Pick Typ A, B, C	AR
Morbus Refsum	AR
Morbus Wolman	AR
Mukolipidose Typ I–IV	AR
Mukopolysaccharidose Typ I–IV, VI und VII	AR, XR (Typ II)
Propionazidämie	AR
Pyruvatdehydrogenasemangel	AR
Sialidosis	AR
Tyrosinämie	AR
Zystinose	AR

der Fetus untersucht. Sind die Eltern heterozygot für die DNA-Marker A und B und das kranke Kind homozygot für den DNA-Marker B, so ergibt sich daraus, dass das kranke Gen mit dem DNA-Marker B gekoppelt ist.

Wenn der Fetus homozygot für den DNA-Marker A oder heterozygot für die beiden DNA-Marker ist, dann ist er mit großer Wahrscheinlichkeit nicht betroffen. Aufgrund des möglichen Crossing-over bleibt ein geringes Restrisiko, das je nach Abstand zwischen dem defekten Gen und dem DNA-Marker ausgerechnet werden muss. Sind die Eltern und das kranke Kind heterozygot für die DNA-Marker A und B, dann kann nur eine beschränkte Aussage gemacht werden. Ist der Fetus homozygot für einen der beiden DNA-Marker, so ist er mit großer Wahrscheinlichkeit heterozygot für das kranke Gen und gesund. Ist er aber heterozygot für die beiden DNA-Marker, dann kann keine sichere Aussage gemacht werden.

Bei den **autosomal-dominanten Erkrankungen** sollten drei Generationen und ggf. eine große Geschwisterreihe des Patienten untersucht werden. Die Familie ist informativ, wenn der Patient für die RFLP heterozygot ist.

Beispiel: Ein Ratsuchender und sein Vater leiden an der adulten Form der **polyzystischen Nierenerkrankung**. Das Gen für die adulten Zystennieren liegt auf dem kurzen Arm von Chromosom 16 und wird autosomal-dominant vererbt. Für seine Nachkommen besteht ein Risiko von 50 %, und er möchte die Möglichkeit der pränatalen Genotypendiagnostik in Anspruch nehmen. Die Genotypanalyse ergibt, dass die Krankheit mit dem DNA-Marker D gekoppelt ist. Das erwartete Kind ist nicht betroffen, wenn es nicht das Allel D des DNA-Markers besitzt. Es bleibt nur ein geringes Risiko aufgrund der Möglichkeit eines Crossing-over bestehen (Abb. 9.23).

Bei einer **X-chromosomal-rezessiven Erkrankung** sollten der Vater und der Großvater mütterlicherseits mituntersucht werden. Ist der Patient einer Familie nicht mehr am Leben, kann u. U. durch die Untersuchung der gesunden Brüder die Anlageträgerschaft der Frau abgeklärt werden.

Beispiel: Die Ratsuchende hat einen Bruder, der an **Duchenne-Muskeldystrophie** (DMD) erkrankt ist. Der Onkel mütterlicherseits ist an DMD verstorben. Sie erwartet ihr erstes Kind und möchte wissen, ob sie Anlageträgerin ist, und möchte ggf. die pränatale Diagnose in Anspruch nehmen

Ihr A-priori-Risiko beträgt 50 %, heterozygot für das DMD-Gen zu sein. Aus der indirekten DNA-Untersuchung, die vor Eintritt der Schwangerschaft durchgeführt wurde, geht hervor, dass in dieser Familie die DMD-Mutation mit dem Allel 2 der DNA-

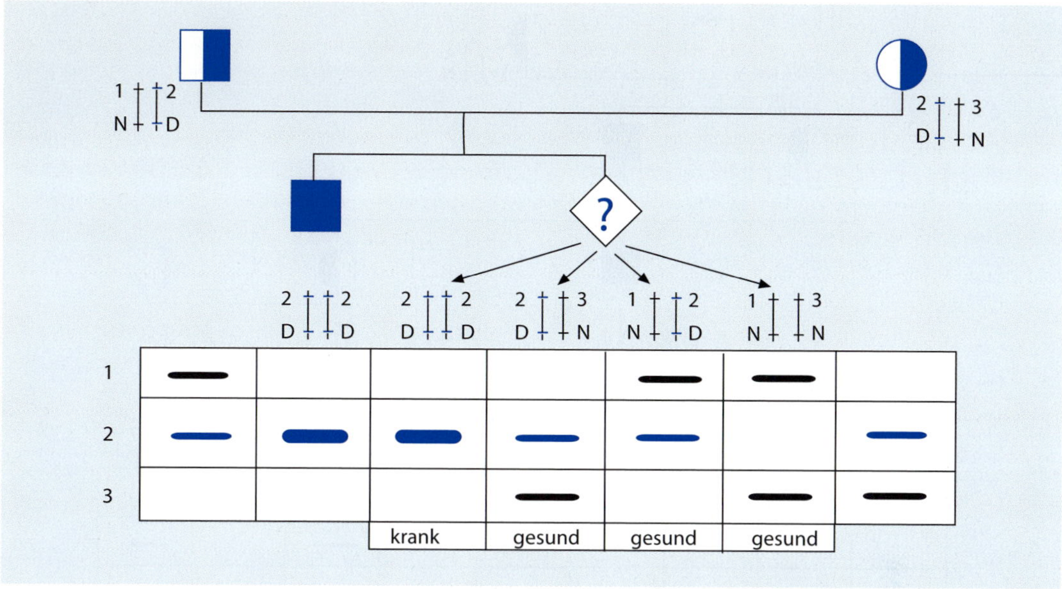

Abb. 9.22. Indirekte Genotypendiagnostik bei einer autosomal-rezessiven Erkrankung (z. B. PKU)

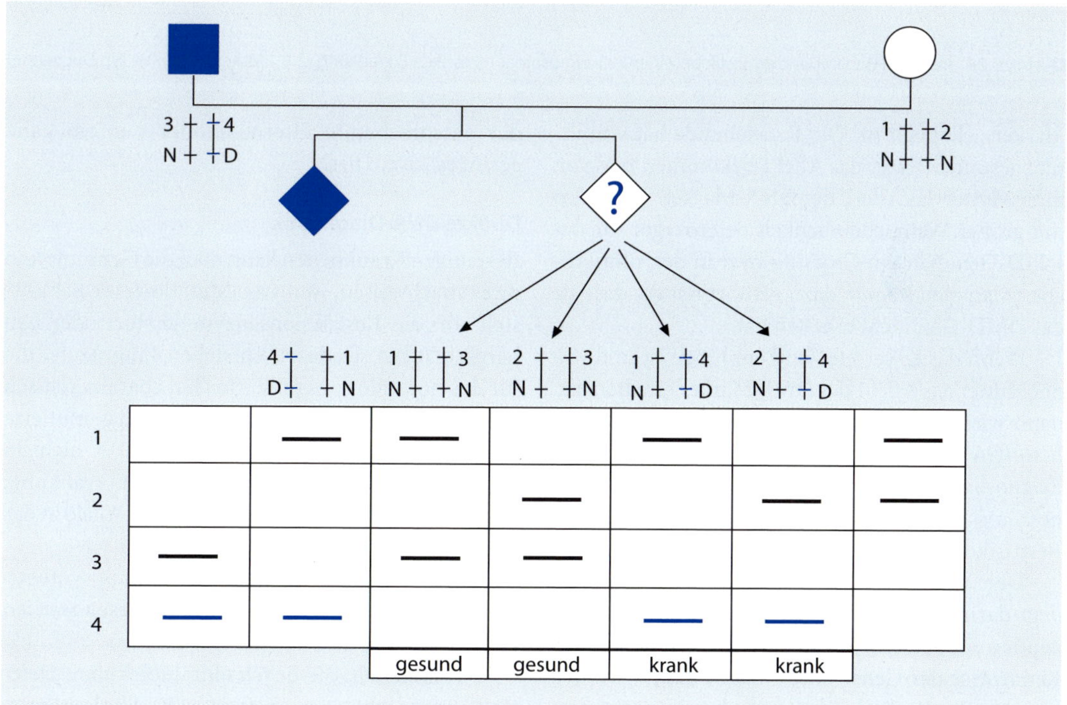

Abb. 9.23. Indirekte Genotypendiagnostik bei einer autosomal-dominanten Erkrankung (z. B. polyzystische Nierenerkrankung)

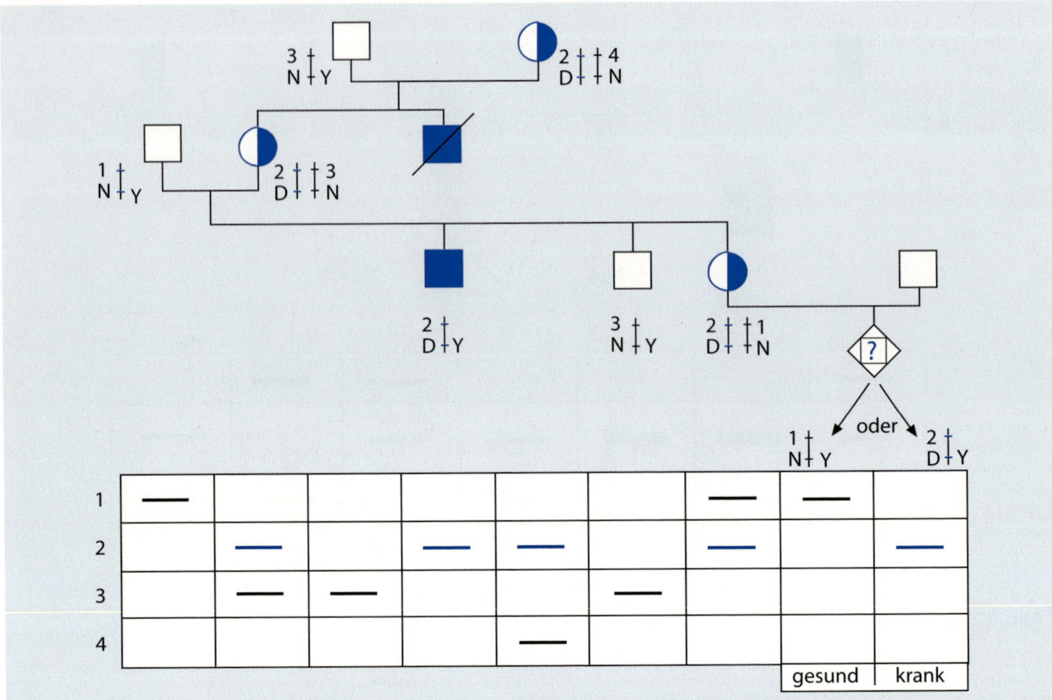

Abb. 9.24. Indirekte Genotypendiagnostik bei einer X-chromosomal-rezessiven Erkrankung (z. B. Muskeldystrophie Typ Duchenne)

Marker gekoppelt ist. Die Ratsuchende hat von ihrem gesunden Vater das Allel 1 bekommen und von ihrer Mutter das Allel 2 der DNA-Marker. Sie ist also mit großer Wahrscheinlichkeit heterozygot für das DMD-Gen. Nur ein Crossing-over in den mütterlichen Gameten könnte dazu geführt haben, dass sie das DMD-Gen nicht erhalten hat.

Wenn das erwartete Kind ein Junge ist und von der Mutter das Allel 1 der DNA-Marker erhalten hat, dann wird es mit großer Wahrscheinlichkeit nicht betroffen sein. Wie bei allen indirekten Genotypendiagnosen bleibt hier aufgrund der Möglichkeit eines Crossing-over in den mütterlichen Gameten ein Restrisiko bestehen (Abb. 9.24).

Der Vorteil der indirekten DNA-Diagnostik liegt darin, dass Krankheiten, deren zugrundeliegender Gendefekt lokalisiert ist, ohne genaue Kenntnisse der Genstruktur diagnostiziert werden können. Eine indirekte pränatale Diagnose ist auch ohne Feststellung der Anlageträgerschaft für eine spät manifest werdende Krankheit bei einem Elternteil möglich. Hierbei kann festgestellt werden, ob das zu erwartende Kind das gleiche Risiko wie der entsprechende Elternteil oder nur ein ganz geringes Risiko hat.

Direkte DNA-Diagnostik

Bei einigen Krankheiten kann man die Genmutation direkt nachweisen, wenn die Mutation eine Schnittstelle für ein Restriktionsenzym zerstört oder neu hergestellt hat. Dadurch entstehen Fragmente, die für das normale bzw. mutierte Gen charakteristisch sind. Die Schnittstelle ist zwar durch das mutierte Gen neu entstanden, der RFLP steht aber nicht in ursächlichem Zusammenhang mit der Erkrankung; deshalb muss die Segregation der RFLP-Allele in der Familie geprüft werden.

Eine Punktmutation kann auch durch synthetische **Oligonukleotidsonden** nachgewiesen werden (► Kap. 1.3.1).

Krankheiten, die durch eine molekulare Deletion verursacht werden (wie z. B. **Thalassämie**, ein Teil der **Duchenne-Muskeldystrophien** sowie etwa 70 % der **Mukoviszidosefälle**), können mit spezifischen **DNA-Sonden** nachgewiesen werden (Abb. 9.25 und 9.26).

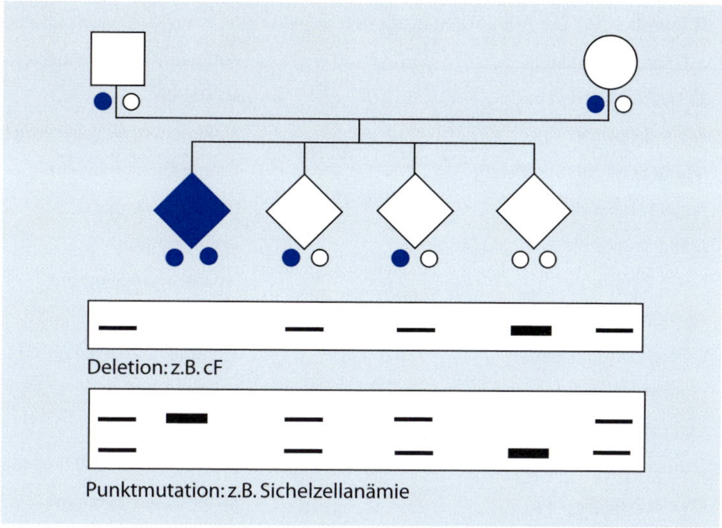

Abb. 9.25. Direkte Genotypendiagnostik bei autosomal-rezessiver Erkrankung

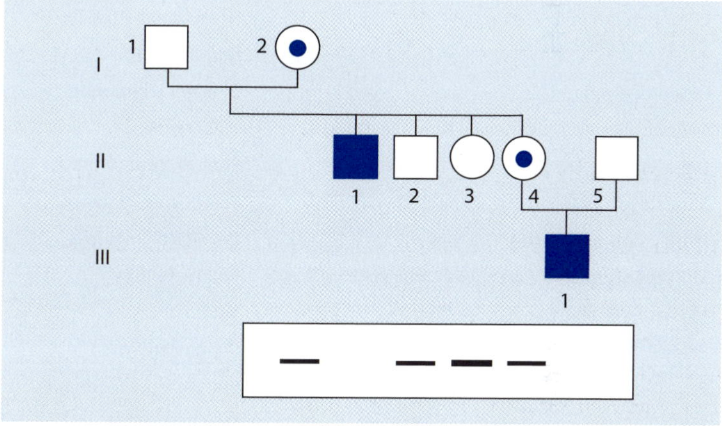

Abb. 9.26. Direkte Genotypendiagnostik bei X-chromosomal-rezessiver Erkrankung

Ist bei einer Krankheit die Mutation bekannt, kann die direkte DNA-Genotypendiagnostik ohne Familienuntersuchung pränatal durchgeführt werden. Diese Untersuchung ist praktisch irrtumsfrei. In Tabelle 9.36 sind einige Krankheiten, die durch DNA-Diagnostik erkannt werden können, zusammengestellt.

9.13 Präimplantationsdiagnostik

Bei der Präimplantationsdiagnostik **(PID)** handelt es sich um ein molekulargenetisches Diagnoseverfahren, das eine *Untersuchung des Embryos vor der Implantation* ermöglicht. Dieses Verfahren ist praktisch an die In-vitro-Fertilisation gebunden, kann theoretisch aber auch durch Gewinnung eines Embryos aus dem Cavum uteri nach natürlicher Befruchtung angewandt werden.

Nach erfolgreicher Befruchtung werden nach Abwarten des **Blastozystenstadiums**, das nach ca. 4 Tagen erreicht wird, 1–2 Zellen zur genetischen Untersuchung entnommen. Die genetische Untersuchung wird entweder über eine **Polymerasekettenreaktion (PCR)** vorgenommen, die es möglich macht eine sehr kleine DNA-Menge zu amplifizieren, oder mit Hilfe der **Fluoreszenz-in-situ-Hybridisierung (FISH)** durchgeführt. Die zur Anwendung der FISH-Methode erforderlichen fluoreszenzmarkierten Sonden stehen für den Nachweis spezifischer Gensequenzen auf dem Chromosom 13, 18 und 21 sowie auf den Geschlechtschromoso-

Tabelle 9.36. Einige Krankheiten, die durch direkte oder indirekte Genotypendiagnostik erkannt werden können

α-1-Antitrypsinmangel	Kongenitale spondyloepiphysäre Dysplasie
21-Hydroxylasedefekt	M. Krabbe
Achondroplasie	Krankheiten mit Kraniosynostosen (Tabelle 7.3)
Adulte polyzystische Nieren	Langer-Giedion-Syndrom
Angelman-Syndrom	Lebersche Optikusatrophie (LHON)
Anhidrotische ektodermale Dysplasie	Leigh-Syndrom
Apert-Syndrom	Lesch-Nyhan-Syndrom
Apolipoproteindefekte B, E	Lowe-Syndrom
Central Core Erkrankung	Mamma-/Ovarialkarzinom
Charcot-Marie-Tooth (X)	Marfan-Syndrom
Charcot-Marie-Tooth 1A	MEN I, II
Chorea Huntington	Mitochondropathie Typ MELAS und MERFF
Chorioideremie	Miller-Dieker-Syndrom
Coffin-Lowry-Syndrom	Myotone Dystrophie
Chronisch-progressive externe Ophthalmoplegie CPEO	Neurofibromatose Typ I/II
	Norrie-Syndrom
DiGeorge-Syndrom	Okulärer Albinismus
Dentato-rubro-pallidoluysiane Atrophie (DRPLA)	OTC-Defizienz
Dopa-sensitive Dystonie	Phenylketonurie (PKU)
Muskeldystrophie Typ Duchenne/Becker	Prader-Willi-Syndrom
Muskeldystrophie Emery-Dreifuss	Retinitis pigmentosa
Muskeldystrophie, fazioskapulohumerale (FSHD)	Retinoblastom
Muskeldystrophie Gliedergürtel Typ 2A	Retinoschisis
Ehlers-Danlos-Syndrom Typ VII	Shprintzen-Syndrom
Familiäre Hypercholesterinämie	Spinale Muskelatrophie
Familiäre Polyposis coli (FAP)	Spinobulbäre Muskelatrophie
Fragiles-X-Syndrom A	Spinozerebelläre Ataxien Typ I–III, VI
Fragiles-X-Syndrom E	Tay-Sachs-Syndrom
Friedreich-Ataxie	Testikuläre Feminisierung
Hämoglobinopathien	Thanatophore Dysplasie I, II
Hämophilie A und B	Tuberöse Hirnsklerose
Hereditäre spastische Paraplegie (HSP)	Von-Hippel-Lindau-Syndrom
Hunter-Syndrom (MPS Typ II)	Waardenburg-Syndrom Typ I/II
Hydrozephalus (XL)	WAGR-Syndrom
Hypochondroplasie	Wilson-Erkrankung
Hypophosphatämie	Wiskott-Aldrich-Syndrom
Ichthyosis (XL)	Zystinosen
Kallmann-Syndrom	Zystische Fibrose
Kearns-Sayre-Syndrom	
Kolonkarzinom (HNPCC)	

men X und Y zur Verfügung. Mit Hilfe der Gensonden, die eine Diagnostik innerhalb eines Arbeitstages ermöglichen, können vor dem Embryotransfer zahlreiche Chromosomenanomalien in Blastozysten festgestellt werden. Nach Ausschluss der gesuchten Erkrankung kann der Embryo in die Gebärmutter (re)transferiert werden.

Die bisher weltweit nach PID geborenen Kinder haben gezeigt, dass die Entnahme von 1–2 Zellen keine Auswirkung auf die natürliche Entwicklung des Embryos hat. Die PID hat in den USA, England, Italien, Belgien und Spanien bei bekanntem Risiko für schwerwiegende geschlechtsgebundene Erkrankungen, wie z. B. dem Lesch-Nyhan-Syndrom oder der Hämophilie A, sowie für monogen bedingte Erkrankungen, z. B. der Duchenne-Muskeldystrophie oder der zystischen Fibrose, Anwendung gefunden. Der Vorteil dieser Methode liegt darin, dass bei hohem Risiko für eine der untersuchbaren Erkrankungen eine Ausschlussmöglichkeit besteht, ohne einen Schwangerschaftsabbruch hinnehmen zu müssen.

In Deutschland stehen die Bestimmungen des **Embryonenschutzgesetzes** der Entwicklung und dem Einsatz der Präimplantationsdiagnostik entgegen. Die Bedenken beruhen auf der Tatsache, dass es sich bei den dem Embryo entnommenen Zellen um totipotente Zellen handelt, die sich »*bei Vorliegen der dafür erforderlichen weiteren Voraussetzungen zu teilen und zu einem Individuum zu entwickeln vermögen*« (Embryonenschutzgesetz).

Totipotente Zellen finden sich in der frühen Embryonalentwicklung der Säugetiere bis zum Achtzeller. Das Achtzellstadium ist ca. 72 h nach der Befruchtung erreicht. Durch die PID wird gewissermaßen ein Zwilling erzeugt, der dann untersucht wird, um dann nach erfolgter Diagnostik den gegebenenfalls gesunden Zwilling zu (re)transferieren. Da nach den Richtlinien der Bundesärztekammer als Indikation für eine In-vitro-Fertilisation nur Fertilitätsstörungen und keine embryopathischen Indikationen gelten, wäre die Präimplantatiosdiagnostik auch an nichttotipotenten Zellen zugelassen.

Die Gesellschaft für Humangenetik ist der Auffassung, »*dass im Rahmen der berufsrechtlichen Regelungen zulässige Präimplantationsdiagnostik grundsätzlich allen Frauen zur Verfügung stehen sollte, die ein spezielles genetisches Risiko für eine schwerwiegende kindliche Erkrankung oder Entwicklungsstörung tragen und dieses Risiko mit dieser Methode abklären lassen möchten.*« Wegen der Missbrauchsmöglichkeiten sollte auch die PID, wie die gesamte Pränataldiagnostik, nicht im Sinne einer Screeninguntersuchung bei In-vitro-Fertilisation routinemäßig durchgeführt werden und ist gebunden an eine vorausgehende und begleitende genetische Beratung. Die Gefahr des Missbrauchs wird bei der PID höher eingeschätzt als nach konventioneller Pränataldiagnostik, da es bei diesem Verfahren zu einer Trennung der Untersuchungstechnik von der Schwangerschaft kommt.

Eine weitere Möglichkeit wäre dann auch die präkonzeptionelle Diagnostik. Diese Methode kann im Rahmen der In-vitro-Fertilisation eingesetzt werden. Dabei wird die erforderliche genetische Untersuchung vor der Konzeption mit einer der Poolgameten durchgeführt.

9.14 Prädiktivdiagnostik

Die prädiktive genetische Diagnostik ist eine Untersuchung, die bei einem Menschen die Anlageträgerschaft für eine spät manifest werdende Krankheit feststellt. Wenn die Mutation für eine bestimmte spät manifest werdende Krankheit bekannt ist, kann bereits präsymptomatisch die Risikoperson untersucht werden. Bei einer Krankheit, die behandelbar ist und bei der schweren Folgen vorgebeugt werden kann, ist die Prädiktivdiagnostik von großer Bedeutung und im positiven Fall für den Patienten sehr wichtig. Bei nicht behandelbaren bzw. nicht verhinderbaren Krankheiten kann diese Untersuchung für die Person, die ein Erkrankungsrisiko für sich oder für ihre Nachkommen befürchtet, Probleme aufwerfen. Aus diesem Grund werden von der »Kommission für Öffentlichkeitsarbeit und ethische Fragen der Gesellschaft für Humangenetik e.V.« folgende Maßnahmen verlangt:

»I. Prädiktive genetische Diagnostik bedeutet die Untersuchung eines gesunden Menschen auf Anlagen hin, die zu Erkrankungen im späteren Leben disponieren. Im Hinblick auf Erkrankungen, die verhinderbar oder behandelbar sind, kann diese Untersuchung im individuellen Fall eine wichtige Hilfe bei Entscheidungen über eventuelle **präventive**

oder therapeutische Maßnahmen sein. Bei nicht verhinderbaren und nicht behandelbaren Erkrankungen kann prädiktive genetische Diagnostik Personen, die ein Erkrankungsrisiko für sich oder ihre Nachkommen befürchten, wichtige Entscheidungsoptionen hinsichtlich der **Lebens- und Familienplanung** eröffnen. Aus ethischen Gründen kann deshalb prädiktive genetische Diagnostik betroffenen Personen nicht vorenthalten werden. Die Anwendung wirft jedoch zahlreiche regelungsbedürftige Probleme auf, die ein behutsames Vorgehen unter Berücksichtigung der folgenden Forderungen verlangt:

- Für alle Betroffenen muss ein umfangreiches Informationsangebot einschließlich einer Beratung über alternative Handlungsweisen sichergestellt sein.
- Die Freiwilligkeit der Inanspruchnahme und damit das Recht auf Nicht-Wissen muss gewährleistet sein.
- Aufklärung und Beratung über das Testangebot müssen nicht direktiv erfolgen.
- Prädiktive genetische Diagnostik darf nur bei Volljährigen erfolgen. Ausnahmen sind Erkrankungen, bei denen wichtige präventive oder therapeutische Maßnahmen schon im Kindesalter eingeleitet werden können.
- Die Eigentumsrechte am Untersuchungsmaterial sowie die Rechte an der Verwendung der Untersuchungsergebnisse bedürfen eindeutiger Regelungen. Dabei ist datenschutzrechtlichen Belangen im weitesten Umfang Rechnung zu tragen. Ein Fragerecht von Dritten nach Durchführung oder Ergebnissen dieser Art von Diagnostik muss ausgeschlossen werden.
- Prädiktive genetische Diagnostik darf keine Routinediagnostik sein. Bei der Entwicklung von Richtlinien zur Durchführung sollen weitgehend die Vorstellungen der Betroffenen berücksichtigt werden, wie dies international beispielhaft für die Huntington-Krankheit erfolgt. Insbesondere ist auf die Einhaltung längerer Bedenkzeiten vor Beginn einer Diagnostik sowie die jederzeitige Widerruflichkeit der Einwilligung zu achten. Hinsichtlich der Umsetzung dieser Art von Diagnostik in die medizinische Praxis wird ausdrücklich auf die entsprechenden Erklärungen des Berufsverbandes Medizinische Genetik verwiesen.

II. Bei prädiktiver genetischer Diagnostik werden Daten erhoben, die dem Kernbereich der Privatsphäre zuzurechnen sind und deshalb die Gefahr der Diskriminierung und Ausgrenzung Betroffener in sich bergen. Dieser Gefahr ist durch das individuelle Angebot der Testverfahren, breite Aufklärung der Öffentlichkeit und durch rechtliche Regelungen, wie z. B. Richtlinien der Bundesärztekammer bzw. Verankerung von Vorgehensweisen in die Berufsordnung für Ärzte, sowie gesetzliche Regelungen für das Versicherungswesen und den Bereich der Arbeitsmedizin entgegenzuwirken.

III. Wegen der voraussehbaren, vielschichtigen Probleme sollte prädiktive genetische Diagnostik nur im Rahmen von wissenschaftlich begleitenden Pilotprojekten eingeführt werden.

IV. Humangenetische Institute und genetische Beratungsstellen sind gegenwärtig trotz fachlicher Kompetenz aufgrund ihrer personellen und sachlichen Ausstattung nur in begrenztem Umfang in der Lage, prädiktive genetische Diagnostik unter den geforderten Rahmenbedingungen sicherzustellen. Eine Ansiedlung dieser Art von Diagnostik einschließlich der erforderlichen Beratung an qualifizierte, nicht kommerziell arbeitende Institutionen ist jedoch anzustreben«.

Ulm, 12. April 1991

gez. Prof. Dr. Traute Schroeder-Kurth, Vorsitzende der Kommission für Öffentlichkeitsarbeit und ethische Fragen,
gez. Prof. Dr. Eberhard Passarge, Vorsitzender der Gesellschaft für Humangenetik e.V.

9

10 Prävention und Therapie genetisch bedingter Erkrankungen

10.1 Präventivmaßnahmen

Bei einer Reihe von genetisch bedingten oder genetisch mit bedingten Krankheiten kann durch Vermeidung exogener Faktoren der Manifestation vorgesorgt bzw. der Verlauf entscheidend gemildert werden.

Die klinische Manifestation von bestimmten erythrozytären Enzymvarianten wie der Glukose-6-Phosphatdehydrogenase oder der Pseudocholinesterasedefekt, aber auch von Leberazetylasedefekten oder von bestimmten Formen der Porphyrie sowie von maligner Hyperpyrexie kann durch die entsprechende **Vermeidung bestimmter Arzneimittel** umgangen werden.

Bei Menschen mit α_1-Antitrypsinmangel kann durch eine entsprechend günstige Berufswahl oder Vermeidung von aktivem und passivem Rauchen bzw. durch Vermeidung von leberbelastender Nahrung und Genussmitteln dem Ausbruch von Lungenemphysem und Leberfunktionsstörungen vorgebeugt werden.

Eine weitere Präventionsmaßnahme sind **diätetische Maßnahmen**, beispielsweise zur Vorbeugung der koronaren Herzkrankheit durch fettarme Diät und körperliche Aktivität oder Kontrolle von Blutdruck und Altersdiabetes durch eine entsprechende Ernährung.

Genetische Beratung und **rechtzeitige Diagnostik** genetisch bedingter Krankheiten ist eine weitere, wohl sehr wichtige präventive Maßnahme. Bei einigen autosomal-dominanten Erkrankungen, die sehr selten durch eine Neumutation auftreten, beispielsweise bei der genetischen Disposition für maligne Darmerkrankungen, kann durch eine rechtzeitige Diagnostik und Beratung die Häufigkeit des Auftretens in der ratsuchenden Familie reduziert werden und darüber hinaus bei den Betroffenen selbst eine erfolgversprechende frühzeitige Therapie durchgeführt werden. Als weiteres Beispiel ist das Retinoblastom zu nennen, ein bösartiger Augentumor im Kindesalter. Mit Hilfe der NAD-Diagnostik kann die Anlage für die Erkrankung im Kindesalter erkannt und durch engmaschige Untersuchungen und rechtzeitige Lasertherapie das betroffene Auge gerettet werden.

Bei einigen autosomal- und X-chromosomal-rezessiven Erkrankungen sowie bei familiären Translokationen kann mit Hilfe eines **Heterozygotentests** oder mit **Chromosomenanalyse** der Träger der Anlage bzw. der balancierten Translokation identifiziert werden, sodass entsprechende Konsequenzen bei der Familienplanung gezogen werden können. Durch die Anwendung von Heterozygotentests als Screeningmethode konnte die Häufigkeit von Krankheiten in bestimmten Populationsgruppen bereits reduziert werden.

10.2 Prinzipien der Gentherapie

10.2.1 Voraussetzungen für eine erfolgreiche Gentherapie

Monogene rezessive Erkrankungen, die sich durch den Mangel oder die Abwesenheit eines einzigen definierten Genproduktes auszeichnen, wie z. B. Enzymdefekte, sind am besten für eine somatische Gentherapie geeignet. Dabei eignen sich natürlich nur solche Erkrankungen, bei denen keine irreversiblen Schäden früh aufgetreten sind, d. h. durch Schädigung der embryonalen oder fetalen **Entwicklung**. Bei **Funktionsverlustmutationen** kann schon dann eine erfolgreiche Wirkung eintreten, wenn die in Somazellen eingebauten Gene nur eine schwache Exprimierung zeigen. Der Funktionsverlust soll durch die Substitution defekter Gene durch funktionell intakte Kopien ausgeglichen werden (**Genaddition**). Wir erinnern uns, dass bei rezessivem Erbgang bei Heterozygoten normalerweise bereits wenige Prozent des Genproduktes ausreichen, um zur Normalfunktion zu führen. Weiterhin sollte das Zielgewebe möglichst leicht zugänglich sein. Auch sollte die zu transferierende kodierende DNA nicht zu groß sein, da sie dann leichter in Vektoren zu überführen ist. Dominante Erkrankungen sind dagegen weniger geeignet, da die betroffenen Patienten selbst bei Funktionsverlustmutationen in der Regel noch 50 % des normalen Genproduktes produzieren. Man müsste hier häufig die Expression des mutierten Gens blockieren oder den Gendefekt direkt über den Genersatz durch eine funktionell korrekte Kopie in situ reparieren können (**Fehlfunktionsmutationen**).

Aber auch bei rezessiven Funktionsverlustmutationen kann es Probleme geben. So wären beispielsweise β-Thalassämien prinzipiell ideale Kandidaten für eine somatische Gentherapie, zumal das β-Globingen kloniert und sehr klein ist. Hunderttausende von Menschen könnten davon profitieren. Es muss aber genau so viel β- wie α-Globin produziert werden, da es bei einem Überschuss von β-Globin zu α-Thalassämie kommt. Genau diese Kontrolle aber kann man bisher nicht steuern.

Über die Behandlung genetischer Erkrankungen hinausgehend ist die somatische Gentherapie für die Krebsforschung und für die Behandlung von Autoimmunerkrankungen von großer Bedeutung. So könnte ein aktiviertes Gen durch **gene targeting**, also den Ersatz oder die Modifikation eines Gens in vivo durch homologe Rekombination zwischen dem endogenen Gen und einer exogenen DNA-Sequenz, korrigiert werden. Auch die Induktion von Apoptosebefehlen durch *gene targeting* ist hier zuzuordnen.

Natürlich sind vor einer Gentherapie extensive Untersuchungen in vitro und in vivo an Tieren notwendig. Für die eigentliche Therapie gibt es im Wesentlichen zwei Strategien. Entweder es werden dem Patienten Zellen entnommen, in Kultur genommen, dort mit dem Zielgen substituiert und dann wieder reimplantiert **(Ex-vivo-Strategien)**. Oder die Ziel-DNA wird über Vektoren direkt dem Patienten verabreicht, in der Hoffnung, dass sie in die Zielzellen oder auch in andere Zellen eingebaut wird, die über die Produktion des Genproduktes den Defekt kompensieren können **(In-vivo-Strategien).**

Die **Wahl der Vektoren** ist ein weiteres Problem. Verschiedene Strategien sind hier vorhanden. Der Vektor soll quasi als »Gentaxi« das erwünschte Gen an seinen Zielort verbringen. Grundsätzlich geeignet sind hierzu Viren, wobei es zwei verschiedene Klassen gibt, die von ihren grundsätzlichen Eigenschaften her verschieden arbeiten. Die erste Klasse von Viren befördert ihre Genfracht nur bis in den Zellkern, während die zweite Klasse die Erbinformation direkt in die Chromosomen einbringt. Ein **Verbringen** nur **in den Zellkern** bedeutet ein »Parken« der Gene gleichsam im Foyer der genetischen Bibliothek. Auch hier wird die Information gelesen und das Genprodukt synthetisiert. Teilt sich allerdings die substituierte Zelle, so wird beim Kopieren das zusätzliche Gen nicht mitberücksichtigt. Die eingeschleuste Information geht mit der Zeit verloren. Der Therapieerfolg ist also ein zeitlich begrenzter und die Therapie muss in der Regel nach einigen Wochen wiederholt werden. Für diese Art des Gentransfers hat man bisher z. B. **Adenoviren** benutzt, denen man die Virulenz genommen hat, indem viruseigene Gene entfernt und dafür das Zielgen eingebaut wurde. Weitere Optionen sind **adenoassoziierte Viren**, die allerdings nur sehr kleine Inserts aufnehmen können, oder **Herpes-simplex-Viren**, die Gene spezifisch in Neurone verfrachten könnten.

Bei der zweiten viralen Klasse handelt es sich um **Retroviren**, welche von ihrem Genom bekanntlich eine DNA-Kopie erstellen und diese **in das Wirtsgenom einbauen**. Um sie gentherapeutisch einsetzen zu können, werden auch diese Viren verkrüppelt. Sie können dann immer noch in die Zellen eindringen und sich ins Genom integrieren. Allerdings ist ihnen die Fähigkeit genommen, sich weiter zu vermehren und dadurch ein Krankheitsrisiko im Normalfall ausgeschlossen.

Dennoch ist es theoretisch denkbar, dass die eingeschleusten viralen Gene mit endogenen Retroviren rekombinieren und so genetisch veränderte Folgeviren entstehen, die zu einer Infektion fähig sind. Realistisch viel größer ist aber ein anderes Risiko. Die Retroviren transportieren das zu verbringende Gen nämlich nicht an eine gezielte Stelle im Genom, sondern integrieren es irgendwo. So kann das Gen natürlich auch an einer Stelle landen, wo es nicht exprimiert wird, z. B. in einer stark kondensierten heterochromatischen Region. Die Integration kann auch zum Tod der Wirtszelle führen, wenn das Gen in ein anderes essenzielles Gen integriert wird. Dies alles ist jedoch vernachlässigbar, da diese Konsequenzen jeweils einzelne von vielen Zellen treffen. Viel bedenklicher ist die Möglichkeit einer **Krebsentstehung**. So kann das Expressionsmuster von Genen durcheinandergeraten, die für die Kontrolle der Zellteilung zuständig sind. Es kann ein Onkogen oder ein Tumorsupressorgen aktiviert oder ein Gen für Apoptose inaktiviert werden. Hier reicht tatsächlich ein einziges solches Ereignis in einer Zelle, um einen Tumor entstehen zu lassen. Dieses Risiko ist natürlich bei der Ex-vivo-Strategie geringer als bei der In-vivo-Strategie, da man die kultivierten Zellen auf neoplastische Transformation hin untersuchen kann.

Neben Viren als Gentaxis – und wegen der Bedenken gegen sie – gibt es in der Zwischenzeit noch eine Reihe weiterer Ansätze, wie beispielsweise die DNA in **Liposomen** zu verpacken, die dann mit der Plasmamembran fusionieren. Andere Methoden arbeiten über die direkte Injektion der DNA über Partikelbeschuss mit Metallkügelchen, die mit DNA beschichtet sind, über rezeptorvermittelte Endozytose usw., um die Risiken bei der In-vivo-Therapie zu reduzieren.

Neben der zufälligen Integration des Zielgens gibt es zwischenzeitlich eine Reihe von Überlegungen und experimentelle Ansätze über eine zielgerechte Verbringung, auf die jedoch hier nicht weiter eingegangen werden soll, da sie bisher noch nicht in die praktische Anwendung umgesetzt werden konnten und auch wohl noch recht weit davon entfernt sind.

10.2.2 Pharmakaherstellung durch Expressionsklonierung

Eine Reihe von Genprodukten kann heute durch Rekombinantentechnik hergestellt und substituiert werden. Beispiele sind in ◘ Tabelle 10.1 zusammengefasst. Für eine kausale Behandlung der genetisch bedingten Krankheiten besteht die Hoffnung auf eine Gentherapie, die in ► Kapitel 10.4 und 10.5 ausführlicher besprochen wird.

Sobald ein menschliches Gen kloniert ist, kann man es über Expressionsklonierung zur Produktion des Genproduktes veranlassen und auf diese Weise Arzneimittel herstellen. Üblicherweise geschieht dies in Bakterien. Man kann hierfür auch eukaryonte Zellen wie Hefezellen oder Säugerzellen verwenden, nämlich dann, wenn die bakterielle Posttranslation z. B. zu anderen Glykosilierungsmustern führt. Ein weiterer Weg ist der, Zellsysteme zu verlassen und ganze Tiere, sog. **transgene Tiere**, denen man das Gen in die Zygote injiziert hat, zu verwenden (◘ Abb. 10.1).

1982 wurde in den USA mit einem Humaninsulin das erste gentechnisch hergestellte Medikament zugelassen. Fast 25 Jahre danach sind über 100 Präparate im Handel und eine große Zahl weiterer Medikamente und Diagnostika in der Entwicklung. Drei der im Handel befindlichen stehen sogar auf der Bestsellerliste der 10 umsatzstärksten Arzneimittel weltweit: **Erythropoetin, Humaninsulin** und **Interferon**. Die größte Gruppe der Medikamente (25 %) wird gegen Infektionen eingesetzt, 15 % werden zur Behandlung von Krebs und 12,5 % bei Hormonstörungen verwendet.

◘ Tabelle 10.1. Einige durch Expressionsklonierung hergestellte Pharmaka

Pharmakon	Anwendungsgebiet
Blutgerinnungsfaktor VIII	Hämophilie A
Blutgerinnungsfaktor IX	Hämophilie B
DNase	Zystische Fibrose
Erythropoetin	Anämie bei chronischem Nierenversagen
G-CSF	Neutropenie nach Chemotherapie
Glukagon	Diabetes bei Unterzuckerung
GM-CSF	Knochenmarktransplantationen
Hepatitis-B-Impfstoff	Hepatitis B
Hämophilus-B-Impfstoff	Hämophilus B
Humaninsulin	Diabetes mellitus
α-Interferon	Leukämie, chronische Hepatitis
β-Interferon	Multiple Sklerose
γ-Interferon	Chronische Polyarthritis
Interleukin 2	Nierenkarzinom
Somatotropin	Wachstumshormonmangel
TPA	Akuter Herzinfarkt

Wie haben nun diese neu eingeführten Medikamente die Situation für den Patienten verändert? Das **Humaninsulin** hat das bis dahin verwendete Schweine- oder Rinderinsulin verdrängt, die aufgrund von Speziesunterschieden in der Aminosäuresequenz potenziell immunogen sind. Das humane Insulin ist besonders nützlich für Menschen mit hochgradiger Immunreaktion.

Das wichtige Wachstumshormon **Somatotropin** muss nicht mehr aus den Hypophysen frisch Verstorbener gewonnen werden. Nach dieser alten Methode, bei der man zur Extraktion gepoolte ungeprüfte Hypophysen verwendete, haben einige Patienten die Creutzfeld-Jakob-Krankheit bekommen, das menschliche Äquivalent zu BSE.

Der **Faktor VIII**, den Hämophile nicht selbst in funktionsfähiger Form bilden, kann nun wirkungs-

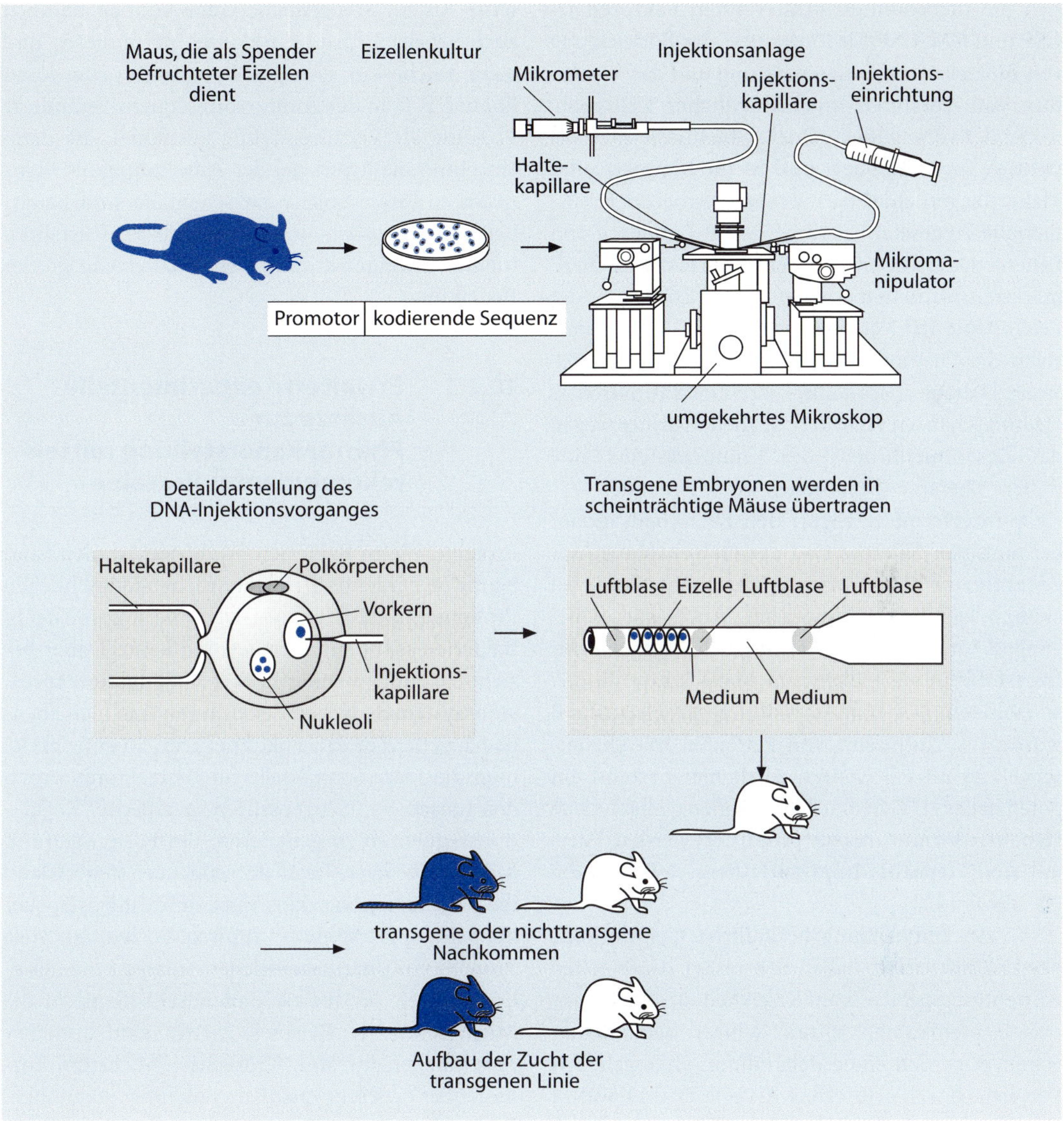

Abb. 10.1. Schema zur Erstellung transgener Labormäuse

voll eingesetzt werden, da die bisherige äußerst teure Isolierung aus menschlichem Blut überflüssig wird. Die Krankenkassen werden allein hier erhebliche Beträge einsparen, da die lebenslange konventionelle Behandlung eines einzigen Hämophilen bisher Millionenbeträge erforderte. Zudem sind vor einigen Jahren viele Bluter an AIDS erkrankt, weil sie mit Präparaten behandelt worden waren, die aus dem Blut von nicht HIV-getesteten Personen stammten. Allerdings zeigte uns der gentechnisch gewonnene Faktor VIII auch eine andere Problematik. Das Immunsystem von Patienten, denen das Normalprodukt bisher fehlte, kann darauf überreagieren. Dies ist bei einigen Patienten passiert, die mit gentechnisch hergestelltem Faktor VIII behandelt wurden.

Das Produkt **Erythropoetin**, ein Wachstumsfaktor für Erythrozyten, erspart nierenkranken Dialysepatienten die sonst häufigen Bluttransfusionen.

Große Hoffnungen werden auch in eine Gruppe von körpereigenen Substanzen gesetzt. Es handelt sich um die **koloniestimulierenden Faktoren G-CSF** und **GM-CSF**. Sie fördern bei der Entwicklung von Blutzellen die Differenzierung und das Wachstum von Vorstufen unterschiedlicher Zelltypen, wobei der vorangestellte Buchstabe für die Zielzelle steht, G für Granulozyt und M für Monozyt oder Makrophage. Beide Pharmaka werden bei der Krebstherapie eingesetzt, GM-CSF zur Behandlung von Patienten, die wegen einer Leukämie eine Knochenmarktransplantation erhalten haben. Die Dauer der Leukopenie wird dadurch verkürzt. G-CSF unterstützt die Chemotherapie bzw. erlaubt eine aggressivere Therapie. Dies könnte bei einigen Tumoren zu Heilungschancen verhelfen, bei denen bisher wegen des Zusammenbruchs des Immunsystems eine weitere Therapie abgebrochen werden musste.

γ-Interferon verzögert den Krankheitsverlauf bei multipler Sklerose und der **Gewebsplasminogenaktivator (TPA)** wird als Thrombolytikum bei akutem Herzinfarkt eingesetzt. Auch war es bei einigen Viren bisher kaum möglich, Antigene für Impfstoffe in ausreichendem Maße konventionell zu isolieren. Der erste Impfstoff gegen Hepatitis B wurde aus Blutplasma von Patienten mit chronischer Hepatitis B isoliert. Auch hier bestand ein potenzielles HIV-Risiko. Nun können gentechnisch Hepatitis-Virus-Antigene produziert werden. Hiermit sind **Hepatitis-Impfstoffe** hergestellt worden (◘ Tabelle 10.1).

In der Entwicklung befindliche Genprodukte der Zukunft zielen, neben den bisher bearbeiteten Anwendungsgebieten, auf Krankheiten, die konventionell medikamentös nur schwer behandelbar waren oder sich einer Behandlung entzogen. Als Beispiele sind hier Morbus Alzheimer und andere neurologische Erkrankungen, Autoimmunerkrankungen und septischer Schock zu nennen. Allein Letzterer führt heute noch zum Tod von mehr Intensivpatienten als die Erkrankungen, wegen der sie in die Klinik eingeliefert wurden.

Dies alles verdeutlicht die Bedeutung der Klonierung von medizinisch wichtigen menschlichen Genen. Es sind einerseits Pharmaka herstellbar, die sonst nicht oder nur mit unvergleichlich höherem Aufwand produzierbar wären. Andererseits werden Risiken der oben beschriebenen Art ausgeschlossen. Allerdings, und das sei am Schluss dieses Abschnittes erwähnt, ist auch diese Technologie nicht ganz ohne Risiko. Menschliche Gene können nämlich auch bei der Expressionsklonierung mutieren und dazu reicht ein einziges Bakterium. Hierdurch können z. B. in der Aminosäuresequenz veränderte Proteine als Verunreinigung entstehen, die dann eine Immunantwort bei der Anwendung als Pharmaka auslösen. Solche Zwischenfälle sind bereits bekannt geworden. Entsprechende Prüfverfahren für die einzelnen Chargen sind daher von großer Bedeutung.

10.2.3 Erweiterte experimentelle Ansätze zur Pharmakaherstellung mittels rekombinanter Proteine

Proteine, die in Bakterien produziert werden, sind häufig nicht identisch mit natürlichen menschlichen Proteinen, da das humane Glykosylierungsmuster in Bakterien nicht simuliert werden kann. Daher besteht ein zunehmender Bedarf an **Säugetierexpressionssystemen**. Neben Zellkulturen sind hier lebende Säugetiere in den Fokus gerückt. So entwickelte man die Idee, Testmodelle für Bioreaktoren durch den Einsatz von Säugerdrüsen spezifischer Regulationssequenzen zu generieren. Ein Fusionsgen mit Milch-Proteingen-Regulatorsequenzen steuert dann die Genexpression exklusiv in den Brustdrüsen quer über die Speziesgrenzen hinweg. So wurden viele Proteine von pharmazeutischem Interesse in Mäusebrustdrüsen produziert und anschließend in die Milch sekretiert. Beispiele hierfür sind humaner Plasminogenaktivator, Urokinase, Wachstumshormon oder α_1-Antitrypsin, um nur einige zu nennen. Dennoch war die Maus hier nur ein brauchbares Testmodell für größere transgene Bioreaktoren, aber kaum ein brauchbares Tier für die Produktion. So erhielt man 1992 1 g Rohprotein des menschlichen Wachstumshormons von 200 laktierenden Mäusen. Es wurden daher keine weiteren Versuche unternommen, Mäuse oder Ratten als Bioreaktoren zu entwickeln.

Zwischenzeitlich wurde 1990 der Begriff **Pharming** geprägt als Zusammenziehung von **Farming** und **Pharmaceuticals** als Sinnbild der Kombination von bäuerlicher Tätigkeit und hochentwickelter Biotechnologie.

Die Erstellung größerer transgener Tiere wirft eine Anzahl von Problemen auf. An erster Stelle ist hier vielleicht das ethische zu nennen. Es muss sichergestellt sein, dass Tiere, die zur Produktion von Fremdprotein herangezogen werden, dadurch nicht in irgendeiner Weise geschädigt werden. Hier ist der grundsätzlich bei Mäusen entwickelte Gedanke, das rekombinante Protein ausschließlich im Milchdrüsengewebe zu produzieren, der verfolgte Ansatz, da Milchdrüsen nicht Teil des lebenserhaltenden Systems sind und folglich die Produktion von Fremdprotein dort und seine Gewinnung über die Milch wohl kaum zu einer Schädigung der Tiere führen kann. Tatsächlich wurden auch in den bisherigen Forschungsansätzen die meisten Proteine über dieses System gewonnen (Tabelle 10.2). Eine Ausnahme ist das menschliche Hämoglobin, das man im Blutsystem von Schweinen hergestellt hat, als Substitutionsprodukt für menschliche Transfusionen.

Groß und äußerst kostenintensiv ist dagegen der technische Aufwand. Beträgt die durchschnittliche Effizienz bei der Erzeugung transgener Mäuse bis zu 40 %, so reduziert sich die Erfolgsrate bei Ziegen, Schafen oder Kühen auf ein bis höchsten fünf Prozent. Außerdem ist die Tragzeit bei domestizierten Tieren lange und die Würfe sind meist klein. Auch die Verfügbarkeit fertilisierter Oozyten ist gering. Zusätzlich ist die Standardmikroinjektionsmethode komplizierter in der Anwendung durch teilweise schlechtere Sichtbarkeit der Pronuklei oder der notwendigen besonderen Behandlung der Oozyten (z. B. Verpackung in Zonae pellucidae).

Als Produktionsmethode ist *Animal Pharming* bisher völliges Neuland. Menschliche Pharmaka, die aus Tiermilch oder Blut aufgereinigt werden, verlangen einen außergewöhnlich hohen Standard an Sicherheitstestung. Entsprechende Richtlinien wurden von der amerikanischen Food and Drug Administration herausgegeben. Sie beinhalten Forderungen an Gesundheit und Herkunft der Tiere, Validisierung der Genkonstrukte, Charakterisierung der produzierten Proteine und Testung der Tiere über mehrere Generationen unter einer Anzahl verschiedener Bedingungen. All dies bedingt enormen Kostenaufwand, was die Idee der tierischen Bioreaktoren gegenwärtig kommerziell etwas in Misskredit gebracht hat.

Tabelle 10.2. Auswahl durch Animal Pharming versuchsweise hergestellter Proteine

Protein	Tier	Medizinische Behandlung
α_1-Antitrypsin	Schaf	Lungenemphysem
Plasminogen-Aktivator	Schaf Schwein	Thrombose
CFTR	Schaf	zystische Fibrose
Faktor VIII, IX	Schaf Schwein Kuh	Hämophilie
Humanprotein C	Ziege	Thrombose
Antithrombin 3	Ziege	Thrombose
Glutaminsäure-decarboxylase	Ziege	Typ I Diabetes
Pro 542	Ziege	HIV
γ-Interferon	Schaf	Krebs
α-Lactalbumin	Kuh	Anti-Infektion
Fibrinogen	Kuh Schaf	Wundheilung
Kollagen I,II	Kuh	Rheumatoide Arthritis Gewebereparatur
Laktoferrin	Kuh	Gastrointestinaltrakt-infektion infektiöse Arthritis
Human Serum Albumin	Kuh Schaf	Blutvolumenerhaltung
Monoklonale Antikörper	Huhn Kuh Ziege	Vaccine-Produktion
Gallensalz-stimulierte Lipase	Schaf	Pankreasinsuffizienz
Malaria Antigen msp-1	Maus	Malaria
α-Glucosidase	Kaninchen	Pompe Krankheit
Designer-Peptide	Schaf	antimikrobiell usw.
Hämoglobin	Schwein	Transfusion
Interleukin 2	Kaninchen	Krebs

10.2.4 Grundlagen und Anwendung in der Krebstherapie

Die gentherapeutische Strategie bei einem monogenen Defekt richtet sich auf den Transfer eines entsprechend intakten Gens (▶ Kap. 10.4). In der Gentherapie bei Krebs unterscheidet sich der Therapie-

ansatz, weil die maligne Erkrankung mehrere Stellen als Angriffspunkt bietet. Zurzeit werden eine Reihe von Strategien für die Gentherapie in der Onkologie getestet:
1. Immuntherapie (Tumorvakzine)
2. »Suizidgene« (Prodrugaktivierung)
3. Ersatz der Tumorsuppressorgene
4. Inaktivierung der Onkogene
5. Medikamentenrelevante Gene

Eine Reihe von Therapieprotokollen wird weltweit getestet. Im Rahmen dieser klinischen Untersuchungen wird die Gentherapie hauptsächlich bei multiplen Metastasen und sehr weit fortgeschrittenen Karzinomen eingesetzt.

10.3 Therapiemöglichkeiten genetisch mitbedingter Krankheiten

Bei einer Reihe von genetisch bedingten Krankheiten stehen heute Therapiemöglichkeiten zur Verfügung. Einige Stoffwechselkrankheiten können allein durch eine **spezielle Diät** erfolgreich behandelt werden. Beispielsweise entwickeln sich Patienten mit **Phenylketonurie** durch eine rechtzeitige phenylalaninarme Diät altersentsprechend normal, wenn in den ersten Lebenstagen vor Eintritt der klinischen Symptome die Behandlung begonnen wird. Es ist besonders wichtig, dass die Patientinnen mit PKU bis ins gestationsfähige Alter behandelt werden, bzw. wenn die diätetische Behandlung abgeschlossen ist, im Falle einer Familienplanung die diätetische Therapie vor der Konzeption erneut zu beginnen, weil ein hohes Risiko für einen teratogenen Schaden durch maternale Hyperphenylalaninämie besteht.

Weitere Beispiele für eine diätetische Behandlung sind galaktosefreie Diät bei Galaktosämie oder Vermeidung von Milchzucker bei Laktoseintoleranz.

Als weitere Maßnahmen sind chirurgische **Korrekturoperationen** zu nennen, die bei einer Reihe von Fehlbildungen, wie z. B. Lippen-Kiefer-Gaumen-Spalte, Atresien bzw. Stenosen des Magen-Darm-Kanals oder Bauchdefekten, durchgeführt werden können.

Bei manchen genetischen Erkrankungen, die eine hohe Inzidenz für maligne Entartung zeigen, wie beispielsweise bei familiärer Dickdarm-Polyposis, kann die Entartung durch eine Operation verhindert werden. Weitere Maßnahme sind **Organtransplantationen**, wie die Knochenmarktransplantation bei Fanconi-Anämie, oder Nierentransplantation bei der adulten Form der polyzystischen Nierenerkrankung, die durch die Fortschritte in der Transplantationsmedizin erfolgversprechend sind.

Auch **medikamentöse Therapien** stehen bei einzelnen genetisch bedingten Erkrankungen zur Verfügung. Der Virilisierungseffekt beim 21-Hydroxylasemangel kann durch rechtzeitige Kortisongabe verhindert werden.

Von besonderer Bedeutung sind die Förderung der Entwicklung sowie die Verhütung von medizinischen Komplikationen bei Kindern mit Chromosomenstörungen oder psychomotorischen Entwicklungsstörungen mit anderen Ursachen. **Förderungsmöglichkeiten**, wie krankengymnastische Übungen, Beschäftigungstherapie, sensorische Integration, Sprachtherapie sowie heilpädagogische und sonderpädagogische Maßnahmen können heute in verschiedenen Formen angeboten werden. Auch kommt der Förderung der Interaktion zwischen den belasteten Eltern und ihrem Kind eine große Bedeutung zu.

10.4 Somatische Gentherapie

Das Wunschstreben, genetische Defekte durch Einbau »gesunder« Gene heilen zu können, blieb lange Utopie. Nachdem es zunehmend gelang, viele Gene zu isolieren und zu klonieren, war es dann am 14. September 1990 soweit, dass der erste Gentherapieversuch unternommen wurde. Natürlich liegt der Gedanke nahe, die Therapie genetischer Defekte nicht nur auf Genproduktebene, sondern durch Einschleusung von Genen in somatische Zellen zu versuchen. Dabei ist der Grundgedanke der, eine **Substitution des Defektgens** mit dem sozusagen normalen Gen zu erreichen. Da die Substitution von somatischen Zellen nicht zu Veränderungen der Keimbahn führt und sich damit tatsächlich nur direkt auf den Patienten und nicht auf seine Nachkommen auswirkt, unterscheidet sich die somatische Gentherapie nicht so sehr von der Therapie auf Genproduktebene. Daher wurden auch kaum ethische Bedenken gegen solche Überlegungen je geäußert. Aber um es gleich vorweg zu nehmen, neben den theoretischen Hoffnungen und durchaus auch einigen Therapieerfolgen haben sich auch eine Reihe gegenwärtig noch nicht überwindbare Limitierungen herausgestellt.

In anderen Bereichen, wie in der Krebsforschung, bestehen hoffnungsvollere Ansätze und hier laufen auch zahlreiche Studien zur **Gentherapie bei Krebs** (▶ Kap. 10.2.4). Allerdings scheint auch hier – bei allen Schwierigkeiten – das Problem leichter fassbar, geht es doch letztlich darum, unkontrolliert wachsende Zellen gezielt zu töten, entweder von außen oder durch Verstärkung der Immunantwort.

Die ursprüngliche Euphorie, die sich zu Beginn der somatischen Gentherapie ausgebreitet hatte, wurde nachdrücklich gedämpft. Nach bis heute über 300 durchgeführten Gentherapieprüfungen an mehr als 3000 behandelten Patienten befindet sich die somatische Gentherapie noch in einem **experimentellen Stadium**. Die theoretischen Risiken, wie Immunreaktion, Tumorbildung durch Einbau der Vektoren in bestimmten Stellen des Genoms, Auftreten vermehrungsfähiger Vektoren, Etablierung neuer Virusstämme sowie Ausscheiden der Vektoren in die Umwelt müssen intensiv abgeklärt werden. Auch und gerade die Verwendung viraler Vektoren bedarf in Bezug auf die Gefahr einer Rekombination und der damit verbundenen Entstehung von **neuen pathogenen Viren** besonderer Beachtung und Sicherheitsabwägung.

10.5 Bisherige und geplante gentherapeutische Behandlungen

Die Geburtsstunde der Gentherapie wurde bereits erwähnt. 1990 wurde die vier Jahre alte Ashanti De Silva, die an dem rezessiv erblichen Mangel an **Adenosindesaminase (ADA)** litt, therapiert.

ADA wird in vielen unterschiedlichen Zelltypen hergestellt und dient der Purinrückgewinnung beim Nukleinsäureabbau. Ein Mangel dieses Enzyms wirkt sich vor allem auf die T-Lymphozyten, einen Hauptzelltyp des Immunsystems, aus und führt daher zu Immunschwäche. Es gibt zwar für den ADA-Mangel alternative Therapieformen, die beste ist die Knochenmarktransplantation mit passendem HLA-Typ von einem nahen Verwandten. Ein weiterer Ansatz ist die ADA-Injektion, die aber letztlich nicht befriedigend ist, da die Lebenserwartung durch den T-Zelldefekt und die fehlende T-Zellkontrolle dennoch erheblich reduziert wird.

Die Vorgehensweise war die Folgende. Das recht kleine ADA-Gen wurde in einen Retrovirusvektor kloniert und in ADA-T-Lymphozyten der Patientin ex vivo übertragen. ADA-Zellen wurden selektioniert, kultiviert und der Patientin reimplantiert. Natürlich muss diese Prozedur, die zu einer stabilen Genexpression über Wochen führt, immer wieder wiederholt werden. Insofern handelt es sich nicht um eine Heilung. Hierzu müsste man das Gen stabil in Stammzellen des Knochenmarks einbauen können, die aber bis jetzt schwer zu isolieren sind. Auch ist die effiziente Verbringung der Retroviren in Stammzellen schwierig.

Dennoch war die Therapie außerordentlich erfolgreich, das Immunsystem erholte sich schnell, Infektionen gingen zurück und die Patientin kann, mit Ausnahme der Wiederholungen der Therapie alle 3–6 Monate, ein normales Leben führen. Da allerdings die konventionelle medikamentöse Therapie aus ethischen Gründen parallel weiter erfolgen musste, kann man den ausschließlichen Erfolg dieser Gentherapie schwer abschätzen. Die somatische Gentherapie bei ADA-Mangel wurde zwischenzeitlich bei anderen Patienten, wie z. B. einem Jungen aus Sizilien 1992, wiederholt.

Bis jetzt weniger erfolgreich war man bei der **zystischen Fibrose**. Mutationen im CFTR-Gen, das einen c-AMP-kontrollierten Chloridkanal kodiert, führen vor allem zu pulmonalen und intestinalen Symptomen (▶ Kap. 5.3.2). Trotz konventioneller Fortschritte stirbt etwa die Hälfte der Patienten vor dem 25. Lebensjahr an den Folgen der pulmonalen Komplikationen. Im Gegensatz zum ADA-Mangel handelt es sich hier um keine seltene, sondern um die häufigste autosomal-rezessive Erkrankung der weißen Rasse überhaupt mit einer Heterozygotenhäufigkeit von 5 % und einer Homozygotierate von 1:2000 (40.000 betroffene Patienten in Deutschland). Bereits eine alemannische Ammenweisheit, die besagt: »Das Kleinkind stirbt bald, wenn ein Kuss auf seine Stirn salzig schmeckt«, spielt auf diese Erkrankung an.

1993 wurde der erste gentherapeutische Versuch auf der Basis von Adenoviren durchgeführt. Mit dem CFTR-Gen substituierte Viren wurden Patienten auf Bereiche des Nasenepitels und in das Lungenepitel eingebracht. Der Chloridtransport ließ sich für eine gewisse Zeit wiederherstellen. Das Gen wurde also tatsächlich von den Zellen aufgenommen. Allerdings war die Effizienz des Gentransports durch die Viren gering. Da die meisten Zellen in Epithelgeweben nach einigen Monaten erneuert werden, müsste eine solche Therapie mehrmals jährlich durchgeführt werden; zumindest so lange, bis man die seltenen langlebigen Nachschubzellen erreicht hätte, die dann ein normales CFTR-Gen vielleicht dauerhaft ins Erbgut aufnehmen würden. Der Versuch lässt sich allerdings nicht beliebig wiederholen, da der Organismus gegen Adenoviren eine Immunreaktion aufbaut. Auch hatte man bei Patienten bereits mehrfach wegen der notwendigen Behandlungswiederholung Reaktionen des Immunsystems beobachtet. Gegenwärtig laufen deswegen weitere Gentherapieversuche mit Liposomen als Trägermoleküle.

Bei der familiären **Hypercholesterinämie** beruht die Störung auf einem dominant vererbten Mangel an LDL-Rezeptoren mit der nachfolgenden Verengung der Herzkranzgefäße. Besonders Homozygote erleiden in der Regel einen frühen Herztod. Ein Gentherapieversuch wurde bei fünf Patienten unternommen, indem man chirurgisch einen relativ großen Teil der Leber entfernte (20–35 %) und eine Hepatozytenkultur anlegte. Normale LDL-Rezeptorgene wurden über Retroviren in diese Hepatozyten übertragen und die so behandelten Zellen über einen Zweig des Portalvenensystems zurückinjiziert. Die Zellen finden von selbst in die Leber zurück. Eine Verbesserung des LDL/HDL-Verhältnisses konnte über längere Zeit aufrecht erhalten werden (◘ Tabelle 10.3). Zur Gesamtbeurteilung dieses Gentherapieversuches sei F. Vogel zitiert: »Die Ergebnisse waren nicht beeindruckend.« (aus Vogel u. Motulsky: Human Genetics, Problems and Aproaches, 1996).

Andere Gentherapieversuche hatten tragische Konsequenzen. Im September 1999 verstarb ein Patient zwei Tage nach Injektion rekombinanter Adenoviren in die Leber, der diese Behandlung wegen eines **Ornithintranscarbamylase-Defekts** erhielt. 2002 kam es zu zwei weiteren Todesfällen nach einer ursprünglich sehr erfolgreichen Behandlung von 14 Patienten mit *severe combined immunodeficiency type X1*, der **angeborenen Immunschwäche Typ X1**. Die offenbare Ursache war eine Leukämie durch Integration eines retroviralen Vektors in das Genom einer der modifizierten Zellen mit der Folge der Aktivierung eines Protoonkogens (Insertionsmutagenese mit der Folge der Onkogenese). Parallel zu den Todesfällen wurde über eine experimentell bei Mäusen aufgetretene Leukämie berichtet.

Bei der **Muskeldystrophie** Typ Duchenne und bei der leichteren Form vom Typ Becker konnte ebenfalls über weibliche Carrier, die die Krankheit an ihre Söhne weitervererben, gezeigt werden, dass etwa 20 % der normalen Dystrophingenexpression ausreichen, um eine erhebliche Verbesserung der klinischen Symptome zu bewirken. Allerdings ist das Dystrophingen sehr groß und wird sowohl in der Skelettmuskulatur als auch in der Herzmuskulatur exprimiert. Auch eine c-DNA, die im Vergleich zur genomischen mit 2,4 Mb nur 14 kb groß ist, ist zu groß, um sie in geeigneten Vektoren unterzubringen. Man hat daher ein weniger als die Hälfte großes Minigen konstruiert, das sowohl für adenovirale als

◘ Tabelle 10.3. Somatische Gentherapie beim Menschen – durchgeführte Gentherapieansätze

Gendefekt	Zielzellen	Strategie
ADA	T-Zellen	Retroviren, ex vivo
Zystische Fibrose	Ephitelzellen	Adenoviren, in vivo, Liposomen
Familiäre Hypercholesterinämie	Leberzellen	Retroviren, ex vivo
Gaucher-Krankheit	hämatopoetische Stammzellen	Retroviren, ex vivo

■ **Tabelle 10.4.** Menschliche rezessiv erbliche Erkrankungen, die als Kandidaten für eine somatische Gentherapie in Frage kommen (nach Vogel u. Motulsky 1996)

Krankheit	Frequenz	Gewebe
Adenosindesaminase und Nukleosidphosphorylasemangel	Sehr selten	Knochenmark
Gaucher-Krankheit	1 in 3000 (Aschkenasim-Juden)	Leber
Zystische Fibrose	1 in 2500 (Weiße)	Lunge
Familiäre Hypercholesterinämie	1 in 500 (heterozygot)	
	1 in 1000000 (homozygot)	Leber
Hämophilie A und B	1 in 10000 (Männer)	? jedes Organ
Hämoglobinopathien	1 in 600 (ethnische Gruppen)	Knochenmark
Leukozytenadhäsionsmangel	Sehr selten	Knochenmark
Harnstoffzykluserkrankungen	1 in 30000 (alle Typen)	Leber
Phenylketonurie	1 in 12000	Leber
α_1-Antitrypsinmangel	1 in 3500	Leber
Glykogenspeicherkrankheiten	1 in 100000	Leber
Duchenne-Muskeldystrophie	1 in 3000 (Männer)	Muskel
Lysosomale Speicherkrankheiten	1 in 1500 (alle Typen)	Gehirn (für viele)
Lesch-Nyhan-Syndrom	Selten	Gehirn

auch für retrovirale Vektoren geeignet erscheint. Ein muskelspezifischer Promotor könnte die Risiken mit adenoassoziierten Vektoren minimieren. Jedoch konnten bisher die Probleme der gleichzeitigen Verbringung in Skelett- und Herzmuskulatur noch nicht gelöst werden.

Weitere somatische Gentherapieansätze wurden bei der **Gaucher-Krankheit** unternommen (■ Tabelle 10.4 und ■ Abb. 10.2).

10.6 Gentransfer in Keimzellen

1983 gelang erstmals experimentell die Einschleusung eines Wachstumsgens in Zygoten von Mäusen und die Erzeugung von Riesenmäusen. Seitdem werden in vielen Laboratorien **transgene Mäuse** für unterschiedliche experimentelle Zwecke erzeugt. Derartige Untersuchungen werfen die Frage auf, ob man damit rechnen muss, dass ähnliche Manipulationen in der Zukunft auch an menschlichen Keimzellen ausgeführt werden könnten. Es ist heute die überwiegende Meinung aller Beobachter – Wissenschaftler, Ärzte und Außenstehender –, dass eine Gentherapie an menschlichen Keimzellen – jedenfalls auf absehbare Zeit – nicht in Frage komme. Auch wird von Theologen und Philosophen das Argument vorgebracht, eine »genetische Manipulation« des ganzen Menschen verstoße gegen die Menschenwürde. Es sei ein Ausdruck von Hybris, den Menschen nach seinem Idealbild verändern zu wollen.

! Bei allen an der Diskussion Beteiligten besteht eine breite Übereinstimmung: Therapieversuche an menschlichen Zygoten dürfen nicht durchgeführt werden.

Hierfür besteht auch keine medizinische Indikation. Um dies zu verdeutlichen, sollte man nochmals auf den oben angesprochenen ADA-Mangel zurückkommen. Der Erbgang ist wie bei sehr vielen schweren Krankheiten rezessiv. Wenn bekannt ist, dass beide Eltern heterozygot sind, besteht jedoch nur ein Risiko von 25 %, dass ein homozygotes Kind entsteht. Bevor man also eine Gentherapie ins Auge fassen könnte, müsste man über Präimplantationsdiagnostik feststellen, ob die frisch befruchtete Zygote tatsächlich homozygot für das Defektgen ist. Ist es dann nicht viel einfacher und ungefährlicher, eine andere normale Zygote des Paares zu implantie-

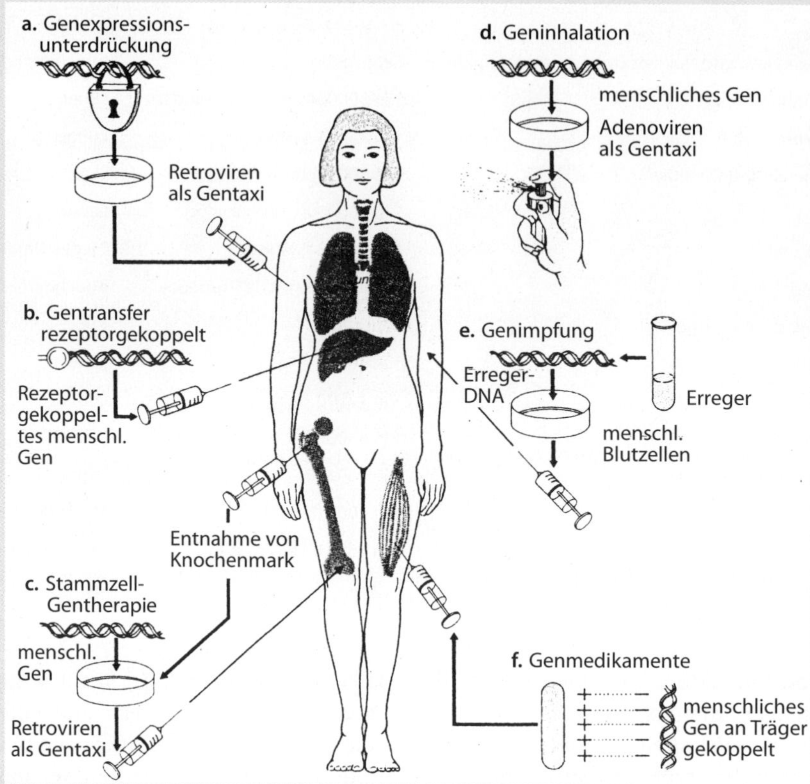

Abb. 10.2 a–f. Die Wege zum somatischen Gentransfer beim Menschen. Nur ein Teil davon ist allerdings bis zur Praxisreife erprobt. **a** Unterdrückende Gene könnten die Wucherung von Krebszellen stoppen. **b** An Rezeptoren gekoppelt könnte ein Gen spezifisch in bestimmte Zellen transportiert werden. **c** Das korrekte Gen wird in Stammzellen verbracht. Hiermit könnte z. B. der ADA-Defekt dauerhaft korrigiert werden. **d** Adenoviren können als Gentaxis in die Lungenzellen verwendet werden. Erprobt wurde dieses Verfahren bei der zystischen Fibrose. **e** Erregergene könnten in menschliche Blutzellen verbracht werden und deren Zelloberfläche so verändern, dass die zelluläre Abwehr eines Patienten in Gang gesetzt wird. Man denkt an solche Konzepte bei AIDS und Hepatitis. **f** Die Injektion von an Trägersubstanzen gekoppelten Genen könnte direkt in die erkrankten Körperteile erfolgen, dort könnten diese in die Zellen aufgenommen werden. Denkbare Zielerkrankung wäre die Muskeldystrophie Typ Duchenne

ren? Diese einfachere und vor allem sicherere Alternative bestünde in praktisch jedem Fall. In Deutschland ist durch das Embryonenschutzgesetz allerdings die Präimplantationsdiagnostik an Embryonen, die noch aus omnipotenten Zellen bestehen, gesetzlich verboten. Zusammenfassend ist diese heute so leidenschaftlich diskutierte Methode schlichtweg überflüssig.

Eine tiefgreifende Furcht besteht vor der Vision, einen »normalen« Menschen verbessern zu wollen, etwa durch Einführung von Genen für erhöhte Intelligenz, ausgeglichenere Persönlichkeit, bessere Muskelentwicklung oder ähnliches. Hier bestünde in der Tat die ernsthafte Gefahr, dass der Mensch sich zum Halbgott erhebt und eine absolute Grenze muss zweifellos gesetzt werden.

11 Zwillingsmethoden in der humangenetischen Forschung

Im Zusammenhang mit der multifaktoriellen Vererbung wurden mehrfach eineiige und zweieiige Zwillinge verglichen, um die genetische Beteiligung innerhalb der phänotypischen Varianz abzuschätzen. Damit ist bereits der Grundgedanke der Zwillingsmethode beschrieben.

! Die Zwillingsmethode ist geeignet, um den genetischen Anteil an der Ausprägung eines Merkmals quantitativ abzuschätzen, ohne dass man die dafür verantwortlichen Erbanlagen kennen muss.

Die Zwillingsmethode hat eine überragende Rolle in der Geschichte der Humangenetik gespielt. Sie überzeugt durch das Naturphänomen der Existenz eineiiger Zwillinge – also genetisch gesehen der doppelten Ausgabe eines Individuums – gerade den »genetischen Laien«.

Es ist wiederum das Verdienst von **Francis Galton**, 1875 die Zwillingsmethode in die Wissenschaft eingeführt zu haben. Wahrscheinlich wusste er noch nichts von der Existenz **monozygoter** und **dizygoter Zwillinge;** dieses Phänomen wurde gerade ein Jahr zuvor beschrieben. Galton hat wohl die Bedeutung dieser Methode geahnt, er hatte aber noch kein geeignetes Konzept für ihre biologisch richtige Anwendung gefunden. Dies gelang **Siemens** (1924), welcher den Vergleich mono- und dizygoter Zwillinge einführte. Siemens erkannte folgendes: Monozygote Zwillinge haben 100 % ihrer genetischen Anlagen gemeinsam; dizygote Zwillinge sind sich mit durchschnittlich 50 % so ähnlich wie normale Geschwister, allerdings unterscheiden sie sich von ihnen durch denselben Geburtszeitpunkt und damit eine ähnlichere Umwelt. Letzteres haben sie mit monozygoten Zwillingen gemeinsam.

Gleichzeitig gelang es ihm, die beiden Gruppen durch die Einführung eines vielparametrigen Vergleiches voneinander zu unterscheiden.

11.1 Mechanismen der Zwillingsentstehung

Entstehung eineiiger Zwillinge

Eineiige Zwillinge entstehen, indem sich im frühen Embryonalstadium die **Blastomeren,** die aus einer Zygote hervorgegangen sind, aus bisher unbekannten Gründen, wahrscheinlich jedoch durch eine kurzfristige Störung der Embryonalentwicklung, in **zwei Tochterindividuen** teilen.

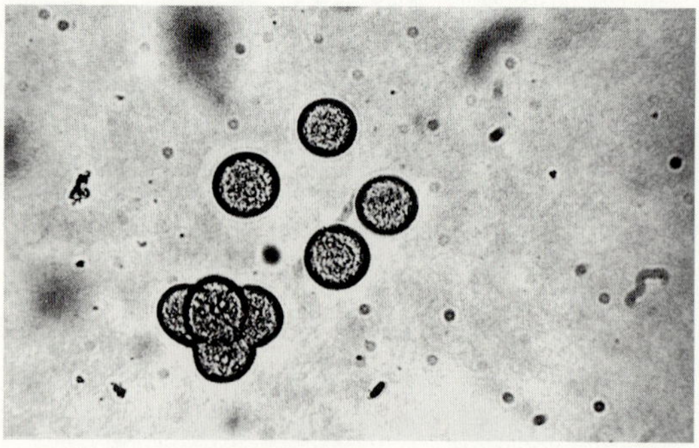

Abb. 11.1. Embryosplitting bei einem 4-Zellstadium der Maus in vier einzelne Blastomeren. Die Auflösung in Einzelblastomeren erfolgt mechanisch durch Aufziehen in einer dünnen Pipette

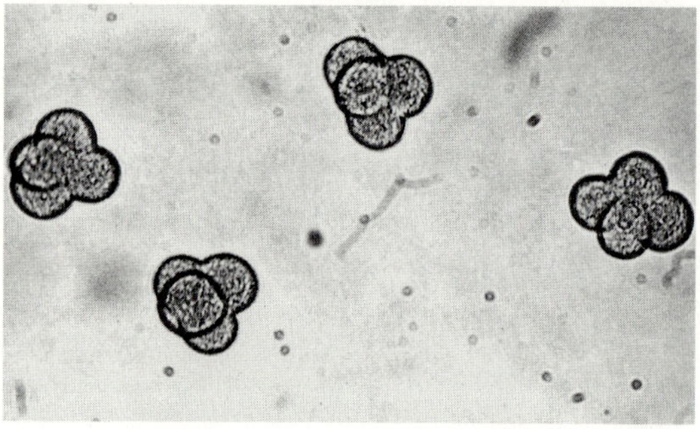

Abb. 11.2. Weiterentwicklung künstlich aus einer Zygote durch Embryosplitting erzeugter eineiiger Mehrlinge der Maus zum 4-Zellstadium in Kultur

Beim Menschen sind die Blastomeren noch im 4-Zellstadium omnipotent und zeigen eine relativ geringe Adhäsion, die mechanisch leicht lösbar ist. Erst ab dem 8-Zellstadium setzt eine Kompaktierung der Morula ein, und der eigentliche Differenzierungsprozess beginnt. Ein Zerfallen in zwei omnipotente Organismen durch eine exogene Noxe ist in diesem Stadium noch relativ leicht möglich (Abb. 11.1 und 11.2). Da sich so entstandene Zwillinge aus einer Verschmelzung einer Oozyte mit einem Spermium entwickelt haben, sind sie **erbgleich.**

Die früheste Entwicklung eineiiger Zwillinge erfolgt also auf dem 2-Zell- oder 4-Zellstadium. In diesem Falle entwickeln sich zwei getrennte Keime innerhalb einer Zona pellucida. Nach Auflösung der Zona pellucida, nidieren die beiden Blastozysten

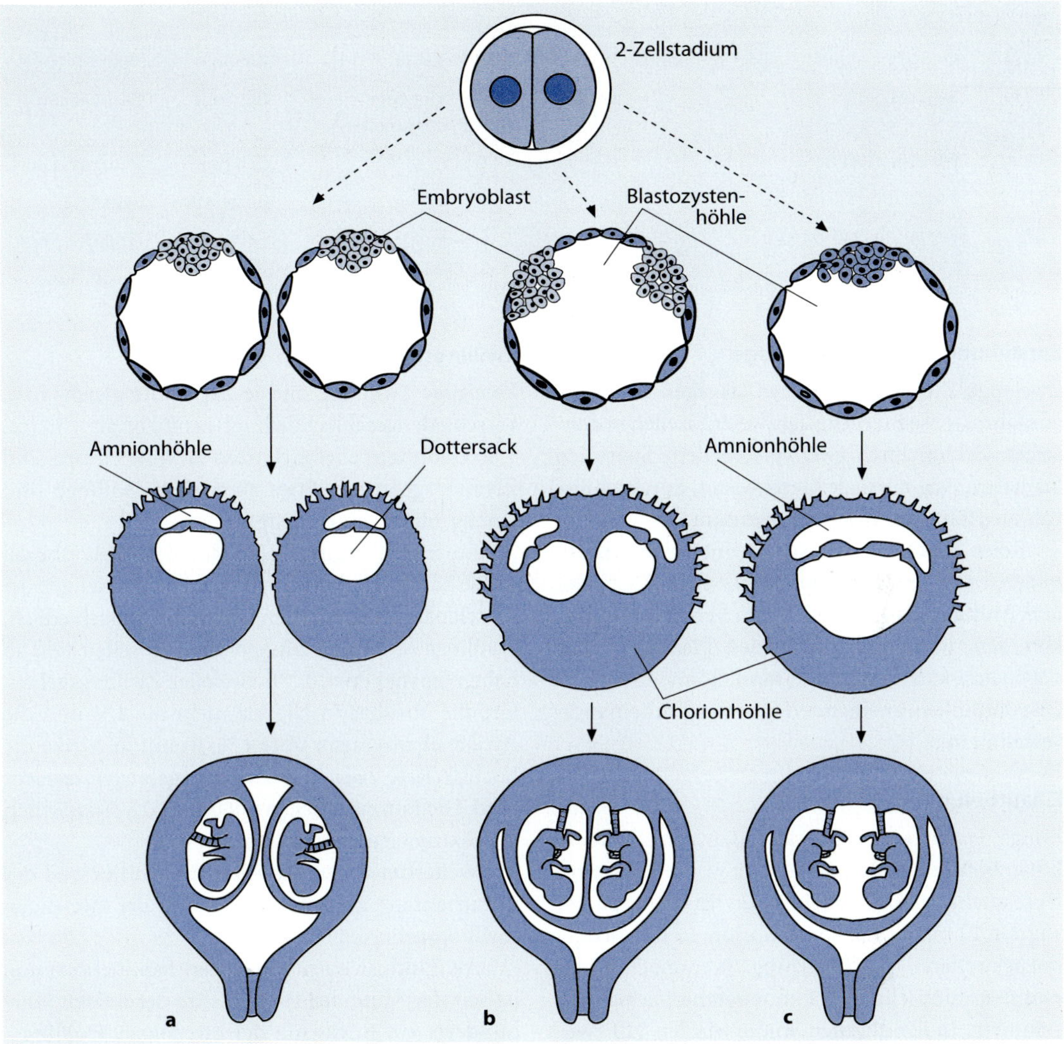

Abb. 11.3a–c. Verschiedene Möglichkeiten bei der Bildung der Eihäute bei eineiigen Zwillingen. **a** Aufspaltung im 2-Zellstadium. Jeder Embryo besitzt eine eigene Plazenta, ein eigenes Amnion und Chorion. **b** Aufspaltung des Embryoblasten in zwei getrennte Zellhaufen. Die Embryonen haben eine gemeinsame Plazenta und ein gemeinsames Chorion, jedoch zwei getrennte Amnionhöhlen. **c** Noch spätere Aufspaltung des Embryoblasten. Die Embryonen besitzen eine gemeinsame Plazenta, ein gemeinsames Amnion und Chorion (mod. nach Langmann 1989)

getrennt, und jeder Embryo entwickelt eine eigene Plazenta und ein eigenes Chorion.

In vielen Fällen erfolgt jedoch die **Durchschnürung des Embryos** im frühen Blastozystenstadium. Der innen gelegene **Embryoblast** spaltet sich in zwei getrennte Zellhaufen auf, die so entstandenen beiden Embryonen besitzen eine gemeinsame Plazenta und ein gemeinsames Chorion, haben aber getrennte Amnionhöhlen.

Selten erfolgt die Trennung auch noch später, nämlich auf dem Stadium der **zweiblättrigen Keimscheibe** kurz vor der Entwicklung des Primitivstreifens. Es entstehen dann Zwillinge mit gemeinsamem Chorion und Amnion in einer einzigen Plazenta (Abb. 11.3). Diese Entwicklung kann bis etwa zum 10. Tage nach der Befruchtung vonstatten gehen.

Tabelle 11.1. Eihautbefunde bei eineiigen (EZ) und zweieiigen (ZZ) Zwillingen

EZ Abb.	Embryonalstadium bei der Trennung	Plazenta	Chorion	Amnion	Häufigkeit
11.3a	2-4 Zellstadium	Getrennt	Getrennt oder sekundär verschmolzen	Getrennt	Recht häufig
11.3b	Frühe Blastozyste	Gemeinsam	Gemeinsam	Getrennt	Häufigste Form
11.3c	Zweiblättrige Keimscheibe	Gemeinsam	Gemeinsam	Gemeinsam	Selten
ZZ	Von vornherein getrennte Entwicklung	Getrennt	Getrennt	Getrennt	Häufigste Form
		Getrennt	Sekundär verschmolzen	–	Recht häufig

Entstehung zweieiiger Zwillinge

Zweieiige Zwillinge entstehen dagegen durch die ausnahmsweise Befruchtung zweier Eizellen in demselben Zyklus durch zwei verschiedene Spermien. Sie haben, wie normale Geschwister, durchschnittlich die Hälfte ihrer Gene gemeinsam.

Beide Zygoten nidieren getrennt im Uterus und bilden ihre eigene Plazenta und ihr eigenes Chorion und Amnion. Es kann jedoch zu Verschmelzungen kommen, wenn sich die beiden Plazenten dicht nebeneinander befinden. Dann können sich die Chorionhüllen aneinanderlegen und miteinander verschmelzen.

Eihautbefunde

Einige Daten zur Häufigkeit der verschiedenen Eihautbefunde sollen angeführt werden. In einer Untersuchung mit 65 eineiigen Zwillingspaaren wurden 12 mit getrenntem Chorion, 13 dichorische mit sekundärer Verschmelzung, 38 monochorische und diamniotische und 1 monoamniotisches Paar gefunden. In der gleichen Studie wurden 113 zweieiige Zwillingspaare untersucht: 69 hatten ein getrenntes Chorion und 44 waren dichorisch mit sekundärer Verschmelzung (Tabelle 11.1).

! Bezüglich der Eihautbefunde ist nur eine monochorische monoamniotische Plazenta ein Beweis für die Eineiigkeit, alle anderen Formen lassen keine eindeutige Aussage zu.

Monoamniotische eineiige Zwillinge werden selten gefunden. Sie zeigen gehäuft Fehlbildungen, teilweise bei nur einem der beiden.

! Auch bei Trennung von Plazenta, Chorion und Amnion kann Eineiigkeit vorliegen.

Zwillingshäufigkeit

Zweieiige Zwillinge sind je zur Hälfte gleich- bzw. verschiedengeschlechtlich. Etwas mehr als 1 % (ca. 1:80 Geburten) aller Geburten in Mitteleuropa sind Zwillingsgeburten. Etwa 40 % aller Zwillinge sind eineiig, 60 % sind zweieiig.

Eineiige Zwillinge sind auf der Welt überall gleich häufig. Dagegen ist die Zahl der zweieiigen bei verschiedenen ethnischen Gruppen unterschiedlich. Zwillinge sind unter Mongoliden am seltensten. So haben Japaner etwa 0,2 % zweieiige Zwillingsgeburten, die Yorubas in Nigeria mehr als 4 % und die Afrikaner insgesamt über 1 %, womit in Afrika die höchste Rate zweieiiger Zwillingsgeburten erreicht wird. Die Europäer liegen mit 0,6 %–0,8 % zwischen den Extremgruppen (Tabelle 11.2).

Weiterhin haben das **Alter der Mutter** und der Geburtenrang Einfluss auf die Rate der zweieiigen Zwillingsgeburten.

Als Einfluss einer modernen Familienplanung ist seit der Mitte der 1950er Jahre des letzten Jahrhunderts ein Rückgang der zweieiigen Zwillingsgeburten zu beobachten. Dies erklärt sich dadurch, dass die sog. »überfruchtbaren Frauen«, d. h. die Frauen, die statistisch eher zu Mehrfachovulationen und damit zu einer erhöhten Fruchtbarkeitsrate neigen, nicht mehr überproportional an der Fortpflanzung teilnehmen. Die Rate eineiiger Zwillinge bleibt davon unberührt, da der beschriebene Entstehungsmechanismus ein anderer ist.

Die Entstehung eineiiger Zwillinge ist unabhängig vom Alter der Mutter, während der Anteil von zweieiigen Zwillingsgeburten mit dem Alter der Mutter ansteigt. Für Frauen, die bei der ersten Schwangerschaft Zwillinge zur Welt bringen, ist die Wahrscheinlichkeit für weitere Zwillingsgeburten um das 3- bis 5fache erhöht.

Tabelle 11.2. Häufigkeit von Zwillingsgeburten pro 1000 Geburten (nach Propping u. Krüger 1976)

Herkunft	Periode	ZZ/1000 Geburten	EZ/1000 Geburten
Spanien	1951–1953	5,9	3,2
Portugal	1955–1956	6,5	3,6
Frankreich	1946–1951	7,1	3,7
Österreich	1952–1956	7,5	3,4
Schweiz	1943–1948	8,1	3,6
Bundesrepublik Deutschland	1950–1955	8,2	3,3
Schweden	1946–1955	8,6	3,2
Italien	1949–1955	8,6	3,7
England und Wales	1946–1955	8,9	3,6
Kalifornien:			
– US-Weiße	1905–1959	6,7	3,9
– US-Farbige	1905–1959	11,0	3,9
– US-Chinesen	1905–1959	2,2	4,8
– US-Japaner	1905–1959	2,1	4,6
Japaner	1955–1962	2,4	4,0

Fehlbildungen

Bei einer Teilung in einem späten Entwicklungsstadium (nach dem 13. Tag) kommt es zu einer unvollständigen Durchschnürung im Axialbereich der Keimscheibe. Hierdurch kommt es zu Mehrfachbildungen oder Doppelmissbildungen. Abhängig von Art und Ausmaß der Verwachsungen unterscheidet man **Thorakopagus, Pygopagas** (pägnymi = ich verbinde) und **Kraniopagus**. In seltenen Fällen sind eineiige Zwillinge durch eine gemeinsame Hautbrücke oder durch eine gemeinsame Leberbrücke verbunden (**siamesische Zwillinge,** benannt nach den in Abb. 11.4a dargestellten siamesischen Zwillingen Chang und Eng). Es ist mehrfach gelungen, siamesische Zwillinge erfolgreich zu trennen, wobei der Erfolg vom Ausmaß der Verwachsungen abhängt.

Bei **monozygoten Zwillingen** können in höherem Maße Fehlbildungen vorliegen. 15 % zeigen eine einzelne und 3,3 % multiple Fehlbildungen. Die Fehlbildungen entstehen einerseits aufgrund der gleichen primären Ursache wie die Zwillingsbildung selbst, andererseits durch Störungen der Gefäßversorgung, schließlich entstehen Deformitäten aufgrund des Platzmangels. Zu den frühen Fehlbildungen der monozygoten Zwillinge gehören

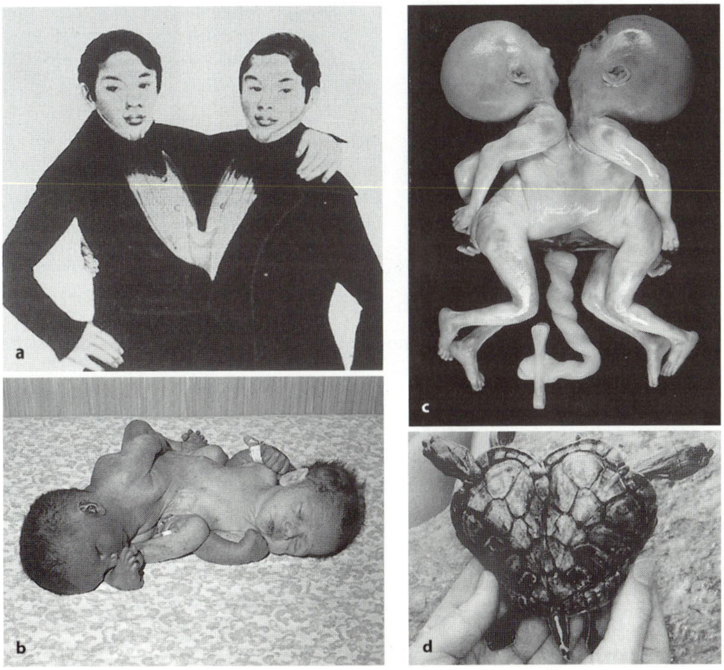

Abb. 11.4. a Die siamesischen Zwillinge Chang und Eng; **b, c** siamesische Zwillingsgeburten; **d** Beispiel von siamesischen Zwillingen im Tierreich: amerikanische Schmuckschildkröten (aus Stern 1990)

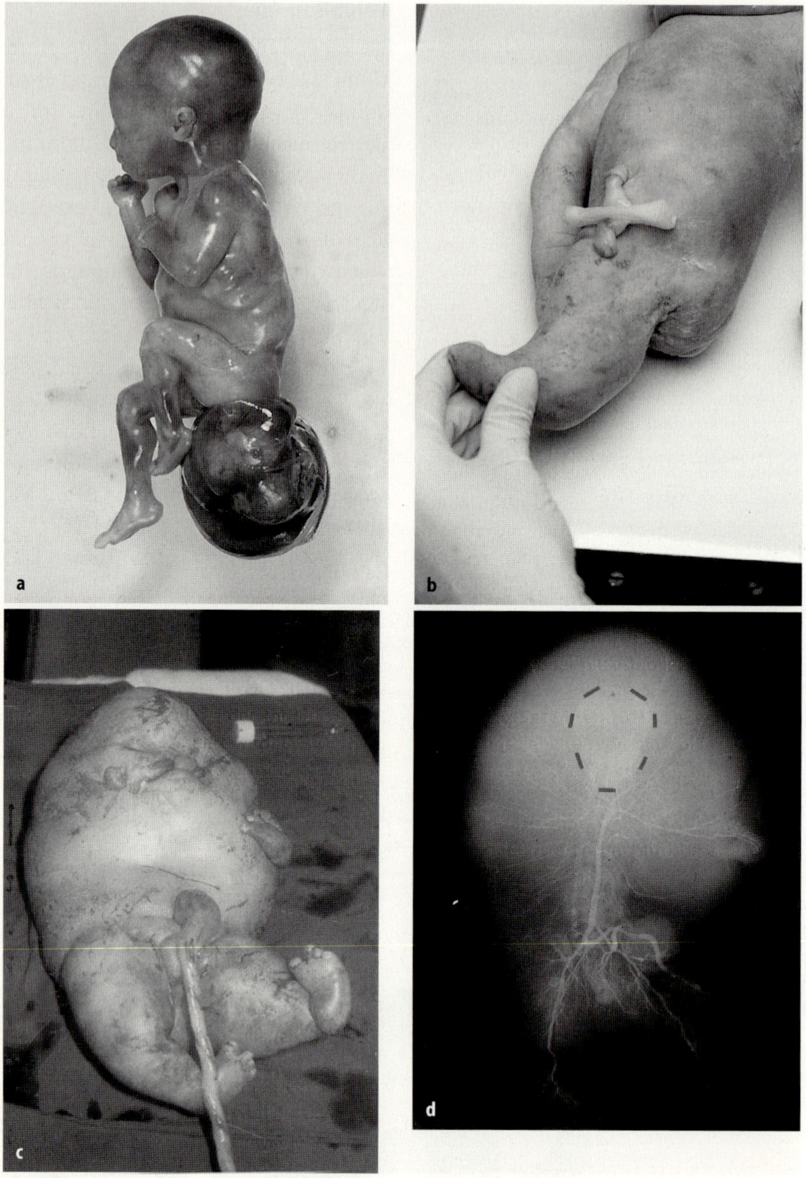

Abb. 11.5. **a** Sakrokokzygeales Teratom; **b** Sirenomelie; **c** Azephalus-Akardie-Syndrom; **d** Röntgenaufnahme von c (Schädelskelett markiert)

sakrokokzygeale Teratome (Abb. 11.5a), **Sirenomelie** (Abb. 11.5b), Extrophie der Kloake, Extrophie der Blase, Analatresie, tracheoösophageale Fistel, Holoprosenzephalie, Zwerchfelldefekte und andere Spaltassoziationen und multiple Mittellinienfehlbildungen. Eine der bekanntesten Fehlbildungen der monozygoten Zwillingsbildung ist das **Azephalus-Akardie-Syndrom** (Abb. 11.5c u. d).

11.2 Unterscheidung von ein- und zweieiigen Zwillingen

Wie beschrieben, gelang es Siemens durch den Vergleich vieler Parameter erstmals, eineiige und zweieiige Zwillinge voneinander zu unterscheiden. Zur damaligen Zeit handelte es sich um den Vergleich von ausschließlich äußerlichen morphologisch erkennbaren Merkmalen. Man bezeichnet dies als einen **polysymptomatischen Ähnlichkeitsvergleich.**

Nach dem polysymptomatischen Ähnlichkeitsvergleich stimmen die Partner eines eineiigen Zwillingspaares in ihren Merkmalen weitgehend überein. Sehr häufig sind sie einander so ähnlich, dass sie sogar von ihren Eltern und Geschwistern verwechselt werden. Hieraus kann man die Erblichkeit körperlicher Merkmale folgern, auch dann, wenn für ihre überwiegende Mehrzahl der Vererbungsmodus bisher nicht geklärt werden konnte.

Dies kommt daher, dass für ein einziges körperliches Merkmal häufig eine Vielzahl von Genen verantwortlich ist. Das Merkmal »Nasenrückenprofil« kommt z. B. durch Gene für das Knochenwachstum zustande, die die Form der knöchernen Nasenöffnung und die Form und Stellung des Nasenfortsatzes am Stirnbein und der Nasenbeine bestimmen. Andere Gene bestimmen den knorpeligen Unterbau der Nase, wie den dreieckigen und viereckigen Septum-Rücken-Knorpel und den Nasenspitzen- bzw. Flügelknorpel. Schließlich sind auch Gene für die Ausbildung des Muskels der Stirn und Nase und für die Ausbildung des dazwischenliegenden Bindegewebes verantwortlich. Auch Manifestationsschwankungen können eine Rolle spielen. Schließlich beeinflussen Umweltfaktoren, die sehr wohl bereits vorgeburtlich im Mutterleib wirken können, die Ausprägung eines Merkmals. Streng genommen muss man annehmen, dass nur Merkmale völlig übereinstimmen, die vollständig penetrant sind. Nur dann kann eine 1 : 1 Beziehung zwischen Genotyp und Phänotyp bestehen.

Nur eine Vielzahl von Merkmalen kann daher ausreichende Sicherheit bei der Einordnung mono- oder dizygoter Zwillinge bieten. Man berücksichtigt bei der Befunderhebung die Farbe und Form des Kopfhaares und die Hautfarbe, die Farbe und Struktur der Iris, Formmerkmale von Kopf, Stirn und Gesicht, Merkmale der Augengegend, wie Variationen der Augenbrauen, Ober- und Unterlidraum, Formmerkmale der äußeren Nase, Merkmale der Mund- und Kinnregion und Formvariationen des äußeren Ohres. Darüber hinaus werden vielfältige Merkmale im Hand- und Fußbereich, aber auch und gerade das Hautleistensystem berücksichtigt (▣ Abb. 11.6 und 11.7). Etwa vorhandene pathologische Merkmale müssen ebenfalls einbezogen werden.

Beim polysymptomatischen Ähnlichkeitsvergleich basiert die Diagnose also auf der Summation von Ähnlichkeiten und Unähnlichkeiten. Je mehr Merkmale betrachtet werden, desto sicherer wird die Diagnose.

Heute hat der polysymptomatische Ähnlichkeitsvergleich nur noch historische Bedeutung. Er ist durch die Bestimmung genetischer Polymorphismen auf Protein- und heute fast ausschließlich auf DNA-Ebene abgelöst. Auf Proteinebene werden monogene Merkmale, wie serologische Merkmalsgruppen herangezogen. Auf DNA-Ebene ist heute die Untersuchung von STRSs die Methode der Wahl. Hiermit ist eine eindeutige Bestimmung der Eiigkeit möglich. Von seltenen Mutationen einmal abgesehen, werden mit diesen neueren Methoden also nicht Ähnlichkeiten, sondern 100%ige Übereinstimmung geprüft (▣ Abb. 11.8).

Bei eineiigen Zwillingen, genauso wie zur Isogenitätsbestimmung bei Laborinzuchtstämmen von Tieren, ist von Hauttransplantaten das Ausbleiben einer **Abstoßreaktion** zu fordern. Diese Methode der reziproken Hauttransplantation bei Zwillingen soll nur der Vollständigkeit halber erwähnt werden. Sie ist bei der Sicherheit, die andere Methoden bieten, ethisch heute nicht mehr vertretbar und auch nicht mehr notwendig.

11.3 Prinzip der Zwillingsmethode

Das Prinzip der Zwillingsmethode lässt sich in 3 Strategien unterteilen:

- Der Vergleich zwischen eineiigen und zweieiigen Zwillingen, die in einer gemeinsamen Umwelt aufwachsen.
- Der Vergleich getrennt aufgewachsener eineiiger Zwillinge.
- Die Methode von eineiigen Zwillingen als Vergleichspersonen (*co-twin-control*).

Vergleich gemeinsam aufwachsender Zwillinge

Zweifellos hat die erste dieser drei Strategien die quantitativ größte Bedeutung. Sie beruht darauf, dass bei einer überwiegenden genetischen Bedingtheit eines Merkmals eineiige Zwillinge eine wesentlich höhere **Konkordanz** aufweisen müssen als zweieiige (▣ Abb. 11.9).

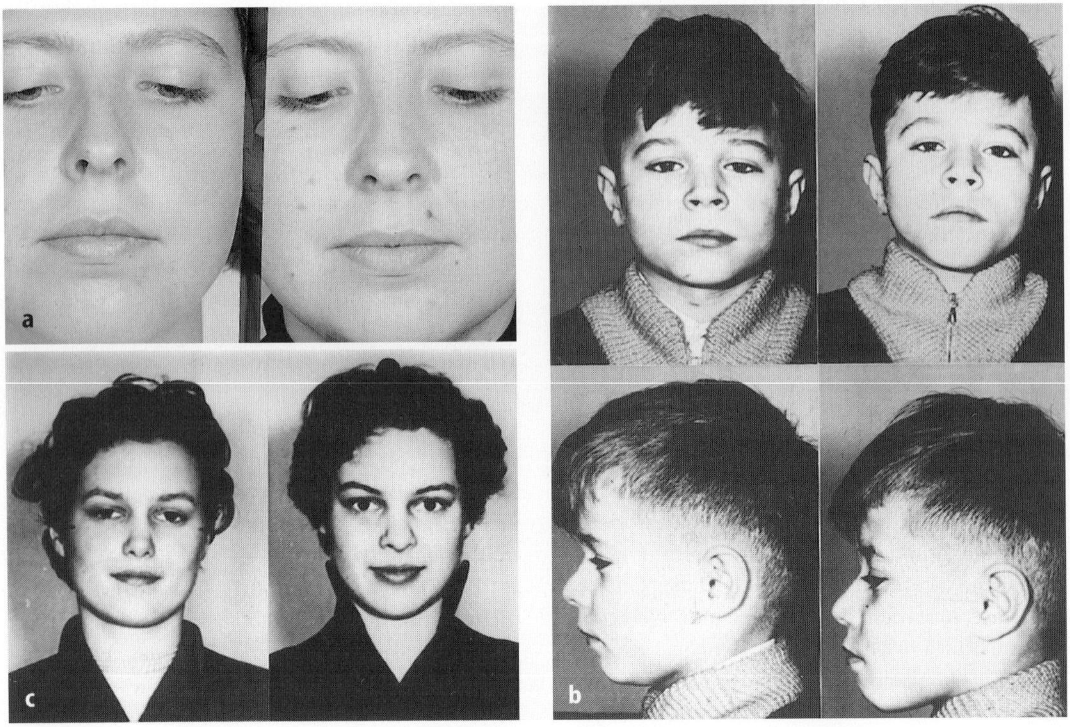

Abb. 11.6a–c. Porträts ähnlicher und unähnlicher eineiiger Zwillinge und ähnlicher zweieiiger Zwillinge. **a** Beispiel ähnlicher EZ, **b** Beispiel unähnlicher EZ, **c** Beispiel ähnlicher ZZ

Abb. 11.7. **a** Augenbereich, **b** Mundpartie, **c** Nasenboden und **d** Hände von eineiigen Zwillingen

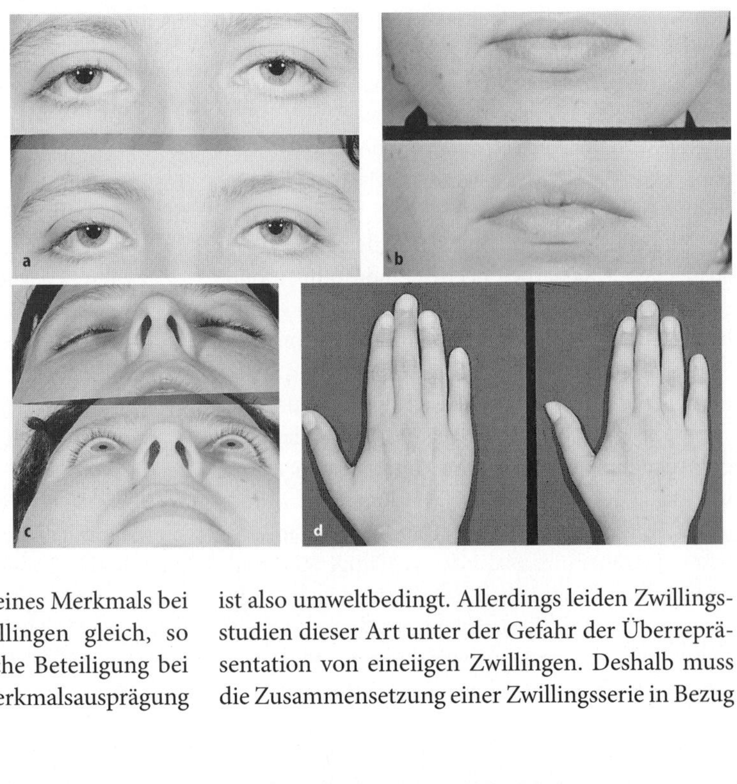

Ist dagegen die **Diskordanz** eines Merkmals bei eineiigen und zweieiigen Zwillingen gleich, so spricht dies gegen eine genetische Beteiligung bei der beobachteten Varianz. Die Merkmalsausprägung ist also umweltbedingt. Allerdings leiden Zwillingsstudien dieser Art unter der Gefahr der Überrepräsentation von eineiigen Zwillingen. Deshalb muss die Zusammensetzung einer Zwillingsserie in Bezug

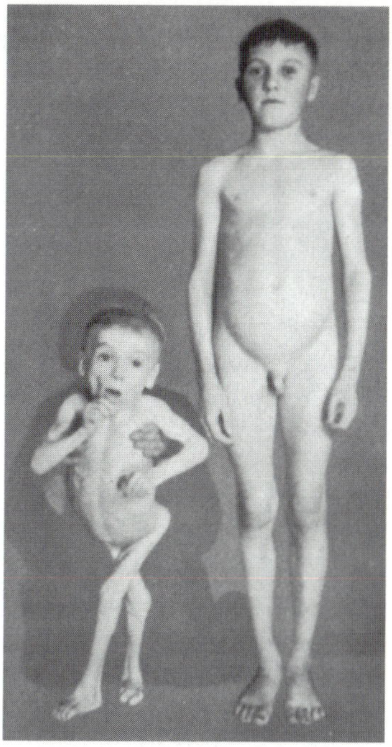

Abb. 11.8. Extrembeispiel der Diskordanz monozygoter Zwillinge. Es handelt sich um zwei Jungen im Alter von 10 Jahren (nach Grebe 1959)

auf Eiigkeit und Geschlechtsverteilung auf ihre Übereinstimmung mit den Erwartungswerten geprüft werden. Dabei ist besonders eine Überrepräsentation der eineiigen Zwillinge eine Gefahr, die für das untersuchte Merkmal konkordant sind. Dies lässt sich dadurch erklären, dass konkordante Zwillinge eher auffallen und man sich eher an sie erinnert.

Basieren Zwillingsstudien auf solchermaßen erfassten Zwillingen, also auf einer **Interessantheitsauslese**, so besteht das Risiko einer Überschätzung des genetischen Einflusses.

Versucht man die Zwillingsuntersuchungen der Literatur zu ordnen, so gelingt dies am besten aufgrund der untersuchten Merkmale. Es gibt nämlich kontinuierlich verteilte Merkmale und solche mit alternativer Verteilung.

Kontinuierlich verteilte Merkmale. Bei kontinuierlich verteilten Merkmalen wird der genetische Anteil an einer beobachteten Gesamtvarianz mittels der **Heritabilität** abgeschätzt. Bei multifaktoriellen Merkmalen, wie Körperhöhe, Blutdruck, Intelligenz wurden bereits Beispiele beschrieben. Es gibt verschiedene Methoden aufgrund von Zwillingsdaten die Heritabilität eines Merkmals abzuschätzen.

Alternativ verteilte Merkmale. Bei alternativ verteilten Merkmalen wird dagegen, wie bereits erwähnt, die Konkordanzrate von eineiigen und zweieiigen Zwillingen verglichen. Die Qualität der Untersuchung hängt dabei von der Auslesefreiheit der Stichproben ab. Ein weiterer wesentlicher Faktor

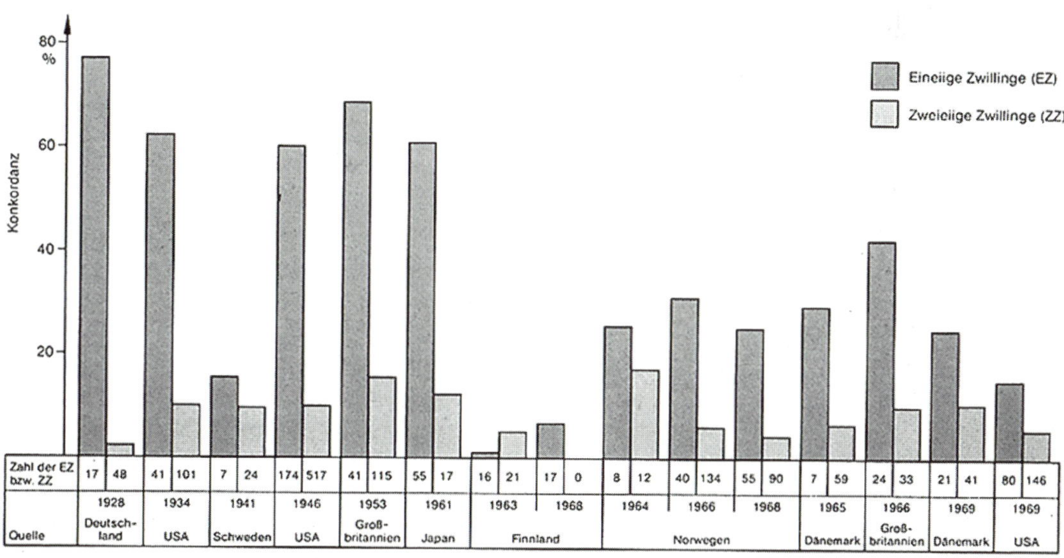

Abb. 11.9. Konkordanz und Diskordanz für Schizophrenie in ein- und zweieiigen Zwillingen aus verschiedenen Populationen

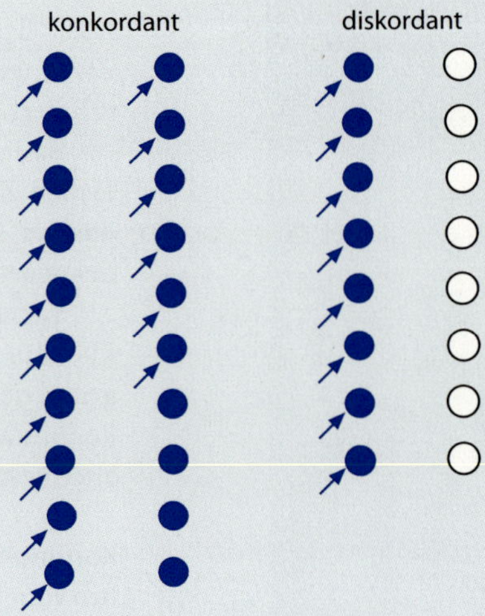

KONKORDANZ-RATEN bei:

fallweiser Erfassung: $\frac{K}{K + D} = \frac{20}{20 + 8} = 71{,}4\%$

paarweiser Erfassung: $\frac{1/2K}{1/2K + D} = \frac{10}{10 + 8} = 55{,}6\%$

Probandenmethode: $\frac{\nearrow K}{\nearrow K + \nearrow D} = \frac{16}{16 + 8} = 66{,}7\%$

Abb. 11.10. Beispiel von 10 für ein Merkmal konkordanten und 8 diskordanten Zwillingspaaren. Die Pfeile bezeichnen die als unabhängige Probanden erfassten Merkmalträger, während die Merkmalträger ohne Pfeil nur über das betroffene Geschwister bekannt geworden sind. Die ermittelte Konkordanzrate hängt von der Berechnung ab (nach Propping 1983)

ist die Art der Erfassung. Sie beeinflusst die ermittelte Konkordanzrate. Man kann unterscheiden:

- **Fallweise Erfassung**, bei der alle konkordanten Paare unabhängig von der Art der Erfassung gezählt werden.
- **Paarweise Erfassung**, bei der die konkordanten Paare nur zur Hälfte gezählt werden, da ein konkordantes Paar eine doppelt so hohe Wahrscheinlichkeit der Erfassung hat.
- **Probandenmethode**, bei der alle unabhängig erfassten Probanden gezählt werden.

Die Probandenmethode liefert dabei wohl die neutralsten Befunde. Die mit ihr errechneten Konkordanzraten sind direkt mit empirischen Wiederholungsziffern von Familienuntersuchungen vergleichbar (Abb. 11.10 und 11.11).

Vergleich getrennt aufwachsender Zwillinge

Die zweite Methode gibt Aufschluss über den Einfluss der Umwelt auf körperliche und seelische Merkmale. Man kann mit dieser Methode das Ausmaß größerer Umweltunterschiede messen.

Die Methode wurde häufig angewandt, um zu überprüfen, ob eineiige Zwillinge deswegen vor allem auf dem Gebiet der Intelligenz (gemessen am IQ) so hohe Konkordanzraten aufwiesen, weil sie sich ein ähnlicheres Milieu in einer gemeinsamen Umwelt schaffen als zweieiige.

Fasst man die bisherigen Befunde zusammen, so konnte bezüglich des IQ gezeigt werden, dass immer eine höhere Konkordanz bei eineiigen Zwillingen vorhanden ist als bei zweieiigen, gleich ob diese in getrennter Umwelt aufwachsen oder gemeinsam. Die wohl wesentlichste Studie auf diesem Gebiet ist die **Minneapolis-Studie** von Lykken und Bauchard. Sie wird in einer Publikation von Bauchard et al. 1990 inhaltlich zusammengefasst: »Seit 1979 wurden in einer kontinuierlichen Untersuchung von mono- und dizygoten Zwillingen, die in der Kindheit getrennt wurden und getrennt aufwuchsen, mehr als 100 getrennt aufgewachsene Zwillinge und Drillinge eine Woche lang intensiv psychologischen und physiologischen Tests unterworfen. Wie in früheren kleineren Studien von getrennt aufgewachsenen monozygoten Zwillingen wurde ca. 70 % der

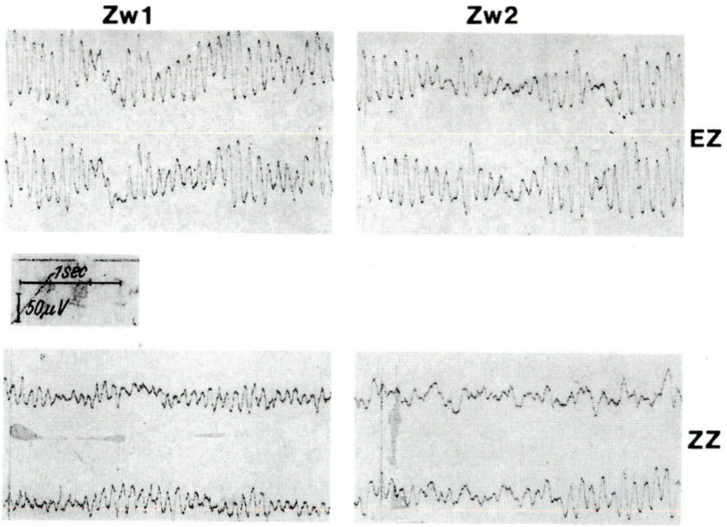

Abb. 11.11. Vergleich der EEG eineiiger Zwillinge und der EEG zweieiiger Zwillinge. Die EEG von eineiigen Zwillingen zeigen keine größeren Abweichungen als 2 Ableitungen von einer Person zu verschiedenen Zeiten. Es handelt sich um eine unipolare Ableitung gegen seitengleiches Ohr okzipital links und rechts (mit freundlicher Genehmigung von Prof. F. Vogel, Heidelberg)

Varianz im IQ als mit genetischen Faktoren assoziiert gefunden. In multiplen Messungen von Persönlichkeit, Temperament, beruflichen und Freizeitinteressen und Sozialverhalten sind getrennt aufgewachsene monozygote Zwillinge ähnlich den gemeinsam aufgewachsenen. Dies macht eine strenge Heritabilität für die meisten psychologischen Parameter offensichtlich«.

Eine inhaltliche Interpretation dieser Aussagen soll hier nicht unternommen werden. Die Methode des Vergleichs getrennt aufgewachsener Zwillinge hat jedoch bisher keine wesentlich neuen Befunde, die gegensätzlich zur klassischen Methode zu interpretieren wären, erbracht.

Co-twin control

Bei dieser Methode werden eineiige Zwillinge als Vergleichspersonen untersucht. Ein Zwilling wird dem zu untersuchenden Einfluss ausgesetzt, der andere nicht. Man erforscht also den Einfluss des Faktors, der nur den einen Zwilling trifft. Es handelt sich dabei theoretisch um eine perfekte experimentelle Anordnung, die man mit der Benutzung von Inzuchtstämmen in der experimentellen Medizin vergleichen könnte. Entwickelt wurde diese Methode ursprünglich, um erzieherische Einflüsse auf menschliche Verhaltenscharakteristiken zu studieren.

Die Methode kann aber auch in erweiterter Form angewendet werden, z. B. inwieweit bestimmte therapeutische Maßnahmen sinnvoll sind oder nicht. Solche Untersuchungen an diskordanten eineiigen Zwillingen weisen sowohl die relative Bedeutungslosigkeit des Einflusses vermuteter Faktoren als auch die Bedeutung eines Einflusses im positiven Sinne nach. So wurden in einer Studie 22 monozygote und 28 dizygote Zwillinge mit psychologischen Testanordnungen untersucht, um herauszufinden, ob bestimmte Aspekte der Intelligenz durch psychologische Übungen verbessert werden können.

Die ersten Tests führte man ohne vorhergehendes Training aus. Danach wurde der Zwilling mit der schlechteren Leistung einmal pro Woche für 5 Wochen einem Training unterzogen. Nach Ablauf der 5 Wochen wurden die Zwillinge wieder getestet. Man fand eine Zunahme der Fähigkeit bei den trainierten Zwillingen, nicht jedoch bei den untrainierten.

In einer anderen Studie, die in Schweden durchgeführt wurde, verglich man die Qualität verschiedener Methoden, Lesen und Schreiben zu lernen. 10 monozygote Zwillinge und 8 dizygote gleichen Geschlechts wurden mit der sog. Ganzheitsmethode und der analytischen Methode vergleichend getestet. Während man bei der Ganzheitsmethode durch die Einprägung ganzer Wörter Lesen und Schreiben lernt, geschieht dies bei der analytischen Methode über einzelne Buchstaben. Der bis dahin behauptete Vorteil der Ganzheitsmethode konnte nicht belegt werden, dagegen zeigte sich ein Vorteil bei der analytischen Methode. Sicherlich kann man diese schwedische Untersuchung nicht verallgemeinern, da die Art besser Lesen und Schreiben zu lernen möglicherweise auch von sprachtypischen Gegebenheiten abhängt. Das Beispiel verdeutlicht aber die Anwendungsstärken der Methode.

Eine weitere Studie untersuchte 128 Zwillingspaare, von denen jeweils einer ein Hirntrauma durchgemacht hatte. Die Konsequenzen auf den Gesundheitszustand, die Persönlichkeit und das Lebensschicksal konnten frei von der sonstigen genetischen Vielfalt der Bevölkerung untersucht werden.

Ein anderes Anwendungsgebiet ist die Arzneimittelprüfung. Durch die Methode von eineiigen Zwillingen als Vergleichspersonen kann hier die individuelle Variabilität, die sich sonst störend auswirkt, vermieden werden.

11.4 Einschränkungen der Zwillingsmethode

Mit Zwillingsuntersuchungen will man Aussagen erhalten, die nicht nur für Zwillinge Gültigkeit haben, sondern verallgemeinerbar sind.

Vor Anwendung der Zwillingsmethode muss man daher prüfen, ob sich Zwillinge für die gegebene Fragestellung von der Allgemeinbevölkerung unterscheiden oder ob die Ergebnisse problemlos übertragbar sind. Zwillingsspezifische Einflüsse schmälern die Validität eines Ergebnisses. In der Tat gibt es eine Reihe von zwillingsspezifischen Besonderheiten, deren Einflussmöglichkeit bedacht werden muss:

- Genetische Besonderheiten:
  - Eineiige Zwillinge unterscheiden sich immer im Muster der X-Inaktivierung (wenn sie weiblich sind), in der Anzahl mitochondrialer DNA-Moleküle, in somatischen Mutationen und im Repertoire an Antikörpern und T-Zellrezeptoren.
- Medizinische Besonderheiten:
  - Zwillinge sind häufig Frühgeburten; sie werden im Durchschnitt wegen der intrauterinen Enge ca. 4 Wochen zu früh geboren und haben dadurch ein herabgesetztes Geburtsgewicht. Dabei sind sich eineiige Zwillinge im Geburtsgewicht wegen der intrauterinen Ernährungsbedingungen durchschnittlich unähnlicher als zweieiige.
  - Zwillinge, die als zweite geboren werden, haben ein wesentlich höheres Risiko für zerebrale Schädigung. Perinatalschäden sind doppelt bis viermal so häufig wie bei Einlingsgeburten.
  - Zwillingsschwangerschaften zeigen eine höhere Abortrate und eine höhere Rate an Frühmortalität als Einlingsschwangerschaften. Zudem sind angeborene Fehlbildungen häufiger, wobei eineiige Zwillinge stärker als zweieiige und Einlinge betroffen sind. Hierdurch werden eineiige Zwillinge tendenziell eher unähnlich.
- Psychologische Besonderheiten:
  - Der durchschnittliche IQ von beiden, eineiigen und zweieiigen Zwillingen, ist gegenüber der Normalbevölkerung etwas reduziert. Dieser Unterschied konnte in einer Untersuchung selbst noch am Ende der 2. Lebensdekade festgestellt werden. Der verminderte IQ kann sowohl durch die zu frühe Geburt, als auch durch verminderte elterliche Zuwendung durch die vermehrte Arbeitsbelastung erklärt werden. Auch die schlechtere intrauterine Ernährung spielt eine Rolle. Schwachsinn ist bei Zwillingen durchschnittlich 2-mal häufiger als bei Einlingen.
  - In der Kindesentwicklung tendieren Zwillinge, eineiige mehr als zweieiige, eine Sozialgruppe zu bilden. Nicht selten entwickeln sie eine Art von Privatsprache, wobei eineiige Zwillinge durchschnittlich mehr Zeit miteinander verbringen als zweieiige. Dies vermindert die Kontakte zur sonstigen Umwelt. Hierin sind sich eineiige und zweieiige Zwillinge tendenziell gleich, eineiige sind jedoch stärker betroffen.
  - Durch elterliche Tradition, wie gleiche Kleidung oder gar ähnlich klingende Vornamen bei eineiigen Zwillingen, kommt es in der Kindheit zu einer stärkeren gegenseitigen Bindung. Um den Zeitpunkt der Pubertät mit einem stärker werdenden Wunsch nach Individualität kann dies in gewissem Umfang ins Gegenteil umschlagen. Eineiige

Zwillinge ziehen sich dann bewusst verschieden an oder tragen verschiedene Frisuren. Dies führt zu gruppendynamischen Besonderheiten, die auch bei zweieiigen Zwillingen vorhanden sind.

- Ein anderes Phänomen ist die Rollendifferenzierung. Ein Zwilling kann mehr dominieren, der andere mehr die untergeordnete Rolle spielen. Der eine Zwilling übernimmt besondere Außenaufgaben für die Zweiergruppe, er ist z. B. der Sprecher, der andere ist mehr der, der die Entscheidungen fällt.

Für den Vergleich von Zwillingsdaten, die zu verschiedenen Zeiten erhoben wurden, ist es wichtig zu wissen, ob sich kulturelle oder erzieherische Gewohnheiten geändert haben. So wurde früher die gegenseitige Identifikation eher unterstützt, z. B. durch das Anziehen identischer Kleidung oder den Besuch derselben Klasse in derselben Schule. Heute will man dagegen die Individualentwicklung bei Zwillingen mehr fördern. Diese unterschiedliche Behandlung über die Zeit mag Einflüsse auf die **Persönlichkeitsentwicklung** haben, die besonders dann zum Tragen kommen, wenn man in diese Richtung sensible Fragestellungen bearbeitet.

Ein in diese Richtung sensibles Gebiet ist die **Verhaltensgenetik**. Gerade aber auf diesem Teilgebiet wurde und wird die Zwillingsmethode besonders häufig angewandt. Das liegt nicht daran, dass man sie dort für besonders geeignet hält, sondern eher daran, dass andere Methoden nur spärlich zur Verfügung stehen.

Auch bei der Untersuchung **getrennt aufgewachsener Zwillinge** gibt es Einschränkungen in der Aussagefähigkeit, obwohl diese Methode bei vordergründiger Betrachtung als geradezu idealer theoretischer Ansatz erscheint. Tatsächlich wachsen aber solche Kinder häufig in vergleichbarem sozialem Milieu auf. Auch ist die Trennung häufig nicht vollständig. Sie werden erst einige Zeit nach der Geburt getrennt. Mindestens jedoch war die intrauterine Umwelt gleich. In sozial sehr differierendem Umfeld aufgewachsene Zwillingspaare sind so selten, dass entsprechende Studien in der Regel an der kleinen Zahl scheitern. Bereits das Auffinden getrennt aufgewachsener Zwillinge in ausreichender Zahl ist ein sehr aufwendiger Ansatz.

Schließlich sollte man nicht vergessen, dass die normalerweise zu eineiigen Zwillingen benutzte **Vergleichsgruppe**, nämlich zweieiige Zwillinge, alles andere ist, als das, was man bei normalen Geschwistern findet. Zwar besteht Übereinstimmung im Anteil der gemeinsamen Gene von durchschnittlich 50 %. Normale Geschwister haben aber immer eine Altersdifferenz von etwa mindestens einem Jahr. Zweieiige Zwillinge nehmen bezüglich der Aussagefähigkeit eher eine Zwischenstellung zwischen eineiigen Zwillingen und normalen Einlingen ein.

Mit der Beschreibung dieser Einschränkungen der Aussagefähigkeit soll nicht etwa die Methode an sich in Frage gestellt werden. Mit der Zwillingsmethode in ihren verschiedenen Ansätzen wurden wichtige Ergebnisse erarbeitet, die sonst in dieser Form nicht vorhanden wären. Allerdings kann man feststellen, dass ältere Zwillingsstudien häufiger zu höheren Konkordanzraten bei eineiigen Zwillingen kommen als neuere. Dies spricht für einen differenzierteren Umgang mit dieser Methode in unserer Zeit. Bei der Bewertung älterer Daten hat man den Eindruck, dass Gemeinsamkeiten gesucht und folglich auch eher gefunden wurden.

Heute erscheinen die Befunde weiterführend und interessant, die Unterschiede herausgearbeitet haben. Das Problem der zugrundeliegenden Mechanismen von individuellen Unterschieden erscheint interessanter und wichtiger als der relative Anteil von genetischen und Umweltfaktoren an diesen Unterschieden.

12 Populationsgenetik

Individuen existieren, weil es Gene gibt. Folglich haben wir bisher mehr vom Individuum zum Gen geblickt. Das Schicksal eines Individuums wurde als Folge einer spezifischen Zusammenstellung »seiner« Gene gesehen. Umgekehrt ist aber auch das Schicksal von Genen eng an das Schicksal von Individuen geknüpft. Individuen bewegen sich in **Populationen**. Folglich wird sich die Entwicklung von Genen in Populationen, die aus Individuen bestehen, entscheiden. Dabei ist die Zukunft eines bestimmten Gens von der Kombination vieler Gene in einem Organismus abhängig. Das Gen ist aber genauso abhängig vom Genotyp anderer Individuen, von seiner Häufigkeit und Konkurrenzlage in der Population, von der Größe der Population, von Gegebenheiten für die Population in ihrer Umwelt und von ihrer Beziehung zu anderen Populationen.

Für den Erhalt einer Art ist der einzelne Organismus von geringerer Bedeutung; darüber entscheidet die Summe des Verhaltens aller Organismen einer Population. Populationen sind also die Träger für die Verbreitung von Organismen. Sie entscheiden durch den Fluss und die Veränderung aller in ihnen enthaltenen Gene über das Schicksal jedes einzelnen Gens.

! Die Populationsgenetik beschäftigt sich mit den Auswirkungen der Mendelschen Gesetze auf die Zusammensetzung einer Population. Dabei wird die Struktur einer Population durch die Konsequenzen aus Mutationen, Selektion, Migration und die Fluktuationsveränderungen von Genfrequenzen geprägt.

Populationsgenetische Kenntnisse sind in vielerlei Hinsicht bedeutungsvoll. So helfen sie, die Epidemiologie genetischer Erkrankungen zu verstehen. Durch das breite Spektrum der Methoden ist es möglich, eine wirkungsvolle Planung für präventive Messungen zu betreiben, um eine genetische Schädigung durch Umweltagenzien zu verhindern. Populationsgenetik trägt zum besseren Verständnis der menschlichen Evolution bei und ermöglicht zukünftige Entwicklungen unter dem Eindruck vielfältiger Veränderungen der Umwelt abzuschätzen.

Im Folgenden soll zunächst die Population im genetischen Sinn definiert werden. Anschließend wollen wir uns mit der Beschreibung von Populationen, ihrer genetischen Zusammensetzung und verändernden Einflüssen auf den menschlichen Genpool beschäftigen.

12.1 Definition des Populationsbegriffs

Eine Population im genetischen Sinne ist eine Gruppe von Individuen, die sich miteinander fortpflanzen oder fortpflanzen können.

Man kann eine solche Gruppe auch als **Mendelsche Population** bezeichnen, da sich die Mendelschen Gesetze für die Weitergabe von Genen auf die Individuen dieser Gruppe anwenden lassen. Populationen können in ihrer Größe schwanken. Sie werden aber in der Regel als **lokale Gruppe** definiert, die durch gegenseitige Fortpflanzungsfähigkeit und gleiche Fortpflanzungschancen (**Panmixie**) aller Mitglieder gekennzeichnet ist.

Die Gesamtheit aller Gene einer Population ist der **Genpool**. Der Genpool einer Population kann durch Hinzukommen neuer Gene verändert werden (**Genfluss**), was gerade bei der heutigen Mobilität von Bedeutung ist.

Ein weiteres Kennzeichen von Populationen sind **Genhäufigkeiten.**

12.2 Genhäufigkeiten

12.2.1 Hardy-Weinberg-Gleichgewicht

! Genhäufigkeit bezeichnet die Anteile der verschiedenen Allele eines Gens in einer Population.

Dabei sollte der Begriff »Gen« besser durch den Begriff »Allel« ersetzt werden, da dies den Sachverhalt korrekter beschreiben würde.

Bei der Beschreibung der Mendelschen Erbgänge in ▶ Kap. 5 wurde verdeutlicht, dass rezessive Allele nur bei einem Viertel der Nachkommen Heterozygoter phänotypisch sichtbar werden. Dominante Allele werden dagegen bei 50 % der Nachkommen beobachtet. Daraus könnte man irrigerweise annehmen, dass rezessive Allele mit der Zeit abnehmen und dominante zunehmen müssten.

Hardy und Weinberg haben 1908 etwa zur gleichen Zeit mathematisch abgeleitet, dass das nicht der Fall ist, sondern dass bei entsprechend großer Population und unter Berücksichtigung aller möglichen Paarungstypen dominante und rezessive Merkmale im Gleichgewicht stehen. Die Genhäufigkeiten und damit die Häufigkeiten der beiden homozygoten Genotypen und des Heterozygoten bleiben von Generation zu Generation konstant, wenn weder Auslese noch Inzucht wirksam sind. Diese Erkenntnis wird als **Hardy-Weinberg-Gesetz** bezeichnet. Die Bedeutung des Gesetzes liegt darin, dass es die Beziehung zwischen den Häufigkeiten der Allele und denen der Heterozygoten und Homozygoten formuliert.

Berechnung von Genotypenhäufigkeit

Gehen wir beispielsweise von den beiden Allelen A und a eines autosomalen Gens aus, denn nur dort sind die Genhäufigkeiten in männlichen und weiblichen Individuen gleich. Das Allel A sei – wie bereits die Schreibweise zeigt – dominant über a. Die Heterozygoten wären dann Aa und entsprächen phänotypisch dem homozygot dominanten Phänotyp. Wenn man nun eine Ausgangspopulation mit einer gegebenen Anzahl von Genotypen betrachtet, dann lässt sich errechnen, wie die Häufigkeit dieser Allele nach vielen Generationen aussieht. Nehmen wir für unsere Demonstrationspopulation ein Verhältnis von

0,40 AA: 0,40 Aa: 0,20 aa

an. Die Genhäufigkeiten betragen dann

0,40 + 0,20 = 0,60 A und 0,20 + 0,20 = 0,40 a.

Bei freier Partnerwahl und Paarung aller Mitglieder der Ausgangspopulation, sind 9 verschiedene Arten von Paarungen möglich, von denen drei reziprok zueinander sind, entsprechend dem Beispiel

AA x aa = aa x AA.

Die Paarungen sind:

	Paarungen	Häufigkeiten
1.	AA x AA	0,16
2. + 4.	AA x Aa	0,32
3. + 7.	AA x aa	0,16
5.	Aa x Aa	0,16
6. + 8.	Aa x aa	0,16
9.	aa x aa	0,04
		1,00

Es gibt also 6 verschiedene Kombinationsmöglichkeiten, bei denen sich die in ◘ Tabelle 12.1 angegebenen und neben den Paarungen vermerkten Häufigkeiten miteinander multiplizieren lassen.

Wie der ◘ Tabelle 12.2 zu entnehmen ist, haben sich die **Genotypenhäufigkeiten** verändert, die Genhäufigkeiten sind dagegen unverändert geblieben: nämlich

0,36 + 1/2 (0,48) = 0,60 für A und
0,16 + 1/2 (0,48) = 0,40 für a.

Unter den angegebenen Bedingungen bleiben, unabhängig von den Anfangshäufigkeiten der drei Genotypen, die Genhäufigkeiten in der nachfolgenden Generation die gleichen wie in der Elterngeneration. Folglich hängt – unbeeinflusst von der Häufigkeit der Genotypen in der vorherigen Generation – die Genhäufigkeit einer bestimmten Generation von der Häufigkeit der Allele in der vorherigen Generation ab. Die Häufigkeit der verschiedenen Genotypen wiederum, die hierbei entstehen, ist mit den Genhäufigkeiten verknüpft.

◘ Tabelle 12.1. Population mit den Genotypen 0,40 AA, 0,40 Aa und 0,20 aa

	AA 0,40	**Aa** 0,40	**Aa** 0,20
AA 0,40	0,16 1.	0,16 2.	0,08 3.
Aa 0,40	0,16 4.	0,16 5.	0,08 6.
aa 0,20	0,08 7.	0,08 8.	0,04 9.

Tabelle 12.2. Häufigkeit der Genotypen nach allen Arten von Paarungen mit den beiden Allelen A und a

Vorherige Generation		Folgegeneration			Häufigkeit der Genotypen		
Paarung	**Häufigkeit**	**AA**	**Aa**	**aa**	**AA**	**Aa**	**aa**
AA x AA	0,16	(0,16)			0,16		
AA x Aa	0,32	½(0,32) + ½(0,32)			0,16	0,16	
AA x aa	0,16		(0,16)			0,16	
Aa x Aa	0,16	¼(0,16) + ½(0,16) + ¼(0,16)			0,04	0,08	0,04
Aa x aa	0,16		½(0,16) + ½(0,16)			0,08	0,08
aa x aa	0,04			(0,04)			0,04
					0,36	0,48	0,16

Die Beziehung zwischen Genhäufigkeit und Genotypenhäufigkeit bleibt über alle weiteren Generationen erhalten, solange **Panmixie** herrscht. (Panmixie bedeutet, dass jedes Individuum die gleiche Chance hat, sich mit jedem Individuum des anderen Geschlechts mit gleicher Fruchtbarkeit zu paaren und dass keine Mutationen oder Selektion und kein Genimport oder -export erfolgt.) Dies kann als **Gleichgewichtsverteilung der Genotypen** betrachtet werden. Genetische Unterschiede bleiben, falls keine Veränderungen von außen eingreifen, in einer Population mit Panmixie konstant.

Gehen wir wieder von den Allelen A und a aus, so kann man die Häufigkeit des Allels A mit **p** und die des Allels a mit **q** bezeichnen. Falls es keine weiteren Allele an diesem Lokus gibt, gilt $p + q = 100\,\%$, oder wenn man wie bisher Genhäufigkeiten in Bruchteilen von 1 ausgibt:

$$p + q = 1$$

Diese Formel bezeichnet dann die **Gesamthäufigkeit der Allele** an diesem Genort.

Man kann die Gleichgewichtshäufigkeiten der Genotypen in folgender Form ausdrücken:

$$p^2(AA),\ 2\,pq(Aa), q^2(aa)$$

oder

$$(p + q)^2 = p^2 + 2pq + q^2 = 1$$

Man bezeichnet dies als das **Hardy-Weinberg-Gleichgewicht.**

Dabei ist p^2 = die Häufigkeit des homozygoten Genotyps für das dominante Allel,
$2pq$ = die Häufigkeit des heterozygoten Genotyps,
q^2 = die Häufigkeit des homozygoten Genotyps für das rezessive Allel.

Für jeden Wert von p und q wird in einer Generation die Gleichgewichtssituation für die Häufigkeit von Genen und Genotypen erreicht. Dieses Gleichgewicht bleibt erhalten, solange sich an der Häufigkeit der Gene nichts ändert.

Für einen Genlokus mit 3 Allelen gilt entsprechend

$$(p + q + r)^2 = 1$$

Das Erreichen eines Gleichgewichts nach einer Generation gilt jedoch nur dann, wenn man *einen* Genort betrachtet. Betrachtet man *mehrere* Genorte gleichzeitig – die Berechnung würde hier zu weit führen – so werden entsprechend mehr Generationen zur Erreichung eines Gleichgewichts benötigt. Dies ändert nichts an der grundsätzlichen Aussage, dass in einer entsprechend großen Population und unter Berücksichtigung aller möglichen Paarungssysteme die Genhäufigkeiten und damit die Häufigkeiten bei den homozygoten Genotypen und den Heterozygoten von Generation zu Generation konstant bleiben.

Berechnung der Heterozygotenhäufigkeit

Nach der Betrachtung eines Genlokus in einer künstlichen Population wollen wir nun zur **Anwendung**

des Hardy-Weinberg-Gesetzes in natürlichen Populationen kommen.

Hier ist primär die Schätzung der Genhäufigkeit und der Heterozygotenhäufigkeit bei rezessiv erblichen Krankheiten von Bedeutung.

Dabei wird zur Berechnung der Genhäufigkeiten von dem Genotyp ausgegangen, dessen Häufigkeit bekannt ist. Dies sind die rezessiv Homozygoten (aa), da man den heterozygoten Genotyp (Aa) vom dominant homozygoten Genotyp (AA) phänotypisch nicht unterscheiden kann. Wir wissen, dass unter den oben genannten Voraussetzungen die Genotypenhäufigkeiten

$$p^2\,(AA),\ 2pq(Aa),\ q^2(aa)$$

betragen. Die interessierende Gruppe, die rezessiv Homozygoten, hat die Häufigkeit q^2 (= Quadrat der Häufigkeit des rezessiven Allels).

Bei der Phenylketonurie ist unter 10.000 Geburten ein Kind homozygot für Phenylketonurie. Dies bedeutet:

$$q^2 = \frac{1}{10.000}$$

Damit errechnet sich die Häufigkeit des rezessiven Allels:

$$q = \sqrt{\frac{1}{10.000}} = \frac{1}{100}$$

Die Häufigkeit des dominanten Allels ist dann:

$$p = 1 - q \text{ da } p + q = 1$$

$$q = 1 - \frac{1}{100} = \frac{99}{100}$$

Die Häufigkeit der Heterozygoten beträgt 2pq:

$$2pq = 2 \times \frac{99}{100} \times \frac{1}{100} = 0{,}0198$$

Bei einer Häufigkeit von homozygot Erkrankten von 1:10.000 errechnet sich eine Heterozygotenhäufigkeit von ca. 2 %. Solche Zahlen sind erstaunlicherweise, wenn auch mathematisch selbstverständlich, die Regel. Während die tatsächlich Erkrankten relativ selten sind, sind die heterozygoten Genträger in der Bevölkerung recht häufig. Lediglich die Wahrscheinlichkeit, dass zwei heterozygote Genträger zusammentreffen und ein Kind mit dem homozygot rezessiven Genotyp hervorbringen, beträgt 1:10.000. Dies gilt in gleicher Weise für andere rezessive Erkrankungen und zeigt gleichzeitig, dass Maßnahmen gegen homozygote Genträger, wie sie in der jüngeren deutschen Geschichte aus ethnischer Pervertierung vorkamen, schon vom theoretischen Standpunkt aus wirkungslos sind. Populationsgenetisch wird sich damit die Frequenz der homozygoten Genträger nicht vermindern.

12.2.2 Voraussetzungen und Abweichungen des Hardy-Weinberg-Gleichgewicht

Die Voraussetzungen für die Annahme eines Hardy-Weinberg-Gleichgewichts wurden im vorhergehenden Abschnitt mehrfach angesprochen und sollen hier nochmals zusammengefasst werden.

- In einer Population wird vorausgesetzt, dass jedes ihrer Individuen die gleiche Chance hat, sich mit jedem Individuum des anderen Geschlechts mit gleicher Fruchtbarkeit zu paaren.
- Es dürfen weiterhin keine Mutationen erfolgen; Selektion ist ausgeschlossen.
- Genimport oder -export darf nicht stattfinden.

Panmixie

Die Gleichheit der Paarungschancen bezeichnet man als Panmixie oder **random mating.**

In natürlichen Populationen gilt diese Voraussetzung jedoch nur eingeschränkt. Hier findet eine **Auslese** zugunsten eines bestimmten Genotyps statt. So kann es zu Verschiebungen des Genotypengleichgewichts durch **ausgewählte Paarungen** (**assortative mating**) kommen. Partner ähnlichen Phänotyps und damit ähnlichen Genotyps bevorzugen sich also.

Bekannte Beispiele, bei denen keine Panmixie bei der Partnerwahl herrscht, sind Körpergröße und Intelligenz, bei denen genetische Faktoren bei der Ausprägung des Phänotyps bereits erörtert wurden.

Weiterhin gibt es den sog. **Selten-Paarungsvorteil (rare mating)**. Hierbei verbreiten sich seltene Genotypen in der Population dadurch überproportional, dass sie relativ leicht und häufig einen Partner finden. Ein Beispiel ist die bekannte Tatsache, dass Gehörlose häufig untereinander heiraten, weil sie über gemeinsame Ausbildung und über entsprechende Vereinigungen eine größere Wahrscheinlichkeit des gegenseitigen Kennenlernens haben.

Panmixie gilt also nur bezüglich solcher genetischer Faktoren, die keinen Einfluss in irgendeiner Art auf die Partnerwahl haben. Einsichtig ist dies z. B. für die Blutgruppen, denn niemand wird seinen Partner nach der Blutgruppe auswählen.

Als Sonderfall einer nicht zufälligen Partnerwahl, der jedoch populationsgenetisch in den meisten Populationen bedeutungslos ist, sind **Verwandtenehen** zu nennen. In einzelnen Populationen kann dies bedeutsam sein, wie z. B. in Indien, wo in einigen Regionen die Onkel-Nichte-Ehe die bevorzugte Eheform ist. Dies weist auf einen anderen Faktor hin, der zu Abweichungen von den erwarteten Werten bei Annahme eines Hardy-Weinberg-Gleichgewichts führen kann.

In den meisten Populationen ist nämlich – auch heute noch, wenngleich in abnehmendem Maße – der Aktionsradius der Mitglieder und damit auch die Verbreitungsmöglichkeit für die Gameten begrenzt. Dies trifft in besonderem Maße für **Isolate** zu. So heiraten Mitglieder solcher Isolate aus verschiedenen sozialen, religiösen oder geographischen Faktoren bevorzugt in der eigenen Gruppe. Man spricht dann von **Paarungssiebung (assortative mating)**. Bei Isolaten sollte man nicht nur an exotische Populationen denken. Auch ein Alpental oder eine Gemeinde im Odenwald oder überhaupt kleinere Gemeinden waren bis vor nicht allzu langer Zeit noch in gewisser Weise Isolate. Die Partnerwahl erfolgte weit häufiger aus der eigenen Gemeinde als von außen. Damit soll der Begriff des Isolats keineswegs »überdehnt« werden; es soll nur gezeigt werden, dass Menschen das Bestreben haben, sich mit solchen zu verbinden, die in ihrer Nähe sind. Dadurch erfolgen die Paarungen in einer Population keineswegs zufällig und der Genpool einer Population besteht in Wirklichkeit aus einer meist großen Anzahl von **Subpools,** die alle etwas vom Genbestand des Gesamtpools abweichen. So können sich aber neue Genhäufigkeiten in solchen Subpools festigen und auch von der Hauptpopulation abtrennen.

Durch all diese Faktoren kommt es letztlich zu Beschränkungen in der Populationsgröße, bei der **Inzucht** häufiger werden kann. Zwar ändert Inzucht, wie man errechnen kann, auch bei häufigerem Auftreten die Gesamthäufigkeit nur in geringem Ausmaß, es kommt aber zu einer Häufung von Homozygoten. Dies hat ein gehäuftes Auftreten autosomal-rezessiver Krankheiten zur Folge. Beispiele hierfür sind das gehäufte Auftreten von okulokutanem Albinismus bei Hopi-Indianern oder das gehäufte Auftreten einer Form des adrenogenitalen Syndroms bei bestimmten Eskimos in Alaska.

Selektion und Mutationen

Bei der Annahme eines Hardy-Weinberg-Gleichgewichts dürfen weder Mutation noch Selektion vorhanden sein. Tatsächlich haben jedoch **Spontanmutationen**, die nicht repariert werden und die keine stummen Mutationen sind, verändernde Einflüsse auf den Genpool. Methoden zur Mutationsratenschätzung wurden bereits in ▶ Kapitel 2.2.1 behandelt.

Das Ausmaß des Einflusses von einzelnen Mutationen wird durch die **Selektion** bestimmt.

! Selektion wirkt immer über Fortpflanzungsunterschiede.

Ein Selektionsvorteil kann zu einer langsamen Veränderung des Genpools führen. Er lässt das mutierte Gen häufiger werden, ein Selektionsnachteil lässt es dagegen seltener werden.

Ein Selektionsvorteil führt immer zur Erzeugung von mehr Individuen mit der entsprechenden Mutation, ein Selektionsnachteil wirkt in umgekehrter Richtung. Dabei spielen verschiedene Faktoren eine Rolle wie

- Veränderungen der sexuellen Attraktivität,
- bessere oder schlechtere Adaptation an das vorhandene oder ein verändertes Nahrungsangebot,
- Temperatur- und Feuchtigkeitsschwankungen,
- Klima ganz allgemein etc.

Man kann Selektion als einen Vorgang der Prüfung an der Natur betrachten. Er setzt bei der Lebensfähigkeit, der Lebensdauer oder der Fruchtbarkeit der Keimzellen an und führt zu ungleicher Reproduktivität. Deshalb spricht man auch von **reproduktiver Fitness.**

Bei einer Selektion gegen Neumutationen – und dies ist aus humangenetischer Sicht von größerer Bedeutung – kommt es darauf an, ob das mutierte Allel dominant oder rezessiv ist. Dominante Allele werden schneller eliminiert, da die Selektion sowohl bei den Homozygoten als auch bei den Heterozygoten ansetzt. Bei rezessiven Allelen besteht nur ein Selektionsdruck gegen die Homozygoten, oder bei X-chromosomal-rezessiven Allelen gegen Hemizygote.

Bei kleinen Populationen können erhebliche Variationen der Genhäufigkeiten und der Genotypenverteilung durch **zufällige genetische Drift** zustande kommen. Wegen der kleinen Populationsgröße kann nämlich ein Allel durch Zufall vermindert oder überhaupt nicht an die nächste Generation weitergegeben werden. Bei größeren Populationen sind solche Zufallsabweichungen weniger wahrscheinlich. Bei kleinen kann auf diese Weise ein Allel gänzlich aus der Population verschwinden und ein anderes fixiert sich.

Zufällige genetische Drift ist die Ursache für bemerkenswerte Häufungen bestimmter Blutgruppen in kleinen Isolaten. Sie ist auch für das häufige Auftreten einzelner genetischer Erkrankungen mit rezessiver Genwirkung in Isolaten mitverantwortlich. Allerdings gibt es dafür noch andere Ursachen, wie etwa den **Gründereffekt**. Der Gründereffekt beschreibt das häufige Vorkommen eines seltenen Allels, das sich von einem Gründer ausgehend in Folgegenerationen ausgebreitet hat. Das bekannteste Beispiel hierfür ist die hohe Frequenz für die Tay-Sachs-Krankheit (Lipidspeicherkrankheit), eine schwere degenerative Nervenkrankheit in der aschkenasisch-jüdischen Bevölkerung der Vereinigten Staaten (minimale Genfrequenz 0,0051 gegenüber 0,0015 in anderen nicht-jüdischen Populationen). In dieser Bevölkerung hat man eigens ein Screeningverfahren eingeführt, mit dem man Paare identifizieren kann, bei denen beide Partner heterozygot sind und deren Kinder ein Erkrankungsrisiko von 25 % haben. Die pränatale Diagnose hat mittlerweile die Geburt vieler betroffener Kinder verhindert. Dieses Allel wurde durch einige Einwandererfamilien nach Pennsylvania eingeführt. Vermehrung in isolierter Umgebung und Inzucht machten das Gen dann häufig.

Genimport und -export

Neben Gründereffekten kann das Hardy-Weinberg-Äquilibriumsprinzip noch durch **Genfluss** infolge **Migration** gestört werden. Unter Migration versteht man die Vermischung mit Angehörigen einer anderen Bevölkerungsgruppe, die verschiedene Genhäufigkeiten besitzt. Hierdurch wird die Zusammensetzung des genetischen Bestandes einer Population verändert.

Die unterschiedliche Allelfrequenz des AB0-Blutgruppensystems in Europa und Asien kann durch solche Vorgänge sowie geographische und soziale Trennung erklärt werden. So ist die Häufigkeit der Blutgruppe B in Asien über 25 %, während sie in Westeuropa weniger als 10 % beträgt. Migration hat vor allem in der Zeit der Völkerwanderungen eine Rolle gespielt. Durch das Aufbrechen praktisch aller Isolate in der heutigen Gesellschaft ist sie ebenfalls von Bedeutung. Allerdings wird die Mobilität der heutigen Menschheit zu einer langsamen, aber zunehmenden Nivellierung von noch bestehenden unterschiedlichen Genhäufigkeiten in verschiedenen Bevölkerungen beitragen.

Die Ursachen für Abweichungen vom Hardy-Weinberg-Gleichgewicht nennt ◘ Tabelle 12.3.

12.3 Unterschiede von Allelhäufigkeiten in verschiedenen Bevölkerungen

Biologisch gesehen gehören alle Menschen einer Spezies an. Dennoch besteht innerhalb der Spezies Homo sapiens eine erhebliche, genetisch bedingte, interindividuelle Variabilität. So gibt es Unterschiede in äußerlich sichtbaren Merkmalen wie Körpergröße, Gestalt, Physiognomie oder Pigmentierung von Haut und Haaren. Es gibt Unterschiede in Blutgruppenmerkmalen und Transplantationsantigenen, in Serum- und Enzymmerkmalen, aber auch in Mutationen, die zu genetischen Erkrankungen führen. All dies ist zurückzuführen auf Unterschiede in den Allelhäufigkeiten zwischen verschiedenen Bevölkerungen.

Tabelle 12.3. Ursachen für Abweichungen vom Hardy-Weinberg-Gleichgewicht

Auslese	Verschiebung des Genotypengleichgewichts durch *assortative mating* oder *rare mating*.
Inzucht	Fördert seltene Gene und ist besonders in kleinen Populationen von Bedeutung. Wird besonders wirksam im Zusammenhang mit Gründereffekt.
Spontanmutationen	Nicht stumme Mutationen, die nicht repariert und anschließend der Selektion unterworfen werden.
Selektion	Führt über Fortpflanzungsunterschiede zu langsamen Veränderungen des Genpools.
Fitness	Die möglichst frühzeitige und zahlreiche Produktion von Nachkommen.
Genetische Drift	Verschiebung der Genhäufigkeiten und der Genotypenverteilung durch zufällige Änderung im Allelbestand. Besonders in kleinen Populationen von Bedeutung.
Gründereffekt	Das häufige Vorkommen eines seltenen Allels, das sich von einem Gründer ausgehend in Folgegenerationen ausgebreitet hat.
Migration	Vermischung mit Mitgliedern einer anderen Bevölkerungsgruppe, die verschiedene Genhäufigkeiten besitzen.

12.3.1 Adaption an verschiedene Umweltbedingungen

Hautpigmentierung

Die Populationsgenetik untersucht Mechanismen (▶ Kap. 12.2), die für die Erzeugung und die Erhaltung genetischer Unterschiede innerhalb und zwischen Populationen verantwortlich sind. Bei Betrachtung der menschlichen hauptethnischen Gruppen ist der sicherlich auffälligste Unterschied die unterschiedliche Hautpigmentierung. Sie ist auch ein gutes Beispiel dafür, wie ethnische Gruppenunterschiede entstehen. Der wichtigste Faktor in der Evolution im Allgemeinen – und bei der Bildung von ethnischen Gruppen im Besonderen – ist die **natürliche Selektion** in Adaption an verschiedene Umweltbedingungen.

! Durch Selektion werden Mutationen bezüglich ihrer Qualität zum Erhalt und zur Weiterentwicklung einer Art überprüft.

Für eine effektive Selektion zur Erzeugung genetischer Unterschiede, wie sie in den hauptethnischen Gruppen bestehen, ist eine **reproduktive Isolation** Voraussetzung. Der Himalaya und das Altai-Gebirge zusammen mit ihren glazialen Arealen separierten Eurasien in drei Gebiete. Dies schuf die Voraussetzung für die Entstehung der Europiden im Westen, der Mongoliden im Osten und der Negriden im Süden.

Da die meisten subhumanen Primaten dunkel pigmentiert sind, war wahrscheinlich auch die ursprüngliche menschliche Population dunkel pigmentiert. Warum sind dann aber Europide und Mongolide heller pigmentiert? Nach einer plausiblen Hypothese stellt diese Hellerpigmentierung eine Adaption an eine geringere ultraviolette Einstrahlung in den Gebieten dieser beiden hauptethnischen Gruppen dar. UV-Licht ist notwendig, um Provitamin D in der menschlichen Haut zu Vitamin D umzuwandeln. Vitamin D wird zur Kalzifikation der Knochen benötigt. Eine zu geringe Verfügbarkeit führt zu Rachitis. Ein rachitisch verformtes Becken führt unter primitiven Lebensbedingungen häufig zum Tod von Mutter und Kind während der Geburt. Dieser Effekt hat einen starken Selektionsdruck in Richtung hellerer Pigmentierung zufolge, da in hellerer Haut bei gleicher UV-Einstrahlung mehr Provitamin D zu Vitamin D umgesetzt wird und damit entsprechend heller pigmentierte einen Selektionsvorteil besitzen.

Laktasepersistenz

Ein anderes Beispiel für natürliche Auslese beim Leben unter verschiedenen Umweltbedingungen ist die große Häufigkeit der Laktasepersistenz hauptsächlich in der Bevölkerung Nordwesteuropas. Die meisten Menschen können den Milchzucker Laktose nur so lange verdauen, wie sie durch Muttermilch ernährt werden. Danach verlieren sie diese Fähigkeit durch die genetisch determinierte Verminderung der Aktivität des Enzyms Laktase, das im Dünndarm die Laktose verdaut. Die überwiegende Mehrheit aller Menschen nordwesteuropäischer Abstammung behält nun die Fähigkeit, Laktose zu verdauen, das ganze Leben lang. Der Regelmechanismus, der Laktase reguliert, existiert hier nicht. Während die meisten Negriden und Mongoliden nach Milchgenuss unter Durchfällen und anderen Beschwerden leiden, können die Nordwesteuropäer ohne Verdauungsbeschwerden Milch trinken.

Nur etwa die Hälfte der Südeuropäer und sehr wenige Individuen anderer Bevölkerungen tragen diese Mutation. Auch in einigen wenigen, relativ kleinen Bevölkerungsgruppen Afrikas und Asiens ist diese Mutation vorhanden. Diese Mutation könnte man mit der Milchwirtschaft in diesen Gebieten in Verbindung bringen und so einen Selektionsvorteil für die Mutation zur Erhaltung der Laktaseaktivität postulieren. Andererseits gab es in Nordwesteuropa – zumindest soweit wir wissen – niemals eine Zeit, während der ein großer Bevölkerungsteil hauptsächlich auf Milch als Eiweißquelle angewiesen gewesen wäre. Man muss daher nach anderen Selektionsvorteilen zur Erklärung des Phänomens suchen. Auch hier könnte, nach einer anderen Hypothese, Rachitis von Bedeutung sein. Es konnte gezeigt werden, dass die Absorption von Galaktose und Glukose, in die die Laktose durch Laktase gespalten wird, auch die Resorption von Kalzium fördert. Kalzium wiederum wird für die Stabilisierung der Knochen und die Verminderung der Rachitis benötigt.

Wir sehen bereits an diesen beiden Beispielen, dass die Zusammensetzung der Weltbevölkerung stark durch **Selektionsfaktoren** der Vergangenheit beeinflusst wird. Zu solchen Selektionsfaktoren zählt auch unterschiedliche Anfälligkeit oder Resistenz gegenüber Infektionskrankheiten. Es gibt zunehmend Hinweise, dass selbst bei der Verteilung der klassischen ABO-Blutgruppen Selektionsvorgänge auf dieser Ebene eine Rolle gespielt haben.

Tabelle 12.4. Frequenz von PKU in verschiedenen Populationen (nach Talhammer 1975)

Region	PKU
Warschau, Polen	1: 7 782
Prag, Tschechische Republik	1: 6 618
Östliche Bundesländer, Deutschland	1: 9 329
Ostösterreich	1: 8 659
Westösterreich	1: 18 809
Schweiz	1: 16 644
Evian, Frankreich	1: 13 715
Hamburg	1: 9 081
Münster, Deutschland	1: 10 934
Heidelberg, Deutschland	1: 6 178
Dänemark	1: 11 897
Stockholm, Schweden	1: 43 226
Finnland	1: 71 111
London, England	1: 18 292
Liverpool, England	1: 10 215
Manchester, England	1: 7 707
Westirland	1: 7 924
Ostirland	1: 5 343
Boston, Mass., USA.	1: 13 914
Portland, Oregon, USA.	1: 11 620
Montreal, Kanada	1: 69 442
Auckland, Neuseeland	1: 18 168
Sydney, Australien	1: 9 818
Japan	1: 210 851
Aschkenasim (Israel)	1: 180 000
Non-Aschkenasim (Israel)	1: 8 649

Phenylketonurie

Ein weiteres Beispiel für Verteilungsunterschiede von Genhäufigkeiten in verschiedenen Populationen – dieses Mal aus dem Bereich der klinischen Genetik – ist die Phenylketonurie (PKU; Tabelle 12.4).

Innerhalb von Europa findet sich eine höhere Häufigkeit für PKU im Osten als im Westen und Süden. Der Unterschied zwischen Ost- und Westösterreich passt in dieses Bild. Die skandinavische Bevölkerung – besonders die Finnen – zeigt eine besonders niedrige Frequenz. Dabei ist interessant, dass sich die finnische Bevölkerung auch in anderen genetischen Aspekten vom Rest der Europäer unterscheidet. Hohe Frequenzen finden sich wiederum in Irland. Unterschiede innerhalb Großbritanniens, wie die hohe Frequenz in Manchester, reflektieren Migration von Irland.

In der USA sind die Werte von Boston und Portland den europäischen vergleichbar. In Montreal, im französischsprachigen Teil von Kanada, besteht wiederum eine weit geringere Frequenz als in den USA und Europa. Auch ist die Rate signifikant geringer als in Frankreich, woher die Bevölkerung ursprünglich stammt. In Japan ist die Frequenz besonders gering, nur vergleichbar mit der in Finnland und mit den Aschkenasim-Juden in Israel.

Woher sich solche Unterschiede in Genhäufigkeiten entwickelt haben, ist bisher unbekannt. Faktoren, wie in ▶ Kapitel 12.2 beschrieben, müssen aber dafür verantwortlich sein.

12.4 Zusammenwirken von Mutation und Selektion

Die Häufigkeit von Genen und Erbkrankheiten in Bevölkerungen ist in einer Reihe von gut bewiesenen Fällen abhängig von natürlichen Selektionsmechanismen der Vergangenheit.

Selektionsvorteil

Das am besten untersuchte Beispiel ist hier die Häufigkeit von Mutanten der Hämoglobingene in einigen Bevölkerungen tropischer und subtropischer Länder. Das **Sichelzellgen (HbS)** ist in den meisten schwarzafrikanischen Bevölkerungen häufig. Diese Mutation der Hämoglobin-β-Kette führt im homozygoten Zustand zu einer hämolytischen Anämie und verschiedenen anderen Krankheitszeichen. Durch die schwere Behinderung der Homozygoten haben sich diese fast niemals fortgepflanzt. Man kann sich nun fragen, warum trotz des Selektionsnachteils der Homozygoten das Gen in den beschriebenen Populationen so häufig wurde.

Die Mutationsrate des Genlokus ist nicht erhöht. Daher muss man als einzige Möglichkeit einen Selektionsvorteil der Heterozygoten in der Vergangenheit annehmen. Tatsächlich konnte ein solcher Selektionsvorteil auch gefunden und bewiesen werden. Das Risiko der Heterozygoten an der Malaria tropica, die durch Plasmodium falciparum übertragen wird, zu erkranken, ist deutlich vermindert. Dabei wurden wegen der starken Verbreitung der Malaria in diesen Gebieten die meisten Kinder bis vor wenigen Jahren bereits in den ersten Lebensjahren infiziert. Viele erlagen der Infektion.

Wegen der schlechteren Vermehrungsfähigkeit der Plasmodien in den sichelzellförmigen Erythrozyten hat die Heterozygotie die Kinder vor schweren klinischen Formen dieser Erkrankung geschützt. Heute ist Heterozygotie für das Sichelzellgen wegen des Rückgangs der Malaria tropica eher ein Selektionsnachteil. Wegen der deutlichen Verminderung des selektiven Faktors wird sich die Genhäufigkeit in Zukunft vermutlich vermindern (auch ▶ Kap. 2.3.1).

Neben HbS gibt es noch andere in tropischen und subtropischen Gebieten häufige Hämoglobinkrankheiten. So findet man beispielsweise **Hämoglobin E** oft in den Mon-Khmer sprechenden Gruppen, vor allem in Thailand, Kambodscha und anderen südostasiatischen Ländern.

Auch **Thalassämien** sind in tropischen und subtropischen Gebieten häufig. Auch bei diesen Hämoglobinopathien wird die Häufigkeit der Allele in den entsprechenden Bevölkerungen mit einem Selektionsvorteil der Heterozygoten gegenüber Malaria in Zusammenhang gebracht.

Heterozygote mit **Glukose-6-Phosphat-Dehydrogenase-Mangel** sind ebenfalls resistenter gegen Malaria tropica.

Selektionsrelaxation

Im Gegensatz zu den Hämoglobinopathien, die in der Vergangenheit einen Selektionsvorteil hatten, ist die Situation beim **Retinoblastom**, einem malignen Augentumor von Kindern, umgekehrt. Die überwiegende Anzahl aller Fälle tritt sporadisch auf; allerdings sind auch familiäre Fälle mit einem autosomaldominanten Erbgang häufig. Dabei besteht eine relativ hohe Penetranz von ungefähr 90 %.

Patienten mit Retinoblastom starben früher bereits in der Kindheit und hatten daher niemals Nachkommen. Dies änderte sich 1865, als man die Enukleierung des erkrankten Auges einführte und später durch Bestrahlung und Lichtkoagulationsmethoden die Therapiemöglichkeiten verbesserte. Heute können 90 % der unilateralen und 80 % der bilateralen Fälle geheilt werden und nehmen folglich an der Fortpflanzung teil. Eine Übertragung von Eltern auf Kinder findet also statt, und man kennt bereits Stammbäume bis zu 4 Generationen (◘ Abb. 12.1).

Bei sporadischen Fällen muss man in der Erbprognose zwischen doppelseitig befallenen und einseitig befallenen Patienten unterscheiden. Während erstere Neumutationen sind, die in der Keimzelle eines Elternteils entstanden sind, gehen letztere zu annähernd 90 % auf somatische Mutationen in

Abb. 12.1. Stammbaum mit dominanter Vererbung des Retinoblastoms über 4 Generationen (nach Vogel 1979)

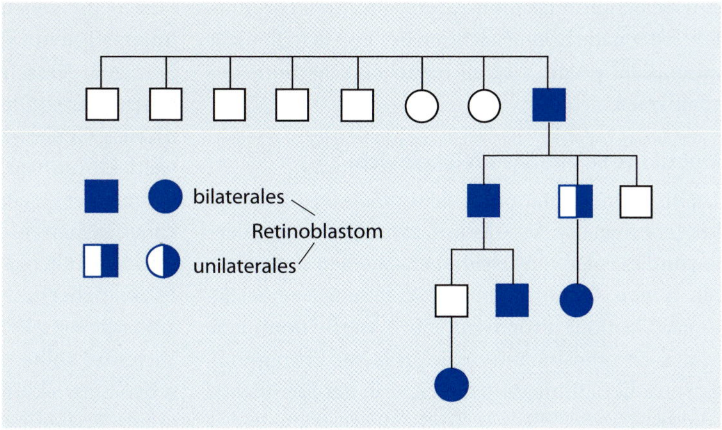

Tabelle 12.5. Schätzungen der Mutationsrate pro zur Befruchtung kommende Keimzelle für das dominant erbliche Retinoblastom (nach Vogel 1985)

Bevölkerung	Mutationsrate	Zahl der Mutationen pro 1 Million Keimzellen
England, Schweiz, Michigan (USA), Deutschland	$6–7 \times 10^{-6}$	6–7
Ungarn	6×10^{-6}	6
Niederlande	$1{,}23 \times 10^{-5}$	12,3
Japan	8×10^{-6}	8
Frankreich	5×10^{-6}	5
Neuseeland	$9{,}3–10{,}9 \times 10^{-6}$	9,3–10,9

Zellen der embryonalen Retina zurück. Bei ersteren besteht also ein Wiederholungsrisiko von 50 %.

Die unilateralen Fälle müssen in solche unterteilt werden, bei denen eine Keimzellmutation vorliegt (ca. 10–12 %), und solche – das ist die Mehrheit –, bei denen kein erhöhtes erbliches Risiko vorliegt. Da man beim Retinoblastom eine relativ vollständige Erfassung aller Kranken vornehmen kann, ist eine zuverlässige Schätzung der Mutationsrate von $5–10 \times 10^{-6}$ möglich (Tabelle 12.5).

Das Gen, dessen Mutation zum Retinoblastom führt, ist auf Chromosom 13 und zwar in der Bande 13q14 lokalisiert (▶ Kap. 4.8.1).

Doch kommen wir nun auf das Hauptthema dieses Abschnittes zurück. Während bei der Sichelzellanämie ein Selektionsvorteil der Vergangenheit das Gen häufig werden ließ, findet sich beim Retinoblastom durch den Einfluss der modernen ärztlichen Behandlung eine **Selektionsrelaxation**. Dadurch wächst der Anteil der dominant erblichen Fälle gegenüber den sporadischen somatischen Mutationen. Populationsgenetische Berechnungen schätzen den Anstieg nach Selektionsrelaxation ab. Je nach Annahme der Höhe des verbleibenden Selektionsdruckes gegen das Allel nach Einführung der medizinischen Therapie wird sich ein neues Äquilibrium auf höherer Ebene einstellen oder es könnte sogar ein linearer Anstieg der Fälle ohne Äquilibrium eintreten.

Es gibt Untersuchungen von 13 Stichproben zur Häufigkeit der X-chromosomalen **Rot-Grün-Farbenblindheit** bei ursprünglichen Populationen im Vergleich zu zivilisierten Populationen. Eskimos, australische Ureinwohner, Einwohner der Fidschi-Inseln, nord- und südamerikanische Indianer u. a. haben eine Häufigkeit von 2 % für alle Typen der Rot-Grün-Blindheit. In zivilisierten Bevölkerungen liegt die Häufigkeit bei ungefähr 5 %. Im Jäger- und Sammlerstadium ist Rot-Grün-Blindheit sicher ein Handicap für das Überleben, das in zivilisierten Populationen nicht existiert. Auch wenn diagnostische Fehler bei der Untersuchung der ursprünglichen Populationen bei diesem Vergleich nicht ganz ausgeschlossen werden können, so hat der weitgehende **Wegfall des natürlichen Selektionsdruckes** offensichtlich zu einem Anstieg geführt. Ähnliche Untersuchungen gibt es für Refraktionsanomalien, Hörschärfe und anderes. Sicherlich sind manche dieser Daten kritikwürdig, aber die Gesamtaussage, dass ursprüngliche Völker sich von zivilisierten in solchen Faktoren unterscheiden, ist richtig und auf eine Selektionsrelaxation zurückzuführen. Das Entfallen der natürlichen Selektion bedingt jedoch nicht zwangsläufig den Wegfall jeglicher Selektionsmechanismen.

Mutations-Selektions-Gleichgewicht

Unter dem Mutations-Selektions-Gleichgewicht versteht man das Äquilibrium zwischen neumutierten und in Folge von Selektionsnachteilen eleminierten Genen. Ohne äußere Verschiebung wie Selektionsrelaxation würden eine ganze Anzahl dominant und X-chromosomal rezessiv erblicher Erkrankungen zu einer Elimination des Gens in der Population führen. Gründe hierfür sind Nichterreichen des Fortpflanzungsalters, frühere Sterblichkeit, geringere Fortpflanzungschancen usw. Der einzige Ausweg zur Erhaltung des Gens trotz dieser Nachteile in der Population wäre zumindest für X-chromosomal rezessive Erkrankungen eine höhere Fertilität der weiblichen Überträgerinnen, was nicht sehr wahrscheinlich ist. Folglich müssen Neumutationen diesen Selektionsnachteil ausgleichen, es sei denn eine Neumutation würde sich tatsächlich nur wenige Generationen in einer Population halten, wofür es ebenfalls bei einigen Erkrankungen Anzeichen gibt. Ist die Genfrequenz dagegen stabil, so balanciert die Neumutationsrate den gegenläufigen Effekt der Selektion. Das **Äquilibriumkonzept** wird zur Abschätzung von Mutationsraten herangezogen.

12

Zusammenfassung

Zusammenfassend ist also festzustellen, dass Veränderungen in den Selektionsmechanismen Einfluss auf die Häufigkeit von Genen und Erbkrankheiten in der Bevölkerung haben. Allerdings ändern sich Genhäufigkeiten nur langsam, sodass der Effekt häufig überschätzt wird. Berechnungen, dass nach rechtzeitiger Erfassung, Behandlung und voller Teilnahme an der Fortpflanzung aller Homozygoter für Phenylketonurie, eine Verdopplung des Gens nach 36 Generationen zu erwarten wäre, lassen das Problem in der richtigen Relation erscheinen.

Die Therapie genetischer Erkrankungen wird zwar langfristig zu Veränderungen im Genpool führen. Wir sollten jedoch nicht vergessen, dass wir seit Christi Geburt und damit seit Beginn der neuen Zeitrechnung erst eine Folge von etwa 60 Generationen haben, und dass Verdopplungsraten von Genen für genetische Erkrankungen auch in den ungünstigsten Fällen immer mehrere Generationen betragen. Verschiebungen des Äquilibriums zwischen neumutierten und infolge Krankheit eliminierten Genen durch ärztliche Behandlung, Umweltfaktoren wie Ernährung und Infektionskrankheiten oder gesellschaftliche und kulturelle Faktoren haben keinen raschen Einfluss auf die Erkrankungswahrscheinlichkeiten der folgenden Generationen. Es gibt daher auch keine Begründung für eine populationsgenetische Sicht bei der genetischen Beratung. Vielmehr sollte man aus der bisherigen medizinischen Entwicklung, die viele Antworten auf ehemals offene Fragen geben konnte, ableiten, dass solche spekulativen Berechnungen in die Zukunft eben gerade vom Ist-Stand ausgehen und das bis dorthin Mögliche nicht berücksichtigen.

12.5 Balancierter genetischer Polymorphismus

Wenn heterozygote Genträger wegen eines Selektionsvorteils gegenüber Homozygoten mit den Normalallelen in ihrer Häufigkeit erhalten bleiben und eine Gleichgewichtssituation vorhanden ist, so spricht man von einem balancierten genetischen Polymorphismus. In der Regel handelt es sich dabei um den Heterozygotenvorteil eines an sich nachteiligen Genes, das im homozygoten Zustand zu schweren Krankheitserscheinungen führt. Dass sich ein Gleichgewichtszustand einstellt, liegt ausschließlich an der exogenen Noxe, die der Heterozygotie einen Selektionsvorteil verschafft. Wir haben mehrfach solche Selektionsvorteile beschrieben. Das berühmteste Beispiel ist die Sichelzellanämie, bei der Heterozygote einen Selektionsvorteil bei der durch Plasmodium falciparum ausgelösten Malaria tropica besitzen.

! Einen Selektionsvorteil der Heterozygoten gegenüber beiden Homozygoten nennt man Heterosis.

Heterosis verschafft dem heterozygoten Status eine größere Fitness. Ein Heterosiseffekt ist bei Selektionsprozessen insofern ein Sonderfall, als die Selektion normalerweise zu einer Zunahme eines Allels zum Nachteil eines anderen führt. Wird jedoch der

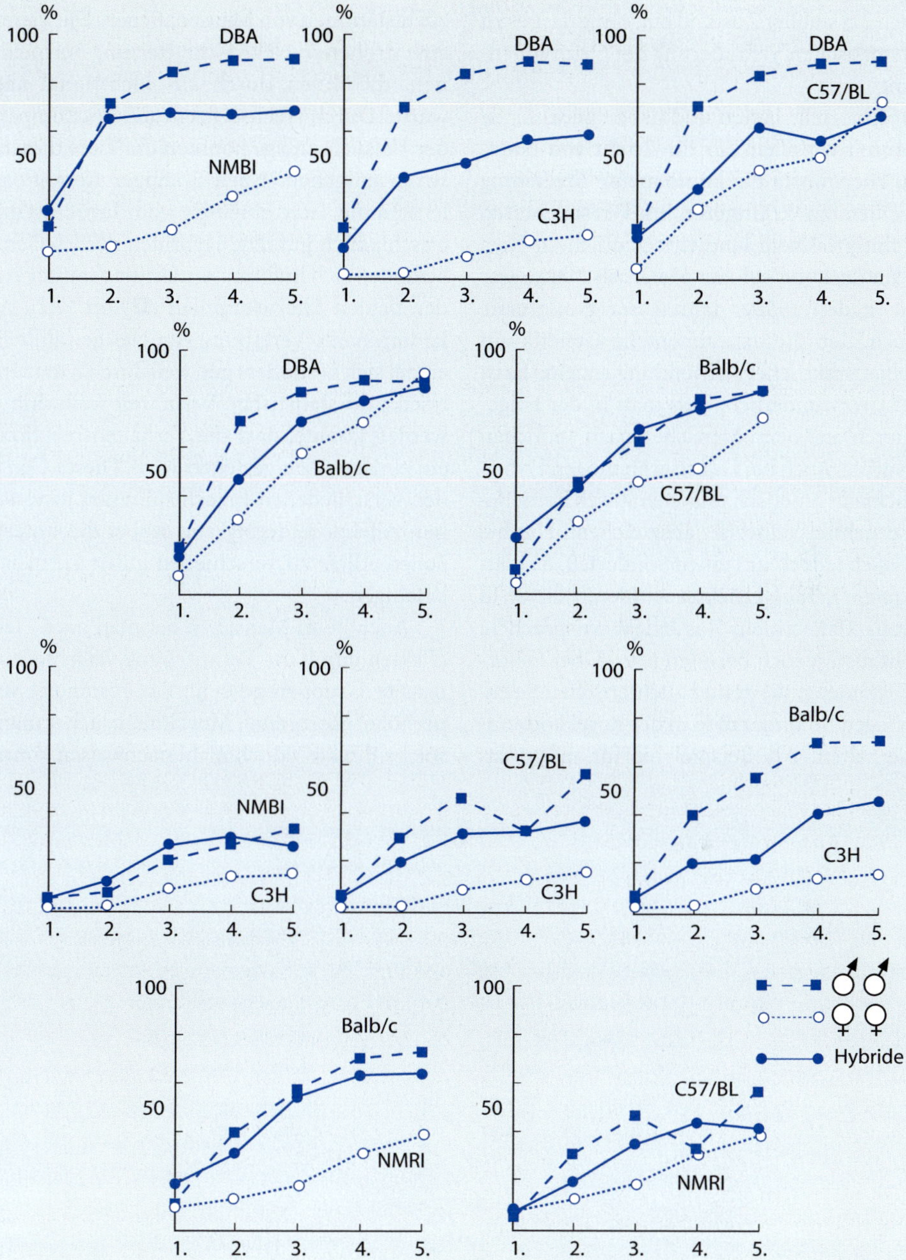

Abb. 12.2. Konditionierung von 5 Mäuseinzuchtstämmen und 10 Hybridkreuzungen bezüglich Vermeidungslernen. Es ist die prozentuale Zunahme der Lernleistung über 5 Tage angezeigt (aus Buselmaier et al. 1978)

heterozygote Zustand durch die Selektion bevorzugt, so stellt sich ein stabiler Zustand ein, ohne dass es zu einer systematischen Veränderung der Genfrequenzen kommt.

Heterosisvorteile hatten und haben bedeutende Konsequenzen vor allem für die **Zucht von Nutzpflanzen**. Hier führte die konsequente Erzeugung von Hybriden zu kräftigeren und resistenteren Pflanzen mit größerem landwirtschaftlichem Nutzen. Die Entdeckung solcher Heterosiseffekte war vor allem in den 1950er Jahren der große erste Durchbruch, den die experimentelle Genetik auf einem Gebiet praktischer Anwendung erzielte. Es ist daher nicht verwunderlich, dass man in der Folgezeit bei Tieren und beim Menschen nach ähnlichen Effekten suchte. Auch bei **Haustieren** mögen Hybride, die Nachteile genetisch unsystematisch betriebener Rassezuchten teilweise ausgleichen. Hierbei handelt es sich jedoch um einen Sonderfall, da häufig Defektgene herausgezüchtet wurden, weil sie in besonderem Maße einem Rasseideal entsprachen. Untersucht man jedoch bei Tieren, z. B. bei Labormäusen, Parameter, die keiner züchterischen Selektion unterlagen, so findet man in der Regel kodominantes Verhalten. Als Beispiel hierfür möge das Lernverhalten von 10 Hybridkreuzungen aus 5 Inzuchtstämmen von Mäusen dienen. Die Tiere sollten eine drohende elektrische Reizung vermeiden lernen, die ihnen durch ein Lichtsignal angezeigt wurde. Durch Wechsel in ein anderes Kompartiment der Versuchsanlage konnten die Tiere diesem Reizstrom entgehen. Nach 5-tägiger Konditionierung lernten die Tiere abhängig vom Inzuchtstamm unterschiedlich gut. Die Hybriden der F1-Generation befanden sich in ihrer Lernleistung immer zwischen den beiden Elternstämmen (◘ Abb. 12.2). Also lag kodominante Vererbung vor. Das gewählte Beispiel eignet sich besonders gut, weil durch Kreuzungsanalysen und statistische Verfahren weiterhin gezeigt werden konnte, dass die Verhaltensreaktion durch ein einziges Gen gesteuert wird. Dieses Gen liegt in den verschiedenen Inzuchtstämmen in verschiedenen Allelen reinerbig vor, wobei die unterschiedlichen Allele zu verschieden guten Lernleistungen befähigen.

Auch beim Menschen hat man nach Heterosiseffekten durch die Vermischung verschiedener ethnischer Gruppen gesucht. Für Parameter wie Körperhöhe, Morbidität, Mortalität u. a. hat man bisher solche Effekte jedoch nicht nachweisen können.

13 DNA-Profile zur Individualidentifikation

13.1 Die Ausgangssituation

Die Identifikation von Personen durch Spurenanalyse und der Nachweis ihrer biologischen Herkunft wird traditionell in drei Fachbereichen der Medizin bearbeitet. Während Erstere eine tragende Säule der Rechtsmedizin ist, werden Abstammungsgutachten traditionell in der Humangenetik, der Serologie und Immunologie und der Rechtsmedizin durchgeführt. Ihr Unterschied besteht darin, dass bei der reinen **Identifikation von Personen** Spuren z. B. an einem Tatort gesichert und analysiert werden, die eine gesuchte Person eindeutig zu identifizieren in der Lage sind. Der genetische **Abstammungsnachweis** wird dagegen in Fällen **ungeklärter Paternität** herangezogen und für **Ehelichkeitsanfechtung** benötigt, d. h. für Fälle, bei denen der gesetzliche Vater die biologische Vaterschaft an einem Kinde bestreitet und durch Klage eine Klärung herbeizuführen sucht. Dabei gilt in der Bundesrepublik Deutschland jedes Kind primär als ehelich, das während einer Ehe geboren wurde, unabhängig vom Zeitpunkt einer Eheschließung und Zeugung. Vereinzelt sind entsprechende Gutachten auch zur Klärung von Kindsvertauschungen oder zur Familienzusammenführung notwendig.

Zur Identifizierung von einer oder auch von mehreren Personen im Sinne einer Täterschaft ist deren biologische Abstammung nicht von Bedeutung. Bei Abstammungsgutachten dagegen handelt es sich immer um die Festlegung einer Familienzugehörigkeit, es sind also neben der Person selbst deren Mutter und der präsumtive Vater zu untersuchen und zu vergleichen.

Der historisch durchgeführte **polysymptomatische morphologische Merkmalsvergleich** der anthropologisch-erbbiologischen Abstammungsgutachten, also der Vergleich einer Vielzahl von Merkmalskomplexen, wie Farbe und Form des Kopfhaares, Augenfarbe und Struktureinzelheiten der Iris, Formmerkmale von Kopf und Gesicht, von Händen und Füßen sowie des Hautleistensystems, hat wegen der extremen Variabilität dieser hoch polygenen Merkmale für die Analyse heute keine Bedeutung mehr. In der Rechtsmedizin hatte er noch nie Relevanz, mit Ausnahme der Untersuchung der Hautleisten (Daktyloskopie) im klassischen Fingerabdruck, die bereits im 19. Jahrhundert erstmals in England etabliert wurde.

Die nächste Stufe in der wissenschaftlichen Entwicklung der Individualidentifizierung waren Untersuchungen von genetischen **Unterschieden in Proteinpolymorphismen** des Blutes. Die Kenntnis der Blutgruppen geht auf die grundlegende Arbeit von Landsteiner (1901) mit dem Titel »Über Agglutinationserscheinungen normaler menschlicher Blute« zurück. Und tatsächlich waren die klassischen Systeme der Blutgruppenserologie die Erythrozyten-Membranantigene, wie AB0-System, Rh-System, MN-System und andere, noch vor ca. 40 Jahren die einzigen, die der forensischen Serologie zur Verfügung standen. Ein Abstammungsnachweis war hiermit nur in sehr begrenztem Umfang möglich. Im Laufe der Zeit wurden aber immer mehr Merkmalsgruppen gefunden, die für diese Untersuchungen genutzt werden konnten. Es handelt sich um Serumproteinsysteme, Erythrozytenenzymsysteme und um Antigene der Leukozyten bzw. Thrombozyten mit Schwerpunkt auf dem HLA-System.

Dass die Anfänge der laboratoriumsgestützten Individualidentifizierung auf die Proteindifferenzierung des Blutes zurückgehen, ist auf die einfache Zugänglichkeit des Blutes zurückzuführen, auf seine hohe Proteinkonzentration und die gute Abgrenzung der Proteine in Form von Rezeptoren auf der Zellmembran, als Enzyme innerhalb der Zelle oder als Eiweißkörper im Serum. Die stoffliche Grundlage der phänotypischen Heterogenität ist natürlich in der individualspezifischen DNA-Komposition zu sehen.

Die Fortschritte der letzten 25 Jahre in der Analyse des menschlichen Genoms führten in der Forensik zu einem Quantensprung in der individualisierenden Analyse von Personen. Moderne Personenidentifikationen orientieren sich fast ausschließlich an **DNA-Untersuchungen**.

13.2 DNA-Polymorphismen zur individualisierenden Analyse

Mit Beginn der 1980er Jahre entdeckte man, dass sich mit Hilfe von Restriktionsendonukleasen **kleine DNA-Variationen** nachweisen ließen, die über das gesamte menschliche Genom verstreut vorliegen, die sog. Restriktionsfragmentlängen-Polymorphismen oder RFLPs. Dies war der Beginn einer enormen Entwicklung in der individualisierenden Analyse, denn die Variationsmöglichkeiten von DNA-Polymorphismen sind weitaus weniger begrenzt als die der Proteinpolymorphismen. Dies liegt darin begründet, dass der überwiegende Teil des Genoms aus nichtkodierenden Regionen besteht und Polymorphismen in diesen Regionen ohne selektiven Druck entstehen. Mutationen in Proteinen dagegen können sich nur stabilisieren, wenn sie die Proteinstruktur nicht nachteilig verändern.

Die Darstellung von RFLPs erfolgt bekanntermaßen über das Southern-Blot-Verfahren, eine Methode, die bereits ausführlich beschrieben wurde. RFLPs besitzen einen hohen Individualisierungsgrad, was sie für Individualisierungsgutachten geeignet macht. Kaum zwei Menschen weisen das gleiche Fragmentmuster auf. Auch werden RFLPs nach den Mendelschen Regeln vererbt und sind somit Allelen vergleichbar.

Man kann Restriktionsfragmentlängen-Polymorphismen in zwei verschiedene Typen unterteilen, die **Multi-Lokus-Systeme (MLS)** und die **Single-Lokus-Systeme (SLS)**.

Bei den MLS erfolgt die Darstellung durch Multi-Lokus-Sonden, die mit DNA-Sequenzen hybridisieren, die über das gesamte Genom verstreut sind. Somit weist man zahlreiche Fragmente gleichzeitig nach, wodurch ein individuelles, für jeden Menschen einzigartiges Bandenmuster entsteht, der **genetische Fingerabdruck**. Die Wahrscheinlichkeit, nach der zwei zufällig aus einer Population ausgewählte Personen verschiedene Genotypen besitzen, liegt bei den MLS bei $1{:}10^{11}$. Allerdings lassen sich die so erhaltenen DNA-Sequenzen nicht bestimmten Genorten zuordnen, womit formalgenetische Berechnungen wie Mutationsratenbestimmung, Bestimmung der Bandenfrequenz usw. versagen. Eine statistische Absicherung ist nicht möglich. Dies lässt die Anwendung der Methode für Abstammungsgutachten als nicht sinnvoll erscheinen, zumal die Banden in einem Muster unterschiedlicher Intensität auftreten, was zu Interpretationsfehlern führen kann. Da zudem Abstammungsnachweise heute häufig in Laboratorien durchgeführt werden, die sich auch mit forensischen Spurengutachten zu beschäftigen haben, gibt es für diesen Bereich hier noch größere Einschränkungen, wie zu große benötigte DNA-Mengen, Fehler bei Banden längerer Fragmente durch teilweise degradierte DNA, Unmöglichkeit der Analyse von Mischspuren, da eine Zuordnung des Bandenmusters zu einer Person nicht möglich ist, usw. Durch all diese Einschränkungen findet der genetische Fingerabdruck heute kaum noch Anwendung für die hier behandelten Fragestellungen.

Viel besser geeignet sind dagegen die Single-Lokus-Systeme, die man nach den MLS entwickelt hat. Den SLS liegen Längenpolymorphismen mit einem definierten Lokus zugrunde. Jede Person besitzt hier nur zwei Fragmente, die mit markierten DNA-Sonden über Southern-Blot nachgewiesen werden. Bei Heterozygoten lassen sich zwei, bei Homozygoten eine Bande darstellen. Somit sind die SLS weniger polymorph als die MLS. Eine Erstellung eines genetischen Fingerabdrucks ist hiermit nicht möglich, was sich aber durch die Kombination mehrer Systeme ausgleichen lässt. Hierdurch werden Genotypenhäufigkeiten erzielt, die denen der MLS entsprechen. Die Wahrscheinlichkeit, dass zwei zufällig aus einer Population gewählte Personen verschiedene Genotypen besitzen, ist also genau so groß wie bei MLS, der Informationswert des Systems enorm. Formalgenetische Einschränkungen existieren nicht, das System ist für Abstammungsnachweise genauso geeignet wie zur Personenidentifikation bei Kriminalfällen, mindestens dann, wenn für letztere Fälle hochmolekulare DNA zur Verfügung steht.

Dennoch sollte das Verfahren noch einmal revolutioniert werden, nämlich durch die Einführung der PCR-Methode. Vor allem die Sensitivität dieser Methode schuf völlig neue Perspektiven, was der RFLP-Analyse rasch Konkurrenz machte. Gerade die Schwachstellen der RFLP-Analyse, nämlich die mögliche Degradation der DNA, die benötigten relativ großen DNA-Mengen und damit ihre Sensitivität sind die Stärken der PCR-Methode, die mit DNA-Mengen von wenigen Nanogramm auskommt, was vor allem eben auch für die Spurenanalyse von Bedeutung ist.

Nun basieren einige spezielle SLS auf einem Längenpolymorphismus, der durch ein bestimmtes Basenmotiv entsteht, das in einer unterschiedlichen Anzahl von Wiederholungen vorkommt. Man bezeichnet dieses Motiv als **Repeat** und direkt hintereinander liegende Repeats als **Tandem Repeat**. Der Polymorphismus wird mit **VNTR (variable number**

of tandem repeat) oder als Minisatellitensequenz bezeichnet. Mit den VNTRs waren 1985 die bisher informativsten Polymorphismen gefunden, da sie viel variabler als andere sind.

Es waren Jeffreys und Mitarbeiter, die im Myoglobin-Gen eine hypervariable repetitive Sequenz GGGCAGGAXG entdeckten, die in vielen Minisatelliten verstreut im ganzen Genom vorkommt, wobei die Anzahl der Tandem Repeats zwischen Individuen variiert. Die PCR-Methode verhalf diesen VNTRs in der forensischen Medizin zum Durchbruch, wobei man solche, die zu Amplifikation in der PCR geeignet sind, als **AmpFLP (= amplifizierbare Fragmentlängen-Polymorphismen)** bezeichnet. AmpFLP besitzen eine genau definierte Allelverteilung, Allelunterschiede von einem oder wenigen Basenpaaren und damit die genaue Genotypenbestimmung macht von der Auftrennung her kein Problem. Die Methode ist zudem schnell, hochsensitiv und unempfindlich gegenüber Degradation.

Schließlich entdeckte man eine zweite Generation von VNTRs; es sind die **Short-Tandem Repeats (STRs)** oder **Mikrosatellitensequenzen**. Sie bestehen, verglichen mit dem AmpFLP (100 bp bis 20 kb) aus noch kürzeren Sequenzen von <100–200 bp, die tandemartig hintereinander liegenden Wiederholungsmotive werden von maximal 12 bp meist weniger als 10 bp gebildet.

13

Der Polymorphismus besteht in der unterschiedlichen Allelsituation bei verschiedenen Personen, die auf einer unterschiedlichen Anzahl von Repeats beruht. Je höher die Anzahl der Repeats ist, desto höher ist der Grad an Polymorphie. Die Loki der STRs sind über das ganze Genom verstreut, hauptsächlich in nichtkodierenden Sequenzen, in Introns, in Flankenregionen von Genen, aber auch innerhalb von Genen (dort jedoch dem Code entsprechend als trimere Repeats). Ihre Häufigkeit wird auf 1 STR/10kb geschätzt, sie sind also viel häufiger als andere VNTRs. Es wurde auch gezeigt, dass die Allele nach Mendel vererbt werden. Diese beschriebenen Eigenschaften machen die STRs zu idealen Markern für Abstammungsuntersuchungen und Personenidentifikationen, wobei natürlich eine Kombination mehrer STR-Systeme notwendig ist, um ein komplexes DNA-Profil und damit einen hohen Identifikationsgrad (entsprechend einem genetischen Fingerabdruck) zu erreichen (▪ Tabelle 13.1 und ▪ Abb. 13.1).

Neben den autosomalen STRs kann es für bestimmte Fragestellungen in der Personenidentifikation, aber vor allem für die Untersuchung von Verwandtschaftsbeziehungen toter Personen von Bedeutung sein, **Y-chromosomale** oder **mitochondriale DNA-Polymorphismen** zu untersuchen, da in beiden Fällen ein Individuum hier den kompletten Genotyp einer definierten Linie von Vorfahren ererbt (das Y-Chromosom von der väterlichen Linie, die Mitochondrien von der mütterlichen Linie).

13.3 DNA-analytische Untersuchungen in der Praxis

Hier sollen die STRs der so genannten **Datenbanksysteme** vorgestellt werden. Hierunter versteht man einen Komplex von 8 STRs, die als Konsensusspektrum national einheitlich bei der Aufklärung von Straftaten untersucht und deren Individualitätsmerkmale von einer Person oder auch von einer Spur seit dem 17.04.1998 beim Bundeskriminalamt geführten Datenbanken gespeichert werden (▪ Tabelle 13.2). Im Frühjahr 2004 enthielten diese Datenbanken 341.408 Datensätze. Allein 2003 haben diese Datenbanken geholfen, dass 57 Fälle von Mord und Totschlag, 118 Sexualverbrechen, 410 Raubüberfälle, Erpressungen und 4750 Eigentumsdelikte aufgeklärt wurden.

Bei Mischspuren mit im Geschlecht unterschiedlichen Spurenlegern kann es notwendig sein, Spurenanteile selektiv zu bewerten. Beispielsweise kann nach Vergewaltigungsfällen im Scheidenabstrich ein DNA-Übergewicht der Betroffenen vorliegen. Hier haben sich Y-chromosomale STRs bewährt. Sie liegen außerhalb der pseudoautosomalen Region und rekombinieren folglich nicht. Man besitzt ein Spektrum von 13 solcher polymorpher STRs, die ein validiertes und informatives System darstellen, auf das im Bedarfsfall zurückgegriffen werden kann. Nationale Datenbanken für Y-chromosomale STRs und auch für mitochondriale Sequenzen befinden sich im Aufbau.

Beim Vaterschaftsausschluss muss nach den Richtlinien für die Erstattung von Abstammungsgutachten, die im Deutschen Ärzteblatt 1999 veröffentlicht sind, eine Ausschlusswahrscheinlichkeit

Tabelle 13.1. DNA-Polymorphismen als Möglichkeit des genetischen Abstammungsnachweises

Restriktionsfragmentlängen-Polymorphismus (RFLP)	
Multi-Lokus-Systeme (MLS)	**Single-Lokus-Systeme (SLS)**
↓	↓
Methode: Southern Blot	Methode: Southern-Blot
↓	↓
genetischer Fingerabdruck	kein genetischer Fingerabdruck, da Zwei-Allel-System
↓	↓
statistische Absicherung nicht möglich, keine Zuordnung zu bestimmten Allelen hoher Personenidentifikationsgrad **Dennoch für Abstammungsnachweis ungeeignet**	statistische Absicherung möglich, hoher Personenidentifikationsgrad durch Kombination mehrerer Systeme (gilt für alle Folgesysteme) **Weiterentwicklung** **Spezielle SLS = Variable Number of Tandem Repeats** **VNTR (Minisatelliten)** **Methode: Southern-Blot**
	↓
	spezielle VNTR Amplifizierbarer Fragmentlängen-Polymorphismus Zuordnung zu allen Allelen gegeben **AmpFLP**
	↓
	Methode: PCR
	↓
	spezielle AmpFLP Short-Tandem-Repeats **STR (Mikrosatelliten)**
	↓
	Methode: PCR **Für Abstammungsnachweis bestens geeignet**

von 99,99 % der zu Unrecht als Väter bezeichneten Männer gewährleistet sein. Umgekehrt kann man in etwa 99 % der Fälle statistisch eine so hohe Wahrscheinlichkeit für die biologische Vaterschaft errechnen, dass man diese als bewiesen ansehen kann. Hierzu wird in solchen Gutachten die Analyse von mindestens 12 STRs unabhängiger Loki auf 10 verschiedenen Chromosomen vorgeschrieben. Die 8 bereits beschriebenen STRs sind hierin enthalten. Die unabhängige chromosomale Lage der STRs ist aus Gründen der Wahrscheinlichkeitsberechnung geboten, da der Vaterschaftsausschluss durch **Ausschlusskonstellationen** in mehreren voneinander unabhängigen Systemen geführt wird. Hiermit kann eine solche Ausschlusskonstellation als eine sichere Aussage angesehen werden.

Umgekehrt bleibt die Feststellung einer Vaterschaft immer ein Befund, der durch statistische Wahrscheinlichkeit berechnet wird. Primär prüfen die Verfahren die Ausschlusskonstellation, wobei die Ausschlusswahrscheinlichkeit von der Genotypenkonstellation bei Mutter, Kind und Präsumtivvater abhängt. Positive Hinweise für eine biologische Vaterschaft ergeben sich daraus, dass ein Beklagter als Vater nicht ausgeschlossen werden kann. Es wird dann aus der **Merkmalskonstellation** bei Mutter, Kind und Präsumtivvater statistisch die Wahrscheinlichkeit ermittelt, mit der er der Vater des Kindes ist. Ziel jeder wissenschaftlichen Begutachtung muss es sein, sowohl bei Ausschließung als auch bei positivem Vaterschaftshinweis eine möglichst hohe Sicherheit zu erzielen. Der Sachverständige wird beim genetischen Abstammungsnachweis im Auftrag tätig. Dieser kann entweder auf einem Gerichtsbeschluss oder auf freiwilliger Übereinkunft der Beteiligten beruhen.

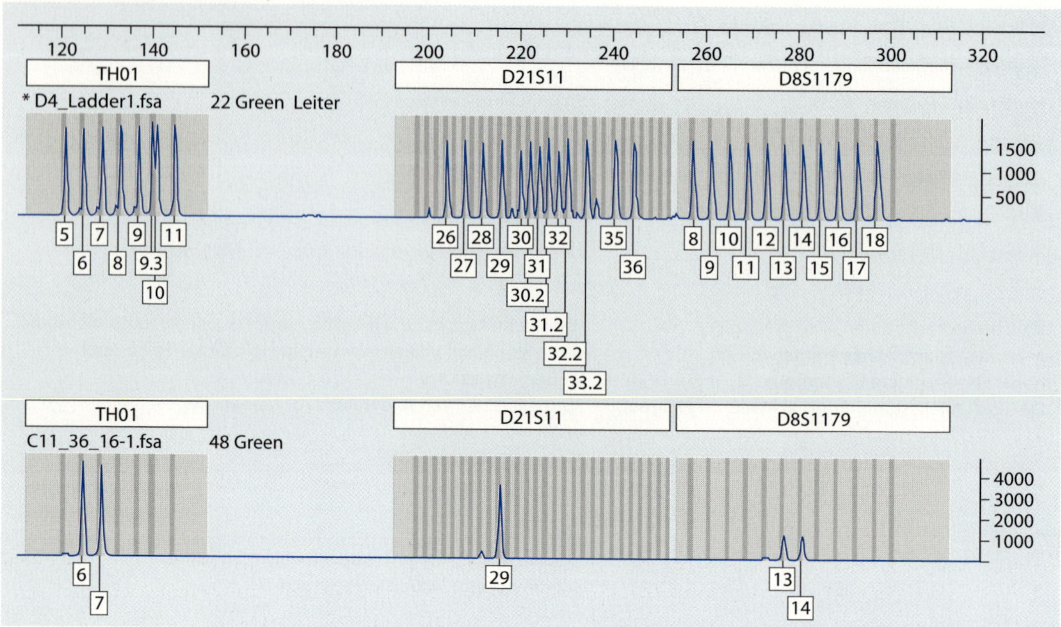

Abb. 13.1. Teil eines Elektropherogramms dargestellt mit dem Kit »genRES-MPX« (Firma Serac). Die Abbildung zeigt den grünen Bereich eines Vier-Farben-Fluoreszenz-Systems mit der Darstellung des DNA-Profils in 3 autosomalen STR-Systemen: TH01, D21S11 und D8S1179. Die meisten STRs sind heterozygot und zeigen eine gleichgroße Peakhöhe beider Allele. Die Zahlen unter den STR Peaks geben die Allele an, die nach der Zahl ihrer repetitiven Einheiten bezeichnet werden. Der obere Teil der Abbildung zeigt die entsprechenden Allel-Leitern

Tabelle 13.2. Die STRs der Datenbank des Bundeskriminalamtes

STR[a]	Chromosomale Lokalisation	Genbereich	Repetitive Sequenz
TH01	11p15-15,5	Teil einer Intronsequenz des Thyrosinhydroxylase-Gens	(AATG)n
VWA	12p12-pter	Teil einer Intronsequenz des Blutgerinnungsfaktors v. Willebrand	TCTA/TCTG/TCTA
FGA	4p28	Teil einer Intronsequenz des Fibrinogen-Gens	TTTC/TTTTTT/CTTT/CTCC/TTCC
D21S11	21q11.2-q21	–	Komplizierte Struktur
SE33	5	Pseudogen H-β-Ac-ψ-2	AAAG
D3S1358	3p21	–	TCTG und TCTA
D8S1179	8	–	TCTA
D18S51	18q21.3	–	GAAA

[a] Die Bezeichnung kennzeichnet jeweils eine Sonde

Für DNA-analytische Untersuchungen, die auf STRs beruhen, ist eine Menge von 100 pg Ausgangs-DNA hinreichend. Dies bedeutet, dass die DNA weniger Zellen ausreicht, um die Analyse durchzuführen. Weniger bedeutend ist dies natürlich in der Regel bei Abstammungsgutachten, da hier genügend biologisches Material zur Verfügung steht. Von großer Bedeutung ist dies allerdings für die Identifizierung von Personen. Da ein Mensch überall, wo er sich befindet, Spuren hinterlässt, seien es Zellabschuppungen am Steuerrad eines Autos, in Kleidung, an Zigarettenkippen usw., wird es mit der STR-

Methode praktisch immer möglich, z. B. die Anwesenheit eines Täters auch nachzuweisen. Man ist nicht mehr, wie bei älteren Methoden, auf das Auffinden von größeren Spurenmengen, wie Körperflüssigkeiten, angewiesen.

13.4 Zwei Fälle von geschichtlicher Bedeutung verdeutlichen die Verwendungsmöglichkeit von gonosomalen und mitochondrialen DNA-Polymorphismen

Es wurde bereits erwähnt, dass vor allem bei der Untersuchung von Verwandtschaftsbeziehungen toter Personen Y-chromosomale oder mitochondriale DNA-Polymorphismen von Bedeutung sind (▶ Kap. 13.2).

So gelang es an neun bei Jekatarinburg, Russland, 1994 aufgefundenen Skeletten, die letzte **russische Zarenfamilie** zu identifizieren, die kurz nach der Nacht des 16. Juli 1918 durch Bolschewiken hingerichtet wurde. Herangezogen wurden mitochondriale- und Y-spezifische DNA-Proben zur Geschlechtsdeterminierung. STRs bewiesen, dass tatsächlich eine Familie in dem Grab vorhanden war (fünf der neun aufgefundenen Skelette; es wurden der Leibarzt und drei Diener mit erschossen). Der Vergleich mitochondrialer Sequenzen, die bekanntlich entgegen den Mendelschen Regeln in rein mütterlicher Linie vererbt werden, mit mütterlichen Nachkommen (Prinz Philipp, Herzog von Edinburgh, einem Großneffen der Zarin, einem Groß-Groß-Enkel von Luise von Hessen-Kassel und einer Groß-Groß-Groß-Enkelin von Luise von Hessen-Kassel als Verwandte des Zaren) identifizierte Zar Nikolai II, Zarin Alexandra und drei Töchter ihrer insgesamt fünf Kinder. In einer Folgeuntersuchung wurde Anastasia alias Anna Anderson, die zeitlebens behauptet hatte, die jüngste, dem Massaker entgangene, Zarentochter zu sein, als Schwindlerin entlarvt und dies, obwohl ein vor Jahrzehnten durchgeführtes anthropologisch-erbbiologisches Gutachten ihre Abstammung von der Zarenfamilie wahrscheinlich gemacht hatte.

Mindestens ebenso spektakulär ist eine Abstammungsuntersuchung, die 1996 an Blutspuren des vor 170 Jahren ermordeten Findelkindes **Kaspar Hauser** durchgeführt wurde. Wiederum war es der Vergleich mitochondrialer DNA-Sequenzen mit lebenden Nachfahren der präsumtiv mütterlichen Linie des Fürstenhauses Baden. Auch diesmal schien sich eine Ausschlusskonstellation zu ergeben: Es wurde postuliert, dass Kaspar Hauser nicht der Erbprinz von Baden war. Das Haus Baden war rehabilitiert. Über 2000 Bücher und 15.000 Broschüren, Artikel, Gedichte und Lieder der Kaspar Hauser-Literatur schienen durch die DNA-Untersuchung korrigiert. Die wissenschaftlichen Methoden der DNA-Untersuchung entwickelten sich allerdings weiter. Auch Haare und Zellantragungen konnten nun analysiert werden. Die ursprünglich auf der Unterhose untersuchten Blutflecken wurden durch Parallelproben ergänzt. Es wurden 6 Proben aus Hut und Hose Kaspar Hausers untersucht. Die DNA-Sequenz in allen 6 Proben war identisch, das Findelkind hatte eine genetische Identität, die sich allerdings von der der Blutflecken unterschied, die folglich nicht von Kaspar Hauser herrühren konnten. War also plötzlich Kaspar Hauser doch der Sohn von Stephanie de Beauharnaise und Erbprinz von Baden? Man untersuchte eine Vergleichsprobe der in direkter Erbfolge mit Stephanie de Beauharnaise verwandten Astrid von Medinger. Es ergab sich in allen wesentlichen Positionen bis auf eine einzige Position Übereinstimmung. Ein Ausschluss konnte nicht mehr aufrecht erhalten werden. Es besteht also weiterhin die Möglichkeit, dass Kaspar Hauser der Erbprinz von Baden war.

Abb. 13.2. Zum Vaterschaftsnachweis

Anhang

Glossarium der verwendeten Fachausdrücke

Das nachfolgende Glossarium soll dazu beitragen, die verwendeten Fachausdrücke zu vertiefen. Es wiederholt die im Text eingeführten Definitionen nochmals in kurzer, leicht einprägsamer Form und kann daher in mehrerlei Weise verwendet werden: Erstens direkt bei der Bearbeitung des Textes, zweitens soll es bei der geistigen Nachverarbeitung des Stoffes dazu dienen, eventuelle begriffliche Unklarheiten direkt nachschlagen zu können, ohne diese erst im Text aus dem Zusammenhang heraussuchen zu müssen. Als dritte Möglichkeit bietet sich nach dem Studium des Textes das nochmalige systematische Lernen der Fachtermini an, was sicherlich einer dauerhaften Einprägung dient.

Achondroplasie: Chondrodystrophie. Dominant erbliche Erkrankung mit Zwergwuchs, eingesunkener Nasenwurzel, großem Kopf, gelegentlicher Hydrozephalie, kurzen Gliedmaßen bei nomaler Rumpflänge. Sakralwirbelsäule gegen Lumbalwirbelsäule geknickt.

Adenoviren: Doppelsträngige DNA-Viren, die zu Erkrankungen des Respirationstraktes, fieberhaften Katarrhen, Pharyngitis oder Konjunktivitis führen. Sie sind in der Lage, Genmutationen zu induzieren.

Adipositas: Fettleibigkeit.

Adrenogenitale Syndrome (AGS): Oberbegriff für Krankheitsbilder, die als Folge einer Über- oder Fehlproduktion von Nebennierenandrogenen entstehen und bei denen die Genitalsphäre in männlicher Richtung verändert wird. Die Ursache ist eine autosomal-rezessive Störung der Kortisolbiosynthese oder nicht genetisch bedingt erworben.

Affektive Psychosen: Psychosen mit schweren Affektstörungen (endogene Depression, Manie bzw. manisch-depressive Erkrankung).

AIDS: Aquired Immunodeficiency Syndrome.

Aktin: Bestandteil des Muskeleiweißes, kommt als globuläres monomeres und dimeres G-Aktin und als fibrilläres polymeres F-Aktin vor. F-Aktin ist Bestandteil des Grundgerüsts der Muskelfibrillen. G-Aktin enthält 1 Mol ATP pro monomere Einheit; durch Aufspaltung in ADP entsteht F-Aktin-ADP, das durch Dialyse in G-Aktin-ADP übergeht und mit ATP wieder zu F-Aktin-ADP zu polymerisieren vermag. F-Aktin bildet mit Myosin die reversible Komplexverbindung Aktomyosin.

Allele: Alternative Formen von Genen, die denselben Lokus im Chromosom einnehmen. Die verschiedenen Allele unterscheiden sich voneinander durch ein oder mehrere mutative Veränderungen. Allele sind also Mutanten eines Gens.

Allel, stummes: Allel, das sich dem Nachweis entzieht.

Alloenzyme: Enzymproteine, die sehr ähnliche bzw. identische Enzymaktivitäten am Substrat ausüben, in ihrem Molekülaufbau jedoch mehr oder weniger verschieden sind. Alloenzyme entstehen durch Mutationen eines Genlokus, sind also Enzymvarianten, die auf verschiedenen Allelen desselben Genortes basieren.

Alpha(α)1-Antitrypsin: Elektrophoretisch polymorpher Eiweißkörper (Glykoprotein) im humanen Serum, wirksam als Antienzym des Trypsins und Chymotrypsins.

Alpha(α)-Glucosidase: Spaltet in der Dünndarmschleimhaut, im Serum, in Milchdrüsen und im Skelettmuskel glykosidische Bindungen in k-D-Glucopyranosiden. Die Dünndarmwerte sind beim Disaccharid-Malabsorptionssyndrom vermindert.

Alpha(α)-Lactalbumin: In der Muttermilch reicher als in Kuhmilch vorhandenes hitzestabiles lösliches Protein.

Alphoid-(α-Satelliten-)DNA: Repetitive DNA-Familie mit Wiederholungseinheiten von 171 bp; bildet den Hauptbestandteil des zentromerischen Heterochromatins.

Amelogenesis imperfecta: Erbleiden mit autosomal-dominanter (häufigste Form), autosomal-rezessiver, X-chromosomal-dominanter oder X-chromosomal-rezessiver Vererbung. Auf den Zahnschmelz begrenzte Hypoplasie und Dysplasie.

Ames-Test: Mutagenitäts- und Kanzerogenitätstestsystem, das Genmutationen an Bakterien durch Verstoffwechselung einer Prüfsubstanz durch isolierte Lebermikrosomen nachweist.

Amplifizierbare Fragmentlängen-Polymorphismen (AmpFLPs): Variable Number of Tandem Repeats (VNTRs), die zur Amplifikation in der PCR geeignet sind. Diese besitzen eine genau definierte Allelverteilung.

Antikodon: Spezifisches Nukleotidtriplett der t-RNA, komplementär zum Nukleotidtriplett der m-RNA, das als Kodon bezeichnet wird.

Antisense-RNA: RNA, die an der Regulation des Imprintings beteiligt ist.

Antithrombine: Physiologisch im Plasma vorhandene Substanzen, die Thrombin inaktivieren und dadurch die Blutgerinnung hemmen.

Antizipation: Der zunehmende Schweregrad oder der frühere Beginn einer genetisch bedingten Krankheit bei aufeinander folgenden Generationen, meist als Folge der Expansion von dynamischen Trinukleotiden.

Apert-Syndrom: Distinkte Skelettdysplasie mit Turmschädel, Mittelgesichtshypoplasie, kompletter Syndaktylie von Fingern und Zehen. Die Ursache ist ein autosomal-dominantes Gen, wobei fast ausschließlich Neumutationen beobachtet werden; väterlicher Alterseffekt ist nachgewiesen.

Apoptose: Ein organisiertes Absterben von Zellen. Der programmierte Zelltod spielt eine bedeutende Rolle bei der embryonalen Entwicklung und Gewebedifferenzierung.

Assortative mating: Ausgewählte Paarungen, Paarungssiebung. Es bevorzugen sich Partner ähnlichen Phänotyps und damit ähnlichen Genotyps (z. B. bei Intelligenz).

Assoziation: Nicht zufällige Kombination von Allelen enggekoppelter Loki.

Auslese: Auswahl zugunsten eines bestimmten Genotyps.

Autosomen: Alle Chromosomen eines Chromosomensatzes mit Ausnahme der Geschlechtschromosomen.

BACs: Bacterial Artificial Chromosomes.

Balancierter genetischer Polymorphismus: Eine Gleichgewichtssituation zwischen heterozygoten und homozygoten Genträgern.

Bardet-Biedl-Syndrom: Autosomal-rezessives Erbleiden, Kombination verschiedener Symptome, wie geistiger Entwicklungsrückstand, Adipositas, tapetoretinale Degeneration, postaxiale Polydaktylie und Genitalhypoplasie.

Barr-Body: Sexchromatin, repräsentiert das inaktivierte X-Chromosom.

Basedow: Hyperthyreose, Überfunktion der Schilddrüse.

Blastomeren: Embryonale Zellen zwischen 2-Zellstadium und Morula.

Blastozyste: Embryonalstadium nach der Morula mit innerer Zellmasse (Embryoblast), äußerer Zellschicht (Trophoblast) und Blastozystenhöhle.

Bloom-Syndrom: Autosomal-rezessiv erbliche Erkrankung mit beträchtlicher Wachstumsverzögerung sowie teleangiektatischem Erythem der Gesichtshaut und »Vogelprofil«. In den Zellen zeigt sich eine Chromosomeninstabilität.

Body Mass Index (BMI): Gewicht in kg/Größe in m^2.

Branch site: Konservierte Intronsequenz in der Nähe des Endes von Introns, die für das Splicing wichtig ist.

Cap: Nach der Transkription modifiziertes 5′-Ende von eukaryontischen m-RNAs.

Chediak-Higashi-Syndrom: Autosomal-rezessive Stoffwechselstörung mit partiellem Albinismus, Photophobie, Nystagmus, Hypohidrose und Immunschwäche.

Chimäre: Organismus, der aus genetisch unterschiedlichen Zellen zusammengesetzt ist. Im Gegensatz zu einem Mosaik besteht eine Chimäre aus Zellen von verschiedenen Zygoten.

Chorea Huntington: Autosomal-dominant erbliche Neurodegenerative Erkrankung mit choreatischen Bewegungen, langsamem körperlichem Zerfall und zunehmenden psychischen Veränderungen bis zur Demenz schweren Grades. Ausprägung meist zwischen dem 30. und 45. Lebensjahr.

Christmas-Faktor: Faktor IX, der bei der Hämophilie B mutiert ist.

Chromatin: Material, aus dem die Chromosomen aufgebaut sind, bestehend aus DNA, Histonen, Nichthistonproteinen und geringen Mengen RNA. Es wird durch Anfärbung sichtbar gemacht.

Chromosomenmutationen: Jede mikroskopisch sichtbare und dauerhafte Veränderung der Struktur von Chromosomen. Es resultieren Deletionen, Duplikationen, Insertionen, Inversionen und Translokationen.

Chromosomensatelliten: Ort für kodierende mittelrepetitive Sequenzen auf den Chromosomen 13–15, 21 und 22.

Chromosome painting: Besondere Form der FISH-Technik zur Darstellung aller Chromosomen mit Fluoreszensfarbstoffen.

Colchizin: Synthetisches pflanzliches Produkt, mit dem es für Chromosomenanalysen möglich ist, die Zellen in den für die Analyse günstigen Metaphasen zu arretieren.

Comparative Genetic Hybridisation (CGH): Fluoreszenzmarkierungsmethode von DNA in der Tumordiagnostik.

Co-twin-control-Methode: Methode von eineiigen Zwillingen als Vergleichspersonen.

CpG-Dinukleotide: Dinukleotide mit einem Cytosin am 5′-Ende über eine Phosphodiesterbindung mit einem Guanin am 3′-Ende verbunden. Im Säugergenom sehr selten.

Cri-du-chat-Syndrom: Deletion eines kurzen Arms des Chromosoms 5 beim Menschen (Katzenschrei-Syndrom).

Deletion: Strukturelle Chromosomenaberration: Verlust eines Teils eines Chromosoms.

Designer-Peptide: Künstlich hergestellte organische Verbindungen aus Aminosäuren, die durch Peptidbindungen verknüpft sind.

Differenzielle Genaktivität: Zustand, bei dem in verschieden differenzierten Zellen verschiedene Gene aktiv sind, je nach Funktion der Zelle.

Diktyotänstadium: Wartestadium von Oozyten vom Zeitpunkt der Geburt bis zur präovulatorischen Phase innerhalb der 1. meiotischen Teilung und unter Erhaltung von Chiasmata.

DNA-Chip: Mikroarray.

DNA-Marker: Genetische Polymorphismen, die über Kopplungsanalysen zur molekularbiologischen Diagnose von genetischen Erkrankungen benutzt werden.

DNA-Zytometrie: Methode zur automatischen Erfassung von Fluoreszenzcharakteristika von Zellen oder deren Bestandteilen bis zu Einzelnukleotid-Polymorphismen.

Dominanter Letaltest: Mutagenitätstestsystem, das dominant-letal wirkende Mutationen, die in den Keimzellen eines Versuchstieres ausgelöst wurden, über abgestorbene Feten nachweist. Eines der ältesten Mutagenitätsprüfsysteme überhaupt, welches genetische Schädigungen über die Keimzellen nachweisen kann.

Dominant negative Wirkung: Das Produkt des mutierten Allels stört die Funktion des Produktes des normalen Allels.

Dominanz: Im strengen Sprachgebrauch bezeichnet man ein Allel als dominant, wenn beim Heterozygoten neben seiner Wirkung die Wirkung des anderen Allels nicht erkennbar ist. In der Humangenetik ist es üblich, von Dominanz zu sprechen, wenn ein Gen bereits im heterozygoten Zustand eine deutlich erkennbare Wirkung hat, ob diese mit der des homozygoten Zustands (der oft auch unbekannt ist) gleich ist oder nicht.

Doppelhelix: Struktur zweier gegenläufiger DNA-Moleküle.

Duplikation: Strukturelle Chromosomenaberration: zweimaliges Auftreten ein und desselben Chromosomensegments im haploiden Chromosomensatz.

Dynamische Mutation: Zunahme von Trinukleotiden über eine kritische Grenze hinaus. Die Zahl der Trinukleotide steigt von Generation zu Generation an.

Ehlers-Danlos-Syndrom: Heterogene Gruppe von vererbbaren Bindegewebsstörungen. Gegenwärtig werden 10 Typen klassifiziert, darunter autosomal-dominante, autosomal-rezessive und X-chromosomale Störungen. Befallen sein können Haut, Band- und Gelenkapparat, Augen, Gefäße und innere Organe.

Einzelstrang-Konformationspolymorphismus; Single-strand conformational polymorphism (SSCP, PSCA): Methode um Punktmutationen aufzufinden.

Elektrophorese: Auftrennungsverfahren für Proteine, welches auf ihrer Ladung im elektrischen Feld beruht. Die Elektrophorese ist also die Wanderung geladener Teilchen im elektrischen Feld.

Elliptozytose: Dominant erbliche Erkrankung, bei der Elliptozyten im Blut auftreten. Hierdurch besteht eine Disposition zu hämolytischen Anämien. (Bis 10 % gelten als Normalbefund.)

Elongation: Kettenverlängerung bei der Translation.

Embryoblast: Teil der Blastozyste, aus dem sich der Embryo entwickelt.

Enhancer: Kurze DNA-Sequenzelemente, die die Transkription eines Gens verstärken.

Enzym: Protein, das chemische Reaktionen im lebenden Organismus ermöglicht und kontrolliert, wobei es unverändert aus der Reaktion hervorgeht (Biokatalysator).

Erbgang, autosomal-dominant: Vererbungsmodus von dominant wirkenden Genen, die auf den Autosomen lokalisiert sind.

Erbgang, autosomal-rezessiv: Vererbungsmodus von rezessiv wirkenden Genen, die auf den Autosomen lokalisiert sind.

Erbgang, geschlechtsbegrenzt: Erbgang, bei dem die Gene unabhängig vom Geschlecht vererbt werden, jedoch ausschließlich oder bevorzugt (relative Geschlechtsbegrenzung) in einem Geschlecht zur Wirkung gelangen.

Erbgang, geschlechtsgebunden: Vererbung von Genen, die auf dem X-Chromosom lokalisiert sind. [Das Y-Chromosom kann vernachlässigt werden, da dort bisher außer SRY sehr wenige Gene bekannt sind]. Die Vererbung wird durch das chromosomale Geschlecht und die Art der Genwirkung (dominant oder rezessiv) definiert.

Erbgang, intermediär: Vererbungsmodus von allelen Genen, bei denen im heterozygoten Zustand beide Genprodukte unabhängig nebeneinander vorkommen und sich beide phänotypisch manifestieren. Der heterozygote Phänotyp nimmt eine Mittelstellung zwischen den beiden homozygoten Formen ein.

Erbgang, kodominant: Vererbungsmodus von allelen Genen, bei denen im heterozygoten Zustand beide Genprodukte unabhängig voneinander vorkommen und sich beide phänotypisch manifestieren.

Erbgang, multifaktoriell: Genetische Determinierung eines Phänotyps nicht durch ein einziges Gen, sondern durch das Zusammenwirken vieler Gene und Umweltfaktoren.

Erbgang, X-chromosomal-dominant: Vererbungsmodus von dominant wirkenden, auf dem X-Chromosom gelegenen, Genen.

Erbgang, X-chromosomal-rezessiv: Vererbungsmodus von rezessiv wirkenden, auf dem X-Chromosom gelegenen, Genen.

ERV: Autonome endogene retrovirale Sequenzen, die zur Gruppe der LTR-Retrotransposons gehören.

Erythropoetin: Wird in der Niere gebildet und stimuliert die Erythropoese. Durch zu hohe Werte kommt es zur Polyglobulie, bei reduzierter Erythropoetinproduktion kommt es zu Anämien.

Erythrozytose: Vermehrung der roten Blutkörperchen über die normale Zahl (4–5 Millionen/mm^3).

ETSs: Expressed sequence tags; kurze exprimierte Bereiche von c-DNA.

Euchromatin: Chromatin des Interphasekerns, das in entspiralisierter Form vorliegt und als aktives Genmaterial angesehen wird.

Eukaryonten: Alle Organismen mit Ausnahme der Bakterien und Blaualgen.

Exon: Kodierender Teil der DNA bzw. m-RNA.

Expressivität: Art der Ausprägung eines Gens.

Faktor VIII: Antihämophiles Globulin, das bei der Hämophilie A mutiert ist.

Faktor IX: Christmas-Faktor, der bei der Hämophilie B mutiert ist.

Fallkontrollstudie: Retrospektive, einzeitige, nicht bevölkerungsbezogene epidemiologische Studie.

Fanconi-Anämie: Autosomal-rezessiv erbliche Erkrankung. Chronisch fortschreitende hyperchrome makrozytäre Anämie infolge Panmyelopathie, die außerdem von chronischer Leukopenie und Thrombopenie begleitet ist. In den Zellen zeigt sich eine Chromosomeninstabilität.

F-Body: Die langen Arme des Y-Chromosoms, die, mit fluoreszierenden Kernfarbstoffen gefärbt, sich durch intensives Leuchten auszeichnen.

Fibrinfasern: Faserstoff des Blutes; hochmolekulares nicht wasserlösliches Protein, das bei der Blutgerinnung durch enzymatische Einwirkung von Thrombin auf Fibrinogen entsteht.

Fibrinogen: Blutgerinnungsfaktor.

Fluoreszenz-in-situ-Hybridisierung (FISH): In-situ-Hybridisierung mit Fluoreszenzfarbstoffen.

Flush-Phänomen: Hautdurchblutung, vor allem im Kopfbereich, die man bei Asiaten nach Alkoholkonsum beobachtet und die durch eine atypische Variante der Alkoholdehydrogenase hervorgerufen wird.

Frameshiftmutation: Mutation, die zu einem Leserasterwechsel führt durch Deletion oder Insertion eines oder zweier Nukleotide.

Funktionsspezifische Klonierung: Identifizierung eines Gens über Funktionsinformation.

Gaucher-Krankheit: Autosomal-rezessive Lipidspeicherkrankheit, verursacht durch den Defekt einer lysosomalen Hydrolase. Subtypen mit verschiedenem neurodegenerativem Verlauf und verschiedenem Manifestationsalter sind bekannt.

Gegensinnstrang: DNA-Strang, der von der RNA-Polymerase als Matrize benutzt wird.

Gen: Ein Gen ist ein DNA-Abschnitt, der für ein funktionelles Produkt kodiert.

Gene targeting: Direkte Modifikation eines Gens in vivo durch homologe Rekombination zwischen dem endogenen Gen und einer exogenen DNA-Sequenz in einem Zielvektor.

Genetische Drift: Verschiebung der Genhäufigkeiten und der Genotypenverteilung durch zufällige Änderungen im Allelbestand. Besonders in kleinen Populationen von Bedeutung.

Genetische Genkarte: Genkartierung mit Hilfe von Familienuntersuchungen.

Genetischer Fingerabdruck: Mit Multi-Lokus-Sonden erstelltes personenidentifizierendes DNA-Fragmentmuster.

Genfamilie: Eine Gruppe von Genen, die aus dem gleichen Vorläufergen hervorgegangen sind.

Genfluss: Der langsame Austausch von Genen zwischen zwei Populationen.

Genhäufigkeiten: Anteil der verschiedenen Allele eines Gens in einer Population.

Genkopplung: Gene auf dem gleichen Chromosom in enger Lagebeziehung, die häufig gemeinsam vererbt werden.

Genmutation: Mutation, die im submikroskopischen Bereich liegt. In der engeren Begriffsfassung wird unter Genmutation eine mutative Veränderung innerhalb der Grenzen eines einzigen Gens verstanden, in der engsten Begriffsfassung der Austausch einer einzigen Base. Als Ergebnis von solchen Genmutationen entstehen alternative Formen von Genen, die sog. Allele.

Genomanalyse: Moderner Ausdruck zur Analyse von Krankheitsanfälligkeiten auf Ebene der DNA. Sequenzanalyse des Genoms.

Genomic Imprinting: Unterschiedliche Expression der Gene, je nachdem, ob sie vom Vater oder von der Mutter stammen. Dieser geschlechtsspezifische Einfluss der Gene ist unabhängig davon, ob sie auf den Autosomen oder auf den Geschlechtschromosomen lokalisiert sind (nicht geschlechtsgebunden). Genomic Imprinting beeinflusst die embryonale Entwicklung und die Expression der genetischen Krankheiten.

Genommutationen: Führen zu Hyper-, Hypo- und Polyploidien.

Genotypendiagnostik: Nachweisverfahren zur Erkennung oder zum Ausschluss monogener Erkrankungen auf DNA-Ebene (direkte und indirekte G.).

Genpool: Gesamtheit aller Gene einer Population.

Glutaminsäuredecarboxylase: Enzym, das in den B-Zellen des Pankreas hergestellt wird; Funktion bisher unbekannt.

Gonadendysgenesie: Fehlentwickelte, funktionslose Keimdrüsen, die isoliert oder auch in Kombination mit anderen Merkmalen bei verschiedenen Krankheitsbildern, beispielsweise bei Chromosomenstörungen auftreten.

Gonosomen: Geschlechtschromosomen (im Gegensatz zu den Autosomen).

Gründereffekt: Das häufige Vorkommen eines seltenen Allels, das sich von einem Gründer ausgehend in Folgegenerationen ausgebreitet hat.

Hämophilie A: Bluterkrankheit, X-chromosomal-rezessiv erblich; Faktor-VIII-Mangel. Im Vordergrund stehen Blutungen insbesondere in Gelenke und Muskeln.

Haploinsuffizienz: Die Aktivität eines normalen Allels reicht beim heterozygoten Zustand für eine ausreichende Gesamtfunktion des Gens nicht aus, weil für einen normalen Phänotyp mehr Genprodukte benötigt werden als eine einzige Genkopie liefert.

Haplotyp: Der von der mütterlichen bzw. väterlichen Seite vererbte Komplex gekoppelter Allele.

Haptoglobin: Zuckerhaltiges Plasmaprotein, das Hämoglobin binden kann.

Hardy-Weinberg-Gesetz: Die Genhäufigkeiten und damit die Häufigkeiten der beiden homozygoten und des heterozygoten Genotypen bleiben von Generation zu Generation konstant, wenn weder Auslese noch Inzucht wirksam sind.

Haushaltsgene: »House keeping genes«.

Hemizygotie: Vererbungsmodus von Genen, die nur einmal im Genotyp vorhanden sind (üblicherweise bei Genen, die auf dem einzigen X-Chromosom des Mannes lokalisiert sind).

Heritabilität: Erblichkeit.

Hermansky-Pudlak-Syndrom: Autosomal-rezessive Erkrankung mit okulocutanem Albinismus, Thrombopathie, Retinitis pigmentosa und Neigung zur Lugenfibrose.

Hermaphroditismus: Zustandsform, bei der sowohl Hoden- als auch Ovarialgewebe entwickelt ist. Man unterteilt in lateralen, bilateralen und unilateralen H.

Heterochromatin: Chromatin des Interphasekerns, das in spiralisierter Form vorliegt und als inaktives Genmaterial betrachtet wird.

Heterogene nukleäre RNA (hn-RNA): Kopie der DNA, die genau die Sequenz des Genoms wiedergibt und die zur m-RNA zurechtgeschnitten wird.

Heterogenität: Die Entstehung gleichartiger erblicher Merkmale, oder zumindest solcher, die nicht sicher unterscheidbar sind, aufgrund von Mutationen nichtalleler Gene.

Heterosis: Selektionsvorteil der Heterozygoten gegenüber beiden Homozygoten.

Heterozygotentest: Test, der mit biochemischen oder molekularbiologischen Methoden erlaubt, heterozygote Träger eines rezessiven Erbleidens festzustellen.

Heterozygotie: Bei eukaryonten (diploiden) Organismen das Vorhandensein von verschiedenen Allelen an sich entsprechenden genetischen Loki in homologen Chromosomensegmenten.

High Resolution Banding: Färbemethode für Prometaphasen. Im haploiden Satz können ca. 500--800 Banden aufgelöst werden.

Histone: Heterogene Gruppe von Proteinen, reich an basischen Aminosäuren. Sie werden im Komplex mit chromosomaler DNA gefunden.

HLA-System: Human Lymphocyte System A oder Human-Leukozyten-Antigene. Der HLA-Genkomplex ist auf dem kurzen Arm von Chromosom 6 in der Regel p21--p23 lokalisiert.

Hochrepetitive DNA: Hintereinandergeschaltete relativ kurze Sequenzen von Nukleotiden, die vor allem im Zentromerbereich und an den Enden von Chromosomen vorkommen und möglicherweise eine Rolle bei der Aufrechterhaltung der Chromosomenstruktur spielen.

Hodenagenesie: Testikuläre Störung, bei der sich die primär embryonal vorhandene Hodenanlage wegen zu geringer Testosteronproduktion zurückbildet. Das äußere Genitale ist weiblich oder intersexuell, eine Vagina fehlt.

Homogamie: Nur gleiche Geno- bzw. Phänotypen befruchtend.

Homozygotie: Bei eukaryonten (diploiden) Organismen das Vorhandensein von identischen Allelen an sich entsprechenden Loki in homologen Chromosomensegmenten.

House keeping genes: Gene, die für die allgemeinen Aufgaben des Zellstoffwechsels verantwortlich und daher in jeder Zelle aktiv sind.

Hox-Gen: Homöoboxgen eines der wichtigen Homöoboxcluster, die für die zeitliche und örtliche Embryonalentwicklung von Bedeutung sind.

Hüftluxation, kongenitale: Bereits bei der Geburt ausgeprägte Hüftluxation.

Human-Serum-Albumin: Eiweißlösung, die aus Menschenblut gewonnen wird und pyrogenfrei, steril und fast nur Albumin enthaltend ist. Anwendung als Infusionslösung.

Humanprotein C: Endogenes, Vitamin-K-abhängiges, in der Leber synthetisiertes Protein. Es reguliert Thrombose und fördert die Fibrinolyse durch die Begrenzung der Herstellung von Thrombin.

Hyperploidie: Eines oder mehrere zusätzliche Chromosomen oder Chromosomensegmente in Zellen oder Individuen.

Hypertelorismus: Vergrößerter Abstand der Augen, meist mit verbreitertem Nasenrücken.

Hypoploidie: Das Ergebnis des Verlustes von einem oder mehreren Chromosomen oder Chromosomensegmenten in Zellen oder Individuen.

Hypotelorismus: Verkürzung des Augenabstands.

Illegitimes Crossing-over: Paarung und Stückaustausch von nicht-homologen DNA-Abschnitten. Das Ergebnis ist eine Verlängerung des einen und eine Verkürzung des anderen DNA-Stranges.

Immunelektrophorese: Kombination der Eiweißelektrophorese und der Immundiffusion zur Untersuchung von z. B. Plasmaproteinen. Nach der elektrophoretischen Auftrennung lässt man aus einer Rille entlang der Wanderungsrichtung Immunserum diffundieren. Hierdurch entstehen charakteristische Linien (Immunpräzipitat).

Imprinting: S. Genomic Imprinting.

Incontinentia pigmenti: X-chromosomal-dominant erbliche kongenitale Pigmentdermatose mit multiplen Fehlbildungen. Zwei Genorte Xp11 und Xp28 sind bekannt.

Initiation: Beginn der Translation.

Insertion: Strukturelle Chromosomenaberration: Hinzufügung eines Segmentes in ein Chromosom.

In-situ-Hybridisierung: Methode zur Lokalisation von Single-copy-Sequenzen auf der DNA durch Hybridisation von radioaktiver RNA oder DNA an Metaphasechromosomen.

Interleukin: Bezeichnung für einzelne Faktoren der Lymphokine, einer Stoffgruppe, die von Zellen vermittelte, spezifische Immunreaktionen auslöst. Die Bildung geht von Lymphozyten aus.

Intersex: Das Vorhandensein von Merkmalen beider Geschlechter. Es handelt sich um eine Diskrepanz zwischen chromosomalem, gonodalem und/oder genitalem Geschlecht. Häufig ist ein unklarer Phänotyp der Geschlechtsmerkmale.

Intron: Nichtkodierender Teil der DNA bzw. hn-RNA, der durch Splicing beseitigt wird.

Inversion: Strukturelle Chromosomenaberration: Drehung eines Chromosomenstückes innerhalb eines Chromosoms um 180°.

Ionenpore: Mechanismus zur Aufnahme von Ionen durch die Zellmembran.

Isoelektrische Fokussierung: Methode zur Auftrennung von Proteinen. Die Proteine fokussieren in einem stabilen pH-Gradienten am pH-Wert ihres isoelektrischen Punktes, der eine physikochemische Konstante und somit eine charakteristische Größe für jedes Protein darstellt.

Isoelektrischer Punkt: Physikochemische Konstante von Proteinen. Der pH-Bereich, an dem ein Protein keine Nettoladung trägt und deshalb auch nicht im elektrischen Feld wandert.

Jacob- und Monod-Modell: Hypothese zur Regulation der Transkription.

Kandidatengen: Gen, das aufgrund seiner Eigenschaften als potenzieller Lokus für bestimmte Krankheitsgene betrachtet werden kann.

Karyogramm: Summe aller Chromosomen einer Zelle nach morphologischen Kriterien geordnet.

Karyotyp: Chromosomensatz eines Individuums, definiert sowohl durch Zahl als auch durch Morphologie der Chromosomen, wie sie in der mitotischen Metaphase mikroskopisch sichtbar sind.

Keratin: Schwefelreiches Skleroprotein in Haaren, Nägeln und oberster Hautschicht.

Keratosis follicularis spinalosa decalvans: Beschrieben sind autosomal-dominanter, X-chromosomal gebundener rezessiver und X-chromosomal gebundener dominanter Erbgang. Vernarbende follikuläre Dys-/Hyperkeratose mit Hornhauttrübung, Zilien- und Augenbrauenverlust sowie Alopezie.

Klinefelter-Syndrom: Trisomie der Geschlechtschromosomen vom Typ XXY.

Klinodaktylie: Abknickung eines Fingergliedes bzw. eines Fingers, meist mit Verkürzung des entsprechenden Fingers.

Klon-Contig: Zusammenhängende Region im Genom aus einer Reihe überlappender DNA-Klone bestehend.

Klonierung: Vermehrung von DNA in einem Vektor.

Kodominanz: Gene verhalten sich kodominant, wenn bei einem heterozygoten Allelpaar beide Genprodukte unabhängig voneinander vorkommen und sich beide phänotypisch manifestieren.

Kollagen: Zu den Gerüstproteinen gehörige Proteine, die hauptsächlich aus Monoaminsäuren bestehen. Vorkommen als kollagene Fasern in Bindegewebe, Sehnen, Faszien und Bändern, ferner in Knorpeln oder Epidermis; auch das Ossein des Knochens und das Dentin gehören zu den Kollagenen.

Konduktorin: Heterozygote Überträgerin eines rezessiven Erbleidens. (Üblicherweise gebraucht bei X-chromosomal-rezessiver Vererbung. Beispiel: Bluterkrankheit, Konduktorin gesund, hemizygote Söhne krank.)

Kopplung: Gene oder andere DNA-Sequenzen, die aufgrund räumlicher Nähe auf einem Chromosom gemeinsam vererbt werden.

Kopplungsanalyse: Studie über Genkopplung, die zu Risikoberechnungen für Erbkrankheiten benutzt wird.

Kopplungsgleichgewicht: Nicht zufällige Kombination von Allelen an gekoppelten Loki.

Kopplungsungleichgewicht: Ein Kopplungsungleichgewicht liegt vor, wenn vorzugsweise bestimmte Allele eines Gens oder eines DNA-Bereiches gemeinsam mit bestimmten Allelen eines entfernten DNA-Bereiches auf demselben Chromosom vererbt werden.

Korrelationskoeffizient: Maß für die Unterschiede zwischen den auf Ähnlichkeit zu prüfenden Individuen und den Unterschieden beliebiger Individuen der Bevölkerung, der sie angehören.

Kosmid: Vektor, bei dem COS-Sequenzen des Bakteriophagen Lamba in ein Plasmid verbracht werden. In Kosmiden kann Fremd-DNA von 30–45 kb kloniert werden.

Kraniopagus: Doppelfehlbildung, die an den Köpfen zusammengewachsen ist.

Laktoferrin: Rotgefärbtes, Eisen bindendes Protein der Milchsäure mit bakterizider Wirkung.

Lesch-Nyhan-Syndrom: X-chromosomal-rezessive Erkrankung; Überproduktion von Harnsäure mit Dysfunktion des Zentralnervensystems.

Linker-DNA: Synthetische Nukleotide einer vorgegebenen Sequenz zum Einbau von Fremd-DNA in einen Plasmidvektor. Auch Verbindung zwischen Nukleosomen im Eukaryontenchromosom.

LINEs: (long interspersed nuclear elements) Mittelrepetitive DNA-Sequenzen aus unterschiedlichen Sequenzfamilien mit langer Konsenssequenz.

LOD-Score: Maß für die Wahrscheinlichkeit einer genetischen Kopplung zweier Loki. Wert größer +3 = Kopplung, unter –2 keine Kopplung vorhanden.

Loss of Heterozygosity (LoH): Ausschaltung eines 2. Allels durch Mutation nach Defekt bereits des 1. Allels.

Loss of Imprinting (LoI): Verlust von Imprinting, z. B. der mütterlich spezifischen Methylierung beim Beckwith-Wiedemann-Syndrom.

LTR-Retrotransposons: Transposons, die von identischen Widerholungssequenzen (*long terminal repeats*, LTS) umschlossen sind.

Lyon-Hypothese: Hypothese, nach der in weiblichen Zellen eines der beiden X-Chromosomen inaktiviert ist. Hiermit wird funktionell eine Dosiskompensation bei den Gonosomen beider Geschlechter erreicht.

Makroarray: Immobilisierung von DNA-Proben auf Membranfiltern zur Nukleinsäurehybridisierung.

Makroorchismus: Pathologische Vergrößerung der Testes.

Malaria-Antigen msp-1: Schlüsselkomponente des Serums eines ursprünglich für Armeezwecke in den USA entwickelten Impfstoffs gegen Malaria; wird als führender Kandidat für die Entwicklung eines Mehrkomponentenimpfstoffs gegen Malaria angesehen.

Marfan-Syndrom: Autosomal-dominant erbliche, generalisierte Bindegewebskrankheit. Veränderungen des Habitus, der Augen und des kardiovaskulären Systems. Häufigkeit ca. 1:10.000.

Markerchromosom: Chromosom, das man von seinem homologen Partner unterscheiden kann und das in allen oder zumindest in einem signifikanten Teil der Zellen eines Individuums gefunden werden kann.

Martin-Bell-Syndrom: Geschlechtsgebundene Schwachsinnsform mit fragiler Stelle am X-Chromosom. Molekularbiologisch liegen expandierende Trinukleotide vor.

MELAS: Mitochondriale Enzephalomyopathie, Laktatazidose und Stroke-like-episodes.

MER: Familien fossiler DNA-Transposons, die nicht mehr aktiv transponieren.

MERRF: Myoklonische Epilepsie + RRF.

Methämoglobinämie: Vermehrung von Methämoglobin im Blut entweder durch zu schnelle Oxidation des Hämoglobins oder durch nicht ausreichende Reduktion des normalerweise entstehenden Methämoglobins.

MHC (Major Histocompatibility Complex): Haupthistokompatibilitätskomplex auf dem kurzen Arm von Chromosom 6, der die MHC-Antigene kodiert. Der genetische Komplex enthält beim Menschen ungefähr 2000 Gene.

Migration: Vermischung von Mitgliedern einer anderen Bevölkerungsgruppe, die verschiedene Genhäufigkeiten besitzen.

Mikroarray: Immobilisierung von DNA-Proben zur Nukleinsäurehybridisierung auf miniaturisiertes Trägermaterial (DNA-Chip).

Mikronukleustest: Mutagenitätstestsystem, das Mikronuklei als die sichtbaren Folgen von Chromosomenfragmenten in Interphasezellkernen nachweist.

Mikro-RNA: Kleine regulatorische RNA-Moleküle; ca. 200 Klassen sind bekannt.

Mikrotubuli: Röhrenförmige Zellstrukturen, die aus gleichförmigen Proteinuntereinheiten zusammengesetzt sind, die sich in Längsfibrillen in 13er Zahl anordnen.

Mikrosatelliten: DNA-Sequenzen von kleinen Tandemwiederholungen einfacher Sequenz von meist 1-4(-6) bp.

Minisatelliten: Kurze sich wiederholende DNA-Sequenzen (0,1–20 kb). Hypervariable Minisatelliten-DNA wird bei Fingerprinting als VNTR-Marker eingesetzt.

MN-Blutgruppen: Blutgruppensystem, das vorwiegend bei Fällen strittiger Paternität eine Rolle spielt, da ein Polymorphismus in der Population vorhanden ist.

MODY-Diabetes: Maturity-onset diabetes of youth.

Monoklonale Antikörper: Werden von den autonom in Blutzellen wachsenden Zellen klonierter B-Zellen-Hybridome produziert, also von den Nachkommen von Zellhybriden, die durch künstliche Verschmelzung von gegen ein definiertes Antigen sensibilisierten B-Lymphozyten in geeigneten Tumorzellen entstanden sind. Sie sind gegen nur eine der zahlreichen unterschiedlichen Determinanten eines gegebenen Antigens gerichtet.

Morbus Bechterew: Spondylarthritis ankylopoetica. Chronische, entzündliche, degenerative, wahrscheinlich rheumatische extrem androtrope Krankheit der Wirbelsäulengelenke und wirbelsäulennaher Gelenke mit fortschreitender Fibrose und Verknöcherung.

Morgan-Einheit: Maßeinheit für Chromosomen, die auf der Rekombinationshäufigkeit beruht. Eine Rekombinationshäufigkeit von 1 % entspricht etwa 1 cM, was etwa 1000 kb entspricht.

Morula: Maulbeerkeim, ein frühes Embryonalstadium, das beim Menschen etwa 4 Tage nach der Befruchtung erreicht wird.

Mosaik: Organismus, der zwei oder mehr Zelllinien unterschiedlicher genetischer oder chromosomaler Zusammensetzung besitzt. Im Gegensatz zu einer Chimäre stammen alle Zelllinien des Mosaiks von derselben Zygote.

Müller-Gang: Embyronaler Geschlechtsgang, der bei der Frau zu Tube, Uterus und oberer Vagina wird, beim Mann zum Appendix testis und Utriculum prostaticus.

Multi-Lokus-System (MLS): Restriktionsfragmentlängen-Polymorphismen; bei den MLS erfolgt die Darstellung durch Multi-Lokus-Sonden, die mit DNA-Sequenzen hybridisieren, die über das gesamte Genom verstreut liegen. Somit werden zahlreiche Fragmente gleichzeitig nachgewiesen, wodurch ein individuelles, für jeden Menschen einzigartiges Bandenmuster entsteht, der genetische Fingerabdruck.

Multiple Allelie: Existieren mehr als zwei Allele eines bestimmten Gens, so spricht man von multiplen Allelen, bzw. multipler Allelie.

Muskeldystrophie Typ Duchenne: X-chromosomal-rezessiv erbliche Erkrankung. Muskelschwäche vorwiegend der Beine, Pseudohypertrophie, meist Tod vor 20. Lebensjahr.

Mutagene: Mutationserzeugende Stoffe; dazu gehören bestimmte Chemikalien (auch aus der Gruppe der Pharmaka) und ionisierende Strahlen.

Mutagenitätstestungen: Experimentelle Untersuchungen zum Nachweis einer möglichen genetischen Gefährdung des Menschen vorwiegend durch Chemikalien und ionisierende Strahlen.

Mutation: Jede erkennbare erbliche Veränderung im genetischen Material, die auf die Tochterzellen vererbt wird.

Mutationsrate: Häufigkeit von Mutationen pro Gen pro Generation.

Mutatorgene: Klasse von Genen, deren Mutation zu einem Tumor führt.

Mykoplasmen: Bakterienähnliche Mikroorganismen, die keine Zellwand besitzen und von quallenartiger Plastizität sind.

Myosin: Bestandteil des Muskeleiweißes; fibrilläres Protein mit α-Helixstruktur.

Myositis ossificans: Die Entzündung des gefäßführenden interstitiellen Bindegewebes in (Skelett-) Muskeln unter sekundärer Beteiligung der Muskelfasern. Örtliche heterotope Kalkeinlagerung bzw. Knochenbildung. Dies kann spontan oder nach örtlicher Verletzung geschehen.

Nagel-Patella-Syndrom: Hypo- oder Aplasie der Finger- und Zehennägel und der Kniescheibe als Teilerscheinung des Turner-Kieser-Syndroms.

Neumutation: Mutation, die bei einem Träger erstmals auftritt und eine Generation vorher noch nicht vorhanden war.

Neurofibromatose: Dominant erbliche Krankheit mit multiplem Auftreten von knotigen, weichen Neurofibromen des zentralen, peripheren und vegetativen Nervensystems.

Niemann-Pick-Krankheit: Autosomal-rezessiv erbliche degenerative Lipidstoffwechselstörung mit Speicherung von Sphingomyelinen in verschiedenen Geweben und Organen.

N-Lost: Stickstofflost (Trichlortriäthanolamin, Trichlor-Triäthylamin) $N = (CH_2\text{-}CH_2Cl)_3$; wurde im 2. Weltkrieg als Kampfstoff vorgeschlagen.

Non-disjunction: Irreguläre Verteilung von Schwesterchromatiden (mitotisch) oder homologen Chromosomen (meiotisch) zu den Zellpolen. Folge: Hyper- und Hypoploidien.

Nukleosomencore: Oktaeder aus den Histondimeren H2A, H2B, H3 und H4 mit DNA-Faden in 1,8 Linkswindungen umwickelt.

Nukleosomenfiber: Feinstruktur des Eukaryontenchromosoms aus Nukleosomen aufgebaut.

Nukleolusorganisatorregion: Chromosomenregion, die Gene für r-RNA enthält. Beim Menschen findet man auf den Chromosomen 13, 14, 15, 21 und 22 solche Regionen.

Obese-Mäuse: Tiermodell mit monogener Grundlage für Fettsucht.

Oligophrenie: Schwachsinn.

Onkogen: Gen, das an der Kontrolle der Zellproliferation beteiligt ist. Durch Überexpression kann aus einer normalen Zelle eine Tumorzelle werden.

Operatorgen: Gen, das die Aktivität der funktionell zu ihm gehörenden Strukturgene steuert.

Osteogenesis imperfecta: Bindegewebserkrankung, sehr variabel und durch vermehrte Knochenbrüchigkeit charakterisiert. Unterschiedliche Defekte des Typ-I-Kollagens und möglicherweise anderer Strukturproteine führen zu einer großen Zahl ähnlicher Krankheitsbilder. Klinisch gibt es verschiedene Typen, wobei autosomal-dominanter und -rezessiver Vererbungsmodus vorkommt.

Paarungssiebung: Entsteht durch bevorzugte Heirat in die eigene Gruppe.

PACs: P1 Artificial Chromosomes.

Pankreasfibrose, zystische: Mukoviszidose; autosomal-rezessiv erbliche Erkrankung, allgemeine Störung der Ausscheidung von Drüsenabsonderungen mit fortschreitenden zystisch-fibrotischen Veränderungen vor allem an der Bauchspeicheldrüse und den Bronchien.

Panmixie: Gleichheit der Paarungschancen für jedes Individuum des einen Geschlechts mit jedem Individuum des anderen Geschlechts bei gleicher Fruchtbarkeit.

Papovaviren: Doppelsträngige DNA-Viren, zu denen Polyoma-, Papilloma- und SV40-Viren gehören. Sie sind in der Lage, Genmutationen zu induzieren.

PAX-Gen: Paired-box-Gen, konservierte DNA-Sequenz, die bei der Entwicklung der Neuralwülste eine entscheidende Rolle spielt.

PCR-Methode: Polymerasekettenreaktion. Methode zur schnellen, gezielten Vervielfältigung bestimmter DNA-Sequenzen.

Penetranz: Anteil (in %), mit dem ein (dominantes oder homozygot rezessives) Gen oder eine Genkombination sich im Phänotyp des Trägers manifestiert.

Peptidbindung: Reaktion zwischen Karboxylgruppe und Aminogruppe zweier Aminosäuren unter Wasserabspaltung; entscheidende Bindung beim Aufbau von Polypeptidketten.

Phänokopie: Eine durch äußere Faktoren bewirkte Veränderung des Phänotyps, die zur Nachbildung des Manifestationsmusters eines anderen Genotyps führt. Diese phänotypische Modifikation ist nicht erblich.

Phenylketonurie: Rezessiv erbliche Stoffwechselstörung, bei der Phenylalanin nicht zu Tyrosin umgesetzt werden kann. Die Folge davon ist der Phenylbrenztraubensäure-Schwachsinn.

Philadelphia-Chromosom: Translokation zwischen den langen Armen der Chromosomen 9 und 22, die häufig bei chronischer myeloischer Leukämie auftritt.

Physikalische Genkarte: Lokalisation von DNA-Sequenzen auf »physikalische« Abschnitte von Chromosomen.

Phytohämagglutinin: Pflanzliches Lektin, das ruhende Zellen zur Mitose anregt.

Piebaldismus: Autosomal-rezessive Stoffwechselstörung mit weißer Haarsträhne auf dem mittleren Vorderkopf und pigmentarmen Arealen an verschiedenen Körperteilen.

Plasmid: Selbst replizierendes, extrachromosomales DNA-Molekül.

Plasmingenaktivatoren: Bezeichnung für Substanzen, die Plasminogen zu Plasmin aktivieren und somit die Fibrinolyse einleiten.

Pleiotropie: Die Erscheinung, dass ein Gen auf unterschiedliche Merkmale einwirken kann.

Polyacrylamidgel: Trägermedium für elektrophoretische Verfahren (Gelelektrophorese).

Polyadenylierung: Anheftung von 100–200 AMP an das 3'-OH-Ende der hn-RNA.

Polygene Vererbung: Vererbung, die durch das Zusammenspiel vieler Gene zustande kommt.

Polymerase-slippage: Ungenaue DNA-Replikation, die in kurzen Wiederholungssequenzen der DNA vorkommt und zur Heterogenität in Mikrosatelliten führt.

Polymorphismus: Das gleichzeitige Vorkommen von zwei oder mehr Genotypen am gleichen Lokus innerhalb einer Population oder von chromosomalen Strukturvarianten an homologen Chromosomen.

Polyploidie: Der Besitz von drei (triploid), vier (tetraploid), fünf (pentaploid) oder mehr kompletten Chromosomensätzen anstelle von zwei (wie bei Diplonten) in einer Zelle oder in jeder Zelle eines Individuums.

Polysom: Multiribosomale Struktur, repräsentiert durch eine lineare Anordnung von Ribosomen, zusammengehalten durch m-RNA.

Population: Gruppe von Individuen, die sich miteinander fortpflanzen oder fortpflanzen können.

Positionelle Klonierung: Identifizierung eines Gens über bekannte chromosomale Teilregion.

Pribnow-Box: Promotorregion, die eine Sequenz von 6 Nukleotiden beinhaltet, die bei allen untersuchten Promotoren ähnlich ist.

Primärstruktur: Proteinstruktur, die durch die genetische Information festgelegt wird.

Primitivstreifen: In der menschlichen Embryonalentwicklung besteht nach etwa zweiwöchiger Entwicklung die Keimscheibe aus zwei übereinanderliegenden Keimblättern, dem Ektoderm und dem Entoderm. Zu dieser Zeit erscheint auf dem Ektoderm am Boden der Amnionhöhle ein unscharf begrenzter Streifen, der Primitivstreifen. Sein kranialer Abschnitt heißt Primitivknoten. Ektodermzellen wandern an der Oberfläche der Keimscheibe auf den Primitivstreifen zu und in die Primitivrinne hinein (Invagination). Sie wandern zwischen Ektoderm und Entoderm nach lateral und bilden das mittlere Keimblatt, das Mesoderm.

Pro 542: Virus-Eintrittsinhibitor CD_4-Immunoglobin G_2; Pro542 bindet an das virale Oberflächen-Glykoprotein gp120 und wird in der Therapie von HIV-1 eingesetzt.

Processing: Veränderung der hn-RNA durch Capping, Polyadenylierung und Splicing zur translationsfähigen m-RNA.

Prokaryonten: Bakterien und Blaualgen werden ihrem einfachen Zellaufbau entsprechend als Prokaryonten zusammengefasst und allen anderen Organismen, den Eukaryonten, gegenübergestellt.

Promotor: RNA-Polymerase-Erkennungsort; Sequenz auf der DNA, an der die Transkription startet.

Protisten: Mikroorganismen.

Protomeren: Untereinheiten der Quartärstruktur eines Proteins.

Protoonkogen: Gen, das durch Mutation falsch exprimiert und so zu einem Onkogen wird.

Pseudoautosomale Regionen: An die Telomere grenzende Bereiche des kurzen und langen Arms der Geschlechtschromosomen befinden sich homologe Abschnitte (PAR I, PAR II), die während der Meiose an der Rekombination beteiligt sind. Die genetischen Informationen dieser Regionen sowie auch einige Gene außerhalb der PAR-Abschnitte entgehen dem X-Inaktivierungsprozess.

Pseudodominanz: Spezialfall rezessiver Vererbung. Bei Kindern zwischen einem homozygoten Genträger und einem heterozygoten Genträger ist der Erwartungswert, Merkmalträger zu sein, 50 %.

Pseudogene: Nicht mehr funktionierende Gene, die durch Genduplikation entstanden sind und anschließend durch Mutationen modifiziert wurden.

Pseudohermaphroditismus masculinus und femininus: Form der Intersexualität mit eindeutigem chromosomalem Geschlecht (XX oder XY) und dazu passenden Keimdrüsen, aber davon abweichenden oder nicht eindeutigen (intersexuellen) Geschlechtsorganen und sekundären Geschlechtsmerkmalen.

Pubertas praecox: Vor dem 6. bzw. bei Jungen vor dem 8. Lebensjahr einsetzende Pubertät.

Punktmutation: Mutation, die nur ein einziges Basenpaar betrifft.

Pygopagus: Doppelfehlbildung mit Verwachsung am Kreuzbein.

Pylorusstenose, hypertrophische: Angeborener krampfhafter Verschluss des Magenpförtners.

Quartärstruktur: Aufbau aus mehreren Polypeptidketten in oft räumlich komplizierter Anordnung.

Rachitis, familiäre hypophosphatämische: Erbliche Rachitis mit X-chromosomal-dominantem Erbgang infolge einer kombinierten Störung von Phosphatrückresorption und Regulation des Vitamin-D-Stoffwechsels im proximalen Nierentubulus.

Random mating: Panmixie.

Rare mating: Selten-Paarungs-Vorteil. Es verbreiten sich seltene Genotypen in der Population überproportional dadurch, dass sie relativ leicht und häufig einen Partner finden.

Regulatorgen: Gen, dessen Funktion es ist, die Aktivität der Strukturgene eines Operons zu steuern. Die Steuerung erfolgt über sog. Repressoren.

Rekombination: Neukombination von Genen auf einem Chromosom durch Austausch homologer Genloki von Nicht-Schwesterchromatiden.

Replikon: Initiatorproteine und ein spezifischer Abschnitt auf der DNA, der Startpunkt oder Origin, bilden als regulatorische Einheit das Replikon.

Reproduktive Fitness: Die möglichst frühzeitige und zahlreiche Produktion von Nachkommen.

Response-Elemente (RE): Ca. 1 kb von der Transkriptionstartstelle entfernte DNA-Sequenzen, die über Signalmoleküle am Start der Transkription beteiligt sind.

Restriktionsendonuklease: Spezifische Nuklease, die spezifische DNA-Sequenzen erkennt und schneidet.

Restriktionsenzym: S. Restriktionsendonuklease.

Restriktionsfragmentlängen-Polymorphismus (RFLP): Längenvariabilität von Restriktionsfragmenten.

Restriktionskartierung: Karte, die die Restriktionsschnittstellen in einer DNA angibt.

Retinitis pigmentosa: Degenerativer Prozess mit Engstellung der Gefäße, Optikusatrophie, Zugrundegehen der nervösen Elemente der Netzhaut und Ablagerung von Pigment von der Peripherie her zum Zentrum fortschreitend.

Retinoblastom: Autosomal-dominant erbliche Erkrankung, sehr häufig Neumutationen. Maligner Augentumor aus embryonalen Netzhautelementen, im Säuglings- oder Kleinkindalter auftretend, häufig Knochenmetastasen. Ein Gen, dessen Mutation zum Retinoblastom führt, ist auf Chromosom 13 in der Bande 13q14 lokalisiert. Während bei doppelseitig befallenen Patienten Neumutationen auf solche in den Keimzellen der Eltern zurückgehen, gehen einseitig sporadische Fälle auf somatische Mutationen zurück.

Retrotransposition: Vorgang der Umschreibung von RNA durch Reverse Transkriptase in natürliche c-DNA, die ins Genom integriert wird.

Retroviren: RNA-Viren, die mit reverser Transkriptase DNA aus RNA synthetisieren.

Rett-Syndrom: Eine progrediente neurodegenerative Erkrankung, die in einer Häufigkeit von ca. 1 : 10.000 nur bei Mädchen auftritt. Die Patientinnen entwickeln sich in der Regel zunächst altersentsprechend; etwa mit 1 ½ Jahren tritt eine Regression der geistigen und motorischen Entwicklung, autistisches Verhalten, stereotype Handbewegungen, Rumpfapraxie, ataktischer Gang und Dezeleration des Kopfwachstums auf, die schrittweise bis zur Mehrfachbehinderung fortschreiten.

Rezessivität: Ein Gen verhält sich nach dem strengen Sprachgebrauch rezessiv gegenüber seinem Allel, wenn seine Wirkung im heterozygoten Zustand nicht phänotypisch erkennbar ist. Es macht sich demnach nur im Phänotyp bemerkbar, wenn es homozygot vorhanden ist. In der Humangenetik entspricht dieser strengen Definition nur ein Teil der als rezessiv bezeichneten Gene. Üblicherweise nennt man Gene rezessiv, wenn sie erst im homozygoten Zustand eine deutlich erfassbare Wirkung zeigen, selbst dann, wenn auch im heterozygoten Zustand Teilmanifestationen sichtbar werden.

RNA-Editing: Posttranskriptionelle Umschreibung von Nukleotiden auf RNA-Ebene.

Robertson-Translokation: Reziproke Translokation, bei der die langen Arme von zwei akrozentrischen Chromosomen verschmelzen und ein metazentrisches bilden (zentrische Fusion).

RRF: Ragged-red fibres.

Säkulare Akzeleration: Zunahme der durchschnittlichen Körperlänge in der Neuzeit.

Same-sense-Mutation: Mutation, die nicht zu einer Veränderung der Aminosäuresequenz führt.

Satelliten-DNA: Lange Folge von DNA-Sequenzen (100 kb – mehrere Mb), die sich wiederholen, nicht transkribiert werden und den größten Teil des Heterochromatins ausmachen.

Scafold attachment regions (SAR): Gerüstkopplungsbereiche, wahrscheinlich die Bereiche der DNA, die an zentrale Gerüstproteine binden.

SCE-Test: Mutagenitätstestsystem, das auf der Analyse von Schwesterchromatidaustausch (*sister-chromatid exchange* = SCE) beruht.

Schwellenwerteffekt: Bei multifaktorieller Vererbung, wenn ein Merkmal erst nach Überschreiten einer bestimmten Grenze der genetischen Prädisposition, dann aber voll zur Ausprägung kommt.

Sekundärstruktur: Proteinstruktur, die aus der Primärstruktur durch die Absättigung von Nebenvalenzen entsteht.

Selektionsrelaxation: Nachlassen eines Selektionsdruckes, der zuvor bestanden hat (z. B. durch Verringerung von Erregern, für die ein Heterozygotenvorteil bestand oder durch Fortschritte der Medizin).

Seltene genetische Varianten: Kommen in meist weit geringerer Häufigkeit als 1–2 % vor, sind also weit seltener als genetische Polymorphismen.

Sendaivirus: Paramyxovirus, das bei Schweinen und bei neugeborenen Kindern Pneumonie hervorrufen kann. Wird experimentell zur Zellfusionierung verwendet.

Severe combined immunodeficiency: Angeborene Immunschwäche.

Sex determining region of the Y (SRY): Gen, das das männliche Geschlecht determiniert.

Sexchromatin oder Geschlechtschromatin: Ein, in pathologischen Fällen mehr als ein, plankonvexes sphärisches oder pyramidales und feulgenpositives intranukleäres Körperchen, gewöhnlich an der Peripherie des Interphasekerns gelegen (Barr-Körperchen). Es repräsentiert eines der beiden X-Chromosomen der Frau in inaktiver Form. Sind im pathologischen Fall mehr als zwei Gonosomen vorhanden, so findet man für jedes weitere X-Chromosom ein Barr-Körperchen.

Short-Tandem-Repeats (STRs): Ein Typus von einfachen Sequenzlängenpolymorphismen aus Tandemkopien kurzer Nukleotidrepeats, auch Mikrosatelliten genannt.

Sichelzellanämie: Rezessiv-erbliche Hämoglobinopathie, bei der in der β-Kette des Hämoglobins in Position 6 Glutaminsäure durch Valin ersetzt ist.

Silencer: Kurze DNA-Sequenzelemente, die die Transkription eines Gens unterdrücken.

SINEs (short interspersed nuclear elements): Mittelhochrepetitive DNA-Sequenzen aus unterschiedlichen Sequenzfamilien, jede mit kurzer Konsenssequenz.

Single-copy-DNA: Einzelkopieelemente der DNA mit Genen.

Single-Lokus-Systeme (SLS): Restriktionsfragmentlängen-Polymorphismen mit einem definierten Lokus. Mit SLS erreicht man einen hohen Personenidentifikationsgrad mit statistischer Absicherung.

Sinnstrang: DNA-Strang, der mit der transkribierten RNA-Sequenz übereinstimmt.

Skewed-Inactivation: Verschiebung des statistischen Gleichgewichtes von 1:1 beim X-Inaktivierungsprozess. Dabei kann es zu einer überwiegenden Inaktivierung des väterlichen oder mütterlichen X-Chromosoms kommen.

sno-RNA: Small nucleolar RNA; RNA-Familie, die überwiegend im Nukleolus zu finden und verantwortlich für Basenmodifikationen in r-RNA beim Prozessieren ist. Sie bewerkstelligt auch Basenmodifikationen in anderen RNAs.

SNPs: Einzelnukleotid-Polymorphismen.

sn-RNA: Small nuclear RNA, eine heterogene Gruppe von annähernd 100 RNAs, die u. a. am Funktionsmechanismus der Spliceosomen beteiligt sind.

Southern-blot-Hybridisierung: DNA-Technik zur Erkennung spezifischer DNA-Sequenzen.

Spacer-DNA: Repetitive DNA zwischen Genen.

Spliceosom: Komplexe Struktur, die das Schneiden und Wiederverknüpfen beim Splicing katalysiert.

Splicing: Herausschneiden nicht-kodierender Sequenzen aus der hn-RNA.

Stammbaum: Aufzeichnungsform der verschiedenen Generationen einer Familie, die eine Analyse zugrunde liegender genetischer Defekte erleichtert. Die Symbolik hierfür ist international standardisiert.

Strukturgene: Gene für die Produktion von Enzymen und anderen Proteinen.

STSs (Sequence tagged sites): Jede kurze Sequenz, die einmalig im Genom vorhanden ist und für die Primer hergestellt wurden, welche eine spezifische Amplifikation der Sequenz erlauben.

Syntänie: Begriff für zwei genetische Loki, die sich auf einem Chromosom befinden, aber normalerweise nicht als Kopplungsgruppe vererbt werden.

Tandem-Repeats: Direkt hintereinander liegende Repeats der DNA.

TATA-Box: Häufiges Element von Promotoren.

Tay-Sachs-Erkrankung: Autosomal-rezessiv erbliche degenerative Nervenkrankheit.

TDF: Testes-determining-Faktor, für die Entwicklung des männlichen Geschlechts notwendig.

Termination: Beendigung der Transkription.

Tertiärstruktur: Dreidimensionale Struktur eines ganzen Proteinmoleküls.

Testicular-feminization-mutation-Lokus: Tfm-Lokus, Mutation des Androgenrezeptorlokus auf dem X-Chromosom, die zur testikulären Feminisierung führt.

Testikuläre Feminisierung: Häufigste Form des Hermaphroditismus masculinus. Verantwortlich ist ein X-chromosomales Gen, welches die Körperzellen mit Testosteronrezeptoren ausstattet. Es handelt sich um den Tfm-(Testicular-feminization-mutation) Lokus, der die Zellen unempfindlich für Testosteron macht.

Thalassämien: Hämoglobinopathien, die durch eine ungenügende oder fehlende Synthese der einen oder anderen Hämoglobinkette (α, β, γ oder δ) gekennzeichnet sind.

Thorakopagus: Doppelfehlbildung mit Verwachsung am Brustkorb.

Transgene Mäuse: Mäuse mit einem in sie transferierten, zusätzlichem Gen. Der Gentransfer erfolgt im Pronukleusstadium. Transgene Mäuse sind moderne Tiermodelle u. a. zur Grundlagenforschung bei genetisch bedingten Erkrankungen. Ein anderes Verwendungsgebiet ist die experimentelle Pharmakologie.

Transition: Substitution einer Purin- durch eine Purinbase oder einer Pyrimidin- durch eine Pyrimidinbase.

Transkription: Kopierung der DNA-Nukleotidsequenz und somit der DNA-Information auf hn-RNA und deren Processing zur m-RNA.

Transkriptionsfaktor: Bezeichnung für Proteine, die nötig sind, die Transkription bei Eukaryonten zu starten oder zu kontrollieren.

Translation: Umsetzung der m-RNA-Information in Protein.

Translokation: Strukturelle Chromosomenveränderung, charakterisiert durch eine Änderung in der Position von Chromosomensegmenten innerhalb des Karyotyps.

Transposition: Verlagerung genetischer Information im Genom.

Transposon: Bewegliche DNA-Sequenz, an den Enden von repetitiven Sequenzen flankiert, die Gene trägt, die für Transpositionsfunktion kodieren.

Transversion: Substitution einer Purin- durch eine Pyrimidinbase oder umgekehrt einer Pyrimidinbase durch eine Purinbase.

Trinukleotidexpansion: Zunahme von Trinukleotidfolgen mit pathologischer Auswirkung des betroffenen Gens.

Triple-X-Syndrom: Trisomie X.

Tuberöse Hirnsklerose: Autosomal-dominantes Erbleiden mit stark wechselnder Expressivität. Adenoma sebaceum, »white spots«, zahlreiche Hirnrindenknoten, verkalkende Hirnventrikel, Tumore, Netzhautgliome und Nagelfalzfibrome gehören zu den häufigsten, charakteristischen Symptomen dieser Erkrankung.

Tumorsupressorgen: Gen, zu dessen Aufgabe die Unterdrückung der Tumorentstehung zählt.

Tunnelprotein: Protein, das eine selektive Einschleusung von Molekülen in die Zelle bewerkstelligt.

Turner-Syndrom: Monosomie der Geschlechtschromosomen; Karyotyp XO, 2. Geschlechtschromosom (X oder Y) fehlt.

Two-hit-Hypothese: Besagt, dass bei erblichen Krebsformen zwei aufeinanderfolgende Mutationen zur Entartung führen.

Uniparentale Diploidie: Anwesenheit aller Chromosomen von einem Elternteil in einem Karyotyp.

Uniparentale Disomie: Anwesenheit zweier Chromosomen von einem Elternteil.

Urethan: Karbamidsäureäthylester.

Variable Number of Tandem Repeats (VNTRs): Polymorphismus aus einer unterschiedlichen Anzahl von Wiederholungen eines bestimmten Basenmotivs (Repeat) in direkt hintereinander liegender Folge (Tandem Repeat); man bezeichnet sie auch als Minisatellitensequenzen.

Viroid: Nackte infektiöse RNA.

Wobble-Hypothese: Fähigkeit bestimmter Basen, an der dritten Stelle im Antikodon einer t-RNA auf verschiedene Weise Wasserstoffbrücken zu bilden, die zur Paarung mit verschiedenen möglichen Kodons führt.

Wolff-Gang: Urnierengang.

X-Inaktivierung: Während der frühen embryonalen Entwicklung wird entweder das väterliche oder das mütterliche X-Chromosom inaktiviert. Es geschieht nach dem Zufallsprinzip und bleibt stabil. Der Inaktivierungsprozess erfasst nicht alle Bereiche des X-Chromosoms; die pseudo-autosomalen Regionen (PAR I, PAR II) entgehen dem X-Inaktivierungsprozess.

***XIST*-Gen:** Ein für den X-Inaktivierungprozess verantwortliches Gen, das ausschließlich vom inaktivierten X-Chromosom aus exprimiert wird (X-inactive specific transcript). Wie alle auf dem X-Chromosom inaktivierten Gene unterliegt auch das *XIST*-Gen einer monoallelen Expression.

***XIST*-RNA:** RNA, die in die Inaktivierung des X-Chromosoms assoziiert ist.

YACs: Yeast Artificial Chromosomes = künstliche Hefechromosomen.

Zelldifferenzierung: Aufgabe der Omnipotenz einer Zelle durch differenzielle Genaktivität.

Zellfusion: Bildung mehrkerniger Zellkomplexe durch Verschmelzung über die Zellmembran.

Zellulose-Azetat-Folien: Trägermedium für elektrophoretische Verfahren.

Zinkfinger: Polypeptidmotiv, stabilisiert durch Bindung eines Zinkatoms, das Proteinen ermöglicht, gezielt bestimmte DNA-Sequenzen zu binden. Sie befinden sich häufig in Transkriptionsfaktoren.

Zona pellucida: Schicht aus extrazellulärem, aus Glykoproteinen bestehendem Material auf der Oberfläche der Oozyte. Nach Eindringen des Spermiums ändert sich die Permeabilität schlagartig und verhindert somit ein weiteres Eindringen von Spermien.

Zystische Fibrose: Mukoviszidose.

Zytostatika: Im weitesten Sinne alle Substanzen, die die Zelle an Wachstum und Vermehrung hindern, aber auch solche, die die Metastasierung verhüten. (Im allgemeinen Substanzen, die maligne entartete Zellen schädigen und daher für die Chemotherapie maligner Tumoren Anwendung finden.)

Quellenverzeichnis der Abbildungen

Abb. 1.3. Stubblfield E (1973) International Review of Cytology 35. Academic Press, New York London

Abb. 1.10. Gitschier J et al. (1984) Characterization of the human factor VIII gene. Nature 312: 326--330

Abb. 1.14. Bresch C, Hausmann R (1972) Klassische und molekulare Genetik, 3. Aufl. Springer, Berlin Heidelberg New York Tokio

Abb. 1.17. Bresch C, Hausmann R (1972) Klassische und molekulare Genetik, 3. Aufl. Springer, Berlin Heidelberg New York

Abb. 1.19. Hennig W (1998) Genetik. Springer, Berlin Heidelberg New York Tokio

Abb. 1.20. Alberts B, Francisco J (1995) Molekularbiologie der Zelle, 3. Aufl. Wiley-VCH, Weinheim

Abb. 1.22. Buselmaier W (2007) Biologie für Mediziner, 10. Aufl. Springer, Berlin Heidelberg New York Tokio

Abb. 1.25. Guselle JF et al. (1983) A polymorphic DNA marker genetically linked to Huntington‹s disease. Nature 306: 234–238

Abb. 1.27. McKusick VA (1990) Mendelian inheritance in man, 9th edn. Johns Hopkins Univ Press, Baltimore London

Abb. 1.28. Collins (1995) Positional Cloning Moves from Perditional to Traditional. Nature Genetics: 347–350

Abb. 2.3. Buselmaier B (1976) Elimination von induzierten Chromosomenmutationen in der Embryogenese der Maus. Dissertation, Universität Heidelberg

Abb. 2.11. Strachan T (1994) Das menschlische Genom. Spektrum Akademischer Verlag, Heidelberg Berlin Oxford

Abb. 2.12. Lenz W (1983) Medizinische Genetik, 6. Aufl. Thieme, Stuttgart New York

Abb. 2.13. Vogel F, Motulsky AG (1986) Human genetics, problems and approaches, 2nd edn. Springer, Berlin Heidelberg New York Tokio

Abb. 2.14. Hennig W (1998) Genetik, 2. Aufl. Springer, Berlin Heidelberg New York Tokio

Abb. 2.15. Reichert W, Haunsmann I, Röhrborn G (1975) Chromosome anomalies in mouse oocytes after irradiation. Humangenetik 28: 35--38

Abb. 2.23. Motulsky AG (1970) Biochemical genetics of hemoglobins and enzymes as a model for birth defects research. In: Fraser FC, McKusick VA (eds) Congenital malformations. Excerpta Medica, Amsterdam

Abb. 3.6. Vogel F, Motulsky AG (1996) Human genetics, problems and approaches, 3rd edn. Springer, Berlin Heidelberg New York Tokio

Abb. 3.7. Vogel F, Motulsky AG (1996) Human genetics, problems and approaches, 3rd edn. Springer, Berlin Heidelberg New York Tokio

Abb. 3.12. Wilkins L (1957) The diagnosis and treatment of endocrine disorders in childhood and adolescence, 2nd edn. Springfield, Ill, Charles Thomas

Abb. 3.13. Hamerton JL (1971) Human cytogenetics, Vol II. Academic Press, New York, London

Abb. 4.10. Vogel F, Motulsky AG (1996) Human genetics, problems and approaches, 3rd edn. Springer, Berlin Heidelberg New York Tokio

Abb. 4.17. Vogel F, Motulsky AG (1996) Human genetics, problems and approaches, 3rd edn. Springer, Berlin Heidelberg New York Tokio

Abb. 4.19. Connors JM, Ferguson-Smith MA (1989) Essential Medical Genetics, 2nd ed Blackwell, Oxford London Edinburgh

Abb. 4.20. Vogel F, Motulsky AG (1986) Human genetics, problems and approaches, 2nd edn. Springer, Berlin Heidelberg New York Tokio

Abb. 4.21. Vogel F, Motulsky AG (1996) Human genetics, problems and approaches, 3rd edn. Springer, Berlin Heidelberg New York Tokio

Abb. 4.28. Ballabio A et al. (1989) Contiguous gene syndrome due to deletions in the distal short arm of the human X chromosome. Proc Natl Acad Sci 86: 10003

Abb. 4.33. Smith DW (1982) Recognizable patterns of human malformation. W. B. Saunders, Philadelphia London Toronto

Abb. 4.34. Smith DW (1982) Recognizable patterns of human malformation. W. B. Saunders, Philadelphia London Toronto

Abb. 4.35. Auerbach AD (1981) In: Schroeder-Kurth TM, Auerbach AD, Obe G (eds) (1989) Fanconi anemia. Springer, Berlin Heidelberg New York Tokio

Abb. 5.3. Fuhrmann W, Vogel F (1982) Genetische Familienberatung, 3. Aufl. Springer, Berlin Heidelberg New York

Abb. 5.9. Tsui L, Buchwald M (1991) Adv Hum Genet 20: 153–266

Abb. 5.17. Vogel F, Motulsky AG (1986) Human genetics, problems and approaches, 2nd edn. Springer, Berlin Heidelberg New York Tokio

Abb. 5.18. Antonarakis SE, Kazazion HH (1988) The molecular basis of hemophilia A in man. Trends Genet 4: 233–237

Abb. 5.30. Winters RW et al. (1957) A genetic study of familial hypophosphatemia and vitamin D-resistant rickets. Trans Assoc Am Physicans 70: 234–242

Abb. 5.33. Rosing HS et al. (1985) Maternally inherited mitochondriale myopathy and myoclonic epilepsy. Ann Neurol 17: 228–237

Abb. 5.37. Ramirez F (1996) Fibrillin mutations in Marfan syndrome and related phenotypes. Curr Opin Genet Dev 6: 309–15

Abb. 5.44. Strachan T, Read A (1996) Molekulare Humangenetik. Spektrum Akademischer Verlag, Heidelberg Berlin Oxford

Abb. 6.2a. Hagen, Paschlau und Paschlau. Zitiert nach Knussmann R (1983) Vergleichende Biologie des Menschen. Gustav Fischer, Stuttgart

Abb. 6.2b. Tanner (1962), Behrenberg (1975). Zitiert nach Knussmann R (1983) Vergleichende Biologie des Menschen. Gustav Fischer, Stuttgart

Abb. 6.3. Bouchard TJ, McGue M (1981) Familial studies of intelligence: a review. Science 212: 1055–1059

Abb. 6.4. Hagberg B, Kyllerman M (1983) Epidemiology of mental retardation – a Swedish survey. Brain Dev 5: 441–449

Abb. 6.5. Hagberg B, Kyllerman M (1983) Epidemiology of mental retardation – a Swedish survey. Brain Dev 5: 441–449

Abb. 7.1. Spranger J et al. (1982) Errors of morphogenesis: concept and terms. J Pediatr 100: 160–165

Abb. 7.2. Spranger J et al. (1982) Errors of morphogenesis: concept and terms. J Pediatr 100: 160–165

Abb. 7.5. Webster MK Donoghue DJ (1997) FGFR activation in Skeletal disorders: too much of a good thing. Trends Genet 13: 178–182

Abb. 7.25. Moore KI (1988) The developing human, 4th edn. Saunders, Philadelphia London Toronto

Abb. 8.10. Vogel F (1989) Humangenetik in der Welt von heute. Springer, Berlin Heidelberg New York Tokio

Abb. 8.11. Vogel F (1989) Humangenetik in der Welt von heute. Springer, Berlin Heidelberg New York Tokio

Abb. 8.12. Passarge E (1994) Taschenatlas der Genetik. Thieme, Stuttgart New York

Abb. 8.15. Propping P (1978) Pharmakogenetics. Rev Physiol Biochem Pharmacol 83: 124–173

Abb. 8.16. Rogers DA et al. (1963) Alcohol preferance as a function of its caloric utility in mice. J Comp Physiol Psychol 56: 666–671

Abb. 9.3. Fuhrmann W, Vogel F (1982) Genetische Familienberatung. Springer, Berlin Heidelberg New York

Abb. 9.9. Harper PS et al. (1979) Practical genetic counselling. Wright, London Boston Singapore Toronto

Abb. 9.18. Boue, Boue und Galano et al. Zitiert nach Stengel-Rutkowski S (1989) Pädiatrie in Praxis und Klinik, 2. Aufl. Thieme, Stuttgart New York

Abb. 9.19. Stengel-Rutkowski S et al. (1989) Pädiatrie in Praxis und Klinik, 2. Aufl. Thieme, Stuttgart New York

Abb. 11.3. Langmann J (1989) Medizinische Embryologie, 8. Aufl. Thieme, Stuttgart New York

Abb. 11.4. Aus Stern 1990

Abb. 11.8. Grebe H (1959) Erblicher Zwergwuchs. Ergeb Inn Med Kinderheilkd 12: 343–427

Abb. 11.10. Propping P (1983) Zwillingsforschung. In: Autumn H, Wolf U (Hrsg) Humanbiologie. Springer, Berlin Heidelberg New York Tokio, S 143–153

Abb. 12.1. Vogel F (1979) Genetics of retinoblastoma. Hum Genet 52: 1

Abb. 12.2. Buselmaier W et al. (1978) Monogene inheritance of learning speed in DBA and OH mice. Hum Genet 40: 209–214

Quellenverzeichnis der Tabellen

Tabelle 1.11. Vogel F, Motulsky AG (1996) Human genetics, problems and approaches, 3rd edn. Springer, Berlin Heidelberg New York Tokio

Tabelle 2.5. Strachan T, Read AT (1996) Molekulare Humangenetik. Spektrum, Heidelberg

Tabelle 2.7. Vogel F, Motulsky AG (1996) Human genetics, problems and approaches, 3rd edn. Springer, Berlin Heidelberg New York Tokio

Tabelle 2.8. Vogel F, Motulsky AG (1996) Human genetics, problems and approaches, 3rd edn. Springer, Berlin Heidelberg New York Tokio

Tabelle 4.1. Müller HJ (1989) Pädiatrie in Praxis und Klinik. Thieme, Stuttgart New York

Tabelle 4.2. Connor JM, Ferguson-Smith MA (1987) Essential medical genetics, 2nd edn. Blackwell, Oxford London Edinburgh

Tabelle 4.3. Mueller RF, Young ID (1995) Emery‹s elements of medical genetics. Churchill Livingstone, Edinburgh

Tabelle 4.4. Mueller RF, Young ID (1995) Emery‹s elements of medical genetics. Churchill Livingstone, Edinburgh

Tabelle 4.5. Murken J, Cleve H (Hrsg) (1988) Humangenetik, 4. Aufl. Enke, Stuttgart

Tabelle 4.7. Lenz W (1983) Medizinische Genetik, 6. Aufl. Thieme, Stuttgart New York

Tabelle 4.8. Lenz W (1983) Medizinische Genetik, 6. Aufl. Thieme, Stuttgart New York

Tabelle 4.11. Schinzel A (1980) Klinische Genetik in der Pädiatrie. Thieme, Stuttgart New York (2. Symposion Mainz)

Tabelle 6.2. Gottschaldt K (1986) Begabung und Vererbung. Phänogenetische Befunde zum Begabungsproblem. In: Roth H (Hrsg) Begabung und Lernen. Klett, Stuttgart, S 129--150

Tabelle 7.1. Optiz J (1991) 2nd International Workshop on Fetal Genetic Pathology, Big Sky, Montana

Tabelle 7.2. Connor JM, Ferguson-Smith MA (1993) Essential medical genetics, 3rd edn. Blackwell, Oxford London Edinburgh

Tabelle 7.4. Stieve TE (1978) Zitiert nach Fuhrmann W, Vogel F (1982) Genetische Familienberatung, 3. Aufl. Springer, Berlin Heidelberg New York

Tabelle 7.5. Stieve TE (1978) Zitiert nach Fuhrmann W, Vogel F (1982) Genetische Familienberatung, 3 Aufl. Springer, Berlin Heidelberg New York

Tabelle 7.7. Lenz W (1983) Medizinische Genetik, 6. Aufl. Thieme, Stuttgart New York

Tabelle 7.8. Lenz W (1983) Medizinische Genetik, 6. Aufl. Thieme, Stuttgart New York

Tabelle 8.2. Spranger J (1989) Pädiatrie in Praxis und Klinik. Thieme, Stuttgart New York

Tabelle 8.4. Propping P (1978) The microgenetics. Rev Physiol Biochem Pharmacol 83: 123--173

Tabelle 8.5. Propping P (1980) Neue Entwicklungen in der Pharmakogenetik. Kinderarzt 9: 422--434

Tabelle 9.2. Online Mendelian inheritance in man (1998) OMIM: http://www.NCBI.NLM.NIH.GOV./OMIM

Tabelle 9.5. Ulusoy M, Tuncbileu E (1987) Türk J Popul Stud 9

Tabelle 9.7. Fuhrmann W, Vogel F (1982) Genetische Familienberatung, 3. Aufl. Springer, Berlin Heidelberg New York

Tabelle 9.11. Fuhrmann W, Vogel F (1982) Genetische Familienberatung, 3. Aufl. Springer, Berlin Heidelberg New York

Tabelle 9.12. Fuhrmann W, Vogel F (1982) Genetische Familienberatung, 3. Aufl. Springer, Berlin Heidelberg New York

Tabelle 9.13. Harper P (1993) Practical genetic counselling. Herworth-Heinemann, Oxford

Tabelle 9.14. Blandfort M et al. (1987) Genetic counselling in the epilepsy. Hum Genet 76: 303--331

Tabelle 9.16. Rotter et al (1992) Genetic basis of common disease. Oxford University Press, Oxford

Tabelle 9.18. Gershon et al. (1976) The inheritance of affective disorders, a review of data and of hypothesis. Behav Genet 6: 277–261

Tabelle 9.20. Lubs MLE (1972) Zitiert nach Propping P, Vogtländer V (1983) Was ist gesichert in der Genetik der Atopien? Allergologie Jh 5, 160–188

Tabelle 9.29. Anton-Lamprecht I (persönliche Mitteilung)

Tabelle 10.4. Vogel F, Motulsky AG (1996) Human genetics, problems and approaches, 3rd edn. Springer, Berlin Heidelberg New York Tokio

Tabelle 11.2. Propping P, Krüger J (1976) Über die Häufigkeit von Zwillingsgeburten. Dtsch Med Wochenschr 101: 506–512

Tabelle 12.4. Talhammer O (1975) Frequency of inborn errors of metabolism, especially PKU in some representative newborn screening center around the world, A collaborative study. Hum Genet 30: 273–86

Tabelle 12.5. Vogel F (1985) Genetik des Retinoblastoms in Theorie und Praxis. In: Hammerstein W, Lisch W (Hrsg) Ophthalmologische Genetik. Enke, Stuttgart

Sachverzeichnis

A

B

C

D

E

F

G

H

I

J

K

L

M

N

O

P

Q

R

S

T

U

V

W

X

Y

Z